普通高等工科教育机电类系列教材
湖南省高等教育21世纪课程教材

电器工艺与工装

主　编　李建明
副主编　陈小明
参　编　欧阳三泰
　　　　周腊吾
　　　　张旭
主　审　孟庆龙
　　　　彭炎荣

机械工业出版社

本书是普通高等工科教育机电类“九五”规划教材。主要内容有：电器制造工艺的一般概念，弹簧与热双金属元件制造工艺，塑料成型工艺，绝缘零件加工及处理工艺，导磁体制造工艺，线圈制造工艺，电器触头及焊接工艺，金属零件的表面处理工艺，母线连接的结构与工艺，电器装配工艺，机柜结构与工艺，电器的计算机辅助工艺规程设计，冲压工艺，冲裁工艺及模具，弯曲，拉深工艺及模具，翻边工艺及模具，压塑模设计，注射模设计。

本书可作为高等工科电器制造专业（方向）电机电器制造专业（方向）的教材，也可作为成人教育的教材。本书也可作为从事电器制造的工程技术人员的参考书。

图书在版编目（CIP）数据

电器工艺与工装/李建明主编 .—北京：机械工业出版社，2000.10（2023.8 重印）
普通高等工科教育机电类系列教材
ISBN 978-7-111-07616-2

Ⅰ.电… Ⅱ.李… Ⅲ.①电器-生产工艺-高等学校教材②电器-安装-高等学校-教材 Ⅳ.TM505

中国版本图书馆 CIP 数据核字（2000）第 64633 号

机械工业出版社（北京市百万庄大街 22 号 邮政编码 100037）
责任编辑：于 宁 王雅新 版式设计：霍永明 责任校对：申春香
封面设计：李雨桥 责任印制：张 博
北京建宏印刷有限公司印刷
2023 年 8 月第 1 版 · 第 8 次印刷
169mm × 239mm · 26.75 印张 · 521 千字
标准书号：ISBN 978-7-111-07616-2
定价：49.80 元

电话服务 网络服务
客服电话：010-88361066 机 工 官 网：www. cmpbook. com
010-88379833 机 工 官 博：weibo. com/cmp1952
010-68326294 金 书 网：www. golden-book. com
封底无防伪标均为盗版 机工教育服务网：www. cmpedu. com

前　　言

《电器工艺与工装》是原机械工业部制订的“九五”规划教材之一。

本书的任务是使电器制造专业（方向）或电机电器制造专业（方向）的学生获得电器制造的基本理论知识及冷冲模和塑料设计的基本知识，使学生对电器零部件的结构工艺性有正确的认识。

本书可作为高等工科电器制造专业（方向）、电机电器制造专业（方向）的教材，也可作为成人教育相似专业的教材，同时也可作为电器制造行业工程技术人员的参考书。

本书由湖南工程学院李建明副教授主编。其中湖南工程学院陈小明老师负责第二章、第三章、第五章、第六章、第九章、第十章、第十一章的编写，并任副主编。湖南工程学院欧阳三泰副教授负责第七章、第八章的编写，湖南大学周腊吾老师负责第十三章的编写，湖南工程学院张旭副教授负责第四章、第十九章、第二十章的编写，其余各章及附录由李建明副教授编写。

本书由河北工业大学孟庆龙教授、湘潭大学彭炎荣教授主审，编者对他们在审阅过程中提出的宝贵意见表示由衷感谢。

本书有不当和错误之处，在所难免，恳请读者批评指正。

编　者

目　　录

第一章 绪　　论

第一节 我国电器制造业的发展概况

电器制造业是我国基础产业之一。国民经济要发展，电力工业必须先行，而电力工业的发展必须以电器制造业为后盾。所谓电器就是电能或信息传递的电气控制设备。各种高低压电器元件和成套装置是发电厂、电力网、工矿企业、农业、城市建设、交通运输、国防和尖端技术等部门实现电气化与自动化的重要技术装备。据统计，每新增加发电设备 1 万 kW，电力系统就需要大小高压断路器约 100 台，高压隔离开关约 200 台，相应地要各种各样不同型号规格的低压电器约 4 万件与其配套。近年来，我国电力工业发展迅速，生产能力不断提高，而且在今后一段时间内，电力工业也将是我国优先发展的工业之一。随着装机容量的不断扩大，电压等级的不断提高，随着国民经济的向前发展，对电器品种和数量的需求也越来越多，对其质量和性能的要求也越来越高，这将有利于促进我国高低压电器制造水平和规模的提高。

电器制造业的发展与电力工业的发展密不可分。1882 年，我国第一座电厂在上海投产。1905 年，直隶工艺总局在天津开办了教育制品制造所，可认为该所是我国最早的电器制造业的雏形。几十年过去了，电器制造业与我国其他民族工业一样，在当时特定的历史条件下，发展缓慢，至 1949 年，全国装机容量仅为 185 万 kW，年发电量仅为 43 亿 kW·h，电器制造工业基础薄弱、技术落后，根本谈不上独立的工业，只能生产一些简单的刀开关、起动器、限流器、熔断器，而且不成系列。高压只能生产 7.5kV 和 69kV 的高压开关及隔离开关，以及简单的开关板等产品。

从 1949 年全国解放后开始，经过几十年的努力，我国电器工业从无到有，从小到大，电器产品经历了从仿制到自行设计到引进国外先进技术的过程，产品性能不断提高，系列不断完善。企业结构从公私合营到国营、集体企业到目前的国有集体、合资独资、乡镇股份制企业三足鼎立的格局。电器制造业已自成体系，成为我国具有一定规模的产业，从业人员已达数十万人，电器产品的品种和质量已能满足我国经济建设的需要。部分产品已达到国际先进水平，出口外销。

50 年代，我国电器产品主要是采用仿苏（俄罗斯）产品，其中高压电器有隔离开关、熔断器、空气断路等 20 多种产品相继投产。例如 DW3－110、DW3－

220 型多油断路器，KW1－220 型空气断路器等。低压电器有接触器、断路器、继电器、起动器等几十种产品投产使用。例如 CJ0 交流接触器、CZ5 直流接触器、A15、A2000 断路器、PT 热继电器、QC 电阻器等。制造工艺也全部采用苏联技术。这期间我国建立了高低压电器研究所和实验基地。通过仿制产品促进了我国电器科学技术的发展，培养了专业技术人材，为电器工业进一步发展奠定了坚实的基础。

60 年代前后，由于仿苏产品存在问题，例如尺寸大、耗材多、安装不方便等，我们对电器产品进行了整顿和改型，组织全行业统一设计，在统一设计过程中，有选择地参考了当时具有先进水平的欧美国家的产品，结合我国的材料及工艺水平并考虑了三化（标准化、系列化、通用化）的要求，在高压电器方面组织了少油断路器 SN10 系列的设计，SW2、SW3、SW4、SW6 的部分规格的设计，隔离开关 GW4、GW5 系列的设计。在低压电器方面组织了交直流接触器和自动开关等 17 个系列 104 个品种的统一设计，例如 CJ10 系列交流接触器，DW5、DZ10 系列自动开关等，并为新安江电站提供了 220kV 输电线路的成套高压电器设备。我国的电器制造和产品设计开始从仿制向自行设计的道路迈出了第一步。

70 年代后，随着国民经济的发展、国家产业结构的调整，电器行业形成了一批大中型骨干企业及沈阳、上海、京津、遵义、天水等低压电器生产基地。这期间虽然经历“文化大革命”、但电器行业仍有一定的发展，完善了一些高压开关品种规格，如 SN10 少油断路器，研制了一些新产品如 SW7 少油断路器、KW4、KW5 空气断路器等，在 SF_6 断路器的研制上也有较大的进展，为刘家峡至关中 330kV 输电线路提供了成套高压电器设备。在低压电器方面，除继续完善现有的品种规格外，还研制了 DWX15 系列限流断路器、DZX10 系列限流断路器、DW15 系列断路器、DS7、DS8、DS10、DS12 等系列直流快速开关和 RS0、RS3 快速熔断器系列等。

从 70 年代末开始，我国进入改革开放的新时期，电器工业像其他工业一样得到迅速发展，在国内产品设计上采用国际 IEC 标准，使产品的性能提高了一个档次。开发了如 SF_6 断路器、真空断路器、CJ20 系列交流接触器、DZ20 系列断路器等。与此同时，我们还引进了大量国外先进产品及制造技术。在高压电器方面，从法国、瑞士、德国、日本引进了 SF_6、真空断路器和开关柜制造技术。在低压电器方面，从德国、美国、日本等国引进了 ME 万能式空气断路器、NT、NGT 熔断器、B 系列接触器、PB、HFB 系列塑壳断路器、AH 系列断路器等。还引进了模具加工中心、高速冲床、柔性加工系统、塑料自动注射系统、铁心加工系统、弹簧制造系统、全自动高速绕线机等制造技术及设备，使我国电器制造业达到一个新的高度。

近几十年来，我国电器行业有较大的发展，但从总体上看还有不少问题，首先是技术落后，据统计，我国还有1/3的产品仍处于50～60年代的水平，这些产品结构笨重、技术经济指标低、可靠性差、材料消耗大，影响了全行业水平的提高。其次是工厂企业管理混乱、生产效率低、产品质量差，这个问题在国有企业中更为明显。由于历史原因国有企业近年来经营困难，加上前几年盲目引进，有的设备没有发挥效益，企业负担越来越重。人员过剩、设备老化、工艺落后等诸多因素，使得生产率低、质量有所下降。我们应当总结几十年来电器制造业的发展经验，尤其应当总结改革开放以来引进技术的经验及教训，深化企业改革，以适应市场经济的需要，找到一条利用自身技术和挖掘生产潜力的途径，使我国电器制造业在整体上在不远的将来达到国际先进水平。

第二节　电器制造业的发展方向

随着国民经济的发展，电力系统的容量日益增加，对高低压电器的需求量增加也十分迅速。纵观我国电器制造业，虽然近十多年来我们引进了一些国外先进技术，办了一些合资独资企业，但总体上来看与发达国家比还有差距。为满足国民经济需要，加速我国电器制造业的现代化，我们必须学习和研究国外的先进技术和管理经验，取其精华消化吸收为我所用，不断采用新技术、新工艺、新材料来改造和提高现有电器企业制造水平。

生产集成化、技术现代化、管理科学化是现代企业发展的三大标志。我国电器制造业过去一直是“大而全，小而全”的模式，这种生产组织形式不利于生产率的提高，不利于质量的提高，不利于生产管理。现在我们已经意识到这个问题，有些企业已经进行了改组，今后还应加强这方面的工作，即进行专业化的生产。专业化的形式有典型零部件专业化、典型工艺专业化和产品专业化等多种形式。采用哪种形式，应根据各厂各地的实际情况而定，其目的是提高设备的利用率、提高产品质量、降低生产成本、提高劳动生产率。

为了加速企业的技术改造，应积极采用数控技术，使生产率大幅度提高。从70年代开始采用计算机进行数控，进而发展到利用计算机进行直接控制，即群控。随着群控技术的发展，计算机不仅控制机械加工系统的加工信息，还可以进一步控制工件和刀具的传递，这样就形成了一条由计算机控制的数控自动线，也就是计算机辅助加工系统，计算机群控系统是由中央处理机、接口、单机数控装置和机床组成的加工系统（见图1－1）。

从80年代开始，我国电器行业相继引进了一些数控设备，例如数控线切割、电火花加工等，引进了一些由计算机控制的自动线，例如铁心生产自动线、冲压加工中心。有些生产开关板的厂家引进了“柔性加工系统”用以自动加工开关柜的柜体。近些年来，我国数控技术发展较快。用数控和数显技术改造旧机床可大

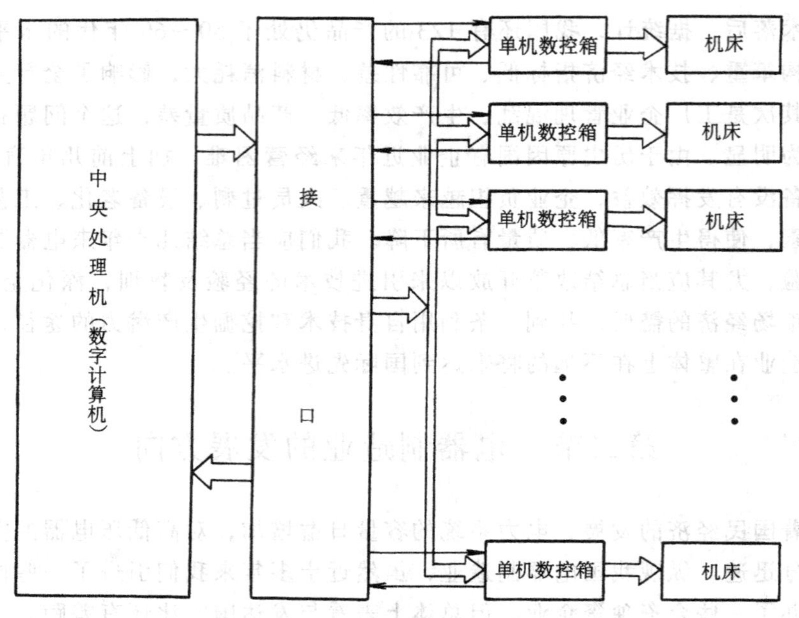

图 1-1　计算机群控系统图

大提高加工精度和生产效果、对多品种小批量的电器制造尤显十分需要。

计算机控制的加工系统的进一步发展，是同时还具备质量检测、生产调度、储运和仓库管理等功能。用计算机控制的生产系统称之为计算机辅助制造系统(Computer Aided Manufacturing System 即 CAM)。计算机辅助工艺规程设计(Computer Aided Process Planning) 简称 CAPP。

在产品结构工艺性方面，从减少零件的加工工时、减少材料消耗、提高质量和效率出发，应尽量采用少切削或无切削加工，而冲压加工正是一种最好的少切削加工工艺。国外在低压电器产品制造中，正向着结构零件的冲压化、塑料化和装配自动化方向发展。

在冲压工艺方面，目前国外是沿着高速化、自动化、精密化方向发展，为了适应这种发展趋势，冲压零件所采用坯料几乎全部是带料，并有各种规格尺寸的卷料供生产厂家选用，卷料的尺寸精度高、适用于连续模冲压。有些工厂企业为了减少电镀工时，还采用带镀层的带料。所采用的高速冲床一般为 300～400 次/min、行程一般小于 50mm，每台冲床均附有卷料架、卷料校平机、送料机构及废料切料（或卷绕）装置。还有快速停车装置，以保证设备及模具的寿命及使用安全。为防止噪声，每台高速冲床都建有一钢结构的密封小室。高速冲裁不仅可提高生产率，也可提高模具寿命。一般采用多工位连续模，使零件的冲孔、弯曲、成形等多工步一次完成。有的零件多达 17～18 工步，最多可达 50 多工步。在高速冲压方面，目前国内在卷料、冲压设备及模具技术方面与国外还有较大差距。

塑料零件的制造在电器制造中占有很重要的地位。早在80年代初，我国有些厂家就从国外引进了塑料射成型自动生产线，但现在的塑料零件在大部分厂家都是采用压制成型工艺，手工进料、出件、去毛刺，这种工艺生产效率低、零件精度不高。目前在国外一般采用注塑传递成型和全自动压塑。传递成型是一种先注塑再压塑的成型工艺，成型时间约两分钟，且压力很小，可大大提高模具寿命。一般都采用自动进料、机械手出件。

塑料零件的毛刺去除是个繁杂的事情，国外采用滚动式和喷射介质的方法去毛刺。介质有果壳、果核、尼龙小球等。国内有些厂家已采用这些方法去毛刺。

在铁心制造方面，80年代我国少数厂家引进了国外铁心生产自动线，但整体上与国外先进水平还有差距，首先在冲片上，国外一般毛刺控制在0.015mm以内，高速冲裁350次/min以上，冲模刃磨一次可冲50万次。在铆装上、国外也有手工铆，半机械化铆，比较先进的方法是自动铆压、即冲片、迭片、计数与铆压相连的自动生产线，每分钟可压20个。铁心铆完后在自动清洗上清洗线去油。然后在铁心极面磨削生产线上自动磨削。

电器触头组件的连接方式，在国外也是采用铆接和焊接工艺。焊接工艺包括点焊、钎焊、气体保护焊，也有少数采用高频焊接工艺等。自动钎焊机是比较先进的设备，主要用于焊大中型触头。该机机座为圆形转盘，直径约2m，八个工位等分布于其上，每个工位装有各种装置，形成一个固定的工作头，完成规定的操作工序，由一人操作，班焊1000～3000件。制造小型触头比较先进的方法是触头生产线，我国已有厂家引进。该生产线由送料装置、冲床、焊机及辅助机构等组成。触桥用带料，触头用银丝。基本过程是：冲床将触桥成型送至焊机处，焊机银丝焊在触桥上，然后切断银丝送至整形，最后将触头从带料上冲下。每小时可生产5000～6000个。在高压电器方面，成型烧结的铜基合金触头发展很快，并取消了焊接工序，提高了可靠性。

为了提高电器的寿命，触头材料的研制十分重要，近些年来，我国在触头材料的研制方面取得了显著的成就，银基触头、复合触头材料、真空触头材料等方面都有所突破。银基触头材料是电器触头的主要材料，世界上每年触头消耗的银量约250万t，占产量的1/4。由此可见，节银是电器触头材料研究的重要课题。

在线圈制造方面，国外有的厂家中小型低压电器线圈绕制后不作浸漆处理。有的厂家采用注射玻璃填充塑料包封线圈新工艺，省去了人工包扎工序，提高了线圈的电气和机械性能。在绕线方面，有半自动绕线机、全自动绕线机，有的绕线机还配有机械手，从套装线圈骨架、绕线排线、引出线的焊接到卸下线圈均自动进行。目前我国已有些厂家引进了一些先进的绕线机，同时也研制成各种功能的数控绕线机。

在模具设计和制造方面，国外的模具零件大部分已标准化。一套模具只有极少几个零件需设计画图。由于采用了大量的高精度的模具加工设备，例如：投影成形磨床、光学曲线磨床、万能工具铣床、坐标磨床、数控线切割机床等，精度可达0.001～0.002mm，加之有比较好的模具钢材，故模具的制造质量很高，一般的钢制硅钢片冲模寿命可达500～800万次，硬质合金模可达1亿次，不淬火钢塑压模达10～60万次，合金工具钢塑压模可达160～250万次。早在60年代初期开始，国外就开始了模具CAD/CAM的研究工作，目前在冲模、注塑模、锻模、挤压模、压铸模等方面都有比较成功的CAD/CAM，发达国家已有20%～30%的模具采用CAD/CAM系统设计与制造，一般说来，CAM比CAD应用更广泛。我国从70年代开始模具CAD/CAM的研究，从80年代开始引进国外先进的模具加工技术及设备现已开发了一些模具CAD/CAM软件，但在实际中由于各种原因尚未推广应用。

在国外，喷漆工艺广泛采用高压静电喷漆和电泳涂漆，尤其是采用静电粉末涂漆工艺，便于实现喷漆过程自动化，同时，可以提高漆面颜色一致性，厚度均匀、不污染环境，使工作条件得到改善。近些年来，我国有些厂家已采用电泳涂漆及高压静电喷漆工艺，但质量有待提高。在电镀方面，国外已广泛采用复合电镀工艺，镀层薄而且防护性能好。电镀已实行自动化，废水经化学处理后回收。为防止弹性零件和要求高的零件发生氢脆，采用机械镀锌和钝化的措施，用专用设备，使零件在整个镀锌过程中不接触酸。

国内外对电器产品的研制已向智能化方向发展，将大规模集成电路、微处理器、光耦合技术、光纤等技术用于新产品的设计。与此相适应，在电器传统制造技术的基础上，又引进了印制电路板的加工与制造技术。国外印制板制造采用沉积法、多层法、反镀法等新工艺。印制板的装配采用自动程控扦装和光点跟踪手工扦装等新技术，焊接采用波峰焊接，极大地提高了印刷板的质量和可靠性。

电器产品的装配，目前国内有的低压电器厂家已采用流水线装配、微机检测，大大地提高了生产率，但相当部分电器产品由于零部件的制造质量差，故装配效率较低。虽然国外电器产品由于品种规格不同、装配方式也不完全相同，但几乎每一道工序都有专用夹具，并辅以各种气动及电动的专用机和工具，这样既保证了装配质量，又提高了生产效率。装配线的形式有输送辊道自由节拍式装配线、传送带有节拍式装配线、悬挂式输送线与辊道组成的装配线、装配专用机组成的装配联动线等。在装配线的末端按流程设有调试、印字、塑料袋包封及装盒等设备。

有的工厂也采用另一种装配方式、即一个工人承包一个产品或一个部件的全部装配，装配速度自己控制，不受流水线强制节拍的束缚，同时有利于明确责任。

第三节　电器制造工艺的特点

电器制造工艺学是研究电器零部件制造和装配的科学。工艺是零部件或产品生产过程中，为保证达到设计标准所需的技能、方法和手段。又是企业进行计划管理、技术准备、生产调度、原材料供应、劳动调配，乃至经济核算的技术依据。先进的产品必须要有先进的工艺才能制造出来。工艺的落后是我国电器业在整体上与先进国家相差较大的主要原因。以工艺进步为基本内容的技术进步是生产发展的主要动力。据国外资料分析，劳动生产率的提高，60%～80%是依靠采用先进的工艺技术和管理技术而实现的。电器制造从某种意义上说是属于机械制造范畴，但也有它自身的特点。和机械制造比较它们之间最显著的共同点有两个：第一，电器的主体结构也是由金属材料制成的机械构件，用以完成支承、传动等机械功能，很多电器产品中有色金属和黑色金属的比重很大；约占总重量的70%～80%。第二，很多电器零件的加工方法主要是采用切削加工和压力加工工艺，而冷冲压在电器工艺中又占了十分重要的地位。

电器根据其性能要求、结构造型和体积大小等因素，又有其自己的特点，即工艺涉及面广、工艺装备多、材料品种规格多、精度要求复杂等。

一、工艺涉及面广

由于高低压电器产品结构复杂，既有金属零件，又有非金属零件，既有导电导磁零件，又有绝缘零件，所以工艺涉及面很广，对于低压电器而言，其大部分金属零件是由薄板冲压而成的，所以冷冲压工艺占很重要的地位。

塑料零件在电器产品中应用十分广泛，所以塑料的压制、注射等成形工艺，塑料零件的绝缘处理也十分重要。同样，线圈的绕制工艺、触头的焊接工艺、喷漆和电镀等工艺也十分重要。

弹性元件是电器产品的重要零件、常用的有螺旋弹簧与片簧，其制造工艺要求严格，因为它直接影响到电器产品性能的稳定性。弹性元件、热双金属、磁性材料等又都要采用热处理工艺。

真空开关、SF_6 开关和小型密封继电器的不断发展，使封结工艺也日益成为电器制造工艺的一个重要方面。

另外，在电器制造中，还大量采用金属切削、铸造、焊接等工艺。

二、工艺装备多

工艺装备是指除通用加工机床外，所需的工具、卡具、量具、夹具、检具、模具及专用设备。一般说来，采用的工艺装备越多、劳动生产率越高，质量也越能得到保证。但采用工艺装备的多少，要根据生产规模的大小和产品质量的要求来确定。对于一般的低压电器，由于生产量较大，故采用较多的工艺装备，这样可以提高生产率，降低成本。但对于生产批量较小的产品，如采用较多的工艺装备，则投资较大，成本反而会增加。

工艺装备的多少常用工艺装备系数 K 来表示，其表达式如下：

$$K=\frac{C}{n} \tag{1-1}$$

式中 K ——工艺装备系数；

C ——产品专用工艺装备数；

n ——产品专用零件数。

低压电器属于大批量生产的产品，它的工艺装备系数比其他机械制造行业高，通常取 $K=1.6\sim3.0$

低压电器中的主要工艺装备为冷冲模，约占46％～80％。

例如：CJ20—40交流接触器、专用零件48个所需工艺装备约为：冷冲模38套，塑料模6套，陶瓷模1套，橡胶模3套，工夹具25套，检具5套，共计78套，故其工装系数为：

$$K=\frac{C}{n}=\frac{38+6+1+3+25+5}{48}=\frac{78}{48}=1.63$$

三、材料品种规格多

电器是集机电性能要求于一体的产品，其产品的结构设计必须满足产品的电磁性能和机械性能。因此，电器对所采用的材料性能有多方面的要求，有些材料不仅要有良好的机械性能，还应有良好的导电、导磁、导热性能，有的还对材料提出耐磨损耐化学腐蚀的要求。

电器制造中所采用的材料品种规格可达数千种，其中大量地采用有色金属、贵重金属和稀有金属。银和铜用量最大。继电器、接扦件等元件常采用金、铂、铑、镍、钯等贵重金属做电接触（包括触点）的导电材料。在高低压电器中，常用黑色金属制造结构件，用工程纯铁、铁镍合金、硅钢片和稀土等制成各种导磁零件。弹簧零件多采用碳素弹簧钢丝制成。继电器簧片大多采用磷青铜、德银和铍青铜。小型密封继电器还采用银、镁、镍合金作簧片。工程塑料不仅给电器产品提供优良的绝缘零件，同时还可制成耐磨损和耐腐蚀的结构件。

电器中所用的各种金属材料，大部分是板料和型材，而且规格繁多。

除以上材料外，电器产品中还用大量的绝缘材料，例如各种绝缘漆、绝缘纸、板、环氧树脂、各种电磁线等。

如上所述，电器制造中采用了大量的有色贵重金属、绝缘材料、电工钢等特殊材料，其价格都比较贵，在产品成本中，材料费用要占60％～80％，因此，在电器制造中，节约材料和采用代用材料是一项十分重要的工作。

四、精度要求复杂

电器在工作过程中，不仅有简单的机械运动，同时还伴随着一系列光、电、热、磁等能量转换。因此，电器的许多零件不仅要有一定的几何形状、尺寸和相互位置的精度，还应考虑材料的导电、导热、导磁和灭弧性能对产品特性的影响。而且零部件的精度等级也必须与电器产品的技术参数相匹配。例如：触头压力、接触电阻、动作特性、动作时间、允许温升等。这些参数由产品的标准所规定，在广义上来说这也是一种精度，它直接影响产品的性能。

在电器产品中，有些零件的尺寸精度、形状位置精度对产品性能影响不大，故精度要求并不高。但对影响产品电磁性能的零件的尺寸、形状、相互位置精度及热处理规范，材质等都提出了较高的要求。在电器制造中，精度的概念应在广义的基础上理解。

目前，国内先进的电器产品对零件尺寸精度和原材料尺寸公差提出了较高的要求。其中，主要原因是为了实现自动化生产、提高生产率。

因此，在选择各种工艺方案时，还应考虑方案对零件导电、导磁、绝缘以及产品动作性能的影响程度等因素。

第二章　电器制造工艺的一般概念

第一节　工艺过程的组成及定义

电器制造工艺学是研究电器零部件的制造和产品装配的方法和过程的科学，是以电器制造中的工艺问题为研究对象的一门应用性技术学科。就是在深入了解实践的基础上，利用各种基础理论知识（如物理、数学、力学、电器原理等），经过实事求是的分析对比，找出客观规律，解决面临的电器制造工艺问题。

电器产品的品种很多，但是，研究的工艺问题可归纳为质量、生产率和经济性三类。上述三类问题要辩证地全面地进行分析。要在满足质量要求的前提下，不断提高劳动生产率和降低成本，以优质高产低耗的工艺去完成电器产品的加工和装配，才能最终生产出优质的电器产品。而只有这样的工艺才是合理的和先进的工艺。

电器制造工艺的发展不仅要依赖生产的发展，还要进行试验研究，用科学方法分析和研究工艺问题，解决工艺问题，提高电器工艺水平。

一、生产过程和生产系统的概念

生产过程是指将原材料转变为成品的全过程。电器产品生产的全过程包括下列过程：

（1）原材料、半成品和成品（产品）的运输和保管。

（2）生产和技术准备工作，如产品的开发和设计、工艺设计、专用工艺装备的设计和制造、各种生产资料的准备以及生产组织等方面的准备工作。

（3）毛坯制造，如铸造、锻造、冲压、塑料制造和焊接等。

（4）零件的机械加工、热处理和其他表面处理。

（5）部件和产品的装配、调整、检验、试验、包装及储运等。

上述生产过程的内容十分广泛，从产品开发、生产和技术准备到毛坯制造，机械加工处理和装配，影响的因素和涉及的问题多而复杂。为了使工厂具有较强的应变能力和竞争能力，现代工厂逐步用系统的观点看待生产过程的各个环节及他们之间的关系，即将生产过程看成一个具有输入和输出的生产系统。用系统工程学的原理和方法组织生产和指导生产，能使工厂的生产和管理科学化；能使工厂按照市场动态，及时地改进和调节生产，不断更新产品以满足社会的需要能使生产的产品质量更好，周期更短，成本更低。

二、工艺过程及其组成

(1) 工艺过程　改变生产对象的形状、尺寸、相对位置和性质等，使其成为成品或半成品的过程称为工艺过程。它是生产过程中的主要部分，也是工艺学研究的主要内容。

(2) 工序　一个或一组工人，在一个工作地对同一个或同时对几个工件所连续完成那一部分工艺过程，称为工序。划分工序的主要依据是工作地是否变动和工作是否连续。加工一个零件往往需要几道工序才能完成。

(3) 工位　为了完成一定的工序部分，一次装夹工作后，工件（或装配单元）与夹具或设备的可动部分一起相对刀具或设备的固定部分所占据的每一个位置，称为工位。如图 2－1 所示，在铣端面钻中心孔这一工序中，就是两个工位。工件装夹后，先铣端面，然后移动到另一个位置钻中心孔。

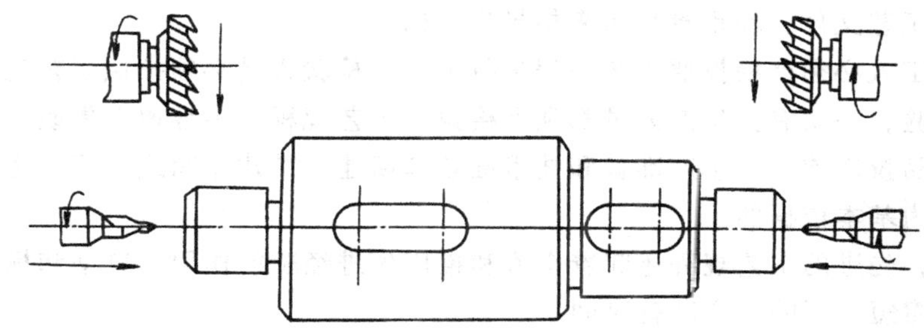

图 2－1　铣端面钻中心孔实例

(4) 工步　在加工表面（或装配时的连接表面）加工量和加工（或装配）工具不变的情况下，所连续完成的那一部分工序称为工步。工步是工序的基本单元，是工序的组成部分。

(5) 生产类型　又称生产纲领，是指企业（或车间、工段、班组、工作地）生产专业化程度的分类。一般分为大量生产、成批生产和单件生产三种类型。

①单件生产　产品品种很多，同一产品的产量很少，各个工作地的加工对象经常改变，而且很少重复生产。例如，重型机械制造、专用设备制造和新产品试制都属于单件生产。

②大量生产　产品的产量很大，在每个工作地点上大量、经常、反复地应用同一固定工序的生产方式。例如，汽车、拖拉机、自行车、缝纫机和手表的制造常属大量生产。

③成批生产　一年中分批轮流地制造几种不同的产品，每种产品均有一定的数量，工作地的加工对象周期性地重复。例如，机床、机车的制造常属成批生产。按批量的多少，成批生产又可分为小批、中批和大批生产三种。在工艺上，小批生产和单件生产相似，常合称为单件小批生产；大批生产和大量生产相似，常合称为大批大量生产。

生产类型不同，对生产组织、生产管理、车间布置、设备、加工方法等的要求也应不同，故在设计工艺过程时，应先知道生产类型。

随着科学技术和生产技术的进步，产品更新换代的周期越来越短，产品的品种规格将会不断增加。因此，多品种、小批量生产在今后不仅不会减少，而且还有增长的趋势。

第二节 设计工艺规程应有的基本知识

一、工艺规程的概念和作用

规定产品或零部件制造工艺过程和操作方法等的工艺文件称为工艺规程。它是在具体的生产条件下，最合理或较合理的工艺过程和操作方法，并按规定的形式书写成工艺文件，经审批后用来指导生产的。

生产工人必须严格按照工艺规程进行生产，检验人员必须按照工艺规程的要求进行检验，一切有关生产人员都须严格执行工艺规程，不容擅自更改。

新产品投产前进行生产准备和技术准备和新建、扩建车间或工厂，都是以工艺规程作为基本依据的。

此外，先进的工艺规程还起着交流和推广先进经验的作用。典型和标准的工艺规程能缩短工厂的生产准备时间。

二、制订工艺规程的主要依据（原始资料）

(1) 产品的装配图样和零件图样、技术条件。

(2) 验收产品的质量标准。

(3) 生产类型。

(4) 本厂的生产条件。

如现有设备的规格、性能、所能达到的精度等级及负荷情况；现有工艺装备和辅助工具的规程和使用情况，工人的技术水平；专用设备和工艺装备的制造能力和水平；毛坯的生产能力和制造水平等。只有深入生产现场进行调查研究，掌握上述方面的第一手资料，才能使制订出的工艺规程符合本厂的生产实际。

(5) 国内外先进工艺及生产技术发展情况。

制订工艺规程时，还需了解国内外的先进工艺和生产技术的发展情况，以便结合本厂的生产实际加以推广应用，使制订出的工艺规程具有先进性和最好的经济效益。

三、制订工艺规程的步骤

(1) 分析零件图和产品装配图、技术要求。

(2) 确定毛坯。

(3) 拟定工艺路线，这是制订工艺规程的关键一步。

(4) 确定各工序的加工余量、计算工序尺寸及其公差。

(5) 填写材料卡片。

(6) 确定各主要工序的技术要求及检验方法。

(7) 进行技术经济分析，选择最佳方案。

(8) 填写工艺文件。

四、工艺文件的种类

(1) 工艺方案　在制订各类工艺文件之前，应当对被加工零件，及至整体产品的各项技术要求、原材料的供应能力、本厂的设备能力（或协作能力），经济效果等各方面因素进行全面的研究，制订出总的工艺方案。方案应当有理、有据，最好提出几种可能的工艺方案加以分析、比较，找出其中最好的。

(2) 工艺卡片（工艺过程卡片）　工艺卡片是指导生产和组织工艺准备的主要文件。生产工人将按卡片上的指示进行工作。工艺卡片以工序为单位，注明各工序的内容、设备、工艺装备、附图、工时定额、材料型号、规格、毛坯种类、重量、材料定额等。主要用于单件小批生产和中批生产的零件，大批大量生产可酌情决定。

(3) 工艺路线卡片（施工程序表）　工艺路线卡片通用于单件生产或对某零（部）件不硬性规定用某一设备进行加工时，可利用工艺路线卡片组织生产。它注明加工过程所经过的车间或工段的先后顺序，以及全部工序的名称，并附有草图。草图上注明各工序加工的尺寸，以及待加工表面的加工顺序号码。

(4) 工艺守则　工艺守则是按工艺方法的类别编制的，作为某一类加工方法的指导文件。应根据先进经验编制，并争取不断充实和更新内容。内容有适用范围、材料及配方、设备及工具、工艺准备、工艺过程、质量检验、技术安全及注意事项。

(5) 主要材料和辅助材料消耗明细表　每种产品编一份。根据产品所有零件的材料规格及材料定额，进行汇总编制此表，是采购供应材料的依据。并可以从中研究如何降低材料特别是贵重材料的消耗，分析材料消耗是否合理。

(6) 外协件明细表　将由本厂提供图纸，外厂加工的零件进行汇总编制此表，以便组织生产。

(7) 外购件明细表　将不需图纸能买到的零件例如标准件进行汇总编制此表，产品采用的标准件多，其成本也降低。

(8) 专用工装明细表　将某型号规格的产品所需要的专用工艺装备进行汇总编制此表，以利于组织生产。

五、产品结构的工艺性和工艺过程的典型化

(一) 产品结构工艺性

是指零件（或部件）在加工或装配时的方便程度和经济程度。工艺性好的产

品，生产效率高，生产成本低。产品结构工艺性可分为两部分：零件结构的工艺性和装配的工艺性。

产品结构工艺性与生产批量有关。大量生产的结构工艺性好的，对单件及小批生产不一定工艺性好。

1. 比较产品结构工艺性的依据

①消耗在产品上的总劳动量。

②采用贵重材料的比重和全部材料的利用率。

③特殊设备和标准量刃具的要求程度。

④需要熟练工人的比重。

⑤生产周期的长短。

⑥使用标准零件的百分率。

⑦生产准备时所耗用的劳动量的大小，时间的长短和费用的多少。

⑧产品的成本。

以上都取决于产品零件，组合件结构的复杂程度，以及对加工精度和粗糙度的要求。工艺性这一术语是一个相对的概念。因为，每一种新设计的产品结构，其工艺性的好坏，是对新产品的几种结构设计进行比较或与已生产的电器产品进行比较的结果。同时，随着生产技术日益不断的进步，在各种电器制造中大量采用新工艺，这也就会导致对产品结构的工艺性做相应的变化。

2. 为保证产品有好的结构工艺性，应采取如下措施

①尽量采用标准化、规格化和通用化的零部件（如紧固零件、电线接头、电阻元件等）可以缩短技术设计、生产准备时间和减少劳动量，便于利用已有的图纸和工艺文件，且在生产过程中便于利用标准刀具，减少夹具和模具的数量，使工艺过程简化，为工艺过程的典型化打下基础。

②合理选用精度等级及表面粗糙度等级：在所有能满足产品使用性能要求的精度及粗糙度等级中，应采用较低的精度等级与较高的粗糙度等级以减少加工费用、简化生产过程、便于装配。

③合理地选用原材料和毛坯：提高材料利用率和用廉价材料代替贵重金属。选择毛坯时，尽可能采用少切削或无切削的加工方法。

④保证零件加工方便和装配容易：在保证零件能充分地满足产品的整体性能的基础上，使零件的形状最简单。

装配时最好采用流水生产，以缩短装配周期。尽量用机器代替人工操作。

（二）工艺过程典型化

为了提高产品的工艺性，工艺过程的典型化也是很重要的。工艺过程的典型化就是将零件划分成类，并制定出各类零件的典型工艺过程。电器产品的品种和型式多种多样，零（部）件的型式也多种多样。但是，我们可以依据它们的形

状、用途、加工方法的共性进行分类，制定典型零件的工艺规程，以便简化工艺设计工作、生产组织工作，并为不断提高工艺水平创造条件。工艺过程典型化工作分两步进行：

（1）编制零件分类表：把有相似结构，相似用途，相似加工方法的零件划为一类。

（2）编制每一类零件的工艺规程，也可以按工艺方法分类编制各种典型工艺的工艺守则。

（三）电器零件分类

电器零件分类时，可以依据零件的结构形状、尺寸大小、精度、粗糙度、材料、生产类型等许多因素进行划分，但经常将有相似结构，相似用途、相似加工方法的零件划为一类。

电器零件可分为下列几类：

（1）导电零件　包括触头和接触零件，大电流线圈，硬的与软的电气联接，电磁线绕制的线圈，电阻元件等。

（2）导磁零件　包括直流导磁体，交流导磁体，永久磁铁等。

（3）电气绝缘零件　包括塑料压制零件，层压绝缘零件，绝缘材料经机械加工制成的零件和陶瓷零件等。

（4）机械零件　包括轴、轴承、连杆、凸轮等，各种弹簧、外壳、底座、框架等，汽缸、气阀和活塞等。

（四）电器零（部）件加工的典型工艺

电器零（部）件的加工方法较复杂，但也可以归纳为以下几方面的典型工艺：

（1）铸造工艺　砂型铸造、金属模铸造、压力铸造、离心铸造、精密铸造等。

（2）锻造　自由锻造、模型锻造等。

（3）焊接工艺　电弧焊、气焊、点焊、电阻焊等。

（4）切削加工　车、铣、刨、磨、钻、镗等工艺。

（5）冷冲压工艺　剪切、冲裁、弯曲、拉伸、冷挤等工艺。

（6）塑料压制工艺　热固性和热塑性零件制造工艺等。

（7）线圈绕制工艺　电压线圈，电流线圈，大电流线圈绕制工艺等。

（8）层压绝缘工艺。

（9）绝缘处理工艺　真空浸漆，浸胶等。

（10）热处理工艺　退火、回火、淬火、化学热处理工艺等。

（11）电镀工艺。

（12）涂敷工艺　涂漆、电泳涂漆、静电场喷涂工艺等。

（13）机柜制造工艺。

（14）装配工艺。

在模具制造中应用电火花和线切割工艺，以及精密磨削加工。

以上各种典型工艺都可以编制出工艺规范用以指导生产，并根据科学技术上的新发展，不断地补充和修改工艺规范。

六、确定工艺过程的原则

（一）确定工序时应注意的原则

（1）上工序应能保证下工序的加工质量，并能改善表面加工质量。

（2）将作为下道工序定位面的应先加工。

（3）对第一道工序应选尺寸较大和较光滑的表面作为定位面，以减少定位误差。

（4）应先加工精度要求较低的表面，以避免以后加工及搬运中损伤的可能性。

（5）在某道工序中容易出现缺陷时，应尽可能向前安排，而不论缺陷是由于加工方法还是由于毛坯质量引起的。

（6）除了定位必须的钻孔之外，钻孔攻螺纹等工序一般应安排在工艺过程的最后进行。

（7）在对毛坯进行连续加工时，对每道工序基准面的选择应多加注意，以减少积累误差。

（8）所确定的工艺过程必须保证安全并考虑解决污染问题以及三废的处理问题。

（二）选择加工设备应注意的原则

（1）对每道工序都应选用最简单的加工方法和设备，并应保证最小的切削用量。

（2）每道工序所选用的设备，都应能保证规定的加工精度。

（3）所选用的设备消耗的功率应略大于完成某道工序所需的功率，以便保证工作的顺利进行。

（4）选择某道工序的设备时，应提出几种设备加以比较，在能够完成技术指标的前提下，从生产效率、材料消耗及设备费用等方面考虑，选用最经济的设备。

七、毛坯、加工余量和工序尺寸

（一）毛坯

确定毛坯要从机械加工和毛坯制造两方面综合考虑。确定毛坯包括毛坯类型及其制造方法。

电器产品中常用的毛坯：

（1）铸造毛坯　电器产品中采用有色金属及其合金的铸造件较多（其中包括砂型铸造、金属模铸造、压力铸造、失蜡铸造、离心铸造等）。防爆电器和控制电器产品的毛坯也用黑色金属浇铸。

（2）型材和棒料　各种黑色金属和有色金属板材或棒材。

（3）塑料压制毛坯。

（4）锻、压件。

（二）加工余量的数值计算

加工余量是指每一道工序中，所切去的金属（或非金属层）厚度。余量有工序余量和加工总余量之分。工序余量是相邻两工序的工序尺寸之差；加工总余量（毛坯余量）是毛坯尺寸与零件图样的设计尺寸之差。

（1）由于工序尺寸有公差，故实际切除的余量大小不等。被加工零件的工作图上只标注零件的最后尺寸，工序尺寸由工艺师标注在工艺图纸上。

本工序必须把上工序留下的表面粗糙度 R_a 全部切除，还应切除上工序在表面留下的一层金属组织已遭破坏的缺陷层 D_a，如图 2－2 所示。

图 2－2　表面粗糙度及缺陷层

各种加工方法所得的实验数据 R_a 和 D_a 如表 2－1 所示。

表 2－1　各种加工方法实验数 R_a 和 D_a　　（单位：μm）

加工方法	R_a	D_a	加工方法	R_a	D_a
粗车	15～100	40～60	精扩孔	25～100	30～40
精车	5～45	30～40	精铰	25～100	25～30
磨外圆	1.7～15	15～25	精铰	8.5～25	10～20
钻	45～225	40～60	粗车端面	15～225	40～60
扩钻	25～225	35～60	精车端面	5～54	30～40
粗镗	25～225	30～50	磨端面	1.7～15	15～35
精镗	5～25	25～40	磨内圆	1.7～15	20～30
粗扩孔	25～225	40～60	拉削	1.7～8.5	10～20
粗刨	15～100	40～50	磨平面	1.7～15	20～30
粗插	25～100	50～60	切断	45～225	60
精刨	5～45	25～40	研磨	0～1.6	3～5
精插	5～45	35～50	超级光磨	0～0.8	0.2～0.3
粗铣	15～225	40～60	抛光	0.06～1.6	225
精铣	5～45	25～40			

故最小工序加工余量的计算公式为

$$Z_{min} \geqslant R_a + D_a \qquad (单边余量时)$$
$$Z_{min} \geqslant 2(R_a + D_a) \qquad (双边余量时) \qquad (2-1)$$

影响加工余量的因素还有加工时的制造公差 T，包括加工时的尺寸分散误差、机床调整误差、某种加工方法可能有的系统误差。

故最大工序余量

$$Z_{max} = Z_{min} + T_a + T_b \qquad (2-2)$$

式中 T_a——上工序尺寸的公差；

T_b——本工序尺寸的公差。

(2) 确定工序尺寸及其公差。工件上的设计尺寸及其公差是经过各加工工序后得到的。每道工序的工序尺寸都不相同，它们是逐步向设计尺寸接近的。为了最终保证工件的设计要求，需要规定各工序的尺寸及其公差。计算顺序是：先确定各工序余量的基本尺寸，再由后往前，逐个工序推算。即由工件上的设计尺寸开始，由最后一道工序开始向前工序推算，直到毛坯尺寸。

例 2-1 某主轴箱箱体的主轴孔，设计要求为 ϕ100JS6，$R_a = 0.8\mu m$，加工工序为粗镗—精镗—精镗—浮动镗等四道工序。试确定各工序又寸。

解 如表 2-2 所示。

表 2-2 主轴孔各工序尺寸及其公差的计算实例 (单位：mm)

工序名称	工序基本余量	工序的经济精度	工序尺寸	工序尺寸及其公差和 R_a
浮动镗	0.1	Js6(±0.011)	100	$\phi100 \pm 0.011$ $R_a = 0.8\mu m$
精　镗	0.5	H7($^{+0.035}_{0}$)	100 − 0.1 = 99.9	$\phi99.9^{+0.035}_{0}$ $R_a = 1.6\mu m$
半精镗	2.4	H10($^{+0.14}_{0}$)	99.9 − 0.5 = 99.4	$\phi99.4^{+0.14}_{0}$ $R_a = 3.2\mu m$
粗　镗	5	H13($^{+0.44}_{0}$)	99.4 − 2.4 = 97.0	$\phi97.0^{+0.44}_{0}$ $R_a = 6.4\mu m$
毛坯孔	8	($^{+2.0}_{-1.0}$)	97.0 − 5 = 92.0	$\phi92^{+2.0}_{-1.0}$

第三章　弹簧与热双金属元件制造工艺

第一节　概　　述

弹簧是利用材料的弹性和弹簧结构的特点，在产生变形时，把机械功或动能转变为变形能或机械功的零部件。

在电器产品中，弹簧所起的作用一般可分为三种。

(1) 施力作用　触头压力、电磁系统反力及零部件的固定式动作的作用力，如合闸力、分闸力、自由脱扣力、线圈或灭弧罩的弹性固定力等。

(2) 缓冲和减振作用　如电磁铁的吸合、断开时有很大的冲击力，采用弹簧以吸收动能从而起到减少冲击，即缓冲减振的作用。

(3) 防止联接件松动的作用　电器产品往往经受本身或外界产生的振动冲击的作用，此时，用于联接的紧固零件极易松动而导致联接失效，为避免发生此情况，在联接件之间采用弹簧件如弹簧垫圈等，即可防止松动。

弹簧是电器开关上十分重要的零部件。弹簧力或变形量不符合要求，常直接影响电器产品的质量和技术性能——通断能力、温升、动作可靠性等，如继电器的弹簧质量会影响吸合及释放电压、空气断路器的弹簧质量会使断流容量相差数倍之多，高压隔离开关的触头弹簧的质量不良，有时甚至会造成整个供电线路的停电事故等等。

我国目前已经出现了一些由现代化设备装备起来的专业化弹簧制造厂。主要生产方式是单机自动化大批量生产。目前我国标准局已相继制定了普通圆柱螺旋弹簧的各种名词术语，尺寸参数等一系列标准，给生产制造提供了方便。在从事弹簧设计和制造过程中均应遵循这些标准。

一、分类

弹簧种类繁多，分类方法不一，按其形状和结构可分为以下几种类型：

1. 圆柱螺旋弹簧

这类弹簧多数由圆型截面材料制成，但在同样空间条件下需要更大的刚度时，可选用矩形截面材料。大致分为三种类型：

(1) 圆柱螺旋压缩弹簧（图 3－1）　这种弹簧结构简单，制造方便，特性接近于直线型，刚度值较稳定，应用最广，简称为压缩弹簧。

(2) 圆柱螺旋拉伸弹簧（图 3－2）　这种弹簧性能和特点与压缩弹簧相同。

主要承受拉伸载荷，其特性线是直线型。由于有初应力或无初应力的区别，故其特性线起点各异。多数由圆形截面材料制成，简称为拉伸弹簧。

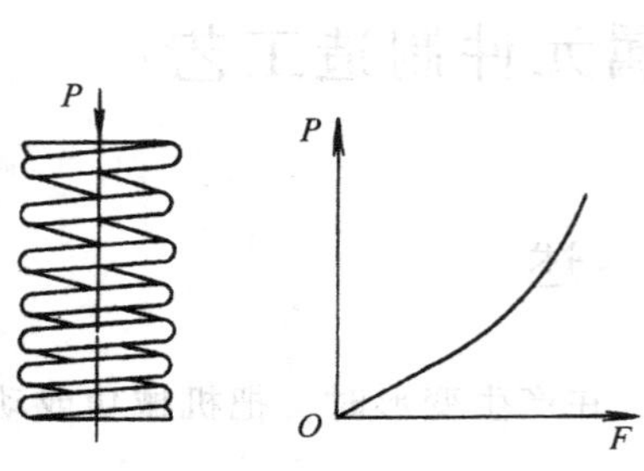

图 3－1　压缩弹簧及其特性

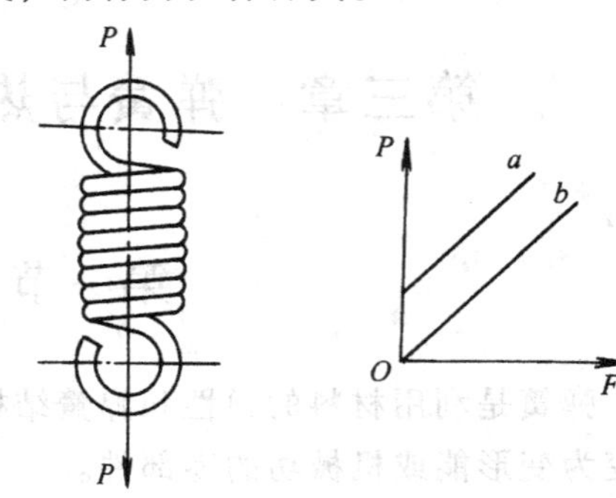

图 3－2　拉伸弹簧及其特性

a—有初应力特性线　b—无初应力特性线

(3) 圆柱螺旋扭转弹簧（图 3－3）　这种弹簧主要承受扭矩作用，用于压紧、储能及转动系统中，特性线呈直线型，多数由圆形截面材料制成，简称为扭转弹簧。

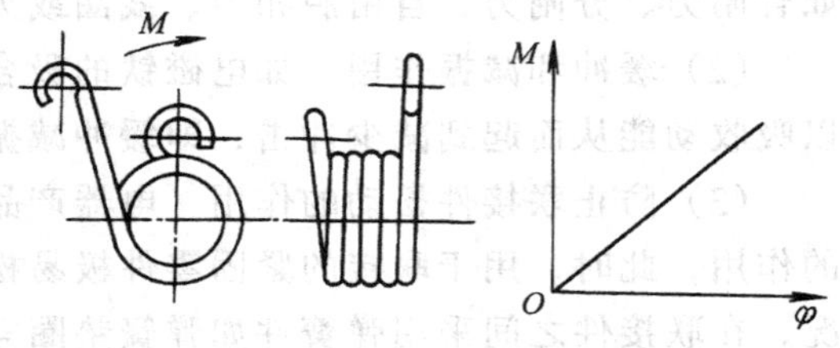

图 3－3　扭转弹簧及其特性

2. 变径螺旋弹簧

包括锥形、双锥形弹簧及不规则变直径弹簧，后者应用较少。

(1) 圆锥形螺旋弹簧（图 3－4）　这类弹簧的特点是稳定性好，结构紧凑。其特性线开始是直线，随着载荷的增加，逐渐变成渐增型，有利于缓和冲击和共振。

(2) 中凸和中凹形弹簧（即双锥弹簧）（图 3－5）　这类弹簧的特点相当于圆锥形弹簧。中凸形弹簧在某些场合可代替圆锥弹簧使用；中凹形弹簧主要用作座垫和床垫。

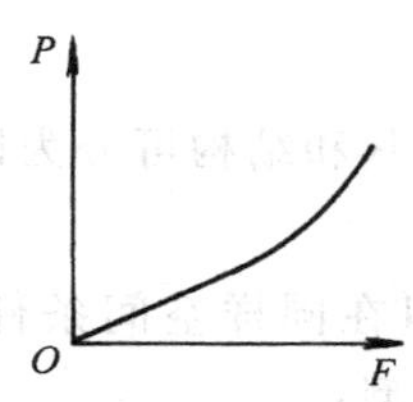

图 3－4　圆锥弹簧及其特性

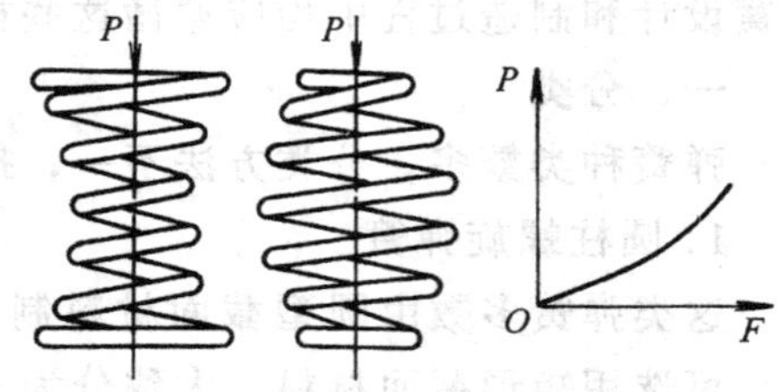

图 3－5　中凸和中凹形弹簧及其特性

3. 碟形弹簧

加载与卸载特性线不重合，在工作过程中有能量消耗、缓冲以及减振能力强。

4. 平面蜗卷弹簧

这类弹簧圈数多、变形大、储存能量大，多用在仪器和钟表中。

5. 片弹簧

这类弹簧由薄片材料制成，结构形状繁多。主要用于仪表及低压电器元件中。

此外，还有空气弹簧、液压弹簧、弹性触头及扭杆弹簧等。

二、弹簧的基本性能

弹簧的基本性能是在载荷作用下产生变形，卸载时释放能量恢复原形。

1. 弹簧的特性线

载荷 $P(M)$ 与变形 $F(\phi)$ 之间的关系曲线称为弹簧的特性线。弹簧特性线大致有三种类型，即直线型、渐增型、渐减型，如图 3－6 所示；或者是以上类型的组合，如图 3－7 所示为两个直线型组成的组合特性线。

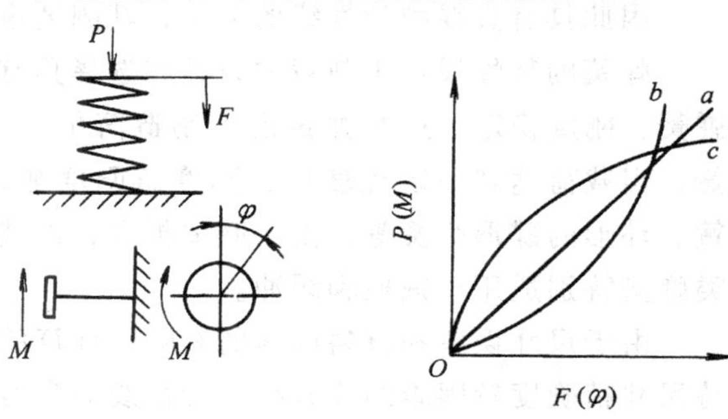

图 3－6

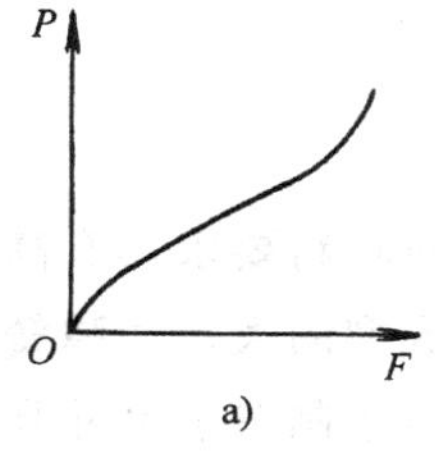

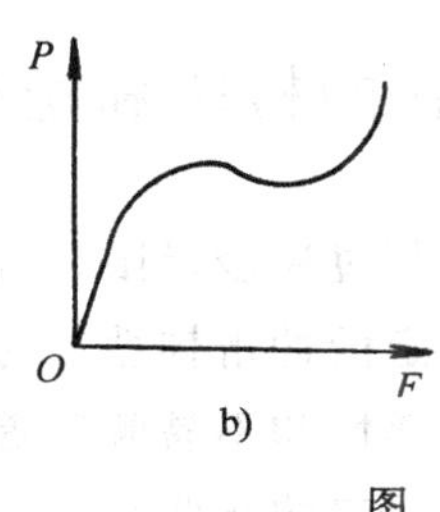

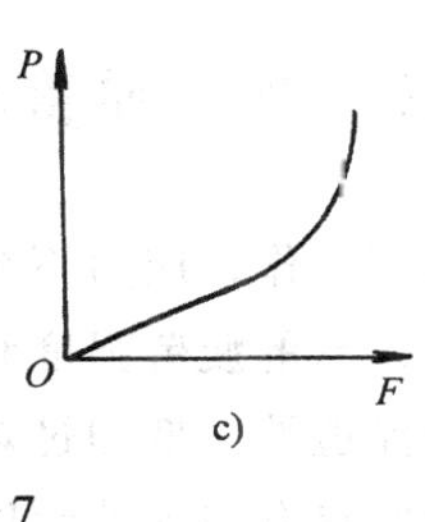

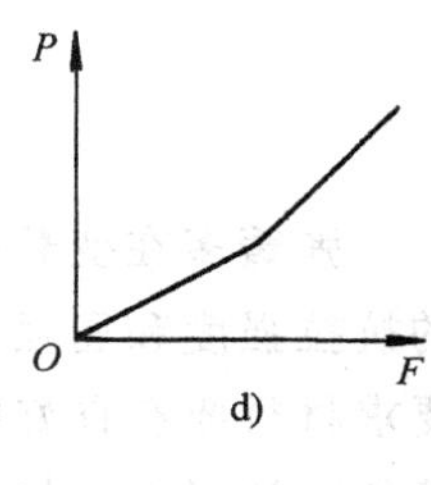

图 3－7

2. 弹簧刚度

产生单位变形所需的载荷称为弹簧的刚度。

对于受拉伸和压缩载荷的弹簧，其刚度为

$$P' = \frac{P}{f} \tag{3-1}$$

式中 P'——压缩和拉伸弹簧刚度，单位为 N/mm；

P——弹簧所受负荷，单位为 N；

f——弹簧的变形量，单位为 mm。

对扭转弹簧的刚度为

$$M' = \frac{M}{\phi} \tag{3-2}$$

式中 M'——扭转弹簧的刚度，单位为 N/cm；

M——扭转弹簧的扭矩，单位为N·cm；

ϕ ——扭转弹簧的扭转角。

特性线为渐增型弹簧，其刚度随着载荷的增加而增大；渐减型弹簧，其刚度随着载荷的增加而减小。而对于直线型弹簧，其刚度不随载荷变化而变化，即

$$P' = \frac{P}{F} = 常数 \tag{3-3}$$

$$P' = \frac{M}{\phi} = 常数 \tag{3-4}$$

因此具有直线型特性线的弹簧，其刚度也称为弹簧常数。

弹簧的特性线对于弹簧的设计和选择具有重要的作用。具有直线型特性线的弹簧，刚度稳定。这类弹簧由于制造简单，应用最广。具有渐增型特性线的弹簧，当载荷达到一定程度后，刚度急剧增加，从而起到保护弹簧的作用。板弹簧、环形的碟形弹簧等，由于摩擦损失，加载与卸载的特性线不重合，因此，这类弹簧特别适用于减振和缓冲。

由于尺寸误差和材料因素的影响，计算的特性线与实测有一定的差异。对保持尺寸精确度较困难的非直线型特性线的弹簧，差异更大。因此，对特性线有较严格要求的弹簧、应经过试验，反复修改有关尺寸参数后，方可成批生产。

第二节　弹簧材料的检验和选用

弹簧多在变载荷下工作，应力不允许超过屈服极限，因此对材料要求具有高的抗拉强度和屈强比，高的疲劳强度和一定的冲击韧性。对热成型的大尺寸弹簧要求材料要有良好的淬透性，低的过热敏感性和不易脱碳等；对于制造小尺寸弹簧的冷拉（轧）材料要求有均匀的硬度和一定的弯曲塑性。

弹簧的性能和使用寿命在很大程度上取决于材料的表面质量。因此弹簧材料表面不应有裂纹、折迭、结疤、气泡、夹渣、压痕和凹陷等缺陷。

对材料表面进行各种强化处理有很好的效果，应予考虑和采用。选择弹簧材料时，应根据对弹簧的具体要求考虑以下几个方面。

一、常用弹簧材料的性能及用途

（1）材料的淬透性能　在选择材料时，应根据材料直径或厚度考虑材料的淬透性能。对电器产品而言，绝大多数弹簧采用冷拔材料，绕制后不必淬火，淬透性的问题不很突出。

（2）工作特点和载荷性质　在不同工作条件下使用的弹簧，对材料有不同的要求。

（3）工作温度　在高或低温条件下使用的弹簧，应根据其工作温度选择弹簧

材料。

(4) 包括有高导电性能要求者和抗磁要求者。

二、常用弹簧材料的性能及用途

弹簧材料的种类很多，按国家标准所列大致可分为四大类：碳素弹簧钢丝、合金弹簧钢丝、弹簧用不锈钢丝和青铜线。

如果按交货状态，金属弹簧材料也可分为两大类：

一类是在成材过程中经强化压加工的丝（线）材和带材，即通常所说的硬状态。这种材料在弹簧成形后不需淬火，只需进行消除内应力的回火处理。电器产品中所用的弹簧材料主要是这一类。

另一类是热轧材及在成材后以退火或高温状态供货的丝材或带材。这种材料在弹簧成形后需进行淬火、回火处理。如合金钢丝、异型钢丝及马氏体不锈钢等。

1. 碳素弹簧钢丝

它有四个品种，即碳素弹簧钢丝、琴钢丝、阀门用淬火回火碳素弹簧钢丝及油淬回火碳素弹簧钢丝。

这类材料可在－40～120℃条件下正常工作，其性能特点是强度高、性能好、价格便宜、易于生产和加工，但淬透性差、防腐性能差，使用时须经表面电镀或发兰处理。适于做小弹簧，在电器、仪表和机械中广泛使用。

(1) 碳素弹簧钢丝　按用途分为三组。

A 组　用于一般弹簧；

B 组　用于低应力弹簧，如手动按钮等；

C 组　用于较高应力弹簧，如接触器、继电器等电器产品中的各种弹簧。

(2) 琴钢丝　此钢丝用于制造具有重要用途的、不经热处理或经低温回火处理的弹簧，在低压电器元件中使用最广。

钢丝按用途可分为三类组。

G－1 组　用于各种重要用途弹簧；

G－2 组　用于各种高应力弹簧，如低压电器元件中的触头弹簧、反力弹簧等；

F 组　用于阀门弹簧。

F 组钢丝显微组织应为索氏体和托氏体，允许有少量的铁素体。其直径一般在 $\phi2.0 \sim \phi6.0$mm 之间。

(3) 阀门用油淬火回火碳素弹簧钢丝　它相当于原标准中的重要用途弹簧钢丝。此种材料用于制造内燃和阀门弹簧及其他类似条件所用的弹簧。

(4) 油淬火回火碳素弹簧钢丝　这种材料适用于一般普通机械弹簧，在电器产品中仅在不太重要场合使用。

2. 合金弹簧钢丝

这种材料由于在钢中加入丁硅、锰元素，从而提高了强度、淬透性及回火稳定性。其主要性能特点是强度高、耐冲击。适于制造高负荷及冲击频率高的各种重要弹簧。

合金弹簧钢丝主要有三种：即硅锰合金弹簧钢丝、铬硅合金弹簧钢丝和铬钒合金弹簧钢丝。

（1）油淬火回火硅锰合金弹簧钢丝　此钢丝按用途为三类。

A类　用于一般弹簧；

B类　用于一般弹簧、汽车悬挂螺旋弹簧及空压机中的阀门弹簧等；

C类　用于机车车辆、汽车、拖拉机上的螺旋弹簧。

（2）阀门用油淬火回火铬硅合金弹簧钢丝　这种材料的特点是耐高温、耐冲击。适于制造在较高温度下耐高应力的内燃和阀门弹簧，它可以在－40～250℃的环境下正常工作。

（3）阀门用油淬火回火铬钒合金弹簧钢丝　这是一种高级优质合金弹簧钢，其代表是50CRVA钢。该钢种的特点是强度高，有良好的冲击韧度，回火稳定性好，耐高温，可用做温度低于300℃的阀门弹簧和活塞弹簧。这种钢多用于截面较大的弹簧。

3．弹簧用不锈钢丝

弹簧用不锈钢丝按组织可分为三大类。线径在6mm以下的一般为奥氏体不锈钢，较大直径选用马氏体及沉淀硬化不锈钢。钢丝根据牌号和抗拉强度分为A、B、C三组。可根据使用要求选用。

1Cr18Ni19和0Cr19Ni10属于奥氏体不锈钢。这两种材料耐腐蚀性能比较好，而且具有耐高温及耐低温的特点，可在300℃以下正常工作。其强度取决于冷拉时的减面率，减面率越大强度越高。由于上述特点，使其在低压电器产品及仪器仪表中被广泛使用。但由于其加工性能较差，故要求其材料在出厂时表面要加一层润滑涂层。一般是涂树脂或镀镍，以改善其卷绕性能。如果用裸线，需在卷绕时加肥皂等作为润滑剂、否则难以成形。

0Cr17Ni8AL钢属于超高强度沉淀硬化不锈钢。具有很高的强度和足够的韧性，可承受很高的应力。这种钢在奥氏体状态下加工性能好，耐高温、耐腐蚀、可冷成形。但由于含较多贵重合金元素，热处理工艺复杂，价格较昂贵，故一般多在兵器上使用。

马氏体不锈钢的代表是3Cr13和4Cr13。这两种材料一般以退火状态交货，多数直径较大。主要用做耐高温，耐腐蚀的较大弹簧。用这种材料制成的弹簧要经过高温淬火和回火处理。

4．青铜线

青铜线品种也比较多，按国家标准主要分为三种类型：即硅青铜、锡青铜和铍青铜。他们共同的性能特点是强度和弹性都比较好，无磁性、导电性能好、耐磨、耐蚀及耐低温。

（1）硅青铜线　硅青铜线具有较高的弹性、强度、耐磨性及无磁性，价格便宜，因而在制造弹簧时广泛采用。但这种材料也有不足，如 QSi3－1 有应力腐蚀破裂倾向，冷成形后长时间存放可自行开裂。因此在弹簧冷绕成形后要及时进行 170～220℃低温回火处理，以消除应力裂纹倾向，并使其合金性能略有提高。

（2）锡青铜线　锡青铜线具有较高的力学性能和减磨性。对过热和气体的敏感性小，撞击时不产生火花，抗磁性和耐低温性能也好，有良好的耐碱性、导电性，可焊性也比较好，但在氯气和酸溶液环境下耐蚀能力较差。含锡量高的材料塑性较差，弹簧成形困难。旋绕比较小的弹簧最好选用含锡量低的线材。该种材料的使用温度不应高于 120℃，适于制造仪表弹簧。

（3）铍青铜线　铍青铜线具有优良的物理、化学、工艺和力学性能。经调质后，有较高的强度、硬度、弹性、耐磨性、耐热性、耐寒性和疲劳强度。此外，有良好的导电性、导热性、无磁性、撞击时不产生火花，在大气、海水和淡水中有较高的耐蚀性。如经钠盐钝化，耐蚀性可成倍提高，在低温下无脆性。但是铍有毒，而且生产工艺复杂，价格较贵，故使用上受到限制。主要用于制造各种重要用途的弹簧，如继电器、精密仪表及载荷变化幅度较大的弹性元件。这种材料常用的型号是 QBe2。

第三节　弹簧的核准计算

一、弹簧特性

压缩弹簧和拉伸弹簧指定高（长度）时的负荷，弹簧变形量应在试验负荷时变形量的 20%～80%之间。对 1 级精度弹簧，指定长度的负荷下的变形量应在 4mm 以上。

试验负荷 P_s；测定弹簧特性时，以弹簧上允许承载的最大负荷作为试验负荷。

试验应力 T_S；测定弹簧特性时，以弹簧上允许承载的最大应力作为试验应力。

弹簧刚度在特殊需要时采用。测定弹簧刚度时，其变形量应在试验负荷下变形量的 30%～70%之间。

扭转弹簧的弹簧特性一般不作要求，只在特殊需要时才予以规定。

二、弹簧的核准计算

（一）压缩弹簧

圆柱螺旋压缩弹簧由于容易生产、工艺简单、所以应用最为广泛。这种弹簧一般均由圆形截面材料制成，但近年来为提高其刚度值，有时在特定条件下也有选用矩形截面材料的。有时为了提高疲劳强度，也有选用卵形截面材料的。但无论是矩形、卵形或管形材料，由于其生产工艺均比较复杂，故均应用较少。

1. 压缩弹簧的端部结构

压缩弹簧的端部结构如表 3-1 所示。YⅠ、YⅡ为接触型，两端圈表面磨平或锻平，与弹簧轴线垂直，这种弹簧与支承座接触好。YⅢ型为两端圈不接触，称为开口型，这种弹簧，端圈表面一般不磨平，结构简单、但为了保证弹簧的稳定，则需要与弹簧端面吻合的支承座。

表 3-1　压缩弹簧端部结构（GB1239.2—89）

序　号	YⅠ	YⅡ	YⅢ
简　图			
端部结构型式	两端圈并紧并磨平	两端圈并紧不磨	两端圈不并紧

矩形截面材料压缩弹簧的端部，一般为接触型，并且端面磨平。

2. 工作图

圆柱螺旋压缩弹簧特性线见图 3-8。

3. 校核计算

(1) 几何参数

内径　$D_1 = D_2 - d$　(3-5)

外径　$D = D_2 + d$　(3-6)

细长比　$b = \dfrac{H_0}{D}$　(3-7)

旋绕比　$C = \dfrac{D}{d}$　(3-8)

旋绕比即弹簧指数。旋绕比 C 值越小，曲率越大，卷制越困难，弹簧刚度也越大。由于工作时弹簧材料内侧切应力大于平均应力较多，故导致工作区间变小，C 值大则相反。

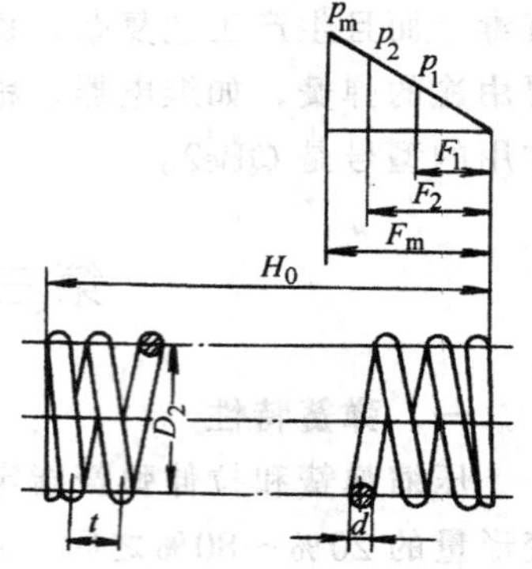

图 3-8　压缩弹簧工作图

p_1—初压力　F_1—初压力变形量

p_2—终压力　F_2—终压力变形量

p_m—极限压力　F_m—极限变形量

节距　$$t = \delta + d = \frac{H_0 - H_b}{n} + d \qquad (3-9)$$

螺旋角　$$\tan\alpha = \frac{t}{\pi D} \qquad (3-10)$$

展开长度　$$L = \frac{\pi D n_1}{\cos\alpha} = n_1\sqrt{(nD_0)^2 + t^2} \approx n_1 \pi D_0 \qquad (3-11)$$

式中　D_2 ——弹簧中径，单位为 mm；

d ——弹簧材料直径，单位为 mm；

H_0——自由高度，单位为 mm；

H_b——压并高度，单位为 mm；

$H_b=(n_1-0.5)d$（端头并紧磨平时）；

$H_b=nd$（端头并紧不磨平时）；

n_1——弹簧总圈数。

（2）物理参数

弹簧刚度 $$P'=\frac{Gd^4}{8D^3n} \tag{3-12}$$

弹簧负荷 $$P=P'F=\frac{Gd^4F}{8D^3n} \tag{3-13}$$

弹簧变形量 $$F=\frac{8nd^3p}{Gd^4}P \tag{3-14}$$

式中 G——弹簧材料切变模量，单位为 N/mm²；

n——弹簧的有效圈数。

（3）技术要求审核

1）弹簧特性，尺寸及形位公差，热处理及其他制造加工参数的要求是否标准，是否合理。

2）所选材料是否合理。

3）设备和工艺手段是否能够达到。

（二）拉伸弹簧

拉伸弹簧也是一种应用较广的弹簧。由于其工作时线性比较好，因而在计量器具及电器产品中广泛采用。但由于端部钩环加工较难，且易损坏影响寿命，使用又受到限制，故尽可能用压缩弹簧代替。

1. 拉伸弹簧的端部结构

拉伸弹簧的端部结构形式，大致分为钩和环，一些常用的已纳入国家标准，见表 3-2。钩环大都由弹簧末段弯曲而成，由于变形量大而产生很高的压力，所以这种端部结构推荐应用在材料截面尺寸 4mm 以下的弹簧，但实际上钩环的应用有时达 10mm 左右。为了避免产生这个高应力区，可采用过渡锥形的端圈（图 3-9）或另外附加钩环。

2. 特性线

圆柱螺旋结构拉伸弹簧工作图如图 3-10 所示。

3. 校核计算

自由长度 H_0

半圆钩环时 $$H_0=(n+1)d+D_1 \tag{3-15a}$$

圆钩环时 $$H_0=(n+1)d+2D_1 \tag{3-15b}$$

圆钩环压中心时 $$H_0=(n+1.5)d+2D_1 \tag{3-15c}$$

表 3－2　拉伸弹簧的端部结构（GB1239.1—89）

代　号	简　　图	端部结构形式	代　号	简　　图	端部结构形式
LⅠ		半圆钩环	LⅤ		长臂半圆钩环
LⅡ		圆钩环	LⅥ		长臂小圆钩环
LⅢ		圆钩环压中心	LⅦ		可调式拉簧
LⅣ		偏心圆钩环	LⅧ		两端具有可转钩环

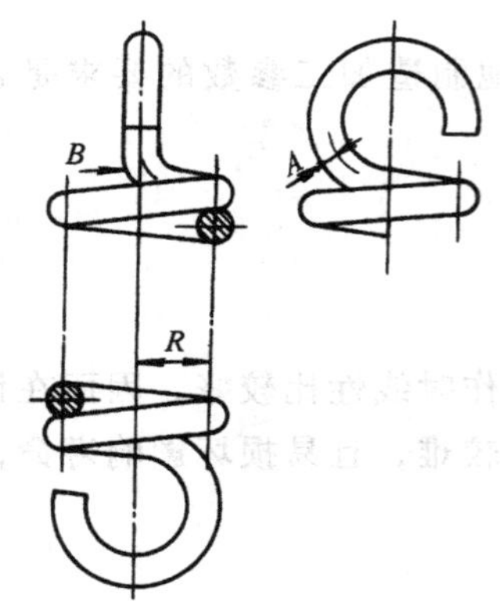

图 3－9　圆钩环弯曲半径

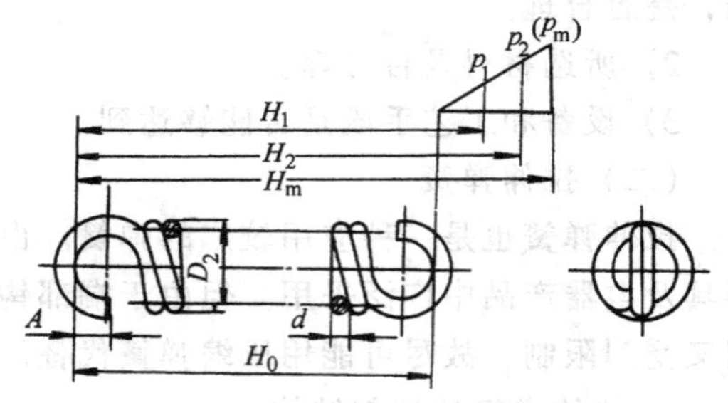

图 3－10　拉伸弹簧工作图

展开长度　　$L = n\pi D +$ 钩环展开长度 $\times 2$　　(3－16)

其余各尺寸的计算同压缩弹簧。

4. 技术要求审核

要注意审核其合理性，如不要求初拉力的弹簧，不得同时要求簧圈间隙 δ 为 0，有初拉力的弹簧必须用淬火状态的钢丝等。

其余同压缩弹簧。

（三）扭转弹簧

圆柱螺旋扭转弹簧也是一种应用较广的弹簧。由于它的特殊性能，使得其在高低压电器机床电器及家用电器中应用较多。

扭转弹簧所用材料截面多为圆形。

1．扭转弹簧的结构形式

扭转弹簧的结构形式多种多样，常用的六种已列入国家标准，见表 3－3，可根据不同的安装方法和使用条件选用。

表 3－3　扭转弹簧的结构形式（GB1239—89）

代　号	简　　图	端部结构形式	代　号	简　　图	端部结构形式
NⅠ		外臂扭转弹簧	NⅢ		平列双扭弹簧
NⅡ		内臂扭转弹簧	NⅣ		中心臂扭转弹簧

2．特性线

圆柱螺旋扭转弹簧的工作图如图 3－11 所示。

3．校核计算

(1) 几何参数，展开长度

$$l = \pi Dn + \text{扭臂长度} \times 2 \quad (3-17)$$

为避免扭臂过渡圆弧处的应力集中，任一圆弧均应不小于 $2d$。

扭转弹簧在工作受力后内径 D_1 会缩小，缩小量 ΔD 为

$$\Delta D = \frac{D_1}{2\pi n}\phi \quad (3-18)$$

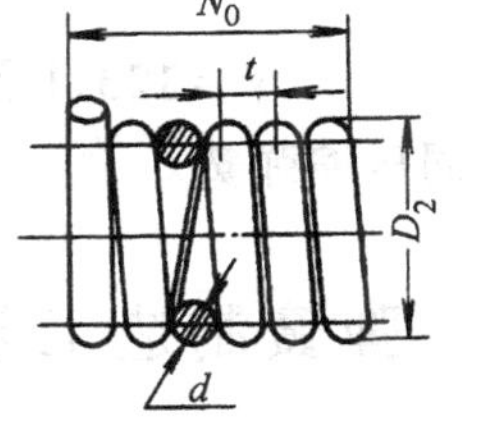

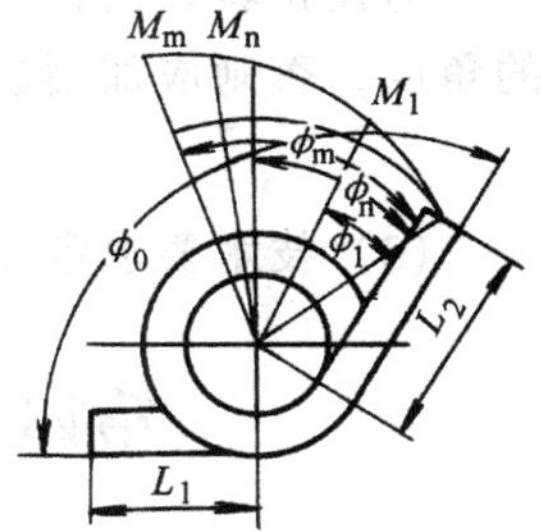

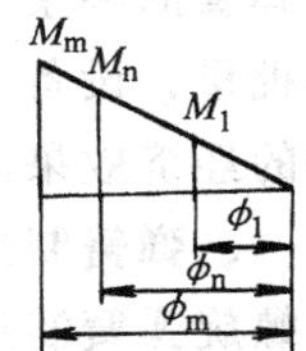

图 3－11　扭转弹簧工作图

式中　ϕ ——工作时的扭转角，单位为 rad。

设计时要注意，否则工作时弹簧与芯轴会发生抱紧现象，扭转弹簧的芯轴必须比最大工作扭矩作用下的弹簧内径小 10%。

(2) 物理参数

刚度　$$M' = \frac{Ed^4}{3670Dn}\ [\text{N·mm/℃}] \quad (3-19)$$

扭转角　$$\phi = \frac{64 \times 180DnM}{\pi Ed^4}\ [\text{℃}] \quad (3-20)$$

扭矩　$$M = \frac{Ed^4\phi}{3670Dn}\ [\text{N·mm}] \quad (3-21)$$

弯曲应力 $$\sigma=\frac{32M}{\pi d^3}K_1\leqslant[\sigma] \tag{3-22}$$

式中 E——弹簧材料的弹性模量，单位为 N·mm²；

D——弹簧中径，单位为 mm；

K_1——扭转弹簧的曲度系数，可按下式计算

$$K=\frac{4C-1}{4C-4}$$

扭臂弯曲处的应力

$$\sigma_{max}=\frac{32M}{\pi d^3}\times\frac{r_0}{r_1}\leqslant[\sigma]$$

式中 r_0——材料中心线的弯曲半径；

r_1——材料内侧弯曲半径。

为使扭转弹簧在工作中不出现失稳现象，其最大扭转角不应超过下式计算出的角度，否则应加用芯轴。

$$\phi=123.1\sqrt[4]{n} \tag{3-23}$$

（3）技术要求审核 同压缩弹簧。

第四节 弹簧制造工艺设备及其处理

弹簧品种繁多，结构型式各异，生产方式也各不相同。根据弹簧所用材料，生产批量，设备及工装条件，合理安排最佳的生产工艺，可以得到最高的质量及最好的经济效果。

一、弹簧制造工艺规程

螺旋弹簧制造的工艺流程，螺旋弹簧的绕制分为冷绕成形和热绕成形两种。冷绕成形弹簧的精度比热绕成形的高，表面质量和内在质量也比热绕成形的好。但因绕制时成形力等因素的影响，冷绕成形一般只用于直径小于 14mm 的弹簧钢丝，大于 14mm 的弹簧钢丝则采用热绕成形。电器产品的弹簧几乎均为冷绕成形。因此，本节仅介绍冷绕成形工艺。

所谓冷绕成形就是弹簧线材在常温下加工成形。所用材料一般分为两大类，一类为硬状态材料，冷成形后只需进行消除因冷成形时所产生的内应力；另一类为软形态材料，即在冷成形后需进行淬火和回火处理，冷成形弹簧加工大致可分为下列几个工艺过程。

当用成型后不需淬火处理的材料生产弹簧时，工艺过程为绕制、低温回火、端部加工二次回火（压缩弹簧不需进行）、机械强化处理（有特殊要求时进行）检验、表面防腐处理等。

当用成型后需进行淬火处理的材料生产弹簧时，不同的只是弹簧成形后要进行淬火回火处理，其他工序基本相同。下面主要介绍用成形后不需淬火处理的材料生产弹簧的各种工艺。

二、圆柱螺旋弹簧的绕制工艺

弹簧的绕制是弹簧生产过程中的主要工序，绕制方法和精度决定着弹簧的几何尺寸、各种参数、材料利用率及生产效率。弹簧的绕制分为有芯卷绕和无芯卷绕两种。

（一）有芯卷绕

有芯卷绕又分手工卷绕、普通车床卷绕和有芯自动卷簧机卷绕。

有芯卷绕的工艺设备

（1）芯轴

1）芯轴的结构　芯轴的结构与弹簧钢丝直径、弹簧尺寸和形状以及弹簧的加工方法等有关，还要考虑到芯轴的装夹及钢丝的固定方式，手工及车床卷绕弹簧时芯轴一般为圆柱形。对于节距很小或要求严格的弹簧，可在芯轴上车出螺纹。芯轴直径很大的可采用空心结构。

为固定钢丝，可在靠近芯轴的一端钻孔，或装一带圆销的固定套，也可焊上一个爪块（分别见图 3－12a、b、c）；在车床上卷绕时，若用四爪卡盘，可将钢丝直接卡在其中一个爪上。

在车床上卷绕弹簧时，芯轴的一端用卡盘夹紧，另一端可以悬空，也可以用尾座顶尖顶住（这一端应加工出顶尖孔成顶尖）。大直径的芯轴用图 3－13a 的顶尖，小直径的芯轴用图 3－13b 的顶尖。

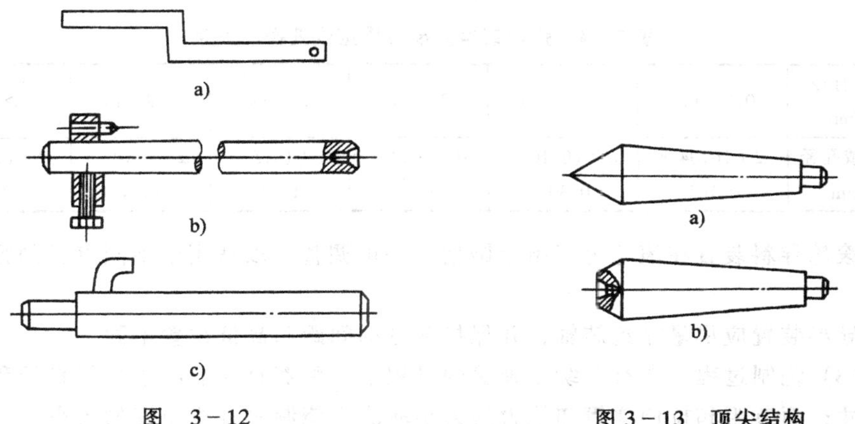

图　3－12

图 3－13　顶尖结构

对于较长的芯轴可在中间靠近钢丝进给处加一支承。为便于取下弹簧，不太长的芯轴一般多采用一端悬空的芯轴。

在车床及自动卷簧车床上连续卷绕时，可采用带一般锥形的大头芯轴。

2）芯轴的材料　常用的材料有45号钢、T8工具钢、弹簧钢或硬质合金钢。芯轴一般应淬火后磨光，硬度为HRC50以上。

3）芯轴直径的计算　由于弹簧钢丝具有弹性，故弹簧从芯轴上退下来后其直径、圈数和节距均有变化，称为回弹。回弹同材料的机械性能、钢丝直径、弹簧外径、缠绕方法、缠绕力的大小等有关。为使弹簧回弹后的几何尺寸仍符合工艺要求，在卷绕时必须选用合适直径的芯轴。

芯轴直径 D_0 的计算见式（3－24）或式（3－25）

$$D_0=\frac{D_1}{1+1.7C\dfrac{\sigma b}{E}} \tag{3-24}$$

$$D_0=\frac{1.02d}{\dfrac{d}{D}+1.85\dfrac{\sigma b}{E}}-d \tag{3-25}$$

式中　D_0——芯轴直径，单位为mm；

　　　d——弹簧钢丝直径，单位为mm。

根据要制造的弹簧种类、大小及所选用的钢丝型号、规格，用公式计算或参阅有关的经验数据，采用试绕法来最后确定芯轴的尺寸。

（2）导料装置　在普通车床上绕簧时，导料装置常直接装在拖板的刀架上。可以用两块紫铜板、层压绝缘板或硬质木板夹紧钢丝，可以使用槽形、孔形或滚轮状导料装置。无论采用哪种形式，都应保证绕制时钢丝有一定的张紧力。

槽形或孔形导料装置有大小不同的槽或孔以适应绕制不同直径的弹簧钢丝的要求，槽或孔的尺寸可参照表3－4。

表3－4　弹簧钢丝直径与槽宽或孔径的关系

钢丝直径 d/mm	0.3～1.5	>1.5～3	>3～6	>6～9	>9～14	>14
槽宽或孔径 /mm	d+(0.04～0.10)	d+(0.10～0.30)	d+(0.3～0.5)	d+(0.5～1.5)	d+(1.0～1.5)	d+(1.5～2)

滚轮导料装置在滚轮上车出半圆槽，并可调整，以适用于不同直径的弹簧钢丝。

导料装置应尽量靠近芯轴，并保持两者的间距和高低位置不同。

（3）绕制过程　在有芯绕制弹簧的过程中，弹簧直径取决于材料直径和芯轴的尺寸；而节距和拉伸弹簧初拉力的大小取决于绕制时进线角度的大小。

机械有芯绕制过程见图3－14。首先将缠绕芯轴5固定在机床卡盘1上；弹簧钢丝经由套在芯轴上的手动送料装置4卡在芯轴挡销2上（或夹在卡盘上）；随着主轴的转动，送料装置在芯轴上作轴向移动，弹簧毛坯3就绕成了，主轴每转动一周，送料装置沿轴向移动的距离就等于弹簧的节距。改变该参数，就可绕出所需要的节距。

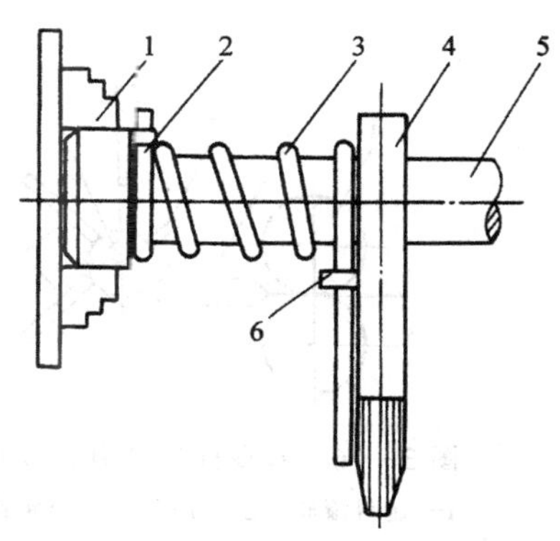

图 3－14　机械有芯卷簧示意图
1—机床卡盘　2—芯轴挡销
3—弹簧毛坯　4—手动送料装置
5—缠绕芯轴　6—导向装置

（二）无芯卷绕——万能自动卷簧机卷绕

无芯绕制就是不用芯轴，而使弹簧成型的加工方法，现代化自动卷簧机精度高、功能全、生产效率高，适合于大批量专业化生产。

图 3－15 为自动卷簧机结构及工作原理示意图。

钢丝从转动的料架上引出，通过校直机构的滚子 1 校直后，经右导板 2 和第一对送料滚轮 3、中间导板 4，第二对送料滚轮 6，左导板 7，再通过送料压板 8 把钢丝压在芯轴 11 上，用顶杆等卷簧机构将钢丝弯曲卷绕成弹簧。

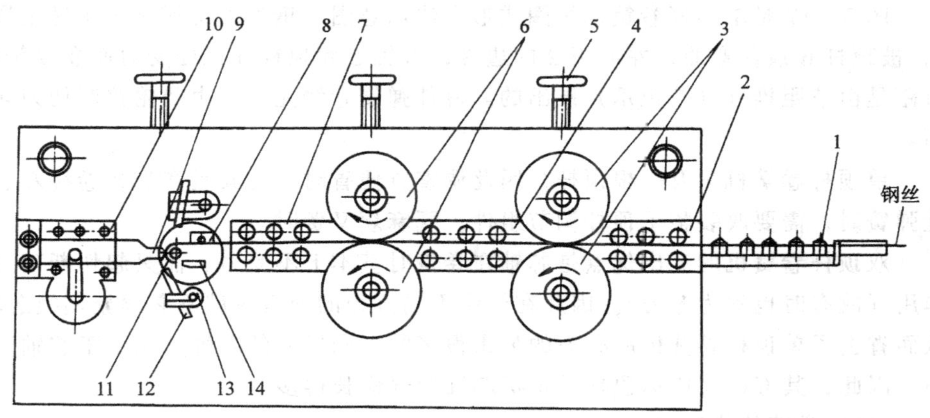

图 3－15　自动卷簧机示意图
1—校直滚子　2—右导板　3—送料滚轮　4—中间导板　5—调节手轮　6—送料滚轮　7—左导板
8—送料压板　9—顶杆　10—顶杆座　11—芯轴　12—切刀　13—切刀架　14—螺距爪

卷簧机按簧圈成形方法分为单顶杆卷簧机和双顶杆卷簧机。图 3－16 为双顶杆卷簧机簧圈成形方法示意图。钢丝通过滚轮 1 送至导板 2 后，碰到顶杆 6 前端的导槽，被迫弯曲。左导向板、两个顶杆等三处受到力的作用而卷成簧圈。顶杆在凸轮及杠杆系统控制下沿簧圈半径方向前后移动，即可按要求卷绕出不同直径的弹簧，成卷绕出变径弹簧。

节距有两种成形方法。一种是由节距推杆推出，通过一套连杆、凸轮机构的传动，沿与弹簧轴线平行的方向移动推杆，即可获得大小不同的节距。另一种方法是使用楔形块开距，按所需节距的大小来确定楔形块的前后位置。

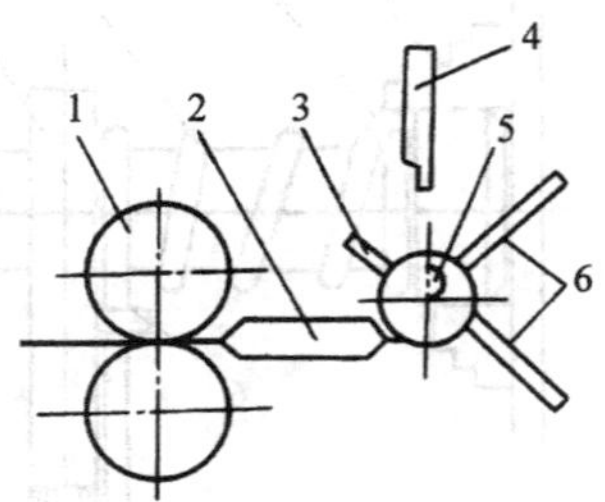

图 3-16 双顶杆卷簧圈成形方法
1—送料滚轮 2—导板 3—节距推杆
4—切刀 5—芯轴 6—顶杆

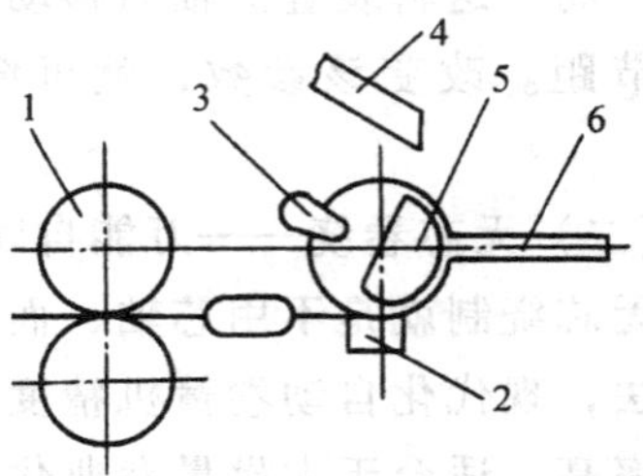

图 3-17 单顶杆卷簧机簧圈成形方法
1—送料滚轮 2—导板 3—节距推杆
4—切刀 5—芯轴 6—顶杆

在卷绕压缩弹簧的并紧圈时，节距推杆或楔形块在凸轮的控制下后退，卷绕出并紧圈。当一个弹簧卷绕完毕，送料轮即停止送料，切刀4在切断凸轮控制下，把钢丝从并紧圈的中间切断，留在芯轴上的并紧圈作为一个弹簧的始端。芯轴5起切断下刀的作用。

图3-17是单顶杆卷簧机簧圈成形方法示意图。钢丝由送料滚轮1送至导板2，被顶杆6顶住弯曲，左导板2的边缘，芯轴5和顶杆6三处受力而卷成簧圈。节距是由节距推杆（节距爪）推出的。每件弹簧卷绕完毕，由凸轮控制切刀4切断。

单顶杆卷簧机只有一根顶杆，因此调整方便省时，尤其是在交替卷绕左、右旋弹簧时，需要改装整个顶杆调节组件，既麻烦又费时。

双顶杆卷簧机的突出优点是芯轴在卷簧时基本上不受力，而只起切断下刀的作用（故有时也称为芯刀）。因此在卷绕不同直径的弹簧时就不必频繁调换芯轴，从而省去了单顶杆卷簧机所必备的数量很多的不同尺寸的芯轴。又由于芯轴受力小，因此，其寿命要比单顶杆卷簧机芯轴的寿命长得多。

（三）弹簧的热处理

对于直径小于8mm，且经过强化处理的硬状态钢丝，冷卷成型的中、小型弹簧，因其性能已基本达到技术条件的要求，故不需要进行高温淬火及中温回火处理。但应进行低温回火，以消除因冷成型所产生的内应力，并起到定型的作用，还可使其弹性极限和刚度有所提高。

1. 回火规范

回火的温度及保温时间要根据材料的种类及直径的大小而定。

1）碳素弹簧钢丝及琴钢丝的回火温度一般在250～300℃之间。钢丝直径较小时，要用较低的温度及较少的保温时间，规范见表3-5。

对于拉伸弹簧回火时，要考虑是否有初应力要求。有初应力要求的拉伸弹簧在回火时，温度要按上表规范降低10～30℃。

表 3-5　碳素弹簧钢丝回火规范

钢丝直径/mm	加热温度/℃	保温时间/min
≤0.8	220～250	17
>0.8～1.2		20
>1.2～2.0	270～280	25
>2.0～4.0		35
>4.0～6.0		45

2）油淬火回火合金弹簧钢丝冷绕成弹簧后也需进行消除应力的回火，规范见表 3-6。

表 3-6　油淬火回合金钢丝回火规范

材料牌号	钢丝直径/mm	加热温度/℃	保温时间/min
50CrVA	≤2.0	360～380	20
50CrVA	>2.0	380～400	30
60Si2MnA	≤2.0	380～400	20
60Si2MnA	>2.0	400～420	30
60Si2MnWA	≤2.0	420～440	20
60Si2MnWA	>2.0	440～460	30

3）奥氏体不锈钢钢丝的强度取决于拉拔时减面率的大小。钢丝直径愈小，拉拔次数愈多，强度就愈高。当直径大于6mm时，由于冷拔次数少，减面率小，强度较低。因此，直径较大的弹簧一般不适用奥氏体不锈钢，而选用马氏体不锈钢或沉淀硬化不锈钢。

用冷拉奥氏体不锈钢丝冷绕成弹簧后，需进行消除应力的回火处理。回火后强度可提高 8%，回火规范见表 3-7。

表 3-7　奥氏体不锈钢丝回火规范

钢丝直径/mm	加热温度/℃	保温时间/min
≤3.0	340～380	30
>3.0	380～400	30

4）铜合金线（锡青铜、硅青铜）供货时均已经过冷拉强化加工。冷卷成弹簧后，只需进行消除应力的回火处理。回火后强度稍有提高，但回火温度高于220℃时强度将下降。回火规范见表 3-8。

5）沉淀硬化不锈钢和铍青铜冷卷弹簧后要进行时效处理，从而提高其强度并获得较高的综合力学性能，规范见表 3-9 和表 3-10。

表 3-8 铜合金线回火规范

铜线直径/mm	加热温度/℃	保温时间/min
≤2.0	180～200	30～60
>2.0	180～220	30～90

表 3-9 沉淀硬化不锈钢时效处理规范

材料牌号	时效温度/℃	保温时间/h
Ni36CrTiAl	600～650	2～4
OCr17Ni7Al	480～500	1～2
OCr15NiAl	480～500	1～2
Ni42CrTi	550～600	2～4
Co40CrNiMo	450～550	4
NCn28-2.5-1.5	300～340	1～2
Ni42CrTi	600～650	2～4
Cr15Ni36W3Ti	一次 780～790，二次 730～740	8～25
Cr14Ni25M	650～700	8～16

表 3-10 铍青铜线时效处理规范

供货状态	时效温度/℃	保温时间/min
软（M）		180
硬（$\frac{1}{2}$Y）	315±15	120
硬（Y）		60

经回火后的弹簧如再经过几何尺寸修整，则必须进行二次回火。二次回火时加热温度不变，而保温时间要缩短为原规范的1/3。

2. 回火设备

目前采用的回火设备主要有两种：硝盐炉和高温鼓风电炉。

（1）硝盐炉即盐浴炉　这是目前国内各弹簧厂广泛使用的弹簧回火设备。它由热电偶及温度计自动控制硝盐溶液的温度。溶液由55%的硝酸钾和45%的硝酸钠混合而成。其优点是加热温度均匀、控温准确、投资少。缺点是硝盐蒸汽对人体有害，污染环境。另外还要配有冲洗的热水槽、冷水槽、烘干箱等辅助设备，在冲洗不彻底时，弹簧表面附着的硝盐影响表面防腐处理的质量。

（2）高温鼓风电炉　这是国内目前新近采用的回火设备，加热最高温度为

500℃，这种设备是在原普通电热干燥箱的基础上，加装鼓风装置，促使炉内热空气流动，保证零件受热均匀。炉内上部装一个控温元件，由水银温度计控制温度。这种设备的特点是使用操作方便，不污染环境，处理后的弹簧短时间有效不易腐蚀并容易进行表面处理。缺点是开门散热快，弹簧回火保温时间要相应延长。

（四）螺旋弹簧的端部加工

弹簧的端部加工一般在弹簧冷绕成型，经一次低温回火后进行。除非是由一次成型的现代化设备加工的弹簧不需再经端部加工。

1. 切断

手工和车床绕制的长条弹簧必须按图纸要求或工艺尺寸进行切断，成为单个弹簧。压缩弹簧如在卷绕时已制出端圈的，应在两个弹簧的端圈交接处切断，如未制出端圈，切断时必须在其两端留出 3/4 圈（或按图纸要求）作为端圈之用。拉伸弹簧和扭转弹簧切断时应在弹簧两端留出加工钩环或扭臂所需尺寸的圈数。

钢丝直径小于0.5mm时，一般用手工切断；钢丝直径大于1.5mm的，多采用冲床切断。如图 3－18 所示为最简单的无胎具手工切断。

切刀一般装在冲床或压力机的冲头上，也可手持，然后用手锤类工具对其施力，弹簧则放在一块硬度高的钢板上。

2. 压缩弹簧的端部加工

（1）并圈　用手工或车床卷绕的弹簧未并圈，为了使端面受力均匀、弹簧不产生纵向弯曲，必须保证弹簧在端面磨平后的垂直度，即必须进行并圈。并圈质量的好坏，直接影响到下道工序——端圈磨平的质量。一般可采用电热方法并圈，如图 3－19 所示。

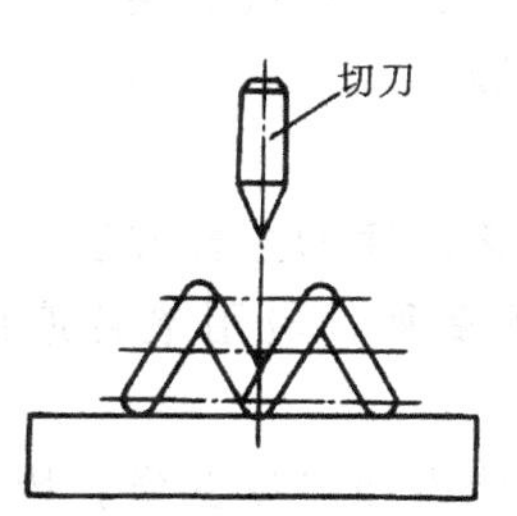

图 3－18　无胎具手工切断示意图

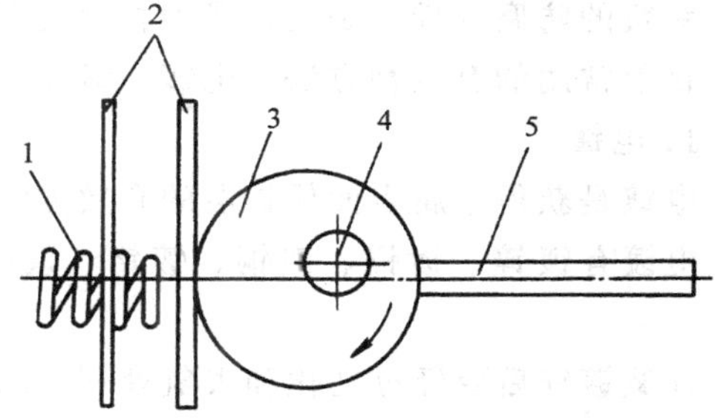

图 3－19　电热并圈方法示意图

1—弹簧　2—电极板　3—偏心轮　4—轴　5—手柄

（2）端面磨平　对 YⅠ型弹簧两端面进行磨削加工，目的是增加弹簧使用时的稳定性，并改善垂直度。小批量或单件生产的弹簧一般用手工磨削。这种加工方法效率低，磨平质量取决于操作经验，因此难以保证质量，劳动强度大，又不安全。此外，磨削粉尘污染环境，需要安装防尘设备。大批量生产可采用端面磨平机进行。这种设备能一次同时将弹簧两端面磨好。经磨平机磨削的弹簧两端面平行度、平面度好。两端面与弹簧轴线的垂直度也比较好。

弹簧磨平要选择合适磨料及粒度的砂轮，关系到磨削效率和质量。磨削时应注意吃刀量不宜过大，否则过热导致端圈变形，而且易于使砂轮的砂粒过早过多的脱落，甚至使砂轮出现划沟和凸凹不平。

压缩弹簧端面磨平部分应不少于圆周的3/4，端头厚度一般为线径的1/3～1/4，最薄不少于1/8d，端面粗糙度不大于R_a12.5μm。

3. 拉伸弹簧的端部加工

拉伸弹簧两端的钩环依受力方式的不同，有圆钩环、半圆钩环及长臂半圆钩环，一般均由手工工装完成。如条件允许的话，亦可采用进口的拉伸弹簧自动绕制机及万能加工中心。在这两种设备上，拉伸弹簧可一次成型，无需手工操作。

通常，拉伸弹簧先由万能自动卷簧机绕制成圆柱形的弹簧体，经回火处理后再加工两端钩环。长臂半圆钩环需用工具将弹簧体两端圈展成直线，弯起，再弯成半圆钩环。

4. 扭转弹簧的端部加工

目前有两种方式：一种是由扭转弹簧绕制机绕出两端带直尾的弹簧（也可借助附件一次成型），然后借助弯形工具将两臂弯成所需形状；另一种是先由普通万能自动卷簧机卷出弹簧体，再用工装或手工将两端圈展成直线，然后按要求弯成两臂。

无论是拉簧的钩环，还是扭簧的扭臂，设计及加工时均要注意折弯处过渡半径不可过小，以免应力集中，造成早期损坏。

（五）弹簧的表面防腐处理

弹簧的防腐处理就是用抗腐蚀材料覆盖于弹簧表面，形成保护层。

目前常用的有四种方法：电镀、氧化、磷化和涂漆。

1. 电镀

电镀是获得金属表面保护层的有效方法，也是弹簧防腐的主要方法。

电镀有镀锌、镀镉、镀铜、镀铬、镀镍、镀锡等多种，应用最普遍的是镀锌。

弹簧镀锌后要经过钝化和去氢处理，以提高防腐能力和避免氢脆。特别是小弹簧更易发生氢脆，在酸洗和电镀时一定要特别注意。

2. 氧化处理

弹簧的表面氧化处理也称发兰和发黑处理。氧化处理后，弹簧表面生成保护性的磷性氧化铁，厚度约为0.6～2μm。由于膜薄且多孔隙，所以保护能力差。因此，氧化处理只能用于在腐蚀性不强的介质中工作的弹簧防腐。

由于氧化处理成本低、工艺配方简单、生产效率高、不影响弹簧特性，所以广泛用于冷成型小型弹簧的表面防腐。

3. 磷化处理

磷化处理是使弹簧在磷化液中，经电化学反应生成一层磷化膜，磷化膜在一般大气条件下较稳定，其抗腐蚀能力比氧化处理提高 2～10 倍，也是弹簧表面防腐常用的方法之一。

4. 涂漆

涂漆也是弹簧防腐的主要方法之一。多用在大中型弹簧、特别是热成型弹簧及板弹簧。

用于弹簧的油漆主要有沥青漆、酚醛漆、环氧漆。

对于重要的弹簧，为了提高油漆的附着力和防腐能力，也可采用先磷化后涂漆的工艺。

三、弹簧的检验

弹簧多为批量生产，且制造工序较多，影响其质量的因素也多，因此必须严格做好材料进厂检验和半成品检验。半成品检验在弹簧卷绕完毕，表面处理前进行。检验项目及数量可根据使用要求，如负荷性质、环境温度等的不同而不同。在生产中，一些可进行自动检测的如弹簧自由高度、负荷项目、以及用于特别重要场合的弹簧可逐件检验；不能自动检验的如表面质量或者带有破坏性的如金相组织，脱碳层等项目，以及周期长、费用高的如疲劳检验等项目，则只能进行抽样检测。特别要注意，每批弹簧都要进行 5～20 件的首件检验，只有首件检验合格后，方可投入批量生产。

（一）弹簧表面质量及几何尺寸的检验

1. 表面质量的检验

一般用眼睛检查是否有锈蚀斑点、划痕、毛刺等。普通弹簧允许有个别缺陷，其深度不得大于钢丝直径公差的一半。受动负荷和疲劳强度要求高的则不允许有缺陷。

2. 几何尺寸的检验

1）弹簧直径，通常用游标卡尺多点测量应注意端圈是否增大或缩小。测量结果外径以最大值计，内径以最小值计。批量生产或精度要求高的弹簧可用弹簧内外径或环规检验。

2）自由高度（自由长度，自由强度），压缩弹簧的自由高度用通用（如卡尺）或专用量具测量弹簧最高点，当自重影响自由高度时，应在水平位置测量。拉伸弹簧的自由长度是两钩内环内侧之间的长度，用通用（如卡尺）或专用量具测量。

3）拉伸弹簧的两钩环的角度公差用目测或专用样板检查。

4）扭转弹簧扭臂的长度当难以用游标卡尺测量时，可用专门的样棒进行检查，扭臂的弯曲形状需要专用样板检查。

5）弹簧两端圈对轴心线的垂直度，一般以测量弹簧两端面对弹簧圆柱轮廓线的垂直度来代替。测量的方法是将弹簧直立在平板上，围绕宽座角尺自转一周，用塞尺测量其最大的间隙值。一端测好后，再测另一端。

（二）弹簧特性及永久变形检验

1．弹簧特性检验

对于拉伸弹簧和压缩弹簧，一般在精度不低于1%的弹簧试验或检测仪上进行，并且所测负荷应在试验机量程的20%～80%范围内。

2．永久变形

将压缩弹簧的成品用试验负荷压缩三次后，测量第二次与第三次压缩后的自由高度变化值，该值即为永久变形，不得大于自由高度的0.3%。

拉伸弹簧和扭转弹簧，如无特殊要求，不做该项试验。

（三）弹簧的疲劳试验

在弹簧的疲劳试验机上进行。在所要求的工作压力下，经过规定次数的交变负荷试验后，检查弹簧是否出现断裂、永久变形等现象。

该项试验耗时多、成本高。一般只在重要用途或有特殊要求的情况才进行。

（四）弹簧热处理质量检验

卷绕后需淬火回火的冷绕弹簧，淬火次数不得超过二次，回火次数不限，其硬度值在42～52HRC范围内选取，特殊情况下，可扩大到55HRC。用退火冷硬铍青铜线冷绕弹簧须经淬火时效处理，淬火次数不限。

（五）表面处理质量检验

弹簧镀锌铬与镉者，电镀后应去氢处理，对氢脆敏感性大的钢丝，直径小的及片状的弹簧尤其重要。

第五节　热双金属元件及其制造工艺

热双金属和热双金属元件在电器产品中得到了广泛的应用，例如热继电器常用热双金属，广泛用于电动机及其他电气设备的过载保护。另外，在电视、仪器仪表等行业中也有应用，起感测作用兼具动作执行作用。

热双金属是由两层不同膨胀系数的金属（或合金）组元彼此牢固结合而成的复合材料。其中热膨胀系数较高的一层，称为主动层，热膨胀系数较低的一层，称为被动层。有时为了获得特殊的性能，还可以复合第三层、第四层等，习惯上仍称为热双金属。

热双金属受热后，两层金属都要膨胀，但主动层膨胀得较多，被动层膨胀得较少，两层金属又彼此牢固地结合在一起不能自由伸长，只好向被动层那一边弯曲，以使主动层多伸长一些，所以热双金属受热后会弯曲，见图 3－20。

由主动层所产生的张力和由被动层所产生的拉力组成的合力矩使热双金属的弯曲受到限制时，将产生推力，热能转变为机械能。

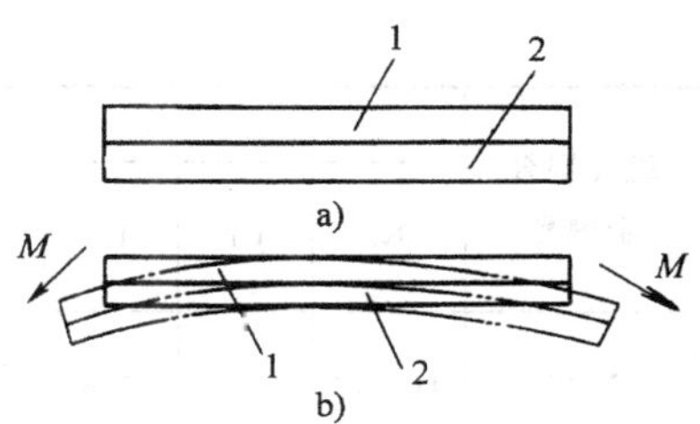

图 3－20　热双金属元件弯曲原理
a）热双金属的两层金属片
b）弯曲原理
1—主动层　2—被动层

一、热双金属的分类

按热双金属的性能特点可分为高灵敏型、通用型、高温型、低温型、耐腐蚀型、特殊型以及电阻系列双金属等，常用品种见表 3－11。

表 3－11　热双金属片的分类及特点

分类方法	热双金属片类型	特　　点	
按抗敏感系数分类	高灵敏型	具有高敏感性能和高电阻性能，可提高元件的动作灵敏度及缩小尺寸，但弹性模量的允许应力较低，耐腐蚀性差	5j20110
	通用型 低灵敏型	具有较高的灵敏度和强度适用于中等使用温度范围敏感系较低，适用于高温度范围	5j1578 5j0756
按使用温度分类	高温型	敏感性能较差，但有较高的灵敏度强度和良好的抗氧化性能，线性温度范围宽适用于 300℃ 以上的温度范围工作	5j0576
	低温型	适用于 0℃ 以下温度工作，性能与通用型相近	5j1478
	中温型	均属于通用型，适用于中等使用温度范围	5j1578
按电阻率分类	高电阻型	具有高（或较高的）敏感性能，性能与高灵敏性相近	5j20110 5j15120
	低电阻型	具有中等敏感性能	5j1017
	系列电阻型	具有较宽的电阻率范围可供不同用途使用，适用于各种小型化、标准化的电器保护装置	5j1411 5j1417
按使用环境分类	耐腐蚀型	有良好的耐腐蚀性能，适用于腐蚀型高的介质环境，性能与通用型近似	5j1075
	特殊型	适用于各种特殊用途场合	—

二、热双金属元件的化学组成及主被层的结合方法

热双金属的组元层材料有多种，主动层多采用铁镍铬合金或铁镍锰合金，被动层材料为铁镍合金，其化学成分见表 3－12。

表 3－12　热双金属组元层合金的化学成分（GB4461—84）

组元层合金牌号	化学成分的质量分数（%）										
	Ni	Cr	Fe	Co	Cu	Zn	Mn	Si	C	S	P
									不大于		
Ni31	33.5～35	—	余量	—	—	—	<0.60	<0.30	0.05	0.02	0.02
Ni36	35～37	—	余量	—	—	—	<0.60	<0.30	0.05	0.02	0.02

（续）

组元层合金牌号	化学成分的质量分数（%）										
	Ni	Cr	Fe	Co	Cu	Zn	Mn	Si	C	S	P
									不大于		
Ni42	41～43	—	余量	—	—	—	<0.60	<0.30	0.05	0.02	0.02
Ni50	49～50.5	—	余量	—	—	—	<0.60	<0.30	0.05	0.02	0.02
Ni45Cr6	44～46	5－6.5	余量	—	—	—	0.30～0.60	0.15～0.30	0.05	0.02	0.02
Ni	>99.3	—	<0.15	—	<0.15	—	—	<0.15	0.15	—	0.015
Ni19Cr11	18～20	10－12	余量	—	—	—	0.30～0.60	0.20～0.40	0.08	0.02	0.02
Ni20Cr5	19～21	4～6	余量	—	—	—	0.30～0.60	0.15～0.30	0.08	0.02	0.02
Ni20Cr3	21～23	2～4	余量	—	—	—	0.30～0.60	0.15～0.30	0.25～0.35	0.02	0.02
Ni19Mn7	18～20	—	余量	—	—	—	6.5～8.0	0.15～0.30	0.05	0.02	0.02
Ni20Mn6	19～21	—	余量	—	—	—	5.5～6.5	0.15～0.30	0.05	0.02	0.02
Ni72Mi10Cu8	8～11	—	<0.8	—	17～19	—	余量	<0.05	0.02	0.02	
Ni62Zn38	—	—	<0.15	—	60.5～63.5	余量	—	—	—	0.01	—
Cu	—	—	<0.05	—	>99.9	<0.05	—	—	—	0.04	0.01
Ni16Cr11	15～17	10～12	余量	—	—	—	<0.60	<0.30	0.05	0.02	0.02
Ni20Co26Cr8	19～21	7～9	余量	25～27	—	—	<0.60	<0.30	0.05	0.02	0.02

热双金属主动层与被动层两层组元层材料主要的结合方法有如下几种

(1) 冷轧（固相）结合法　两层或多层带材连续地用轧机用大压缩率轧合在一起，然后通过加热进一步扩大结合面，提高结合强度。冷轧合法制成的热双金属带材结合面平整、各层厚度均匀、尺寸精确、生产率高，但需要较大型的轧机设备。

(2) 熔融（液相）结合法　适用于熔点相差较大的组合层材料，它是将熔点较低的金属放置在熔点较高的金属上，通过加热使熔点较低的金属在接近熔融的状态下同另一种金属相互结合。

(3) 热轧结合法　利用炸药爆炸时的冲击力使两层金属结合在一起，这种方法设备简单，但成品率低。

三、热双金属元件的工艺

(1) 冲剪、弯折、卷绕和固定　热双金属片应沿纵向（即片材轧制方向）落料，横向落料时热敏感性有所降低。

冲剪后的元件边缘不应带毛刺。弯曲半径不宜过小，否则弯角处表面易出现裂纹。材料愈硬，愈容易折断。

螺旋元件绕制时，要估计反弹力。为了使螺旋元件达到要求的外形尺寸（直径），卷绕时，匝与匝之间通常要加适当的垫带。

(2) 元件的热处理　为了消除元件在制造和装配过程中的冷作硬化和残余应力，需经适当的热处理，使元件转入稳定状态。

热处理的温度、保温时间和冷却方式见表 3－13。

元件状态不同，处理方法也不同。如较厚半板形元件，保温时间应长些，反复次数可少些；螺旋形、U 型元件体积小、厚度小，反复处理次数可增多些；对动作频繁、精确度高的元件，宁可增多热处理次数，不宜采用高的热处理温度，保温时间也不宜长；承受大负荷或兼作弹形元件的热双金属元件，应在相同的负荷条件下进行热处理。

元件热处理时，升降温速度不宜过快，元件之间应留足够的空隙。热处理后的元件在使用过程中不得再超过其允许应力。

(3) 表面防护　在特殊工作环境下，应对元件表面采取防护措施。低温环境中可用油漆或塑料涂层；高温环境中元件表面可电镀 Ni、Cu、Sn 等，但每侧防护层的厚度要不大于总厚度的 3%左右。

对于恶劣条件下（如腐蚀性气氛或水中）工作的元件应采用耐腐热双金属片。

(4) 热双金属元件的固定　元件可用铆钉、螺钉、点焊或钎焊法固定。

焊接区的温度不应涉及工作区，高灵敏型热双金属片的主动层熔点较低、易氧化，焊接时宜特别注意。

采用点焊或钎焊时，元件表面应清洁，要除掉氧化膜、油膜、脏物等。

表 3－13 热双金属带材的品种与特性

品种型号	主动层	中间层	被动层	比弯曲 $/10^{-6}℃^{-1}$（室温～150℃时）	电阻率（20℃±5℃）/(μΩ·cm)	弹性模量 E（室温）/MPa	线性温度范围/℃	允许温度范围/℃	密度 (g/cm³)	推荐处理条件			特点
										处理温度/℃	保温时间/h	冷却方式	
Sj20110	Mn72Ni10Cn8	—	Ni36	20.5±5%	110±5%	$(115\sim145)\times10^3$	－20～150	－20～200	7.7	260～280	1～2	空气	高敏感高电阻中温用
Sj14140	Mn72Ni10Cn8	—	Ni36	14.5±5%	140±5%	$(115\sim145)\times10^3$	－20～150	－70～200	7.5	260～280	1～2	空气	中敏感高电阻中温用
Sj15120	Mn72Ni10Cn8	—	Ni45Cr6	15.3±5%	125±5%	$(125\sim165)\times10^3$	－20～200	－70～250	7.6	260～280	1～2	空气	中敏感高电阻中温用
Sj1378	Mi20Cr5	—	Ni36	13.3±5%	78±5%	$(150\sim180)\times10^3$	－20～180	－70～350	8.0	300～320	1～2	空气	中敏感高电阻中温用
Sj1420	Mi20Cr3	—	Ni36	14.0±5%	80±5%	$(150\sim180)\times10^3$	－20～180	－70～350	8.2	300～320	1～2	空气	中敏感高电阻中温用
Sj1478	Ni19Mn7	—	Ni34	14.0±5%	78±5%	$(150\sim180)\times10^3$	－50～100	－80～350	8.1	300～320	1～2	空气	中敏感高电阻中温用
Sj1578	Ni20Mn7	—	Ni36	15.3±5%	78±5%	$(150\sim180)\times10^3$	－20～180	－70～350	8.1	300～320	1～2	空气	中敏感高电阻中温用
Sj1017	Ni	—	Ni36	10.0±10%	17±5%	$(155\sim185)\times10^3$	－20～180	－70～400	8.4	300～320	1～2	空气	中敏感高电阻中温用
Sj1416	Cu628n38	—	Ni36	14.3±5%	16±5%	$(100\sim130)\times10^3$	－20～180	－70～250	8.3	180～200	1～2	空气	中敏感高电阻中温用
Si1017	Ni19Cr11	—	Ni42	10.6±10%	70±5%	$(155\sim185)\times10^3$	＋20～350	－70～500	8.0	380～400	1～2	空气	中敏感高电阻中温用
Sj0756	Ni22Cr3	—	Ni50	7.5±10%	56±5%	$(155\sim185)\times10^3$	0～400	－70～500	8.2	400～420	1～2	空气	中敏感高电阻中温用
Sj1306A	$Ni20M_a6$	Cu	Ni36	13.8±5%	6±10%	$(125\sim165)\times10^3$	－20～150	－70～200	8.3	250～270	1～2	空气	电阻系列
Sj1306B	Ni22Cr3	Cu	Ni36	13.5±5%	6±10%	$(125\sim165)\times10^3$	－20～150	－70～200	8.3	250～270	1～2	空气	电阻系列
Sj1411A	$Ni20M_6$	Cu	Ni36	14.9±5%	11±10%	$(125\sim165)\times10^3$	－20～150	－70～200	8.2	250～270	1～2	空气	电阻系列
Sj1411B	Ni22Cr3	Cu	Ni36	14.2±5%	11±10%	$(125\sim165)\times10^3$	－20～150	－70～200	8.2	250～270	1～2	空气	电阻系列
Sj1417A	Ni20Mn6	Cu	Ni36	14.9±5%	17±10%	$(125\sim165)\times10^3$	－20～150	－70～200	8.2	250～270	1～2	空气	电阻系列
Sj1417B	Ni22Mn3	Cu	Ni36	14.2±5%	17±10%	$(125\sim165)\times10^3$	－20～150	－70～200	8.2	250～270	1～2	空气	电阻系列

（续）

品种型号	主动层	中间层	被动层	比弯曲 /10^{-6}℃$^{-1}$（室温～150℃时）	电阻率 (20℃±5℃) /(μΩ·cm)	弹性模量 E（室温）/MPa	线性温度范围/℃	允许温度范围/℃	密度 (g/cm^3)	推荐处理条件			特　点
										处理温度/℃	保温时间/h	冷却方式	
Sj1220A	Ni20Mn6	Ni	Ni36	12.3±5%	20±8%	(155～185)×10^3	-20～150	-70～200	8.2	300～320	1～2	空气	电阻系列
Sj1220B	Ni22Cr3	Ni	Ni36	12.0±5%	20±8%	(155～185)×10^3	-20～150	-70～200	8.2	300～320	1～2	空气	电阻系列
Sj1325A	Ni20Mn6	Ni	Ni36	13.9±5%	25±8%	(155～185)×10^3	-20～150	-70～200	8.2	300～320	1～2	空气	电阻系列
Sj1325B	Ni22Cr3	Ni	Ni36	13.5±5%	25±8%	(155～185)×10^3	-20～150	-70～200	8.2	300～320	1～2	空气	电阻系列
Sj1430A	Ni20Mn6	Ni	Ni36	14.8±5%	30±7%	(155～185)×10^3	-20～150	-70～200	8.2	300～320	1～2	空气	电阻系列
Sj1430B	Ni22Cr3	Ni	Ni36	14.0±5%	30±7%	(155～185)×10^3	-20～150	-70～200	8.2	300～320	1～2	空气	电阻系列
Sj1435A	Ni20Mn6	Ni	Ni36	14.8±5%	35±7%	(155～185)×10^3	-20～150	-70～200	8.2	300～320	1～2	空气	电阻系列
Sj1435B	Ni22Cr3	Ni	Ni36	14.0±5%	35±7%	(155～185)×10^3	-20～150	-70～200	8.2	300～320	1～2	空气	电阻系列
Sj1440A	Ni20Mn6	Ni	Ni36	14.8±5%	40±7%	(155～185)×10^3	-20～150	-70～200	8.2	300～320	1～2	空气	电阻系列
Si1440B	Ni22Cr3	Ni	Ni36	14.0±5%	40±7%	(155～185)×10^3	-20～150	-70～200	8.2	300～320	1～2	空气	电阻系列
Sj1455A	Ni20Mn6	Ni	Ni36	14.9±5%	55±7%	(155～185)×10^3	-20～150	-70～200	8.2	300～320	1～2	空气	电阻系列
Sj1455B	Ni22Cr3	Ni	Ni36	14.1±5%	55±7%	(155～185)×10^3	-20～150	-70～200	8.2	300～320	1～2	空气	电阻系列
Sj1075	Ni16Cr11	Ni	Ni20	10.8±10%	75±5%	(170～210)+10^3	-20～200	-70～550	8.0	400～420	1～2	空气	耐腐蚀系列

第四章　塑料成型工艺

第一节　概　　述

塑料制件日益广泛地应用于工业生产各个部门。由于塑料件具有重量轻、绝缘性能好，化学性质稳定、有足够的机械强度、表面光洁及价格便宜等一系列优点，在电器制造业中得到了越来越广泛的应用。不仅用它来做绝缘零件和耐弧零件，而且还可以做承受一定机械负荷的结构零件、摩擦零件以及基础和外壳等零件。因此，塑料零件已成为电器产品中不可缺少的组成部分。随着工程塑料的应用不断扩展，电器产品中塑料零件占的比重将越来越大。塑料零件的大量采用，对提高产品性能、降低产品成本和提高劳动生产率均具有十分重要的意义。

一、塑料的组成

塑料的成分相当复杂，几乎所有的塑料都是以各种各样的树脂为基础，再加入用来改善其性能的各种添加剂制成的。

（一）树脂

树脂是塑料的主要成分，也称粘结剂，它联系或胶粘着塑料中的其他一切组成部分，并决定塑料的类型和性能（如物理、化学、力学、热塑性热固性性能等）。塑料之所以具有可塑性或流动性，就是树脂所赋予的。现代塑料工业建立在人工合成树脂基础上。

（二）添加剂

不管是哪一种塑料，一般都不是单纯树脂，或多或少都加有各种助剂——添加剂。加入的目的是改善成型工艺性能，改善制品的使用性能或降低成本。添加剂主要有下列几种：

（1）填充剂　塑料中填充剂经常达到40%～70%。它的作用是使塑料获得不同的性能，并可以减少树脂的用量，降低成本。例如酚醛树脂中加入木粉后，既克服了它的脆性，又降低了成本。用玻璃纤维作为塑料填充剂，能使塑料的机械强度大幅度提高。用云母和石棉做填充剂，能增加塑料的绝缘性能，提高耐热和耐电弧性能。常用的填充剂有木粉、玻璃纤维、棉纤维、石棉粉、石墨和云母粉等。

（2）稳定剂　稳定剂可以提高树脂在热、光、氧和霉菌等外界因素作用时的稳定性，阻缓塑料变质。许多树脂在成型加工和使用过程中由于受上述因素的作用，性能会变坏。加入少量（四分之一）稳定剂可以减缓这种情况的发生。常用的稳定剂有硬脂酸盐、铅化合物和环氧树脂等。

（3）增塑剂　增塑剂的加入可增加树脂的塑性，改善树脂的成型加工性能。增塑剂是具有熔点较低、沸点较高、能与高聚物相互溶解的有机化合物，配比适当可增加柔软性、耐寒性、抗冲击强度等。常用的增塑剂有邻苯二甲酸二丁脂、磷酸三苯脂和樟脑等。

（4）润滑剂　为改进塑料熔体的流动性，减少或避免对设备或模具的摩擦和粘附，以及降低塑件表面粗糙度而需要加入润滑剂。常用的润滑剂有硬脂酸及其盐类。

（5）固化剂　固化剂又称硬化剂，它的作用在于通过交联使树脂具有体型网状结构，成为较坚硬和稳定的塑料制件。对于不同的合成树脂，其固化剂的选择也不同。例如，酚醛树脂中加入六亚甲基四胺，在环氧树脂中加入乙二胺、顺丁烯二酸酐等。

（6）着色剂　在塑料中，常用有机颜料、无机颜料和染料作为着色剂，使塑料制品具有多样的品种和鲜明的色彩，以适用使用上的美观要求。

塑料的添加剂除上述几种外，还有发泡剂、阻燃剂、防静电剂、导电剂和导磁剂等，主要根据塑料的不同用途加以选择。

二、塑料的分类

（一）按照合成树脂的分子结构及其特性分类

（1）热固性塑料　这类塑料的合成树脂是带有体型网状结构的聚合物，在加热之初，因分子是线型结构具有可溶性和可塑性，可制成一定的塑料；当继续加热时，温度达到一定程度后，分子呈现网状结构，树脂变成不熔的体型结构，使形状固定下来不再变化。如再加热，也不再软化，不再具有可塑性。在这一变化过程中既有物理变化，又有化学变化，因而其变化是不可逆的。所以又称为不可逆塑料。常见的热固性塑料有；酚醛塑料、氨基塑料、环氧塑料、有机硅塑料、不饱和聚脂塑料等。

（2）热塑性塑料　这类塑料的合成树脂是线型或带有支链型结构的聚合物，加热后变软，成为可流动的稳定粘稠液体。在此状态具有可塑性，可塑制成一定形状的塑件，冷却后保持既得的形状；如再加热，又可变软塑制成另一形状，如此可以反复进行多次。在这一过程中一般只有物理变化，因而其变化过程是可逆的。故也称为可逆性塑料。常见的热塑性塑料有：聚乙烯、聚丙烯、聚苯乙烯、有机玻璃、聚酰胺、聚甲醛、ABS、聚碳酸酯、聚砜等。

（二）按塑料的应用范围分类

（1）通用塑料　这类塑料主要指产量大、用途广、价格低的一类塑料，主要包括六大品种：聚乙烯、聚苯乙烯、聚氯乙烯、聚丙烯、酚醛塑料和氨基塑料。

其中，酚醛塑料因具有较高的机械强度，电性能好，耐热和耐腐蚀等性能，在电器制造业中广泛用作基座、壳体零件；氨基塑料因具有较好的耐电弧性能、耐水性能和高的机械强度，电器制造业中常用作耐电弧零件，如灭弧罩等。

(2) 工程塑料　工程塑料常指在工程技术中用作结构材料的塑料。它除具有较高的机械强度外，还具有很好的耐磨性、耐腐蚀性、自润滑性及尺寸稳定性，即具有某些机械性能，因而可以代替金属作某些产品零件。常用的工程塑料有聚酰胺、聚甲醛、聚碳酸酯、ABS、聚砜、聚苯醚、聚四氟乙烯等。电器制造业中，此类塑料常用作结构零件，如转轴、支架、按钮等。

(3) 特殊塑料　特殊塑料专指具有某些特殊性能的塑料。这类塑料有高的耐热性或高的电绝缘性及耐腐蚀性等。如氟塑料、聚酰亚胺塑料、有机硅树脂、环氧树脂等，还包括某些为专门用途而改性制得的塑料、导磁塑料以及导热塑料等。

三、塑料的主要特性

在电器中广泛应用塑料，主要因为它具有以下几项主要特性：

(1) 电气绝缘性能优良　工程塑料具有优良的绝缘性能，极小的介电损耗和优良的耐电弧性能。

(2) 化学稳定性好　工程塑料一般对酸、碱、盐等均有较好的抗腐蚀能力。特别是聚四氟乙烯和氯化聚醚，有非常突出的抗腐蚀能力。

(3) 机械强度好　工程塑料都具有很好的机械特性，能承受一定的机械负荷而不变形。如果塑料中加入碎纸、碎布、特别是用玻璃纤维做填充剂，则可具有很高的强度，其抗拉强度高达 $170 \sim 400 N/mm^2$，超过了普通钢材。

(4) 耐磨性好　有些塑料的摩擦系数很小，很耐磨。可以在各种液体（包括腐蚀性介质、油及水等）存在的情况下，以及在半干摩擦甚至完全没有润滑的条件下有效地工作。许多金属则不具备这种性质。

(5) 相对密度小　常见塑料的相对密度一般在 1.2～1.4 之间，其相对密度只有钢铁的八分之一至四分之一，铝的二分之一左右。由于相对密度小，大量采用塑料制件，可以使电器产品的重量显著降低。

塑料也有其他一些优良特性，如减振和消声作用优良，成型加工方便，着色性良好，制品成本低等。

此外，塑料也有它的不足之处。一般塑料的刚性只有金属材料的八分之一，耐热性较差，成型收缩率大，尺寸稳定性差，散热难，有蠕变，易老化等缺点。从而使它的应用范围受到了限制。

四、塑料在电器制造中的应用

塑料在电器制造中被广泛用来制作下述一些零件：

(1) 结构零件　作为结构零件的有螺钉、螺母、手柄、连杆、按钮、传动杆、基座和外壳等。有些结构零件中嵌入金属零件，既可以增加强度，又可以与其他金属零件相连接。

(2) 绝缘零件　绝缘零件和结构零件很难区别，有些零件既有传递力、支承和连接的作用，同时也起到带电零件或不同电位零件（导体）之间的隔离作用。有些零件主要起绝缘作用，如绝缘方轴、线圈骨架、灭弧片、出线盒等。

(3) 耐电弧零件　这类零件有隔弧板、灭弧罩以及其他靠近电弧的零件。要求塑料零件不仅能耐高温，而且还要求能灭弧。

(4) 摩擦零件　用塑料制成的转轴、轴承凸轮等零件，可以耐磨损，寿命长。有些塑料还具有自润滑和消声的作用。

此外，合成树脂是一种有用的粘合剂，可用它粘结塑料零件、塑料与金属零件以及金属与金属零件。

第二节　塑料成型工艺

塑料种类很多，其成型方法也很多，有压制成型、注射成型、压注成型、挤出成型、气动与液压成型、泡沫塑料成型等，其中前两种方法在电器制造中经常用。以下我们以塑料压制成型和注射成型工艺为重点作一些介绍。

一、压制成型工艺

压制成型是塑料加工中最传统的工艺方法。由于其工艺历史长，技术成熟可靠，因此在目前仍是热固性塑料的主要加工手段。

压制成型工艺制得的塑料制品具有较高的机械强度、电气性能和耐热性，且压制成型工艺能压制以纤维片或长玻璃纤维为填料的厚片塑料件，因而在电器制造中得到了广泛的应用。压制成型设备为液压机、手动或机动螺旋压机等。

(一) 压制成型工艺过程

压制成型工艺过程分为三个阶段，即模压前准备阶段，压制成型阶段，压后处理阶段。

1. 模压前的准备

热固性树脂比较容易吸湿，贮存时易受潮，加之比体积过大，为了使成型过程能顺利进行，并保证塑件的质量和产量，应预先对塑料原料进行预压和预热处理。

(1) 预压　在室温下将松散的热固性塑料用预压模在压机上压成重量一定、形状一致的型坯，型坯的形状以能十分紧凑地放入模具中预热为宜，一般为圆片状，也有用长条状的。需要指出，并非所有压制成型均需预压，是否预压，应视具体情况而定。

(2) 预热　在成型前，应对热固性塑料加热，除去其中的水分和其他挥发物，同时提高料温，便于缩短压制成型周期，降低成型压力，提高制件质量。生产中一般采用红外线电烘箱预热，预热温度为（110±10)°C，时间为5～10min。

2．压制成型过程

模具装上压机后要进行预热。一般热固性塑料压制过程可以分为加料、合模、排气、固化和脱模等几个阶段，在成型带有嵌件的塑料制件时，加料前应预热嵌件并将其安放定位于模具内。

(1) 嵌件的安放　成型带嵌件的塑件时，通常用手（模具温度高时应戴上手套）将嵌件安放在模具中固定位置，特殊情况要用专门工具安放。安放的嵌件要求位置正确和平稳，以免造成废品或损伤模具。

(2) 加料　在模具加料室内加入已经预热和定量的物料，如型腔数量不多(不超过5个)，且加入的为预压物，则一般用手加料；如为粉料或粒料，则用勺加料，须注意，加料后应使料在模腔内分布均匀。型腔数量多于6个时应采用专用工具加料。加料定量的方法有重量法、容积法和计数法三种。重量法准确，但操作麻烦，计算料重可按下列公式进行

$$G=(1+K_f)CV$$

式中　G——所需压制塑料重，单位为g；

V——制件的体积，单位为cm^3；

C——塑料粉的密度，单位为g/cm^3；

K_f——放料系数，一般取0.03～0.08。

容积法不十分准确，但操作方便；计数法只用于加预压物。

(3) 闭模加压　料加完后应迅速闭合模具，并加压至所需压力，并保压一定时间。

模具闭合速度快慢对制件质量有一定影响，速度过快，易造成制件密度不均匀；太慢，易造成局部硬化，制件有缺陷和毛边大等缺陷。所以闭模加压过程必须控制得当。要求装料后压机快速合模，当接触到塑料粉时使速度放慢，以免损坏模具成嵌件，并有利于排出空气。可分几次加压，不同的塑料粉采取不同的加压方式。合模所需时间由几秒至数十秒不等。

(4) 排气　压制热固性塑料时，在模具闭合后，有时还需卸压将凸模松动少许时间；以便排出其中的气体。排气不但可以缩短固化时间，而且还有利塑件性能和表面质量。排气的次数与时间按需要确定，然后应即施以规定的压力。

(5) 固化　热固性塑料的固化是在压制成型温度下保持一段时间，以待其性能达到最佳状态。固化速率不高的塑料，有时也不必将整个固化过程放在塑模内完成，而只要塑件能够完整地脱模即可结束固化，因为拖长固化时间会降低生产率。提前结束固化时间的塑料需用后烘的方法来完成它的固化。通常酚醛压塑料的后烘温度范围为90～150°C，时间由几小时至几十小时不等，视塑件的厚薄而

定。模内固化时间决定于塑料的种类、塑件的厚度、物料的形状以及预热和成型的温度等。一般由 30s 至数分钟不等，需由实验方法确定，时间过长或过短对塑件的性能都不利。

(6) 脱模　固化完毕后使塑件与模具分开，通常用推出机构将塑件推出模外，带有侧型芯或嵌件时应先用专门工具将它们拧脱，然后再进行脱模。

3. 压后处理

塑件脱模后，对模具应进行清洗，有时对塑件要进行后处理。

(1) 模具的清理　脱模后，要用铜签（或铜刷）刮出留在模内的碎屑、飞边等，然后再用压缩空气将其吹净，如果这些杂物压入再次成型的塑料中，会严重影响塑件质量甚至造成报废。

(2) 后处理　为了进一步提高塑件质量，热固性塑料制件脱模后常在较高的温度下保温一段时间。这一过程又称为塑化处理，目的是使塑料交联固化更趋完全，因而提高塑件的电气性能、耐热性、抗拉及抗压强度和尺寸稳定性。但是经过塑化处理的制件，其抗弯和抗冲击强度将会略有降低。

（二）压制成型的工艺参数

压制成型的工艺参数主要是指压制成型压力、压制成型温度和压制时间。此三个工艺参数又称为塑料压制工艺的三要素，它们对保证塑件的质量起着重要作用。

1. 压制成型压力

压制成型压力是指压制时压机通过凸模对塑料熔体充满型腔和固化时在分型面单位按投影面积上施加的压力，简称成型压力，可采用以下公式进行计算

$$F = PAn$$

式中　F——成型压力，单位为 N；

P——压制时所需单位面积压力（见表 4-1），单位为 MPa；

n——模具内型腔个数；

A——单个型腔的投影面积，单位为 mm^2。

施加成型压力的目的是促使物料流动充模，并使制件的组织紧密、机械强度高，保证尺寸稳定、准确。成型压力应适当，过大会降低模具寿命，不足则易使制件产生缺料、组织松散、起泡、强度差、尺寸不准等缺陷。

2. 压制成型温度

压制成型温度是指压制成型时所需的模具温度。它是使热固性塑料流动、充模、并最后固化成型的主要影响因素。该温度应按塑料品种、制件形状和大小进行选择。正确的成型温度可以加速塑料的硬化速度，降低成型压力和减少成型时间。温度过高，易导致塑料过早或局部胶化，使制件缺粉，不能成型，外观粗糙，收缩率大，制件的物理性能及其他各种性能均降低。温度过低，则流动性

差，不易成型，机械强度低，容易损坏模具，尤其易造成嵌件弯曲变形和折断，零件废品率高。

3. 压制时间

压制时间是指物料在模内加到成型压力后到出模的时间。压制时间与塑料的种类、塑件形状、压制成型工艺条件（温度、压力）及操作步骤（是否排气、预压、预热）等有关。成型温度升高，塑料固化速度加快，所需压制时间减少，压制成型压力对模压时间的影响虽不及模压温度那么明显，但随压力增大，压制时间也略有减少。由于预热减少了塑料充模和开模时间，所以压制时间比不预热要短，通常压制时间与塑料的厚度成正比，见表 4－1。

压制时间的长短对塑件的性能影响很大，压制时间太短，树脂固化不完全(欠熟)，塑件物理性能和力学性能差，外观无光泽，脱模后易出现翘曲、变形等现象。压制时间过长，制件易老化，不仅影响其力学和物理性能，而且也影响劳动生产率。为了缩短压制时间和提高制件质量，一般可将塑料厚料预热，预热温度控制在 100～120°C 之间。

表 4－1 列出了酚醛塑料和氨基塑料的压制成型工艺参数。

表 4－1 热固性塑料的工艺参数

工艺参数	酚醛塑料			氨基塑料
	一般工业用①	高电绝缘用②	耐高频电绝缘用③	
压缩成型温度/°C	150～165	160±10	185±5	140～155
压缩成型压力/MPa	30±5	30±5	>30	30±5
压缩时间/（min/mm）	1±0.2	1.5～2.5	2.5	0.7～1.0

① 系以苯酚—甲醛线型树脂和粉末为基础的压缩粉。

② 系以甲粉—甲醛可溶性树脂的粉末为基础的压缩粉。

③ 系以苯粉—苯胺—甲醛树脂和无机矿物为基础的压缩粉。

二、注射成型工艺

注射成型是热塑性塑料成型制品的一种主要方法。目前，在电器制造中也用来成型某些种类的热固性塑料。

注射成型具有成型周期短，能一次成型外形复杂、尺寸精确、带有金属或非金属嵌件的塑料制件；对成型各种塑料适应性强；生产效率高，易于实现全自动化生产等一系列优点。但应注意的是，注射成型的设备价格及模具制造费用较高，不适合单件及批量较小的塑料件的生产。注射成型设备为注射成型机。

（一）注射成型工艺过程

完整的注射工艺过程，按其先后顺序应包括成型前的准备、注射过程、塑件的后处理等。

1．成型前的准备

注射成型前应进行一些必要的准备工作，以保证注射过程的顺利进行及塑件的质量。这些工作包括原料外观（如色泽、粒度大小及均匀性等）的检验和工艺性能（融熔指数、流动性、热性能及收缩率）的测定；原料的染色及对粉料的造粒；易吸湿塑料的预热和干燥；注射机还包括料筒的清理与模具的安装；对于带嵌件的塑料制件，包括对嵌件的预热。对于脱模困难的塑料制件还包括脱模剂的选用等。由于注射原料的种类、形态、塑件的结构、有无嵌件以及使用要求的不同，各种塑件成型前的准备工作也不完全一样。

2．注射过程

注射过程一般包括加料、塑化、注射、冷却和脱模几个步骤。

（1）加料　由于注射成型是一个间歇过程，因而需定量（定容）加料，以保证操作稳定，塑料塑化均匀，最终获得合格的制件。加料过多，受热时间过长等容易引起物料的热降解，同时注射机功率损耗增多；加料过少，料筒内缺少传压介质，型腔中塑料熔体压力降低，难于补塑（补压），容易引起塑件出现收缩、凹陷、空洞等缺陷。

（2）塑化　加入的塑料在料筒中进行加热，由固体颗粒转换成粘流态并且具有良好的可塑性的过程称为塑化。塑料熔体在进入型腔前要充分塑化，既要达到规定的成型温度，又要使塑化料各处的温度尽量均匀一致，还要使热分解物的含量达到最小值，并能提供上述质量的足够的熔融塑料以保证生产连续并顺利地进行，这些要求与塑料的特性、工艺条件的控制及注射机塑化装置的结构等密切相关。

（3）注射　不论何种形式的注射机，注射的过程可分为充模、保压、倒流、浇口冻结后的冷却和脱模等几个阶段。

1）充模，塑化好的熔体被柱塞或螺杆推挤到料筒前端，经过喷嘴及模具浇注系统进入并填满型腔，这一阶段称为充模。

2）保压，在模具中熔体冷却收缩时，继续保持施压状态的柱塞或螺杆迫使浇口附近的熔料不断补充入模具中，使型腔中的塑料能形成型体形状完整而致密的塑件，这一阶段称为保压。

3）倒流，保压结束后，柱塞或螺杆后退，型腔中压力解除，这时型腔中的熔料压力将比浇口前方的高，如果浇口尚未冻结，就会发生型腔中熔料通过浇口流向浇柱系统的倒流现象，使塑件产生收缩、变形及质地疏松缺陷。如果保压结束前浇口已经冻结，则不存在倒流现象。

4）浇口冻结后的冷却，当浇注系统的塑料已经冻结后，继续保压已不再需要，因此可退回柱塞或螺杆，去除料筒内塑料的压力，并加入新料，同时通入冷水、油或空气等冷却介质，对模具进一步的冷却，这一阶段称为浇口冻结后的冷却。实际上冷却过程从塑料注入型腔起就开始了，它包括从充模完成、保压到脱模前的这一段时间。

5）脱模，塑件冷却到一定的温度即可开模，在推出机构的作用下将塑料制件推出模外。

3. 塑件的后处理

注射成型的塑件经脱模或机械加工后，常需要进行适当的后处理以消除存在的内应力，改善塑件的性能和提高尺寸稳定性。其主要方法是退火和调湿处理。

（1）退火处理　退火处理是将注射塑件在定温的加热液体介质（如热水、液体石蜡等）或热空气循环烘箱中静置一段时间，然后缓慢冷却的过程。其目的是减少由于塑件在料筒内塑化不均匀或在型腔内冷却速度不同，致使塑件内部产生的内应力，这在生产厚壁或带有金属嵌件的塑件时更为重要。退火温度应控制在塑件使用温度以上10～20°C。退火处理时间取决于塑料品种、加热介质温度、塑件的形状和成型条件。退火处理后冷却速度不能太快，以避免重新产生的应力。

（2）调湿处理　调湿处理是将刚脱模的塑件放在热水中，以隔绝空气，防止对塑料制件的氧化，加快吸湿平衡速度的一种后处理方法，其目的是使制件的颜色、性能以及尺寸得到稳定。通常聚酰氨类塑料制件需进行调湿处理，处理的时间随聚酰氨塑料的品种、塑件的形状、厚度及结晶度大小而异。

（二）注射成型工艺参数

影响注射成型工艺的重要参数是塑化流动和冷却的温度、压力（注射压力）以及相应的各个作用时间。

1. 温度

注射成型过程需控制的温度有料筒温度、喷嘴温度和模具温度等。前二种温度主要影响塑料的塑化和流动，而后一种温度主要是影响塑料的流动和冷却。

（1）料筒温度　料筒温度的选择与各种塑料的特性有关。每一种塑料都具有不同的粘流态温度 θ_f（对结晶态塑料即为熔点 θ_m），为了保证塑料熔体的正常流动，不使物料发生变质分解，料筒最适合的温度范围应在粘流态温度 θ_f 和热分解温度 θ_d 之间。此外，料筒温度还应根据制件大小、厚薄以及流程长短、成型时间等进行适当的调整。如制件较大、壁薄、流程长，成型时间短，则应适当提高料筒温度。

料筒温度的分布一般是从料斗一侧（后端）起至喷嘴（前端）止逐步升高的，以使塑料温度平稳地上升达到均匀塑化的目的。但成型聚酰胺类塑料时，各段温度应控制在同一水平，甚至料斗底端温度要稍高一些，以利预塑时进料通畅。

(2) 喷嘴温度　喷嘴温度一般略低于料筒最高温度，以防止熔料在直通式喷嘴发生“流涎现象”。由喷嘴低温产生的影响可以从塑料注射时所发生的摩擦热得到一定的补偿。当然，喷嘴温度也不能过低，否则将会造成熔料的早凝而将喷嘴堵死，或者由于早凝料注入模具型腔而影响塑件的质量。

(3) 模具温度　模具温度对塑料熔体的充型能力及塑料的内在性能和外观质量均有较大的影响。注射成型时，一般依据塑料品种和制件的不同情况来设置模温。聚碳酸酯、聚砜、聚苯醚和氯化聚醚等塑料，注射成型时模具必须加热，加热温度一般应比塑料的热变形温度低 10～20°C；注射聚甲醛等塑料时，若制件大而壁厚时，模具必须加热，制件小而壁薄时可不必加热；聚乙烯、聚苯乙烯、聚丙烯、有机玻璃、聚酰胺等塑料注射成型时，模具一般需要冷却。

2. 注射压力

注射压力是指注射机柱塞或螺杆头部对塑料熔体施加的压力。注射压力的大小取决于注射机的类型，塑料的品种，模具浇注系统的结构、尺寸与表面粗糙度，模具温度，塑件的壁厚及流程的大小等。在塑料的熔体粘度较高、制件壁薄、流程长及针点浇口等情况下，需用较高的注射压力。

为了保证塑件的质量，对注射速度（熔融塑料在喷嘴处的喷出速度）常有一定要求，而注射压力对注射速度有较为直接的影响。就塑件的机械强度和收缩率来说，每一种塑料都有各自的最佳注射速度范围，它与很多因素有关，其中最主要的影响因素是塑件的壁厚。厚壁塑件用低的注射速度，薄壁塑件用高的注射速度。

3. 时间（成型周期）

完成一次注射成型过程所需的时间称为成型周期，它包括以下各部分：

成型周期
- 注射时间
  - 充模时间（柱塞或螺杆前进时间）
  - 保压时间（柱塞或螺杆停留在前进位置时间）
- 模内冷却时间（柱塞后撤或螺杆转动后退的时间均在其中
- 其他时间（指开模、脱模、涂脱模剂、安放嵌件和合模时间）

（注射时间与模内冷却时间合为：总冷却时间）

在整个成型周期中，以注射时间和冷却时间最重要，它们对塑件的质量均有决定性的影响。注射时间过长，塑料原料会因受热时间过长而分解，所得制件会因内应力大而机械强度降低。注射时间过短，会造成塑料塑化不完全，或导致保压时间不足，致使对塑件的质量造成不良影响，严重时塑件将不能使用。

冷却时间主要决定于塑件的厚度、塑料的热性能和结晶性能及模具温度等。冷却时间的长短应以脱模时塑件不引起变形为原则。冷却时间不能太长，否则不仅降低生产率，对复杂塑件还将造成脱模困难。成型周期中的其他时间则与生产过程是否连续化和自动化以及两化的程度有关。

常用塑料注射成型工艺参数见表 4－2。

表 4-2 各种塑料的注射工艺参数

项目 \ 塑料	LDPE	HDPE	乙丙共聚 PP	PP	玻纤增强 PP	软 PVC	硬 PVC	PS	HIPS	ABS	高抗冲 ABS	耐热 ABS	电镀级 ABS	阻燃 ABS	透明 ABS	S
注射机类型	柱塞式	螺杆式	柱塞式	螺杆式	螺杆式	柱塞式	螺杆式	柱塞式	螺杆式	螺杆式	螺杆式	螺杆式	螺杆式	螺杆式	螺杆式	螺杆式
螺杆转速/(r·min^{-1})	—	30~60	—	30~60	30~60	—	30~60	—	30~60	30~60	30~60	30~60	20~60	20~50	30~60	20~30
喷嘴 形式	直通式	直通式	直通式	直通式	直通式	直通式	直通式	直通式	直通式	直通式	直通式	直通式	直通式	直通式	直通式	直通式
喷嘴 温度/°C	150~170	150~180	170~190	170~190	180~190	140~150	160~170	160~170	160~170	180~190	190~200	190~200	190~210	180~190	190~200	160~170
料筒温度/°C 前段	170~200	180~190	180~200	180~200	190~200	160~190	170~190	170~190	170~190	200~210	200~210	200~210	210~230	190~200	200~220	170~180
料筒温度/°C 中段	—	180~200	190~220	200~220	210~220	—	170~190	—	170~190	210~230	210~230	210~230	230~250	200~220	220~240	180~190
料筒温度/°C 后段	140~160	140~160	150~170	160~170	160~170	140~150	140~160	140~160	140~160	180~200	180~200	180~200	200~210	170~190	190~200	160~170
模具温度/°C	30~45	30~60	50~70	40~30	70~90	30~40	20~50	20~60	20~50	50~70	50~80	50~80	40~80	50~70	50~70	50~60
注射压力/MPa	60~100	70~100	70~100	70~120	90~130	40~80	60~100	60~100	60~100	70~90	70~120	70~120	70~120	60~100	70~100	80~120
保压力/MPa	45~50	40~50	40~50	50~60	40~50	20~30	30~40	30~40	30~40	50~70	50~70	50~70	50~70	30~60	50~60	40~50
注射时间/s	0~5	0~5	0~5	0~5	2~5	0~8	0~3	0~3	0~3	3~5	3~5	3~5	0~4	3~5	0~4	0~5
保压时间/s	15~60	15~60	15~60	20~60	15~40	15~40	15~40	15~40	15~40	15~30	15~30	15~30	20~50	15~30	15~40	15~30
冷却时间/s	15~60	15~60	15~60	15~50	15~40	15~30	10~40	15~30	10~40	15~30	15~30	15~30	15~30	10~30	10 30	15~30
成型周期/s	40~140	40~140	40~120	40~120	40~100	40~80	40~90	40~90	40~90	40~70	40~70	40~70	40~90	30~70	30~80	40~70

项目 \ 塑料	SAN (AS)	PMMA		PMMA/PP	氯化聚醚	均聚 POM	共聚 POM	PET	PBT	玻纤增强 PBT	PA6	玻纤增强 PA6	PA11	玻纤增强 PA11	PA12	PA66
注射机类型	螺杆式	螺杆式	柱塞式	螺杆式	螺杆式	螺杆式	螺杆式	螺杆式	螺杆式	螺杆式	螺杆式	螺杆式	螺杆式	螺杆式	螺杆式	螺杆式
螺杆转速/(r·min^{-1})	20~50	20~30	—	20~30	20~40	20~40	20~40	20~40	20~40	20~40	20~50	20~40	20~50	20~40	20~50	20~50
喷嘴 形式	直通式	直通式	直通式	直通式	直通式	直通式	直通式	直通式	直通式	直通式	直通式	直通式	直通式	直通式	直通式	自锁式
喷嘴 温度/°C	180~190	180~200	180~200	220~240	170~180	170~180	170~180	250~260	200~220	210~230	200~210	200~210	180~190	190~200	170~180	250~260
料筒温度/°C 前段	200~210	180~210	210~240	230~250	180~200	170~190	170~190	260~270	230~240	230~240	220~230	220~240	185~200	200~220	185~220	255~265
料筒温度/°C 中段	210~230	190~210	—	240~260	180~200	170~190	180~200	260~280	230~250	240~260	230~240	230~250	190~220	220~250	190~240	260~2800
料筒温度/°C 后段	170~180	180~200	180~200	210~230	180~190	170~180	170~190	240~260	200~220	210~220	200~210	200~210	170~1800	180~190	160~170	240~250
模具温度/°C	50~70	40~80	40~80	60~80	80~110	90~120	90~100	100~140	60~70	65~75	60~100	80~120	60~90	60~90	70~110	60~120
注射压力/MPa	80~120	50~120	80~130	80~130	80~110	80~130	80~120	80~120	60~90	80~100	80~110	90~130	90~120	90~130	90~130	80~130
保压力/MPa	40~50	40~60	40~60	40~60	30~40	30~50	30~50	30~50	30~40	40~50	30~50	30~50	30~50	40~50	50~60	40~50
注射时间/s	0~5	0~5	0~5	0~5	0~5	2~5	2~5	0~5	0~3	2~5	0~4	2~5	0~4	2~5	2~5	0~5
保压时间/s	15~30	20~40	20~40	20~40	15~50	20~80	20~90	20~50	10~30	10~20	15~50	15~40	15~50	15~40	20~60	20~50
冷却时间/s	15~30	20~40	20~40	20~40	20~50	20~60	20~60	20~30	15~30	15~30	20~40	20~40	20~40	20~40	20~40	20~40
成型周期/s	40~70	50~90	50~90	50~90	40~110	50~150	50~160	50~90	30~70	30~60	40~100	40~90	40~100	40~90	50~110	50~100

（续）

项目 \ 塑料	玻纤增强 PA66	PA610	PA612	PA1010		玻纤增强 PA1010		透明 PA	PC		PC/PE		玻纤增强 PC	PSU	改性 PSU	玻纤增强 PSU
注射机类型	螺杆式	螺杆式	螺杆式	螺杆式	柱塞式	螺杆式	柱塞式	螺杆式	螺杆式	柱塞式	螺杆式	柱塞式	螺杆式	螺杆式	螺杆式	螺杆式
螺杆转速/(r·min^{-1})	20～40	20～50	20～50	20～50	—	20～40	—	20～50	20～40	—	20～40	—	20～30	20～30	20～30	20～30
喷嘴 形式	直通式	自锁式	自锁式	自锁式	自锁式	直通式	直通式	直通式	直通式	直通式	直通式	直通式	直通式	直通式	直通式	直通式
喷嘴 温度/°C	250～260	200～210	200～210	190～200	190～210	180～190	180～190	220～240	230～250	240～250	220～230	230～240	240～260	280～290	250～260	280～300
料筒温度/°C 前段	260～270	220～230	210～220	200～210	230～250	210～230	240～260	240～250	240～280	270～300	230～250	250～280	260～290	290～310	260～280	300～320
料筒温度/°C 中段	260～290	230～250	210～230	220～240	—	230～260	—	250～270	260～290	—	240～260	—	270～310	300～330	280～300	310～330
料筒温度/°C 后段	230～260	200～210	200～205	190～200	180～200	190～200	190～200	220～240	240～270	260～290	230～240	240～260	260～280	280～300	260～270	290～300
模具温度/°C	100～120	60～90	40～70	40～80	40～80	40～80	40～80	40～60	90～110	90～110	80～100	80～100	90～110	130～150	80～100	130～150
注射压力/MPa	80～130	70～110	70～120	70～100	70～120	90～130	100～130	80～130	80～130	110～140	80～120	80～130	100～140	100～140	100～140	100～140
保压力/MPa	40～50	20～40	30～50	20～40	30～40	40～50	40～50	40～50	40～50	40～50	40～50	40～50	40～50	40～50	40～50	40～50
注射时间/s	3～5	0～5	0～5	0～5	0～5	2～5	2～5	0～5	0～5	0～5	0～5	0～5	2～5	0～5	0～5	2～7
保压时间/s	20～50	20～50	20～50	20～50	20～50	20～40	20～40	20～60	20～80	20～80	20～80	20～80	20～60	20～80	20～70	20～50
冷却时间/s	20～40	20～40	20～50	20～40	20～40	20～40	20～40	20～40	20～50	20～50	20～50	20～50	20～50	20～50	20～50	20～50
成型周期/s	50～100	50～100	50～110	50～100	50～100	50～90	50～90	50～100	50～130	50～130	50～140	50～140	50～110	50～140	50～130	50～110

项目 \ 塑料	聚芳砜	聚醚砜	PPO	改性 PPO	聚芳酯	聚氨酯	聚苯硫醚	聚酰亚胺	醋酸纤维素	醋酸丁酸纤维素	醋酸丙酸纤维素	乙基纤维素	F46
注射机类型	螺杆式	螺杆式	螺杆式	螺杆式	螺杆式	螺杆式	螺杆式	螺杆式	柱塞式	柱塞式	柱塞式	柱塞式	螺杆式
螺杆转速/(r·min^{-1})	20～30	20～30	20～30	20～50	20～50	20～70	20～30	20～30	—	—	—	—	20～30
喷嘴 形式	直通式	直通式	直通式	直通式	直通式	直通式	直通式	直通式	直通式	直通式	直通式	直通式	直通式
喷嘴 温度/°C	380～410	240～270	250～280	220～240	230～250	170～180	280～300	290～300	150～180	150～170	160～180	160～180	290～300
料筒温度/°C 前段	385～420	260～290	260～280	230～250	240～260	175～185	300～310	290～310	170～200	170～200	180～210	180～220	300～330
料筒温度/°C 中段	345～385	280～310	260～290	240～270	250～280	180～200	320～340	310～330	—	—	—	—	270～290
料筒温度/°C 后段	320～370	260～290	230～240	230～240	230～240	150～170	260～280	280～300	150～170	150～170	150～170	150～170	170～200
模具温度/°C	230～260	90～120	110～150	60～80	100～130	20～40	120～150	120～150	40～70	40～70	40～70	40～70	110～130
注射压力/MPa	100～200	100～140	100～140	70～110	100～130	80～100	80～130	100～150	60～130	80～130	80～120	80～130	80～130
保压力/MPa	50～70	50～70	50～70	40～60	50～60	30～40	40～50	40～50	40～50	40～50	40～50	40～50	50～60
注射时间/s	0～5	0～5	0～5	0～8	2～8	2～6	0～5	0～5	0～3	0～5	0～5	0～5	0～8
保压时间/s	15～40	15～40	30～70	30～70	15～40	30～40	10～30	20～60	15～40	15～40	15～40	15～40	20～60
冷却时间/s	15～20	15～30	20～60	20～50	15～40	30～60	20～50	30～60	15～40	15～40	15～40	15～40	20～60
成型周期/s	40～50	40～80	60～140	60～130	40～90	70～110	40～90	60～130	40～90	40～90	40～90	40～90	50～130

第三节 塑料制件结构工艺性

塑料制件结构工艺性就是指设计人员设计各种塑料零件时，使其结构符合塑料成型工艺的要求，同时也考虑到塑料模具结构的合理性，以防止成型时产生制件质量问题。制件结构工艺性可从以下几个方面考虑。

一、脱模斜度

1）为便于从塑件中抽出型芯或从型腔中脱模塑件，塑件内外表面沿脱模方向均应有脱模斜度，如图 4－1 所示。推荐数值按表 4－3 选取。

2）内表面的斜度应大于外表面的斜度。

3）不通孔深度小于 10mm，外形高度不大于 20mm 时，可以设计成没有斜度。

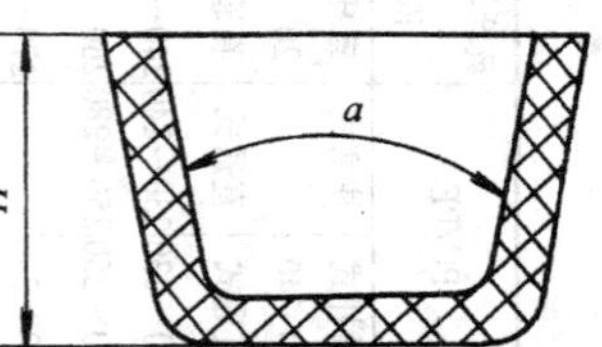

图 4－1 脱模斜度

表 4－3 脱模斜度

工件高度 H/mm	斜度（外表面）		内表面锥度
	一般部位	有配合要求的部位	
～100	1:50	1:200	3～4
＞100～200	1:100	1:400	3～4

二、壁厚及均匀性

1）通常情况下，塑料制件的壁厚不应超过 10mm。热固性塑料制件的最小壁厚按表 4－4 选取，热塑性塑料制件的最小壁厚按表 4－5 选取。

表 4－4 热固性塑料制件最小壁厚

制作深度/mm	最小壁厚/mm		
	酚 醛	氨 基	纤 维
≈40	0.7～1.5	0.9	1.5
＞40～80	2～2.5	1.3～1.5	2.5～3.5
＞40	5～6.5	3～3.5	6～8

表 4－5 热塑性塑料制件壁厚和最小壁厚

壁厚 / 塑料	最小壁厚/mm	小型制件壁厚推荐值/mm	一般制件壁厚推荐值/mm	大型制件壁厚推荐值/mm
聚苯乙烯	0.75	1.25	1.6	3.2～5.4
有机玻璃（372）	0.80	1.50	2.2	4～6.5
聚甲醛	0.80	1.40	1.6	3.2～5.4
聚碳酸酯	0.95	1.80	2.3	3～4.5
尼龙	0.45	0.75	1.6	2.4～3.2
聚苯醚	1.20	1.75	2.5	3.5～6.4

2）对于同一制件要求各处壁厚尽可能均匀，如图4－2所示；在二面交汇处，一般应设计成圆角，圆角半径 $R\geqslant0.5$mm，以利提高制件强度和有利于塑料流动，如图4－3所示；从大截面到小截面的过渡处应变化平缓，如图4－4所示；而对于衬套形制件的凸肩高度，一般应等于壁厚，如图4－5所示。

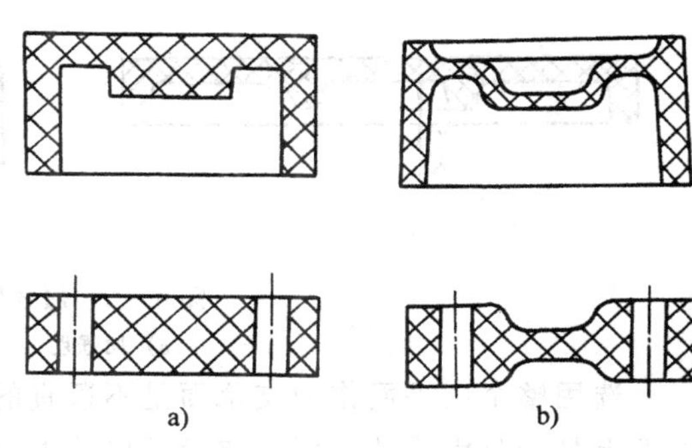

图4－2 壁厚要均匀

a）不正确 b）正确

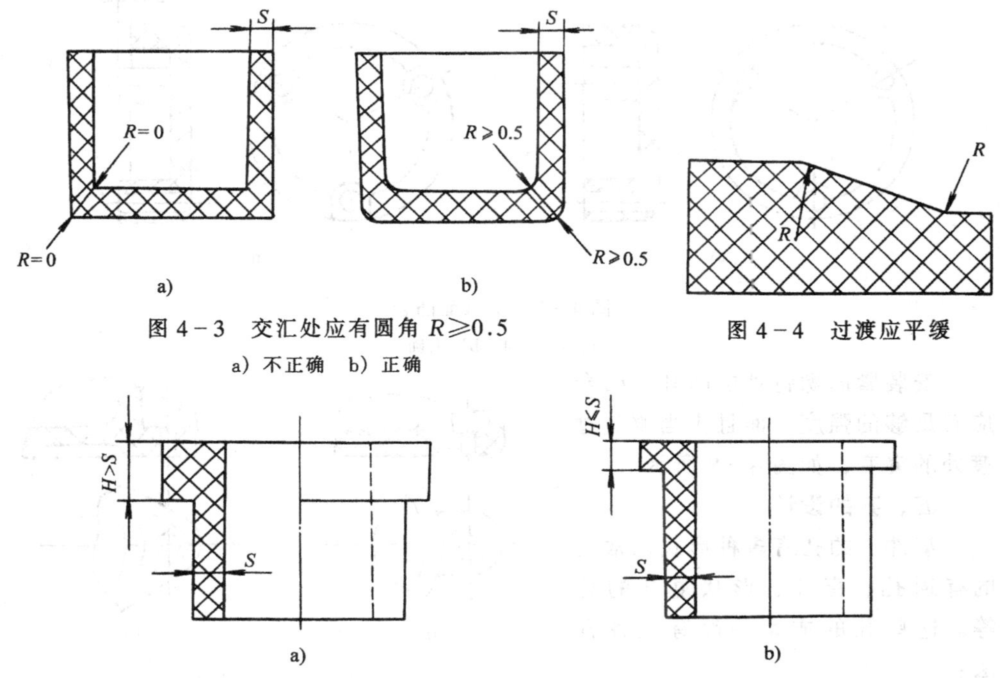

图4－3 交汇处应有圆角 $R\geqslant0.5$

a）不正确 b）正确

图4－4 过渡应平缓

图4－5 凸肩与壁厚

a）不正确 b）正确

三、加强肋

为了进一步提高塑件强度和避免塑件变形翘曲，可以采用加强肋，如图4－6a所示。加强肋本身的高度不应超过它相应壁厚的三倍。

圆筒形薄壁制件如不能采用加强肋加固时，可设计成球面或其他曲面代替之，如图4－6b所示。

四、支承面

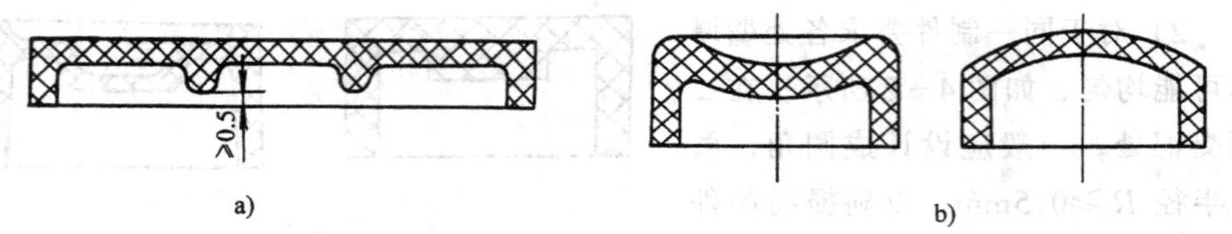

图 4－6　加强肋与曲面

a）加强肋　b）曲面

选用整个底平面作为支承面是不适宜的，因为要使底平面的每个点都在同一平面上是十分困难的。所以应设计成若干个凸台，凸台数量一般取 3 个，凸台高出平面应不小于 0.5mm，如图 4－7 所示。

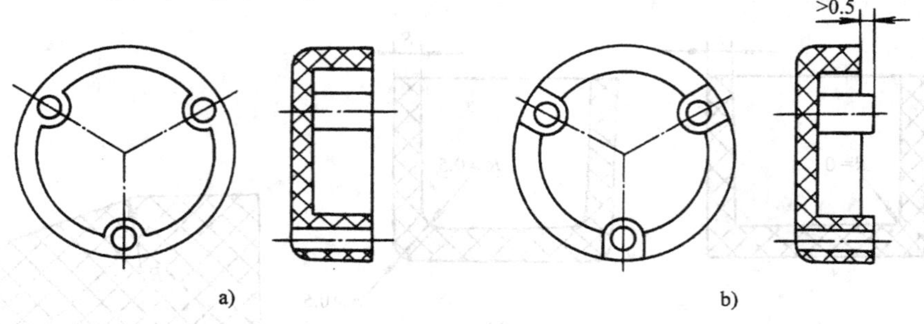

图 4－7　支承面凸台

a）不正确　b）正确

安装紧固螺钉处的凸耳、凸台应有足够的强度，而且应当避免过渡处的突变，如图 4－8 所示。

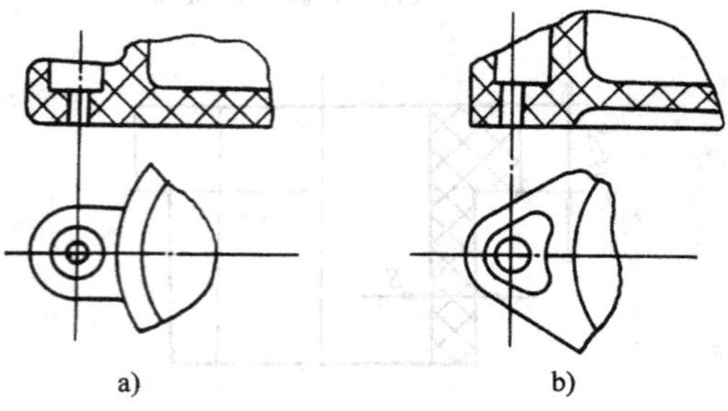

图 4－8　安装凸耳

a）不正确　b）正确

五、孔的设计

塑件上的孔有多种形式，常见的有通孔、盲孔、形状复杂的孔等。这些孔的成型一般有三种方法：

1）用模具成型出完整的孔。

2）部分用机加工方法成型。

3）不用模具成型，完全靠机加工成型。

孔的深度和孔径大小有一定比例，同时也和材料有关，如表 4－6 所示。

孔的深度尺寸太大时，可以采用双面成型方法，如图 4－9 所示。孔径相同时，很难保证同心度，如图 4－9a 所示。为了保证装配和不影响塑料制件的质量，可使一部分达到孔径公差的要求，另一部分孔径放大 0.5～1.0mm，如图 4－9b 所示。

表 4-6　制件中孔的成型深度尺寸

塑料种类	孔的最小直径/mm		竖孔压制最大深度			
	一　般	技术上可能的	压塑		注射、挤胶	
			不通孔	通　孔	不通孔	通　孔
胶木粉	1	0.8	$h_1<2.5d_1$	$h<5d$	$h_1<2.5d_1$	$h<6d$
玻璃纤维碎布	1.5	1	$h_1<2d_1$	$h<4d$	$h_1<2d_1$	$h<5d$

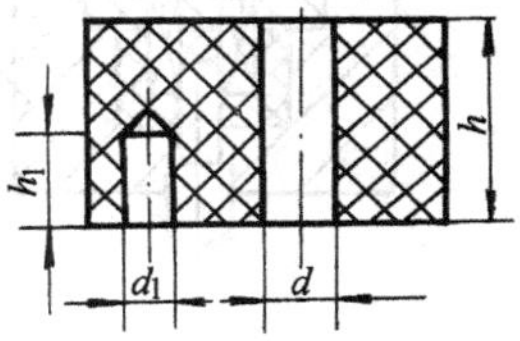

塑料制件上的孔不应与边缘相距太近，以免边缘产生崩裂。同理，孔边与孔边也不应相距太近。一般孔边与边缘距离不应小于该孔的直径，如图 4-10 所示。它们之间有如下的关系

$$a \geqslant d, a \geqslant 0.25h, b > 1\text{mm}$$

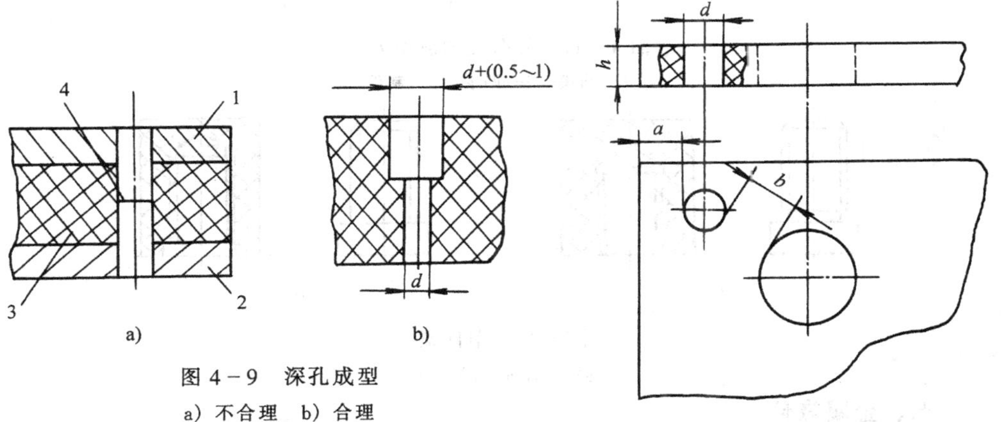

图 4-9　深孔成型

a) 不合理　b) 合理

1—凸模　2—凹模　3—制件　4—拼缝薄层

图 4-10　孔与孔、孔与边之间最小距离

形状较复杂的孔成型方法多采用型芯拼合的形式，如图 4-11 所示。

六、螺纹

在塑件上成型螺纹时，直径不得小于 M2，螺距应大于 0.5mm，因为塑料螺纹的机械强度比金属螺纹的机械强度低 5～10 倍。

成型塑件螺纹的精度不能要求太高，一般低于 3 级。塑件上的螺纹在冷却后要收缩变形，影响螺纹的旋出，因此，在保证使用的前提下，螺纹的拧合长度要短些，长度不应大于螺纹直径的一倍半。

当需要在塑件的同一轴线上成型两段或几段螺纹时，不论它们的直径是否相同，必须使它们的螺距和旋合方向均相同，否则在塑件成型时将造成脱模困难。另外，塑件上的螺纹不能有退刀槽，有退刀槽是无法脱模的。如图 4-12 所示。

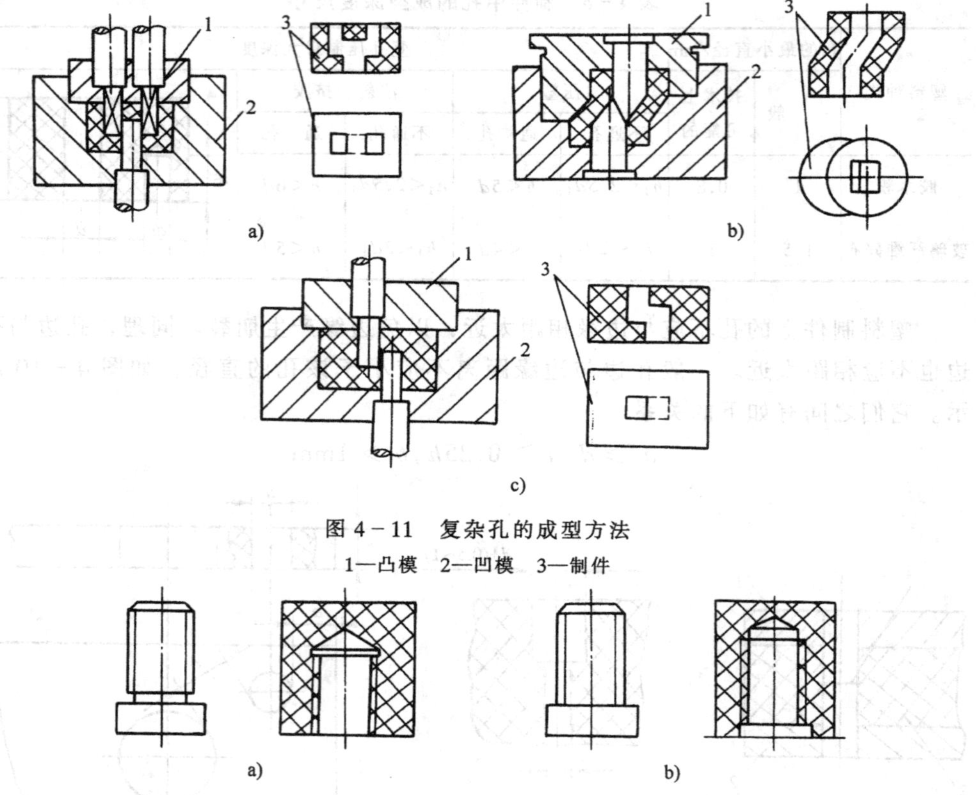

图 4－11　复杂孔的成型方法

1—凸模　2—凹模　3—制件

图 4－12　塑件螺纹

a）不合理　b）合理

七、金属嵌件

如果在塑件上螺纹孔数量较多，且在使用时又需要经常装卸，则不宜在塑件上直接成型螺纹，而应在塑件内嵌入金属嵌件，在金属嵌件上制作螺纹。塑件中嵌入金属嵌件有如下优点：

1）提高塑件的机械强度和使用寿命。

2）在塑件内构成导电通路。

3）增加塑件的尺寸和形状稳定性，提高整体塑件的刚性。

设计嵌金属嵌件的塑件时，应注意包在金属嵌件外面的塑料层应有足够的厚度，以克服在收缩时所发生的应力，免遭破裂。塑料层的最小厚度与金属嵌件的直径有关，其相关数值如表 4－7 所示。

为了防止金属嵌件从制件中拔出，金属嵌件外表应加工成沟槽、弯曲、开孔、滚花或压扁等形状，以便牢固地固定在塑料件中，如图 4－13a 和 b 所示。应尽可能采用标准紧固件作为嵌件，如图 4－13c 所示。

表 4-7 嵌件外包塑料层最小厚度

嵌件直径 D/mm	≤4	>4~8	>8~12	>12~16	>16
最小壁厚 t/mm	≥1.5	≥2	≥3	≥4	≥5

在塑件内嵌入的金属嵌件为细长杆形状时，必须考虑设支承型芯的工艺孔，以便在成型时，减少嵌件的弯曲变形，如图 4-14 所示。

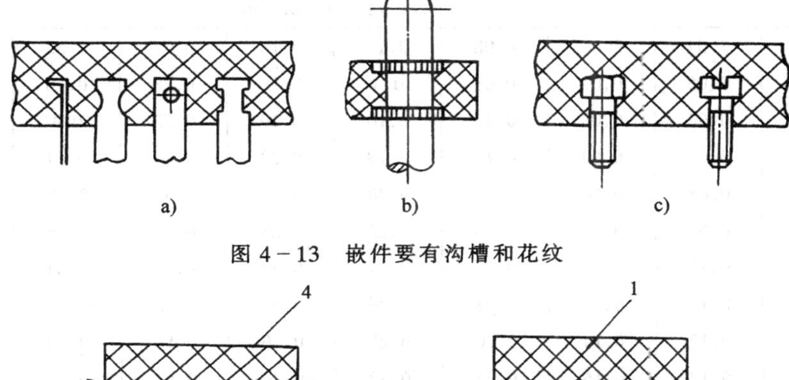

图 4-13 嵌件要有沟槽和花纹

a）
b）

图 4-14 杆状嵌件有支承工艺孔

a）不合理 b）合理

1，4—制件 2—金属嵌件 3—支承工艺孔

八、塑件的内外表面

塑件内表面的轮廓应能保证塑件内腔能从成型凸模上顺利取出，而不至于被迫采用镶块分离或凸模，如图 4-15 所示。

塑件的外形亦应设计得易于脱模，即在开模取出塑件时，尽可能不采用复杂的瓣合分型与侧抽芯。如图 4-16 所示。

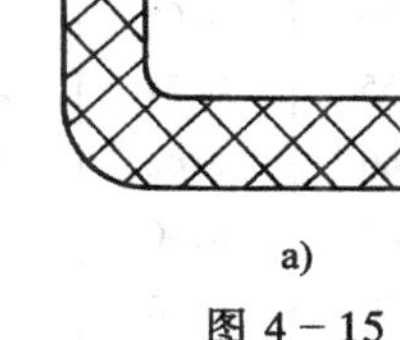

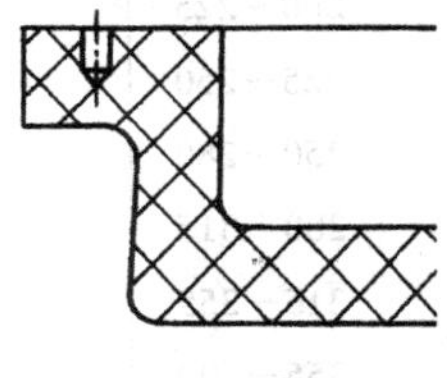

图 4-15 内表面的合理结构

a）不好的 b）好的

九、塑件的精度

塑件成型的精度主要受下列因素的影响：塑料收缩率的波动，模具制造的精度，模具磨损状况，带嵌件塑件中嵌件与模具的配合情况等。此外，模塑时工艺条件的变化，成型时飞边厚度的变化，及脱模斜度的取值等，也会影响塑件的精度。因此，塑件的尺寸精度一般不高，应在保证使用的前提下尽可能选用低精度等级。塑件分成8个精度等级，如表4－8所示，所对应的塑件公差见表4－8。精度等级的选用见表4－9

表4－8　塑料制件公差数值表

公差尺寸/mm	精度等级							
	1	2	3	4	5	6	7	8
	公差数值/mm							
～3	0.04	0.06	0.08	0.12	0.16	0.24	0.32	0.48
3～6	0.05	0.07	0.08	0.4	0.18	0.28	0.36	0.56
6～10	0.06	0.08	0.10	0.16	0.20	0.32	0.4	0.61
10～14	0.07	0.09	0.12	0.18	0.22	0.36	0.44	0.72
14～18	0.08	0.10	0.12	0.20	0.24	0.40	0.48	0.80
18～24	0.09	0.11	0.14	0.22	0.28	0.44	0.56	6.00
24～30	0.10	0.12	0.16	0.24	0.32	0.48	0.64	0.96
30～40	0.11	0.13	0.18	0.26	0.36	0.52	0.72	1.04
40～50	0.12	0.14	0.20	0.28	0.40	0.56	0.80	1.20
50～65	0.13	0.16	0.22	0.32	0.46	0.64	0.92	1.40
65～80	0.14	0.19	0.26	0.38	0.52	0.76	1.04	1.60
80～100	0.16	0.22	0.30	0.44	0.60	0.88	1.20	1.80
100～120	0.18	0.25	0.34	0.50	0.68	1.00	1.36	2.00
120～140		0.28	0.38	0.56	0.76	1.12	1.52	2.20
140～160		0.31	0.42	0.62	0.84	1.24	1.68	2.400
160～180		0.34	0.46	0.68	0.92	1.36	1.84	2.70
180～200		0.37	0.50	0.74	1.00	1.50	2.00	3.00
200～225		0.41	0.56	0.82	1.10	1.64	2.20	3.30
225～250		0.45	0.62	0.90	1.20	1.80	2.40	3.60
250～280		0.50	0.68	1.00	1.30	2.00	2.60	4.00
280～315		0.55	0.74	1.10	1.40	2.20	2.80	4.40
315～355		0.60	0.82	1.20	1.60	2.40	3.20	4.80
355～400		0.65	0.90	1.30	1.80	2.60	3.60	5.20
400～450		0.70	1.00	1.40	2.00	2.80	4.00	5.60
450～500		0.80	1.10	1.60	2.20	3.20	4.40	6.40

注：标准中规定的数值塑件成型后或经必要的后处理后，在相对湿度为65%、温度为20°C环境放置24h后，以塑件和量具温度为20°C时进行测量为准。

表 4-9 精度等级的选用（SJ1372—78）

类别	塑料品种	建议采用的精度等级		
		高精度	一般精度	低精度
1	聚苯乙烯（PS） ABS 聚甲基丙烯酸甲酯（PMMA） 聚碳酸酯（PC） 聚砜（PSU） 聚苯醚（PPO） 酚醛塑料（PF） 氨基塑料 30%玻璃纤维增强塑料	3	4	5
2	聚酰胺 6、66、610、9、1010（PA） 氯化聚醚（CPT） 聚氯乙烯（硬）（HPVC）	4	5	6
3	聚甲醛（POM） 聚丙烯（PP） 聚乙烯（高密度）（HDPE）	5	6	7
4	聚氯乙烯（软）（LPVC） 聚乙烯（低密度）（LOPE）	6	7	8

注：1. 其他材料可按加工尺寸稳定性，参照上表选择精度等级。

2. 1、2 级精度为精密技术级，只有在特殊条件下采用。

3. 选用精度等级时应考虑脱模斜度对尺寸公差的影响。

第五章　绝缘零件加工及处理工艺

第一节　概　　述

所谓绝缘，是指各带电部位之间或带电部位对地间电的隔离。绝缘介质分为气体、液体和固体物质。绝缘介质经过初级加工以后就构成了气体、液体或固体的绝缘材料。

绝缘材料与绝缘技术是一门边缘科学，绝缘材料生产厂家有专业的也有跨行业的。绝缘材料以不同结构形成，在电工设备中发挥不同作用。如绝缘、储能、支撑和保护等作用。因此，绝缘材料是保证电工设备安全运行和提高电工设备技术水平的不可缺少的关键材料。由固体绝缘材料经过加工或处理后形成的零部件或制品（绝缘件）的应用也越来越广泛。

高、低压电器在运行过程中长期承受着工作电压，有时还要承受闭合或开断瞬间的冲击过电压及浪涌电压等，因此，要求电器具有高的绝缘能力，所以，在电器中大量采用着由各种绝缘材料制造的零部件。如高压电器中的提升杆、绝缘筒，低压电器中的灭弧室隔板等。在电器产品中，绝缘材料通常作为结构材料来使用，同时负担电气绝缘和机械强度两者性能的要求，亦可作为填充材料和粘结材料。

在电器产品基本结构不变的情况下，其发展也在一定程度上依赖于绝缘材料的科技进步。例如：SF_6 气体出现，推动断路器向超高压、大容量、组合化发展。许多新材料的开发也可以促使电器产品减少尺寸，减轻重量，降低成本。

一、气体绝缘介质及其应用

气体绝缘介质分为天然气体和合成气体绝缘介质，在高压电器中得到广泛应用。

1. 天然气体绝缘介质有空气、氮、氢、二氧化碳等。空气是一种混合气体，含有氮、氧、氩、二氧化碳和少量稀有气体。利用大气（0.098MPa 的空气）作为绝缘间隙或绝缘间隔的高压电器或高压设备应用最为广泛。气体在压缩状态下其介质强度有明显的提高，因此，压缩气体也可用作电器设备的绝缘或灭弧介质，如压缩空气断路器。当真空度达 0.0133Pa（10^{-4}mmHg）时称为真空绝缘。应用真空绝缘的产品有真空电容器、真空接触器、真空断路器等，具有设备体积小、动作快、无燃烧和爆炸的危险性等优点。

2. 合成气体电介质，主要介绍六氟化硫（SF_6）。六氟化硫是一种电负性强的合成气体。它在高于临界温度45.6℃时任何压力下均为气态，其介电强度在均匀电场中为空气的2.3倍，在不均匀电场中为空气的3倍。在单断口的灭弧室中六氟化硫的灭弧能力为空气的100倍。六氟化硫可用于全封闭组合电器、电力变压器、电容器和高压套管等设备中。六氟化硫与氮或二氧化碳混合可作电介质，用于电器设备中。六氟化硫压缩气体可有效地缩小电器设备的体积，延长其寿命。

纯六氟化硫是无毒的，但在使用过程中，在电火花及电弧作用下会分解出氟原子和某些有毒的低氟化物。氟原子与金属作用，会生成铜、锌或铅等氟化物。在有水分时，这些氟化物还能与硅、钙或碳作用，生成硅、钙、碳的化合物，这将导致绝缘材料的破坏。因此，应用六氟化硫的电器在使用时要加吸附剂，做好密封措施防止潮气的渗入，并采用六氟化硫的绝缘材料。在六氟化硫气体制备中，要对其进行严格的净化处理，去掉对人能致命的、剧毒的低氟化合物。

因为水分对任何绝缘介质往往都会显著降低其耐电压水平和抗电弧能力，因此去水分便是绝缘工艺的一个重要目的。另外，杂质也会影响气体绝缘的质量。因此，在使用气体作为绝缘介质时，通常要对气体介质进行净化、干燥、吸附等工艺处理。

真空电器为了保持其真空介质的绝缘水平，不但要在抽完真空封结以后进行检漏以防止漏气（大气漏进封结的真空容器中去），特别要防止微漏、慢漏，而且与对真空介质所接触的结构材料，要进行排气处理，以免其晶格间吸附的气体不断向真空介质放气。

二、液体绝缘介质及其应用

液体绝缘介质也通常应用于高压电器中。常用的有变压器油、开关油、电容器油、三氯联苯等。

变压器油可根据环境温度选择不同的凝点的相应型号。

开关油用于油断路器触头间隙并起熄弧作用，通常采用45号变压器油。

电容器油用于浸渍、充灌移相电容器、脉冲电容器等，起绝缘、散热和储能作用。

氟里昂无毒，不燃不爆，电性能与绝缘油相近，可在392～490kPa气压下工作，既可作冷媒介质，也可作绝缘材料。但氟里昂在电弧放电或局部放电作用下，会产生游离，生成有毒的腐蚀性物质。

三氯联苯的综合性能好，曾用作电容器介质，但由于有毒性，目前已禁止使用。

用液体作为绝缘介质的高压电器主要有多油断路器、少油断路器、油浸电抗器和调压器，电容器变压器，充油型电流、电压互感器，高压试验用的水阻等。

三、固体绝缘介质及其使用

固体绝缘介质按其成分和化学成分的不同，常用的有绝缘漆胶和熔敷粉末，纸、纸板等绝缘纤维制品；漆布、漆管和绑扎带等绝缘浸渍纤维制品，绝缘云母制品，电工用薄膜；复合制品和粘带，电工用塑料和橡胶以及电工用层压制品。电工用层压制品是由纸、棉布、玻璃布作底材，浸（或涂）以不同的胶粘剂，经热压（或卷制）而制成的层状结构的绝缘材料。根据使用要求，层压制品可制成具有优良电气、机械性能和耐热、耐油、耐霉、耐电弧，防止电晕等特性的制品。层压制品主要包括层压板、管（筒)、棒、电容套管芯和其他特种型材等，而其性能取决于底材和胶粘剂的性质及其成型工艺。

电工绝缘材料的组成中大多数含有纤维材料。漆布、漆绸和漆管中，纤维材料占20%～50%，层压制品中占60%左右，云母制品的补强材料和某些层压塑料的填料也是纤维材料。直接用于电工产品生产的还有各种纤维带、绳、套管和麻纱线。

电绝缘用纤维要求有良好的绝缘性能。吸湿性要小，绝缘电阻受潮下降要小，要有耐热性和耐老化性，并要求与树脂、绝缘漆的相容性好。

第二节　绝缘材料的加工

绝缘材料加工成电器产品中的绝缘零部件，按其材料及加工成型方法，基本上可分为两类，一种是模塑成型，另一种是各种层压材料经机械加工成型。本节仅介绍后者。

一、层压制品的性质

由浸渍过热固性或可固化树脂的片状纤维材料，多层相叠，经加热加压粘结成型的硬质复合制品，称层压塑料制品。层压塑料制品可加工成各种绝缘和结构零部件，广泛应用在电机、变压器、高低压电器、电工仪表和电子设备中。

层压制品的性能取决于基材和粘结剂，以及成型工艺。按其组成、特性和耐热性，层压制品可分为：

（1）有机基材层压制品—以木浆绝缘纸，棉纤维纸、棉布等为增强材料，长期使用温度可达112°C。

（2）无机基材层压制品—以无碱玻璃纤维布、无碱玻璃纤维毡，石棉纸等为增强材料，长期使用温度为130～180°C，甚至可达到更高温度，随粘接树脂而异。

层压塑料制品按形状和用途分为层压板、层压管、层压棒和模制层压制品。印制电路用覆铜箔层压板和作为高压电器用电容器式导管的胶纸电容套管芯，是两类特殊的层压塑料制品。

电器产品对层压制品的性能要求很多，实际上很难有一种层压制品能够满足所有的使用要求。有从产品的结构尺寸、允许温升、电压等级提出的要求，有从使用环境条件提出的要求，还有从工艺（如机械加工性、敲打、浸烘、浸焊）提出的要求。

二、层压塑料制品的机械加工特点

绝缘层压制品在电器产品上应用时，必须经过机械加工制成各种绝缘结构件。层压制品（特别是玻璃布层压制品）机械加工的特点，在于各种强度不一，层间强度较低，加工时易分层、起毛和崩裂。由于导热性差（热导率仅为金属的1/1000～1/100）加工时热量集中在刀刃不易散去，使刀具和加工件损坏。玻璃布层压制品质地硬软不匀，加工时使刃具变钝，公差和粗糙度不易保证。层压制品热胀系数和塑性变形大，钻孔或热冲剪时有收缩，故刀具的标称尺寸应比孔径或工件尺寸适当加大，如果照搬金属切削加工方法，势必造成废品。同时，绝缘层压材料机加工时，会产生大量的切削粉尘，这些粉尘对人体有害，故必须有专门吸尘装置，以实现劳动保护。

第三节　绝缘处理、质量标准及检测方法

一、绝缘处理的目的

所谓电器绝缘零件的绝缘处理，就是用适合的绝缘漆，采用喷涂式浸渍的方法，使在绝缘零件的表面或内层形成结实的漆膜。其处理对象一般是层压绝缘材料经加工成型的绝缘零件。

对于模塑材料，其表面有一层比较完整的树脂被覆层，且成型后不再进行加工，故此类零件除特殊要求外，一般都不进行绝缘浸漆处理。

对于经机械加工成型的绝缘零件，由于其绝缘材料如胶布、胶纸层压制品、反白板纸、棉、麻、丝、绸等均容易吸收潮气，尤其是在加工断面的地方。这样，就会降低电器的耐电压水平和抗电弧能力，严重影响产品的主要性能。如果对这些零部件进行绝缘处理，就可以大幅度地提高电器的绝缘能力，提高产品的质量。因此，绝缘处理在高、低压电器制造中具有极其重要的意义。

绝缘材料处理的作用有以下几点：

(1) 外观光洁　绝缘零件表面经绝缘漆涂覆后，获得一层光滑而发亮的漆膜。

(2) 提高耐潮性和绝缘能力　电器中的绝缘零件经绝缘处理后，能使周围空气中的水分难以进入绝缘零件的内部，从而提高了绝缘件的耐潮性和绝缘能力。

(3) 提高机械强度　不论涂覆漆还是浸渍漆都有良好的粘附能力。绝缘零件经浸渍处理后，能形成一个完整坚实的固体，表面又被漆所覆盖，可以提高纤维

材料的机械强度。

(4) 提高电气性能　由于绝缘漆能够填充绝缘材料的孔隙，而且漆层绝缘强度比空气绝缘强度大，于是提高了绝缘零件的电气强度。

(5) 提高耐油性　应用于油开关中的绝缘零件上的漆膜是耐油层，避免了变压器油的侵入。

(6) 提高散热性能　未经浸漆处理的绝缘零件中存在着空隙，因此热传导性差，易使温升升高。经浸漆处理后，漆填充了空隙而形成一个严实实的整体，热传导性好，容易散热，从而提高散热性能。

(7) 提高耐热性　浸渍绝缘漆后，能增强材料的耐热性能，使其绝缘性能在一定温升范围内不受影响。

(8) 防止化学药品的腐蚀及污物沾染　浸漆烘干后的零件表面较为光洁平整，不易沾染灰尘。同时，漆膜本身也具有防止化学药品如酸碱等的腐蚀。

二、绝缘处理的工艺过程

(一) 预烘

由于物质的吸潮性，所以在一般条件下，各种以棉、木、纸及层压物品加工的电器绝缘零件，都含有不同程度的潮气，如果其中所含潮气在浸漆前不排出的话，则在浸漆过程中会产生以下不良影响：

(1) 浸不透　由于零件内部含有潮气，浸渍时漆液难以浸入内层，因而造成潮气包封在零件内部，造成局部浸不透漆的现象。

(2) 影响漆膜质量　由于零件内部潮气未排出，在浸漆后的烘干过程中，潮气受热在内部形成气泡或在排出时在漆膜表面形成针孔或气泡。

如果电器绝缘零件在浸漆后，既有内层浸不透，又有气泡、针孔等现象存在，则会降低绝缘性能，使电器零件造成绝缘质量问题，以及缩短使用寿命。因此，预烘在绝缘处理过程中是很关键的因素。

预烘的形式：

1) 在大气压力下，使绝缘材料中水分强烈蒸发，基本消除水分。预烘温度一般为100～110°C，时间视材料品种及厚度一般为6～16h。

增加预烘的温度虽然可以使材料干燥程度提高，缩短时间，但对不同耐热等级的绝缘材料，其预烘温度是受限制的。因为在过高温度或时间太长时，将使未浸漆的有机材料很快遭到破坏。

2) 真空预烘，当一般的预烘方法满足不了要求时，可采用真空预烘，以保证水分能比较彻底地蒸发掉。因在真空状态下水的沸点明显降低，当剩余压力为6.67kPa时，水的沸点为35°C，而当剩余压力为1.33kPa时，水的沸点为15°C。因此，采用真空预烘时，开始真空度可低些，经一段时间后可提高真空度为96～100kPa。真空预烘不仅加速了干燥速度，而且提高了干燥程度，同时亦清除了绝缘材料空气隙中的空气，预烘温度可降至80～100°C，时间4～8h。

另外要注意的是：容易变形的零件，预烘时升温速度要慢；容易发脆或开裂的零件，预烘温度要偏低一些；对于要求浸透的零件，预烘时间要长一些。

（二）浸漆

1. 绝缘漆

浸漆处理用的主要材料是绝缘漆。绝缘漆主要由树脂、干性油及挥发性溶剂所组成。其中，树脂和干性油是漆的主要成膜材料。绝缘漆在干燥时，溶剂挥发，而漆的基本成分，经化学变化而形成一层固体的漆膜。

绝缘漆按用途分为：

(1) 浸渍漆　是用作浸渍多孔性绝缘材料的物质。

(2) 被覆漆　是涂在绝缘零件表面上，形成结实的耐潮漆膜。

(3) 胶合漆　是用来粘合固体绝缘材料或金属与绝缘材料的物质。

电器产品绝缘零件浸漆处理常用绝缘漆的性能、特点见表5－1。

表5－1　常用绝缘漆的牌号、性能及特点

绝缘漆名称	牌　号	耐热等级	主　要　成　分	性能及主要用途
三聚氰胺环氧树脂浸渍漆	H30－2 或 1033 3404	B	由环氧树脂和亚麻油酸经脂化后，加丁醇改性的三聚氰胺甲醛树脂配制而成溶剂为二甲苯	烘干型漆，干燥速度快，热固性好，附着力强，漆膜柔韧，介电性能高，具有良好的耐潮和抗化学药品的侵蚀，三防性能好。适用于湿热带及化工腐蚀的电机、电器的线圈浸渍之用
环氧酯绝缘烘漆	H30－5 或 5804	B	由环氧树脂和干性植物油酸，经高温聚合，以二甲苯、丁醇稀释，与胺基树脂配制而成透明液体，溶剂为二甲苯	烘干型漆，漆膜干燥迅速，附着力优良，漆膜柔韧性、耐油性好，有一定耐化学气体腐蚀能力、抗潮，绝缘性能优良。可供化工防腐电机、电器线圈浸渍之用，并可作绝缘零件外层覆盖密封抗潮绝缘之用
三聚氰胺环氧醇酸漆	H30－6 或 8340	B	由低分子环氧树脂和改性醇酸树脂聚合后，加入了醇改性三聚氰胺甲醛树脂而成的，溶剂为二甲苯	烘干型漆，热固性好，漆膜的粘合力强，并具有高的耐化学气体性能。可作为B级绝缘和湿热带型的化工腐蚀的电机、电器浸渍之用
环氧酯自干绝缘清漆	H31－3 或 1504	B	由环氧树脂与干性植物油酸，经高温酯化聚合后，以二甲苯，丁醇稀释而成透明液体，溶剂为二甲苯	气干型漆，在空气中干燥迅速，并可低温烘焙干燥，有一定的耐油防潮和耐化学气体腐蚀性能。可供电机、电器零件用于表面覆盖密封，罩光，防潮和表面绝缘粘合

（续）

绝缘漆名称	牌　号	耐热等级	主　要　成　分	性能及主要用途
灰环氧酯绝缘防霉烘漆	H31－4或8363	B	由三聚氰胺甲醛树脂，改性环氧树脂，矿物填料，酸性硫柳汞防霉剂和二甲苯调制而成	烘干型灰色磁漆，漆膜耐油，耐化学药品的腐蚀和介电性良好，有较高的冲击强度，防霉性0～2级，防止霉菌生长引起漆层的破坏，供湿热带电机、电器线圈覆盖漆用
环氧棕色磁漆		B	由环氧酯以二甲苯，丁醇稀释，与颜料研磨，加入适量氨基树脂配制而成，溶剂为二甲苯	烘干型漆，漆膜附着力强，漆膜光亮，抗潮耐油和绝缘性能好。用于互感器或绝缘零件的外层涂覆，作为抗潮，绝缘涂层
三聚氰胺醇酸绝缘漆	A30－1或1032	B	由亚麻油改性醇酸树脂和丁醇改性三聚氰胺树脂配制而成，溶剂为二甲苯	烘干型漆，热固化性好，漆膜附着力强，并具有较高的耐热、耐潮和耐电弧性能，供一般B级绝缘和热带型电机、电器线圈浸渍之用
无溶剂聚酯漆		B	由不饱和聚酯和苯乙烯共聚而成	固化快，可以缩短干燥时间，漆膜机械强度高可作B级绝缘，以及电机、电器线圈浸渍之用
线圈浸渍胶	801	B	由不饱和聚酯和环氧树脂为主要成分的浸渍胶，以DAP为活性溶剂	具有无刺激性气味、固化快、流失少、粘结力强、耐湿热性好等特点。最适合于低压电器和微型电机线圈的真空压力浸渍绝缘处理
F级无溶剂浸渍胶	上1140	F	由环氧改性聚酯配以活性稀释剂而成。稀释剂为苯乙烯	具有较高的耐热性，良好的电器性能和机械性能，并有低温快干（130～140°C，5～6h）固化特性，适用于F级、B级电机、电器线圈的沉浸型绝缘处理
有机硅浸渍漆	1050	H	由二甲苯甲基和苯基氯硅烷，在碱触媒下，经缩聚后溶于甲苯中制成，溶剂为二甲苯	高温烘干漆具有良好的热固性和浸渍能力，漆膜具有较高的耐高温、耐寒和介电性能好，可作长期工作在180°C下和短期工作在250～300°C的电机、电器线圈浸渍之用
聚酰亚胺浸渍漆		C	由苯甲酸二酐和二胺基二苯醚在二甲基乙酰胺溶剂中反应而成。溶剂为二甲基乙酰胺、甲苯、二甲苯，三者比例3:1:1	烘干漆，具有耐高温、耐溶剂、抗幅射、抗燃烧性能，可在－60～200°C下长期使用，在300°C下短期使用，该漆供H级绝缘和化工、冶金、低压电机绕组线圈浸渍之用

（续）

绝缘漆名称	牌　号	耐热等级	主　要　成　分	性能及主要用途
矽钢片漆	1611	B	由干性油和松脂酸盐经熬制后，溶解于有机溶剂中而制成，溶剂为200号溶剂油	高温烘干漆，在矽钢片表面形成极为牢固而坚硬的耐油、耐水漆膜。适用于电机、电器设备中矽钢片间的绝缘
水性丙烯酸清漆	W-3		由丙烯酸共聚树脂与氨基树脂配制而成的透明液体稀释剂为水	高温烘干漆，具有良好的附着力和耐盐雾、防霉、耐湿热的三防性能。适用于家电产品、仪表、仪器等以室内用途为主的工业产品的表面涂饰、及矽钢片间的绝缘

2．浸漆

首先将绝缘漆调至适当的粘度。粘度小，则浸透性好。但粘度过小，漆膜较薄容易流失，而且粘接性能较差，会使浸渍漆的绝缘性能有所下降；粘度大则浸透性差，使内层有浸不透现象，因而会降低其性能，也会给施工带来困难。浸渍的方法有常温常压法浸漆和反复真空浸漆。本节仅仅介绍真空压力浸漆法。

真空压力浸漆设备示意图见图5-1，其主要设备和工具有：

（1）漆罐　一般可用作零件的浸漆，特别在真空压力浸漆中是不可缺少的设备。它由钢材焊接而成，上有一圆拱盖。漆罐要能承受一定的压力，而且要求封闭严密。漆罐上盖有一安全阀门，当罐内压力达到某一定值时，如果再超过，则压力顶开安全阀中的弹簧阀门，使之泄压；而当压力降到限定值时，则在弹簧阀门弹力的作用下使阀门又自动闭合，从而起到自动调节保护的作用。

（2）真空泵　是以抽吸气体以获得真空度的装置。生产上常采用的高真空抽气泵，系旋转油液弥封式。泵身等主要部门均采用耐磨可锻铸铁，并经精密加工制造，其真空度可达96%～99.9%，能满足高真空的要求。

（3）压力泵　根据其工作原理可分二种。容积式压力泵（有往复式和旋转式两种）是依靠活塞的往复运动或旋转体的旋转运动，来压缩空气产生压力。另一种为离心式压力泵，是依靠离心力来压缩空气产生压力。压力泵系统需要有油水分离器装置。一般容积式压力泵比离心式压力泵产生压力要高，根据压力泵产生压力的大小，可以分为：

低压压力泵　表压：0.2～1MPa

中压压力泵　表压：1～10MPa

高压压力泵　表压：10～100MPa

真空压力浸漆中所用压力泵，为低压压力泵。

（4）挂具、筐架　一般用于对易变形的大型零件的吊挂，减少变形。筐架的大小还须与漆罐的大小相适应。

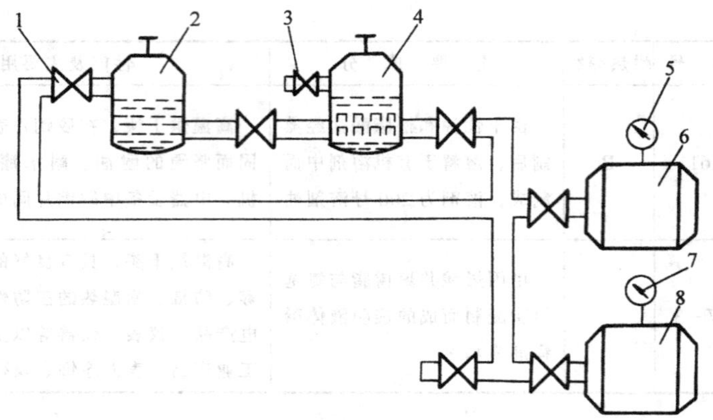

图 5－1　真空压力浸漆设备示意图

1—阀门（6 个）　2—贮漆罐　3—安全阀　4—浸漆罐

5—真空表　6—真空泵　7—压力表　8—压力泵

真空压力浸漆过程　首先抽真空，使空气排走，然后漆液在真空加压的情况下，依靠压力渗透到零件内层，将零件浸透。

真空压力浸漆的显著特点是能将绝缘零件气隙间的空气完全排走，将零件浸透。

(三) 烘干

烘干的目的是使零件上所浸的漆，在一定温度作用下缩聚成坚固的漆膜。烘干所用的烘箱实际上是一种热交换器，内有空气循环装置。

对烘箱在绝缘处理工作中有下列要求：

1）烘箱中的温度，从顶部到底部必须保持均匀，否则，被烘零件一部分烘焙过分，而另一部分则烘焙不够，就要影响漆膜的光泽、颜色、硬度等。

2）必须有热源控制和通风设施。良好的空气流通性能使热量在整个烘箱中分布均匀，促进适当的热量交换。进入的空气不能带有任何灰尘和污物。

3）绝缘漆中某些挥发成分，如果任其达到某种浓度，便要引起爆炸。因此，烘箱中这种挥发性成分必须保持在爆炸限度以下，以保安全。

一般作用的烘箱为电热式干燥箱，升温范围为 0～200°C 可调，具有自动恒温控制装置。为了达到箱内温度均匀，附有热风循环装置。浸过漆的零件在烘干时有溶剂挥发，会造成箱内气压增大，因此还应有防爆排气装置。

在烘箱操作过程中，浸过绝缘漆的零件按工艺规定的低温、升温及达到温度的控制程序。因为烘干包括挥发性溶剂被驱逐的过程，如果在开始烘干的时候温度就较高，那么溶剂将挥发得很剧烈，可能引起下列不良后果：

1）漆膜表面很快固化，而下层和内部还没有凝固，使整个漆膜不易烘干。

2）溶剂强烈挥发，漆膜表面将留下许多针孔，成为吸潮路径，将降低吸潮性。

3）溶剂气体在高温时，易于燃烧爆炸，很不安全。

因此，烘干时要正确调节温度和风量，开始时低温（取规定温度的一半左右）烘焙一定时间，这时通风量要大，至少要有10%以上空气不断排出。然后升温至规定值。升温时以每半小时10～30°C的速度上升，通风量则不变。在最后烘干过程中，通风量可小些。

三、绝缘处理过程的基本要求

需要进行绝缘处理的零件，必须在机械加工完毕后进行，而在处理完毕后不允许再进行任何机械加工以免破坏漆层。

被绝缘处理的零件，应是干燥的，所以应在绝缘零件烘干后尚未变冷及未吸收潮气时，马上进行浸漆，如果零件已变冷，则在浸漆前必须将其重新烘干。

被浸漆的零件表面应是清洁的，在其上面不应有油脂，其他材料的屑粒、脏物或尘埃，所以在烘干及浸漆前必须将零件用干燥的压缩空气吹干净，并需用干的或沾有汽油的清洁抹布（不带可脱落纤维杂质）加以擦净。

为了得到光滑、有光泽的浸漆表面，还必须视情况将待涂漆的表面用砂布抛光，并重复地清洁、涂漆及干燥。按产品的用途和要求，浸漆可进行1～4次。

四、一般绝缘处理的工艺要点及注意事项

电器零件绝缘处理工艺见表5-2。绝缘处理中的工艺要点及注意事项有以下10点：

1）机加工完工的绝缘零件要除去毛刺和油污，在烘箱中应整齐排放，易变形的零件尽可能采用悬挂方法。

2）在烘箱使用过程中，如发生短时停电，来电后，则要求按停电时间加倍烘干；若停电时间超过工艺规定烘干时间的一半，则停电前的烘干时间不算，要重新干燥。

3）严格控制烘箱温度，从达到工艺规定的温度起计算烘干干燥时间，在烘干过程中不允许任意打开烘箱门。

4）除低压电器上用的绝缘零件及薄片零件一般浸一次外，高压绝缘零件一般浸两次漆；湿热带及主要关键零件要浸三次漆。

5）浸漆前必须按工艺规定调整好漆液粘度，漆液中如有漆块或其他块状杂质时，要用滤漆网过滤。对预烘干后的零件，在其后浸漆工作时间不得超过60min，如果需浸漆的零件数量过多，在分批地从烘箱中取出进行浸漆。

6）当浸漆烘干时间达到工艺规定值时，应先检查漆膜的干透情况，再将零件从箱中取出。若漆膜还未达到干燥标准，则应延长烘干时间，直到漆膜干燥达到标准为止。

7）绝缘生产场地要防潮、防尘、整洁，并有通风装置。

8）操作者必须加强劳动防护工作，注意预防职业病。

9）对使用的易燃、易爆危险品，要严格执行安全守则（规程），以防火灾、爆炸事故发生。

10）湿热带绝缘零件的处理，具有二防或三防性能要求。主要是采用防霉、防潮、防盐雾性能的漆对零件进行绝缘处理，浸漆工艺可按一般绝缘处理的浸漆方法。

表 5-2　绝缘处理工艺简表

<table>
<tr><th rowspan="2">适用范围与材料</th><th colspan="2">预烘干</th><th rowspan="2">绝缘漆牌　号</th><th rowspan="2">稀释剂</th><th rowspan="2">粘度（4号杯）/s</th><th colspan="2">涂漆后烘干</th></tr>
<tr><th>温度/℃</th><th>时间/h</th><th>温度/℃</th><th>时间/h</th></tr>
<tr><td rowspan="2">高低压电器中由环氧玻璃布层压板材料制的零件，如提升杆灭弧筒等</td><td rowspan="2">100～110</td><td rowspan="2">8～20</td><td>H30－5</td><td rowspan="2">二甲苯</td><td>15～20</td><td>100～110</td><td rowspan="2">8</td></tr>
<tr><td>棕磁漆</td><td>25～30</td><td>80～90</td></tr>
<tr><td>高低压电器中由酚醛或环氧层压材料所制成的零件</td><td>80～90</td><td>4～8</td><td>H30－5</td><td>二甲苯</td><td>15～20</td><td>80～90</td><td>8</td></tr>
<tr><td rowspan="2">电工纸板、反白板及本质制品制成的零件</td><td rowspan="2">60～70</td><td rowspan="2">4～8</td><td rowspan="2">H31－3</td><td rowspan="2">二甲苯</td><td rowspan="2">15～20</td><td>晾干</td><td>20</td></tr>
<tr><td>60～70</td><td>4</td></tr>
<tr><td rowspan="2">起动电抗器线圈的浸漆处理（预烘干与浸后烘干先低温后高温）</td><td>70～80</td><td>2</td><td rowspan="2">A30－1</td><td rowspan="2">汽油</td><td rowspan="2">25～30</td><td>70～80</td><td>5</td></tr>
<tr><td>110～120</td><td>10</td><td>110～120</td><td>16</td></tr>
</table>

五、绝缘处理的质量标准及检测方法

1. 绝缘处理的质量检查项目

作为高低压电器零部件，应按产品技术要求进行，主要项目有如下几项：

1）外观质量检查。

2）内层浸透性、干透性检查。

3）吸水性检查。

4）弯曲度检查。

5）电气绝缘性检查。

6）防潮、防霉、防盐雾性能检查。

2. 绝缘零件浸漆质量标准及检测方法

（1）外观质量检查　经绝缘处理的零部件的处观检查，采用视检方法。漆膜表面应光洁平整，不应有气泡，漆瘤等弊病，干燥后不粘手，但允许有轻微的流痕。

（2）内层浸透性、干透性检查　在工艺及材料不变的情况下，尽量用废品剖开检查；在工艺及材料变更的情况下，要及时进行抽查。

（3）吸水性检查　将称过重量的试件，置于 (20±2)°C 的蒸馏水中浸泡 24h，取出后立即擦干称其重量，然后按下式计算其吸水性。

$$吸水性 B\% = \frac{W_2 - W_1}{W_1} \times 100\%$$

式中　W_2——浸水后的零件质量，单位为 g；

W_1——浸水前的零件质量，单位为 g。

试样质量在 200g 以下者，质量应准确到 0.001g；试件质量在 200～1000g 者准确到 0.01g；1000g 以上者准确到 0.1g。

（4）弯曲度检查　将待检验的绝缘件，以直尺作水平基准或置于平台上，对弯曲部分的最大间隙，用塞规或游标卡尺测量。

（5）电气绝缘性能检查

1）质量标准见表 5－3

表 5－3　绝缘件电气绝缘性能质量标准

<table>
<tr><th>零件材料</th><th colspan="2">普通型产品的要求</th><th>湿热型产品的要求</th></tr>
<tr><td rowspan="3">线　　圈</td><td colspan="2">1. 匝间承受 2.5kV1min 不击穿（高压交流为 3.5kV）
2. 线圈经受下列试验电压 1min 不击穿（经 7 个周期耐潮试验）</td><td rowspan="3">经湿热试验 11 周期，与普通型的耐压标准一样，还必须经受霉菌试验</td></tr>
<tr><td>uj /V</td><td>u 试/V</td></tr>
<tr><td>≤60
＞60～380
＞380～660</td><td>1200
2400
3000</td></tr>
<tr><td rowspan="3">钢纸材料</td><td colspan="2">1. 相对湿度 100％，温度 40°C，受潮 24h 吸水性≤80％
2. 表面电阻≥10Ω
3. 常态时承受下列试验电压 1min 不穿</td><td rowspan="3">1. 吸水性≤5％
2. 经 11 周期湿热试验后，以常态的二分之一耐压值试验，应无击穿现象</td></tr>
<tr><td>厚度 /mn</td><td>u 试/kV</td></tr>
<tr><td>0.5～1
＞1～6
＞6～20</td><td>3
9
10</td></tr>
<tr><td>各种层压
绝缘材料</td><td colspan="2">1. 吸水性≤1％
2. 电气强度应满足
<table><tr><th>uj /V</th><th>u 试/kV</th><th>时间 /min</th></tr><tr><td>≤500</td><td>4</td><td>1</td></tr><tr><td>≥3000</td><td>40</td><td>5</td></tr></table>3. 表面电阻
（1）常态≥10Ω
（2）20°C 水中 24h＞10^9Ω</td><td>1. 吸水性≤1％
2. 经 11 周期湿热试验后
（1）低压零件
a. 绝缘电阻≥5MΩ
b. 电气强度 2400V/min
（2）高压零件同普通型</td></tr>
</table>

2）测量方法，层压绝缘材料及浸漆零件的电气强度试验，按照产品技术条件规定，由下列方法进行：

①对形状不规则的小型零件，二电极间的距离为5mm，二极应放于同一平面内，放置的位置应能代表零件表面的一般情况，且不少于两个位置。

②对于较大的杆状零件，用锡箔或纯铜箔制成的分布式电极，电极成环状包住零件，二极间距离固定为5mm，其接线图如图5－2所示。

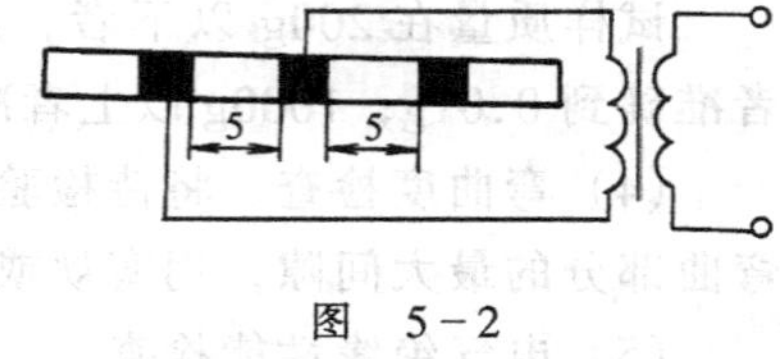

图　5－2

③对于较大的极状零件，用锡箔或纯铜箔制成的分布式电极，电极平覆于板面上，二极间的距离为5mm。零件二面均应进行试验，其接线图如图5－3所示。

高压电器零件的电气强度试验接电极距离100mm，电极宽度10～20mm，接线图如图5－4所示。

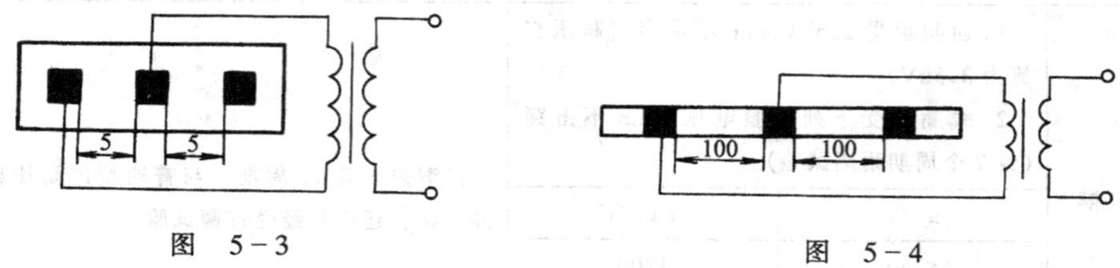

图　5－3

图　5－4

（6）防潮、防霉、防盐雾性试验　绝缘材料以及绝缘浸漆零件的防潮、防霉、防盐雾试验，是在专用的湿热与霉菌箱中进行的。三防试验参照油漆三防试验进行。

第四节　绝缘处理中常见质量问题的解决办法

一、层压制品零件常见质量问题及解决办法

层压制品绝缘零件，在绝缘处理中常见毛病及解决办法见表5－4。

表5－4　线圈及层压制品在绝缘处理中常见病例及解决办法

常见病例	产生原因	解决办法
浸不透	1. 浸漆时间短 2. 零件在浸渍时，放置不当，使气体无法排出 3. 常压浸漆液进不了内层 4. 漆液粘度太大，浸透性差	1. 延长浸渍时间，直到浸透为止 2. 调整放置位置，使在浸渍时气体能顺利排出 3. 改用真空压力浸漆 4. 调整合适的粘度
烘不干	1. 烘焙时间短 2. 温度过低，树脂聚合不完全 3. 温度过高，表层过早固化成膜，里层稀释剂等挥发物不能及时排出	1. 延长烘焙时间 2. 适当提高温度，使树脂完全聚合 3. 按规定调整合适温度

（续）

常见病例	产生原因	解决办法
烘　　焦	1. 温度过高 2. 烘熔时间过长 3. 升高温度速度太快 4. 低温时间太短	1. 降至适当温度 2. 控制烘熔时间 3. 升温速度保持均匀 4. 高低温时间要适当控制
漆膜有麻点	1. 漆液粘度太大 2. 过早进入烘箱	1. 调至合适的粘度 2. 待流干后进入烘箱

二、高压电器关键零件常见质量问题及解决办法

高压电器绝缘零件如绝缘筒、提升杆，在绝缘处理中常见质量问题及解决办法有如下几点：

（1）漆层气泡的质量问题　对于纸质纤维类、卷制品绝缘材料，加工后经绝缘处理，在预烘后进行浸漆处理时，浸漆滴干没有什么异样情况，但到漆烘后，发现加工端面有很多气泡产生。如果在浸漆时，将端面绝缘漆揩擦，虽然不会产生气泡，但会降低绝缘处理的质量。

气泡产生原因是由于纤维类材料材质疏松，经加工后，加工表面形成气隙。当预烘后冷却至室温时，在潮气和大气压作用下，使气隙贮有一定的气体。浸漆后漆膜盖住了表面，这样，在烘干过程中，气隙内气体膨胀鼓起，使漆膜产生气泡。因此，对这类绝缘零件的处理，浸漆温度不能冷却至室温（特别是天冷情况），而应在保温条件下浸漆，这样可以消除绝缘处理的气泡的产生。

如果经绝缘处理后的零件，有少量气泡产生时，可用刀片小心地将其铲除，并立即用自干漆进行修补。

（2）工频耐压发热的质量问题　高压电器的提升杆、灭弧筒等常采用玻璃布层压制品制成。由于受潮或带有导电物质的影响，即使经过绝缘处理，而在进行工频耐压试验时，有闪络或发热现象，达不到产品技术条件规定的质量要求。为解决这一质量问题，通常是将绝缘件表面的漆层除去，再进行预烘和浸漆处理，只要不是绝缘件原材料的问题，这样做是可以恢复绝缘质量的；如果是原材料质量问题，或是严重受潮，即使经过上述的重复绝缘处理，也无法改善耐电压性能时，只能更换质量合格的原材料了。

（3）弯曲变形等质量问题　以纤维布作基料的各种层压制品，由于基料收缩率、上胶的均匀程度和树脂固化程度，以及热应力的作用，致使材料应力分布不均，严重时造成板材弯曲或翘曲，特别是长度较长的提升杆，面积较大的相间隔板等，在绝缘处理过程中，较容易产生这类质量问题，故应注意放置的方式。

对弯曲度超差的提升杆，可以进行热态校直处理。其方法是将两根严重弯曲的提升杆，在杆中间弯曲弧度相切位置用 20mm×20mm×20mm 的执块撑起，

杆的两端用螺栓夹紧，在100～110℃条件下烘焙8～16h；对面积较大的相间隔板，在出烘箱时趁热将板叠压堆放，对改善板的翘曲有一定的效果。

第五节　电容套管装配工艺

高压套管按绝缘结构和主绝缘材料分为电容式和非电容式两类。电容式套管一般分为胶纸和油浸纸两种形式。

胶纸式电容套管是以胶纸作为主绝缘材料并在内部设置若干电极以均匀电场分布的套管。

油浸纸式电容套管是以油浸纸作为主绝缘材料并在内部设置若干电极以均匀电场分布的套管。

采用电容式套管能够有效地改变电场分布，使其趋于均匀，而不易放电破坏。

电容式套管具有内、外绝缘。内绝缘即主绝缘，为一圆柱形电容芯子，外绝缘为瓷套。内绝缘电容芯子对套管性能最为重要。胶纸电容式套管芯子是由单面涂胶绝缘卷绕纸加热加压卷制，并每隔一定厚度夹入一层铝箔电极再经加工浸漆而成。生产工艺比油浸纸的简易，机械强度高，法兰盘可直接固定在芯子上。耐电晕性比油浸纸套管好，下端带电部分短小，应用甚广，因此，在高压电器中主要采用胶纸式电容套管。胶纸套管的优点在于胶纸是一种很致密的材料，易于机械加工，且可用它作为机械支承。胶纸属于E级绝缘材料，还能短时间耐受较高温度，允许金属法兰热套，又因为内部气隙不易消除，因此在高电压下容易产生游离及发生爬电现象。由于是纸基层结构，存在一定吸湿性，虽经表面浸漆也不能完全根除，因此，胶纸式电容套管在使用中，均把胶纸芯子放于瓷套内并充以沥青胶，而另一端则放在变压器油中。

电容套管的装配主要包括两部分：瓷瓶与法兰间的胶合（多用氧化铅—甘油胶合）；瓷瓶与电容套管之间的灌胶，如图5-5所示。

1. 氧化铅—甘油胶合

法兰与瓷套之间多年来一直用氧化铅—甘油胶化剂，这种工艺操作简便、硬化快。

氧化铅与甘油重量比为3:1。绝净的工业甘油用自来水稀释至密度为1.22g/cm^3，按比例将粉末状氧化铅（PbO）倒入称好的甘油中，迅速搅拌成糊状，细心地不间断地灌入粘合缝。配好的胶料应在8min内用完，环境温度保持在14～25℃之间。为保证胶料的工艺性及胶合强度，被胶合的零件，如瓷瓶、法兰、电容套管，必须与环境温度一致。因此，在冬季，零件应在胶合前24h移入工作场所，夏季在12h前移入工作场所。胶合缝自然干燥24h后，将胶合剂裸露部分涂刷一层 H31－3 环氧酯自干绝缘清漆。因 PbO 对人体有毒害，而且对于变压器油的稳定性亦不够理想，今后宜采用无毒或低毒性的其他胶合剂代替。

2. 绝缘胶合熬制和灌注

将 2# 绝缘沥青胶在 140～160°C 温度下熬炼，除去杂质及水分，直到胶面无泡沫呈光滑状态为止。一般熬制时间在 6h 以上。灌胶前套管应进行充分干燥，温度在 100～120°C 烘干 5h 以上。灌胶时，胶温在 140～150°C 套管温度在 100°C 左右为宜，以使胶液成细流，不间断地注入瓷套中，尽量避免带入空气。灌胶后的套管置入 100～120°C 干燥炉中烘焙，直到绝缘胶表面无气泡为止，但应不少于 6h。在炉内降温 2h 后取出。套管中绝缘胶冷却至室温后，应平滑、有光泽、无斑点和气泡。若有明显缺陷，应重新烘焙乃至合格为止。

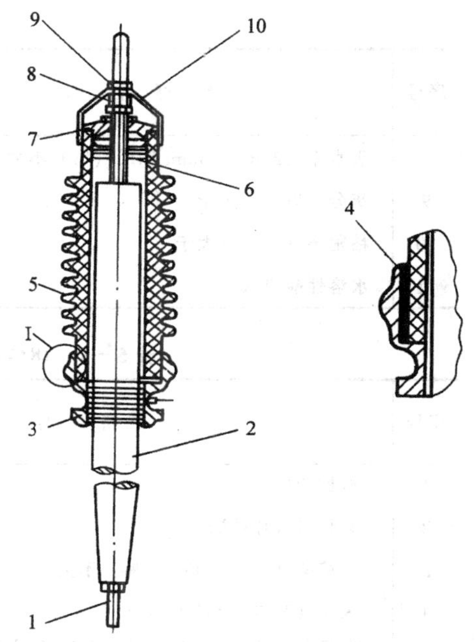

图 5－5 DW8—35 电容导管

1—导电杆 2—电容套管芯 3—法兰 4—氧化铅 5—瓷套管 6—沥青绝缘胶 7—盖 8—垫圈 9—螺母 10—罩

根据高压电器的使用环境不同，也可选用其他胶代替。对北方高寒地带可选用冻裂点高的耐寒胶，如用 2# 绝缘沥青胶；对南方热带地区可选用软化点高，冻裂点低的 3#、4#、53# 绝缘沥青胶或 1811#、1812# 电缆灌注胶。选用不同胶，其熬制与灌胶温度应作相应改动。

几种绝缘沥青的性能见表 5－5、表 5－6。

表 5－5 绝缘沥青胶性能

序号	指标名称	指标			
		2#	3#	4#	5#
1	击穿电压（间隙 2.5mm 60°C1min）/kV 不小于	40	45	50	65
2	软化点（环球法）/°C	55～65	65～75	75～85	85～95
3	冻裂点/°C 不大于	－35	－30	－25	－25
4	闪点（开口）/°C 不小于	230	230	230	230
5	浇灌度/°C	150～160	160～170	170～180	180～190
6	溶解度（苯）（%）	99.5	99.5	99.5	99.5
7	收缩率（13～20°C）（%）不大于	8	8	8	8

（续）

序号	指标名称	指标			
		2#	3#	4#	5#
8	吸水率（2mm 6.5mm²24h）（%）不大于	0.01	0.01	0.01	0.01
9	灰分（%）不大于	0.05	0.05	0.05	0.05
10	粘附率（%）不大于	90	90	90	90
11	水溶性酸或碱	中性	中性	中性	中性

表 5-6　1811、1812 电缆灌注胶性能

序号	指标名称	指标	
		1811	1812
1	机械杂质	无	无
2	软化点（环球法）/°C	65～75	85～95
3	收缩率（150～20°C）（%）不大于	9	9
4	闪点（开口）/°C 不小于	230	230
5	击穿电压/kV，于温度（20±5）°C 及相对湿度（65±5）%时，间隙 2.5mm 不小于	35	35

第六节　环氧树脂浇注

目前广泛采用的634环氧—苯酐—石英粉环氧浇注胶是高压环氧浇注胶。这种环氧浇注胶具有优异的电气性能、机械强度以及良好的工艺性能，人们普遍地用这种环氧浇注绝缘来代替油浸纸质绝缘和陶瓷绝缘，制成了各种类型的环氧浇注电流互感器、电压互感器、变压器、高压绝缘杆、绝缘拉杆、套管等。这种类型的产品体积小、重量轻、性能好、使用方便、运行可靠。所以，在电器制造工业中，这种环氧浇注胶得到广泛的推广和应用。

目前国内生产的各种型号的10kV级浇注型电压、电流互感器其基本配方如下（质量比）：

E—42（634）环氧树脂　100

邻苯二甲酸干　35～40

270 目石英粉　150～200

图 5-6 表示环氧树脂真空浇注系统示意图。

图 5-7 环氧树脂真空浇注工艺流程。

一、环氧树脂真空浇注工艺中应注意的环节

1. 模具处理

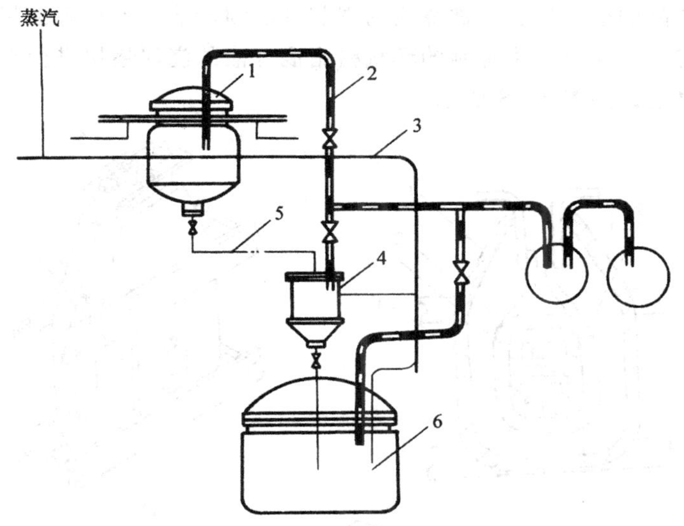

图 5-6 环氧树脂真空浇注系统示意图

1—混料罐 2—真空管 3—加热管

4—配料管 5—输料管 6—浇注罐

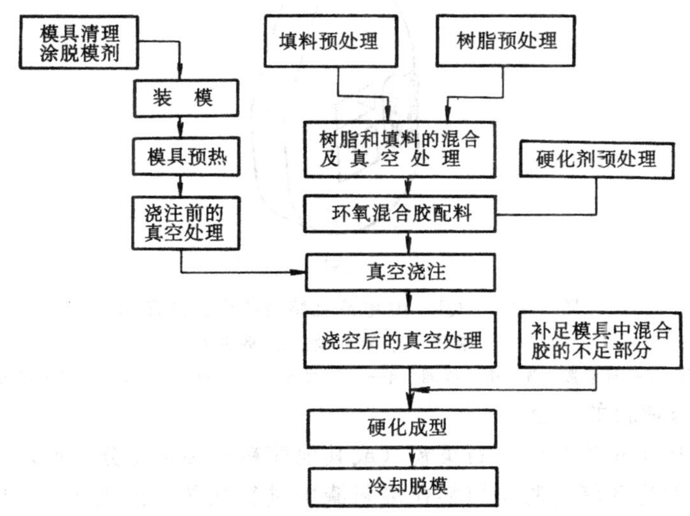

图 5-7 环氧树脂真空浇注的工艺流程

环氧树脂与金属有很强的粘结力，因此在装模前，模具必须经过彻底清理，新模具首先要用汽油清洗干净，再放入 300～350°C 的高温炉内烘 2～3h，使其表面油脂彻底挥发掉。擦拭干净后，均匀涂一层脱模剂——质量分数为 3%～5%的甲基硅橡胶的甲苯溶液。脱模剂必须涂刷均匀，不得漏涂，以免造成脱模困难，以致粘坏产品。

2. 装模

为保证产品的电气性能，被浇注的嵌装件必须清洁，不得有油污，从而使其浇注间隙均匀。装模时，用特制的环氧树脂混合液的浇注垫块进行卡装，以确保必要的绝缘厚度，如图 5－8 所示。

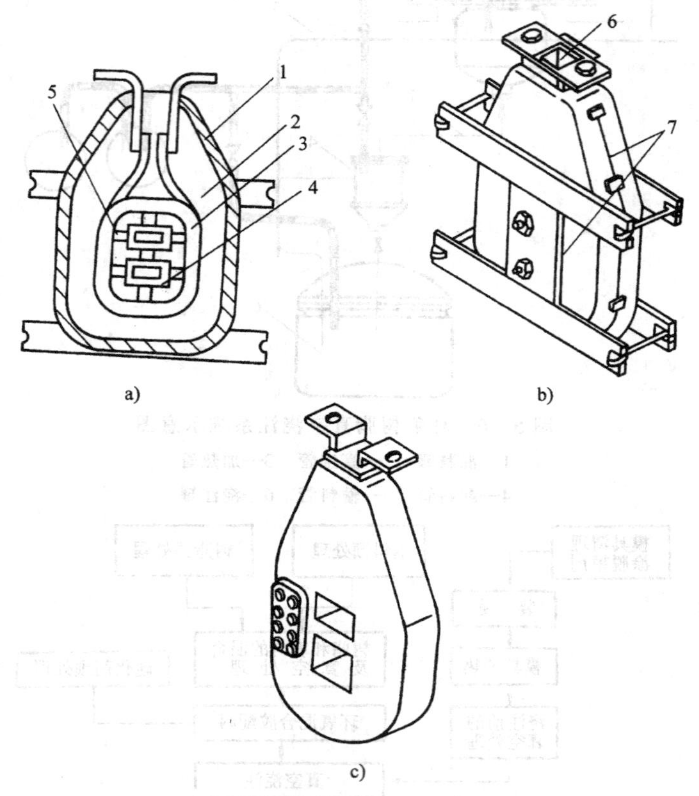

图 5－8　LQJ－10 电流互感器线圈浇注简图
a）装模　b）浇注模　c）浇注体
1—模具　2—环氧胶　3—高压线圈　4—低压线圈　5—垫块　6—浇口　7—石膏涂封

3．树脂与填料的混合

1）环氧树脂预先加温，石英粉（或其他填料）必须充分干燥。

2）按比例将环氧树脂与填料在混料罐中进行加热，温度 130～145°C。在不断搅拌情况下，真空处理 4～10h（视配料量多少，真空处理时间不等），真空度 93.33～101.33kPa。

3）当混合料表面无明显气泡逸出时，可以认为料已混好，并停止抽真空。

4．配料与浇注

1）经真空处理好的混合料，通过管路放入配料罐中，在一定温度下加入硬化剂（邻苯二甲酸酐，在 136～138°C 时加入）。

2）加邻苯二甲酸酐又会带入部分气体，因此在不断搅拌情况下，须短时真空处理，真空度96kPa以上。加入硬化剂的混合胶有一定的适用期，如果温度、时间控制不当，可能使混合液粘度骤增，甚至固化在配料罐或管路中，所以，配好硬化剂的混合胶，必须在短时间内用完。

3）进行真空浇注，通过管路将配好硬化剂的混合胶浇注到浇注罐里的模具中，注入模具中的混合胶只达需要量的90%左右，以免真空处理时胶液外溢。

4）再经真空处理约1h，从浇注罐中取出模具，将灌注胶不足部分补足。

5. 硬化

1）浇注完的模具放入附有热风循环的电热烘箱中，进行高温固化。

2）固化温度与时间视所选硬化剂种类不同而异。用邻苯二甲酸酐固化，温度在120～135°C，时间16～24h；

固化时间达到后，在烘箱内降温至与室温温差不超过20°C出炉、脱模。若高温出模，由于温差过大（尤其在冬季），容易造成产品开裂。

634环氧—苯酐—石英粉环氧浇注胶虽然得到广泛的推广与应用。但这类环氧浇注胶耐气候性差，户外使用时往往由于大气腐蚀，在短时间绝缘表面性能变坏。另外，户外的气候是多变的，剧烈的冷热变化会使环氧浇注绝缘发生开裂，导致绝缘击穿。还有，这种环氧浇注绝缘受到大气各种污秽物、潮湿、雨水、紫外线的影响，其表面会发生局部瞬间的电弧放电，使材料分解、碳化，形成导电通路。因此，634环氧—苯酐—石英粉这种环氧浇注胶是不能满足户外高压电器绝缘要求的。

为了发展户外高压环氧浇注绝缘，目前已研制出一种户外用的高压环氧浇注胶，它是一种复合绝缘，即由内绝缘和外绝缘两部分组成。内绝缘是指包封被嵌埋的铁心和线圈的环氧浇注胶；外绝缘是指在内绝缘外层，包封内绝缘的环氧浇注胶。内绝缘是选用耐气候性较好的改性201环氧—苯酐—聚壬二酸酐—硅微粉环氧浇注胶。

改性的201环氧—六氢苯酐—聚壬二酸酐—594—硅微粉环氧浇注胶具有优良的耐气候、耐紫外光线性能，耐电弧、耐漏电痕迹性以及良好的电气、物理性能。而634环氧—苯酐聚壬二酸酐—硅微粉环氧浇注胶具有优异的耐冷热冲击性、耐寒性、机械强度、耐热性以及良好的电气性能，这两种环氧浇注胶有机地合理地结合，可以最大限度利用环氧浇注胶的特性以保证户外用互感器、变压器等产品的绝缘具有比较满意的户外性能。

二、设计环氧浇注件时应注意的问题

（1）斜度　为便于浇注件从模具型腔中取出或从浇注件中抽出模芯，在设计浇注件时必须考虑到足够的出模斜度。一般采用的出模斜度，外表面为1.5°～2°，内表面为1.5°～2.5°，在选择出模斜度时，应根据浇注件尺寸大小来决定，尺寸越大选择的斜度应越小。

(2) 壁厚　合理的选择浇注件壁厚很重要的，浇注件壁厚首先决定于使用中需要的足够的绝缘强度和机械强度。壁厚应均匀且不宜太厚，否则会造成收缩不匀，使浇注件变形或产生气泡、凹陷等现象。如浇注件厚度无法均匀时则其过渡处应平缓而不应突变。

(3) 圆角　为避免应力集中，提高浇注件强度，利于脱模，在浇注件的各面或内部连接处采用圆弧过渡。

(4) 浇注件上带孔　应注意孔的位置，尽量将孔放在不影响浇注件强度的地方。如果有固定孔，则不应用埋头螺钉来固定，因埋头螺钉孔的锥面承受压力时易破裂。

第六章 导磁体制造工艺

第一节 概 述

开关电器是利用铁心的动作带动触头系统实现电路的断开和闭合的，因此铁心是电器元件中的一个重要部件，它作为导磁体与励磁线圈组成电磁系统，利用电磁感应的原理转化为电信号，实现电器元件的性能要求。

电器元件应用广泛，品种繁多，因其工作原理、使用场合不同，铁心的结构形式也各不相同。电流互感器、磁放大器、零序互感器等采用的是静止式铁心，起控制和放大电信号的作用，而接触器、继电器、电磁铁等采用的是运动式铁心，把电信号转化为机械动作。在电器元件中，应用较为广泛的是运动式铁心。

运动式铁心由静铁心（磁轭）和动铁心（衔铁）组成，二作中处于频繁吸合与释放的状态，其极面承受反复碰撞。因此，要求铁心除具有良好的磁性能外，还应具有一定的机械、冲击韧性和耐磨性等，以保证电器可靠运行。

运动式铁心按励磁电流的种类不同，可分为直流励磁铁心和交流励磁铁心。直流励磁铁心在稳定状态下通过恒定的磁通，没有涡流和磁滞损耗，为加工方便常用整块低碳钢或电工纯铁等材料制成。而交流励磁铁心则通过交变磁通，产生涡流和磁滞损耗，为减少涡流损耗常用涂有绝缘层，厚度为 0.35～1mm，含碳量低于 4.5%（质量分数）的硅钢片叠压而成，通常称为叠压式铁心。

与直流励磁铁心相比，交流叠压式铁心机械强度不高，制造工艺复杂，因此提高叠压式铁心的机械强度是铁心制造的重要课题。

第二节 铁心材料及其性能

铁心的结构形式各异，但基本组成相同。常见的叠片式铁心由心片、分磁环(短路环)、铆钉、夹板等四部分组成。

冲制的心片叠合后，用夹板和铆钉紧固，使铁心成为坚固的整体，可消除反复磁化时心片间的振动和噪声，同时提高铁心的机械强度，使铁心在反复碰撞过程中极面不易变形。夹板起压紧力均匀分布的作用，一般用 Q235、10、15 低碳钢制造。为减少剩磁和磁滞损耗，铁心的夹板宜用剩余磁感应和矫顽力小的硅钢片制造。铆钉应选用塑性和韧性高，抗拉强度不小于 $380N/mm^2$ 的材料制造，如铆螺钢 M12、M13、M10、M15、M20 等。

分磁环是套压在交流铁心极面上的短路圈，阻碍交变磁通的变化，减少铁心吸合后长期工作时的振动和噪声。分磁环一般采用纯铜 T2 或黄铜 H62，H68 以及锆铬铜合金、铜铋合金等新型耐热铜合金来制造。分磁环的工作温度约为 120℃，纯铜或黄铜在热态下力学性能要降低，而新型的耐热合金具有较高的电导率，在热态下力学性能基本不变，有利于提高分磁环的机械寿命。

除上述材料外，铁心本体所用的材料是软磁性材料，磁性材料种类很多，应用范围极为广泛，其性能对铁心的动作、寿命及电器的可靠运行等有决定性影响。因此，正确选用材料，对提高电器元件的质量和经济性有十分重要的意义。

一、基本概念

磁性是物质基本属性之一。各种物质在磁场中都呈现出不同的磁性，铁、镍、钴及其合金等属于强磁性物质，在工程上称磁性材料。

表征磁性材料基本磁性能的是磁化曲线和磁滞回线。利用这两种特性曲线，可以确定材料的基本性能：磁导率、饱和磁感应强度 B_s、矫顽力 H_c、剩磁 B_r 以及铁损 p 等参数。

（一）磁化曲线

磁化曲线是表征磁性材料的磁感应强度 B（磁通密度）随磁场强度 H 变化的关系曲线，如图 6-1 所示。随着 H 的增加，材料逐渐达到饱和状态。图中 B_s 称为饱和磁感应强度，其相应的磁场强度为 H_s。不同的磁性材料具有不同的磁化曲线和不同的饱和磁感应强度。通常要求磁性材料有高的 B_s 值，以节省用料。磁感应强度 B 与磁场强度 H 之间的关系如式（6-1）所示

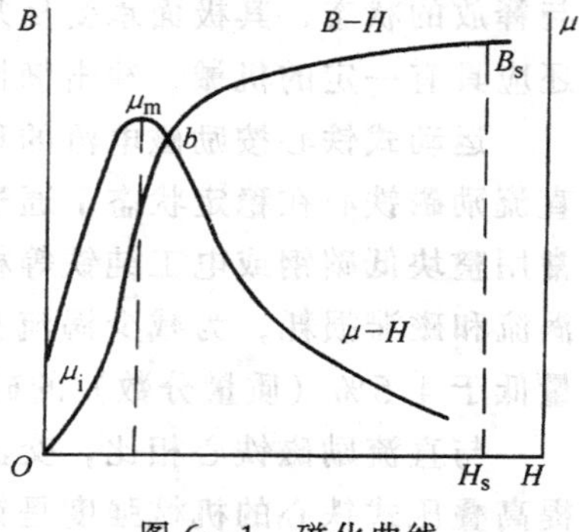

图 6-1　磁化曲线

$$B = \mu H \tag{6-1}$$

式中，μ 是磁化曲线上任何一点的 B 与 H 之比值，称为磁导率。根据 $B-H$ 曲线，可以得出磁导率 μ 与磁场强度 H 的关系曲线，如图 6-1 所示。

图中 μ_m 和 μ_i 分别称为最大磁导率和初始磁导率。

磁导率表征材料的导磁性能。电器元件中的铁心要求磁性材料有高的 μ 值，因为在一定的磁场强度下，μ 值越高，传递等量磁通所需要的材料越少。

（二）磁滞回线

磁性材料去磁时，磁感应强度 B 并不沿原磁化曲线变化，而滞后于磁场强度 H 缓慢变化，这一现象称为磁滞。若 H 由 $H \to 0 \to H \to 0 \to H$ 循环变化时，由于磁滞的原因，B 随 H 的变化形成闭合的特性曲线，称为磁滞回线，如图 6-2

所示。

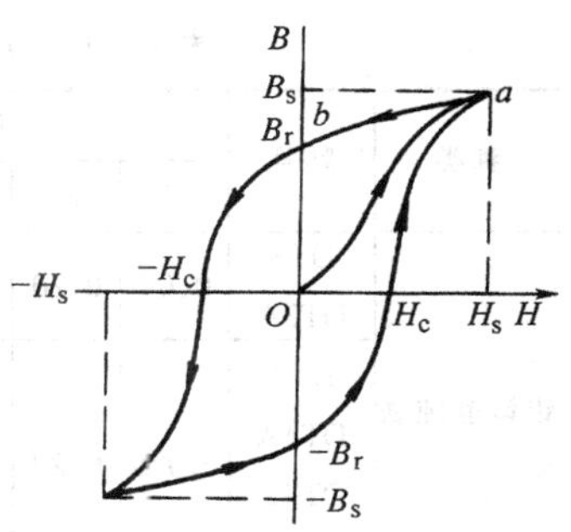

图 6－2 磁滞回线

当饱和磁化后的磁场强度 H_s 降到零时，磁感应强度不沿 Oa 回到零，而沿曲线 ab 下降到 b 点，图中 B_r 称为剩余磁感应强度，简称剩磁。剩磁 B_r 与饱和磁感应强度 B_s 之比，称为剩磁比或称矩形系数，它表征磁性材料磁滞回线接近矩形的程度。若使剩磁 B_r 降为零，必须外加去磁磁场（反向磁场），其磁场强度 H_c（绝对值）称为磁感应矫顽力，简称矫顽力，它表征磁性材料磁化后阻碍去磁的能力。

磁滞回线的面积与磁性材料的损耗紧密相关。磁性材料在交变磁场中反复磁化所消耗的功率称为铁损，铁损是硅钢片最重要的参数之一。电器元件中的铁损主要包括磁滞损耗和涡流损耗。这一损耗将导致电器元件温度上升，并直接影响电器元件的效率，因此制造铁心的材料铁损要低。磁性材料的铁损既决定于材料本身，也取决于工作磁场的频率和磁感应强度，在选用材料时必须注意铁损指标的工作频率和磁感应强度值。

磁滞回线的形状和面积直接表征磁性材料的主要磁特性。软磁材料磁滞回线高且窄，矫顽力小，损耗低。磁滞回线窄而接近矩形的软磁材料，矫顽力小，而剩磁较大，这种材料也称矩形材料。硬磁材料磁滞回线宽而面积大，剩磁高、矫顽力大，因此储存磁能量大，不易去磁。图 6－2 磁滞回线在第二象限内的部分，是表明磁材料感应强度与外加去磁磁场强度关系的特性曲线，称为退磁曲线。在退磁曲线上获得的最大磁能积的值（B 与 H 乘积的最大值）越大，材料的硬磁特性越好。

二、磁性材料在电器元件中的应用

磁性材料按其特性一般可分为软磁材料和硬磁材料两大类。前者的特点是磁导率大而矫顽力小，后者的特点是矫顽力大且磁化后能长期保持磁性。

（一）软磁材料

软磁材料种类很多，直流电器多用电工纯铁和低碳钢；交流电器多用硅钢片和铁镍合金（坡莫合金）；高频时多用软磁铁氧体。

1．电工纯铁

电工纯铁是含碳量在 0.04%（质量分数）以下的软磁材料，其 B_s 值大、μ 值大、H_c 值小、冷加工性能好，但电阻率 ρ 低（约为 $10\times10^{-20}\Omega\cdot m$），故涡流损耗大，不宜用于交变磁场。电工纯铁存在磁老化现象，这是铁内所含氮元素与铁生成氮化物所致。若于熔炼时加入铝、钛及钒等元素，可使含氮量减至最少，从而起到镇静作用。电工纯铁有板材和棒材两种，其牌号、成分及一般用途见表 6－1，其主要磁性能则见表 6－2。

表 6-1 电工纯铁的牌号、成分和用途（GB6984—86）

<table>
<tr><th rowspan="2">种类</th><th rowspan="2">牌号</th><th colspan="9">化学成分的质量分数（%）不大于</th><th rowspan="2">一般用途</th></tr>
<tr><th>C</th><th>Si</th><th>Mn</th><th>P</th><th>S</th><th>Al</th><th>Cr</th><th>Ni</th><th>Cu</th></tr>
<tr><td rowspan="2">铝镇静纯铁</td><td>DT3
DT3A</td><td>0.04</td><td>0.20</td><td>0.30</td><td>0.02</td><td>0.02</td><td>0.50</td><td>0.10</td><td>0.20</td><td>0.20</td><td>不保证磁老化的一般电磁元件</td></tr>
<tr><td>DT4
DT4A
DT4C
DT4E</td><td>0.025</td><td>0.20</td><td>0.30</td><td>0.02</td><td>0.02</td><td>0.15
至
0.50</td><td>0.10</td><td>0.20</td><td>0.20</td><td>在一定的时效处理工艺下保证老化的电磁元件</td></tr>
</table>

表 6-2 电工纯铁的磁性能（GB6994—86）

<table>
<tr><th rowspan="2">牌号</th><th rowspan="2">矫顽力
H_c/（A/m）
≤</th><th rowspan="2">矫顽力时效增值
ΔH_c/（A/m）
≤</th><th rowspan="2">最大磁导率
μ_m/（H/m）
≥</th><th colspan="7">磁感应强度/T
≥</th></tr>
<tr><th>B200</th><th>B300</th><th>B500</th><th>B1000</th><th>B2500</th><th>B5000</th><th>B1000</th></tr>
<tr><td>DT3</td><td rowspan="2">96</td><td>—</td><td rowspan="2">0.0075</td><td rowspan="8">1.20</td><td rowspan="8">1.30</td><td rowspan="8">1.40</td><td rowspan="8">1.50</td><td rowspan="8">1.62</td><td rowspan="8">1.71</td><td rowspan="8">1.80</td></tr>
<tr><td>DT4</td><td>9.60</td></tr>
<tr><td>DT3A</td><td rowspan="2">72</td><td>—</td><td rowspan="2">0.00875</td></tr>
<tr><td>DT4A</td><td>7.20</td></tr>
<tr><td>DT4E</td><td>48</td><td>4.80</td><td>0.0113</td></tr>
<tr><td>DT4C</td><td>32</td><td>4.00</td><td>0.015</td></tr>
</table>

注：B200、B300、…、B1000 分别表示 H 为 200A/m、300A/m、…、1000A/m 时的磁感应强度。

2. 低碳钢

它又称无硅钢，其含碳量为 0.05%～0.25%（质量分数），低碳钢常被用于制作直流电磁系统及小变压器的铁心和磁轭。高压电器的电磁操动机构也常用低碳钢制作磁轭，因为它兼有结构件的作用。低碳钢板经冲裁后需作脱碳退火处理以提高磁性能。退火温度为 732～788°C，保护气氛为氢气、天然气或真空。低碳钢板的磁性能见表 6-3。

表 6-3 低碳钢板的磁性能（GB2521—88）

牌　号	最大铁损 $p_{15/50}$ W/kg	最小磁感应强度 B_{50}/T	理论密度 ρ g/cm³
DW1050-50	10.50	1.69	7.85
DW1300-50	13.00	1.69	7.85
DW1550-50	15.50	1.69	7.85

注：1. $p_{15/50}$ 表示频率为 50Hz、磁感应强度峰值为 1.5T 时的铁损。

2. B_{50} 表示频率为 50Hz、磁场强度为 50A/cm 时的磁感应强度。

在低碳钢中还常用 10 钢，其磁化曲线见图 6-3。

3．硅钢片

硅钢片为轧制铁硅合金。铁内掺少量硅可增大 μ_m 值及电阻率，并明显减弱磁老化现象。因此，硅钢片是交流电磁器件，包括交流电磁式电器、变压器以及旋转电机等最广泛使用的软磁铁心材料。

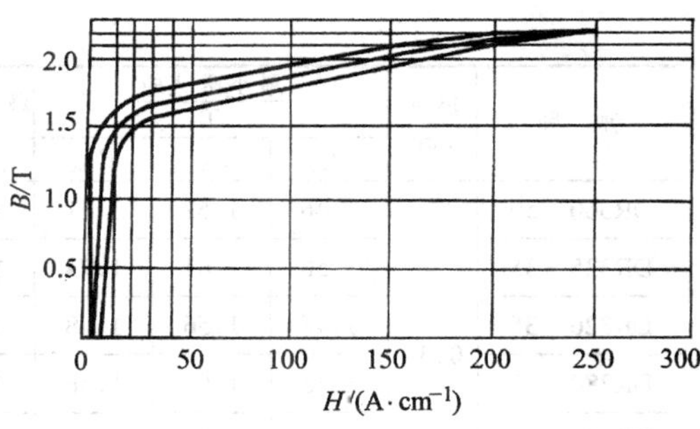

图 6－3　10 钢磁化曲线

（1）品种和性能　硅钢片按其含硅量的多少可以分为四类（表 6－4），而按轧制方式又可分为热轧的和冷轧的两类（其性能分别见表 6－5 及表 6－6、表 6－7）。当前，国际上还大都把硅钢片按晶粒取向分为无取向及晶粒取向两大类。另外，按轧制形态硅钢片又可分板材与带材两种。

表 6－4　硅钢片按含硅量的分类

分类	1	2	3	4
含硅量（质量分数）/（%）	0.8～1.8	1.8～2.8	2.8～3.8	3.8～4.8
理论密度/（$g\cdot cm^{-3}$）	7.8	7.75	7.65	7.55
电阻率/$10^{-8}\Omega\cdot m$	0.25	0.4	0.5	0.6

表 6－5　热轧硅钢片的性能（GB5212—85）

牌　号	厚度 mm	最小磁感应 T			最大铁损/(W/kg)		最低弯曲次数不小于	理论密度 g/cm³	
		B_{25}	B_{50}	B_{100}	$p_{10/50}$	$p_{15/50}$		酸洗钢板	未酸洗钢板
DR510－50	0.50	1.54	1.64	1.76	2.10	5.10		7.75	7.70
DR490－50		1.56	1.66	1.77	2.00	4.90			
DR450－50		1.54	1.64	1.76	1.85	4.50			
DR420－50		1.54	1.64	1.76	1.80	4.20			
DR400－50		1.54	1.64	1.76	1.65	4.00			
DR440－50		1.46	1.57	1.71	2.00	4.40	4	7.65	
DR405－50		1.50	1.61	1.74	1.80	4.05			
DR360－50		1.45	1.56	1.68	1.60	3.60	1	7.55	
DR315－50		1.45	1.56	1.68	1.35	3.15			
DR290－50		1.44	1.55	1.67	1.20	2.90			
DR265－50		1.44	1.55	1.67	1.10	2.65			

（续）

牌号	厚度 mm	最小磁感应 T			最大铁损/(W/kg)		最低弯曲次数不小于	理论密度 g/cm³	
		B_{25}	B_{50}	B_{100}	$p_{10/50}$	$p_{15/50}$		酸洗钢板	未酸洗钢板
DR360－50	0.35	1.46	1.57	1.71	1.60	3.60	5	7.65	
DR325－35		1.50	1.61	1.74	1.40	3.25			
DR320－35		1.45	1.56	1.68	1.35	3.20	1	7.55	
DR280－35		1.45	1.56	1.68	1.15	2.80			
DR255－35		1.44	1.54	1.66	1.05	2.55			
DR225－35		1.44	1.54	1.66	0.90	2.25			
	1.00	1.5			2.30	5.3			

注：1. B_{25}、B_{50}、B_{100}分别表示磁场强度为25A/cm、50A/cm及100A/cm时的磁感应强度。

2. $p_{10/50}$、$p_{15/50}$分别表示频率为50Hz而磁感应强度峰值为1T及1.5T时的铁损。

3. 1mm厚硅钢片尚未纳入国家标准，故无型号，其他参数为$B \leqslant 0.4T$、$H_c \leqslant 0.6A/cm$。

表6－6 冷轧无取向硅钢片的性能（GB2521—88）

厚度 mm	牌号	最大铁损 $p_{15/50}$ W/kg	最小磁感应 B_{50}/T	最低弯曲次数	理论密度 g/cm³	最小叠装系数 %
0.35	DW240－95	2.40	1.58	7.2	7.65	94
	DW265－35	2.65	1.59			
	DW310－35	3.10	1.60			
	DW360－35	3.60	1.61			
	DW440－35	4.40	1.64			95
	DW500－35	5.00	1.65		7.75	
	DW550－35	5.50	1.66			
0.50	DW270－50	2.70	1.58	7.2	7.65	95
	DW290－50	2.90	1.58			
	DW310－50	3.10	1.59			
	DW360－50	3.60	1.60			
	DW400－50	4.00	1.61			
	DW470－50	4.70	1.64			96
	DW540－50	5.40	1.65		7.75	
	DW620－50	6.20	1.66			
	DW800－50	8.00	1.69		7.80	
	DW380－65	5.80	1.64		7.65	97
	DW670－65	6.70	1.65		7.75	
	DW770－65	7.70	1.66			

表 6-7　冷轧取向硅钢片的性能（GB2521—88）

厚度/mm	牌号	最大铁损 $p_{17/50}$ W/kg	最小磁感应 B_{50}/T	理论密度 g/cm³	最小叠装系数/%
0.27	DQ120-27	1.20	1.79	7.65	94
	DQ127-27	1.27	1.79		
	DQ143-27	1.43	1.79		
0.30	DQ113G-30	1.13	1.89	7.65	95
	DQ122G-30	1.22	1.89		
	DQ133G-30	1.33	1.89		
	DQ133-30	1.33	1.79		
	DQ147-30	1.47	1.77		
	DQ162-30	1.62	1.74		
	DQ179-30	1.79	1.71		

表 6-6 和表 6-7 中的 B_{10}、B_{50}、$p_{15/50}$、$p_{17/50}$ 等的意义可参见表 6-5 的注 1 和注 2。

硅钢片的磁化曲线见图 6-4。

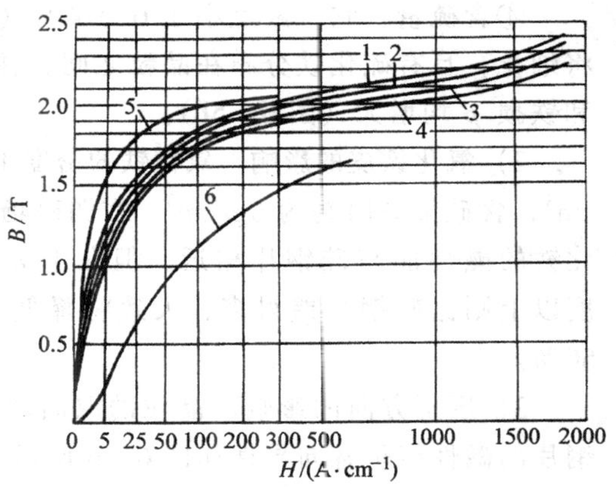

图 6-4　硅钢片磁化曲线

(2) 硅钢片的表面绝缘层　为降低铁损，硅钢片表面应具有绝缘层，它大致可分为四类：

1) 轧片时生成的氧化膜，它在铁心的退火过程中还可通过增大控制气氛中的氧气比例而得到增厚，这种绝缘层适用于小型铁心。

2) 表面涂覆清漆类绝缘漆。

3) 表面生成无机绝缘膜。生成方法有两种：第一种是使硅钢片表面形成铬酸盐和磷酸盐膜，后者可经受退火和改善冲制效果；第二种是在硅钢片表面预先涂覆氧化镁和硅酸盐，但此工艺仅适用于卷状铁心，而不适用于冲片。

4) 涂覆新铬酸盐和树脂组合的半有机绝缘膜，具有良好的冲剪性能和耐热性能。

上述 4 种方法中，其中 2)、3) 两种是经常采用的。

(3) 影响磁性能的因素

1) 冶金因素的影响

①含硅量　常用硅钢片的含硅量在 2%～4%（质量分数）左右、含碳量

（质量分数）在0.05%以下。凡含硅量高者，其磁性能较好、磁导率高、磁致伸缩率小、电阻率高、损耗较小、硬度较高，但其脆性也相应增大。虽然含硅量为6.5%的硅钢片的性能最好，但难以大量轧制，故大量生产的硅钢片的钢片的含硅量多限于2%～4%。

②含碳量　含碳量（质量分数）一般宜小于0.05%。若含碳量超过此值，晶粒将细化、晶界增多，导致磁导率减小，B_r 和 H_c 均增大，铁损亦增大。但当碳在石墨化时则对磁性能影响不大（图6－5a 曲线1）

③含氮量　氮元素对硅钢片磁性能的危害性几乎比碳大一倍（图6－5 曲线2）

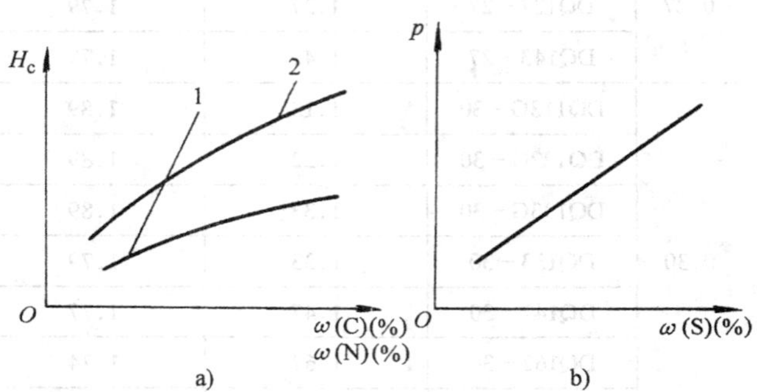

图6－5　硅钢中所含杂质元素对性能的影响

a）含碳量（ω（C））含氮量（ω（N））与 H_c 的关系

b）含硫量（ω（S））与 p 的关系

④含硫量　它一般宜小于0.074%（质量分数）。若含硫量超过此值，晶粒将细化，且有硫化铁分布在晶粒之间，使之变形，以致磁导率减小，而 B_r、H_c 和铁损 p 均增大（图6－5b）。

2）氧化铁皮的影响。氧化铁的密度小于硅钢，含硅量低时氧化铁密度为7g/cm^3，含硅量高时约为6g/cm^3。在弱磁场下，氧化铁的磁性能与硅钢片相近，但在中等磁场强度以上则比硅钢片差得多，大致将降低25%～50%。

3）压延方向的影响。晶粒的取向的冷轧硅钢片的磁性能呈各向异性如图6－6所示。

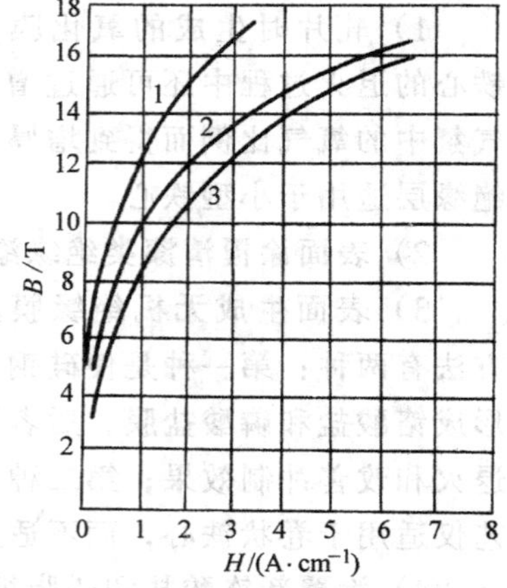

图6－6　DW470－35 硅钢片在不同方向上的磁性能

1—压延方向

2—与压延方向呈45°角

3—与压延方向垂直

4）机械应力的影响。硅钢片经冲剪和弯曲后将产生很大的内应力，使 μ 减小而 H_c 增大，磁性能降低约50%。此外，硅钢片在加工轧制时会产生内应力或弹性应力，形成复杂的应力分布。凡呈张应力处 μ 将略增，呈压应力处 μ 则大为减小，故对材料的平面度亦应适当控制。

5）反复碰撞的影响。运动式铁心中的硅钢片反复分合操作后，衔铁对铁心的反复撞击有可能使电磁装置功能明显降低，这对晶粒取向的硅钢片尤为突出。在从第 3×10^6 次闭合碰撞至第 25×10^6 次闭合的过程，μ_m 约减小 12%、B_r 约减小 12%，H_c 则增大 7.5%。这种变化起因于冲击疲劳在金属中引起的累积损耗，它可能在低于材料屈服点的外应力下就发生。

(4) 电器对硅钢片的要求　近年来对电器的电磁系统提出了高导磁、高操作系统频率和高机械寿命等要求。因此，要求硅钢片亦要高硬度、高导磁及低损耗。从磁性能来看，热轧硅钢片的工作磁感应强度仅为 1.0～1.2T，而短时工作制的电磁装置，如自耦减压起动器铁心的磁感应强度可选到 1.6T。然而，冷轧硅钢片一般却可工作于 1.5～1.7T，同时其硬度也较热轧的高，由于冷轧硅钢片在性能上明显地优于热轧的，其 μ 和 B_s 值比热轧的大 1.3～1.5 倍，故热轧硅钢片正在被淘汰。国外在无取向冷轧硅钢片的绝缘涂层方面也取得了进展（表 6-8）。

表 6-8　无取向冷轧硅钢片绝缘涂层的种类与特性

种类	名称 NSC	层间电阻 $\Omega\cdot cm^2$/片	冲压性 万片	焊接点 cm	耐热性	备注
无机	R	5～50	10	80	可耐受 800°C 退火	相当于 AISI-C-3
半有机	L	5～50	100	40		
有机	V	15～200	120	10	可耐受 800°C 退火，但会剥落	相当于 AISI-C-4

由表 6-8 可见，绝缘涂层的改进使硅钢片的冲压性大为提高、磁性能得到改善。虽然，实际电器的冲片形状比表中试验冲片的形状复杂，冲压性仅为表中数据的几分之一，但即便如此，冲剪数 P 比以往提高了一个数量级。其次，过去有机物绝缘涂层耐热很差，而且焊接时会产生气孔。目前，所用的半有机物绝缘涂层已克服了这些缺点。

(5) 硅钢片的检验　对附有合格证的材料进厂时一般只检验下列项目：

1) 外观表面有无锈斑和缺损。

2) 外形尺寸，抽测长度、宽度和厚度的尺寸公差及形位公差（后者的规定参见表 6-9）。

表 6-9　国产热、冷轧硅钢板（带）主要形位公差

项　　目	热轧硅钢板 mm	冷轧硅钢板 mm	冷轧硅钢带 mm
瓢曲度，每 1m 长不大于	15	6	4
波浪弯，每 1m 长不大于	18	10	4
镰刀弯，每 2m 长不大于		1	
毛刺，不大于		0.1	

3）磁性能抽查，主要抽查材料的静态磁参数，如基本磁化曲线、磁滞回线上以及相应的 μ_i、μ_m、B_s、B_r 和 H_c。测量可用冲击电流计法或用直流磁滞回线描述仪，也可用图 6－7 所示测试线路检测，其原理如下：

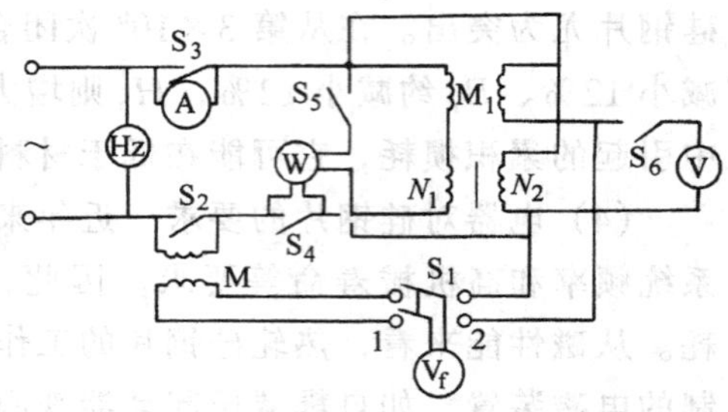

图 6－7　硅钢片的工频磁性能测试线路

Hz—频率表　W—低功率因数瓦特表

V_f—平均值电压表　V—有效值电压表

A—监视励磁电流的安培表

M_1—空气隙补偿互感线圈　M—标准互感线圈

已知方圈一次绕组匝数 N_1、二次绕组匝数 N_2，方圈质量 m 和高度 L（也即被测硅钢片长度）以及磁场强度的最大值 H_m（A/m），按式（6－1）可求得标准互感器二次侧平均值电压表读数为

$$V_{fm} = \frac{444 fML}{N_1} H_m \tag{6-2}$$

式中　M——标准互感器的互感；

　　　f——励磁电压频率。

将开关 S_2、S_3、S_5 和 S_6 打开，S_4 合上，S_1 置向 1 侧。调节电源使 V 的读数为 V_{fm}，然后合上 S_3。把 S_1 置向 2 侧，读出 V_f。磁感应强度的最大值 B_m 可按式（6－2）计算

$$B_m = \frac{V_{fm}}{4.44 N_2 A} \tag{6-3}$$

式中　A——方圈的截面积，它可按下式计算，即

$$A = m/(4L\rho) \tag{6-4}$$

式中　ρ——被测材料的密度。

4．铁镍合金（坡莫合金）

有些电磁元件，如磁放大器、漏电保护器的零序电流互感器及脱扣器，脉冲变压器等，常需处理极微弱的电磁信号，因而对磁性材料提出了在微弱磁场中能强烈磁化的要求，要求其 μ_i 非常大。

在纯铁中加入适量的镍及其他元素，可大大提高材料的磁性能。经适当的退火处理后可使铁镍合金的磁致伸缩和晶粒各向异性均下降到近于零，从而得到大于 10^3 的相对起始磁导率。

铁镍合金的 μ_i 和 μ_m 均甚大，H_c 却很小，而且在低磁场强度下的磁滞损耗相当小，且具有矩形的磁滞回线，但机械撞击和振动对坡莫合金的磁性能影响很大，故在加工和运输过程中切忌敲打，还应防止碰撞，而且在加工完毕后必须作退火处理。

铁镍合金的分类及用途见表 6－10，国产铁镍合金的成分和性能见表 6－11，

国外生产的 78 坡莫合金性能见表 6－12。

表 6－10　铁镍合金的分类及用途

类别	典型牌号	特性	用途示例
高矩形系数	1J51	B_s 及 μ_m 值越高，矩形系数高	磁放大器、磁调制器、双极性脉冲变压器等
高磁感应	1J50	非取向材料、B_s 值较高	中小功率电源变压器
高磁导率	1J79	H_c 值小而 μ_m 值很大	弱磁场下应用的高灵敏度小型功率
高起始磁导率	1J85 1J86	H_c 值极低、μ_i 及 μ_m 值很大、损耗值小	变压端、零序电流互感器、小功率磁放大器、高频电源
超薄带	1J79	H_c 值小、开关系数小、剩磁比很大	数字电压表、数字电路和脉冲电路的开关元件，各种高频变压器

表 6－11　铁镍合金的成分与性能

牌号	化学成分的质量分数(%)					公称厚度 mm	磁性能					
	Ni	Mo	Cr	Cu	Fe		$\mu_{0.8}$ / 10^{-3}H/m	μ_m / 10^{-3}H/m	B_s / T	B_r/B_s	H_c / A/m	$p_{10/400}$ / W/kg
1J34	33.5～35.0	2.80～3.20	28.5～3.00		其他	0.1		62.5	1.5	0.90	20	
1J46	45.0～47.0						3.5	31.3	1.5		20	
1J50	49.0～51.0						4.0	40.0	1.5		14.4	
1J51	49.0～51.0							75.0	1.5	0.90	14.4	5.0
1J52	49.0～51.0		38.0～4.20					87.5	1.4	0.90	16.0	
1J54	64.5～66.0						3.1	31.3	1.0		12.0	
1J65	64.5～66.0							275	1.3	0.87	3.2	
1J67	64.5～66.0							312.5	1.2	0.90	4.0	
1J76	76.0～78.0		1.80～2.20	4.80～6.00			25	175	0.75		2.8	
1J77	76.0～78.0	3.90～4.50		4.80～6.00			50	225	0.60	0.96		
1J79	78.0～80.0	3.80～4.10		0.70～1.20Mn			25	162.5	0.75	2		
1J80	79.0～81.0	3.80～4.10	2.60～3.00	0.70～1.20Mn			27.5	1.50	0.65		2.4	
1J83	78.5～79.5	2.80～3.20					20	225	0.80	0.80	1.6	
1J85	79.0～81.0	4.80～5.20					37.5	187.5	0.70		1.6	
1J86	80.5～81.5	5.80～6.20		1.0 Mn			62.5	225	0.60		1.2	

表 6-12　78 坡莫合金的特性

主要成分的质量分数 %	牌　号	相对起始磁导率	相对最大磁导率	饱和磁感应强度 B_{10} T	矫顽力 $H_c(10^{-3}\cdot A/m)$	$B_r/B_{0.1}$	居里点 ℃	电阻率 $10^{-8}\Omega\cdot m$	密度 g/cm^3
	PC								
	TMC	50000	180000	0.70	0.012	0.60	460	60	8.62
	Mumetal								
	TMG								
Ni75～80 Mo、Cr、Cu 等	4-79Mo	40000	250000	0.85	0.012	0.70	460	55	8.72
	Permalloy								
	Supermalloy								
	Supermax	100000	600000	0.80	0.007	0.80	410	60	8.77
	Ultrapermlo								

5．铁钴合金

铁中加钴可增大 B_s，当钴含量达 30%（质量分数）左右时可得非常大的 B_s 值。含钴 50%（质量分数）的合金 μ_i 值较高。加入钒可增大电阻率及延展性，经磁场热处理则可增大磁导率和磁滞回线矩形程度，并减小 H_c。此合金的居里点可达 980℃，故适用于高温场合。其性能见表 6-13。

6．铁铝合金

实用的铁铝合金含铝 6%～16%（质量分数），其电阻率相当高，但 B_s 比纯铁低，且工艺性差。此合金于含氧化物时甚硬，在真空和减压氢气中熔化后可加工成薄片。其各项性能须在制成元件后经适当的退火处理方能达到。铁铝合金的性能见表 6-14。

7．其他软磁材料

1）近来电器中亦使用实心铁心硅钢及纯铁粉压制的铁心。实心铁心硅钢可进行切削加工，但不能焊接，且为改善其磁性能，必须在非氧化或还原性气氛中退火。

2）感温磁性材料，一般电器常用磁性材料的居里点均在 500℃ 以上，远远超过电器工作温度的上限值。但低居里点的铁氧体和金属磁心的磁性能可随温度变化，即温度上升后，B_s 减小，H_c 减小，铁损降低，电阻率亦减小。

（二）硬磁材料

硬磁材料是供制作永磁体（如极化继电器和电磁式漏电保护器的脱扣器等所用永磁体）的一种磁性材料。它具有矫顽力大、磁滞回线大的特点，但剩余磁感应却未必都比软磁材料的大。硬磁材料经磁化到饱和后，虽除去外施磁化磁场，其剩磁仍能在磁体外的空间建立一稳定不变的磁场，故可作为电器的一种磁源。

表征硬磁材料性能的主要参数有 H_c、B_r 和最大磁能 W_m。

目前常用的硬磁材料有

表 6-13 铁钴合金的性能

牌 号	化学成分的质量分数/(%)			$\frac{\mu_i}{10^{-3}H/m}$	$\frac{\mu_m}{10^{-3}H/m}$	$\frac{B_s}{T}$	$\frac{B_r}{T}$	$\frac{H_c}{A/m}$	$\frac{\rho}{10^{-6}\Omega\cdot m}$	特点及用途
	Fe	Co	V							
1J22	其余	49-51	0.8-1.8			2.2		128	0.4	用于电磁铁极头、力矩电机转号等
海坡柯 Hiperco	63	35	1.5Cr	0.8	12.7	2.42	1.30	80	2.8	在强磁场下高磁导率，用于高感应电机及变压器
坡明杜 Permendur	50	50		1.0	6.3	2.45	1.40	160	0.7	极脆，用于直流电磁铁和极头
ZV 坡明杜 ZVPermendur	49	49	2	1.0	5.7	2.40	1.40	160	2.7	可延尽，用于受话器振动膜
超坡明杜 Super-Permendur	49	49	2	1.3	7.5	2.40	2.15	16	2.7	与 ZV 坡明杜相似，但性能好得多

表 6-14 铁铝合金性能及用途（GBn203-88）

合金牌号	含铝量 (质量分数) %	产品品种	厚度直径 mm	磁感应强度/T					磁导率/mH/m			矫顽力 $\frac{H_c}{A/m}$	铁损/W/kg		用途
				B_{500}	B_{1000}	B_{2400}	B_{2500}	B_{3200}	$\mu_{0.4}$	$\mu_{0.8}$	μ_m		$p_{0.75/400}$	$p_{10/400}$	
				不大于								不大于	不大于		
1J6	5.5~6.5	冷轧带材	0.1~0.5	1.15	1.25	—	1.35	—	—	—	3.75	48	12	21	脉冲变压器、电磁阀、电磁离合器、电感元件
		热轧（锻）棒材	(8~100)	1.10	1.15	—	1.30	—	—	—	—	64	—	—	
1J12	11.6~12.4	温轧带材	0.20~1.00	—	—	1.2	—	1.3	—	3.1	31.3	12	—	—	变压器、磁放大器、继电器等（均在中等磁场强度下工作）
1J16	15.5~16.3	温轧带材	0.20~<0.35	—	—	0.65	—	—	5	—	62.5	2.4	—	—	磁屏蔽、变压器、继电器、磁放大器等对应力不敏感的
			0.35~1.00	—	—	0.65	—	—	7.5	—	37.5	2.4	—	—	

(1) 铸造铝镍钴系材料　它是以铁、镍、铝和钴为基础的铸造合金。主要参数有 $B_r = 0.6 \sim 1.37\text{T}$，$H_c = 36\times10^3 \sim 140\times10^3\text{A/m}$、$W_m = 10\times10^3 \sim 85\times10^3\text{J/m}^3$。由于组织结构稳定、温度影响小、制造方便及价廉，故这种材料得到广泛应用。

(2) 粉末烧结铝镍钴系材料　其主要参数有 $B_r = 0.5 \sim 1.05\text{T}$，$H_c = 35\times10^3 \sim 46\times10^3\text{A/m}$，$W_m = 9\times10^3 \sim 25\times10^3\text{J/m}^3$。其性能虽略逊于铸造合金，但质地均匀、机械强度较高、适用于快速旋转装置。

(3) 硬磁铁氧体材料　它由锶和铁的氧化物按陶瓷工艺方法加工而成。其主要参数有 $B_r = 0.2 \sim 0.44\text{T}$，$H_c = 128\times10^3 \sim 224\times10^3\text{A/m}$，$W_m = 9\times10^3 \sim 25\times10^3\text{J/m}^3$。这种材料高频性能好（电阻率大），价格较低，但温度对其性能的影响较大。

(4) 稀土钴系材料　这是近二三十年才逐渐被广泛使用的一种新型硬磁材料，它是由部分稀土族元素和钴元素形成的一种金属氧化物。常用的稀土钴系材料有钐钴、镨钴、镨钐钴、铈钴钔和混合稀土钴等。其主要参数有 $B_r = 0.35 \sim 0.95\text{T}$，$H_c = 270\times10^3 \sim 660\times10^3\text{A/m}$，$W_m = 60\times10^3 \sim 160\times10^3\text{J/m}^3$。稀土钴系材料的居里点低（它不宜工作于 200°C 以上），目前仍较昂贵。它通常用于制作微型及薄片状的永久磁铁。如电磁式漏电保护器的脱扣器，便有采用稀土钴系材料的永久磁铁。

近年来，磁性材料的发展很快，无论是其品种规格，还是其处理工艺。因此，在电器的设计和生产工作中，对此亦应多加注意。

第三节　磁性材料热处理

软磁材料经过剪切、冲压、弯曲、卷绕、压铆、切削等冷加工后，由于塑性变形产生一定的内应力，而使磁性变坏。磁性能要求越高的铁心，对机械应力越敏感，内应力对磁性能的影响越严重。为了消除内应力，获得均匀的再结晶组织，减少碳、氧、磷、硫等有害杂质，以改善并提高铁心的磁性能，经受冷加工的运动式直流铁心和静止式铁心，一般要进行退火处理（运动式交流铁心一般不退火处理）。

铁心经退火处理，磁性能得到改善和提高，但退火工艺复杂，生产周期长，且消耗大量电能，因此要求采用退火处理时，必须综合考虑铁心性能要求、加工影响程度、材料性能以及所能达到的预期技术经济效果，慎重确定必须采用的退火工艺。

(一) 退火处理注意事项

(1) 去尽毛刺　毛刺往往是破坏层间绝缘、增加涡流损耗的主要原因，退火前应去尽毛刺，并在冲片上涂滑石粉，以防止毛刺粘接而使磁性能降低。

（2）防止渗碳　软磁合金含碳量极低，退火前应将沾染的油污或其他有机物清除干净，炉内平台和退火箱应用低碳钢材料制成，以免引起渗碳而降低磁性能。

（3）防止过度氧化　过度氧化将导致磁性能变坏，特别是在高磁通密度下更坏。为防止外界气体侵入炉内，退火炉应密封严密，并抽真空或充入保护气体。炉内的真空度不应低于 1×10^{-12}mmHg（133.3×10^{-12}Pa），保护气体应采用经过净化处理的高纯度氮气或氢气或是体积分数为2%氢和98%氮的混合气体。

（4）防止工件变形　大部分软磁合金对机械应力十分敏感，退火装炉时必须使铁心放置平整，不允许在退火中发生挠曲等变形，必要时可用夹具固定。退火后应保证铁心不受冲击和振动。

（5）控制冷却速度　冷却速度对磁性能影响很大。冷却速度太快，则温差大，会引起热应力。为获得良好的磁性，应选择合适的冷却速度，一般为100～200°C/h，以免冷却过程中引起大的热应力。

（二）几种常用的退火工艺

（1）普通退火　设备简单，可消除内应力，促进晶粒变大。但退火温度不宜过高，温度过高会导致工件严重氧化，产生渗碳、脱硅现象。普通退火适用于电工纯铁、低碳钢、硅钢片等。

将工件置于用干燥的氧化镁或氧化铝粉充填的铁箱内，并加耐火土密封，然后放入退火炉内进行退火处理。电工纯铁和10钢随炉升温至860～930°C，保温3～5h，然后以小于50°C/h冷到700°C，再随炉冷至500°C以下出炉。硅钢片以250～350°C/h随炉升温至830～850°C，保温3～5h，然后以50°C/h冷到700°C，再随炉冷至室温。

（2）氢气退火　除保证工件不氧化外，还有还原作用，可去除碳、氧、硫等杂质，且性能稳定，磁时效影响小。但设备复杂，有爆炸危险。适用于硅钢片、铁镍合金等。

将工件置于罐内，排除罐内空气和通入氢气。氢气应干而纯净，氧和水汽含量小于万分之一。再将装有工件的氢气罐放入退火炉内进行退火处理。继电器用硅钢片随炉升温至750～800°C，保温3～4h，然后以30°C/h冷到250°C以下出炉。磁放大器用IJ79铁镍合金随炉升温至1050～1150°C，保温3～6h，然后以100～150°C冷到600°C出炉，再冷到100°C开罐。电磁阀用IJ6铁铝合金随炉升温至900～1000°C，保温2～3h，然后以100～150°C/h冷到250°C出炉。

铁镍合金、铁铝合金等软磁材料退火后的冷却方式对磁导率影响很大。以含镍79%（质量分数）的铁镍合金为例，在升温至1200°C保温4h后，以100～150°C/h冷到居里温度（590°C），保温4h后，以不同方式冷却对磁导率的影响见表 6－15。

表 6－15　冷却方式对磁导率的影响

磁导率 \ 冷却方式	随炉缓冷	在罐内空气冷却	在室温下快冷	与铁盒一起在水中急冷
初始磁导率 μ_i	2610	12100	11000	6670
最大磁导率 μ_m	32700	38100	41200	17960

(3) 真空退火　同氢气退火一样，可使工件不氧化，使晶粒增大，起改善磁性和提高塑性的作用。但设备复杂，耗电量大。适用于铁镍合金等。

真空退火温度可高达 1100～1200℃，其退火工艺与氢气退火大致相同。

表 6－16 为含镍 79%（质量分数）的铁镍合金经真空退火、氢气退火后，磁导率的变化关系。

表 6－16　磁导率与退火处理的关系

退火工艺	退火前	真空退火	氢气退火
初始磁导率 μ_i	160	8900	12100
最大磁导率 μ_m	—	36000	38100

(4) 磁场退火　在外加磁场中进行退火处理，可进一步改善和提高磁性能。适用于某些矩磁合金、恒导磁合金、高饱和磁感应强度合金等，用于冷轧硅钢片也有效果。图 6－8 为含镍 63%（质量分数）的铁镍合金分别在磁场退火及无磁场退火处理下的磁滞特性。

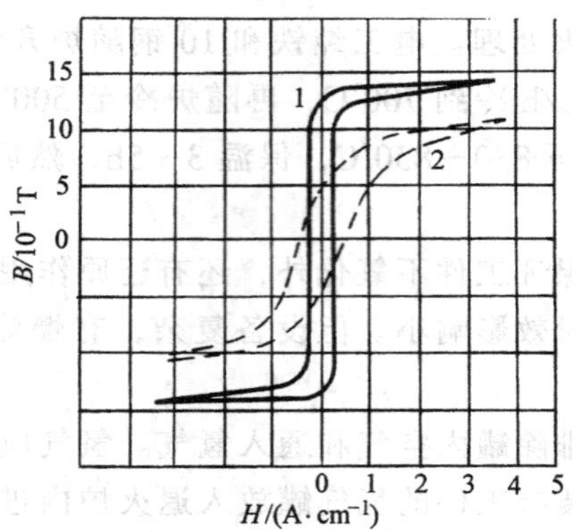

图 6－8　含镍 63%（质量分数）的铁镍合金的磁滞特性
1—磁场退火　2—无磁场退火

第四节　铁心制造工艺过程及设备选用

一、两种运动式铁心制造的主要工艺流程

1. 整体式（直流铁心）

备料 → 冲孔落料 → 退火 → 钻孔攻螺纹 → 弯曲成型 → 板面加工 → 退火 → 表面处理

2. 叠压式（交流铁心）

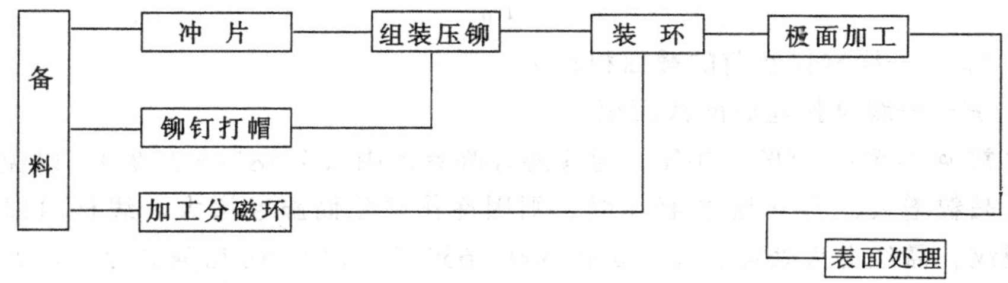

二、叠片式铁心制造工艺过程及设备

（一）零件加工

1. 铆钉打帽

铆钉应选用冷拉铆螺钢丝，经校直后在冷镦机上按图样要求打帽成型。

打帽用的线材应符合以下要求：

1）表面质量光洁，无氧化皮、裂纹、折叠、斑疤等缺陷。

2）化学成分和力学性能符合表 6－17 的要求。

3）椭圆度不超过直径公差的一半。

4）尺寸公差符合表 6－18 的规定。

表 6－17　铆螺钢丝的化学成分和力学性能

钢号	化学成分的质量分数%				力学性能					
	碳	硫	磷	其他	抗拉强度 N/mm²	伸长率 ≥% δ_{10}	伸长率 ≥% δ_5	冷顶锻试验 $X=\frac{h_1}{h}$	执顶锻试验	热或冷态下铆钉头锻平试验
ML2、ML10	0.07～0.14	≤0.035	≤0.035	余量	430～630	26	31	0.4	$\frac{1}{3}h$	顶头直径为钢丝直径的 2.5 倍
ML3、ML15 ML20	0.12～0.24				430～630	22	26	0.3		

注：表中 h_1 ——顶锻后试样高度；h ——顶锻前试样高度。

表 6－18　铆钉、线材、模孔尺寸表

铆钉规格	线材尺寸 d/mm		顶模孔径 D_m/mm	
	公称	允差	公称	允差
2.5	2.44	－0.05	2.44	＋0.03
3	2.94	－0.05	2.94	＋0.03
3.5	3.4	－0.04	3.4	＋0.035
4	3.92	－0.05	3.92	＋0.035
5	4.92	－0.06	4.92	＋0.04

若用盘料经冷拔后打帽，则要注意冷拔工艺的正确应用。冷拔时应按拉丝模的孔径依次由大到小拉拔，线材的截面依次缩小，直到所要求的线径。线材截面

缩小的程度称作截面缩小率ϕ

$$\phi = \frac{F_0 - F}{F_0}\%$$

式中　F_0——线材拉丝前的截面积；

F——线材拉丝后的截面积。

通常ϕ不超过35%～40%，但应避开临界范围（ϕ=8%～15%），以免往后退火时晶粒增大，当ϕ超过45%时，则因冷作硬化而脆性增大，线材内部容易产生裂纹，需经退火处理，通常是在600～650℃保温0.3h后随炉冷却。如氧化皮多，可用60～90℃的10%～15%（质量分数）的硫酸溶液酸洗，然后再继续拉拔。如线材已较细，为防止氢脆断裂，酸洗后可进行180～200℃，1.5～2h的去氢处理。线材最后一次冷拔时的截面缩小率最好取5%～8%，并在这之前作一次退火处理，此时线材的抗拉强度约为300N/mm^2，伸长率约为20%，具有一定的韧性，适于制作铆钉。

铆钉打帽时，应先试打一段线材，检查铆钉尺寸形状符合图纸要求后，方可成批生产。

成型的铆钉一般均需去毛刺，有的铆钉还需表面磷化或镀锌。

铆钉分为有头和无头两种。无头直杆铆钉在双面双动压铆时，两端同时处于相同的变形状况，即铆钉同时均匀镦粗，端头同时均匀扩张。这既保证了铆钉在孔内良好充填，也避免了铆钉的局部应力和局部损伤，有利于提高铁心的压铆质量和机械寿命，因此应大力推广使用无头直杆铆钉。

2. 分磁环（短路环）加工

分磁环一般用条料经复合模冲制而成。冲制分磁环的复合模的凹凸模系薄壁冲模。在设计冷冲模时，为保证模具寿命，模壁的厚度一般应在冲制材料的1.3倍以上。当分磁环的厚度大于环边宽度时，使用复合模冲制不仅凹凸模易于断裂，而且分磁环易于挠曲，虽采用整形加以校正，但不可避免地产生局部应力，甚至出现局部裂纹。

为了解决冲厚料时薄壁冲模寿命低的难题可采用下列措施：

1）冲模材料选用T10A高碳钢，采用箱式炉800℃保温5min，出炉油冷2h后回火，并再次油冷的热处理工艺，冲模的硬度以HRC55～57为宜。

2）模内废料向下排出，冲模内具有足够的卸料斜度，避免造成冲模因卸料而涨裂。

3）脱料板的硬度应与冲模的硬度相同，并有适当的配合间隙。

采取上述措施，提高了薄壁冲模的寿命，但未根本解决分磁环加工质量问题。先进的措施是采用型材切割机自动切割分磁环，取代冲压加工，这不仅能节省铜材，提高生产效率，减轻劳动强度，而且能消除冲压加工时产生的应力和裂纹，大大提高分磁环（尤其是厚度大于边宽的分磁环）的加工质量和使用寿命。

无论是冲制的还是切割的分磁环，均应去毛刺，并经300°C保温3h的退火处理。

3．冲片和理片

铁心冲片应根据生产批量和工艺装备的条件选用适当的工艺方案组织生产。大批量生产的冲片可采用高速自动冲床，也可采用普通冲床，并配置开卷校平及自动送料装置，进行带料连续冲压，实现冲片的高速化、自动化及安全化。冲床冲次每分钟200次以上，模具精度为0.005mm，送料误差为0.01mm，冲片毛刺小于0.05mm，可实现无边冲裁，提高材料利用率10%以上。一般情况下，铁心冲片也可采用普通冲床配置送料装置，进行条料复合冲压。铁心夹板通常就是采用条料复合冲制的，小容量交流接触器的铁心现已不再加装夹板。

使用带料冲片时，可间隔一定距离滴注一种专用防锈油，经油膜均匀器刷涂；既能清除带料上的杂物，以免进入模具，又能在带料上形成一层均匀的油膜而润滑模具，有利于提高模具寿命，但更主要的作用还在于铁心极面防锈。

冲片所用的条料和带料，均是按工艺要求分别采用剪板机和滚剪机剪切而成的。备料时，要特别注意材料的轧制方向，使铁心的磁路方向顺着材料的轧制方向，以充分发挥材料的最佳磁性能。此外，要严格控制带料的宽度和表面质量，且要求带料的镰刀弯每2m长度不超过1mm，以满足自动冲压的需要。

在剪切和冲压过程中，由于冲剪刃口磨损，模具间隙和压料力不当，冲片便产生毛刺。铁心组装时，毛刺往往会造成片间搭接短路，致使涡流损耗增加，同时也降低了铁心压铆或卷绕质量，还可能导致退火过程中片间粘接。因此在冲剪加工时，必须有效地控制毛刺高度在0.03mm范围内，采取措施尽量减小或除去毛刺。

根据生产经验，冲模的合理间隙为材料厚度的6%～12%，剪切的合理间隙为材料厚度的5%～7%。压料力要适当，压料力小易产生毛刺，可在脱料板上加工凸出0.02～0.03mm的台肩，以增强局部压料力。在冲剪线上可设置辊压去毛刺装置，对于冷轧硅钢带最好沿着与轧制方向成53°的方向辊压毛刺，以减小辊压毛刺对电磁性能的影响。用于卷绕式铁心的带料清洗机可采用油砝毛刺装置除去带料毛刺，带料经清洗去毛刺后进行卷绕，以保证铁心卷绕质量。

为保证铁心组装时冲片轧制纹向和毛刺方向一致，必须根据每副不同冲模冲出的认向、缺口记号，分挡整理冲片，使每组冲片的认同缺口记号成一条直槽，以提高铁心的压铆质量。人工理片的工作量相当大，为减轻劳动强度，提高生产效率，冲床上应配置自动理片装置。冲模一般采用下出料式，冲片顺着滑道整齐排列，操作者将一定数量的冲片穿起，置于料箱中待用。

直流励磁铁心采用整块低碳钢或电工纯铁制作。通常用棒料经过调直、切断后进行机械加工。而磁轭板则用条料经冲孔落料后弯曲成型。为便于弯曲成型，磁轭板冲孔落料后需经760～780℃退火处理，以降低硬度，消除加工应力。

（二）组装压铆

铁心组装是铁心制造的重要环节，它将直接影响铁心的电磁性能和机械寿命。

叠压式铁心组装，可根据铁心的品种和数量，分别采用手工组装、半自动组装和自动组装，此处先介绍手工组装。

铁心经叠片、称重、插钉预装后，在液压机上用专用压模压铆。预装好的铁心通常先行试铆，用卡尺检验铁心形位尺寸，符合图样要求后方可批量生产。

压铆是铁心组装的关键工序，对铁心质量起着决定性作用。而铁心压铆质量与压铆方式和压铆结构密切相关。

压铆方式有单动压铆和双动压铆之分。过去普遍采用的是在单动液压机上用弹压式压模一次压铆成型，即在液压机压下行程中，采用弹力先压紧叠片，而后铆开铆钉。由于压紧力压下行程无法严格控制，造成压紧的铆压同步动作，常出现叠片压不紧或压过头的弊病。这种铆压法往往是未压紧叠片就铆开铆钉，使铆钉头阻止叠片变形，片间间隙较大，板面向外张开，严重影响了铁心的机械寿命和产品的技术性能。

所谓双动压铆就是两次动作，先压紧后铆压。液压机有两个油缸分别动作，主油缸先施加足够的压紧力压紧叠片，然后副油缸动作将铆钉铆开，这就解决了叠压式铁心的压铆质量问题。

压铆所需的压紧力和铆压力按下面的经验公式分别计算

$$F = SP(N)$$

式中　S——计算面积单位为mm^2，压紧时S为心片面积，铆压时S为铆钉头投影面积；

P——单位压力，单位为N/mm^2。

压紧时单位压力与心片材料、心片质量、铁心厚度、压模结构等因素有关，为使铁心获得足够大的压铆强度，减小振动和噪声，单位压紧力一般取为160～180N/mm^2。单位压紧力再大是没有必要的，反而使铁心片表面质量变差，甚至发生较大的变形。铆压时单位压力取决于铆钉材料，铆螺钢ML10、ML15的单位铆压力取为1200～2000N/mm^2。

为进一步提高铁心的压铆质量，应在双动压铆的基础上，采用直杆铆钉两端同时铆合，即双面双动压铆工艺，将单动液压机改装成三缸液压机。压铆时，一个主油缸先压紧叠片，然后上下两个副油缸同时铆开铆钉。在模具结构上，可采用四面夹紧，双面双动压铆封闭式新型压模，确保心片排列整齐、贴合紧密、满足铁心各项形位公差及压铆强度的设计要求。

（三）装环

分磁环是叠片式铁心机械寿命的薄弱环节。铁心在多次吸合、释放中，分磁环悬伸部分的根部和转角处在重复冲击力作用下，易于产生疲劳断裂，因此分磁环必须紧固于铁心极槽中，并将其悬伸部分粘牢。

通用的粘环工艺有高温环氧树脂粘接和室温硅橡胶粘接两种、粘接前，应用汽油或丙酮等有机溶剂将压好分磁环的铁心极槽环清洗干净，并风干，以保证粘接质量。

1. 高温环氧树脂粘接

高温环氧树脂粉接的工艺过程如下：

(1) 预热　将铁心放入烘箱内预热至一定温度（60～100°C），保温 10～20min 以去除铁心中残留的水汽，保证涂胶时流淌均匀。

(2) 涂胶　手工或用压注器将调配好的粘接剂涂布于铁心极槽内及分磁环两外侧，室温自然晾干。

(3) 固化　粘接后的铁心放入烘箱或传动式烘炉内，加热至 200°C 并保温 0.5～1h 固化干燥。

粘接剂由环氧树脂、固化剂、填料按一定比例调配而成。常用的环氧树脂有 E-44（6101）、E-42（634）、E-51（618）等，固化剂有乙二胺、双氰胺、间苯二胺等，填料有石英粉、铁粉、玻璃纤维等。

高温环氧树脂粘接工艺存在下列缺点：

1）调配方法复杂，调配后的粘接剂又必须在一定时间用完。

2）粘接前后铁心均需加热烘干，效率低、能耗大、成本高。

3）粘接剂含有毒性物质，高温固化时易于挥发，造成环境污染。

4）固化温度过高或时间过长时凝成脆性体，耐冲击性差，分磁环易于松动和断裂。

环氧树脂粘接剂除上述高温固化型外，还有室温固化型，室温固化环氧树脂粘接剂是由环氧树脂和固化剂组成的双组分粘接剂。粘接时将树脂和固化剂按规定比例混匀，在室温下直接使用，自然固化。

一种室温环氧树脂粘接剂质量配方如下：

E-51（或 E-42）环氧树脂　　1 份

650 聚酰胺固化剂　　1 份

石英粉填料　按需要可加入适量，也可不加入。

固化条件　经预热的铁心，在室温下 4～6h；未经预热的铁心，在室温下 24h。

此种室温环氧树脂粘接剂已用于分磁环的粘接，配制方便，无需加热烘干，无环境污染，成本低、效率高，粘环质量稳定，且具有良好的亢冲击性能，是一种性能优良、应用广泛的粘接剂。

2. 室温硅橡胶粘接

硅橡胶粘接剂是一种应用日益广泛的新型粘接剂，具有以下特性：

1）极好的耐高温和低温性能，其使用温度范围为 −100～350°C，在 180～200°C 经 2～4 年仍保持足够的抗张强度（400～500N/cm²）和伸长率（100%～200%）。在 −110～−65°C 下仍保持橡胶弹性。

2）优异的耐老化性能，对臭氧、紫外线以及大气的作用都具有良好的稳定性，不会发生龟裂或发粘现象。

3）良好的电绝缘性能。

4）无味、无毒、无环境污染。

3. 提高短路环寿命的几项措施

(1) 紧固分磁环　如图 6－9 所示，将分磁环压入铁心极槽后，再将铁心极槽的两侧壁压塌，包容分磁环，并在分磁环两端悬伸部分与铆钉头之间涂布粘接剂，使分磁环紧固，以提高分磁环的寿命，同时也节省粘接剂，减少极面磨削时对环境的污染。

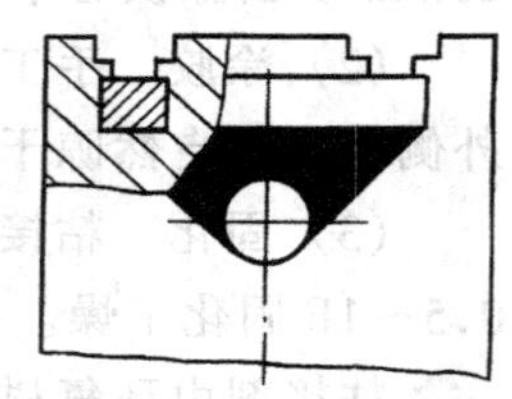

图 6－9　分磁环端部紧固示意图

(2) 采用悬挂式分磁环　采用悬挂式分磁环具有以下优点：

1）上下两边垂直布置，宽边受力，克服了分磁环在槽口断裂现象。

2）分磁环包围极面增加，有利于提高最小吸力。

3）极面只开一条槽，铁心极面的碰撞面积增加三分之一左右，可提高机械寿命。

(3) 采用喷丸工艺　采用喷丸工艺可以改变分磁环表面应力状态及组织结构，提高表面硬度和疲劳强度，从而提高分磁环的机械寿命。

(四) 极面加工

铁心极面的平面度是衡量铁心质量的一个重要指标。极面不平不仅使产品吸合时噪声过大，还将导致铁心吸合的极面接触不良、加速极面磨损，气隙很快消失，严重影响开关电器的机械寿命。为了保证铁心正常吸合与释放，通常要求极面粗糙度为 1.6，极面平面度不大于 0.015mm。中柱去磁气隙低于两侧边柱极面 0.10～0.15mm（小容量产品取下限）。

铁心极面通常采用普通机床进行磨削或铣削加工，先进的加工方法是采用专用加工机床和贯穿式磨床，以提高生产效率和加工质量。

1. 普通平面磨床

极面加工常用的磨床是 M7120，M7130 普通平面磨床，加工中应注意以下几点：

1）不宜用湿磨，以防铁心锈蚀。

2）应采用适当的夹具，以保证铁心定位稳定。

3）严格控制进刀量，符合磨床允许的磨削量要求，以免出现扎刀或砂轮被打碎，铁心极面焦糊及磨削波纹鱼鳞状现象。

4）先粗磨和精磨，一般磨两刀光一刀。每磨完一定数量的铁心，打一次砂轮。铁心在磨削过程中受力很大，而普通磨床的磁盘吸力约为 80～100N/mm^2，因此，易造成铁心定位不稳定，往往使极面加工的合格率仅在 60%左右。采用专用强力吸盘，其吸力比普通吸盘大一倍以上，且磁力方向可旋转 90°，极面与气隙能在同一工艺程序中加工成型，从而使极面加工的合格率达到 90%以上。

2．专用磨床

1）贯穿式磨床适用于大批量生产（如 30 万件/日）。若再配以自动上、下料装置和磨削清理装置以及清洗防锈装置等，还可组成铁心极面磨削生产线。

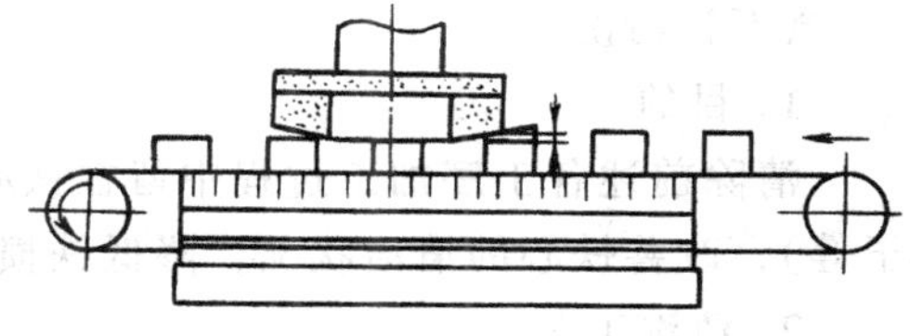

图 6－10　贯穿式平面磨削加工示意图

加工时，将工件置于砂带输送带上，随着后者随磁性吸盘连续进给，工件便通过砂轮磨轮的下方而被磨削。贯穿式磨削的主要特征就是工作在连续进给中。

采用双磨头的贯穿式平面磨床，可在一次连续进给中完成铁心极面的粗磨和精磨，极面平面度可达 0.0127mm。两磨头可调整角度和升降，以适应不同规格铁心的要求。砂带输送带能在 0.2～1.2m/min 的范围内调整进给速度，其生产率可达 2000 件/h。两磨头均密闭，且配有吸尘装置，既不污染环境，又能保证安全生产。

2）极面磨削生产线，它由两台普通平面磨床组成，如图 6－11 所示。

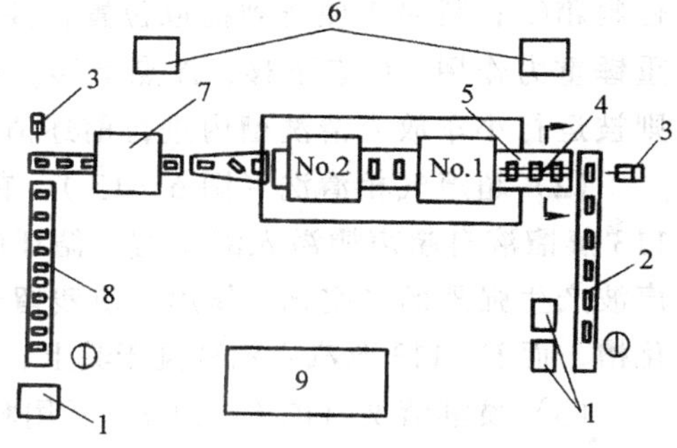

图 6－11　CES 极面磨削示意图

1—料箱　2—送料传送带　3—推料装置　4—导向杆　5—砂布传送带　6—除尘器　7—清理机　8—出料传送带　9—控制箱

其主要工序有：以手工方式将铁心置于送料传送带上，以气动方式将送料传送带上的铁心送到磨床内的砂布传送带上，并进入导向杆内；由立式磨头 No.1 磨削 *E* 形铁心中柱极面；由立式磨头 No.2 磨削两侧柱的极面。吸尘与计数；清理除尘；以气动方式将铁心推上出料传送带上；手工取下铁心。

砂布传送带带动铁心在磁力吸盘上移动时，可使铁心于磨削过程中处于外力作用下，故相对稳定，能保证磨削精度。

此生产线的特点是用两个磨头同时磨出中柱极面间隙，但中柱极面允许不平而略呈圆弧状。铁心极面在随砂带传送带移动中被磨削，这就要求有一定的加工精度。生产线上装有计数器以计数，并设有清理及除尘装置，确保作业环境不受污染。此生产线效率高、适宜于月产量为50万件的铁心生产用。

3．铣削

(1) 铣床　采用普通立铣或气障加工专用铣床。当采用BD－X型自动专用铣床时，生产率为2000件/h，比用普通铣床时的提高了6～11倍。

(2) 铣削　将铁心装于夹具内以立铣加工。此法具有毛刺小和铁损较小的优点，但铁屑会嵌入叠片间隙内，故铣削后必须清洗铁心。

(五) 清洗

1．目的

清除前述各工序加工过程中留在铁心上的油污和杂散微粒（如铁屑、磨料粒子等），改善铁心的清洁状况，降低铁损，并使添加抗磨油路畅通。

2．清洗工艺

(1) 气相清洗（图6－12）　将经极面加工后的铁心置于金属料箱中，以传送带送到清洗机中。去油清洗采用三氯乙烯溶剂，工件在溶剂中浸渍0.5min，然后在溶剂蒸气中保持1min，再干燥2min。操作为自动进行。当运行小车开到右端时，其提取钩下伸，压向杠杆，使A点下移、C点上移，挡住料箱②；料箱①便滑到提取位置，并被小车提取钩提升上去。此后，杠杆因受重锤重力作用，C点下移，A点上移，料箱②便滑到料箱①原在位置，而料箱①则被运行小车放入清洗槽内进行前述清洗。

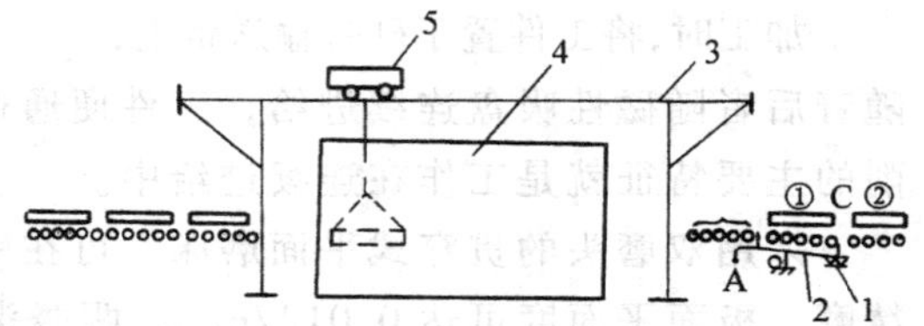

图6－12　铁心的气相清洗线

1—重锤　2—杠杆　3—桥式架　4—清洗槽　5—运行小车

(2) 超声气相清洗（图6－13）　它采用F－113三氟三氯乙烯溶剂。纯F－113蒸馏液自超声槽溢入液化槽，循环使用。清洗时先将铁心放入超声槽内，超声波产生强烈的“空化”作用，使残留于铁心上的杂粒脱落。然后，铁心进入汽化槽，而F－113蒸汽立刻冷凝于其上，将铁心上的油污溶解，以达到清洗目的。

(3) 喷淋清洗（图6－14）　所用材料为8－24常温除油、除锈、磷化三合一洗涤剂，所需设备为喷淋清洗机。清洗时将盛有铁心的料筐沿轨道推入清洗室，并在洗涤剂已加热至80°C后开启高压泵，同时令上、下两喷头旋转，从各个方面清洗铁心表面，除去铁锈、毛刺及油污，且在铁心极面上形成0.002mm厚的磷化膜。最后，以压缩空气将铁心吹干。

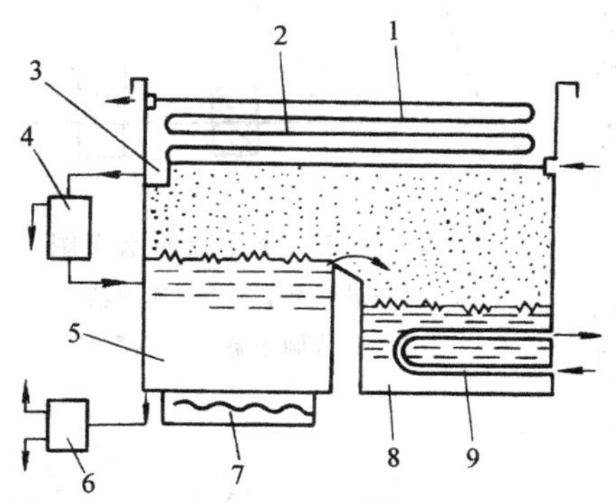

图 6-13 超声气相清洗原理图

1—冷凝管 2—蒸汽 3—凝液槽 4—水分离器 5—超声槽 6—过滤器 7—超声波振源 8—汽化槽 9—加热管

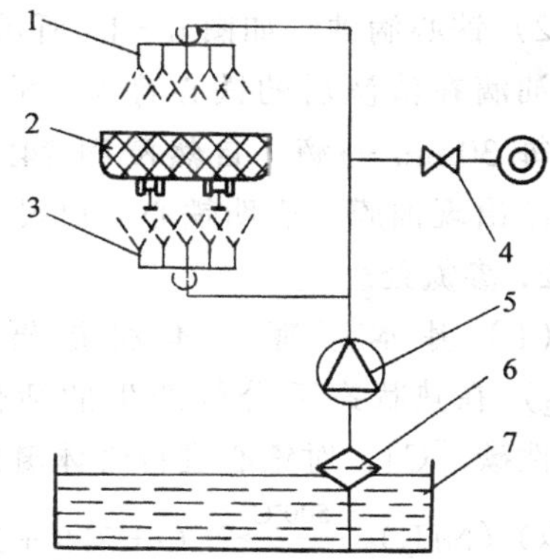

图 6-14 喷淋清洗原理图

1—上旋转喷头 2—铁心料筐 3—下旋转喷头 4—气阀 5—高压水泵 6—过滤器 7—储液槽

（六）极面强化工艺

1. 铁心渗抗磨油

（1）抗磨油 它并非一般的防锈油。国内现用的一种进口抗磨油的组分如下：

Mactron 油——油 C GHN598.053 P_{58} 1 份

GHN598.157 P_4 4 份

GHN598.053 的参数见表 6-19。

表 6-19 GHN598.053 的性能

牌号		P_{5r}	P_{58}	P_{24}
项目	着火点/℃	180	200	175
	滞塞点/℃	-35	-30	-30
	密度/（g/cm³）	0.91	0.92	0.90

（2）油膜的形成与作用 采取适当的工艺方法使抗磨油自然浸润于铁心叠片间，并借毛细作用使油在极面形成一层油膜，且能源源不断渗出补充，使极面始终附有油膜。

油膜的作用是防锈、缓冲后降低噪声。试验证明，片间有无抗磨油将使铁心机械寿命相差 300～400 万次。因此，采用抗磨油浸润是使铁心极面耐机械磨损的极有效措施。

（3）添加抗磨油的工艺

1）冲片滴油，如图 6-15 所示，以喷口直径为 2mm 的滴油器将抗磨油滴在硅钢带上。在进给装置与模具之间装有毛毡刷平器，用以使油膜均匀分布。滴油量控制在每 30mm 一滴。

2）铁心滴油，如图6－16所示，用滴油器将油滴在清洗后的铁心背面。滴油量亦控制在每30mm一滴，自然浸润24h。如铁心极面已出现油膜，表明铁心已可投入使用。

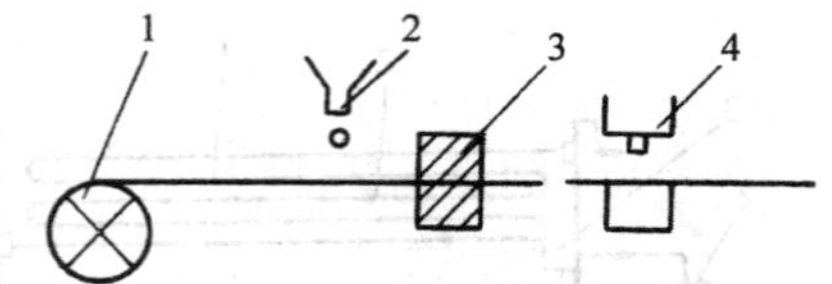

图6－15 冲片滴油示意图

1—进给装置 2—滴油器

3—毛毡刷平器 4—模具

2．渗氮处理

（1）基本原理　本法是借尿素 $CO(NH_2)_2$ 在热状态下分解产生的活性氮［N］和活性碳［C］，对铁心进行气体氮碳共渗。

$$CO(NH_2)_2 \xrightarrow{500°C} 2CO + 2H_2 + 2[N]$$

$$2CO \xrightarrow{500°C} CO_2 + [C]$$

［N］、［C］与铁心中的［Fe］作用，在铁心表面形成 Fe_3C、Fe_3N、Fe_4N 等组成的化合物层，从而提高极面硬度。

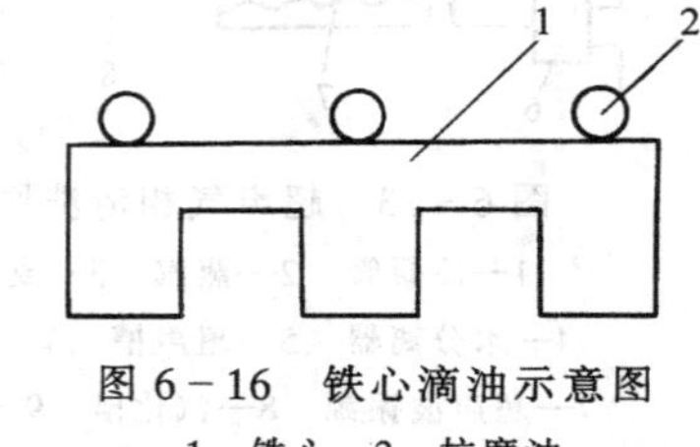

图6－16 铁心滴油示意图

1—铁心 2—抗磨油

（2）设备与材料　设备有以开式气体渗碳炉改装成的气体氮碳共渗炉和制丸机、送料机等。材料有农用尿素及甲醇。

（3）工艺过程　渗氮处理的工艺如图6－17所示。

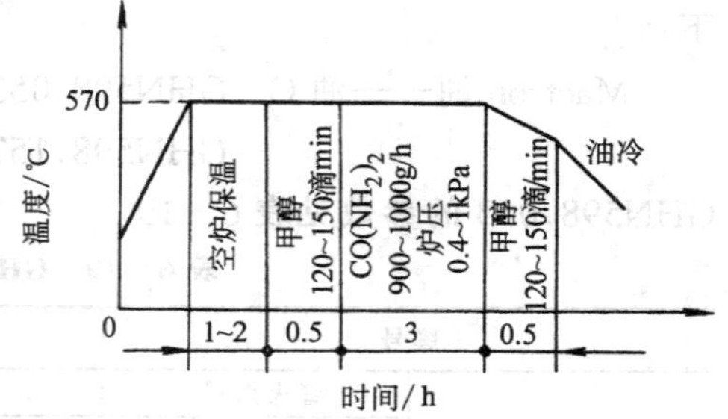

图6－17 渗氮工艺过程参数

1）升温，将炉温升到（570±10)℃。为使炉温均匀，须保温1～2h，然后转入下道工序。若采取连续生产及连续装料措施，则不必间断。

2）装炉，将经过清洗的铁心以专用工具吊入炉内，并密封炉盖。

3）排气，打开滴注阀开关，将甲醇滴入炉内（滴入速度为150～180滴/min)，至排出的气体能点燃为止，（约需0.5h)，排气过程便结束。

4）渗氮，排气完毕后即可加料（尿素丸），加入速度为4～5丸/min，即（1000±100）g/h。保持炉压为400～1000Pa，火苗即可燃烧，保温时间为3h。

5）排气，保温3h后即停止加料，再向炉内滴入甲醇（滴入速度为150～180滴/min)，并同时切断渗氮炉电源，经0.5h后出炉。

6）冷却，自炉中取出铁心，置于油槽中冷却。

（4）质量要求　铁心极面渗层深度：化合物层应为8～10μm，总渗层应为0.1～0.5mm。铁心极面硬度应为 $HV_{0.2}$532～701（相当于50～60HRC）。

试验表明：氮化铁心之采取油冷者，即使极面未经精磨，其机械寿命亦比采取空气冷却且极面精度精磨者高出一倍以上。

3. 喷丸处理

（1）基本原理　将高速弹丸喷射到铁心极面，借弹丸对极面的冲击作用使极面产生一层显微几何形状、组织结构及应力状态均异于铁心基体的硬化层，以提高极面的硬度和它对塑性变形的抵抗力。

（2）设备

1）PJ－CE－Ⅱ型喷丸机

其主要技术数据如下：

机床外形尺寸	2.5m×0.7m×1.8m
工件传送速度（无极调速）	0～3m/min
工作喷嘴数量	4个
压缩空气压力	0.196～0.392MPa
直流电动机功率	0.52kW

2）喷丸机工作原理

如图6－18所示，当压缩空气通过喷嘴时，其导管的出口处形成了顶压，使储丸箱内的钠玻璃弹丸通过导管，在压缩空气作用下自喷嘴喷出，使铁心极面硬化。压缩空气的喷射压力可借气阀调节，以适应不同规格铁心的需要。整个工艺过程为流水作业，并有防止弹丸、粉尘飞溅的保护装置。

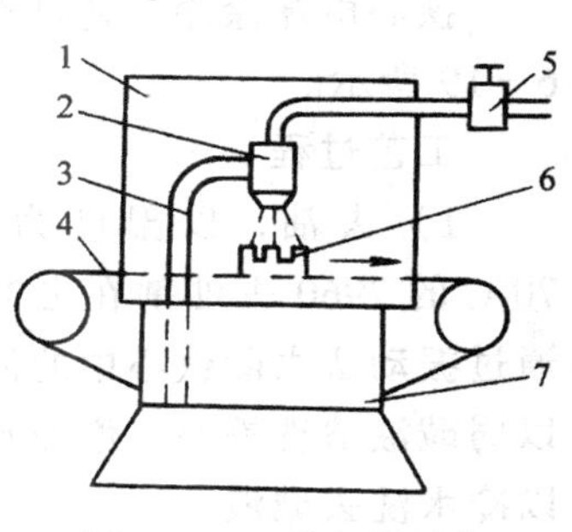

图6－18　喷丸机工作原理示意图

1—工作室　2—喷嘴　3—导管　4—传送带　5—气阀　6—铁心　7—储丸箱

（3）工艺参数

钠玻璃弹丸规格	直径0.05～0.15mm
喷射压力	0.196MPa
喷射速度	12～18个/min
喷嘴与工件间的距离	100～150mm
喷射时间	8～125min

（七）防锈处理

采取油膜、渗氮、喷丸等工艺对铁心防锈、尤其是极面防锈有良好的作用。对整体铁心防锈还应采用下述工艺，但总的要求是经济合理、无毒和无污染。

1. 喷漆

多数工厂采用此处理工艺。

（1）材料　底漆为X06－1磷化底漆。H06－2铁红环氧底漆，面漆为A05－9氨基醇酸烘漆。稀释剂为无水乙醇、丁醇、二甲苯或甲苯。

（2）工具与设备　带自动控温、循环鼓风及安全装置的0～200°C烘箱，带滤水器的空压机，喷嘴直径为1.5～2mm的喷枪，100～300目的筛子，240#～

260# 水砂纸、粉度计及秒表等。

（3）工序　喷漆工序见表 6－20。

表 6－20　喷漆工序

序　号	项　目	粘度 ($10^{-4}m^2/s$)	稀释剂	施工条件	
				温度/℃	干燥时间/h
1	喷底漆×06－1	15～18	乙醇:丁醇 (3:1)	室温	1～1.5
2	喷底漆×06－2	18～20	二甲苯或甲苯	室温	24
				110～120	1
3	喷面漆	20～25		110～120	1.5～2
4	清理	—	—	用永砂纸清理极面上的漆膜	
5	涂防蚀脂	—	—	极面涂覆	

（4）质量要求　对喷漆的要求有：漆膜干燥、面漆平整、光洁、无皱纹及流痕、而且极面无漆膜。

2. 电泳涂漆

铁心电泳涂漆工艺过程如图 6－19 所示。

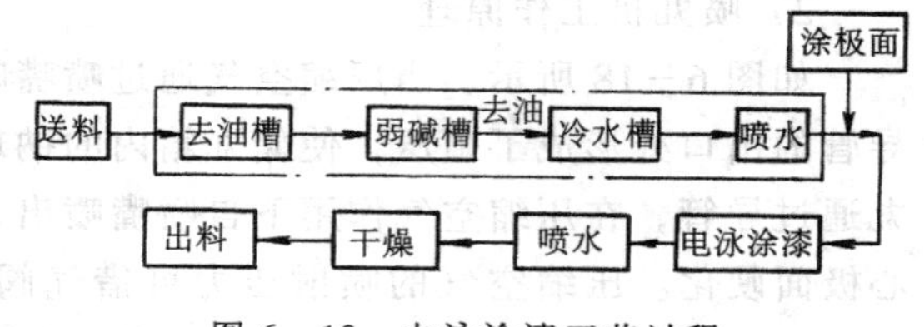

图 6－19　电泳涂漆工艺过程

工艺过程

1）去油，以温度为 60～70℃ 的 7960 去油剂在去油槽中通过振动法去除铁心中的油，再以弱碱液清洗铁心，增加水对工件的浸润力，使待电泳铁心外观光洁发亮，最后以冷水洗去碱液。

2）极面保护，为防止极面泳漆需对极面加以保护，保护层含有下列成分：S_D－3B 硅橡胶 100g，回流液（由硅酸乙脂 10 份与二桂酸二丁基锡 1 份在 160～170℃ 条件下回流 1h 制得）3～5g 和适量的滑石粉。将此硅橡胶液涂覆于极面并放置 1～2h 后，即可送往电泳涂漆。

3）电泳涂漆，把铁心浸于水溶性涂料中作阳极（阴极电泳时作阳极），另设一阴极（阴极电泳时为阳极），通以直流电。随着槽液中电化学作用之产生，漆液（常用的是 SQF08－1 纯酚醛电泳黑漆）被电解。在电场中，带电粒子夹附颜料、填料和助溶剂作定向电泳，并在电极上沉积。同时介质水在内渗力作用下穿透漆膜进入溶液，使漆膜中含水量大为降低。

4）经电泳涂漆后，将铁心取出电泳槽，再喷水洗去漆液，清洁表面。

5）在 280～295℃ 的烘箱中烘烤 5～10min。

3. 铁心磷化工艺

（1）原理　铁心磷化乃电化学过程。沉淀发生在金属表面的阴极区，使铁心表面产生一层磷化膜，即 $Zn_3(PO_4)_2$ 和 $FeHPO_4$ 的结晶体. 使经盐水浸泡和点滴试验后无锈斑出现。

(2) 工艺过程　铁心磷化过程见图 6－20，内容大致如下

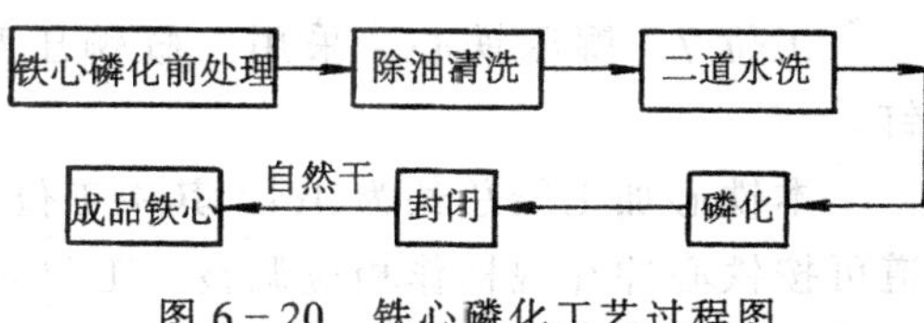

图 6－20　铁心磷化工艺过程图

1) 为防止铁心未能及时磷化而生锈，磷化前必须作预处理。

2) 除油清洗时水膜应均匀分布，经处理后的铁心，不应用手触摸。

3) 磷化，它是将磷酸二氢盐水解成磷化液，再将铁心浸入，经电化学反应后得到磷化膜

$$3Zn(H_2PO_4)_2 \xrightleftharpoons{H_2O} 3ZnHPO_4 + 3H_3PO_4 \quad (1)$$

$$3ZnHPO_4 \rightleftharpoons Zn_3(PO_4)_2 + H_3PO_4 \quad (2)$$

$$3Zn(H_2PO_4)_2 \rightleftharpoons Zn_3(PO_4)_2 + 4H_3PO_4 \quad (3)$$

$$\left.\begin{array}{l} Fe + 2H_3PO_4 \longrightarrow Fe(H_2PO_4)_2 + H_2\uparrow \\ Fe(H_2PO_4)_2 \longrightarrow FeHPO_4 + H_3PO_4 \end{array}\right\} \quad (4)$$

$$3Zn(H_2PO_4)_2 + Fe \longrightarrow Zn_3(PO_4)_2 + FeHPO_4 + H_2\uparrow + 3H_3PO_4 \quad (5)$$

4) 封闭或钝化处理，其目的在于增大磷化膜的坚牢程度。

5) 自然干燥 1～2h。

三、半自动铁心加工线

以一种交流接触器的半自动铁心加工线为例，其工艺流程如图 6－21 所示。

下面就其主要工作作简单介绍。

工位 1　在料架上装好按预定要求开剪的硅钢带，并经送料机构送到下一工位。

工位 2　冲片，用硬质合金级进模以 200 次/min 的高速冲床冲片。

工位 3　理片，即使冲片沿滑道自动输送，并排列整齐。

工位 4　以人工方式用两根约 500mm 长的钢丝将滑道上的冲片穿上，送往叠片架，再抽出钢丝。

工位 5　利用叠片架上冲片叠的自重压紧冲片，以人工方式按厚度取出所需数量的冲片。

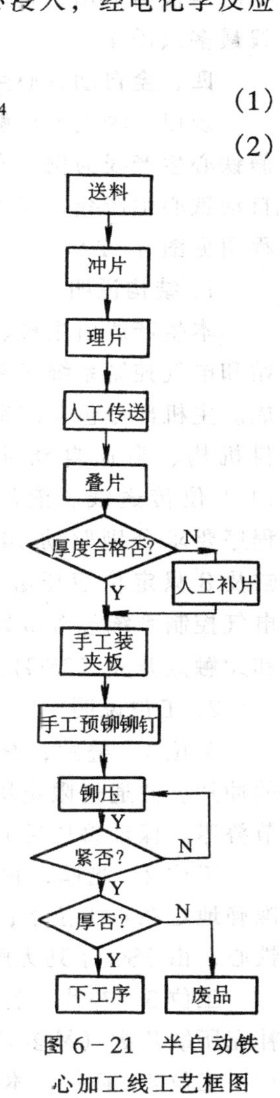

图 6－21　半自动铁心加工线工艺框图

工位 6　以人工方式在叠片两边加上夹板，手工穿铆钉，称量铁心重量，然后预铆，防止叠片松散。

工位 7　铆压铁心，采用三缸铆压和专用夹具，先将铁心压紧，再铆压铆钉。

本铁心加工线总长为 4m。其中工位 1～3 工作系自动传送，料架、冲模及滑道可按铁心冲片规格作相应调整。工位 4～6 以人工协助操作，其中叠架可按铁心冲片规格作相应调整。

综上所述，本铁心线在多品种、低产量，即每种规格铁心产量小于 10 万件/年时，极为适用。它可以一线多用，故利用率较高，同时又能减少人工操作（全线最多只需 4 人）。

四、全自动铁心生产线

现以一种交流接触器的静铁心生产线为例，介绍全自动铁心生产线，其工艺流程图见图 6－22。

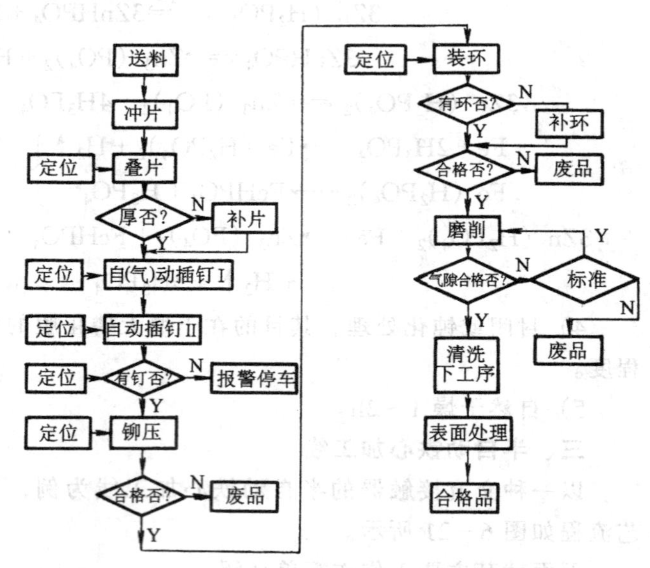

图 6－22　全自动铁心生产工艺流程框图

1．结构说明

本生产线由主机、液压站和电气控制系统三部分组成。主机部分包含硅钢带送料机构、高速自动冲床及 14 工位传送线。液压站按程序要求分别驱动 14 只主缸及 8 只定位液压缸工作。电气控制系统包含微处理机和无触点开关（3SG）。

2．工位说明

工位 1　叠片，叠片工作液压缸动作，从冲片包中推总厚度达 14.5～15mm 的冲片，并通过限止块使之进入铁心槽。限止块的作用在于根据铁心片的毛刺调节叠厚。保证铆压后的铁心厚度。

工位 2　测厚，它具有两个工步：定位，即通过定位液压缸使定位爪将铁心准确地定在本工位上；测厚，即紧接前一步后借测厚液压缸之动作使测厚块压紧铁心，由 3SG 系列无触点、编码信号系统测出该铁心所缺片数。

工位 3　补片，若缺片铁心进入本工位，微处理机即控制补片液压缸动作，补充所缺片数（最多只能补 4 片）。

工位 4　插钉，本工位需插 5 只铆钉。考虑到夹具对尺寸的影响，采取分段插钉。程序上是先由定位液压缸动作使铁心准确定位，保证铁心片铆钉孔对准夹具上的铆钉，再由插钉液压缸使铆钉插入铆钉孔内。

工位 5　测钉，先由定位液压缸使定位爪将铁心准确定位，使铆钉头与测杆头对准。然后油缸下压，测杆上抬，让上面的翻板翻起，使 3SG 无触点开关接通。倘有缺钉，翻板不能翻起，3SG 不通，而微处理机发出报警信号，并令全生产线停车。

工位 6　铆压，先由定位液压缸使斜楔和定位爪将铁心准确地定位于压模内，然后由压紧液压缸将铁心压紧，而铆压液压缸则铆开铆钉。

工位 7　检测，由测厚液压缸驱动信号杆，检查铆后铁心的厚度是否符合要求。两信号杆分别确定铁心厚度的上、下限，并控制两只 3SG 开关。厚度尺寸合格，两开关均不动作，若另一开关动作，则说明已超差，铁心为废品。此时剔除液压缸动作，将废品推入废品箱，连续出现 20 只废品，控制系统将报警，并发出停车信号，提示操作人员进行调整。

工位 8　装环，先由定位液压缸使铁心极面槽的中心对准分磁环的中心（对称度误差不大于 0.3mm）并夹紧，再令装环液压缸的动作将两只分磁环同时压入槽内。

工位 9　补环，先由定位液压缸将铁心环对准测杆，并压紧铁心，然后由测环液压缸驱动测杆下移。当测杆触及分磁环时，它就上升，使 3SG 发出信号。若缺环，测杆就不上升，3SG 亦无信号发出。于是定位液压缸后退，由微处理机令补环液压缸动作，对准铁心槽推入分磁环。

工位 10　压环，这是固定分磁环的关键工位。先由定位液压缸使铁心环对准压痕刀。并由推杆将铁心推上工作位置。然后压紧液压缸动作紧压环的四周，最后是压环液压缸动作，使分磁环牢固地嵌装在铁心上。

工位 11　检测，由检测液压缸驱动 4 测杆与环接触。若环的质量良好，3SG 便发出信号；否则 3SG 无信号发出。于是剔除液压缸动作，将此不合格铁心推入废品箱。

3. 使用与维护

该铁心自动线为铁心生产专用线，一般仅适用于一种产品的铁心，且宜用于年产量超过 30 万件的生产规模。这种自动线省工、省力、质量稳定，但要经常对泵站和控制系统的工作状况予以监视和维护。

第五节　质 量 检 测

铁心加工工序较多，要分段控制各道工序的加工质量，因此必须分工序进行检测，及时予以控制。而确定各工序的检测内容、要求和方法以及检测仪器的正确选用是至关重要的。

铁心加工质量的项目和要求因产品而异。这里主要涉及叠片式铁心。

一、运动叠片式铁心的质量标准和检测法

1. 质量标准

叠片式铁心加工质量标准有九项：冲片毛刺、压铆铆紧程度、压铆垂直度、压铆背面平面度、极面磨削平面度、极面粗糙度、衔铁气隙、振动值和噪声值。

每项的要求值和检测用具需求要根据具体产品来确定。

2. 极面平面度的检测

极面平面度可以用浮标式气动量仪进行检测，但稳定性及重复性较差。

较好的方法是采用电子式千分表检测。检测时，将磨削后的极面向下与标准平板贴合，缓慢地移动。此时，压电式测量头则与铁心背面接触，由仪器显示测得值。由于检测部位是在铁心的背面，构成了间接测量，测量值包含了背面不平度的误差在内，形成了积累误差。而且难以排除铁心极面与标准平板间的尘埃所造成的误差，因此对检测精度有一定的影响，故最好用压电式传感器与极面直接接触，进行直接检测。

极面平面度是标志铁心加工质量的主要指标，故必须从严控制和准确测定。由于铁心除极面本身外，其他各面均为毛坯，不能作为基准面，且铁心有两个分断开的极面，精度要求又高，再加上大批量加工时照样要逐个检测，故必须采取简便、快速、精确的测试方法，应用微机测量技术。

测量系统主要由 TP801 单片计算机、UP16 打印机、ADC0808 模拟数字转换器、DGB－4 电感测微仪、DGC－82P/B 电感测量头（传感器）及改装过的 HC－50 多点转换器组成。此系统采样速率为 500ms/次，测量精度为 $\pm 1\mu m$。

测量时，用测量头测铁心极面四只角上 A、B、C、D 四个点的高低，高低差即能反映出极面的平面度。由计算机自动控制逐点采样并将信号放大以适应测量需要，由 A/D 转换器实现模数转换，再求出 A、B、C、D 四个点中的最大值，随后实现二进制到十进制的转换，最后自动打印并显示测量结果。

该测量系统的软件是用 280 汇编语言编制的，其主要程序为：

(1) 程序初始化　对数据存贮区清零，PIO、CTC 初始化。PIO 的 A 接口用于输入，B 接口用于输出。CTC 用于定时器工作方式，以中断方式输入所测得的数据。

(2) 工作起始及逐点采样　主要是判断按钮开关 O 是否按下。按钮按下，则系统进入工作并实现逐点采样，直至最后一点。

(3) 求 A、B、C、D 四个点中的极大值。

(4) 二进制转换到十进制。

(5) 打印程序。

(6) 显示程序。

(7) 延时程序　实现延时以稳定测量值。

3. 噪声值的检测

在生产线上，不可能设置消音室来检测大批量生产的产品。试验表明，振动速度值与噪声值有一定的内在关系。试验装置示意图如图 6－23。本试验是声级计与振动测试仪的同步互配试验，环境条件按噪声测定要求（≤30dB），声级值按 GB2806－81 标准进行修正。

测振点应选择在产品上能敏感显示振幅之处。

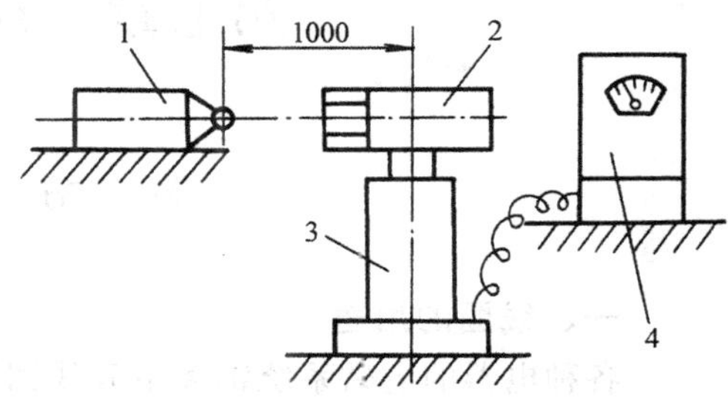

图 6－23　噪声值与振动值同步测定示意图

1—PST－1 声级计　2—被测工件

3—CD－1 传感器　4—GZ－1 测振仪

4. 铆紧程度的检测

此种测量为破环性检测，属抽查项目。

铆紧程度测量仪如图 6－24 所示，测量时，将被测铁心置于夹具中，斜向加压力，用千分表测量铁心的变形量，即可知铆紧程度如何，具体数值视产品而定，如某种铁心在加 100N 的力时，其变形量为 40～180μm 之间，则认为合格。变形量也可改用电感测微仪来测量，测量前要先接通电源预热 10min。

5. 去磁气隙的检测

测量装置见图 6－25，可以如图所示用千分表测量，也可用电感测微仪来测量。

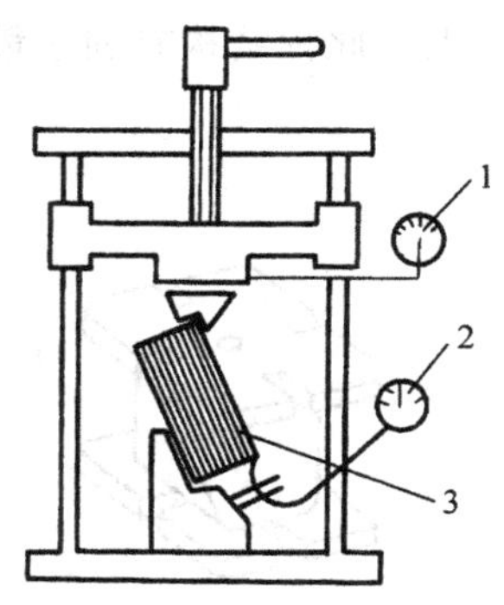

图 6－24　铆紧程序测量仪示意图

1—压力表　2—千分表　3—铁心

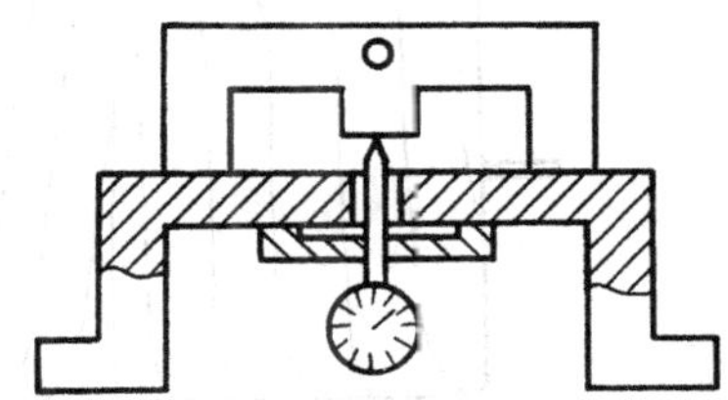

图 6－25　去磁气隙测量示意图

第七章　线圈制造工艺

第一节　概　　述

一、线圈的用途

各种电器的电磁系统都离不开线圈，由于线圈的设计、制造水平直接影响着电器的性能指标和电器的可靠工作，因此，人们认为线圈是电磁系统的核心部分。线圈的作用，是将电能转变为磁能，在磁能的作用下，电器完成预定的工作。

二、线圈的分类

（1）按照电气参数的性质，可分为电压线圈和电流线圈。电压线圈使用时与电源并联，承受电源电压，所以它具有导线细、匝数多、绝缘水平要求高的特点；电流线圈使用时与负载串联，负载电流通过线圈导线，所以它具有导线粗而匝数少的特点。

（2）按照有无骨架，可分为有骨架线圈和无骨架线圈。有骨架线圈是将导线直接绕在骨架上，线圈骨架大多数是塑料压制而成，也有用塑料层压板制成。个别情况也有用金属制成的骨架，这种骨架对线圈导线有保护作用，散热情况也好，多用于直流电磁铁。无骨架线圈是将导线绕在垫有绝缘衬垫，即内层绝缘的模子上，绕完后取下再包扎外层绝缘，并把引出线固定好，如图 7－1 所示。也有些直流电磁线圈把导线直接绕在垫有绝缘的铁心上，此种结构有利于散热，由于它的结构工艺性差，维修困难，已很少采用。

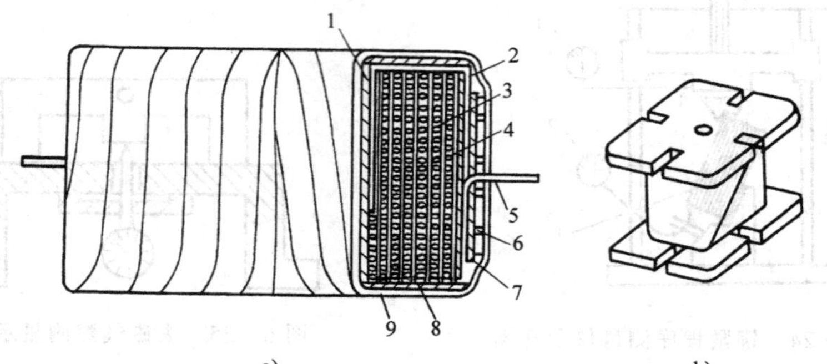

图 7－1　无骨架线圈及模子

a）无骨架线圈　b）模子结构

1—内层绝缘　2—铜导线　3—层间绝缘　4—出线端衬垫　5—硬出线

6—扎线　7—外层衬垫绝缘　8—端绝缘垫圈　9—包扎绝缘带

(3) 按照结构工艺特点，可分为电磁线圈和大电流线圈。所谓电磁线圈是用电磁线绕制而成，它包括了电压线圈和一部分电流较小的电流线圈。习惯上所说的电器线圈往往是指电磁线圈，它占线圈生产的绝大部分。大电流线圈是用较粗（多采用矩形截面）的裸铜线绕制而成。这类线圈的制造工艺和前者完全不同。除常见的较大电流的电流继电器和过载脱扣器线圈属于大电流线圈外，大容量的吹弧线圈也具有大电流线圈的结构特征，故其制造工艺也就包括在大电流线圈制造之中。图 7－2 所示是常用电磁线圈和大电流线圈的结构。

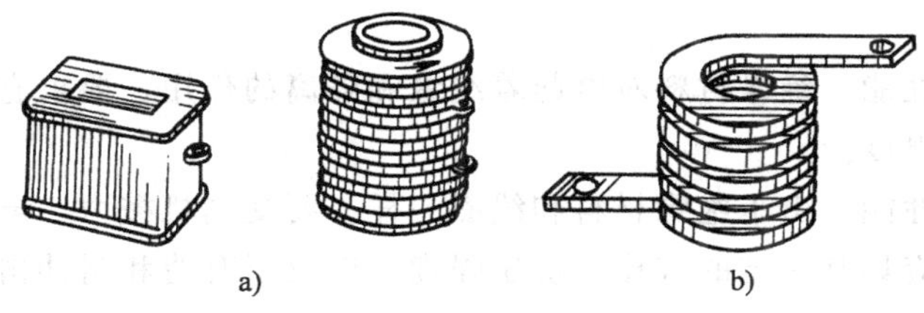

图 7－2　电磁线圈和大电流线圈

a) 电磁线圈　b) 大电流线圈

(4) 按照绕组的数量，可分为单绕组线圈和多绕组（两个或两个以上的绕组）线圈。

三、线圈工作环境与耐受应力

根据电器工作环境条件，线圈应能承受下列几方面的应力作用。

(1) 机械应力作用　首先因为线圈通电时，线圈各匝之间产生相互作用的电磁力，在交流电的情况下，这种作用力是脉冲型（即二倍电源频率的交变作用力），在直流电的情况下，只有在接通和断开线圈电源时是脉冲型的；其次，在电器吸合和释放过程中，衔铁和铁心的碰撞使线圈承受冲击力；第三，使用工作环境中具有振动和冲击条件而产生的机械作用力。

(2) 热应力作用　在一般情况下，线圈通电过程中，产生焦尔热，温度升高，由于各种材料的热膨胀系数不同而产生热应力；有时由于环境的骤冷骤热而使线圈承受交变的热应力；有时又由于过载而使线圈产生过热，超过允许温升，也使线圈加速老化，严重者可能立即烧毁。

(3) 电的击穿作用　由于线圈通电时，可能产生过电压、电击穿的现象，使线圈绝缘受到破坏。

(4) 化学腐蚀作用　电器工作的环境条件十分复杂，尤其是工业城市的污染十分严重，空气中含有腐蚀性气体，如酸碱溶液等，这就有可能使绝缘材料遭化学侵蚀，或者发霉、腐烂，甚至降低线圈的绝缘性能或遭破坏。这种现象在潮湿的湿热带气候更为严重。

继电器线圈也常常因为电化学作用而产生断线故障。

第二节　线圈常用的主要材料和辅助材料

绝缘材料和导线都是线圈的主要材料。

一、绝缘材料的基本性能和耐热等级

1. 基本性能

绝缘材料的质量对线圈的工作可靠性影响很大，要求绝缘材料具有以下几方面的基本性能：

（1）电气性能　绝缘材料对电起着绝缘和隔离的作用，要求它具有良好的绝缘电阻和抗电强度。

（2）力学性能　由于绝缘材料和线圈一样，要受到机械力、电磁力和热应力作用，所以它应具有一定的抗拉、抗压强度，以及耐弯曲和耐冲击性能，还应有良好的加工性能。

（3）物理性能　是指绝缘材料的密度、粘度以及吸水和耐潮性能应该良好。

（4）化学性能　绝缘材料应具有一定的耐酸碱盐侵蚀的能力，以及耐油性和耐臭氧的能力。

（5）耐霉菌性能　这对于湿热带型的电器产品犹为重要，因为它关系到电器的使用寿命，经常需要配合进行特殊防霉技术处理，并经过试验以确定防霉效果。

（6）耐热性能　绝缘材料的耐热性能非常重要。希望比热容大、热膨胀系数小、热传导性好。绝缘材料的耐热等级是选用绝缘材料的重要参数。

2. 耐热等级

耐热等级划分了不同绝缘材料在其具有经济寿命的条件下，可以长期连续工作的允许温度。在此温度上每升温 8℃，材料的寿命将减少一半，这称为“八度规律”。表 7－1 列出了常见的绝缘材料及其耐热等级。

表 7－1　绝缘材料的耐热等级

耐热等级代号	允许工作温度/℃	绝缘材料名称
Y	90	棉纱、天然丝、人造丝、醋酸纤维、聚酰胺纤维、纸及其制品（电容器纸、电话纸、电缆纸、薄页纸、钢板纸等）
A	105	经浸渍的棉纱、人造丝，纸及其制品、木材、各类纤维品 醋酸纤维薄膜 酚醛树脂（酚醛压塑料 H161 老型号 4013） Q 型（油基）漆包线 有机玻璃 环氧基自粘漆包线（QHN）

（续）

耐热等级代号	允许工作温度/℃	绝缘材料名称
E	120	胶的层压制品，环氧树脂 三聚氯氨——甲醛 高强度聚胺脂漆包铜线（QA） 缩醛漆包铜线（QQ）
B	130	聚脂漆包铜线（QZ）、单层玻璃丝包高强度聚酯漆包铜线(QZSBC)丁腈 聚氯乙烯复合物绝缘引接线（JBF） 石棉及其层压品、云母制品、热固性合成树脂胶 酚醋玻璃丝压塑料（4330－1） 环氧玻璃丝漆布（2433）、醇酸玻璃丝漆布（2432）、醇酸玻璃丝漆管（2730）
F	155	经过热处理的玻璃纤维和石棉 玻璃纤维及石棉的层压制品 云母制品及硅有机树脂 双玻璃丝包铜线（SBFC）
H	180	硅有机橡胶、无机填料塑料 用硅树脂浸渍的石棉及玻璃纤维制品 硅有机玻璃粘带（2656） 有机硅玻璃漆布（2450）、硅有机玻璃漆管（2750）
C	＞180	云母、陶瓷、石英、聚四氟乙烯、玻璃 聚酯薄膜（6020）、镀锡铜芯聚四氟乙烯绝缘安装线（AF－200） 聚四氟乙烯生料带、聚四氟乙烯薄膜（SEM－3）

二、电磁线

电器中大多采用铜制绝缘导线，有些情况下也采用铝制绝缘导线。以铝代铜是我国一项十分重要的技术经济政策。

表 7－2　电磁线的规格、性能与用途

名　　称	型　　号	长期允许工作温度/℃	漆层物理性能	用　　途
油性漆包圆铜线	Q	105	耐航空汽油、弹性、附着力好，耐磨性一般，机械强度较差	制造电机、电器、仪表的线圈，不宜用在磨损和撞击较大的场合
缩醛漆包圆铜线	QQ－1 QQ－2	120	耐苯，弹性、附着力，耐磨性均好。漆层在125℃时变形不大于15％	制造电机、电器、仪表的线圈，可用在较大负荷的场合，同QQ－1，亦可用于湿热带地区

（续）

名　　称	型　　号	长期允许工作温度/℃	漆层物理性能	用　　途
聚脂漆包圆铜线	QZ－1 QZ－2	130	耐苯，弹性、附着力，耐磨性较好，漆层在200℃时变形不大于15％	制造电机、电器、仪表的线圈，可用在较大负荷的场合，同QQ－1，亦可用于湿热带地区
聚脂漆包圆铝线	QZL－1 QZL－2	130	耐苯，具有良好的弹性，耐刮性	
聚酯漆包扁铜线	QZB	130	具有良好的弹性、耐刮性及一定的附着力	
聚胺酯漆包圆铜线	QA－1 QA－2	120	同QQ－1。特点是不去漆层也能锡焊	制造电机、电器及仪表的线圈
环氧基自粘性漆包圆铜线	QHN	105	漆层受热后有良好的粘合性其他同QQ－1	同QQ－1，由于自粘，可制造形状较复杂的绕组
玻璃丝包圆　线	QQSBC QZSBC SBEC SBELC	130	玻璃丝之间及与铜线之间有一定的粘合强度	制造电机、电器的线圈
玻璃丝包扁　线	QZSBCB QZSBLCB SBECB SBELCB	130	具有良好的耐弯曲性及耐热性	

表7－2列出了常用电磁线的主要性能和用途。

漆包线除了对其耐热、耐压有明确规定以外，在有关标准中对它的耐刮性能、针孔数、耐溶剂性能等提出了明确的要求。

三、线圈骨架用材料

（1）金属骨架　一般用铝或铜制成，机械强度和散热性能好，但加工困难，成本高。

（2）热固性塑料骨架　机械强度好，耐热性好，但易破裂。常用的热固性塑料的主要性能和用途见表7－3。

（3）热塑性塑料骨架　加工容易，工效及成品率高，但耐热性能稍差，易变形。小型继电器中应用广泛。常用于骨架的热塑性塑料有聚丙烯（PP）、聚甲醛、尼龙66、尼龙1010、增强尼龙、聚碳酸酯和短纤维增强涤纶等。

（4）绝缘层压板组合骨架　仅用于试生产或体积大、批量小的情况。制成的骨架为组合式。

表 7－3 线圈骨架常用热固性塑料主要性能

名　　称	型　　号	长期允许工作温度/℃	主要性能	用　　途
酚醛压塑料	D141（旧型号为 4010）	105	电气性能、力学性能一般，压制工艺性良好	制造一般绝缘零件，可用作线圈骨架材料
酚醛压塑料	H161（旧型号为 4013）	105	电气性能、机械强度、耐热性、耐潮性、防霉性较好，压制工艺性良好	适宜制作湿热带电器绝缘件、化工产品的一般绝缘件，宜作线圈骨架材料
酚醛玻璃纤维压塑料	4330－1 4330－2	130	具有 H161 机械强度、耐热性更高	适宜制作形状简单但机械强度高的绝缘零件，可制作线圈骨架，可用于湿热带地区

四、线圈用辅助材料

在制造各种线圈时，除了用上述的主要材料外，尚需要一些必不可少的辅助材料。如引出线，绝缘带及套管，内、外和层间绝缘用的青壳纸和反白纸，包扎、固定线圈引出线用的无碱玻璃纤维绳及锦纶丝绳、粘合剂等。

常用辅助材料的主要性能和用途如表 7－4 至表 7－7。

表 7－4 常用引出导线的性能与用途

名　　称	型　　号	长期允许工作温度/℃	主要性能	用　　途
丁腈聚氯乙烯复合物绝缘引接线	JBF	130	耐　　热	用于交流 500V 以下的电器、仪表线圈的引出线和安装线，可用于湿热带地区
橡皮绝缘丁腈护套引接线	JBQ	130	耐　　潮 耐　　霉 耐　　热	用于交流 1140V 以下的电机、电器、仪表的引出线及配套接线，可用于湿热带地区
镀锡铜心聚四氟乙烯绝缘安装线	AF－200	200	耐热、耐寒 耐燃、耐潮 耐　　油	用于交流 550V、直流 1000V 以下的电气设备，作为特殊用途的安装线及引出线
聚氯乙烯绝缘线	BV BVR BLV	65	耐　　油 耐　　燃 耐潮尚可 耐热较差	用于交流 500V、直流 1000V 以下的电气设备、仪表及照明装置
铜心聚氯乙烯绝缘软线	RV－105	105	耐　　热 耐　　寒 主要是耐老化性好	交流 250V 以下，直流 500V 以下的电器仪表和电信设备线路的连接使用较多

表 7－5　常用粘剂性能与用途

名　　称	型　　号	长期允许工作温度/℃	主 要 性 能	用　　途
酚醛聚乙烯丁醛胶		－40～105	接触压力即可粘牢	可胶接聚乙烯、聚丙烯、聚线薄膜等，也可粘接铭牌
聚异丁烯橡胶萜烯树酯	JY－201	－40～50		
涤纶绝缘胶　　带	长城牌	－40～80	单层耐层 2000V	用于电子仪表、电器粘接，电镀掩蔽、包装等，亦可胶接聚酯薄膜
酚醛缩醛粘 合 剂	204 胶	－70～200	粘接力强	各种金属、耐热非金属的粘接及玻璃漆布、玻璃纤维带的粘接等
硝基清漆	Q01－1	－40～50	一般	可粘接纸类、黄蜡绸等
醇酸清漆	1430	－40～80	一般	可粘接醇酸云母板
缩醛胶液	X98－1	－40～120	较好	可粘黄蜡绸和各种漆布

表 7－6　绝缘带及套管的性能与用途

名　　称	型　　号	长期允许工作温度/℃	主 要 性 能	用　　途
醇酸玻璃漆　　管	2730	130	介电性能、柔软性、弹性、耐油性、耐热性良好	适用于电器导线的绝缘保护，可用于湿热带地区
硅有机玻璃 漆 管	2750	180	耐热性、耐潮性、耐蚀性优良	用作 H 级的电器导线绝缘保护
软聚氯乙烯　　管	—	－15～55	质柔软、吸水性低、电气性能好、耐热性较差	用作电器导线保护
醇酸玻璃漆 布 带	2432	130	介电性能、耐热性、耐潮性、耐油性，机械强度较好	广泛用作线圈包扎，可用于湿热带地区，可在油中工作
环氧玻璃漆 布 带	2433	130		适用于包扎环氧树脂浇注的特种电气线圈
有机硅玻璃漆布带	2450	180	耐热性高，在湿热气候下绝缘性能优良	适用于高温线圈的包扎绝缘，可用于湿热带地区
无碱玻璃纤 维 带	无碱带—60 无碱带—80 无碱带—100 无碱带—170 无碱带—200	130	性能一致	广泛代替棉布带作线圈包扎用

表 7-7　层间绝缘及衬垫绝缘材料性能及用途

名　称	型　号	长期允许工作温度/℃	主要性能	用　途
聚酯薄膜	6020	熔点 >256	耐热性好	用作线圈层间绝缘、包扎材料、其他电工绝缘
聚四氟乙烯薄膜	SFM-3	-180～250	优越的化学稳定性。高温下也不与强酸、强碱、强氧化剂作用	特殊电器产品线圈的层间绝缘和包扎绝缘
醇酸纸柔软云母板	5130	130	柔软性好，绝缘性好	B级耐热绝缘、线圈包扎、电机槽绝缘、层间绝缘等。可用于湿热带地区
醇酸衬垫云母板	5730	130	耐热性好，绝缘性好	适于作电器的衬垫绝缘，可用于湿热带地区
电绝缘纸板	50/50 100/100	90		在空气或油中作包扎或衬垫绝缘
电缆纸	DLZ-08 DLZ-12 DLZ-17	90		作层间绝缘
电话纸	DH-50 DH-75	90		
电容器纸	B-Ⅰ型 B-Ⅱ型	90		
薄页纸	特　号 一　号 二　号	90		

第三节　线圈制造工艺及设备

一、线圈绕制的工艺原则

1. 线圈的形状和骨架选型

线圈的形状主要取决于电磁铁铁心的结构与形状，按常规，直流电磁系统多采用圆柱形的线圈及其相对应的圆形骨架，交流电磁系统由于铁心由叠片铆压成为矩形截面，故其线圈形状及其骨架为矩形。

如果从结构工艺性考虑，圆柱形线圈具有绕制方便、均匀、填充系数高等优点。

绝大部分线圈都是有骨架的。有骨架线圈绕制方便，同时对线圈导线有保护作用。线圈骨架大多数是由塑料压制而成，适用于大量生产，如图 7－3a。也有的用塑料层压板粘合而成，它适用于小批量或试生产采用，如图 7－3b、c 所示。在某些特殊情况下，也有用金属做成的骨架，由于它的散热情况好，故多用于直流电磁铁。

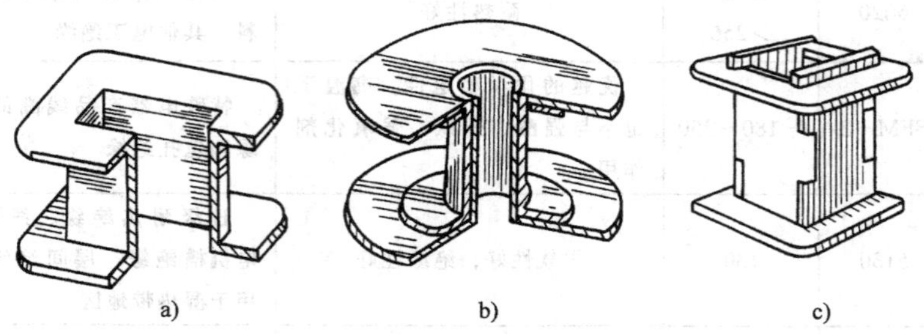

图 7－3　线圈骨架结构

a）塑料骨架　b）粘结骨架　c）组合式骨架

无骨架线圈是将导线绕在垫有内层绝缘的衬垫上，绕完后从模子上取下，包扎外层绝缘，并把引线固定好。这种线圈结构多用于直流电磁系统，它有利于用铁心传导散热，但是它的结构工艺性差。

骨架侧板上有出线槽时，可使边缘绕线平整，易于将线圈始、末端线引出，并有断线保护作用。小型线圈采用的较多。

2. 排线方式

当线径小于 0.5mm 时，可采用乱绕方式；当线径大于 0.5mm 时，宜采用排绕方式，这样可提高填充系数。

填充系数是指线圈截面中铜线的截面积与截面总面积之比。填充系数与许多因素有关，填充系数除了受线圈结构形式、导线直径 d 限制外，还与排线方式、层间绝缘厚度、绕线机的类别等工艺因素有关。图 7－4 所示说明了填充系数的 k 与导线直径 d 的关系，曲线 1 和 2 说明了不同类型绝缘导线对填充系数的影响。

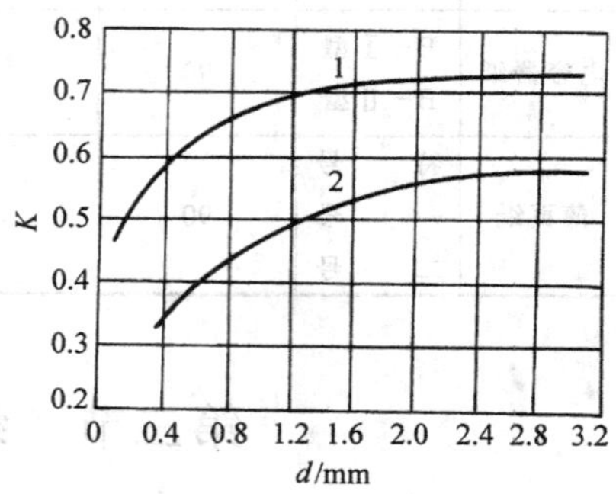

图 7－4　填充系数与导线直径的关系

1—漆包铜线　2—玻璃丝包线和双纱包线

3. 层间绝缘及浸漆处理

用普通漆包线绕制的线圈，一般要加层间绝缘或进行浸漆处理。而某些用于普通场合的线圈，若采用高强度漆包线，原则上可以不用层间绝缘或不进行浸漆处理，这样可省工，省料，降低了成本。

4. 绕线速度

绕线速度的选择应根据线径粗细而定。导线粗，绕速低；导线细，绕速高。直径在 0.06mm 以下的漆包线，一般控制在 8000～10000r/min 为宜。

5．引出线形式

线圈导线粗细适中时，可以直接引出；导线细时，要焊接专门的引出线引出，以防断线。线圈的引出线分为软引出和硬引出，软引出用能耐高温的电磁线，硬引出用铜质材料做的各种形状的接线端纽，选用软引线方式还是硬引线方式，要根据电器的要求而定。引出线的焊接与固定很重要，否则会造成松动或根部断线。

6．外层包扎

是否进行外层包扎，取决于电器结构及运行条件的要求。许多封装较好的小型继电器的线圈都不采用外层包扎，需要包扎时，以采用绝缘薄膜包扎为宜，最好采用有自粘性的塑料薄膜进行包扎。

7．耐热等级

所选用的各种绝缘材料，其耐热等级要相适应。要防止因某一种绝缘材料的耐热等级低而影响整个线圈耐热水平的情况出现。

8．绝缘及防霉处理

许多小功率线圈，如继电器线圈，可不用浸漆处理。而大部分电器的线圈都进行浸漆处理或简易的浸表面漆处理。对于湿热带使用的电器线圈，除了要选用三防型材料及要浸漆外，辅助材料还要进行防霉剂浸漆处理。

9．设备选用

导线较细，匝数较多的线圈，宜选用速度高的数量显自动或半自动绕线机；导线粗，匝数少的大线圈，宜选用转速慢，绕制力大的绕线机；如大电流线圈多选用车床式绕线机；环型线圈只能选用环型线圈绕线机绕制。

二、导线的焊接

1．去除绝缘层的方法

（1）对较粗导线，一般可用去漆皮机除掉表面绝缘层。如果用手工操作，则可用砂纸去除。

（2）对较细的导线，可用细砂纸去漆皮或用化学方法去除漆皮。化学方法的配方很多，现将两种脱漆药剂的配方及用法介绍如下：

1）苯酚 30％、氨水 70％，混合后装入烧杯中，加热到 90℃左右即可使用。把要去漆的线头浸入溶液保持 2～3min 后取出，用毛巾擦去漆皮即可。该溶液有些臭味，对皮肤有轻微烧伤作用，使用时要注意。

2）甲酸 40％、苯酚 6％、三氯甲烷 50％、石蜡 2％、有机玻璃粉 1％、乙基纤维素 1％，按上述顺序放入容器中，调成糊状即可使用。把要去漆的线头插入药剂中保持 4～5min 后取出，用毛巾擦去漆皮即可。这种药剂有腐蚀作用，应避免与皮肤接触，不用时要用容器封存。

2. 焊接方法

(1) 线圈硬引出线的焊接，如图 7－5 所示。硬引出线 3 是用铜板材冲制而成。线圈导线 1 将 3 缠绕数匝并在缠绕处均匀焊牢，清除掉助焊剂。

(2) 线圈软引出线的焊接，如图 7－6 所示。将线圈导线 1 去除漆皮部分全部绕在软引出线丝上后再多绕几匝，在焊接部位（焊头）4 处应光滑均匀，不要暴露导线的去漆部分，再对折玻璃丝漆布将焊接部位包严。

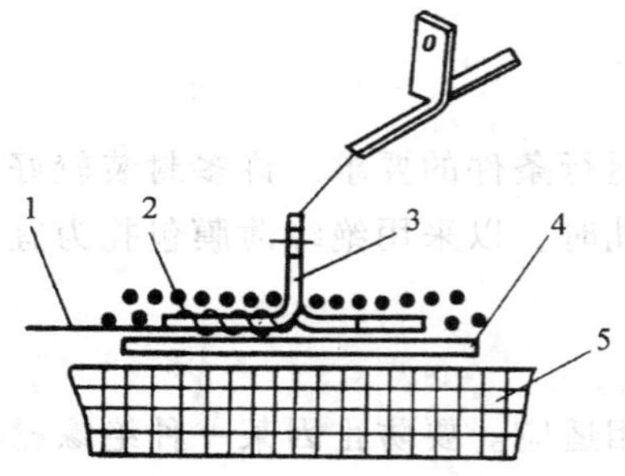

图 7－5 硬引出线的焊接方式

1—线圈导线 2—包扎线 3—硬引出线 4—玻璃丝漆布 5—线圈绕组

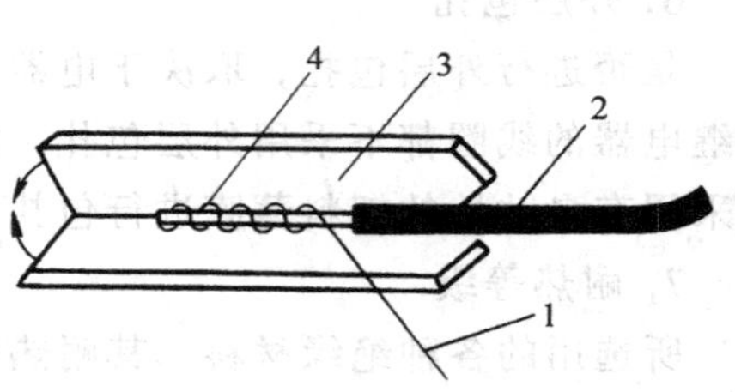

图 7－6 软引出线的焊接方式

1—漆包线 2—引出线 3—黄蜡绸 4—焊头

(3) 导线与导线的焊接，如图 7－7 所示。图 7－7a 适用于直径小于 1mm 的导线焊接，图 7－7b 适用于直径为 1～2mm 的导线焊接，导线直径大于 2mm 时，可参照图 7－7c 的方式焊接，导线的搭头形状可用锉刀锉成。

对于大电流线圈中的大扁铜带与大铜母线的焊接，通常采用的方法是火焰钎焊或炉中钎焊。

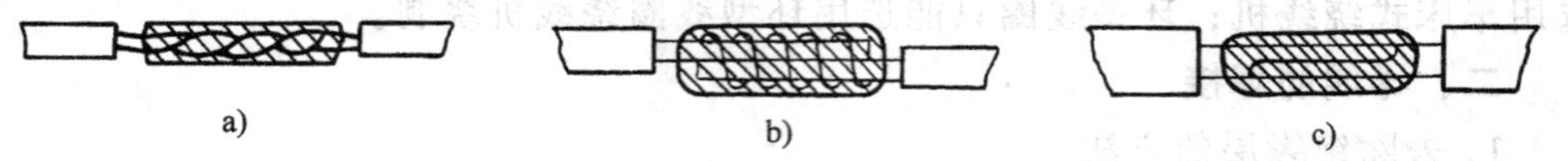

图 7－7 导线间的焊接

a) 较细导线 b) 较粗导线 c) 粗导线

三、线圈绕制工艺过程

1. 有骨架电磁线圈的绕制

(1) 准备工作 备齐各种材料、工具、调整检查好设备。

(2) 绕制过程 固定线圈骨架→调节好导线的拉紧力→包内层绝缘→焊内层引出线→绝缘并固定→开机绕线→焊外引出线，绝缘并固定→根据要求进行外层包扎。

(3) 绝缘浸漆处理 详见本章第四节。无浸漆要求的可直接进行包扎。

(4) 贴标牌 把印有线圈数据的醋酸纤维粘胶带包在最外层。这种方法省工省料，比包纸标牌再包透明薄膜的方法好得多。

(5) 焊导电片　焊引线导电片。

(6) 检验　详见本章第六节

调节拉紧力的原则是：拉紧力应保证绕组导线不松动。在此原则下，拉紧力以小为好。

2. 无骨架线圈的绕制

(1) 准备工作　备齐各种材料、工具，调整检查好设备，并做好骨架模芯。模芯的一般用料为铝、硬塑料、胶木板或木材。

(2) 绕制过程

1) 将绕线模芯及挡板固定在专用轴上，再将专用轴安装在绕线机转轴上；

2) 在模芯上包两层较厚的绝缘纸（一般用青壳纸或牛皮纸）；

3) 焊内引出线并绝缘，固定好；

4) 调节好导线拉紧力；

5) 开机绕线。纱包线不垫层间绝缘，漆包线层间要垫绝缘纸。绝缘纸适当宽一些，弯折后包上绝缘一、二匝。到最后15～20匝时停车，包一层电缆纸或牛皮纸，放上外引出线，再绕完剩余导线，将外引出线捆牢；

6) 焊外引出线并绝缘，固定好，再包一层牛皮纸，用粘接剂粘牢；

7) 取下线圈。如有变形，可用木榔头轻轻敲打整形。

(3) 包扎　线圈两端用青壳纸或牛皮纸粘一层，用玻璃丝带进行外部包扎。

(4) 浸漆处理　浸漆烘干后，涂表面漆。

(5) 装线圈标牌　将有线圈参数标牌贴好。

(6) 检验　按技术条件进行检验。

3. 电流线圈的绕制

小电流线圈的绕制方法与电磁线圈相同。用粗裸紫铜线绕制的大电流线圈，其绕制工艺过程如下：

(1) 下料　按线圈展开长度下料，并留有适当裕量。

(2) 调直　用调直机或手工调直。手工调直的工具为木质或黄铜榔头。

(3) 绕制　多在专用的车床式绕线机上绕制。若手工绕制，应在专用胎具上进行。

(4) 整形　通常是手工整形。

(5) 检验。

4. 环形线圈的绕制

通常要用专门的环形绕线机，按使用说明书进行绕制。

当环形铁心的内径较小时，只能手工绕制。手工绕制方法是将导线绕在预制的梭子上，在芯径内反复穿梭而完成绕制的。

环形线圈的绝缘、外引线、固定等方法，与前述方法大致相同，不再重述。

四、线圈绕制设备

在电器生产中采用的绕线要大致可分为两类，即普通绕线机和环形绕线机。按其手工操作的程度，又可分为手动、半自动和自动化绕线机。这里只对常用的几种绕线机类型作一简单介绍。

1．半自动绕线机

这类设备种类很多，通常是用直流电动机经过皮带轮、减速箱后给整机传动。绕线机工作台上有排线架、分线盒、放线架、主轴、抱闸、尾架、计数器等。工作台侧面有配电箱，工作台下面有脚踏开关和调速机构。图7－8为其中一种绕线机的排线机构示意图。

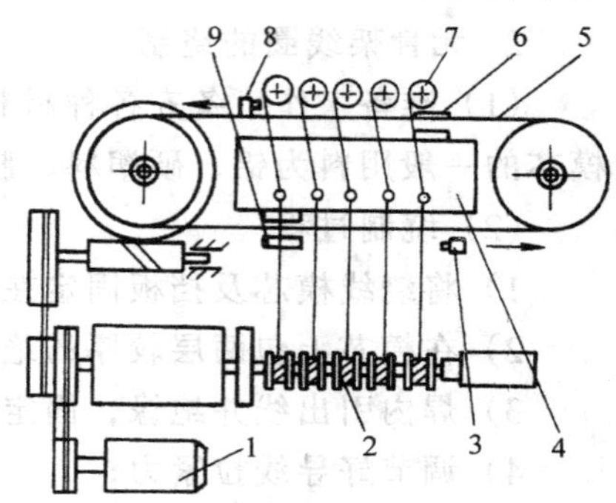

图7－8　半自动绕线机

1—直流电动机　2—绕制的线圈　3、8—行程开关　4—排线座　5—软钢带　6、9—电磁铁　7—漆包线轴

工作时，图中电磁铁9吸合，夹住软钢带5，带着排线座4向右移动。当碰着行程开关3时，电磁铁9释放，同时电磁铁6吸合，排线座4又跟着软钢带5向左移动。当碰到行程开关8时，又重复上述过程，这样就完成了自动排线功能。与此同时，绕线轴带动骨架按预定转速定向旋转，达到自动绕制线圈的目的。当绕到预定匝数时，步进式计数器的匝数指示销钉与带电接点的匝数预定点一接触，则电动抱闸机构立即刹车，同时也切断了电动机的电源使电动机停转，此时线圈绕制完成。

2．数显半自动绕线机

这类绕线机的种类很多，通常是用晶闸管元件对直流电动机进行无级调速的，对绕制的匝数用静态数字显示装置来显示（如用LED数码管显示）。其他部分与普通半自动绕线机大致相似，但它计数精确，灵敏度高，通常转速较高，绕制质量也较好。其最大的优点是操作者不需随时观看计数值，不需人工采取措施停车去控制匝数，因而减轻了操作人员的劳动强度。另一大特点是有预选慢速范围，提高了线圈匝数的准确性。

表7－8　两种数显半自动绕线机技术参数

主要技术参数	BD－8型	CD－83型
输入电压/V	～220	～220
功　　率/kW	1	1
绕线转速/$r \cdot min^{-1}$	0～3000	0～1500、0～3000两档

（续）

主要技术参数	BD－8 型	CD－83 型
绕制导线直径/mm	0.09～0.51	0.09～0.51
同时绕制线圈个数	5	5
绕制线圈最大半径/mm	65	65
排线最大宽度/mm	120	120
芯轴顶尖最大距离/mm	390	最大 390，最小 340
数显匝数计数范围	0～99999	0～99999
预选慢速范围/匝	0～99	0～99
外形尺寸/mm		1170×850×1517

表 7－8 给出了两种型号的数显半自动绕线机的主要技术参数。

3．车床式绕线机

这类设备类似于车床，故名之。适用的导线截面形状包括圆形、方形、长方形、异形等。它的绕制力较大，可以满足绕制大型线圈的各种要求。

通常床头有变速箱，改变床头挂轮，可使主轴获得几种转速。变速箱内装有两个电磁离合器，一个为传动主轴旋转用，另一个为准确停绕用。由于有限位开关、电磁离合器和机构的配合，使主轴可以在任何回转角度准确定位。为了获得绕制线圈的准确节距，在普通车床装刀架的部位，还装有带螺旋导程的绕头装置，调换不同节距的导向螺杆，即可获得相应的节距。绕头装置上设有开合螺母及偏心压紧轮，可方便地装卸导线头。设备可以正、反转，可以点动，使用方便。

4．环形绕线机

这是在环形铁心上绕制线圈的专用设备。如绕制磁放大器和小型变压器等线圈需要用环形绕线机。环形绕线机的传动机构和动作原理，如图 7－9 所示。

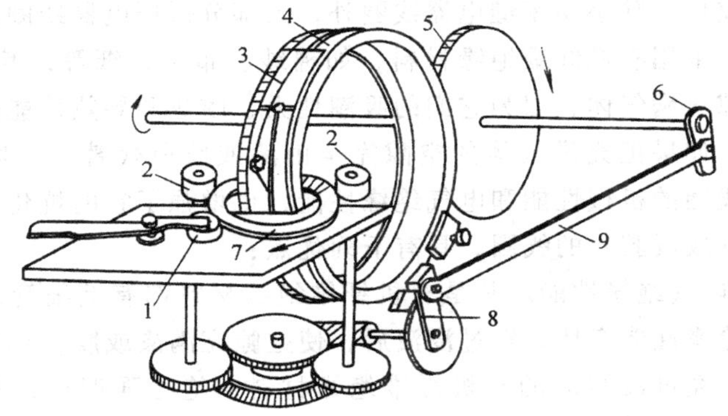

图 7－9 环形绕线机传动机构

1—手柄压紧轮 2—主动轮 3—导线 4—穿梭齿轮
5—传动轴齿轮 6—曲柄 7—环形导磁体 8—棘轮 9—杠杆

这种绕线机构用机构保证导线匝距均匀地绕在导磁体7上。导磁体7置于二主动轮2之间，并用压紧轮1压紧。

电动机拖动传动轴上的齿轮5旋转，带动齿轮4和曲柄6转动，曲柄6使杠杆9往返运动，并使棘轮8运动，通过它带动蜗杆和蜗轮转动，导致主动轮2和导磁体7有规律地转动。用曲柄装置6和棘轮机构8调节绕制导线的匝距。

5. 国外先进设备简介

国外的线圈制造设备是朝着高度自动化方向发展的，已经有多种全自动精密绕线机被引入国内应用，它们的共同特点是多工位、高速度、由微型计算机系统进行控制，整个绕制过程仅需极少的人工辅助操作，因此，极大地提高了生产效率，特别适合于大批量生产的场合。下面介绍三种国外设备。

（1）瑞典ASEA公司的BK/CM自动绕线机，采用数控程序系统，从套装线圈骨架、上料绕线、终端线头的焊接，到卸下线圈等工序全部自动进行。一台自动绕线机每小时可制作2000～2500个小型继电器线圈。

（2）德国BBC公司的STA02型半自动绕线机，为转盘式绕线机，转盘直径为1.5m，有12个工位，每个工位装有一台绕线机，共由一台电动机传动。转盘外围也相应有12个工位，部分工位上装有附加装置，供固定操作头对转盘工位上的工件加工之用。自动排线、数字显示、自控停机。这种绕线机可绕制较大型号的线圈。

（3）德国AEC公司的WESTA自动绕线机，有12个工位，有两个机械手操作，该机转速为8000～12000r/min，可调节。平均40s中绕制一个线圈。

第四节　线圈的绝缘处理

线圈绕制完后，除小功率继电器线圈外，大部分低压电器线圈，要进行浸漆处理。在绕制时采用有机纤维绝缘材料，如棉纱、布带、纸等，其耐热等级低；另外在匝间空隙充满气体，因为它们的吸潮性大、耐热和导热性能低，故形成绝缘的薄弱环节。如果把充满气体的空隙完全由漆或胶所代替，线圈形成一个整体，就能提高线圈的机械性能和电气绝缘性能，也增强了它的抗化学侵蚀性能。

经过浸漆（或浸胶）的线圈，具有下列优点：

1）提高了电气绝缘性能。凡是有机纤维绝缘材料都有毛细管，它易贮藏和吸收水分，使绝缘性能变坏。经过浸渍后，使空隙充满漆或胶，也使绝缘材料密实。经验证明，经过浸渍后的有机纤维绝缘材料，绝缘强度可以提高约8～10倍。

2）提高了耐潮性能。经过浸渍后的线圈，如果浸渍的是无溶剂漆，可以排除空气，根绝了吸收潮气的条件；如果浸的是有溶剂漆，也可提高防潮性能。

3）增强了耐热性能和提高了导热率。一般棉质纤维在80～90℃的温度下长期工作，就会老化，其绝缘性能和机械性能相应下降。经过了浸漆，耐热性能显著改善；另一方面，也由于空隙中充满了漆或胶，改善了热的传导性能。

4）增强了机械强度和防止匝间短路。由于浸渍后的线圈层匝间都牢固地结合成一个整体，更能经受住机械振动和电动力的作用，也不致由此引起匝间摩擦而造成短路。

5）提高了化学稳定性能。经过浸漆和表面涂漆后的线圈，耐化学侵蚀的能力有了很大提高，也由于表面光滑，可以减少尘埃的堆积和吸收潮气。

此外，用于湿热带电器的线圈，在漆中加入防霉剂，经过防霉处理工艺，使线圈具有耐霉性能。

线圈浸渍时常用的绝缘漆见表5－1，表面覆盖的磁漆见表7－9。

表7－9　常用绝缘覆盖漆

名　称	型　号	耐热等级	干燥类型	主要特点及用途
沥青漆	1211	A	烘干	具有良好的耐潮湿和耐温度变化性能，适用于普通地区电器线圈覆盖
灰磁漆	1320	B	烘干	漆膜坚韧，耐潮和绝缘性能一般，有一定耐弧性能，适用于普通地区
环氧灰磁漆	H31－4（化工部标准）	B	气干	耐潮性，绝缘性能良好，漆膜有较强的耐冲击性能，耐霉性好，适用于湿热带和化工用电器
气干环氧灰磁漆	H31－2（化工部标准）	B	气干	性能较H31－4稍差，唯可常温干燥。适用于湿热带和化工用电器，不宜高温烘焙的线圈覆盖
有机硅磁漆	1350	H	烘干	耐热性高、耐潮性，耐冲击性和绝缘性能良好、耐霉性一般，适用于高温电器

线圈浸漆主要由三个过程组成，即预烘、浸漆和干燥。下面就每个过程的作用和目的作必要的说明。

一、预烘

预烘的目的就是把绝缘和空气中的潮气除掉。要把潮气完全除去不是一件轻而易举的事情，这就需要一定的温度和时间，有些甚至需要采用一些特殊的方法，例如抽真空、循环通风才能达到。去潮的本质就是将水分蒸发出去，因此，为了缩短预烘时间，可以将温度提的稍微高些，但是温度过高会降低绝缘材料的寿命。一般采用的预烘温度为110～120℃（在正常压力下）；若在真空烘箱中预烘，预烘温度可以适当降低，温度一般在80～110℃的范围内。预烘温度的选择要与绝缘材料的耐热等级联系起来，例如，A级绝缘预烘最高温度不应超过

130℃。

预烘都放在烘箱内加热干燥，烘箱有以下几种：

（1）空气自然循环烘箱　可采用蒸气加热或电加热的方法。它的缺点是箱内温度不均匀，但是设备简单，故常用之。

（2）强迫空气循环烘箱　可采用蒸气加热或电加热的方法。它的优点是箱内温度均匀，由于空气流速大，可以及时把潮气迅速排除。这种设备比较简单，控制也较方便，应用很广泛。

（3）真空烘箱　由于箱内的潮气不断抽出，气压低，潮气也易排出，采用这种方法可以比较彻底地把线圈潮气除掉，而且可以在较低的温度下进行，可以减少有机绝缘材料的热损伤。缺点是设备费用昂贵，使用受到限制。

预烘的时间通过试验来确定，主要决定于绝缘电阻是否达到了规定的标准，也与预烘的方法有关。一般在强迫空气循环的烘箱内，大约需要 2h，绝缘电阻也不再增加。如图 7－10 说明了预烘温度、绝缘电阻与时间的关系，图中 θ 表示预烘温度，R 代表绝缘电阻，t 是时间，t_q 为预烘时间。

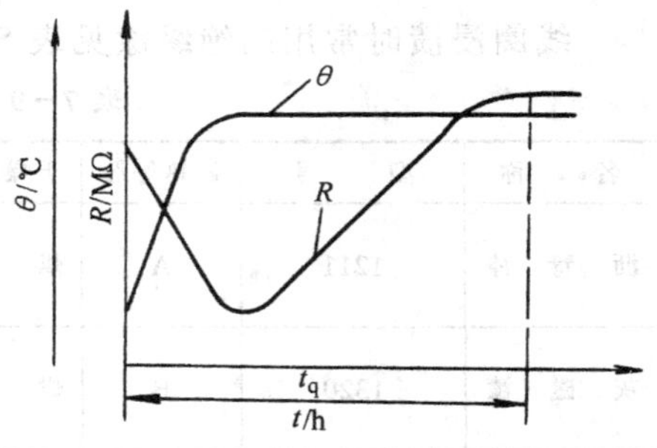

图 7－10　预烘温度（θ）、绝缘电阻（R）与预烘时间（t）的关系

为了使线圈内的水分易于蒸发，预烘温度要逐步增加，使热量渐渐从外部进入线圈内部，内部水分才易于蒸发出来。否则，骤然加热使线圈表面水分开始蒸发，表面层蒸气压力大，水分不易从内部排出。

从图 7－10 的曲线可以看出，预烘温度开始升高时，由于潮气都向表面渗透，绝缘电阻反而急剧下降；当温度逐渐达到最高值时，绝缘电阻也降到最低点；过了这一点后，线圈水分迅速被蒸发，绝缘电阻也开始回升；以后水分越来越少，绝缘电阻也就逐步上升，一直达到蒸发力与表面张力平衡，无法再使水分蒸发时，绝缘电阻也就达到了稳定值而不再增加。再延长 1.1～1.2 倍时间，预烘过程就可以结束了。

二、浸漆

浸漆前先将漆基放于稀释剂内溶解，使绝缘漆的粘度调至 4 号粘杯 25～40s（在 20℃时）。稀释剂有甲苯、松节油等，稀释剂的选择应根据绝缘漆和漆包线漆层的性质而定。例如，甲苯对油基性漆有溶解作用，此时采用松节油更合适。除此之外，在漆内还加入辅助性材料，例如，干燥剂（缩短干燥时间）、增韧剂（增加漆质的弹性和韧性）、稳定剂、防霉剂（用于湿热带的产品）。

浸漆的方式有：热浸法、加压浸漆和真空加压浸漆法。

(1) 热浸法　当预烘后的线圈温度降至60～80℃时，趁热沉入漆液内，使漆液高出线圈约100mm左右，漆液渗入线圈，并把线圈内气体排出，直到停止冒出气泡时，即可取出。沉浸时的温度不宜太高也不宜太低，温度过高时会引起表面漆过早结成膜，使内部溶剂不易挥发出来；温度过低时（低于50℃时），降低了漆的渗透能力，浸漆后的线圈也易吸收水分，降低了预烘的效果，对匝数多的线圈效果则不好。为了提高浸漆质量，可以采用多次浸漆法（2～5次），漆的粘度应当是逐次提高。浸渍次数对绝缘性能的影响，可以从图7-11中看出，浸渍次数多，潮气不易侵入，耐潮性能有了很大提高。图中 R 代表绝缘电阻，t 表示在潮气中放置的时间，单位以日计。

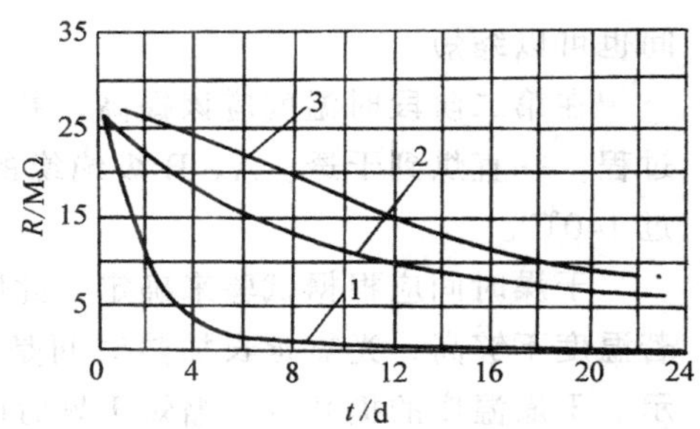

图7-11　浸渍次数对绝缘电阻影响
1—1次浸渍　2—2次浸渍　3—3次浸渍

(2) 加压浸漆　亦称压力浸漆。它比热浸法时间短，质量高，主要是由于增强了漆的渗透能力，浸的较透。需要采用圆形金属容器，要求耐受490～980kPa压力，浸漆时将容器密封。

浸漆过程是：将预烘后的线圈，温度保持在50～60℃时沉入盛有漆的浸漆圆罐内，用泵加压300～700kPa保持3～5min后，降低压力3～5min；再加压，而后又降压，如此重复3～5次，最后解除压力，取出线圈，滴干1～2h，擦去表面多余的漆，即可烘干。

(3) 真空压力浸漆　亦称真空加压浸漆。它的主要优点是，浸渍质量很高，容易浸透，可以使线圈的吸潮能力降至最小限度。缺点是设备较复杂。真空压力浸漆设备，如图5-1所示。

真空压力浸渍工艺过程：参看第五章第三节。

三、烘干

浸漆后的烘干比预热时更为复杂，在烘干过程中不仅有物理过程（即稀释剂的挥发），同时还有化学反应过程。溶剂不仅可以做为稀释之用，而且由于干燥时它从内部挥发会形成毛细孔，能使空气进入漆的内部，因而加速了内部的氧化过程。这样看来，干燥实际上可分两个阶段，第一阶段是溶剂的挥发，第二阶段则是漆膜的氧化聚缩的过程。

在第一阶段的温度应该低一些，一般为70～80℃，以保证漆中的溶剂挥发。若温度过高，会使大量的漆挥发，造成流漆现象，同时还会在绝缘表面形成硬膜从而阻止溶剂从内部挥发。此阶段的时间应视溶剂挥发而定，一般约需1～3h。溶剂挥发过程，如果采用真空干燥，可以使挥发更为彻底，温度亦可以降低，时间也可以缩短。

在第二阶段时温度应该提高，并放在热风循环炉内，以加速漆基的氧化聚缩过程，一直烘到干透。A、B级绝缘的烘干温度一般为120℃左右，最高不许超过140℃。

干燥时间应根据试验来确定，此阶段主要根据绝缘电阻是否达到要求而定。若温度不够高，光靠延长加热时间是不解决问题的，如图7－12和图7－13所示。干燥温度的提高可以缩短干燥时间。干燥时间长也不见得有利，可能使漆膜破裂，反而对电气绝缘强度不利。

图7－14中，E是指电气绝缘强度，单位为kV/cm，t代表干燥时间，单位为h。

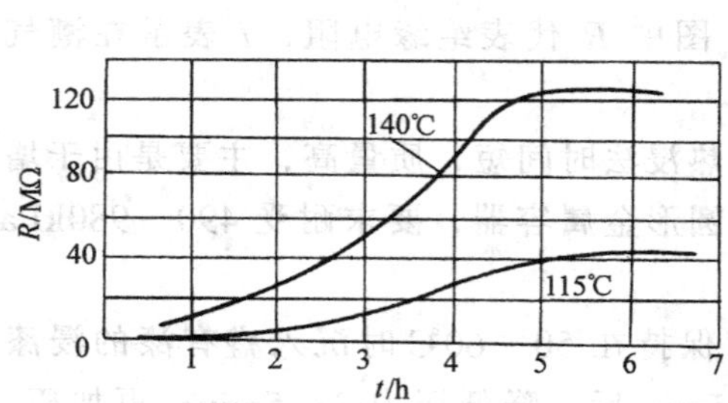

图7－12　干燥时间和温度对绝缘电阻影响

R—绝缘电阻　t—干燥时间

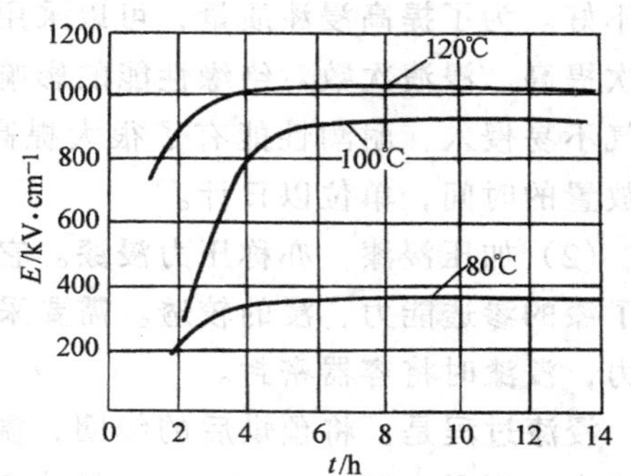

图7－13　干燥温度、时间对绝缘性能影响

四、防霉处理

湿热环境下使用的电器产品线圈，应选用具有耐霉性的绝缘材料。所采用的材料的耐霉性能尚不能满足具体要求时，则需要对材料进行防霉处理。其处理工艺如下：

(1) 例如在三聚氰胺醇酸漆基中加入定量的防霉剂二氯苯骈　唑酮（2%），以粉末状态直接加入；

(2) 将定量的防霉剂用适量溶剂溶解，搅拌均匀后调入漆液中；

(3) 制成的防霉漆不应有混浊、沉淀、结块等现象。每次使用时应将防霉漆搅拌均匀。

近年来，随着电气新材料、新技术的发展，线圈绝缘处理不断采用新的工艺，如浸渍无溶剂漆（胶）在固化成膜时没有溶剂挥发，故可提高绝缘性，改善劳动强度和减少环境污染。又如线圈经环氧树酯浇注处理后，成为一个牢固的封装绝缘体，其电气性能、机械强度，尤其是防潮性能均优于真空压力浸漆。

第五节　线圈制造常见毛病及解决办法

如前所述，线圈是电磁系统的核心部分。线圈品质指标直接影响着电器的性能指标和可靠工作。有许多线圈所发生的问题，常常是因为线圈绕制过程品质控制不严造成的。本节就常见的线圈毛病及解决办法做一些简单说明。

一、线圈制造中常见毛病

1．短路

线圈中存在短路现象时，轻则引起电磁系统不能正常工作，且线圈发热严重，重则会造成线圈立即烧毁。

引起短路的原因大概有以下几方面：

(1) 漆包线质量不好、耐刮性不合格，针孔过多，绕制中漆皮损坏而造成短路；

(2) 绕制时拉力太大，断头次数多，漆皮受损而出现裂纹。当时不易发现，在以后使用过程中会出现短路而烧毁现象；

(3) 导线夹太紧和不光滑，漆包线通过此夹时，漆皮受擦损伤；

(4) 引出线和漆包线焊接处绝缘层未包好；或焊点有毛刺破坏绝缘层；或接头处压得不紧，在工作中因振动而磨破绝缘层而造成短路故障；

(5) 绕制太松，导线在工作过程中受电动力或机械力的作用而相互摩擦，漆皮磨损。

2．断路

线圈中有断路现象存在时，电流不能流通，电磁系统当然不能工作。

常见断路原因有：

(1) 引出线与漆包线焊接点松动，工作中因受力振动疲劳而断开；

(2) 绕制过紧，再因受热膨胀和其他力的作用，使导线被拉断；

(3) 因引出线与漆包线接头处焊药未清理干净，工作过程中形成电化学腐蚀而断线。

3．匝数超差

常见原因有：

(1) 手摇绕线机计数机构失灵；

(2) 自动绕线机计数器或控制匝数机构失灵，使计数不准；

(3) 测匝仪有毛病，读数不准确；

(4) 断线次数多也会产生匝数超差现象。

4．骨架断裂

常见的是有些绕制过紧，骨架受挤压力过大而破裂；或因骨架设计不合理，个别地方壁太薄；或因平面相交处有尖角，造成应力集中而断裂；或因材料选用不合理；或因在制造、运输、转工序过程中磕碰；或因绕圈烘干工序中温度控制不当等原因而使骨架损坏。

5. 线圈在使用中烧毁

多数是因为导线匝间短路，局部过热使绝缘材料烧毁而引起。

二、解决办法

前面已就线圈在制造过程中常见的毛病和引起的原因作了说明。线圈的制造过程中发生问题时，首先应仔细检查工艺过程，认真分析原因，找出原因，然后采取措施加以解决。要消除线圈的各种毛病，必须在线圈的制造过程中严格按工艺规程操作，特别要注意加强各道工序的检验，以便及时发现问题、解决问题。

第六节　线圈质量检测

一、线圈的技术要求

电器的品种繁多，使用条件和制造工艺不尽相同，因此对于线圈的技术要求也不全都相同。通用的技术要求一般包括如下几个方面：

(1) 外观要求　外观应平整、清洁、美观。引出线的粗细、颜色应与设计相符，无要求时内外引出线的颜色应一致，且引出线要牢固固定。线圈的标牌要端正、牢固；字迹要清晰、规范。一般应标明代号、导线型号、线径、匝数、阻值及额定电压和额定电流。

(2) 外型尺寸　外型尺寸要符合公差要求，特别是安装尺寸不得超差。

(3) 材料使用　各种用料的型号、规格参数均符合设计要求，不得错用或随意代用。

(4) 技术参数　技术参数包括线径、匝数、电阻值等均应符合技术条件的要求。

(5) 性能要求　性能要求包括抗电强度、耐潮及防霉性能等均应符合相关的规定。

(6) 绝缘处理　绝缘浸漆的线圈，要保证浸透和烘干。

(7) 其他　如温升超标、匝间短路等均不得产生，特别是交流线圈的匝间短路，一旦漏检，在使用中就可能造成电器损坏的后果。

不论是何种电器产品，都应有相应的国家标准、专业标准、企业标准或企业内控标准。这些相标的相关原则是：下级标准对技术规范的要求应高（严）于上级标准，以企业内控标准为最严格，因此，执行好内控标准是保证产品质量的重要环节。

二、线圈的检验

为了保证线圈的质量标准，完成了绕制和浸漆等主要工序后，根据技术要求对每个线圈进行检测。

1．外观和外形尺寸的检验

用观察的方法进行外观检验；一般用长度计量器具进行外形尺寸的检验。二者均应符合相应的标准要求。

2．电阻值的检测

小于 1Ω 的电阻，通常用双臂电桥（凯尔文电桥）测量；这种电桥能消除接线电阻和接触电阻的影响；1～10^6Ω 的电阻，通常用单臂电桥（惠斯顿电桥）测量。

一般在常温下实测即可，要求严格时，要进行阻值换算。通常标准中所规定的是 20℃ 时的阻值。设 R_x 的环境温度为 T 时的实测值，R 为 20℃ 时的电阻，k 为修正系数，则换算公式为：$R_x = kR$。k 值列于表 7－10 中。

表 7－10　*k* 值与温度对应关系

T/℃	k	T/℃	k	T/℃	k	T/℃	k	T/℃	k
0	0.922	9	0.957	18	0.992	27	1.027	36	1.064
1	0.925	10	0.961	19	0.996	28	1.031	37	1.068
2	0.929	11	0.965	20	1	29	1.035	38	1.071
3	0.933	12	0.969	21	1.004	30	1.039	39	1.075
4	0.937	13	0.973	22	1.008	31	1.043	40	1.079
5	0.941	14	0.976	23	1.011	32	1.047		
6	0.945	15	0.980	24	1.015	33	1.051		
7	0.949	16	0.984	25	1.019	34	1.055		
8	0.953	17	0.988	26	1.023	35	1.059		

3．短路测试

判断线圈是否有匝间短路，对交流绕组十分重要。有多种专用测试仪器可以用于匝间短路的检测。图 7－14 示出了一种短路测试仪的原理。它由振荡器、T 形测量铁心、放大器和指示器组成。工作时，电振荡器对中心柱上的励磁线圈 W_0 提供励磁电流，在铁心两边平衡线圈 W_1 和 W_2 中感应出大小相等的电动势 e_1 和 e_2，对 e_1、e_2 全波整流后形成脉动的 e'_1 和 e'_2，并送入差动放大器。正常情况下，e'_1 和 e'_2 大小相等，相位相同，故差动放大器无输出信号，指示器指针无偏转。当被测线图 W_x 套入测量铁心某一端时，若 W_x 存在匝间短路，则会由于短路匝内产生的感

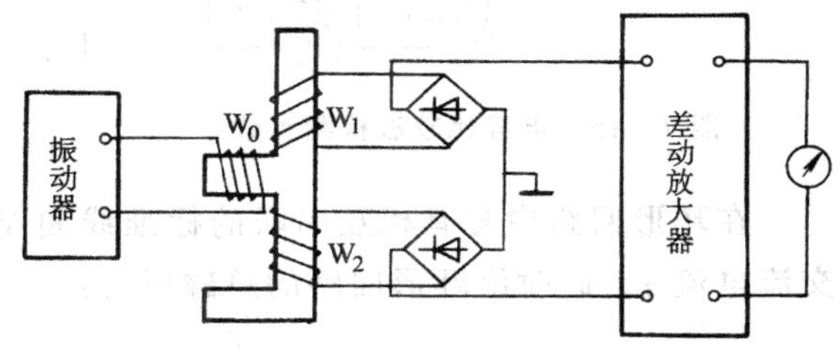

图 7－14　短路测试原理图

应电流，将磁路磁通的平衡破坏，使 e'_1 和 e'_2 不再相等，两者的差值 $\Delta e'$ 使差动放大器产生输出信号，驱动指示器指针偏转，以表明被测线圈存在的匝间短路。

要注意的是：测试受潮后绝缘电阻降低的线圈时会有类似于匝间短路的反应。遇此种情况时，可将线圈烘干后重测，则可将两种情况予以区别。

该测试仪器采用阻容式振荡器。

4. 匝数测试

线圈匝数测量一般是用已知标准线圈作比较来测量被测线圈。比较法有两种：①比较两个线圈中由相同的磁通量变化感应出来的电动势，称为“电势比较法”；②比较通过同样大小电流时两个线圈产生的磁通势（亦称磁压）称为“磁势（压）比较法”或“磁压法”。

（1）电势比较法　它的测试原理如图 7－15 所示。

闭合 S1、S2、S3。标准线圈 W_s 与被测线圈 W_x 在同一铁心磁场内反向串联，因此它们产生方向相反的感应电动势。显然，当 W_s 与 W_x 匝数相等时检流计 P 中将无电流指示。根据这一原理，可以逐级调节 W_s，直到 P 中无电流，此时 W_x 的读数也即 W_x 的匝数。

（2）磁势比较法　它的测试原理如图 7－16 所示。现在许多电器厂采用的 YG－2 型线圈匝数测量仪都是用磁压法原理制成的。该仪器主要由振荡器、指示器、标准线圈及环形指示感应线圈等组成。

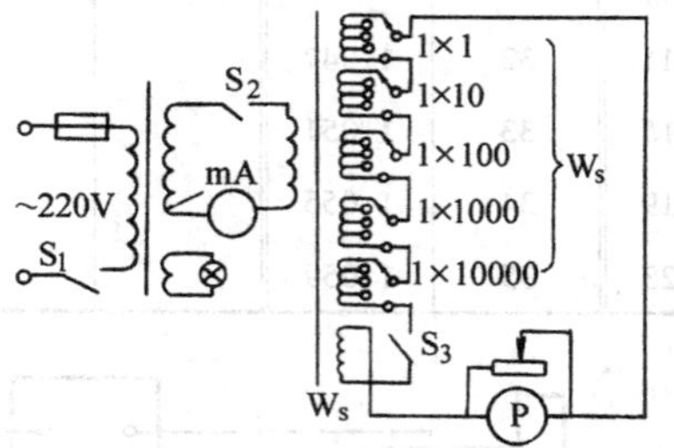

图 7－15　电势比较法检测匝数

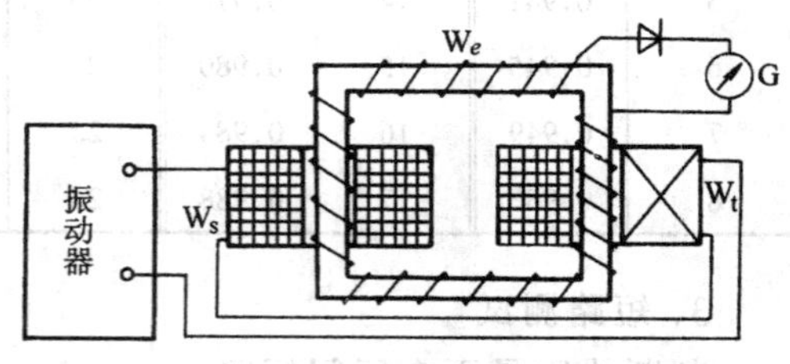

图 7－16　磁势比较法检测匝数

在环形回路中套有相互串联的标准线圈 W_s 和被测线圈 W_x，由振荡器供给交流电流 i，此时沿环形回路的总磁压为：

$$u_m = \oint Hl\,dl = (N_s + N_x)I$$

式中　N_s——线圈 W_s 相对应的匝数；

N_x——线圈 W_x 的匝数；

l——环形回路的总平均长度。

如果把 W_s 与 W_x 反向串联，并变换 W_s 的匝数 N_s，一直到 $N_s = N_x$ 时，使 W_x 所产生的磁通势与 W_s 所产生的磁通势互相抵消，使总磁通势，即磁压 u_m 为

零，则沿环形回路总磁压为

$$u_m = \oint Hl \mathrm{d}l = (N_s - N_x)i = 0$$

该仪器测量的匝数范围在1～2110匝，被测线圈的几何尺寸是：内径大于10mm，高小于60mm。

采用上述两种原理的仪器都有多种，铁心构成都是闭合的，但是可以方便地打开，以便放入和取出被测线圈。

5. 绝缘性能测试

线圈的绝缘性能是一项重要指标，绝缘性能差的电器，不仅影响电器的正常工作，还可能危及电器使用者的人身安全，各种电器产品在出厂试验中必须进行绝缘试验，以检查电器的绝缘性能。通常，线圈的绝缘试验是通过测量绝缘电阻和抗电强度来检查电器线圈的绝缘材料及其结构的绝缘性能。

（1）绝缘电阻检验　任何绝缘材料都不可能做到绝对绝缘，其中总是或多或少存在一些自由电荷，这些电荷在一定的电压下会由电介质中分离出来而形成泄漏电流。泄漏电流的大小，反映了绝缘材料的绝缘电阻的大小，绝缘电阻越大，标志着绝缘材料对电的绝缘能力越强。绝缘材料即使在很高的电压作用下，也只能通过极少量的泄漏电流，所以绝缘电阻值通常以兆欧（$10^6\Omega$）为测量单位。

用来测量绝缘电阻的仪器称为兆欧表，亦称摇表。兆欧表有不同的额定电压等级，所谓兆欧表的额定电压是指手摇直流发电机在额定转速（约120r/min）下输出的电压值。选用兆欧表时应注意，其额定电压不应超过被测电器的抗电强度电压值，以免造成击穿；同时还要考虑兆欧表的测量范围应满足要求。定型产品的技术标准中，在规定绝缘电阻的同时，也规定了测试用兆欧表的额定电压等级。兆欧表的电压等级是根据被测产品的额定电压来确定的。见表7-11。

表7-11　兆欧表相应电压值

被试产品的额定电压/V	兆欧表的电压等级/V
≤48	250
＞48～500	500
＞500～1000	1000

在测量时，要把兆欧表放平稳，摇动手柄时尽量不使指针摆动，以免造成测量误差。另外，绝缘电阻的数值与通电时间有关，这是因为在测量绝缘电阻时，两电极间夹着绝缘材料，具有电容充电和放电的效能。当开始加压时，除有泄漏电流通过外，还有电容的充电电流（吸收电流），因而电流较大，绝缘电阻值较低。过一段时间后，电容充电结束，这时只有泄漏电流存在，因而绝缘电阻升高。这种现象叫做绝缘体的吸收特性。通过绝缘体的电流与加压时间的关系，如图7-17所示。i_2表示吸收电流，它是随时间而衰减的，i_1表示泄漏电流。测

量时，应经过1min后，读出仪器指针稳定后的数值。

(2) 抗电强度检验(耐压试验) 抗电强度表明了绝缘材料所能承受电压的能力，并与环境温度、湿度、测试时间、电源波形和频率有关。无特殊要求时，可在常温常湿条件下进行测试，施加的电压为工频正弦电压（有效值），测试电压是根据电器主要电路的额定绝缘电压而确定的，见表7－12。

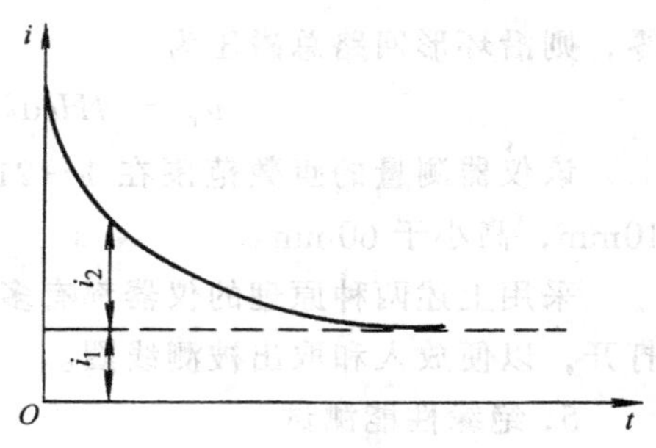

图7－17 吸收电流和泄漏电流

表7－12 测试电压与绝缘电压关系

主电路额定绝缘电压 U_i/V	工频耐压试验电压值交流有效值/V
$U_i \leqslant 60$	1000
$60 < U_i \leqslant 300$	2000
$300 < U_i \leqslant 660$	2500
$660 < U_i \leqslant 800$	3000
$800 < U_i \leqslant 1000$	3500
$1000 < U_i \leqslant 1200$	4200
$1200 < U_i \leqslant 1500$（仅限直流）	5000

对试验用变压器的要求是：每1000V试验电压，变压器容量应不小于0.5kVA；且其最小容量不应小于0.5kVA。

绝缘材料击穿时，表现为击穿点由电介质突然变为导体，导致电流的聚增。各种检测仪器都是利用电流聚增特征来判断绝缘是否被击穿的。专用检测仪器品种繁多，功能大同小异。

绝缘材料承受电压的时间越短，所能承受的电压越高。表7－12所列试验的时间条件是1min，电器制造厂家为了提高生产效率，常把试验时间缩短为1s，而把试验电压提高25%。这两种试验方法的结果基本等效。

试验变压器的电感很大，为了防止感性过电压造成的不应有的绝缘击穿，标准中规定，试验时应从小于试验电压的一半开始逐渐升高电压。且应从达到规定试验电压时算起，到降低电压时为止。

在试验中，可能出现虽未击穿但有闪络出现的情况。出现闪络是否构成不合格的判据，要根据产品的要求而定。有些产品，特别是含有电子元器件的产品，是不允许出现闪络的，因为闪络是瞬间高电压发生的标志，瞬间高电压极易损坏敏感的电子元器件。

通常，抗电强度的检测部位为：无电气连接的两回路之间，如两绕组之间；导电回路与地之间。所谓“地”是指电器安装时与地或设备外壳连接的导电体或绝缘体。因此，有些情况下线圈的抗电强度检验需要在产品组装完毕后进行。

6. 线圈温升测试

线圈的温升指的是线圈温度与周围介质温度之差，是衡量线圈设计及散热性能的指标，允许温升应与环境温度和绝缘材料的耐热等级相对应。在规定的环境温度下，若温升过高，则可破坏电器的绝缘或降低电器寿命，不可忽视。

由于沿线圈厚度的温度分布不均，内部温度高，外侧温度低（散热情况好），不易测得准确数据，因此，一般都用电阻法测定线圈的平均温升。

电阻法是根据金属导线的电阻值随温度的增高而增大的特性，来间接确定线圈温升的方法。当采用电桥测量线圈的冷态电阻 R_1 和热态电阻 R_2 后，再按下式计算出线圈的平均温升 τ。

$$\begin{aligned}\tau &= \theta_2 - \theta_{02}\\ &= \frac{R_2 - R_1}{R_1}\left(\frac{1}{\alpha} + \theta_{01}\right) + (\theta_{01} - \theta_{02})\end{aligned}$$

式中 θ_2——线圈在热态时的平均温度，单位为℃；

θ_{01}——测量线圈冷态电阻时的环境温度，单位为℃；

θ_{02}——测量线圈热态电阻时的环境温度，单位为℃；

α——0℃时线圈导线材料的电阻温度系数，紫铜的 $\alpha = 1/234$，铝的 $\alpha = 1/245$。

电器上的电流线圈，特别是大电流线圈，导线粗、匝数少、电阻值很小，用电阻法测量不准确，通常是用热电偶、电位差计的方法测量。把热电偶的测量头直接粘贴在测温部位，也可同时测几个点，取其平均值。要注意，应使热电偶冷端的温度等于环境温度。

如果线圈电阻不能在热稳定时直接测量，因线圈在产品上通电，只能在断电后测量，或不能在断电后立即测量，则应在断电后经过几个相同的时间间隔，测出各对应时刻的电阻，换算成温升，得到一段冷却曲线，再由外推法来间接确定线圈热稳定时的最大温升。这种方法已为大家所熟悉，在此不多做介绍。现在可以用计算机进行对试验数据的处理，用最小二乘法的原理求出冷却曲线的温升表达式，进而求得线圈的最大温升。

7. 浸漆质量检验

(1) 外观检验　经浸漆处理后的线圈表面应光洁平整，不应有气泡和漆瘤等缺陷。引出线外皮不能有裂纹，不应当变硬发脆。

(2) 性能检验　经浸漆处理后的线圈不应有短路和断路。可分别用短路测试仪和万用表测量。

(3) 抽样解剖　抽样解剖主要是检查浸漆、烘干情况。线圈内应完全浸透漆和胶，且固成一个整体，还应达到基本干燥，以不粘手为合格。当改变工艺或材料时，对首批产品应进行抽样解剖检验。

8．湿热带型线圈的检验

对湿热带型线圈，还应增加耐热、防霉性能的检验，具体检验方法及合格判断标准要按照有关的技术条件的规定执行。

最后指出，上述检验项目，有些属于100％检验的项目，如外观、电阻值、匝数、匝间短路、抗电强度等；有些则属于抽检式型式检验的项目，如绝缘电阻、温升、浸漆线圈的解剖及耐热防潮性能等。制造厂还可以根据质量保证的要求，制定其他检验项目。

第八章　电器触头及连接工艺

第一节　概　　述

焊接是广泛应用的加工工艺方法。占钢产量 60％左右的钢材是经各种形式的焊接而后投入使用。借助焊接可以连接同种金属、异种金属、某些烧结陶瓷合金以及某些非金属材料。

焊接结合是由于在被焊材料之间建立了原子或分子间的联系而实现的，在多数情况下焊接接头能达到与母材等强度。

各种类型的焊接工艺方法都是为适应生产的需要而发展起来的。随着现代科学技术的发展,新的焊接工艺方法不断出现,现有的方法也取得了新的改进和应用。

电器区别于其他机械装置的主要特征是以其整体结构中包含有一定数量的金属导电零件，以构成电流导通的回路，完成电器规定的各种相应的功能。众所周知，任何两个导电零件通过机械连接方式互相接触而实现导电的现象称为电接触现象。尽管电接触的具体结构形式多种多样，但一般可分为固定接触和可动接触两种类型。触头是由静触头和动触头形成的机械式的可动接触，是有触点电器的主要特征，它对电器的整体结构和尺寸有着决定性的影响，各类电器的关键性能，如断路器的分断能力、控制电器的电寿命等指标，都取决于触点工作的性能和质量。

选择不同的工艺方案要根据触头的结构、被选用材料的性能、供应材料的形式，如板材、线材等等因素来考虑。因此需要了解电器触头的接触形式、主要参数、电接触材料性能及工艺对材料性能的影响。

一、触头的接触形式和主要参数

触头的接触形式有面接触、线接触和点接触三种，如图 8－1 所示。点接触在接触处平均压强比较大，容易破坏接触表面上的污染物形成的膜，但是散热面和热容量比较小，所以触点压力较小的电信系统用机电元件，常用点接触的形式；面接触在接触处即视在接触面的平均压强比较小，但是它的散热面和热容量大，触头压力大的大电流触头多采用这种接触形式。线接触的性能介于点接触和面接触之间。

在制造触头组件的零件、部件和装配过程中，除了满足它们的外形尺寸之外，还应保证触头的四个主要的结构参数达到技术要求。

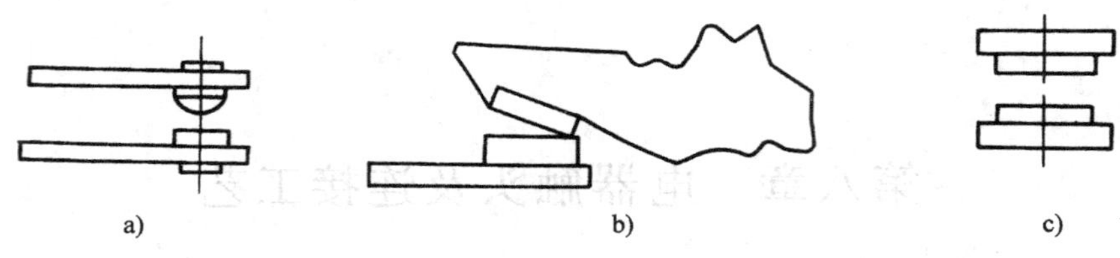

图 8－1　触头的接触形式

a）点接触　b）线接触　c）面接触

开距是触头处于断开状态时，动、静触头之间的最短距离。其值是由它能否耐受电路中可能出现的过电压，以及能否保证顺利熄灭电弧来决定的。

超行程是指触头完全处于闭合位置后，如果将静触头拿开时，动触头所能移开的距离。其值取决于触头在使用期内遭到的电侵蚀。超行程是用来保证触头磨损以后仍能可靠地接触，即保证触头压力的最小值。

触头初压力是当动触头与静触头刚闭合时作用于触头上的正压力。其值可以由触头弹簧的预压缩量来保证。增大初压力可以降低触头闭合过程引起的机械振动（弹跳），以及减少触头熔焊等故障。

触头终压力是当动触头与静触头闭合终了时，作用于触头上的正压力。其值是由触头弹簧的最终压缩量所决定。此压力应使触头处于闭合状态时接触电阻低而稳定。

触头在接通、分断和控制电路的过程中，由于遭受机械、化学、热和电的一系列破坏作用，使触头变形或烧损，这种现象称为触头的磨损。触头的磨损主要分为机械磨损、化学磨损和电磨损三种形式。电磨损是触头磨损的主要形式。磨损所引起的后果是使触头接触面状况恶化、变形以及材料的质量转移，从而引起触头压力、接触电阻、开距、超行程等参数恶化，严重地破坏了电器的正常工作状态。合理地选用触头材料和采用先进的制造工艺，可以提高接触系统的抗磨损能力及其工作的可靠程度。

二、常用电接触材料及其性能

选用触头材料时，要尽量考虑节约稀有贵重金属材料，采用我国产量丰富的金属材料，不依赖外国进口。

1. 触头对电接触材料的要求

首先要求电接触材料具有良好的导电和导热性能；还要求接触电阻稳定不易生成对导电不利的各种膜；抗电磨损性能好；极限生弧参数高；在真空中截止电流小；加工工艺性好；价格便宜等。要满足多方面的要求，必须从材料的物理、化学、机械性能，以及金相组织等多方面来考察触头材料的性能。

（1）物理性能　考察触头材料的物理性能时，传热和导电系数是两个重要的参数。这两个参数数值大时，可使接触点产生的热量小，而热量又可以迅速散出去，从而阻止了液桥的形成和触头表面的氧化。生弧参数越大，逸出功和金属蒸气的游离电位值越高时，触头间就越不易形成电弧，燃弧也就变得困难了。汤姆逊系数近于零时，可以降低触头金属液桥的磨损。

在转换很小的电流负荷（如干电路负荷）时，应当考虑触头不同金属对产生热电势的可能，它会影响到仪表的指示，以及对电信电路产生噪声干扰等。

触头材料熔化后的表面张力大时，金属不易溅散，可以降低触头的磨损。材料的熔化、汽化和升华的温度值高，潜热也大，就会降低电磨损。

（2）化学性能　对化学性能应提出以下要求：

1）电极电位要高。最好采用正电性金属，就可以耐化学或电化学的腐蚀。

2）化学腐蚀产物应易于分解，例如硫化银超过200℃就分解，表明它的热稳定性差。

3）化学腐蚀产物的机械和电的强度低，所产生的非导电性薄膜，易于在触头相互撞击和滑动时遭到破坏，或者易于低电压下击穿，这样就可以保证触头的导电性能。

（3）机械性能　对机械性能应提出以下要求：

1）硬度高时，可以降低触头的机械磨损；

2）抗压和抗剪强度极限要大；

3）弹性模数和塑性要合适。弹性模数大时，不利于触头的加工，工艺性差；塑性大时会引起触头的严重变形和机械磨损；

4）摩擦系数要小。有一些触头在闭合时，动、静触头间有相对滑动，如果摩擦系数大时，则能引起冷焊，并加速触头磨损。

（4）金属的组织机构　金属的组织结构如晶格形式、合金状态及微观结构对提高触头的耐磨性等都有严重的影响。

除此以外，还会对触头材料提出各种各样的要求，有时有些要求是互相矛盾的，这只能在一定的条件下，满足主要的要求。

2. 常用金属和合金材料

一般情况下，中小负荷电器常常选用纯金属和固溶体的合金。

（1）银(Ag)　在纯金属中，银的导热和导电性能都是最好的，在电器触头中应用十分广泛。它还具有良好的抗化学腐蚀性能，在常温下不易氧化，高温时银的氧化膜又很容易分解而还原成金属银。因此，用银制成的触头，接触电阻小而稳定。银的硬度小，塑性好，有良好的工艺性，可以制成各种形状的触头形式，也易于焊接。银的缺点是在含有硫的大气中易生成电阻率高的硫化银；另外由于银的硬度小，熔点低，当电流超过50A时，电磨损严重，采用纯银则不合适。

银常与金和钯组成合金。银金合金耐大气腐蚀性能好，银钯合金也有类似性质。但是，银钯合金具有高的电阻系数和温度系数小的特点。当合金中含金或钯的比例超过50%时，在金属表面不会形成硫化膜。这两种合金的可塑性好，易于加工。

银镉合金是一种重要的合金。这种合金的主要优点是合金中的镉易形成氧化镉。而镉的氧化物在900～1000℃时分解而具有良好的灭弧性能，但不影响闭合时的接触电阻。在银镉合金中加入小量的镍和铁元素，可以组成三元合金，能够提高触头的耐磨损性能。

近年来，国内外常用银镁镍合金制成继电器触点兼簧片的零件。这种材料含镁量为0.25%±0.01%（国外0.18%～0.19%），含镍小于0.3%。银镁镍合金要进行内氧化处理（内氧化温度为750±20℃，时间1～3h。经过内氧化处理，使镁转化为氧化镁，提高了材料的硬度。由于氧化镁是一种稳定的氧化物，所以银镁镍合金的性能也较稳定。这种材料的缺点是点焊性能差，韧性不够好，所以工艺性较差。如能在合金上加入少量的其他元素如锶等，就能改善其工艺性能。这种合金的电气和机械性能如表8-1所示。

表8-1　银镁镍合金性能

性能　氧化前后	抗拉强度 σ_b/N·mm^{-2}	显微硬度 H_V/N·mm^{-2}	电阻率 ρ/μΩ·m	弹性模量 E/N·mm^{-2}
内氧化前	420	1046	0.022	67000
内氧化后	481	1420	0.025	92100

(2) 铜(Cu)　铜具有略低于银的导电和导热性能。它的强度和硬度等机械性能比银好，熔点也高，而且工艺性（指它的延展性）好和价格低廉。因此，铜是一种比较理想的导电材料，许多大功率电器中用它制成触头零件。铜的主要缺点是在大气中接触表面易形成氧化膜，其导电性很差，温度愈高愈严重。因此，铜不适于作非频繁操作电器的触头材料，可用于频繁操作的电器（如接触器）。电流大于150A时，有相对滑动的单断点触头，都可用铜制做。

铜银合金的退火温度增高时，电阻率比纯金属稍高，使接触电阻变得较大。

铜铍合金的硬度高，可在强电流下进行频繁操作，缺点是热处理温度对物理性能有很大影响。

(3) 钨(W)　钨的熔点高（3410℃）、硬度高和耐热性能好，耐腐蚀性和耐电磨损性能很好，抗熔焊性也好。它可用于切断强电流，在高低压断路器中常用它作触头材料。但是在较高温度下会产生一种导电性很差的氧化膜（W_2O_5），为了破坏氧化膜需要增大接触压力。

钨钼合金的钼成分增加时，硬度和电阻率增大，但温度系数减小，用作分断触头时的电磨损很小。钼成分的增加将导致触头氧化严重，甚至可能导致导电性遭到破坏。因此，这种触头材料适合工作于惰性气体和真空中。

(4) 金(Au)　金有良好的导电和导热性能，仅次于银和铜。金的最大优点是化学稳定性好，在大气中不会氧化，接触电阻小而稳定。金是一种塑性材料，质软、易变形和磨损快。金的极限生弧参数低，易产生电磨损和熔焊，所以金和金的合金在电流超过0.5A时，就不适宜作接触材料了。一般情况下，金主要用于作小功率继电器的触点材料，这类继电器触点压力小，控制电路的电压和电流值都低。由于金的价格昂贵，机械性能差，采用纯金制成触点零件的情况少。除了采用金合金做触点材料外，常常采取在触点（或接触零件）表面镀一层金来改善触点的接触性能。最常见的是舌簧开关的铁镍合金片上镀几个微米（2～5μm）的金镀层，然后将镀有金的舌簧片置于800℃以上氢气炉中进行扩散处理，扩散后的表面金属层是由金、镍、铁组成的合金层。由于在300℃时，金合金中仅含3%（按重量计算）的铁与金形成固熔体合金，多余的铁沉淀于扩散触点的表面，这样就导致膜电阻值增加。为此，可采取多层镀层的办法来阻止多余铁沉淀于触点表面。因镀金扩散层还易发生“粘住”不释放现象，因此，有些国家除了在金中加入其他金属元素（如含0.5%镍和0.2%钴等）外，还采用簧片上镀铑以代替镀金层。簧片镀层问题各国还在不断地研究改进，试验新的镀层。

有些弱电继电器中常采用金铂合金制成具有良好的抗大气腐蚀性能的触点，这种触点适用于控制低压测量仪器线路中，钯银金合金具有最好的抗化学腐蚀性能，它不受电波干扰，主要用于通信系统的继电器触点。

(5) 铂(Pt)　铂有良好的抗化学腐蚀性能，熔点高以及有较高的工作可靠性。铂的缺点是硬度不高，导电和导热性能差，而且容易在触点表面形成有机膜。另外由于铂的价格很贵，所以很少用纯铂制成继电器触点，而常常采用铂铱合金制成触点，既保证了铂的优点，又提高了硬度。铂和铂合金适于做动作次数频繁的弱电继电器触点。

近年来发现铂族金属极易生成有机膜，严重影响继电器触点的工作可靠性，故已出现用金和金合金来代替铂做继电器触点材料。

常用金属及合金的物理、化学和机械性能可在有关手册内查到。

3. 电接触复合材料

如上所述，电接触材料首先应当具有良好的导电和导热性能，但是在不同的使用条件下又相应地提出了各种附加的要求。例如，当切换大功率电路时，要求触头在开断过程中能耐电弧的烧损；同时，在闭合过程中能承受较大的冲击负荷，在闭合状态时能承受大的静态接触压力。在高温电弧和机械应力作用下要求触头形状不变形，磨损也小。这样就对触头材料的物理性能提出更高的要求，既要求它具有较高的硬度和强度，还要求有较高的熔化和汽化温度，这样才不致使触头产生严重的熔化、飞溅和蒸发等金属转移现象。纯金属中很难找到一种触头材料能满足如此多方面的、有的甚至是矛盾的要求。因此，从50年代末以来，在电器开关、继电器、接插件制造中，广泛采用复合材料作为电接触材料。复合材料是由两种或两种以上不同性质的材料组合而成的。电接触复合材料是以贵金属合金为复层，以铜、镍等合金为基层组合而成的。这种复合材料分别保留了各自的优点，得到单一材料无法比拟的优异的综合性能，成为一类很有发展前途的新型材料。其特点是发挥了复层贵金属独特的化学稳定性、导电、导热等优良的电接触性能，又发挥了基层铜合金良好的弹性、硬度等机械性能，把这两种特性组合于一体就形成了综合性能优异的功能复合材料。这种相补效应是复合材料的最大特点。

金属基复合材料兼有以下性能：

1）高强度；

2）导电导热性好；

3）高弹性模量；

4）高的韧性和冲击性能；

5）对温度变化或热冲击的敏感性低；

6）表面耐久性好，表面缺陷敏感性低；

7）性能再现性好。

对于一般贵金属而言，其强度和硬度较低，而作为基层材料的铜、镍、铁合金的高强度在复合材料中能得到更好的利用。在非增强方向上，基体强度对复合材料性能是非常重要的。如横向强度、抗扭及层向剪切强度等性能，通常都受基体控制，不但在静载条件下，而且在蠕变和疲劳载荷条件下也是如此。这就对复合材料赋予了高强度、高弹性的机械性能。贵金属复层的高导电、导热性，可使复合材料不仅有高导电，而且使局部的高温热源和集中电荷很快扩散消失。复合材料的高韧性和高冲击性能，在受到冲击时能通过塑性变形吸收能量，还能通过塑性变形使裂纹钝化和减少应力集中，从而改善了材料的断裂韧性。另一个重要优点是这种变形金属性能的再现性能最好。不仅对基体合金本身的性能很重要，而且结合性能和界面性能也应该是稳定和再现的。

电接触复合材料的种类和特征见表 8－2

表 8－2　复合材料的种类和特征

种　类	形　态	复　合　比	抗 拉 强 度	用　途
层状复合材料	层状	因制造方法不同而异	复合定律	互补增强，接点弹簧
粒状复合材料	粒状海绵状	15%～85%	低于复合定律	各类开关接点（即触头），工具，原子能反应堆
弥散强化材料	微粒弥散	15%以下	高于复合定律	耐热，强化材料
纤维增强材料	纤维状	10%～90%	复合定律	耐热、强化、韧性

（1）粒状复合（粉末冶金）材料　采用粉末冶金技术是将贵金属及合金与一种或多种的难熔金属或者金属氧化、化合物等紧密组成混合物，即所谓两相均匀

混合在一起，每相金属各自保持了其原来的物理机械性能。两相金属的作用各不相同，其中一相金属称为导电相，另一相金属为耐熔相。因此，这种电接触材料兼有贵金属良导体的接触电阻低、散热性好、温升低和耐熔相金属的高硬度、抗熔焊的综合性能。

国内外常用的粉末冶金电接触材料，用于低压电器的有银—氧化镉、银—镍、银—钨、银—石墨以及银—氧化铜等。国内已研制成银—氧化锌触头材料，并应用于生产中，它可以取代银—氧化镉触头材料。此外还有采用银—镍—石墨、银—镍—钨等制成的触头材料。用于高压电器的触头材料有铜—钨、铜—钨—镍以及钨—银—镍等触头材料。

常用粉末冶金触头材料及其性能可查有关手册。

(2) 弥散强化复合材料　弥散强化是将物理和化学性能高度稳定又非常细小的弥散质点引入金属或合金中使其强化。在银中分别添加 Cd、Sn、Zn、Mg、Ni、In 等元素，采用内氧化技术，使溶解在银中的 Cd 等元素首先被氧化，形成高度弥散的金属氧化物微粒并从银中析出，从而得到弥散硬化。银基体是主要承载部分，弥散相的作用是阻碍基体的位错运动，从而产生强化，提高合金的再结晶温度，显著改善抗熔焊性，减少金属转移和机械磨损。

银—氧化物弥散强化材料及其性能可查有关手册。

(3) 纤维强化复合材料　在电接触材料中，纤维强化复合材料有银—镍、银—石墨、银—金属氧化物等。如多次包套拉制的 Ag/Ni 纤维复合材料比各方同性的粉末冶金材料减少 50％的烧损，延伸性能好；含 Ni30％的纤维复合材料比相同成分的 Ag—Ni 烧结材料拉伸强度高 80％，这是由于 Ni 纤维的传导和分担应力的结果。用石墨纤维代替粉末状石墨制成银—石墨纤维复合材料，可获得耐磨性高、焊接性好的塑料变形材料。

(4) 层状复合材料　贵金属层状复合材料的形状分类有：条复、面复、芯复、侧复、顶复、线复圆型、线复角型、型复、铆钉复等。

1) 贵金属复层材料除少数用纯金属外，绝大多数用合金，主要有银合金、金合金和铂族合金，其品种繁多，规格复杂。

2) 基层材料具有良好的弹性、耐蚀、耐磨的青铜；有具有良好的工艺性能、耐蚀、导电、导热性的黄铜；有具有良好的耐蚀性、中等以上的强度、弹性好、易焊接的白铜；还有具有高的强度、硬度、弹性极限、耐磨、耐蚀、无磁、导电的铍青铜；此外还有镍合金和不锈钢等材料都可作基层材料。

第二节　触头连接及其设备

当触头零件制造好以后，如何把触头和导电零件（包括支承零件和触桥）连接在一起，成为触头组件制造中的关键工艺。触头和导电零件的连接方式主要有三种：铆接、钎焊和接触焊三种工艺。

一、铆接工艺

铆接工艺适用于尺寸小和材料塑性好的触头。所以许多继电器的触间和簧片的连接是采用这种工艺。这种工艺方式的优点是不需要加热与触头连接的弹簧片、触桥和其他导电零件，这类零件不会因退火使材料的机械性能变化。

小容量电器触头的形状有圆形、圆锥形、半球形、圆柱形、梯形等多种形状，如图 8-2所示。为了铆接必须使触头有一长度为 l 的尾端。触头尾端的平均重量约为触头重量的 40%。因此，铆接工艺会导致贵金属材料的浪费。银触头常常采用铆接工艺，但是银的利用率低，工艺性差，铆接质量不高，使触头和导电零件之间铆接处过渡电阻高。铆接触头在铆接之前都要经过退火处理，否则产生裂纹。这种工艺方法的生产效率低。由于有上述缺点，近代继电器生产中常常用点焊等先进工艺代替铆接。

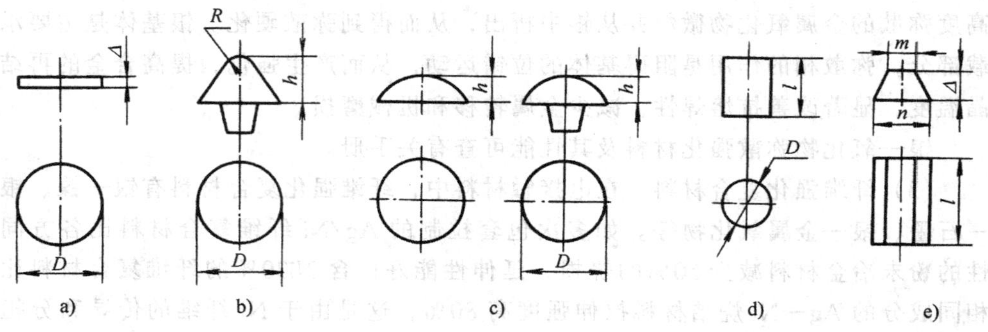

图 8-2 小型触头形状

a) 圆形 b) 圆锥形 c) 半球形 d) 圆柱形 e) 梯形

二、钎焊工艺

熔点比焊件低的钎料和焊件共同加热到钎焊温度，在焊件不熔化的情况下，钎料熔化并润湿钎焊面，依靠两者的扩散而形成钎焊接头的焊接方法称钎焊。目前我国电器工厂常用的有两种钎焊的方法焊接触头，一种是火焰钎焊，另一种是电阻钎焊。

在生产中，习惯地根据钎焊时所用钎料的熔点而分为“硬钎焊”和“软钎焊”两类。所用焊料熔点为 500℃ 以上的称为“硬钎焊”，相应采用的焊料称为硬焊料；所用焊料的熔点为 500℃ 以下的称为“软钎焊”，相应采用的焊料称为软焊料。电器触头焊接工艺一般属于硬钎焊。

1. 焊料

钎焊用的填充料称为钎料，即焊料。选用焊料时必须考虑钎焊过程对焊料提出的基本要求，即：

(1) 合适的熔点　焊料的熔点要低于基体金属的熔点50～60℃以上；

(2) 良好的填缝能力　能够润湿被焊金属，并与被焊金属起良好的物理化学作用；

(3) 稳定的化学成分　各成分在钎焊过程中不因挥发而引起焊料成分改变。此外，还应考虑产品结构对焊料的物理化学性能和机械性能等提出的特殊要求。

电器触头钎焊时常用的焊料有：银基焊料、铜磷焊料、非晶态焊料和膏状焊料。各种焊料的成分、性能及用途见有关手册。

2. 焊剂

钎焊过程中在大气中加热金属零件时，由于其表面发生氧化而使焊料难以润湿。而且当焊料熔化后，还会受到外界气体的溶入及氧化的影响，因此，钎焊时必须采用焊剂（亦称熔剂）。

(1) 在钎焊过程中要求焊剂起的作用有：

1) 去除基体金属表面氧化膜或杂质；

2) 改善基体金属的润湿作用；

3) 同时也起机械保护作用。当焊剂熔化后，它浮在基体金属上或充满焊缝，保护焊料和基体金属不受外界气体的影响。

(2) 钎焊焊剂应满足以下几点要求；

1) 焊剂的熔点要低于焊料的熔点，而且其活化温度（焊剂积极反应的温度）也要低于焊料的熔点，同时其沸点要高于焊料熔点；

2) 焊剂必须具有一定的去膜能力、润湿填缝能力和覆盖能力；

3) 焊剂熔化后成分应稳定，而且对基体金属和焊料的腐蚀性应尽量小；

4) 从制造和使用的角度考虑，还要求焊剂在钎焊前易于保存；钎焊时毒性小；钎焊后焊渣容易去除及价格便宜等。

在低压开关触头钎焊中，常常选用十水四硼酸钠（$Na_2B_4O_7 \cdot 10H_2O$），俗称硼砂。它的熔点741℃，沸点1575℃，密度1.73g/cm^3，失水后密度为2.36g/cm^3。硼砂常和焊料LAg45配用焊接银基触头。

3. 火焰钎焊

火焰钎焊是气体火焰钎焊的简称，也称气焊。火焰钎焊设备简单、通用性好。但手工操作时，生产率低并要求操作技术高。适用于钎焊某些限于工作形状、尺寸及设备等原因不能用其他方法钎焊的工件，可采用火焰自动钎焊。火焰钎焊的热源种类很多，有用酒精喷灯作热源的；有用液化石油气火焰作热源等；但应用比较多的是氧—乙炔焰作热源等，有的工厂还采用压缩空气—乙炔焰作热源，它可以降低生产成本。但钎焊铝广泛用空气—汽油火焰。火焰钎焊须用钎剂。可焊钢、不锈钢、硬质合金、铸铁、铜、银、铝等及其合金。所用钎料有铜锌、铜磷、银基、铝基及锌铝钎料。

在焊接前，触头和导电零件必须进行表面清洗处理，以清除焊接表面的油污和氧化膜（去油和酸洗工艺参看第九章）；而后把配制好的焊剂和焊料置于导电零件和触头之间；对摆好的零件，用压缩空气—乙炔焰进行加热，当银焊料开始熔化时，把触头调整在正确位置；最后待银焊料凝固时放入水中强制冷却或在空气中自然冷却。

火焰钎焊所需设备有：

1）中压乙炔发生器：压力为10～150kPa；

2）空气压缩机：压力为300～500kPa；

3）焊炬；

4）焊接转盘及夹具。

4．电阻钎焊

电阻钎焊是利用电极和工件的电阻，工件、电极和钎料之间的接触电阻通电后所产生的焦尔热（电极发热为主）作为热源使焊料熔化将触头制件焊接的一种工艺方法。电阻钎焊克服了火焰钎焊中的一些缺点，它的优点是：由于加热时间短，热量集中，部分解决了触桥退火问题；操作技术易掌握，质量较好而稳定；劳动强度和操作条件大为改善；生产效率高，为实现自动化焊接触头提供了条件。

（1）电阻钎焊原理　电阻钎焊主要是以石墨电极放出的热量为主，工件放出的热量为辅，电极所产生的热量逐渐向工件传导而加热工件，达到使焊料熔化而形成焊接接头。电阻钎焊原理图如图8－3所示。

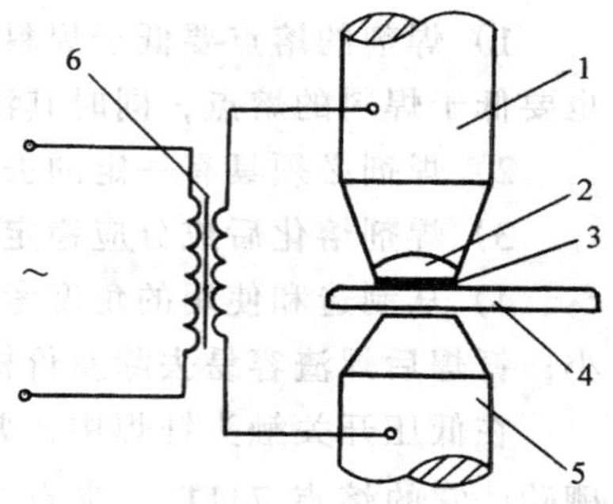

图8－3　电阻钎焊原理图

1—上电极　2—触头

3—焊料　4—触桥

5—下电极　6—大电流变压器

焊接过程如下：先把经过清洗的触桥4和触头放在下电极5上，而后把0.1mm厚和经过焊剂浸泡的焊料3放置于触桥4与触头2之间，然后踏下焊机踏板，使上电极1先压紧工件2和4，继而通电加热，当焊料3熔化时，松开工件，待凝固后放在空气中自然冷却或放在水中强迫冷却。

在焊接过程中，一定要按以下循环过程进行焊接，即

电极压紧→通　电→断　电→电极松开

否则，在触头与电极间将产生电弧，烧损触头表面。

电阻钎焊的上下电极可采用金属材料制成，也可采用碳棒做电极。采用高熔点金属如钨或钼等做电极，寿命长，焊接温度分布较合理。但因其热传导性较

好，焊接时需用较大电流，焊机容量要大些。如果采用石墨碳棒做电极，寿命短，温度分布不合理，焊接时可用较小电流，选用焊机容量可以小一些。综合上述优缺点，上电极选用金属材料，下电极用碳棒较好。实践证明，这样焊出的触头表面质量好，很少有凹坑，焊机容量也不需很大。

常用石墨碳棒的材料如表 8－3 所示。在焊接接触器和断路器触头，如银—氧化镉和银—钨等粉末冶金触头时，常采用石墨电极材料 DS—52。

表 8－3　常用石墨电极材料性能

型　　号	电　　阻/Ω	硬　　度	成　　分
T－1	1～6	HV12～35	Cu52％
DS－52	10～20	HV10～40	硬电化石墨
TS－4	0.2～1.3	HV15～36	Cu72％
DS－2a	14～35	HV12～50	中硬碳精石墨
TSQ－5	1～12	HV18～28	Cu51％，Pb5～7％除灰石墨
TaS－2	15～30	HS35～60	硬碳精石墨

当进行电阻钎焊时，电流通过焊件所产生的热量 Q，一部分用于加热焊接区域的焊料熔化；另一部分则被水冷电极、焊区周围的金属传导等散失于空气中，这一部分损失的热量对焊接不起作用。因此，为了保证质量，应对焊接过程所产生的热量分配进行分析。

$$I^2Rt = Q_a + Q_b$$

式中　I——通过工件的电流，单位为 A；

R——电极间的电阻，单位为 Ω；

t——焊接时间，单位为 s；

Q_a——加热工件和熔化焊料的有效热量，单位为 J；

Q_b——损失掉的热量单位为 J。

Q_a 取决于焊件厚度、焊接区域面积、焊件金属的比重和热容量以及焊料熔化温度等。当焊件材料和焊区金属体积一定的情况下，Q_a 也是一定的，它与加热时间长短无关；而 Q_b 则随加热时间延长而增加。如图 8－4 所示。图中 Q_T 为总发热量，即 $Q_T = Q_a + Q_b$。

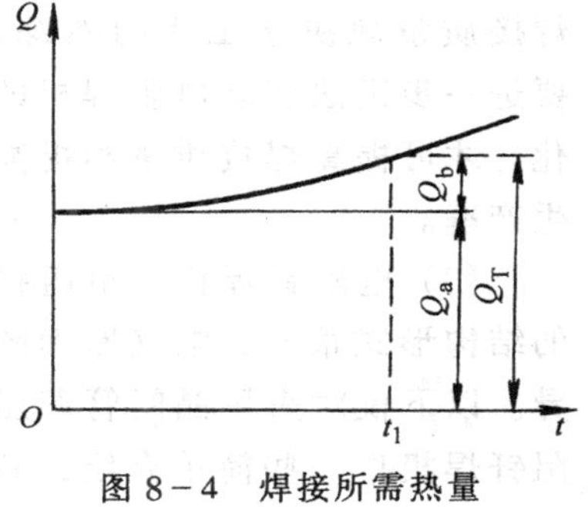

图 8－4　焊接所需热量

因此，当需要增加热量时，不能采用任意延长焊接时间的方法，尤其对于电阻率小、导电性能好的材料，时间越长，散失的热量就越多。这时，应采用加大电流和缩短焊接时间的方法来完成焊接工艺。

（2）电阻钎焊时的主要工艺因素　焊接电流、电极压力和焊接时间是电阻钎焊的主要工艺因素。

1）焊接电流　用电阻钎焊的方法焊接触头时，焊机变压器二次侧电压一般低于10V。焊接电流的大小与被焊金属的性质、厚度、形状、施加的压力和通电时间等因素有关。例如，焊接500V、150A以下交流接触器触头组件，用5kVA容量的焊机，焊极间电压4～10V，电流0～1200A；焊接380V、1500A断路器触头，用25kVA容量的焊机，焊极间电压4～10V，电流0～5000A。选取焊接电流大小时，以焊料很好熔化，又不使触头表面在电极压力作用下产生变形为原则。电流过大，可能使非焊接区全部金属熔化，或因触头温度过高而严重变形。电流过小，既费时间，又焊不牢。通常经过试验来确定焊接电流的大小。

大多数触头电阻焊机的电极材料采用石墨炭棒，它的电阻温度系数是负值，即温度升高，电阻变小，电极炭棒的电阻在二次侧回路里又占有很大的比重，这样焊接电流是由小逐渐增大的，所以每次焊接都是电流由小变大的过程，选取电流的大小也是确定电压高低问题。

2）电极压力　电极压力也是一个重要因素，要根据焊接金属制件的性质、形状和尺寸作适当调整。但是单纯加压不能保证焊接时有恰当的压力，因为在焊接过程中，由于焊区在不同阶段有弹性变形、塑性变形和热胀冷缩等现象，要对电极压力作相应的变化。开始通电时，焊件温度升高而金属膨胀；温度再升高，金属变软而可能被压溃。焊区熔化时，该处几乎无反力作用。焊件冷却时要收缩，电极也必须以同等速度跟随移动，否则金属焊料将在压力不足情况下凝固，焊接不会牢固。所以电极应具有一定的超程，以维持某一固定压力。

3）焊接时间　在一定电流规范下，时间太长，易使焊件氧化或烧伤变形；时间太短，又焊不牢。例如，电流偏大时，局部区域温度迅速上升，这时，可以采用断续通电的办法，使温度趋向均匀，以保证焊接质量。非自动电阻焊机一般靠肉眼观察，凭经验来控制。这样，焊接质量取决于工人的熟练程度。要进一步设法实现电阻焊机的自动化，才可提高焊接质量和提高劳动生产率。

（3）电阻钎焊机　电阻钎焊机的结构形式很多，电气原理图也各异。以下仅对采用晶闸管调压的电阻钎焊机做一些简单介绍，其容量为25kVA，它的电气原理图如图8－5所示。

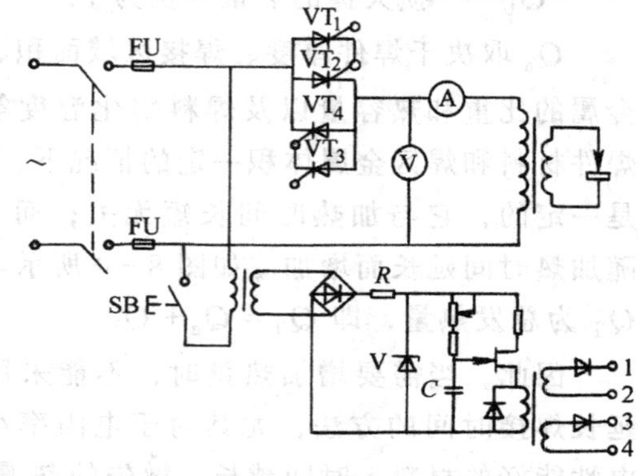

图8－5　晶闸管调压电阻钎焊机原理图

电阻钎焊机容量为25kVA，变压器二次侧电流达60A以上。一般自耦调压器没有这样大的容量，用晶闸管调压可解决此问题。这样，焊机体积小，可以省去大的交流接触器，避免了电流通断时的电弧干扰和发出噪声。该电路中，VT和VT_3两只晶闸管采用$3CT_1/800V$，VT_2和VT_4两只晶闸管采用3CT200/800V，熔断器FU是快速熔断器，用以保护晶闸管，按钮开关SB装在脚踏机械里，由于控制电流很小，按钮开关触头不易被电弧烧坏。这里采用晶闸管元件的额定电流为200A，相对于焊机额定电流裕量很大，故可省去过电流保护环节，简化线路。

电阻钎焊机性能好坏，焊接变压器是关键。焊机要求变压器的输出特性以硬特性为好。这就要求变压器二次侧的内阻尽量要小。这样可以适当加大变压器的铁心截面，减少二次侧匝数。

如果要焊不同材料的触头，前述焊机的线路并不理想。焊触头的希望两电极间的电压在4～6V内。电压太低，往往因焊剂和氧化物的影响而不通电；如电压太高，容易烧坏触头表面。为了改善焊机的输出特性，我们可以在电焊机变压器二次侧回路中串接可调的电抗器。由于变压器二次回路串接了可调电抗器，当电流流过时，电抗器上的电压降可以通过调节动铁心，来改变电抗值的大小，使其输出特性可硬可软。这样可以通过调节一次侧电压和二次侧电抗，以达到焊触头时使两电极间获得所需的电压和电流数值。

为了控制焊接通电时间，可以在焊极附近安装红外线热敏电阻，经过放大环节去控制电源开关，以达到自动控制、提高劳动生产率和保证焊接质量的稳定。

合理选择电极材料十分重要，用石墨炭棒做电极，可用较小容量的焊机焊接大尺寸的触头，但是电极易氧化，需经常修理，寿命也短。若用含铜20%～30%的石墨材料代替之，可以提高电极机械强度和寿命，如用金属电极，焊机容量要增加较大，但电极寿命长，使用方便，可以提高劳动生产率。

三、点焊工艺

点焊主要依靠被焊工件之间的接触电阻产生的焦尔热，使其接触面金属熔化，相互扩散而形成接头的焊接方法。点焊是接触焊的一种，也称为电阻焊。这种焊接工艺不用焊料和焊剂，连接处具有高的机械强度和良好的导电性能。点焊现在广泛应用于小型触点的焊接。继电器触点除少量采用铆接工艺外，绝大部分采用点焊工艺把触点和导电簧片连接起来。此外，点焊还广泛用于小型继电器的总装过程中。

1. 触头点焊原理

触头点焊原理如图8－6所示。

在焊接过程中，先将开关S置于a的位置，使电容器C充电。然后将开关S置于b的位置，使电容器C放电，由此在变压器T的二次侧感应一大的电流流经工件。该电流集中通过触点2的焊点3，由于集中通过焊点3上的电流束产生焦尔热，使触点和簧片金属通过焊点而接触熔焊。

2. 触头点焊的主要工艺参数

触头点焊的主要工艺参数也是焊接电流、电极压力和焊接时间。如图8－7所示。焊接电流的大小与充电电压高低、电容量大小等因素有关；电极压力大小要根据工件形状结构、尺寸大小和材料性质而定；有的焊件需要电流小些，通电时间长些。因此，这三个工艺参数要根据具体情况试验确定，三者是互相影响的。

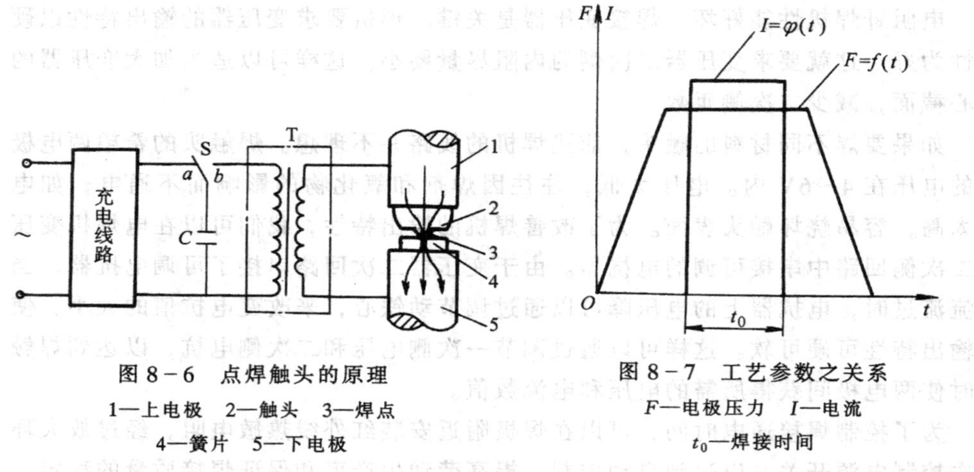

图8－6 点焊触头的原理

1—上电极 2—触头 3—焊点 4—簧片 5—下电极

图8－7 工艺参数之关系

F—电极压力 I—电流 t_0—焊接时间

焊接质量的好坏，取决于金属间的可焊性。因为这种焊接方法不需要金属钎料，被焊金属间相互结合强度取决于它们在液态下相互扩散混合的程度。但是，不同金属间相互结合的差异很大，这也就决定了金属之间可焊性的优劣。进行金属焊接的，要根据材料物理性能来考察金属的可焊性。不同金属的可焊性可参看表8－4。

进行点焊的触点与导电零件接触的端面必须有焊点，即凸台，而在导电零件（如触桥）上应有锥形坑（亦称打窝），如图8－8所示。焊点和锥形坑的大小取决于触点和导电零件材料性质、结构和尺寸大小。焊点和锥形坑的大小会影响焊接强度值的高低，而且焊接强度不仅与焊点大小有关，也与电极压力、充电电压数值等因素有关。

3. 点焊机

点焊机有交流点焊机和脉冲（储能）点焊机。点焊机是由机械部分和电气部分组成。

交流点焊机用途最广，结构比较简单，功率从不到1千瓦至几百千瓦。它主要用来焊接黑色金属的板料，也可焊一些较厚的铝板。它的特点是：加热比较缓

表 8-4　金属可焊性相关比较表

	铝	铜	镍	钼	锆	银	金	铂	钢	可伐合金	镍铬钛合金	金镍合金	铂铱合金	钯铱合金	康铜	磷青铜	铍青铜
铝	○	○	○	○	○	○	○	—	○	○	—	—	—	—	—	—	—
	铜	○	○	—	○	○	○	○	—	—	○	○	○	○	○	○	○
		镍	○	○	—	○	○	—	—	○	○	○	○	○	○	○	○
			钼	○	○	○	—	—	○	—	—	—	—	—	○	○	○
					○	—	—	—	○	—	—	—	—	—	—	—	—
					银	○	—	—	—	—	—	○	○	—	○	○	○
						金	○	—	—	—	—	○	○	—	○	○	○
							铂	○	—	○	—	○	○	○	○	○	○
								钢	○	—	—	—	—	—	—	—	—
									可伐合金	○	○	○	○	○	○	○	○
										镍铬钛合金	○	—	—	—	○	○	○
											金镍合金	○	○	○	○	○	○
												铂铱合金	○	○	○	○	○
													钯铱合金	○	○	○	○
														康铜	○	○	○
															磷青铜	○	○
																铍青铜	○

注："○"表示可焊，"—"表示未定或不可焊。

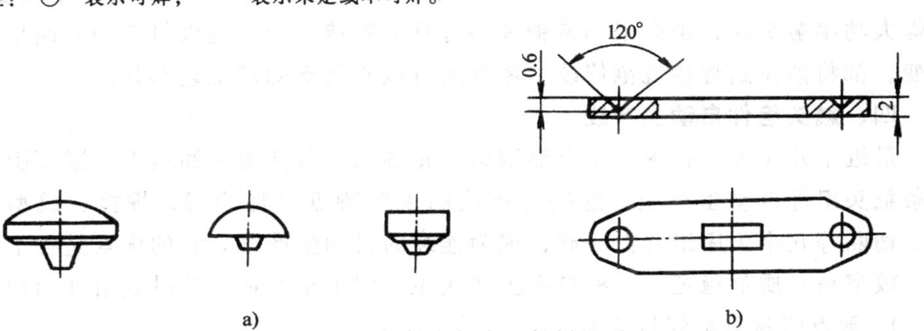

图 8-8　点焊触点焊点和触桥锥形坑

a）触点　b）触桥

慢；焊点比较光滑；焊接时间可以人工控制或电气控制。另外，它点焊某些电阻率相差较大的焊件时性能较好。

脉冲点焊机与交流点焊机比较，结构复杂，它使交流经过整流，将电能储存于电场内，然后以相当大的速率将电能消耗于焊接过程。它的特点是焊接时间短，对某些焊件可以有良好的焊接效果。

点焊机的选择可以根据材料性质和工件大小进行选用。表 8-5 所列仅供选用点焊机时参考。

表 8-5　点焊机的选择

焊机 焊件	交　流	脉　冲
黑色金属—黑色金属	好，焊点较光	较好，焊点不光
黑色金属—高导电金属	好	不牢
厚度大—厚度小	焊不牢（用凸焊）	牢（用凸焊）
两金属焊接要求不变形	易变形	不易变形
有色合金—有色合金	较好	好
有色合金—黑色金属	不十分好	较好
细小零件—细小零件	易烧损变形	好

点焊机的电极设计很重要。在设计电极的形状时，应当使热量高度集中在触点与导电零件之间焊接面，使电极与触点和导电零件之间接触产生的热量远小于焊接区域，这样不仅可以防止虚焊，也可避免电极金属转移到触点上而造成继电器触点的污染。同时，也要考虑到电极和工件受压力作用时，不致使触点表面形状变形。电极设计的关键是使电极与触点工件的接触面积应大于工件之间的接触面积，以保证工件间焊接区域接触面金属的熔化。因此，正确的电极设计是根据焊件的形状、大小和焊机的性能来考虑的。

点焊机电极材料一般采用紫铜圆棒制成，要求它有良好的导电和导热性能。点焊大功率触头时，也有采用锆铜和铬青铜来制造电极。电极材料和表面形状的改变，都将涉及到焊接规范修改，需要通过试验重新确定工艺参数。

四、触头组件自动生产线

最近十几年来，我国低压电器制造厂相继从原联邦德国和瑞士等国家引进了几条触头组件自动生产线。这些生产线的主要特点是将冲切、焊接、成型、攻丝、切断等几个工序组合在一起，成为连续的自动生产线。它的优点是省工、省料、效率高且质量稳定。这种自动生产线主要用于小容量电器触点组件的焊接。

1. 触点线材自动焊接工艺

触点线材焊接是把触点材料拉制成线材。通常用纯银、银镍合金、金铂、铂铱等合金。用电阻钎焊（不用焊料和焊剂）直接焊在触点组件上再将线材剪断、成型。其优点是自动化程度高、省工、省料、质量稳定。线材的送进方法可以是水平的，也可以是垂直的。图 8－9 是垂直送料触点焊机的工作原理示意图。

线材由自动送料机构垂直向下送进，与带材送料机构送到位的带材（已冲制基本成型的触桥或导电板）接触，电极间自动压紧通电焊接，焊后电极向上退回。剪刀送进将线材剪断后退回。焊好的带材被送料器送到冲压工位，将触点冲压成型，有的再送往下一工位攻螺纹、弯曲等，形成连续作业的触点组件生产自动线。

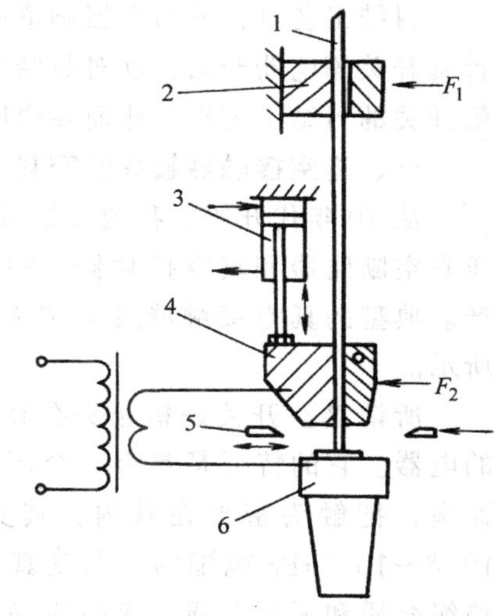

图 8－9　垂直送料触点焊机
1—触点线材　2—固定块
3—进给气缸　4—上电极
5—剪刀　6—下电极
F_1、F_2—气缸作用力

目前国内外用作触桥和导电板的材料有黄铜、磷青铜、铍青铜等。厚度为 0.1～2mm。

常用的电极材料是在紫铜 T1 的基体上嵌铬锆铜 HD1 作为上电极，下电极用铬锆铜 HD1。焊接压力约为 $80N/mm^2$；电流为 3～7kA；时间与板厚及线材直径有关，大约在 0.02～0.2s 范围内变化。

2. 复合型触点型材滚压焊接工艺

目前我国电器制造厂多为外购触点与自制的触桥板用焊接或铆接方法制造触点组件。这种方法费时、费工、质量不稳定、自动化程度低。国外应用滚压缝焊机将触头材料和基体材料焊在一起的复合材料供应厂家，经冲制后形成触头组件。滚压缝焊机的工作原理如图 8－10 所示。

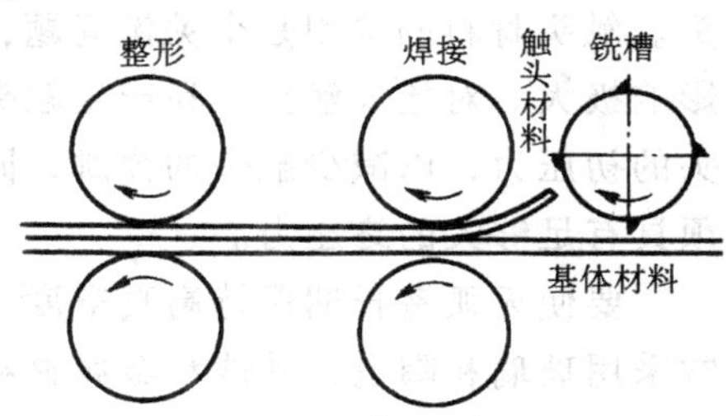

图 8－10　滚压缝焊机工作原理

银或银合金触点线材（或条料）与经过表面处理的基体材料（铜或铜合金带材）通过连续电阻焊、整形成为复合材料。如为嵌复型，可先在基体材料上铣出槽来。

基体材料一般为：纯铜、黄铜、铍青铜带材，厚度为 0.3～2mm，长度为 10～100m。

触点材料为：Ag、AgNi10、AgCd、AgCdO10、AgCd12 等制成的条料或线料，AgCdO 底部焊接面留有银层。

这些复合材料适用于继电器、接触器、主令开关上的触桥和触指。

第三节 电器触头的封结工艺

封结工艺日益成为电器制造的重要工艺。真空断路器、接触器、继电器以及舌簧开关等电器产品，都对封结工艺提出了严格的要求。下面就真空接触器和舌簧开关的封结工艺作一些简要说明。

一、真空接触器触头的密封

从70年代开始，我国开始研制真空电器、高压真空断路器和真空接触器，并已逐步应用于生产。典型的真空接触器触头和灭弧室如图8-11所示。

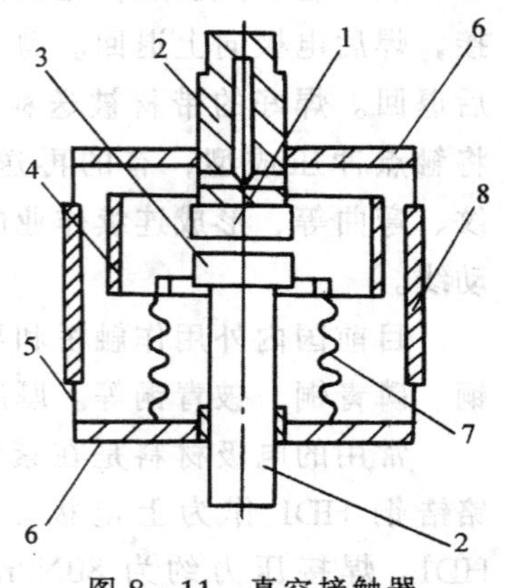

图8-11 真空接触器触头与灭弧室

1—静触头 2—动、静导电杆 3—动触头 4—屏蔽罩 5—封接圈 6—上、下法兰 7—波纹管 8—外壳

所谓真空开关是指触头在高真空中分断电路的电器。它的特征是具有一个严格密封的真空灭弧室，把触头密封在其内，其真空度应保持在 10^{-6}～10^{-9}kPa 范围内。高度真空是一种很好的绝缘介质和灭弧介质。灭弧室是一个独立的密封部件，不能拆开或更换触头。如果灭弧室漏气或触头磨损超过了规定数值，应及时方便地予以更换。

真空开关的触头，一般常采用对接式平面触头。触头材料的选用是个关键问题，对开关性能影响极大。对接式触头，易产生触头的机械振动（即弹跳）。因此，要求提高触头的初压力，以减少触头的弹跳；同时为了克服短路电流的电动斥力，触头还必须具有足够大的终压力。

要使灭弧室长期保持高真空度，要求外壳必须采用非常致密的材料制成，通常采用玻璃和陶瓷，并能和金属材料可伐合金封结在一起。

灭弧室的密封结构有三种形式：

1. 玻璃外壳

采用硬质玻璃与可伐合金封接而成，硬质玻璃常用的有3C-5和3C-8，它们的热膨胀系数分别为 4.8×10^{-6}～5.0×10^{-6}/℃和 4.8×10^{-6}/℃。

可伐合金是一种常用的电真空封接材料，它与难熔玻璃3C-5、3C-8相匹配，能在-60～+40℃的范围内保持高度真空密封。可伐合金含镍量约为29%，含钴量约为17%～18%，其余都是铁的成分。它的牌号是 $Ni_{29}Co_{18}$，在各种温度范围内对它的热膨胀系数都有一定的规定，如表8-6所示。

为了清除其冷作硬化，要在氢气中进行退火处理，其热处理的工艺规范如图

表 8-6 可伐合金（$Ni_{29}Co_{18}$）物理性能

电阻率 $\rho/\mu\Omega\cdot m$	导热系数 $\lambda/W\cdot m^{-1}\cdot ℃^{-1}$	密度 $d/r\cdot m^{-3}$	弯曲温度/℃
0.27	16.75	8.4	>420

表 8-7 膨胀系数与温度关系

温度范围/℃	20～300	20～400	20～500
线胀系数 $a/10^{-6}\times ℃^{-1}$	4.5～5.5	4.4～5.2	4.6～6.4

8-12 所示。t_x 为保温时间，由试验确定。

可伐合金不仅真空开关使用，在真空密封继电器中也使用这种材料，现对它的物理性能和热处理工艺予以介绍。

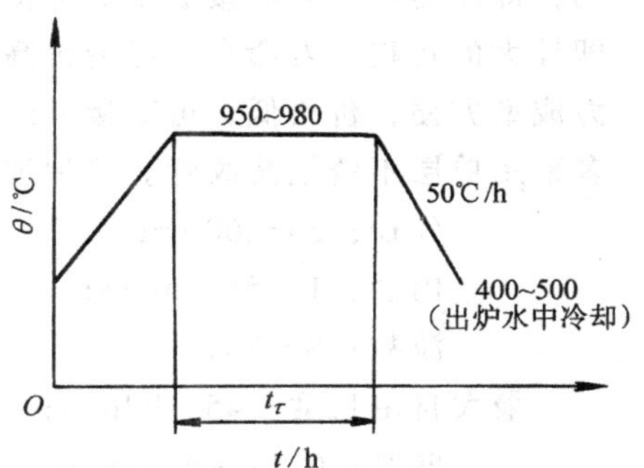

图 8-12 可伐合金氢气热处理规范

封接工艺如下：

（1）先将可伐合金零件进行化学清洗；

（2）在 1000℃ 的烧氢炉中处理 30min，退火、脱碳；

（3）将可伐合金零件的封接部分用火焰局部加热到 650℃ 以上，使其表面生成一层致密的与金属基体粘着性良好的亚氧化薄膜，并能溶解在玻璃中形成密封连接；

（4）将硬质玻璃加热至塑性状态，稍加压力，使它与可伐合金牢固地封接；

（5）为消除内应力，封接后应退火。

封接质量的好坏，可从封接后的颜色来判断。封接处的正常颜色应为鼠灰色。若氧化过度，则封接处呈黑色，可能会有微小的漏气；若氧化不足，则封接处色浅，对强度会有一定影响。

采用玻璃外壳的封接，工艺性好，成本低，便于观察灭弧室内情况，也容易鉴别真空度是否劣化，但强度不如陶瓷好。

2. 陶瓷外壳

陶瓷外壳是采用一种高纯度的氧化铝（含 Al_2O_3 为 95% 左右）陶瓷与可伐合金封接而成。一般是将 95# 陶瓷与可伐合金用银焊料封接而成，两者的热膨胀系数相近，约为 7.6×10^{-6}/℃。在陶瓷外壳与封接圈钎焊前，应使陶瓷封接面上烧结一层钼（或钼-锰或活性钛）的金属粉末，形成所谓金属化层，然后再钎焊。除此之外，还可采用无氧铜做陶瓷连接的封接圈。

陶瓷外壳的机械强度高，绝缘性能好。但尺寸大时，制造困难，造价高。

3. 玻璃—陶瓷（微晶玻璃）

屏蔽罩要选用导热性好、对金属蒸气亲和力较强的金属材料。可用的有可伐合金、无氧铜、镍和不锈钢等，其中无氧铜应用广泛一些。它的作用是冷凝和吸附在燃弧时产生的金属蒸气和带电粒子，以防止金属蒸气飞溅到绝缘外壳上影响外壳内壁的绝缘强度。同时，改善了灭弧室内电场的分布，以获得良好的绝缘性能，从而保证了分断的可靠性。

波纹管是一种起密封作用的弹性元件。触头的运动是借助波纹管实现的。因此，它是影响灭弧室机械寿命的关键元件。对于频繁操作的真空接触器，尤应重视对波纹管的设计和选用。通常用锡磷青铜或不锈钢制造波纹管。有两种成型工艺：即压力成型和焊接成型。焊接成型的波纹管在同一长度下有较大的收缩量，即较大的行程，寿命高，但造价高，故一般多采用压力成型。锡磷青铜波纹管压力成型方便，价格低，可直接钎焊，但经钎焊后机械寿命大大降低。所以，一般多采用单层不锈钢波纹管。这种波纹管的主要参数是（型号为 GB）

外径：34～60mm；

内径：19.5～35mm；

波数：8～20；

最大自由长度：45～92mm；

壁厚：0.12～0.16mm。

二、舌簧管封结工艺

舌簧管是一种结构新颖而又简单的电器元件，图 8－13 所示是一种干式舌簧管。它是由二片铁镍软磁材料制成的簧片与玻璃管封结而构成的。有接触点处镀有铑、钯、金和金合金等材料。

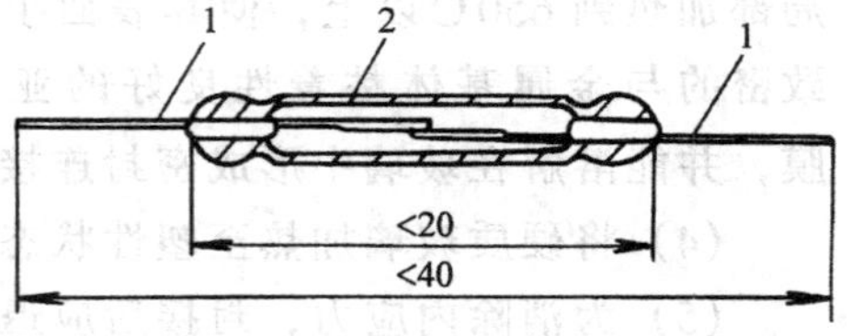

图 8－13 舌簧管结构
1—簧片 2—玻璃管

由于它结构简单、工作可靠，故在通信技术、巡回检测、计算机技术、工业自动化以至军事领域都得到了广泛应用。多数工厂是采用半自动或自动化设备生产制造，产量大，一致性也好，质量也高。也有相当一部分工厂是采用手工操作的。但不论操作形式如何，其基本制造工艺是一样的。在这里只就舌簧管的封结工艺方法加以介绍。

1. 封结要点

将两片簧片之间的间隙在专用夹具上调节到所需的要求，继而再调节两片簧片的重叠度和平行度，待都调整到工艺要求范围内再加热封结。

玻璃管的封结方法有三种：电加热法，煤气加热法，红外线聚光封结法。但无论用哪一种方法封结，对工艺要求都是一致的。这些要求是：

1）簧片与玻璃之间要有良好匹配，封结牢固，不漏气；

2）满足设计要求的间隙、重叠度、开叉度等参数要求；

3）要有一个合适的超行程；

4）封好的舌簧管要符合标准要求。

电加热法单机的工作原理是用套在玻璃管外面的贵金属电阻丝通电产生的热量，靠辐射加热的形式使玻璃在高温下熔融，而后再与簧片封合在一起。这种方法的优点是：无环境污染，对操作者视力影响小，可借助放电装置，简便易学。不足之处是效率低，班产量约为100～150只。

2. 火焰加热法

它是用煤气或沼气作燃烧热源。操作时将气体通过管道送至菱形喷嘴中，火焰从相对的两个喷口中相对喷出。被封的干簧管直接放在专用夹具上，置在火焰上直接熔融。操作者手旋喷嘴和夹在专用夹具上的干簧管，使之完全封结。这种方法的优点是：速度快、效率高、简单、灵活，人均班产400只左右。缺点是：对操作技术要求相对较高，同时对视力影响较大，对供气质量有严格要求，对环境有较大的污染。

3. 红外线聚光封结法

它是采用椭圆聚光加热的方法来使玻璃熔融达到封结的目的。红外线聚光加热原理如图8－14所示。

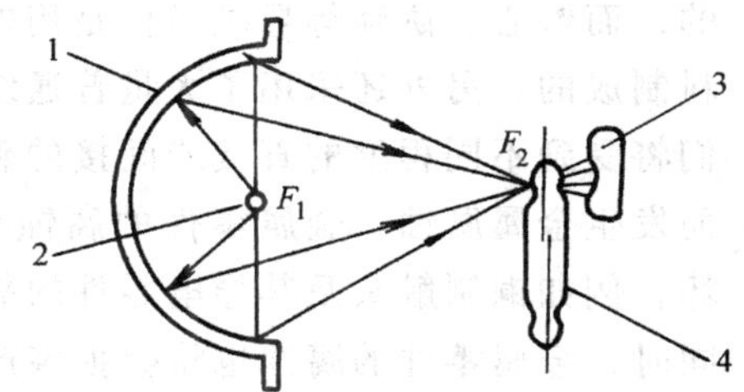

图8－14 红外线聚光加热原理
1—椭圆形聚光反射罩 2—光源
3—辅助反光镜 4—工作

将点光源置于椭圆聚焦焦点 F_1 上，它所发出的光经过椭圆形聚光反射罩被聚焦在另一个焦点 F_2 上。此时如果在 F_2 点上放上玻璃管和簧片待封结部位，它就会靠聚焦得到的热量将玻璃融熔，达到封结目的。这种方法做成的单极和自动机国内都有。它的特点是：速度快，一致性好，对工人视力无影响，对环境无污染。缺点是对玻璃管采用的玻璃材料有严格要求，对簧片的尺寸精度要求也相对较高。

第九章　金属零件的表面处理工艺

第一节　金属腐蚀现象与腐蚀条件

金属腐蚀遍及国民经济和国防建设各个领域，危害十分严重。金属材料是应用非常广泛的工程材料，由于其所有的优良电气物理性能和机械性能，同样也成为电器制造工业中不可缺少的重要材料。电器产品按重量计算，金属材料所占比重很大。电器产品的许多关键零件都是用贵重有色金属及高级磁性材料制成的，例如触头和其他导电零件是用金、铂、银、镍、铜等有色金属材料和合金制成的，而铁心、磁轭等导磁零件是用电工纯铁、铁镍合金、硅钢片和磁钢等黑色材料制成的；另外还采用了大量普通结构钢等各种金属材料。但在使用过程中，它们将受到不同程度的直接或间接的破坏，例如与其周围介质接触引起化学反应从而发生金属腐蚀。金属零件的腐蚀将会导致电器产品的动作不灵和工作特性变坏，例如铜制触头及其导电零件的氧化，将会引起触头严重过热和熔焊等故障。同时，金属零件的腐蚀也将会损害产品的外观和浪费大量能源。在各种金属零件中，钢铁零件的腐蚀特别严重。

金属腐蚀的本质是：金属与周围环境（介质）之间发生化学或电化学作用而引起的破坏或变质。就是说，金属腐蚀发生在金属与介质间的界面上，由于金属与介质间发生化学电化学多相反应，使金属转变为氧化（离子）状态。

金属腐蚀的分类，首先按腐蚀环境分类最为合适。可分为潮湿环境，干燥气体，熔融盐等。这同时意味着按机理分类，潮湿环境下属电化学机理；干燥气体下为化学机理。而且，各种腐蚀试验研究方法主要取决于腐蚀环境、不同的腐蚀形态类型，如点蚀、应力腐蚀、断裂等。按各种金属材料分类，在手册中是常见的和实用的，但从分类学观点来看，效果不好。按应用范围或工业部门分类，实际上为按环境分类的特殊应用。按防护方法分类，则是从防腐出发，依采取措施的性质和极限制造进行分类。如果要反映腐蚀的本质问题，即按腐蚀机理分类，可以把腐蚀分成化学腐蚀和电化学腐蚀两类。

一、化学腐蚀

化学腐蚀是指金属表面与非电解质直接发生纯化学作用而引起的破坏。其反应历程的特点是金属表面的原子与非电解质中的氧化剂直接发生氧化还原反应，形成腐蚀产物。腐蚀过程中电子的传递是在金属与氧化剂之间直接进行的，因而没有电流产生。

氧化是最常见的化学腐蚀，它在常温下，所形成的氧化膜通过扩散逐渐加厚，但如果金属表面能形成致密的氧化膜，还具有一定的保护作用。例如，铝在表面形成氧化膜就具有这种性质。

化学腐蚀与温度有很大的关系。一般说来，温度越高，腐蚀速度越快，生成的氧化膜也越厚。如图 9－1 所示，说明了铜在大气中加热后所生成的氧化膜厚度，其中 Δ 表示生成的氧化膜厚度，t 是加热时间。曲线 1 是温度为 200℃ 时生成氧化膜的厚度和加热时间（h）的关系；曲线 2 是在 150℃ 时的关系。

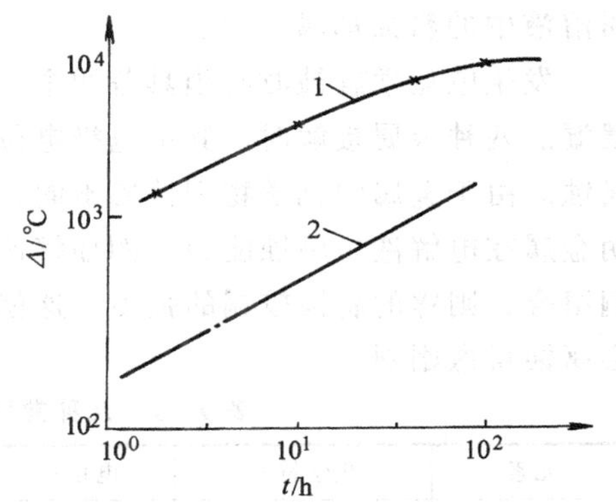

图 9－1　氧化膜厚度与温度、时间的关系

在研究电器时，特别重视各种导电材料在不同介质中形成化学膜的条件，以及形成膜所具有的电气绝缘性质。

纯化学腐蚀的情况并不多。主要为金属在无水的有机液体和气体中腐蚀以及在干燥气体中的腐蚀，更常见的是电化学腐蚀。

二、电化学腐蚀

电化学腐蚀是指金属表面与离子导电的介质（电解质）发生电化学反应而引起的破坏。任何以电化学机理进行的腐蚀反应至少包含有一个阳极反应和一个阴极反应，并以流过金属内部的电子流和介质中的离子流形成回路。阳极反应是氧化过程，即金属离子以金属转移到介质中并放出电子；阴极反应为还原过程，即介质中的氧化剂充分吸收来自阳极的电子的过程。例如把一块铜板和一块锌板浸在电解质的盐酸溶液中，如图 9－2 所示，当锌和盐酸接触后，锌失去电子而成为金属离子 Zn^{2+} 溶解于盐酸中，把电子留在锌板上，其化学反应是：

$$Zn \rightarrow 2e \rightarrow Zn^{2+}$$

锌离子 Zn^{2+} 把盐酸中的氢置换出来，成为 H^+。若用导线把露出液面外的金属板相连，将产生电位差，使电子由电位较低的锌板（阳极）流向电位较高的铜板（阴极），使检流计发生偏转。同时，在铜板附近逸出 H_2，在铜板上进行着还原反应 $2H^+ + 2e = H_2$，而锌板逐渐溶解，这就是电化学腐蚀的原理。这种把化学能转变为电能的装置，称为原电池（腐蚀电

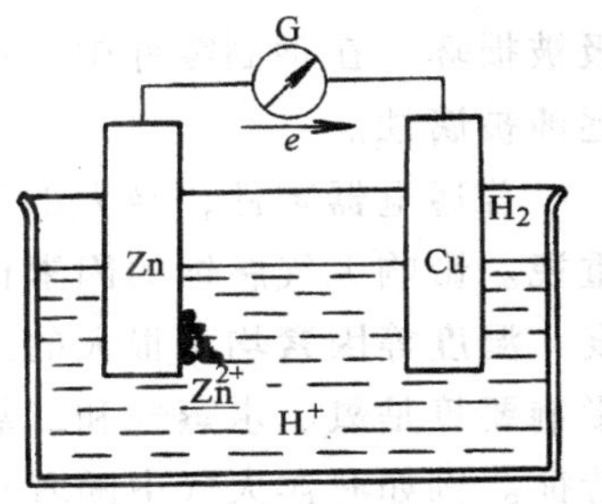

图 9－2　原电池原理

流）。

在原电池中，流出电子的一极（锌板）定为负极，流入电子的一极（铜板）定为正极。

电化学腐蚀是最普遍、最常见的腐蚀。金属在大气、海水、土壤和各种电解质溶液中的腐蚀都属此类。

发生电化学腐蚀时必须具备两个条件：有两种不同的金属相接触；被电解质浸湿。两种金属接触时，其中电极电位较低的金属容易失去电子，成为阳极而被腐蚀。由于金属的化学物理性质不同，如表 9－1 所示。金属的电极电位可以说明金属在电解液中腐蚀能力，例如锌比铁的电位低，铁比铜的电位低，因此锌与铜组合，则锌的腐蚀较铜的强烈。这就说明，电极电位差愈大，电位低的金属就会腐蚀得愈剧烈。

表 9－1　几种常用元素标准化电极电位

元素	化学符号	电位/V	元素	化学符号	电位/V
钾	K	－2.92	镍	Ni	－0.22
钠	Na	－2.71	铅	Pb	－0.12
钙	Ca	－2.5	锡	Sn	－0.1
铝	Al	－1.7	氢	H	0
镁	Mg	－1.55	锑	Sb	＋0.1
锰	Mn	－1.0	铋	Bi	＋0.2
锌	Zn	－0.76	铜	Cu	＋0.34
铬	Cr	－0.6	银	Ag	＋0.8
铁	Fe	－0.43	金	Au	＋1.3
钴	Co	－0.29			

不仅是两块不同金属在电解中接触会发生腐蚀，即使是一块金属，因为内部都会含有杂质或组织不均匀，也将会出现多极微电池组，其结果是电位较低的阳极被损坏。在钢制零件中，由于有碳化铁、锰、硫、磷等杂质，使铁成为阳极而逐渐被腐蚀。

普通电器零件，绝大部分暴露在大气中，大气对金属零件的腐蚀应特别加以重视。影响大气腐蚀的因素比较复杂，随着气候、地区的不同，大气的成分、温度、湿度等因素均有很大的差别，在大气的主要成分中，对大气腐蚀来说起重要影响要算是氧、水蒸气和二氧化碳。但随地区条件的不同，天然大气就有不同的特征。例如海洋大气中随着离海岸线距离的不同，就有不同的含盐量；工业大气中则含有 SO_2、H_2S、NH_3 和 NO_2 等气体杂质及各种悬浮颗粒和灰尘；而农村地区的大气都比较洁净。因此，金属材料在不同地区的腐蚀速度也是不同的。如铜在农村大气中的腐蚀率只有在工业大气中腐蚀率的百分之一。就是在同一大气中，其腐蚀率也有不同，如离海岸25m的钢试样比离250m的腐蚀快12倍。

空气中含有水蒸气的程度叫湿度，湿度的波动和大气尘埃中的吸湿性杂质容易引起水分冷凝，在含有不同量污染物的大气中，金属都有一个临界相对湿度。一般来说，金属的邻界湿度在70%左右。超过这一邻界值腐蚀速度就会突然猛增。在临界湿度之前，腐蚀速度很小或几乎不腐蚀。出现临界相对湿度，标志着金属表面上产生了一层吸附的电解液膜，这层液膜的存在使金属从化学腐蚀转为电化学腐蚀。由于腐蚀性质发生了突变，因而腐蚀大大增加。所以，潮湿是影响金属腐蚀的重要因素。

灰尘也是影响金属腐蚀的因素之一，它能吸附水分，使部分可溶性杂质溶于水中变成电解液，并使灰尘本身与金属间形成腐蚀微电池，因而导致金属的腐蚀。

空气的湿度和温度差对大气腐蚀速度有一定的影响。尤其是温度差比湿度的影响还大，因为它不但影响着水流的凝聚，而且还影响着凝聚水膜中气体和盐类的溶解度。对于湿度很高的雨季或湿热带，温度会起较大作用，一般随着温度的升高，腐蚀加快。

在一些大陆性气候的地区，日夜温差很大。造成相对湿度的急剧变化，以使空气中的水分在金属表面或包装好的机件上凝露，引起锈蚀；或由于白天供暖气而晚上停止供暖的仓库和工厂；或在冬天将钢铁零件从室外搬到室内时，由于室内温度较高，冷的钢铁表面上就会凝结一层水珠；或在潮湿的环境中用汽油洗涤金属零件时，洗后由于金属零件上的汽油迅速挥发，使零件变冷，也会凝聚出一层水膜。这些都会促使金属的腐蚀。

第二节　电 镀 工 艺

金属材料在电器中占的比重较大，为了防止金属的腐蚀，电器的各种金属零件的表面都要采用被覆处理，即用化学、电化学或机械的方法，在金属零件表面镀覆一层另一种金属、氧化物层或漆层，以保护基体金属免遭腐蚀。表面被覆层按其形成的方法不同可以分为：电镀，氧化、磷化、金属喷镀、涂层等方法。其中，电镀以工艺设备简单，操作容易、成本低廉等优点而成为电器制造中表面被覆的一种常用的技术。

电镀就是用电化学方法在金属或非金属制品表面涂覆一层金属或合金镀层的过程。

一、电镀层的作用

(1) 提高金属的耐蚀性、防止金属零件的腐蚀；

（2）改善金属零件的导电性能；

（3）增加零件的耐磨性；

（4）赋予零件以防护和装饰性外观；

（5）赋予零件表面以特殊的物理、机械性能。

二、电镀层的分类

1．按照镀层的应用范围划分

（1）防腐性镀层

主要用于防止金属制品或结构件的腐蚀。根据各种使用环境选用不同的金属镀层来防止腐蚀。如黑色金属的制品，在一般的大气条件下，可以用镀锌层来保护；在海洋气氛中可以用镉镀层来防护。当要求镀层表面耐腐蚀能力强时，可以选用镉锡合金、镉钛合金来代替单一的锌或镉镀层，这对一些紧固件尤为合适。与有机酸接触的黑色金属制品应选用镉锌层，它不仅防锈能力强，且其腐蚀产物是无毒的，对于铜及其合金，在一般大气条件下，可以用锡镀层和镍镀层防护，对于用铜合金制成的海洋仪器，可以用银镉合金镀层。

（2）防护装饰性镀层　它不仅能防止金属制品的腐蚀，而且能赋予金属制品以悦目的外观。这类镀层常常是多层镀层，因为单一镀层难以达到既耐蚀、美观而又耐磨等综合性能，常常借多层镀层提高耐蚀性，并赋予美观和耐磨的外表。常用的有铜—镍—铬、双层镍铁合金—铬、铜锡合金—铬、锌铜合金—铬、铜—镍—金等。

（3）耐磨和减磨镀层　主要用于提高零件表面的抗磨损能力，如镀硬铬等。

（4）工艺性镀层　在有些机械零件需要进行局部渗炭时，把不需要渗炭的部分镀铜。有些需防止局部渗氮和氰化时则要镀锡等。

（5）导电性镀层　在高低压电器制造中，采用许多铜制触头和导电零件，除保护这些零件不受氧化外，还要求改善其导电接触性能，所以常常采用镀银或镀锡的方法来满足这些要求、经验证明，采用镀银触头，其接触电阻可以降低10％～15％。在高压电器中，为了保证机械寿命操作后的触头不会露铜，可采用镀厚银，镀银厚度可达500μm，结合强度可达200N/mm^2，经过2000次操作后，保证不露铜层。镀厚银的触头可以提高产品的额定电流，也提高了触头的许用温升。

在继电器制造中，触头和导电零件，除采用镀银外，还采用镀金和镀其他贵金属，以改善接触性能和耐磨损性能。例如，舌簧继电器的接触端采用镀金、镀铑或镀钯等各种工艺方法。舌簧开关为了适用于高频电路，则在其坡莫合金上镀铜，以便使表面能通过高频电流。

（6）修复性镀层　主要用于机械零件磨损以后，用镀层修复零件，使零件尺寸再生，如镀铜、镀铬或镀铁等。

2. 按镀层防护原理划分

（1）阳极镀层　比如钢铁零件上镀锌，锌镀层就是阳极性镀层。在电化序中锌比铁负。当锌镀层有空隙或局部破坏而暴露出基体金属时，积存在表面上的水溶液，使铁与锌形成腐蚀原电池，锌作为阳极（原电池的负极）而被溶解：

$$Zn - 2e \rightarrow Zn^{2+}$$

而铁作为阴极（原电池的正极），氢离子 H^+ 在其上放电后变为氢气逸出，铁不遭腐蚀，如图 9－3 所示。

锌在大气中是阳极镀层，它能形成碱式碳酸锌〔$ZnCo_3 \cdot 3Zn(OH)_2$〕保护膜，因而很稳定。但是锌的氧化物是不稳定的，会很快破坏，从而失去保护作用。因此，船舶电器的零件不宜用镀锌层防护。

（2）阴极镀层　比如在钢制零件上镀锡，在电化序中铁比锡负。当锡镀层破损而露出基体金属时，凝结在金属镀层表面上的水蒸汽，将使铁与锡形成腐蚀原电池，铁作为阳极被溶解：$Fe - 2e = Fe^{2+}$，氢气在作为阴极的锡上析出，这样，镀层不会腐蚀，而在镀层下面基体金属却逐渐溶解被腐蚀坏了，如图 9－4 所示。因此，我们称锡镀层为阴极镀层。

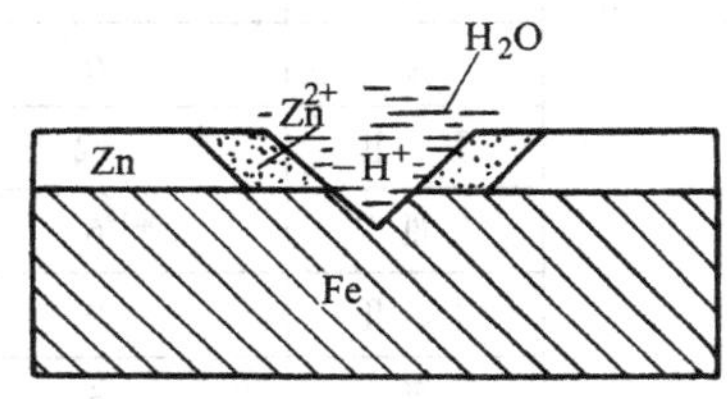

图 9－3　阳极镀层

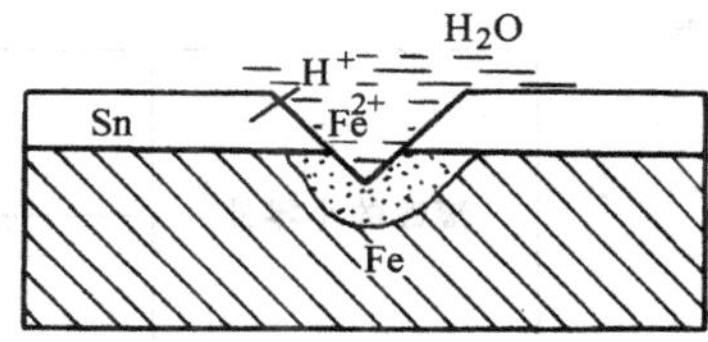

图 9－4　阴极镀层

由上述讨论不难看出，阴极镀层只有当镀层完整无损时，它对基体金属才起机械保护作用。若镀层破损时，它对基体不仅无保护作用，反而加速基体的腐蚀。而阳极镀层当镀层完整无损时，它对基体金属起机械保护作用，当镀层破损时，它对基体金属起化学保护作用。所以，从防止金属腐蚀的角度来说，应尽量选择阳极性镀层。

镀层的性质也取决于周围介质条件。例如，在大气介质中，Sn 对钢制零件是阴极镀层，而在不含氧的有机酸中，Sn 对于钢制零件变成了阳极镀层。

三、电镀层的选择

1. 选择电镀层的原则

（1）基体金属的种类；

（2）制品使用的工作条件：分为良好、中等、恶劣三级；

（3）镀层的性能和用途；

（4）制品的结构、形状和尺寸的公差；

（5）制品的要求使用期限和价格。

2. 各种镀层的厚度，可以参看表 9－2 所作规定进行选择：

表 9－2　镀层厚度的选择

基本金属	零件类别	镀层类别	后处理	使用条件	最小厚度/μm
碳钢	一般结构零件	铜＋镍＋铬	抛光	Ⅰ	24＋12＋0.3
				Ⅱ	12＋12＋0.3
				Ⅲ	6＋6＋0.3
		低锡青铜＋铬		Ⅰ	36＋0.8
				Ⅱ	24＋0.8
				Ⅲ	12＋0.8
		锌	钝化	Ⅰ	24
				Ⅱ	12
				Ⅲ	6
		镉		Ⅰ	12
				Ⅱ	9
				Ⅲ	6
	滚镀的小零件	锌		Ⅰ、Ⅱ	12
				Ⅲ	6
		镉		Ⅰ、Ⅱ	9
				Ⅲ	6
	弹性零件	锌	驱氢＋钝化	Ⅰ、Ⅱ	12
				Ⅲ	6
		镉		Ⅰ、Ⅱ	9
				Ⅲ	6
	紧固零件 ≥M16	锌	钝化	Ⅰ、Ⅱ、Ⅲ	12
	紧固零件 M8～M14				9
	紧固零件 ≤M6				6
	紧固零件 ≥M16	镉			12
	紧固零件 M8～M16				9
	紧固零件 ≤M6				6
	灭弧栅片	锌	钝化	Ⅰ、Ⅱ	12
		镉		Ⅰ、Ⅱ	24
	一般结构零件	镍＋铬	抛光	Ⅰ	9＋0.3
				Ⅱ、Ⅲ	6＋0.3

（续）

基本金属	零件类别	镀层类别	后处理	使用条件	最小厚度/μm
碳钢	一般结构零件	镍或高锡青铜	Ⅰ、Ⅱ、Ⅲ	Ⅰ	9
				Ⅱ、Ⅲ	6
	紧固零件	镍或高锡青铜			6
	弹性零件	镍			6
	电联接件	锡			9
		锡	钝化		6

注：1. 细弹簧建议用不锈钢，不电镀。

2. 仪表用油丝、吊丝等，可不处理。

3. 受摩擦或工作时有断开或接通要求的导电零件，镀层厚度依工作条件而定。

3. 与镀层厚度有关的定义

1）主要表面——在金属零件上，要求按规定厚度覆以金属的那部分表面，称为主要表面；

2）最小厚度——在主要表面上任何一处，镀层厚度必须达到规定的最小值，称为最小厚度。在非主要表面上的镀层厚度，允许低于最小厚度。

四、金属零件电镀前的预处理

金属零件到电镀车间来，其表面都附着油、锈、尘埃、焊渣、金属粉末等各种各样的污物以及因各种加工方法不同而形成的毛刺、粗糙不平、砂眼、毛刺等情况。为保证镀层与基体的结合力，赋予零件以良好的防护装饰外观，电镀前必须将零件表面上的污物除净，并对粗糙面进行整平。

镀前预处理工艺有机械法、化学法和电化学法三种。

1. 机械清理法

机械清理有磨光、机械抛光、抛光滚桶、喷砂处理和刷光等方法。用这些方法可以把金属表面的毛刺、氧化皮、锈和表面粗糙不平等清除掉，从而获得光洁的表面。磨光是利用粘附于磨轮上的磨料的细小颗粒在零件表面磨削，直到使零件表面平整和具有光泽。大、中型零件可以用磨光机进行磨光；小型零件的磨光则采用旋转圆筒或钟形机，实质上也是一种抛光。磨－抛光机如图 9－5 所示。图 9－5a 是转动式磨－抛光机。在水平轴两端带有两个磨光或抛光轮 1。图 9－5b 是传送带式磨－抛光机，磨（抛）光带 2 视加工的要求，可用棉织物等制成。这种磨－抛光机比较灵活，磨（抛）光带可以垂直立起，也可以倾斜一定角度，或旋转到水平方向。箭头 3 是被加工零件应放置的位置和方向。

磨光以后的零件表面，仍然有细小的不平，还必须进行机械抛光，以使表面更加平整和具有良好的光泽。抛光不仅是镀前预处理工序，而且也是镀后的加工工序。抛光时要使用抛光剂其成分为铁丹（Fe_2O_3）、氧化铝（Al_2O_3）和氧化铬

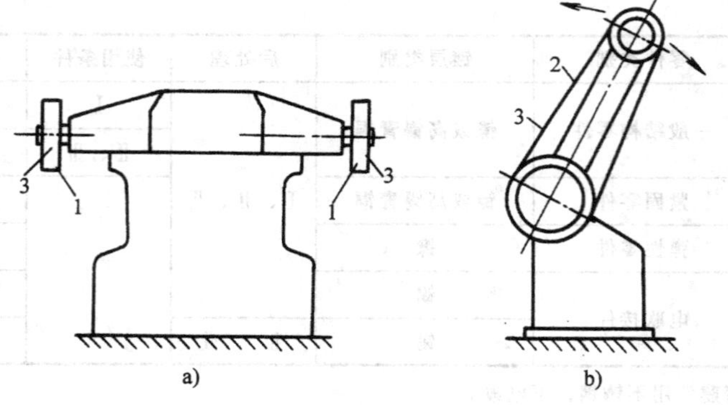

图 9－5　磨－抛光机

(Cr_2O_3) 三种，因其颜色各不相同，故分别称为红膏、白膏和绿膏。

2. 化学方法除油

金属零件表面的油脂按其化学性质可分为可皂化的和不可皂化的两大类。植物油和动物油均属于皂化油；矿物油属于不可皂化油，如润滑油、石蜡及凡士林等，这种油不溶于水，但能溶于有机溶剂。

用碱性溶液可以除去可皂化的油脂，在碱的作用下生成一种能溶于水的脂肪酸盐（肥皂）及甘油，它们也可溶于某些有机溶剂。

最常用的方法就是苛性钠和碳酸钠的混合碱溶液与动植物油发生皂化作用，其皂化反应为：

$$(C_{17}H_{35}COO)_3C_3H_5 + 3NaOH = 3C_{17}H_{35}COONa + C_3H_5(OH)_3$$

亦即　硬脂＋苛性钠＝肥皂＋甘油

皂化反应后，生成肥皂和甘油而溶于水，因而油脂从零件表面除去。

碱不能使矿物油化学分解，但是在一定的条件下，矿物油可以被碱性溶液乳化成乳浊液，从而也可以把油污除去。乳浊液的形成是由于组成胶体的两种液体分界面上的表面张力降低而引起的。不皂化的矿物油单靠碱性溶液的乳化作用是不能完全除去的。要增强除油效果，可以加入乳化剂，并升高温度和加强搅拌，使油污不断从零件表面分离开，并溢流排出。

最常用的乳化剂有水玻璃，肥皂，脂肪酸，合成乳化剂等。

用碱性溶液化学除油时，要特别注意对金属的腐蚀作用，一般适用于难溶于或不溶于碱溶液的金属零件。易溶于碱溶液中的锡、锌、铝，一般不采用碱溶液化学除油。对于外形尺寸要求十分严格的钢制零件，要控制碱溶液的浓度、温度和浸泡时间。温度是除油的重要条件，一般应把碱溶液的温度保持在 70～90℃ 的范围内。

当零件表面存在化学除油及电解除油难以除去的油污，(如润滑油）时，可采用有机溶剂除油，对形状复杂的（接缝、盲孔状）小零件、有色金属件及其他易被碱性溶液腐蚀的零件，宜用有机溶剂初步除油。

采用的有机溶剂有汽油、煤油、丙酮、甲苯、三氯乙烯和四氯化碳等。汽油和煤油价格较低、毒性小，在电器制造行业使用广泛。但汽油易燃，只能在室温下浸渍或擦拭刷洗。三氯乙烯和四氯化碳除油率高，不燃烧，可以在加温条件下使用，采用浸渍、擦拭和蒸汽除油方式均可。三氯乙烯毒性大，必须防止蒸汽泄漏，并采取通风措施。三氯乙烯受紫外线照射后会分解出剧毒的光气和强腐蚀性氯化氢气体，因此，应避免带水入槽，避免日光直接照射，铝零件不宜采用三氯乙烯除油。

3. 电化学方法除油

把金属零件放入碱溶液中，通以直流电，使制品作为阴极或阳极进行除油，称为电化学除油。

电化学除油的溶液和化学除油大体上相同。化学除油时的溶液浓度可以降低些，也可以不加乳化剂。电化学除油是在化学除油以后进行的，以清除镀前金属零件上最后的残余油污。

在阴极或阳极除油时，可用与制品相同的金属材料做另一电极，只起导电作用、不论制品作阴极或阳极，其表面上都有大量气体析出，碱在溶液中的离子只起载流电子的作用。

电化学除油的机理就是粘附于金属制品的油膜，在碱溶液的作用下对金属表面的附着力已经降低，同时在阴极析出的氢气和阳极析出的氧气气泡把油膜从金属表面剥离开来。而后，当气泡升力足够大时，把油膜带到液面上。提高电解液的温度（70～90℃），可以使溶液导电性能增大，增加了电流密度，从而加速了除油速度。

电极上大量气泡的析出，对油膜起着强烈的乳化使用。阴极除油析出的氢气为阳极的两倍，因此除油速度快，乳化能力大。但是有渗氢的现象，会引起金属内部变脆，有时也造成镀层起泡。可以适当地采用高电流密度和缩短除油时间来克服上述缺点。阳极除油氧气泡少，pH 值降低，除油速度慢，但没有氢脆现象。为了解决上述两种方法的缺点，生产中常采用联合除油法，先阴极除油而后转为短时间的阳极除油，以便取长补短。采用交流电除油，效果也很好。高碳钢零件，如弹簧等弹性零件容易渗氢，一般尽量不采用阴极除油；如果采用阴极除油，则还必须进行去氢处理，即再用阳极电解的方法赶出氢气，应当指出，阳极除油易引起金属的溶解，因此，对尺寸精度要求高的零件不宜采用。

4. 除油过程的超声波强化

随着大功率超声波装置的问世，超声波场在除油前等处理中愈来愈多地获得应用，以强化除油和提高清洗质量。在需要 10～30min 化学除油才能除净的油污，在超声波场内可在 2～5min 内除净，且质量大为提高。

超声波是频率为 16kHz 以上高频声波，在往液体中发射超声波时，在某一瞬间产生减压力，接着的瞬间产生增压力的作用，如此反复，在产生减压作用时，溶液中会出现瞬时的真空空腔，溶液中溶解的气体会进入其中而形成气泡，气泡产生后的瞬间，由于压缩力的作用，气泡被压破，发生飞散而产生冲击波，同时，气泡瞬间能产生高温与高压。超声波能强化除油过程，就是利用其冲击波对油膜的破坏及空洞现象产生强烈搅拌相结合的结果，同时超声波反射而产生的声压，也加强了对溶液的搅拌作用。

超声波强化除油对于外形比较复杂的零件，除油效果远优于一般除油方法。但超声波是直线传播的，难以达到被屏蔽的部位，因此超声波发生器的振动子要放在槽内最有效的部位，同时零件需要旋转或翻动。

采用超声波强化除油还可以大大减少阴极除油的渗氢现象。

5. 酸洗

金属零件浸渍在酸性盐的溶液中，除去金属表面的氧化物和腐蚀产物的过程称为酸洗，也称为浸蚀。一般情况下，酸洗是在除油以后进行。酸洗也可以分为化学酸洗和电化学酸洗，有的工厂还用交流电酸洗。选择哪一种酸洗，要根据金属的性质，氧化物的特征和厚度来决定。

钢制零件常用的浸蚀剂是硫酸或盐酸，或者两者按一定比例混合成的“混合酸”。为了防止酸洗时金属工件表面过分腐蚀，造成凸凹不平，改变尺寸或引起渗氢，可在酸洗溶液中加入缓蚀剂。例如在硫酸洗液中加入二磷甲苯硫尿（若丁），在盐酸洗液中加入六亚甲基四胺（乌洛托平）。

常用的酸洗浓度（其余为水）为

①硫酸　　20%

②盐酸　　15%以下

③混合酸：硫酸　　10%

　　　　　盐酸　　10%

目前生产中大量采用的是除油除锈二合一工艺配方。

化学酸洗的温度不应过高，一般为 30～60℃。

黑色金属的电化学强浸蚀，通常是通直流电，金属制品既可在阳极，也可在阴极进行电化学浸蚀。

电化学浸蚀的优点是：速度快、酸消耗少、使用寿命长，碳钢和合金钢均可；缺点是消耗电能，因电解液分散能力差，对于复杂零件效果较差。

为克服阴极浸蚀过程的渗氢，发挥阴极浸蚀速度快，不腐蚀基体优点，最新的方法是在电解液中加入少量铅和锡离子，或者在阴极上挂 2%左右铅板或锡极，可防止渗氢的危害。也可通以电流。

6. 弱浸蚀

弱浸蚀永远是制品电镀之前必经的最后工序，其目的就是除去零件待镀过程中所生成的薄层氧化膜，使表面活化，提高镀层与基体金属的结合力。还可以中和零件表面残留的碱液，稳定电镀过程。

必须着重指出，在生产中酸性弱浸蚀液中积累的金属离子、油污等容易吸附于镀件上，造成镀后起泡、结合力不强等弊病，因此必须定期更换弱浸蚀液。

五、电镀工艺过程

1．电镀原理

电镀就是借助外电源的作用，使金属离子在阴极放电（还原反应），而把金属沉积在阴极表面上。其理论是电解理论。

电解就是以一定的电流通过电解质溶液（或熔融盐）时，在阴极发生还原、阳极发生氧化的过程，也就是电能转变为化学能的过程。

图 9－6 是电镀槽。电镀时，将用来电镀的金属接在电源的正极 1 上，作为电镀时的阳极；被镀的零件 3 挂在电源的负极 2 上，作为电镀时的阴极；电解液 4 是导电的电解质溶液，它含有用来电镀的金属离子；5 是抽风通道。

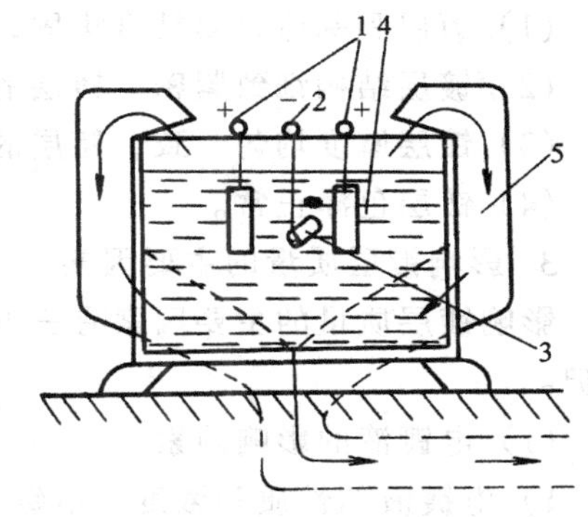

图 9－6　电镀槽

1—电源正极　2—电源负极

3—被镀零件　4—电解液

5—抽风通道

现在以钢制零件镀锌为例加以说明。当接通直流电源时，在两电极（包括锌和铁）以及连接直流电源和电源的外导线中，有移动着的自由电子，这种导体叫做第一导体。电流方向是从电源正极流出，通过溶液流入电源负极。

当电流通过两极间的电解液时，其中有移动着的带电离子，这种靠离子导电的电解质溶液导体叫第二类导体。带正电荷的阳离子 Zn^{2+} 和带负电荷的阴离子 SO_4^{2-} 同时存在溶液中，两种离子都参加导电。阳离子向阴极移动，阴离子向阳极移动。

直流电源不断地由锌阳极中补充自由电子，锌原子失去电子以后，锌阳极与电解液界面上产生 Zn^{2+} 并转移到溶液中。这样，锌板不断被溶解而变小，即在阳极上进行着氧化反应。

$$Zn - 2e = Zn^{2+}$$

直流电源连续不断地供给铁阴极自由电子，阴极在电解液界面上与阳离子 Zn^{2+} 相结合而成为金属锌，沉积在钢制零件表面上形成一层锌镀层，即在阴极上进行着还原反应：

$$Zn^{2+} + 2e = Zn$$

在电镀过程中，水本身也有微弱的电离，分解成为氢和氢氧根离子。氢为正离子，移向阴极进行还原反应，成为氢气在阴极逸出。氢氧根为负离子，移向阳极进行氧化反应，产生一部分氧气从阳极逸出。

电镀工艺分为两大部分：电解液配方和电解规范。前者包括组分及它们的含量范围；后者包括温度、搅拌方式和强度、阴阳极的电流密度、连续过滤和电流波形等。对于镀液镀层性能来说，电镀液配方往往是根本性的内因，电解规范是外因，后者通过前者起作用。若两者配合得当，则可以镀取性能优良的镀层。否则，即使电镀液配方很好，如电解规范控制不当，也得不到良好的镀层。因此不可偏废。

2. 镀层的质量要求

镀层的质量要求有以下几个方面：

(1) 镀层和基体金属结合牢固，这是镀层发挥功能的前提；

(2) 镀层结构细致紧密，镀层的耐蚀性与镀层的结构关系密切；

(3) 镀层厚度均匀一致，镀层的耐蚀性和耐磨性等往往与镀层厚度有关；

(4) 镀层色泽正常。

3. 影响镀层质量的主要因素

影响镀层质量的主要因素有三方面：电镀液的成分、电镀工艺条件和镀液的维护。

(1) 电镀液的影响因素

1) 电镀液的性质和浓度。电镀层是由于金属离子的放电所形成的，金属离子的浓度是影响电镀层的决定因素。一般认为，金属离子浓度减少时，镀层的结晶可以变细，因此应降低金属离子浓度。降低金属离子浓度的方法是使它形成复杂的金属离子，这种复杂离子在镀液中离解比较微弱，因而金属离子的浓度就降低。另一方面电镀液的浓度增加，镀液的导电率和允许电流密度增高，结晶比较粗糙。因此，镀液浓度一般以配制中等浓度为宜。

2) 添加剂。添加剂绝大部分是有机化合物。它是增加镀液导电能力的导电剂，如硫酸钠、硫酸镁；促进阳极溶解的活化剂，如氯化钠；稳定镀液酸度的缓冲剂，如硼酸、醋酸；使镀层结晶细致和增强光泽的有机添加剂，如硫化钠、硫胺、动物胶等。

3) 杂质。由于阳极材料纯度不够，电镀操作不慎所引起的一些机械杂质和可溶性化学杂质进入镀槽，对镀层都将有不良影响。为了获得质量好的镀层，要求电镀液和阳极保持干净。

(2) 工艺条件的影响

1) 电流密度。各种镀液都有最宜的电流密度范围，常常存在允许电流密度的上下限，若实际电流超过上限，则零件的夹角、边缘部位会烧焦、粗糙；反之，电流密度低于下限，则镀层发暗而无光泽。一般总希望允许的电流密度范围较宽。

2）温度。一般情况下，温度升高，镀层组织比较粗糙。另一方面又会使电解质的电离和阳极的溶解加速，镀液的导电率增加，就可在较高的电流密度下操作，从而抵消其他不良作用。因而不同的电镀工艺要求有一定的温度范围。

3）时间。电镀时间长，其镀层厚度加大，但光泽度不好。

4）搅拌。用机械或压缩空气搅拌镀液，可采用较大的电流密度，有利于镀层质量的提高。

（3）镀液的维护　电镀液在使用过程中，成分和性能逐渐发生变化，因而要对镀液作定期分析调整。如去除杂质加入沉淀剂和采用过滤等方法。加入酸碱来控制一定的酸度 pH 值等。

4. 防护－装饰性镀层体系的新发展

国外自六十年代以来防护－装饰性镀层无论在产量、耐蚀性和装饰性均有很大提高，这是人民生活水平提高和商品激烈竞争的结果。我国由于不太重视，防护－装饰性镀层体系曾一度落后，例如装饰性镀层产量国外已占电镀总产量的70%，而我国约为30%，可喜的是随着改革开放和社会进步，这一体系已日益受到重视，也取得了很大进步。国内外防护－装饰镀层的主要体系有：

（1）基体/Cu/Ni（半光）/Ni（亮）/Cr；（双层 Ni）；

（2）基体/Cu/Ni（半光）/Ni（高不亮）/Ni（亮）/Cr；

（3）基体/Cu/Ni（半光）/Ni（亮）/Ni/（镍封）/Cr；

（4）基体/Cu/Ni（半光）/Ni（亮）/Ni（高压力）/Cr；

（5）基体/Cu/Ni（亮）/Cr（单层 Cr）。

前四种国外常用，而第五种趋于淘汰，相反在我国占主导地位，这就是差距所在，在上述体系中亦有不采用铜作底层的，直接在钢铁基体上镀镍。在防护－装饰性镀层体系中若部分亮镍为同厚度的铜所代替，则由于腐蚀产物中有铜盐存在而加速腐蚀。若镍资源短缺时，用厚铜层代替薄镍层是可以的，不少国家的标准都允许这样做，我国就一直采用厚铜薄镍。

5. 电镀废水治理

电镀生产中排入的有毒废气、废水、废渣是环境的主要污染源之一，国家规定检查污染环境的 19 种物质中，电镀废水中就有 14 项，因而是“三废”治理的重要对象。电镀废水中含有剧毒的氰化物、铬酸、重金属（镉、铅、铜、镍、锌等)、酸碱及其他化学物质。电镀废水污染江、河、湖、海，危害人畜和水生物，渗入土壤则破坏农作物。对于一般电器制造工厂的电镀车间分厂，可采取下列经济实用的废水治理措施。

（1）改进电镀清洗方法　对各种电镀零件进行清洗时，应选择清洗效率高、清洗水量少和能够回收工件带出液的清洗方法。

(2) 碱性氯化液处理含氰废水　当采用氰化电镀工艺时，对于氰化物清洗废水，一般采用不完全处理（一级氧化处理）；若当地有特殊要求时，应进行完全氧化（即二级氧化）处理。废水中含氰浓度宜在 50mg/L 以下，废水经氧化处理后必须经沉淀和过滤后才能排放。当同时设有混合废水处理系统时，沉淀和过滤可在该系统内一并进行。

当氰化废水每昼夜排放量小于 $10m^3$，含氰浓度变化较大时，宜采用间歇式处理。

(3) 铁氧体法处理电镀混合废水　采用铁氧体法处理电镀混合废水，可以处理含铬、镍、铜、锌、银等多种重金属离子，镉离子应单独处理、含氰的金属离子应先经破氰处理后才能用铁氧体法进一步处理。转化成铁氧体的污泥经脱水后比较稳定，可防止二次污染。

(4) 电镀混合废水不制备铁氧体时，一般先用化学法（或电解法）处理，将废水中有害的重金属离子转化为金属的氢氧化物。然后用混凝、沉淀（或气浮）、过滤等固液分离措施，将金属氢氧化物从废水中分离出来。

(5) 离子交换法处理镀镍废水和镀金废水

离子交换法处理设备一般投资较高，对镀镍废水一般采用离子交换法处理，有一定的经济效益。但必须做到处理水循环利用，并回收硫酸镍用于补充镀镍槽消耗。

(6) 电解法处理电镀废水　电解法与气浮法组合处理电镀混合废水，由于其投入少量药剂，能得到较好的回收水质，提高了水的回用率，为电解法处理后水的回用开辟了新的途径。

另外，将电解法用于低浓度的回收槽上，从中回收金属银和铜等，以此来减轻后级清洗槽的负担，有一定的经济效益，尤其对回收金属银，应积极推广。

第三节　涂装工艺及设备

一、涂装工艺概述

1. 涂层的组成及配套要求

(1) 根据涂装的不同目的和要求，涂膜的组成，包括底漆、腻子、面漆和罩光漆。

1) 底漆是基体金属和面漆的中间层，它本身具有与金属和面漆的良好的附着力，可增强涂层的保护功能。

2) 腻子为使表面粗糙不平的工件仍能获得平滑光洁的涂漆表面，经常用腻子填补缺陷。它不能增加涂层的保护功能，而且施工麻烦，系手工操作，因此应尽可能采用平整的材料制造工件，少用或不用腻子。

3）面漆涂在底漆或腻子之上，它决定了产品的外观、色彩、光泽，并具有一定的机械强度，通常是产品的装饰性要求愈高，面漆层的层数就愈多。

4）罩光漆在高装饰涂层中为提高光泽，在面漆上涂一层透明漆。

(2) 由于涂层经常是多层的，底漆和面漆就要考虑优化配套，否则就得不到高质量的涂层。配套原则如下：

1）底漆与面漆的漆基应尽量相同，最好干燥条件也相同或接近。

2）如果面漆使用强溶剂，则底漆必须考虑不被强溶剂所咬起。

3）底漆的油度应比面漆短，否则面漆的耐热性差。

4）挥发性漆在固化剂固化型底漆上使用时，耐湿热性差。

5）漆基不同的底面漆配套，必须经过严格的人工气候和天然曝晒试验，或采用有关技术标准推荐的配套材料。

下面是几例比较好的配套例子。

①铁制工件：化学预处理后进行磷化，喷一道环氧铁红底漆、喷两道氨基醇酸漆。

②铁制工件：化学预处理后进行磷化，环氧电泳漆一次，喷醇酸磁漆二道。

③铝及铝合金件：阳极氧化，电泳漆一道，喷氨基醇酸磁漆二道。

④铝及铝合金件：预处理，涂乙烯磷化底漆，涂环氧铁红底漆，涂醇酸磁漆二道。

2. 涂层的质量等级

涂层的外观依加工精细程度的不同，一般可分为四个等级。

Ⅰ级加工：漆膜表面丰满、光亮（无光者例外）、平整、光滑、色泽一致、美观，几何形状修饰精细，基本无机械杂质，无修整痕迹及其他缺陷；美术涂层还应纹理清晰、分布均匀、特征突出、具有强烈的美术效果。适用于高级精饰要求的制品涂覆。

Ⅱ级加工：漆膜基本平整光滑，色泽基本一致，几何形状修饰较好，无明显的机械杂质，无显著的修整痕迹及其他缺陷，无影响防护性能的疵病；美术涂覆纹理清晰，分布均匀，具有美术特点。用于装饰要求较高的制品涂覆。

Ⅲ级加工：涂膜完整，色泽无显著差异，表面有少量较小的机械杂质、修整痕迹及其他缺陷；美术涂覆具有美术特点。适用于装饰性要求一般的制品涂覆。

Ⅳ加工：涂膜完整，允许有不影响防护性能的缺陷。适用于无装饰要求的制品涂覆。

二、涂装方法

1. 手工涂装

一般手工涂装方法是刷涂，其优点是节省材料、工具简单、不受工件形状和施工场地的限制。缺点是劳动强度大，生产效率低，快干漆的刷漆较困难。

刷涂操作随漆种不同而有很大的随意性，但主要是三步，即涂敷、抹平、修饰。最后的修饰可使漆膜厚度均匀，没有刷痕，做到平整光洁。

2．空气喷涂

空气喷涂是依靠压缩空气的气流，使涂料雾化，在气流的带动下涂到工件上去的方法。生产效率高，对所有的涂料品种都适用，膜层均匀致密。缺点是操作中产生大量漆雾，造成环境污染和对涂料的浪费。

3．高压无空气喷涂

无空气喷涂法是用动力源驱动高压泵压送涂料从喷枪的小孔中喷出，高速冲击空气，因压力急剧下降、涂料体积急速膨胀而分散雾化，涂到被涂物上的方法，其特点是涂装效率高，涂料飞散少、利用率高。适用于粘度大的涂料和喷涂面积大的涂料及工件。缺点是漆膜的装饰性差。

4．高压静电喷涂

静电涂装法是以接地的被涂物作为阳极，涂料雾化器接负高压，在两极间形成高压静电场，阴极产生电晕放电，使喷出的漆粒带电并进一步雾化，按同性相斥、异性相吸的原理，漆雾在静电场作用下，沿电力线方向高效吸附在被涂物上。

静电涂装的优点是能大幅度地提高涂料的利用率至80～90%；把繁重的体力劳动变成操作自动化，提高生产效率。缺点是由于使用高压电，火灾的危险性增大，对不良导体的涂装困难，对涂料及溶剂有特定的要求（如介电常数、电阻值、电偶极距）。

静电喷涂设备主要有高压静电发生器和电喷枪，分固定式和手提式，其雾化方式又可分空气雾化、离心力雾化、液压雾化、静电雾化和振动雾化式。设备选定后，工艺操作要点如下。

(1) 静电场的电场强度　它直接影响涂装效果，电场强度决定于电压以及电极与被涂物之间的距离，它与电压成正比，与极距成反比，适宜的平均电场强度为3000～4000V/cm。在不均匀电场中，场强高于4000V/cm时易产生火花放电，低于2000V/cm时涂着效率极差。在均匀电场中强达10000V/cm时才会产生火花放电。

(2) 喷枪的布置　对固定式喷枪而言，要注意与被涂物的距离，相邻两喷枪的距离与其他接地物的距离，以两支喷枪的喷流及图象互不干扰为原则。

(3) 涂装室的风速　依雾化方式的不同可在0.1～0.7m/s范围选择，风速过大会影响涂装效果。

(4) 工件的装挂　主要考虑工件不互相碰撞，工件距运输链应在0.5m以上，距地应在1.0m以上。挂具由于漆附着后使绝缘能力增强，因此要及时清理，防止静电集聚，电击伤人。

5. 电泳涂漆

电泳涂漆是60年代的先进涂漆施工技术。它的特点是生产效率高，劳动强度小，可以实现机械化与自动化连续操作；漆膜均匀，附着力强；涂料利用率高（可达95%），成本低。由于涂料可以用水作为溶剂，没有象有机溶剂的中毒和引起火灾等危险，从而大大改善了劳动条件。电泳涂漆的应用范围很广，钢铁、铝及合金等金属制件均可应用。

（1）水溶性漆及其成膜机理　水溶性漆是涂料本身能溶于水，而且成膜之后又能耐水的一种涂料。

水溶性漆之所以能在水中溶解，主要是水溶性合成树脂分子中含有一定量的亲水性强的基团，如羧基（—COOH）及胺（氨）基（—NH_2），使亲水性最强的成膜物质具有水溶性；当成膜之后，氨类又挥发逸出，羧基团游离出来（经交联剂交联，除去游离羧基使涂膜表面失去水溶性），生成不溶于水的成膜物质，构成具有耐水溶性的涂膜。这就是水溶性漆的成膜机理。

（2）电泳涂漆原理　水溶性漆的树脂在水中溶解后，以分子和离子的平衡状态存在，加直流电压后，两极之间产生电位差，离子产生定向移动。阴离子（带负电荷的树脂）向阳极移动，在阳极表面放出电子沉积于阳极表面；阳离子（带正电的氨离子）向阴极移动，在阴极上获得电子，还原成氨（胺），这就是电泳涂漆的基本原理。电泳涂漆的电化学反应过程是

1）电泳。在直流电场作用下，胶体分散介质中的胶体离子发生定向移动，这种现象称之为电泳。电泳液中除带负电荷的胶体树脂离子可以电泳外，其中所含的颜料、填料以及助溶剂等各种粒子也发生定向移动或被吸附在树脂粒子上随着电泳。

2）电沉积。在电场的作用下，带电荷的树脂离子电泳到达阳极，放出电子，沉积在阳极表面，形成不溶于水的涂膜，称为电沉积。电沉积是电泳沉积中的主要反应，电沉积首先在电力线密度特别高的部位，如物体的尖端、边缘、棱角处开始进行。而一旦沉积发生时，被涂覆工件（阳极）就会具有一定程度的绝缘性，电场于是沿着被涂覆工件（阳极）向后移动，直到最后涂覆上内表面得到一层完全均匀的涂膜为止。

3）电渗。当漆液胶体粒子受电场影响，向阳极移动并沉积在阳极（工件）上时，吸附在阳极上的介质（主要是水）在内渗力作用下，从阳极附近穿过沉积的漆膜进入到漆液中，这种现象叫电内渗，也称电渗。电渗作用是将沉积下来的涂膜进行脱水，通常新沉积的漆膜含水量有5%～15%，可直接进入高温烘干，不会发生起泡或挂流现象。

4）电解。当电流通过电介质水溶液时，水便发生水解反应，在阴极放出氢气，在阳极放出氧气。所以电泳涂漆过程中应尽量降低电压，并防止其他杂质混

入漆液中，因为电解反应时放出过量气体可被沉积的漆膜吸收影响漆膜质量，降低泳透能力。

(3) 电泳涂漆时工艺参数对漆膜质量的影响

1）漆液的固体含量（浓度）。电泳漆液的浓度低些较为经济，因被工件带出的漆少，损失小。漆液浓度高时，则漆膜厚，过厚则漆膜粗糙，呈海绵状。浓度低时，漆膜薄，过低时电泳时间要长，漆膜覆盖不好。一般清漆浓度以8%～10%左右为宜，色漆浓度则以12%～15%左右为宜。

2）漆液温度。温度变化的主要因素是电泳反应，即电能转变为热能，另外还有环境温度的影响。温度与漆的稳定性关系很大。温度高，则电沉积大，漆膜粗糙，过高则氨分解量大，使漆液不易控制，漆膜则出现针孔、露底和海绵状堆积物。温度低，成膜慢且细。过低则氨蒸发量少，pH值上升，电沉积量小，漆膜无光泽。一般温度控制在20～30℃左右为宜。

3）pH值。漆液的pH值过高，树脂会产生胺分解，影响漆液的稳定性，而且电泳效率下降，漆膜薄，电泳上的漆膜会发生再溶现象，在水洗时也易剥落。pH值过低，则亲水性下降，会发生漆膜堆积而粗糙，附着力不好。在电泳过程中，由于电解作用，不断有NH_4在阳极放出，但大部分保持溶解状态，漆液的pH值会不断上升，故应不断调整pH值，使之保持在一定范围内，一般以7～8.5为宜。

4）电压。电压对漆膜的影响很大。电压高，电流密度大，电沉积量大，漆膜厚。电压过高，电解速度加快，发热量大，气泡多，促使漆液老化，漆膜粗糙成海绵状。电压低，则漆膜覆盖力差，颜料上的少，树脂多，漆膜易露底。电压的选择与工件大小、材料和结构等因素有关，也与漆槽大小有关。可以通过试验选取最合适的电压。一般钢制零件为30～60V，铝及其合金为60～90V。

5）电流密度。电流密度大，则漆膜厚而粗糙；电流密度小则成膜时间长，漆膜细而薄。要维持高电流密度，必须有较高的电压，电压高时又对漆膜质量有影响、故应经过试验，选取成膜速度适中、膜层质量较好的电流密度。

6）电泳时间。电泳涂漆时间与漆膜厚度、工时、材料、结构、漆槽大小、极间距离、电压、电流密度、固体含量、pH值的大小等因素均有关系。时间长则膜厚，短则膜薄，一般电泳时间以2～4min为宜。

7）烘干温度。由于漆膜带有少量的胺成分，温度过高则发黄，过低则不干，附着力差。一般烘干温度在150～160℃左右。

8）漆液的搅拌。由于漆液的浓度低，颜料粒子容易凝聚沉淀。为了防止这一现象产生，必须进行搅拌。搅拌能使漆液浓度均匀，排除液面气泡，减少溶液温差。但速度不宜太剧烈，否则产生泡沫影响漆膜质量。

(4) 电泳涂漆的工艺流程　电泳涂漆由于操作简单，生产效率高，改善了劳动条件和降低了劳动强度，一般多以自动流水线式进行连续生产，其工艺流程见图 9－7。

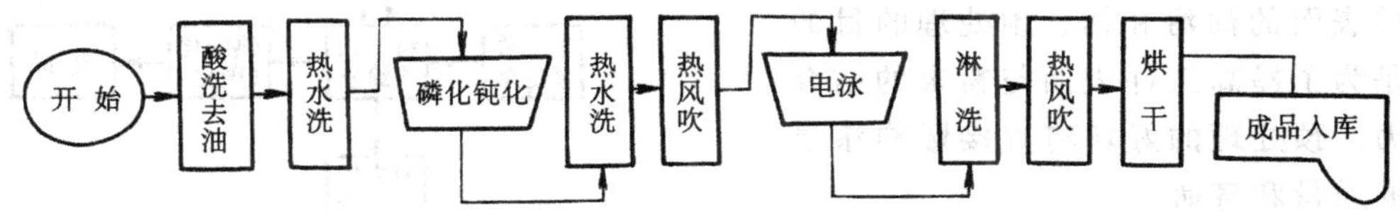

图 9－7 电泳涂漆工艺流程

6．静电粉末喷涂

（1）静电粉末喷涂的特点 应用 100％固体型的粉末涂料作为表面防护材料及其喷涂工艺。其特点：①粉末涂料中不含有机溶剂，基本对环境无污染；②在施工中多余的粉末基本上可以全部回收；③涂膜较薄（50～100μm），也可厚涂，膜层均匀，无挂流现象，在尖锐的边缘和粗糙的表面均能形成连续平滑的膜层；④便于实现自动流水线。

（2）粉末涂料的类型 粉末涂料可分为热塑性和热固性两大类。

热塑性粉末涂料以热塑性树脂作为成膜物质，这种树脂随着温度升高而变软，冷却后变硬，加温后又可变软。这个过程可以反复进行多次。热塑性树脂有较好的韧性和弯曲性。应用于粉末涂料的热塑性树脂主要有聚乙烯、聚丙烯、聚氯乙烯、尼龙和热塑性树脂等。

热固性粉末涂料以热固性树脂作为成膜物质。这种树脂加热固化后成为坚硬的最终产物而不能再软化。实用中有环氧树脂、聚酸树脂、丙烯酸树脂、聚氨酯树脂等。

（3）静电粉末喷涂的基本原理 粉末涂料的颗粒本身是微粒电介质，在静电场中颗粒的带电是由于粉末通过电晕放电而产生的电离层以及喷粉过程粉末颗粒间的摩擦而产生的。带电粉末颗粒飞向异极性的工作表面，并吸附在工件表面上。如图 9－8 所示。在静电粉末喷涂时，除了依靠静电力吸附外，还有喷粉过程借助于压缩空气的推动力，因而对工作凹处被屏蔽的静电场死角也能吹进一定的粉末，从而在一定程度上克服了涂敷不到的现象。

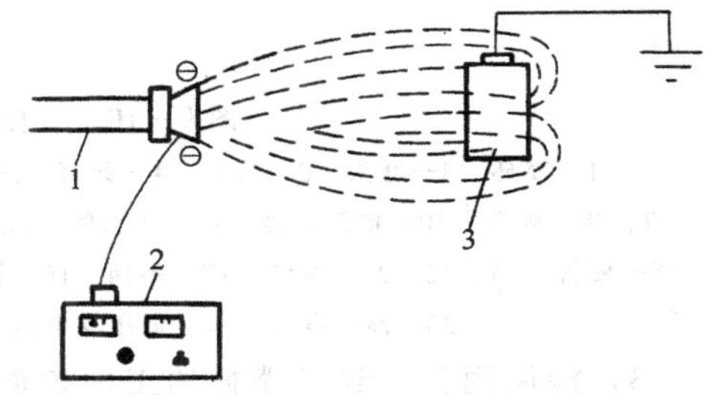

图 9－8 静电粉末喷涂示意图
1—静电喷粉枪 2—高频高压静电发生器 3—工件

（4）静电粉末喷涂设备及喷涂工艺过程 静电粉末喷涂工艺的主要设备包括：高压静电发生器、静电喷粉枪、供粉器、喷粉柜、粉末回收装置、烘箱。

喷涂工艺过程如图 9－9 所示。

1）工件预处理。工件预处理可以用机械或化学方法，用以除去工件表面的油污和锈、预处理的目的是为了提高工件表面与粉末的结合力。预处理的好坏将直接影响涂层的质量和寿命。

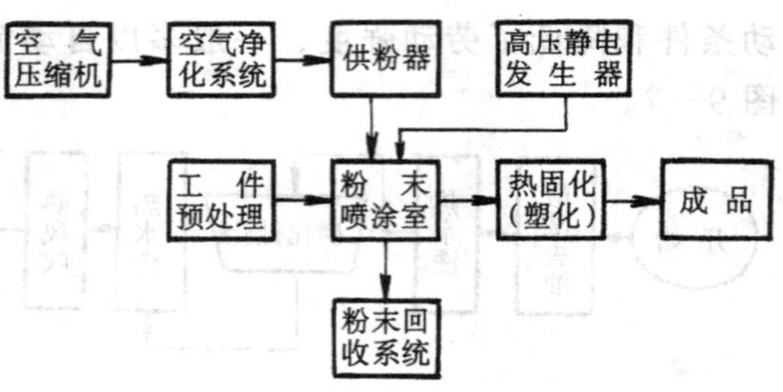

图 9－9 喷涂工艺过程框图

2）静电喷涂。工件在喷涂时，要将工件接地。粉末通过输粉管道，在净化的压缩空气推动下送入喷粉枪。喷粉枪结构如图 9－10 所示。喷枪的头部装有喷杯和极针，并带有负高压电（60～100kV），由于尖端电晕放电，在其附近产生了密集的负电荷，粉末从枪端喷出时，捕捉了一定的负电荷，在静电场的作用下，形成的粉末云雾，在压缩空气的推动下飞向工件，完成了喷粉过程。

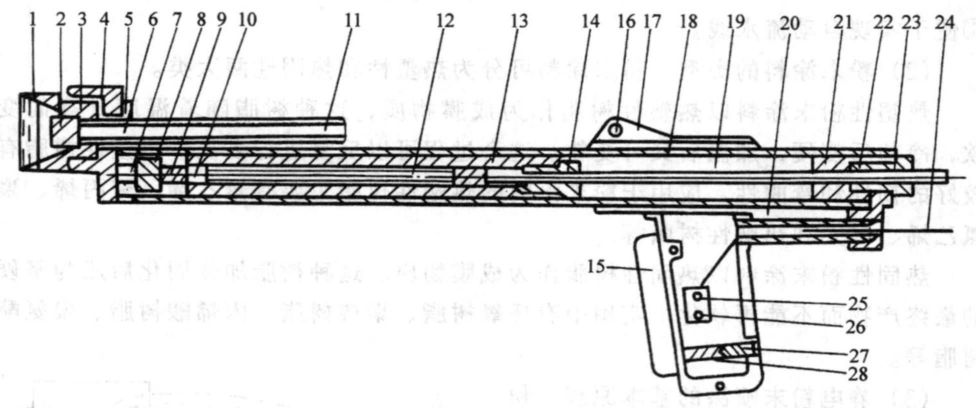

图 9－10 手提式喷粉枪结构图

1—喷杯 2—塞头 3—喷头 4—套筒 5—导电螺钉 6—喷嘴 7—导电柱 8—顶头 9、28—弹簧 10—电阻套盖 11—送粉管 12—高压合成电阻 13—电阻套管 14—锁紧螺钉 15—板机 16、22、27—螺钉 17—手柄 18—锁紧 19—枪身 20—低压导线套管 21—枪尾塞 23—高压电缆 24—低压导电线 25—微动开关 26—开固定螺钉

3）涂层固化。经过喷粉的工件表面依附着均匀的涂层。这层涂层需要经过加热使其固化或塑化，各类粉末涂料加热的温度和时间各不相同，固化温度一般为 160～250℃，时间为 15～20min 之间。

第四节 钢铁零件的化学热处理

化学热处理是将工件置于一定温度的活性介质中保温，使一种或几种元素渗入其表层，以改变其化学成分、组织和性能的热处理工艺。经过化学热处理的钢铁零件，可以获得许多特殊性能。有的可大大提高工件的使用寿命，有的可代替昂贵的高合金钢，有的能满足用其他方法很难做到的特殊要求，具有很大的经济价值。

化学热处理的方法很多，包括渗碳、渗氮、碳氮共渗以及渗金属（铝、铬、钒、锌等）。但无论哪种方法都是通过分解、吸收和扩散三个基本过程来完成的。

分解过程，即是由介质分解出活性原子；吸收过程，即是活性原子被工件表面吸收；扩散过程，即是被吸收的原子向工件内扩散。这三个过程是互相联系、互相制约的，它们的进行速度，对化学热处理的结果有直接影响。

一、渗碳

渗碳是为了增加钢件表层的含碳量和一定的碳浓度梯度，将钢件在渗碳介质中加热并保温使碳原子渗入表层的化学热处理工艺。渗碳的目的是提高工件表面的硬度和耐磨性。

1. 渗碳用钢

为保证工件渗碳后表层具有高的硬度和耐磨性，而心部具有良好的韧性，渗碳用钢一般是含碳质量分数为 0.1%～0.25% 的低碳钢和低碳合金钢。

2. 渗碳方法

根据所用渗碳剂不同，渗碳方法可分为固体渗碳、液体渗碳和气体渗碳三种。其中气体渗碳生产率高，渗碳过程容易控制，在生产中应用最广泛。

气体渗碳就是工件在气体渗碳介质中进行渗碳的工艺。如图 9－11 所示，将装挂好的工件放在密封的渗碳炉内，滴入煤油、丙酮或甲醇等渗碳剂并加热到 900～950℃，渗碳剂在高温下分解，产生的活性碳原子渗入工件表面并向内部扩散形成渗碳层，从而达到渗碳目的。渗碳层深度主要取决于渗碳时间，一般按每小时 0.1～0.15mm 估算，或用试棒实测确定。

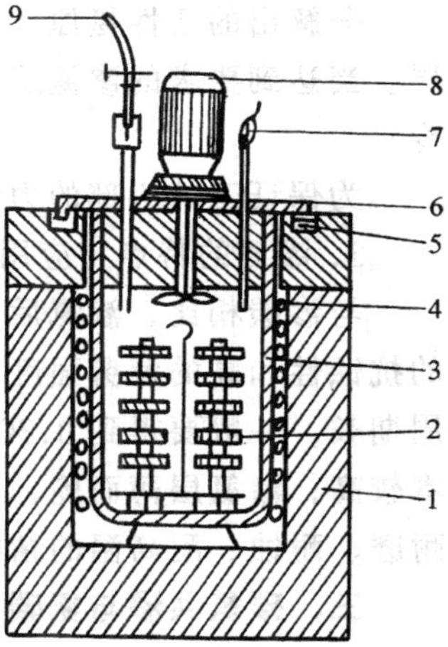

图 9－11　气体渗碳法示意图
1—炉体　2—工件　3—耐热罐　4—电阻丝　5—砂　6—炉盖　7—废气火焰　8—风扇电动机　9—煤油

3. 渗碳后的组织

工件经渗碳后，碳的质量分数从表面到心部逐步减少，表面碳的质量分数可达 0.80%～1.05%，而心部仍为原来的低碳成分。

4. 渗碳后的热处理

工件渗碳后的热处理通常为淬火或低温回火。根据工件材料和性能要求的不同，渗碳后的淬火可采用直接淬火或一次淬火，工件经渗碳淬火及低温回火后，表层组织为回火马氏体和细粒状碳化物，表面硬度可高达 58～64HRC；心部组织为低碳马氏体或珠光体型组织，硬度较低。因此，工件经渗碳淬火及低温回火后表面具有高的硬度和耐磨性，而心部具有良好的韧性。

二、渗氮

渗氮是在一定温度下（一般在 Ae_1 温度以下）使活性氮原子渗入工件表面的化学热处理工艺。渗氮的目的是提高表面的硬度、耐磨性以及疲劳强度和耐蚀性。

1．渗氮用钢

对于以提高耐蚀性为主的渗氮，可选用优质碳素结构钢，如20、30、40钢等；对于以提高疲劳强度为主的渗氮，可选用一般合金结构钢，如40Cr、42CrMo等；而对于以提高耐磨性为主的渗氮，一般选用渗氮专用钢38CrMoAlA。

2．渗氮方法

常用渗氮方法有气体渗氮和离子渗氮等。气体渗氮在专门的氮化炉中进行，是利用氨在500～600℃的温度下分解，产生活性氮原子，分解反应如下：

$$2NH_3 \rightarrow 3H_2 + 2[N]$$

分解出的活性氮原子被工件表面吸收并向内层扩散，形成一定深度的渗氮层。当达到要求的渗氮层深度后，工件随炉降温到200℃停止供氨，即可出炉空冷。

为保证工件心部的力学性能，渗氮前工件应进行调质处理。

3．渗氮的特点与应用

与渗碳相比，渗氮后工件无需淬火便具有高的硬度、耐磨性和热硬性，良好的抗蚀性和高的疲劳强度，同时由于渗氮温度低，工件的变形小。但渗氮的生产周期长，一般要得到0.30～0.50mm的渗氮层，气体渗氮时间约需30～50h，成本较高；渗氮层薄而脆，不能承受冲击。因此，渗氮主要用于要求表面高硬度，耐磨、耐蚀、耐高温的精密零件。

三、碳氮共渗与氮碳共渗

碳氮共渗是在一定温度下同时将碳、氮渗入工件表层奥氏体中并以渗碳为主的化学热处理工艺。碳氮共渗有气体碳氮共渗和液体碳氮共渗两种，目前常用的是气体碳氮共渗。气体碳氮共渗工艺与渗碳基本相似，常用渗剂为煤油＋氨气等，加热温度为820～860℃。与渗碳相比，碳氮共渗加热温度低，零件变形小，生产周期短，渗层具有较高的硬度、耐磨性和疲劳强度。

氮碳共渗即低温碳氮共渗，是使工件表层渗入氮和碳并以碳氮为主的化学热处理工艺。所用渗剂为尿素，加热温度为560～570℃，时间仅为1～4h。与一般渗氮相比，渗层硬度较低，脆性小，故也称为软氮化，氮碳共渗不仅适用于碳钢和合金钢，也可用于铸铁，常用于模具、高速钢刃具以及轴类零件。

第十章　母线连接的结构与工艺

在供电系统容量日益增大的情况下，发电厂和变电所中的高低压开关柜和配电屏、工矿企业中的大中型生产设备的控制屏，都普遍应用并联母线输送大电流以连接电源和各种电器来传输和分配电能，其经济程度比并联敷设电缆高得多。

母线电接触连接有可卸式与不可卸式两类：前者以螺旋式螺钉方式连接（简称柱接），后者以焊接、铆接或胶粘方式连接。据统计，电网中因母线接触不良导致的故障约占全部故障的10%。因此，提高母线接触连接的可靠性和降低其能量损耗便具有重大意义了。

母线通常用高电导率的铜或铝质型材制造。铝材以其经济电导率（即电导率与质量之比）为铜材两倍，资源丰富，且在大多数场合下对大气和化学作用颇为稳定等特点，使用尤为广泛。只有当周围介质对铝材有较强腐蚀作用或有长期剧烈振动的场合下，方使用铜质母线。

铝母线一般采用含铝量（质量分数）达99.5%以上的型材，而对机械强度要求高时，则采用铝镁合金。然而，铝母线表面易生成电阻率高且欠稳定的氧化膜，经一年左右的正常运行，接触电阻一般将增大3～5倍，这样，要使用铝母线，就应解决好如何降低接触电阻并使之稳定。

第一节　接触理论简介

两个相互接触导体之间的电导是在接触压力作用下形成的。这个力使它们彼此压紧，并以一定的面积互相接触。其搭接处的整个几何面只是视在接触面，真正的金属接触面仅见于少量被称为a斑点的区域。不论加工如何仔细，搭接面总是具有波纹起伏（图10－1a）。

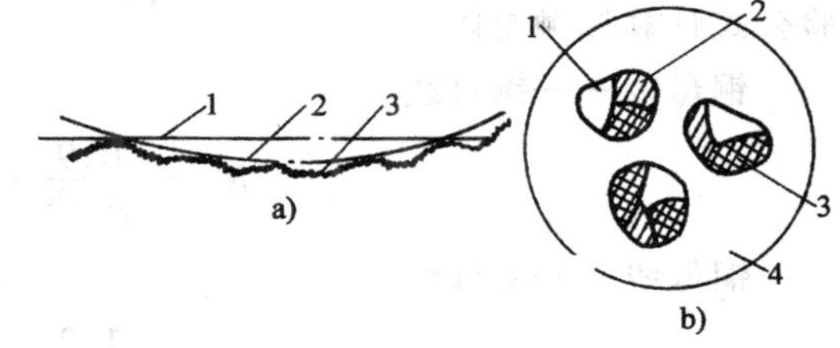

图10－1　导电体之间接触情况

a) 1—理想平面　2—宏观不平　3—波纹状起伏

b) 1—纯金属接触区　2—准金属接触区

3—含绝缘膜的接触区　4—未接触区

后者在接触压力作用下发生弹性及塑性形变，形成a斑点。与视在接触面比较，a斑点的总面积小多了。如果接触压力很小，真实接触的面积还与覆盖在接触面上的各种膜层有关，如图10－1b所示，a斑点有纯金属接触区，覆盖着尘埃膜、化学吸附膜以及只能借隧道效应导电的有机膜等膜层的准金属接触区，还有覆盖着有机绝缘暗膜的不导电接触区。在a斑点之外，便是未接触区。

接触电阻的另一组成部分是膜层电阻R_m，它是因接触面上的各种膜层使得实际接触面缩小和电阻率增大而产生的。膜层按其产生原因大抵可分为如下的四类：

1）尘埃膜　它是由灰尘、织物纤维、介质中的杂质、放电产生的含碳微粒等因静电力而吸附于接触面上形成的。这种膜层既易形成，也易脱落，其电阻随机性极大，对于电接触几乎无害。

2）化学吸附膜　它是气体分子和水分子等吸附于接触面上形成的。其厚度仅为数个分子层，与电子固有波长相近，故电子能以一定概率通过此薄阻挡层，产生隧道效应导电。化学吸附膜虽会使接触电阻增大，但一般仍属无害，只是电阻很不稳定。

3）无机膜　主要指氧化膜和硫化膜，其生成与材料的化学、电化学性质以及周围环境条件密切相关。由于金属氧化膜的电阻率通常可达纯金属的10^8～10^{16}倍，故对导电危害极大，必须采取措施破除。

4）有机膜　它是绝缘材料或其他有机物排出的蒸气在金属接触面上形成的粉末状聚合物。有机膜不导电，击穿场强又高，对电接触危害极大，它有厚膜（厚度在1×10^{-9}m以上）与薄膜之分；前者的电阻类同于绝缘电阻，故不能导电；后者靠隧道效应导电，故会增大接触电阻，且使之不稳定。

影响接触电阻值的主要因素有：导电材料的硬度；接触面的粗糙度（以R_a=0.8～3.2μm为宜）；接触面的显微几何形状；接触压力及视在接触面积等。但后者影响并不明显，例如，当此面积增至10倍时，电阻仅减小30%～40%。

当接触面粗糙度R_a=0.8～3.2μm，接触压力P_c=10MPa时，可按下列经验公式计算接触电阻；

铜母线——铜母线

$$R_c = \frac{0.9}{P_c^{0.92}} \times \frac{1}{A^{0.11}} \tag{10-1a}$$

铜母线——铝母线

$$R_c = \frac{1.2}{P_c^{0.91}} \times \frac{1}{A^{0.12}} \tag{10-1b}$$

铝母线——铝母线

$$R_c = \frac{1.4}{P_c^{0.91}} \times \frac{1}{A^{0.13}} \tag{10-1c}$$

式中　A——视在面积，单位为mm^2。

由于实际工作条件总是异于试验条件，故这组公式仍不免带有一定的误差。

两平面搭接母线接触区的电阻 R 是接触电阻 R_c 与该处导体固有电阻 R_i 之和：

$$R = R_c + R_i \tag{10-2}$$

在搭接区长度 L 比母线厚度 δ 大得多时，母线搭接区的固有电阻 R_i 与两根长度亦为 L 的母线并联时的电阻很接近。当 L 较小时，电流线将发生弯曲，R_i 将大于上述电阻。在母线宽度不变的条件下，电流线的弯曲与 L、δ 的关系很密切。令长度与搭接区相同的母线的电阻值为 R_0，则搭接区固有电阻

$$R_i = KR_0 \tag{10-3}$$

式中　$K = 3.211\lg[1.43(1+g/l)]$，其值在 0～1.7%之间。　(10-4)

第二节　铝导线搪锡

前节所述，在许多输配电装置中以铝母线代替了铜母线，而电器产品由于受到体积限制仍采用铜做引出线，因此在装置中出现大量的铜铝接头。不同种类的金属的接触会发生电化学腐蚀，将导致接触电阻的增加和温升过高。温度的增高将进一步加快电化学的腐蚀，腐蚀结果又使接触电阻继续上升，从而形成恶性循环，致使接头烧坏。

如果铝母线接头搪一层锡，不仅是一种防止铜铝接头电化学腐蚀的有效方法，而且也可以防止铝氧化，并保证接触电阻稳定。但由于铝金属在空气中的迅速氧化，铝母线接头搪锡是十分困难的，其工艺方法有待进一步的改进和完善。铝接头搪锡常用的方法有超声波搪锡和化学方法搪锡。

一、超声波搪锡

超声波搪锡是利用声波在锡液中传播的空化现象，所产生的极大冲击力除去铝表面的氧化膜而实现铝母线搪锡。

超声波搪锡原理及装置示意图见图 10－2。超声波搪锡设备主要由振荡器、功率放大器、磁致伸缩换能器、变幅杆、锡槽及控制设备组成。

图 10－2a 是推动磁致伸缩换能器激发电源发生器。它是采用一般方法，即用一个可变频率而输出为正弦波的振荡器推动一放大线路。另外，还有一个为极化用的直流电源，以供给换能器某一恒定的励磁电流。极化电源与激发电源用一扼流圈和电容隔开。

图 10－2b 是搪锡槽和磁致伸缩换能器。一切磁致伸缩物质均对温度敏感。当温度上升至居里点时，物质磁性便消失，声速也随温度而变化，所以功率较大的换能器，必须有良好的冷却设备，该磁致伸缩换能器用循环水冷却。电阻丝加热器用来保持锡锌合金呈液态。

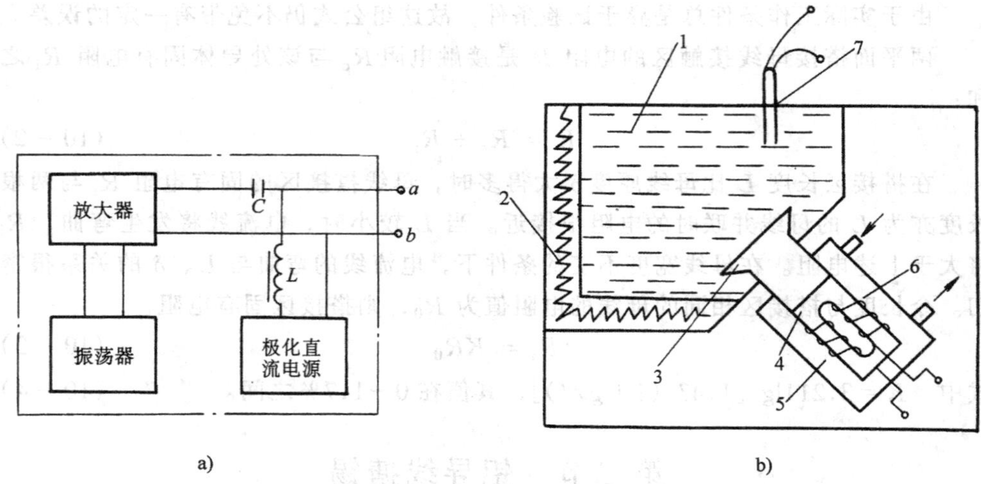

图 10－2 超声波搪锡装置原理图

a）电源发生器框图 b）搪锡槽及换能器

1—锡钟液 2—电热丝 3—变幅杆 4—磁致伸缩换能器

5—冷却水循环系统 6—励磁绕组 7—热电偶

当功率放大器输出的超声频电流通过磁致伸缩换能器的励磁绕组时，换能器就产生相应频率的机械振动，振动通过变幅杆向熔融的锡锌合金液辐射声波。当能产生负压强的声波在液体中传播时，会在液体中局部形成空腔，而且空腔随后迅速闭合，即产生空化现象（空腔的产生及其对介质或四周所导致的效应称为空化现象）。当空腔闭合时，会产生很大的局部压力，利用这种空化现象所产生的冲击压力来破坏铝金属表面的氧化铝，从而达到锡与铝的结合。

1．锡槽配料

选择低熔点、高流动性焊料，可以提高搪锡效率；选择在电化程序上与负金属铝接近的金属作焊料或选择某些结晶细的多元合金焊料，可以改善搪锡件防潮性能。根据以上原则，要求采用含 Sn90％（质量分数）的锡锌焊料，熔点 220℃，具有高流动性，可获得较高效率。

2．工艺操作和过程

由于轧制的铝线都有很厚的氧化膜，在运输过程中往往粘有油或其他污物，因而搪锡前须将铝母线浸在 NaOH（苛性钠）10％（质量分数）的水溶液中进行化学处理，以清除油或其他污物，并初步清除氧化铝；然后用清水将铝母线冲洗干净，以便于搪锡。处理时间为 15～25min。

铝母线经预处理后用清水洗净，然后放进烘箱中预热，烘箱温度为 200℃。预热的目的是因预处理母线的表面附有冷水，直接搪锡会造成锡液飞溅而灼伤人体。另一个重要原因是冷的铝母线直接搪锡容易使锡局部冷却，使母线浸入与未浸入部分，在锡面的交界处产生桔皮和桔渣，影响美观和质量。预热可使铝母线温度接近锡的温度，这样避免发生桔皮等现象，使搪锡质量得到保证。超声波搪锡设备使用过程：①先将换能器的冷却循环系统的循环泵的阀打开，以使冷水持续不断地循环。②开启熔锡加热电源，使锡熔化到200～240℃范围内即可使用。③锡熔化到一定温度以后，再开启发生器电源的按钮，约5min后（电子管灯丝预热时间），即可按下高压开关或脚踏开关。当高压指示灯指示高压已接通时，就可调节“频率调节”旋钮，使发生器在锡槽内振动。电器设备需要稳压，否则电压的波动会影响搪锡的质量。

搪锡操作方法如下：将搪锡铝母线浸入熔融锡锌合金溶液中，使其平行贴近变幅杆的辐射面并作匀速运动（包括母线正反面均需匀速移动）。移动的作用是克服辐射面声场分布不均匀的缺点和消除气泡对铝母线的附着现象，以获得均匀平滑的搪锡面。搪锡后用约0.5mm的弹簧钢片或磷铜片等弹性材料刮去表面流锡，刮光后母线表面应涂上一层中性凡士林。

3. 质量检查要求

1）铝母线制品经搪锡后应获得平滑光亮的锡层。

2）搪锡部分应无任何剥落、起泡，特别是铝母线通电的接头接触面的搪锡层质量更要重视，应严格检查。

3）搪锡刮光后，不可在搪锡面处留下波纹状漏锡和积疤。

二、化学搪锡

本工艺适用于铝母线接头接触面表面化学搪锡，以提高母线接头处接触质量。

1. 使用材料

主要材料有氯化锌，氯化铵、氯化钠、锡、锌、氢氧化钠，硝酸，无水乙醇和凡士林油等。

2. 设备及工具

其主要设备有：①搪锡锅；②0～500℃温度计；③2kW电炉；④烘箱0～200℃，或自制烘干设备；⑤浓度计；⑥塑料盆；⑦薄磷铜片。

3. 化学溶剂配方

（1）配方材料的质量百分比　配方材料的质量百分比如下：

氯化锌（$ZnCl_2$）	65%
氯化铵（NH_4Cl）	25%
氯化钠（NaCl）	10%
无水乙醇（C_2H_5OH）	

（2）配制方法　将氯化锌、氯化铵、氯化钠三者研成粉末拌在一起，放在无水乙醇中使之形成乙醇饱和溶液，粉末与乙醇比例为150g∶300mL，配备2～3

天后方可使用。使用前不需搅混，但使用后需加盖，以防乙醇挥发。配制好的溶剂一直可以使用，不必更换，仅在适当的时候补充乙醇即可。

4. 锌锡锅中锌锡材料百分比及温度控制

(1) 材料质量百分比　锡（Sn）80%，锌（Zn）20%。锌的比例越大越容易搪上锡，但锡层防潮性差。

(2) 搪锡锅温度控制　锡锅温度约在420～500℃，其最佳温度为470～480℃。

5. 铝母线表面预处理化学材料的含量

用含量计选择氢氧化钠（NaOH）含量为10%；选择硝酸含量为10%。

6. 操作工艺过程

1）将电炉通电，将盛有锌锡的锅加温到470～480℃，并保持温度稳定。

2）铝母线在处理前，将母线浸入温度为常温、含量为10%的氢氧化钠溶液中30min左右，然后取出并用水冲洗；再放入温度为常温，含量为10%的硝酸溶液中几秒钟，取出后用水冲洗，再晾干或烘干然后搪锡（经过上述处理后的铝母线应尽快搪锡，若放置时间长，往往因生成较厚的氧化膜，不易搪上锡）。

3）搪锡操作过程

①将预处理过的铝母线在乙醇饱和溶液中浸一下后，放在150～200℃的烘箱或自制烘干设备中预热约2min。

②检查预热后的铝母线，如母线要搪锡的表面已出现白色粉末薄层而无黑点，则应马上取出浸入锡锅中；

③浸入锡锅中片刻就会出现因铝层剥落而发生的“啪啪”或“吱吱”声，待声音消失后即可将铝母线取出。母线在锡锅中停放时间约为2～3s；

④取出的铝母线对已搪上锡的部分表面用薄磷铜片刮平；

⑤已刮平的铝母线在冷却后，用汽油或乙醇擦去母线表面的溶剂残渣；

⑥为了防止氧化，将上述加工后的铝母线添上一层薄凡士林油。

第三节　母线涂敷导电膏及其涂敷工艺

一、概述

以往在栓接母线连接中普遍采取涂油脂的方法保护搭接面，使之不为大气所腐蚀。这种工艺简便易行，但效果并不理想。

通常涂敷在搭接面上的油脂是低熔点的碳氢化合物——工业凡士林。它的色泽由淡褐色至深褐色，滴点温度约60℃，不含游离碱，酸度约为0.28。当母线接触面的粗糙度 R_a 为6.3～12.5μm，并涂敷工业凡士林时，在10～16个月内，40%的搭接连接温升会上升67%～88%。其原因一是滴点温度过低，在60℃左右即软化并逐步流失，致使接触面在后续的运行过程中失去防护层；二是它本身无导电性，起不到扩大导电面的作用。

因此，近20余年国内外均研制并推广了既能保护母线金属基体、又能增大接触和导电面积的接触导电膏。

二、接触导电膏的组成成份和机理

接触导电膏是一种含导电填料和胶粘剂的具有流动性的糊状导电涂料。它体现了去除膜层、密封和形成大面积隧道效应导电区等三位一体的思想。从而最大限度地降低了搭接区的接触电阻，并使之在长期运行中保持稳定。

作为导电填料的是电导率高、不易氧化、且有适宜粒度的金属粉末，其直径、形状和浓度均直接影响到导电膏的性能。曾以60mm×60mm铝母线进行试验，测定搭接区正压力为36kN时填料颗粒等效直径d对接触电阻R_c的影响（图10－3）。试验结果还表明，在球状、鳞片状和碎块状颗粒中，碎块状颗粒破损接触表面膜层的效果最好。至于填料的含量以金属颗粒近乎直接接触为佳，因为只有这样才能形成隧道效应，以提高导电膏的电导率。但填料含量不宜过高，否则将使导电膏的流动性变差。

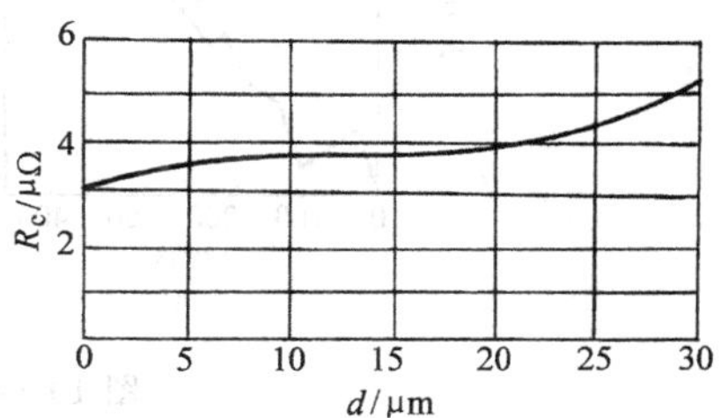

图10－3 填料粒度对R_c的影响

粘合剂一般是采用卤化烃液体和其他有机树脂，其流动性是影响导电膏性能的重要因素之一。因为它既决定了填料粒子的分布，也决定了导电膏受挤压后从纯金属接触区被挤出的程度。无疑，粘合剂本身的导热性能及其在长期运行中的稳定性与是否具有化学腐蚀性等，同样会影响导电膏的性能。

三、导电膏的作用机理

首先，导电膏具有去膜作用。其中的导电填料——金属颗粒不仅具有导电作用，且在螺栓紧固过程中能对母线接触表面起研磨作用，在很大程度上破碎并清除了其上的各种膜层。

其次，导电膏具有密封作用。它填满了两接触面间的全部空隙，能阻止任何气体侵入接触区域，从而防止了氧化膜和其他膜层之形成。这就最大限度地稳定了接触电阻值和保护了基体金属，使之基本上免遭化学及电化学腐蚀。

最后，导电膏还具有隧道效应导电作用。如前所述，母线搭接区的实际接触面积仅为视在接触面积的3%左右。然而，当接触面间的空隙填满了导电膏后，就在该处形成了许许多多的隧道效应导电通道，从而相当程度上扩大了实际接触面积，改善了搭接区的导电和导热状况。

四、导电膏改善电接触的作用

以50mm×5mm×800mm（搭接区长度50mm）的母线通600A工频交变电

流、按每次通电 6min 随即停电 4min 进行循环试验，并从 $n=175$ 次起以 2.5 倍过载电流（1500A）连续操作 16 个循环。试验持续了 3 个月，经历了我国南方梅雨及高温季节。试验结果（见图 10－4）表明：搭接接触面涂敷导电膏者（曲线 1 用左边纵坐标），R_c 初值小，且经多次循环加热后不仅增大不多，并很快趋于稳定；而未涂敷导电膏者（曲线 2，用右边纵坐标），R_c 初值大，且随循环次数增多迅速增大。

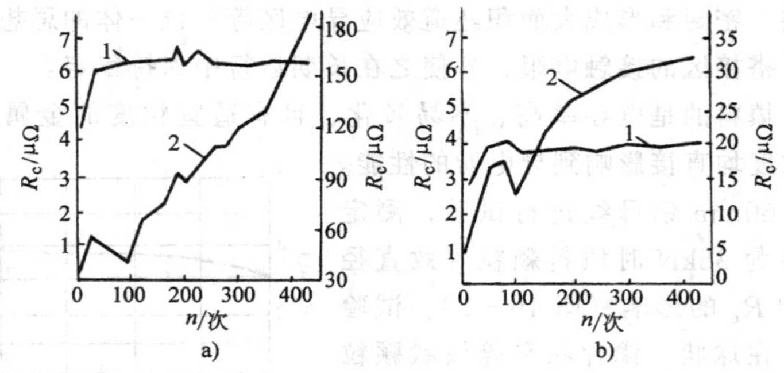

图 10－4 导电膏对 R_c 影响

a）铝－铝搭接 b）铜－铝搭接

用上述母线还作了温升试验（图 10－5）。

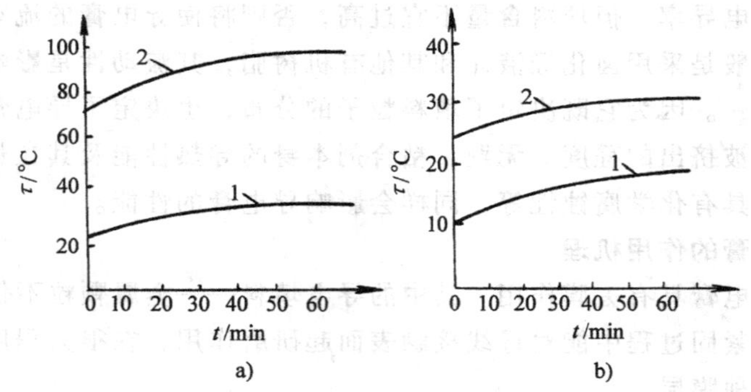

图 10－5 导电膏对母线温升的影响

a）铝－铝搭接 b）铜－铝搭接

结果表明：涂敷导电膏后（曲线 1），搭接区温升比未涂敷导电膏者（曲线 2）低一半以上。此现象对于铝——铝搭接尤为明显。此外，还发现涂敷导电膏后搭接区已由发热体转化为受热体，故母线其他部分的温升亦有所降低。

导电膏改善搭接连接的作用除直接体现在因接触状况明显改善而收到降低接触电阻、降低温升和节约能源等效果外，还因其滴点温度高（200℃以上），可保证通过必须承受的短路电流而严重发热时也不致从接触区流失，因而提高了搭接连接的工作可靠性。此外，导电膏还具有无毒、无臭、无污染、耐腐蚀、抗严寒、不氧化、不长霉和性能稳定等特点，涂敷工艺（见本节五）又十分简便易行，无需过渡排，适用性也非常强，价格低廉，故易于推广。

另一方面，由于导电膏解决了铝母线难以搪锡的问题，在很多场合可实现以铝代铜降低成本的要求，且在节省工艺设备投资及任何场合均便于施工作业等方面又有独到之处，故极应予以推广。

五、导电膏涂敷工艺

接触导电膏的使用效果在一定程度上取决于其涂敷工艺，故在给母线搭接触面时，应严格遵守工艺操作规程。

1. 材料

导电膏、无水乙醇（或丙酮、汽油）、干净棉纺等。

2. 工具

扳手（或力矩扳手）、钢丝刷轮（或钢丝刷）、铜丝刷、粗砂布、金相砂布、细锉刀、刮刀等。

3. 准备工作

操作前将需要的材料和工具准备齐全，同时清扫工作场地，使无飞扬的尘土，并保持干燥、无凝露。

4. 工艺过程

将经过前处理的母线以细锉刀去除其接触面上的毛刺，再先后以粗细砂布打磨，直至平整无明显麻点为止。若接触面原来无毛刺，则一开始即以细砂布或钢丝刷打磨，以去除其表面上的氧化膜。

涂敷导电膏的工艺操作因母线材料而异。

铜母线在涂敷导电膏之前要先以铜丝刷轮或钢丝刷再次打磨以去除氧化膜，然后用干净的棉纱蘸上无水乙醇或丙酮擦拭干净。待干燥后均匀涂上一层约0.2mm厚的导电膏，并将接触面叠合，同时用扳手将螺母拧紧。拧螺母时应注意使同一接触面的各螺栓受力均匀，而且用力恰到好处（使紧固正压力为5～10MPa），以免接触面因被压过紧或受力不匀发生形变。

铝母线在用钢丝刷轮去除接触面的氧化膜后，立即预涂约0.05～0.1mm厚的一层导电膏，然后用铜丝刷轮轻轻擦拭，并用干净的棉纺擦拭膏体，接着重新敷一层约0.2mm厚的导电膏。最后，将接触面叠合，并将螺母拧紧。

对于镀银接触面和家用电器按插件的接触面，若无发黑现象，只需用无水乙醇或丙酮、汽油擦拭。待其挥发后，再均匀涂敷一层约0.1～0.15mm厚的导电膏。倘若接触面有发黑现象，则应先用金粗砂布打磨，待表面磨光，再按前述方式擦拭和涂敷导电膏。

至于多根并联的母线组，若母线间的间隙过小，以致无法将钢（铜）丝刷伸入打磨，可将砂布粘于木制薄片上伸入打磨。其余工艺操作不变。

5. 注意事项

涂敷工具应保持清洁。导电膏应涂敷在有效搭接触面内，且不宜涂得太厚，以免浪费。涂层可用刮刀刮平，但应保持其厚度。拧紧螺母时，若有少量膏体自搭接区边缘挤出，不必擦掉。有条件时，宜采用外径为螺径直径三倍的大垫圈，以求进一步减小接触电阻。操作时切忌导电膏与苯、甲苯、二甲苯等混合，而且用毕后应将导电膏的容器盖好，以免有灰尘和杂质侵入容器内，污染膏体。

第四节　大电流导线的栓接

工作电流为3kA及以上的大电流母线，其搭线区接触连接的运行稳定性是较差的。就运行情况而论，大电流母线接触连接的温升普遍偏高，严重时甚至比母线本体高80～90K。原因在于：接触连接很不完善，以致搭接面未得到充分利用；母线材料蠕变使接触压力减小；接触面严重氧化，使接触处的电阻率剧增。

针对这些问题可采取下列措施：

1. 增加接触面

把一根20mm×100mm的母线更换为两根10mm×100mm的母线，接触面将增为4个（图10－6a），这无疑对降低接触电阻和温升均有利。如能再设置两个直角状的附加连接板（图10－6b），还能再增加两个接触面。这种措施常用于和变压器的连接。据试验，采取此类措施可使长期运行的稳态温升降低1/3以上。

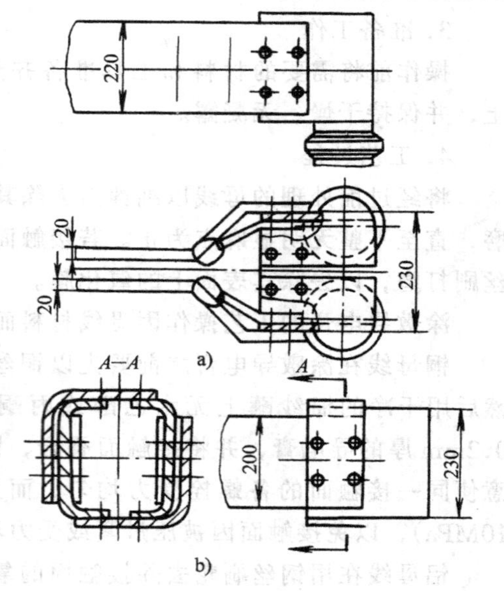

图10－6　增大接触面降低温升

a) 接触面增大　b) 附加直角状连接板

2. 稳定接触压力

这对长期荷载或循环性荷载的母线来说，可以降低接触电阻并抑制其增大的趋势，因而是很有益的。

3. 给搭接接触面深镀保护覆盖层

这是一种防止搭接接触面性能劣化的有效措施。为说明其作用，曾在充满潮湿空气、且含氯蒸气3mg/m^{3}或碱蒸气1.5mg/m^{3}的密封室内，对截面积为6mm×60mm的母线进行$n=250$次循环加热试验。试验结果见图10－7。

由图10－7可见，钢质母线无保护性金属覆盖层时，经250次循环通电加热后，接触电阻增量ΔR_c与原接触电阻R_c之比达97%。有铝覆盖层时，增量比约72%。有铜覆盖层时，该比值仅为50%。

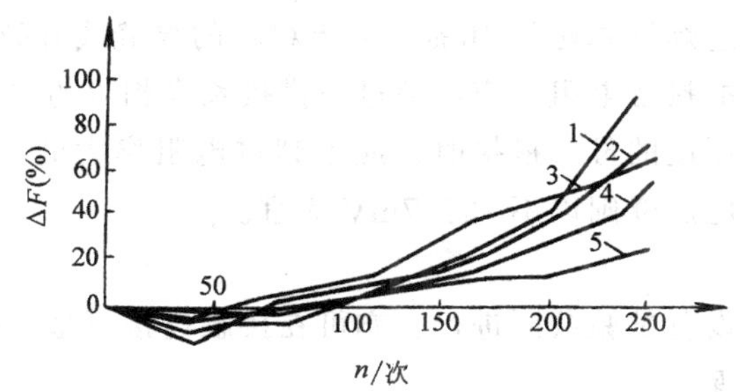

图 10－7　不同覆盖层对接触电阻的影响

1—未经处理的钢－铝　2—镀铝的钢－铝　3—镀铝的钢－镀铜的铝

4—镀铜的钢－铝　5—镀铜的钢－镀铜的钢

钢质母线毕竟用得很少，一般仅见于电解工业。电力部门用得最多的还是铜质和铝质母线，尤其是后者。为保护其搭接面免为化学及电化学反应所腐蚀，从而降低接触电阻和温升，通常对其接触面也要用搪锡处理。在搪锡处理时，由于工艺上的方便性，往往不仅给接触面搪锡，而是将整个搭接段的全部表面全搪上一层锡。

当两种不同材质的母线互相搭接时，尽管它们的搭接段均已作搪锡处理，但为了防止运行中发生电化学腐蚀，往往在搭接部分要使用由该两种材质制造的双金属排，即俗称过渡排。搭接时，双金属排的两接触面皆应与同材质的母线接触。在栓接中尤其应该注意。

第五节　母线连接的试验方法

一、常规试验

凡成批生产的母线连接，或安装工程中大批应用的可卸及不可卸母线连接，均宜按 0.5%的比例（或不少于 10 件）进行常规试验。其内容应包括加工之符合技术要求和工艺守则与否、测量电阻和镀层或涂覆层厚度等。

对于可卸式连接应检查接触面的缝隙，以 0.03mm 塞尺能插入的搭接区周界不超过 25%为合格。连接处的接触压力（用力矩扳手检查）应不小于 10kMa。

熔焊或钎焊的母线连接的检查方法如下：

1. 外观检查

焊缝表面应呈均匀鳞片状，且无浮积。近基体金属处应当平滑。焊缝中裂缝、烧穿及未焊透的总长不得超过焊缝全长的 10%，且不大于 30mm，焊缝的凹不可超过焊件厚度的 10%，且不大于 3mm。

2. 内部缺陷检查

需要时可借金相法（显微试片）或磁感应法检查焊缝内部缺陷。钎焊连接未焊透处长度不可超过焊缝总比的10%，且无粗糙的焊缝或有裂缝。

至于母线连接的接触电阻，应不超过与搭接长度相等的单根母线的电阻（当不同电阻率或不同厚度的母线搭接时，应不超过电阻率大的母线的电阻值）。栓接母线连接的直流电压降则以不大于7mV为宜。

二、型式试验

此项试验可与设备试验共同进行，亦可在接触连接模型上进行。其项目有：

1. 静态拉伸试验

它仅适用于熔焊及钎焊连接，试样不少于3件。若试样的静态拉伸强度不低于整体母线试样的30%即认为合格。

2. 栓接连接扭转试验

其目的在于确定连接承受扭矩的能力。具体方法是在试样上加以扭矩，其大小应使夹紧螺杆中的应力值达屈服点的90%，并保持20s，再改变扭矩方向重复进行试验。试样应不少于3件。若栓接连接在试验中不发生转动，即认为合格。

3. 振动和冲击试验

若有此项要求，则取6件试品在振动台上以20～25Hz间的一个固有频率加上1g的加速度试验6h。试后如未发现有残余形变或损坏、或是以妨碍正常操作的螺栓松动，以及额定电流下的接触电阻和温升变化均未超过规定值，即认为合格。

4. 电阻测量

接触连接的电阻可用电压降法、微欧计或双臂电桥测量。电位线采用针形接头以破除测量点的氧化膜，提高测量准确度。电阻值以20℃时为准，若在温度为θ时测量，应按下式折算：

$$R_{c,20}=\frac{R_{c,\theta}}{1+\frac{2}{3}\alpha(\theta-20)} \qquad (10-5)$$

式中 $R_{c,\theta}$——温度为θ时测得的接触电阻；

α——电阻温度系数。

5. 额定电流发热试验

此项试验在电阻测量后进行。母线通以额定电流，待发热稳定后用热电偶测量其接触连接处的温度，其结果应符合标准或技术文件的规定。

6. 额定电流发热时效试验

它在新型接触连接投产时进行，目的在于校核其长期工作的可靠性。试验时间按标准或技术文件规定，或通电不少于2000h，试品应不少于20件，且均为额定电流发热试验合格者。

若样品总数为n，有故障者数量为m，则无故障概率为

$$P = \frac{n - m}{n} \tag{10-6}$$

所谓故障指接触连接的最终温度值超过规定或超过起始值的150%。当 P 小于规定值时，即认为合格。

7. 动稳定和热稳定试验

试品不得少于3件，以不发生妨碍正常运行的机械损毁，且发热不超过250℃（铝－铝或铝－铜母线连接）或300℃（铜－铜母线连接）为合格。

必要时，还应进行有关的三防试验。

第十一章 电器装配工艺

第一节 概 述

电器产品都是由若干个零件、组件和部件组成。根据规定的技术要求，将零件组合成组件和部件，并进一步将零件、组件和部件组合成产品的过程称为装配。把零件装配成部件的过程称为部件装配；把零件和部件装配成最终产品的过程称为装配。装配是电器制造过程中的最后一阶段。

经加工后的零件，由于在加工过程中受各种随机因素影响，总是存在一定误差。如何考核这些误差，使其分布在正态范围内，是保证装配质量的前提。

电器产品的质量，除取决于零件的制造质量外，还取决于产品结构设计的正确性和产品的装配工艺及装配精度。产品的质量最终是通过装配工艺保证的。若装配不当，即使零件的制造都合格，也不一定能装配出合格的产品。反之，当零件的质量不十分良好，只要在装配中采取合适的工艺措施，也能使产品达到规定的要求。因此，装配工艺、装配精度及完善的质量保证体质对保证电器产品的质量起着十分重要的作用。

任何一种产品总有一个或几个关键零部件，任何一个零件装配到产品上，总有一个或几个关键尺寸成形位必须保证。作为装配技术人员或工人应当清楚的了解，并把它纳入质量保证体系，加以控制，以便得到经装配后满意，甚至能做到免验的产品。

近年来随着微处理机及计算机的普遍应用，使可能把应用数理统计的分析方法应用于加工及装配工艺、调试、检测，从而形成了质量保证体系，有可能装配出高质量的产品。

一、误差的分类

加工误差可分为系统误差和随机误差两类。

1. 系统误差

当加工一批零件时，有些误差，其大小，方向始终保持不变。如自动车床的对刀误差，测量仪器的精度误差，这类误差称常值性系统误差。有些误差随时间有明显规律变化，如由于刀具磨损或工艺系统的热变形使零件尺寸依次产生误差，这类误差称变值性系统误差。

显然系统误差是可以消除的。

2. 随机误差

在加工过程中，有些误差的大小和方向是不规则地变化着的。这种误差产生的原因总是带有偶然性或随机性，尽管是由于各种随机因素引起的误差，但是它也应当在我们能接受的一定范围内变动，因此它具有很明显的统计规律性。我们可以用统计分析方法，分析和控制这种随机误差，使它波动在可接受的范围内，但是完全消除随机误差是不可能的。

二、加工误差的分析研究

要保证加工零件的质量，把误差控制在一定范围内，就需要根据误差的表现形式来分析其产生的原因。往往影响加工的因素很多，而且在加工的过程中影响零件误差的因素的出现及大小带有随机性，故我们单取某一个工件个体进行检验，是无法判断出这一批零件是否合格，也无法正确判断其产生的原因的。只有当我们了解误差的表现形式，变化规律与幅度才能判断出误差产生的主要原因，因此希望对这一批零件进行逐个检验。但是在实际生产某一批零件（总体）往往数量相当大，可能有些检验是破坏性的，所以，通常进行逐个检验是做不到的。但我们可用数理统计的方法，抽取适当的零件（样本）来进行检验，然后再对测量的结果用概率论的观点处理，则这个样本在一定程度上反映出总体的误差性质，使我们能够找出其产生的原因，并加以排除，把误差控制在正态范围内，从而保证装配后的产品质量。

第二节　装配尺寸链与装配方法及其工艺性

一、尺寸链的基本概念及特点

在机器装配或零件加工过程中，由相互联接的尺寸形成封闭的尺寸组称为尺寸链。或者说，零件的表面与表面之间，中线与中线之间，零件与零件之间的相互距离（线性）、偏转位置（角度）的封闭形式的尺寸组合，即构成了尺寸链。在这些尺寸中，每一个尺寸变化都会影响装配整体的结果。

例如，图 11－1a 零件，在加工过程中某些尺寸的形成是相互联系的。依次加工到尺寸 L_1、L_2、L_3、L_4，则 ΔL 就随之而定。因此这五个相互联系的尺寸 L_1、L_2、L_3、L_4、ΔL 也就构成一条尺寸链。

又如，图 11－1b 为零件的配合，其配合性质决定于间隙 N，N 的大小取决于孔径 A_1 和轴径 A_2，所以这三个相互联系的尺寸 A_1、A_2、N 就构成一条尺寸链。

为了便于分析和计算尺寸链，对尺寸链中各尺寸作如下定义：

列入尺寸链中的每一尺寸称为环。环可以分为封闭环和组成环，组成环又可分为增环和减环。

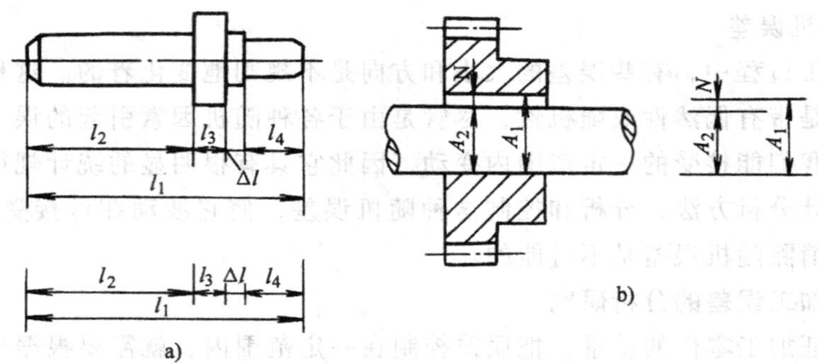

图 11-1 尺寸链示例

a) 单个零件尺寸链 b) 部件的装配尺寸链

封闭环是尺寸链中在装配过程或加工过程最后形成的一环，如图 11-1 中的尺寸 ΔL，N。

组成环是尺寸链中对封闭环有影响的全部环。这些环中任一环的变动必然引起封闭环的变动。如图 11-1 中的尺寸 L_1、L_2、L_3、L_4，A_1、A_2。

增环是尺寸链中的组成环，由于该环的变动引起封闭环同向变动，即该环增大时封闭环也增大，该环减小时封闭环也减小。如图 11-1 中的尺寸 A_1 和 L_1。

减环是尺寸链中的组成环，由于该环的变动引起封闭环反向变动，即该环增大时封闭环减小，该环减小时封闭环增大。如图 11-1 中的尺寸 A_2 及 L_2、L_3、L_4。

尺寸链的特点为：

(1) 封闭性　由于尺寸链是封闭的尺寸组，因而它是由一个封闭环和若干个相互连接的组成环所构成的封闭图形，不封闭就不成为尺寸链。

(2) 关联性　由于尺寸链具有封闭性，所以尺寸链中的封闭环受所有组成环变动而变动。组成环是自变量，封闭环是因变量。

二、尺寸链的分类方法

(1) 按应用场合，可分为零件尺寸链和装配尺寸链。零件尺寸链如图 11-1a 所示；装配尺寸链如图 11-1b 所示。

(2) 按尺寸链之间的联系方式来分，可分为并联尺寸链，串联尺寸链和混联尺寸链。

并联尺寸链，即两条相互联系的尺寸链中存在公共环，如图 11-2a 所示。并联尺寸链的特点是：当某一公共环的尺寸变化时，将同时影响所有相关的尺寸链。

串联尺寸链，即两条尺寸链之间有一个公共的基准面，如图 11-2b 所示。串联尺寸链的特点是：如果头一个尺寸链的某环尺寸有变动，将会影响次一个尺寸链的基面位置。

混联尺寸链，是并联尺寸链与串联尺寸链的组合，即尺寸链中既有公共环，又有公共基准面，如图 11－2c 所示。

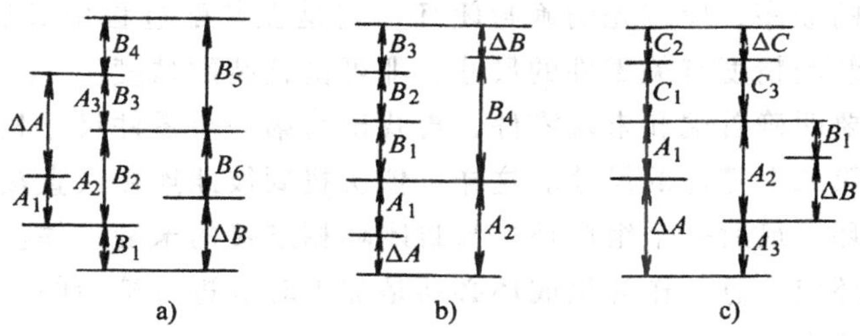

图 11－2　尺寸链的联系形成

a）并联尺寸链　b）串联尺寸链　c）混联尺寸链

（3）按尺寸链在空间的位置来分，可分为线性尺寸链，平面尺寸链和空间尺寸链。

如果尺寸链各环是在同一平面上，形成平行直线分布，即称为线性尺寸链。如图 11－1 所示的尺寸链，都是线性尺寸链。

如果尺寸链各环位于一个平面或几个相互平行的平面上，但各环不平行排列，如图 11－3 所示，则称平面尺寸链。

如果尺寸链各环位于不平行的平面上，就称为空间尺寸链。

（4）按尺寸链的不同计量单位来分，可分为长度尺寸链和角度尺寸链。

长度尺寸链采用长度计量单位，角度尺寸链采用角度计量单位。

三、装配尺寸链的建立、分析和计算

1. 尺寸链的建立和分析

在装配尺寸链的研究中，建立装配尺寸链是十分关键的内容。只有当建立的装配尺寸链是正确的，解装配尺寸链才有意义。

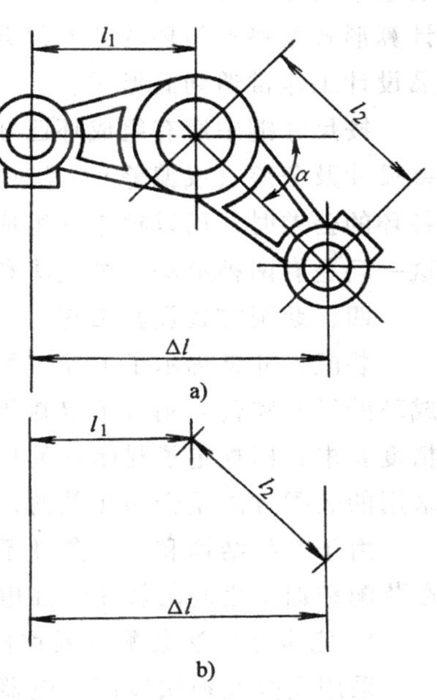

图 11－3　平面尺寸链简图

a）零件面图　b）尺寸链形成

建立装配尺寸链是在完整的装配图上或示意图上进行。装配精度和相关零件精度之间的关系就是装配尺寸链。很明显，最后形成的封闭环是装配精度，相关零件的设计尺寸是组成环。建立装配尺寸链就是根据封闭环——装配精度，查找组成环——相关零件的设计尺寸，并画出尺寸链图，判别组成环的性质（判别增减环）。

分析尺寸链的基本任务是根据装配图查明影响装配精度有关零件的尺寸，计算出这些尺寸的公差，以保证电器的装配精度和电气物理性能。

查尺寸链的顺序，应首先明确封闭环，它是在装配过程中最后形成的环节。查明影响某项装配精度有关零件的尺寸，即可调整装配精度。

查组成环要明确首端和末端零件，再找出与第一个零件尺寸相连接的且影响封闭环大小的第二个零件的尺寸。这样可依次找到彼此连接又直接影响封闭环大小的全部组成环，最后一个组成环是与封闭环相连接的末端零件。

确定组成环应注意，作为组成环必须是加工时能进行检验的尺寸，否则无法了解与控制其精度。

2. 尺寸链的计算

所谓计算尺寸链，是根据构造上或工艺上的要求，确定构成尺寸链各环的基本尺寸及公差（或偏差），也称为解尺寸链。

解尺寸链时，已知各组成环的基本尺寸、公差及极限偏差，求封闭环的基本尺寸、公差及极限偏差，叫做正计算形式。它的计算结果是唯一的。已知封闭环的基本尺寸、公差及极限偏差，叫做反计算形式。由于组成环有若干个，所以反计算形式是将封闭环的公差值合理地分配给各组成环，以求得最佳分配方案。产品设计工作常遇到此形式。

按尺寸链中所有组成环已知的基本尺寸及公差（或偏差）来计算封闭环的公差尺寸及公差（或偏差），具有检查或核对的性质。当施工图上已注明尺寸链中各环的公差时，用以检查各组成环公差对于封闭环公差是否适合，是否有矛盾。这一问题有两种解法：极值法和概率法。

四、装配方式及其工艺

装配尺寸链揭示了电器装配精度与其零件、部件尺寸之间的内在联系，从组成环的尺寸和公差则可确定封闭环的尺寸和公差。在生产中，有时首先提出装配精度要求，即规定了封闭环的精度。然后再确定各组成环的尺寸和公差，这和所采用的装配方法是密切相关的，必须相适应。

由于产品结构和生产条件不同，提高制造的经济性与生产率的矛盾主要表现在装配和加工之间的转化，在电器制造中，有5种不同的装配方式。

1. 完全互换法装配（或称极值法）

采用完全互换法装配，电器的各零件均不需作任何选择、修配和调整，装配后即能达到规定的装配技术条件。这需要对各零件规定以适当的精度，列入装配尺寸链的各组成环的公差之和，不得大于封闭环的公差，即

$$\sum_{i=1}^{n-1} \delta_{\mathrm{i}} \leqslant \delta_{\mathrm{n}}$$

式中　δ_i ——组成环公差；

δ_n——封闭环公差；

n ——环数。

$$\delta_n = (n-1)\delta_i$$

式中　δ_i ——组成环的平均公差；$\delta_i \leqslant \frac{\delta_n}{n-1}$

例　设某一部件的装配公差要求为0.05～0.2mm，零件为5，如何分配各组成环的公差?

解　根据尺寸链最短途径的原理，环数和零件数相等，皆为5，则各组成环公差总和不得超过 $\delta = 0.15$mm，即

$$\sum \delta_i = \delta_1 + \delta_2 + \delta_3 + \delta_4 + \delta_5 \leqslant \delta_n$$
$$= 0.15\text{mm}$$

在具体确定各组 δ_i 值的过程中，可先按各环公差相等，即所谓等公差法，各环分配到的平均公差值 δ_a 为

$$\delta_a = \frac{\delta_n}{n-1} = \frac{0.15\text{mm}}{5} = 0.03\text{mm}$$

由此看出，为了达到互换，零件的制造精度要求很高，给制造带来困难。

如何分配各组成环的公差大小，一般可按经验，视各环尺寸加工的难易程度加以分配。例如尺寸相近、加工方法相同的，可取公差相等；尺寸大小不同、所用加工方法和加工精度相当的，可用等精度方法取其精度等级相等；加工精度不易保证的，可取较大公差值。至于公差带的分布位置，一般情况，对相当于轴的被包容尺寸，可对基本尺寸注成单向负偏差，即 $-\delta$ 的形式；对相当于孔的包容尺寸，可对基本尺寸注成单向正偏差，即 $+\delta$ 的形式，而对于孔心距尺寸，则对基本尺寸注成对称偏差，即 $\pm 1/2\delta$ 的形式。一般，在各组成环中需要有一个组成环，其公差大小和分布位置不按上述原则确定，以满足封闭环的要求，该组成环称为协调环。

2. 不完全互换法（概率法）

根据加工误差的统计分析知道，一批零件加工时其尺寸处于公差带中间部分是多数，接近极限尺寸的是少数。按概率法进行计算，就能扩大零件的公差，便于加工和装配。

应用此种方法，其封闭环公差

$$\delta_n = \sqrt{\sum_{i=1}^{n-1} \delta_i^2}$$

式中　δ_n ——封闭环公差；

δ_i ——组成环公差。

由此看出，封闭环的公差等于各组成环公差的平方和方均根。

若各组成环公差相等，令 $\delta_i=\delta_a$，则可得各环平均公差 δ_a 为

$$\delta_a=\frac{\delta_n}{\sqrt{n-1}}=\frac{\sqrt{n-1}}{n-1}\delta_n$$

显然，与极大极小法求得的结果相比较，概率法可将各组成环公差放大 $n-1$ 倍。这样，适当放大各组成环公差，可以不改变技术条件的封闭环公差，也就是说，不改变部件或电器的装配精度。但以概率的观点看，装配后可能有0.27%的不合格品，这样的不合格品可以忽略不计，必要时可以调换个别零件来解决废品问题。

3. 分组互换法装配（选择法）

分组互换法装配是将按封闭环公差确定的组成环基本尺寸的平均公差扩大 N 倍，达到经济加工精度要求；然后根据零件完工后的实际偏差，按一定尺寸间隔分成 N 组，根据大配大，小配小的原则，按对应组进行互换装配来达到技术规定的封闭环精确度要求。这种方式适用于批量生产中那些组成环数不多，装配精度又特别高，同时又不便于采用调整补偿装配的电器装配。

4. 修配法装配

修配法装配是将尺寸链组成环的基本尺寸按经济加工精度的要求给定公差值，此时封闭环的公差比技术要求给定值有所扩大，装配时在事先选定的某一组成环零件上，修改尺寸链中某一组成环的尺寸来补偿总误差，以保证封闭环要求的精度。

采用修配法必须正确地选择修配环与合理的确定修配量。

$$\delta_k=\delta'_n-\delta_n=\sum_{r=1}^{n-1}\delta'_r-\delta_n$$

式中 δ_k——修配量；

δ'_n——组成环公差扩大后的封闭环公差；

δ'_r——扩大后的组成环公差；

δ_n——封闭环所要求的公差。

确定组成环的公差应从电器制造的全局考虑，做到经济合理，使修配环的尺寸具有最小的修配量，又保证不出废品。修配环应当选择加工容易，修配量较小以及拆装比较方便的零件。

这种方式适用于单件生产或小批量生产和精度要求高，尺寸链组成环数多的电器装配。

5. 调整法装配

调整法装配是将尺寸链组成环的基本尺寸按经济加工精确度要求给定公差值，此时由于组成环尺寸公差扩大而产生的补偿量不是采取修改尺寸来补偿，而

是采取调整补偿环的尺寸或位置来补偿。

调整法装配适用于装配封闭环精度要求高的多环尺寸链连接，尤其适用于使用过程中装配精度和电气性能容易下降的电器装配。

第三节 装配工艺文件的编制

装配工艺文件是组织产品装配生产的基本依据之一。装配工艺文件大体上有两种。其中装配工艺规程是指导装配生产的主要技术文件，制订装配工艺规程是生产技术准备工作中的一项重要工作。装配工艺规程对保证装配质量，提高装配生产效率，缩短装配周期，减轻工人的劳动强度，缩小装配占地面积等都有重要的影响。另一种是工艺文件图样，用来具体指导和安排生产的，方使生产各过程不致混乱，一旦发生问题也有据可查。

一、编制装配工艺文件的原则

编制工艺文件，应以保证产品质量和稳定生产为前提，以最经济最合理的工艺手段进行加工为原则。为此，要注意以下几点：

(1) 编制装配工艺文件，要根据产量批量大小和复杂程度区别对待。一次性生产的产品可不编写装配工艺文件。

(2) 编制时要考虑到车间的组织形式和设备条件，以及工人的技术水平等情况。

(3) 对于未定型的产品，可不编制装配工艺。如果需要，可编制部分必要的装配工艺文件。

(4) 工艺文件应以图为主，使人一目了然，便于操作，必要时可加注简要说明。

(5) 凡属装配工人应知应会的工艺规程内容，工艺文件中不再编入。

二、装配工艺规程内容

1. 编制装配工艺规程所需的主要依据（原始资料）

(1) 产品的装配图样及验收技术条件。

(2) 产品的生产纲领，使所编制的工艺规程与在这种生产规模下的最合适的装配方法和组织形式相适应。

(3) 现有生产条件和标准资料，以便能切合实际地从加工和装配的全局出发制订合理的装配工艺规程。

2. 装配工艺规程内容

(1) 根据装配图分析尺寸链，在弄清零、部件相应位置的尺寸关系的基础上，根据生产规模合理地安排装配顺序和装配方法，编制装配工艺流程图和工艺过程卡片。

(2) 根据生产规模确定装配的组织形式。

(3) 选择装配所需的工具、夹具、设备和检验装置。

(4) 规定总装配及部件装配各工序的装配技术条件和检查方法。

(5) 规定装配过程合理输送方式和运送工具。

三、装配工艺流程图

用来表明装配工艺过程的图称为装配工艺流程图。装配工艺流程图能够比较直观、明了地反映出电器装配的顺序，并能清楚地看出各工序间的先后关系，更便于搞好装配的组织工作。绘制装配流程图，要先仔细分析设计文件的技术条件、技术说明、原理图、安装图、接线图及部件图等，还要深入研究零部件的结构、工作条件和检验技术条件等，将其安装关系分析清楚，编制出装配单元流程图，从而决定这些单元之间的相互关系和各个部件及整个产品的装配顺序，然后规定整个装配过程进行的方法。在装配单元流程图上加上注解说明所需的补充操作，便成为装配工艺流程图。根据该图，可将全部装配过程中每个工步按先后顺序逐一记录下来，再依据技术上和组织上的具体条件，将若干个相邻的工步组合成工序。

(1) 前面的工序不得影响后面工序的进行。

(2) 在流水线的装配中，工序应与装配节奏相协调，完成每一工序所需的时间与装配节奏大致相同，或者为装配节奏的倍数。要确定每个工序的工时，一般大型部件工序的工时不超过 30min，大型部件在大批量生产时，工序的工时不超过 5min。工时和工序的多少主要考虑日产量的生产周期。

(3) 在完成某些可能产生废品的工序，以及包括调整工作的工序之后都必须进行强制检验。

图 11－4 所示是交流接触器 CJ12 的装配工艺流程图，每一装配单元用一长方格表示，注明了装配单元名称、编号，零部件的图号，名称数量，箭头表明装配流向。该装配流程图仅表明主要零部件的装配流程，并没有把每个零部件装配单元显示出来，在实际制定装配流程图时应灵活掌握。

图 11－5 是高压隔离开关 GW5 的装配线流程图。该装配线的特点是在可滑动的平板上进行装配。小车在轨道上滑动，每装完一道工序，工人们用手将小车推移向前，进入下道装配工序。装配完成后，用吊车吊起进行包装入库，同时小车在传动气缸推动下返回到第一道装配工位。该装配线是用气动射流控制的。这种装配方式适合于重型电器的装配。

在装配流程图上不易表达的工序和操作内容，可以加入补充的文字说明。这种装配工艺流程图配合装配工艺规程，在生产中有一定的指导意义。但主要用在大批量生产中，便于组织生产和分析装配工艺问题。

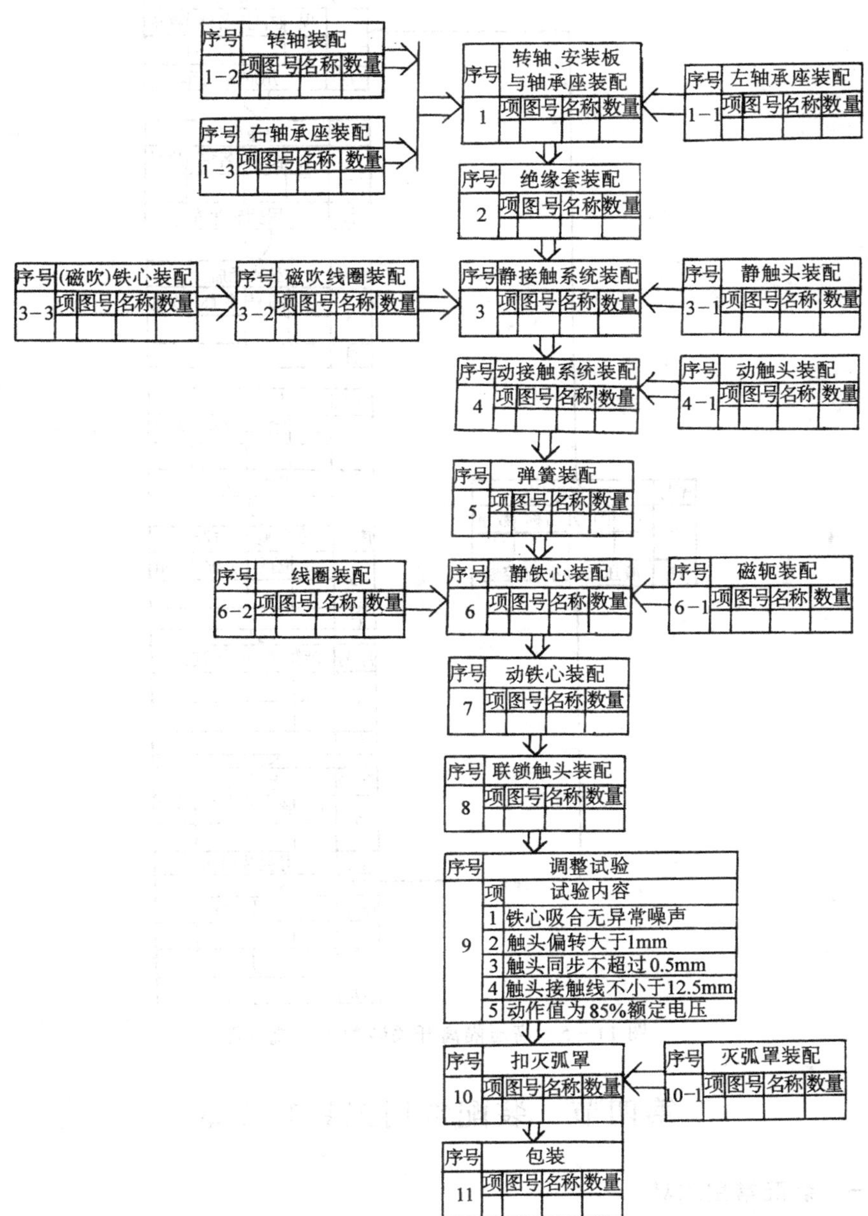

图 11－4　交流接触器装配工艺流程图

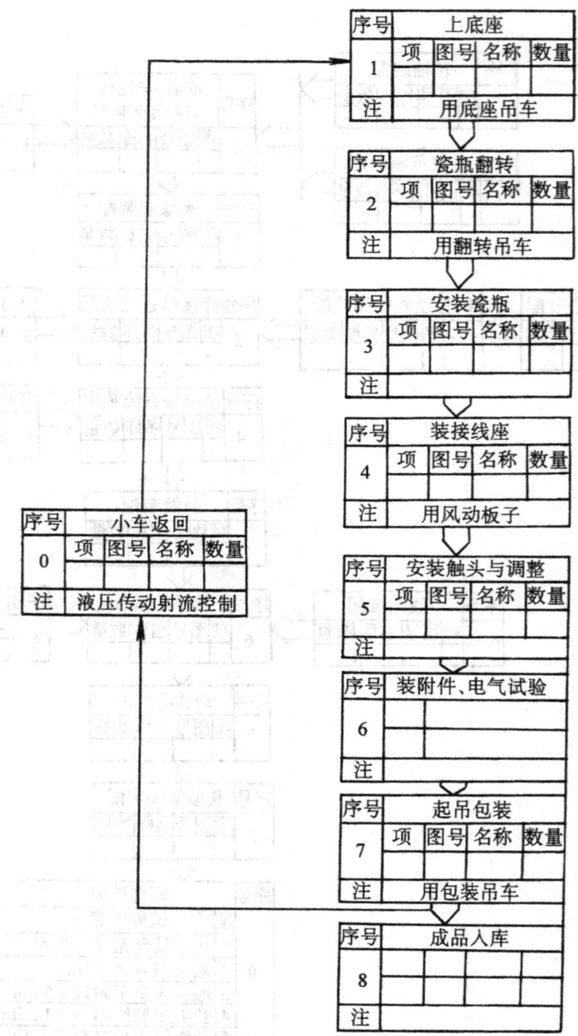

图 11－5　高压隔离开关装配工艺流程图

第四节　装配常用工具和设备

一、装配常用工具

1．装配用电动工具

电器装配常用的电动工具有电动扳手、电动螺刀等，用于装卸螺纹连接件。交直流两用电动扳手的选用参照表 11－1。

表 11－1　交直流两用电动扳手技术参数表

规格 /mm	使用范围 /mm	额定力矩范围 /N·m	最大力矩范围 /N·m	冲击次数 /V·min^{-1}	边心矩 /mm	额定电压 /V	输入功率 /W
8	M6～8	4～15	18～220	≥1400	23.5	220	150
12	M10～12	15～60	70～80	≥1500	33	220	180
16	M14～16	60～150	220～250	≥1300	43	220	330
20	M18～20	150～220	300～350	≥1500	47	220	570
24	M22～24	220～500	400～500	≥1300	47	220	810

微型电动螺刀适合装配小型精密电器，螺刀头的旋转速度，力矩大小，自动停转叶间及旋转方向均由半导体控制器进行调节和控制。微型电动螺刀的选用参照表 11－2。

表 11－2　微型电动螺刀技术参数表

规格 /mm	额定转矩 /N·cm	额定转速 /r·min^{-1}	额定电压 /V	输入功率 /W
1	1.10	1000	6	3
2	2.20	545	6	3

2. 其他常用工具有螺钉旋具（螺丝刀），各种钳子，搬子和测克计等。其他常用工具的选用参照表 11－3。

表 11－3　其他常用工具规格用途表

工具名称	规　格	主　要　用　途
一字形旋具		旋转一字槽形的螺钉、木螺钉、自攻螺钉
十字形旋具	1 号槽	旋转十字槽形 M2～2.5mm 螺钉
	2 号槽	旋转十字槽形 M3～5mm 螺钉
	3 号槽	旋转十字槽形 M6～8mm 螺钉
	4 号槽	旋转十字槽形 M10～12mm 螺钉
扁嘴钳	152mm	调触点或排线
斜嘴钳	152mm	剪切导线和元线成形
圆嘴钳	152mm	导线弯圆和引线成形
尖嘴钳	152mm	狭小空间操作或元件引线成形
剥线钳	178mm	剥除导线端部绝缘
镊子	152mm	调触点或夹持小零件、元件和布线
活搬子		紧固或拆卸较大六角螺钉连接
套搬子		紧固或拆卸较大六角螺钉连接
测克计	50g	测量触点接触压力

二、装配专用设备

在电器产品装配过程中，一些批量大、要求一致性强的加工，如导线剪切、剥头、捻线印标记和漆包线去漆皮等，都可使用专门的设备去完成。使用专用设备既可提高效率，保证成品的一致性，又可减轻劳动强度。下面是目前使用较普遍的一些装配专用设备。

1. 剪线机

剪线机主要用于导线剪切，有单功能和可以同时完成剥头和自动切剥等多种类型。适用于塑胶线，蜡壳线等单芯，多芯导线的剪切与剥头。

2. 漆包线剥漆皮机

漆包线剥皮机主要用来去除直径 $\phi 0.5$mm 以上漆包线的漆皮。图 11－6 是采用旋转爪进行剥漆的原理图。它不需停机便可进行任意粗细导线剥漆皮的调整，使用非常方便。用剥漆皮机剥漆皮可大大降低工人的劳动强度，可提高工效 20 倍以上，并可避免导线的损伤和提高去漆层的质量。

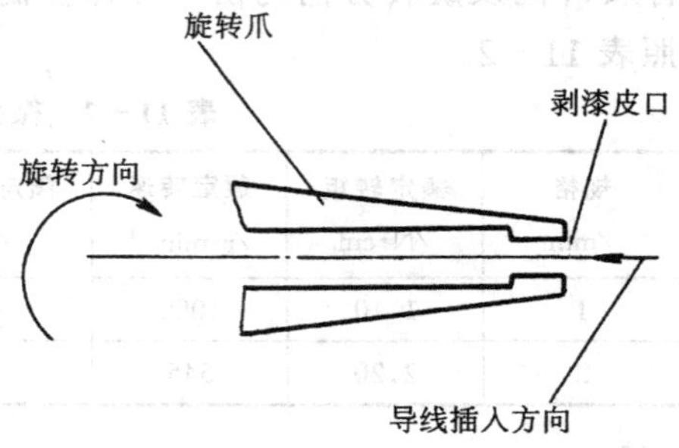

图 11－6 剥漆原理

3. 印标记机

印标记机用于导线、套管的打印标记。常用的印标记机有两种类型：一种类似小型印刷机，它的印字原理是采用胶轮反印法，字迹清晰；另一种是用英文打字机改造制成的，它用于异形塑料套管的标记打印，打印直观清晰和方便。

4. 套管剪切机

套管剪切机用于塑料套管的剪切，套管剪切机有几个套管入口，可根据被切套管的直径选择使用。操作时，先调整剪切长度和计数器。此种剪切机可用于批量生产。

5. 超声波搪锡机

该设备具有超声波振动源，超声波发生器能产生具有一定能量的超声频电信号。此高频电流经换能器转换成相应频率的机械振动，其频率通常为 20～40kHz。通过传振杆传递到锡锅里的变幅杆。

传振杆和变幅杆的长度都相当于半个波长，所以变幅杆端面向熔融的锡铅焊料熔液辐射超声波在焊料溶液中形成相应周期的压缩和稀疏，产生微冲击和许多微气泡，形成很大的局部压力使元件引线表面的氧化层和污染物受到破坏和剥离。超声波搪锡机就是利用这种空化现象所产生的冲击波的剥离力来破坏引线表面氧化层和污染物，从而使引线搪锡时锡铅焊料溶液达到原子间的结合。超声波搪锡机搪锡效果好，适用于一般锡锅搪锡较困难的引线搪锡。

第五节 连接工艺

一、螺钉连接

螺钉连接是装配工艺中应用最普遍的一种连接工艺，它不仅适用于机械连接，也适用于电气连接。防止螺钉连接自松的方法见表 11－4。

表 11－4 防止螺钉自松的工艺方法

序　号	防止自松工艺方法	防自松效果
1	利用副螺母或橡皮垫圈增加摩擦力的方法防自松	可提高螺纹间和支承面的摩擦力
2	利用弹垫防松	弹垫的尖端刺螺钉头（或螺母）和被连接件的支承面，使其难以反向转动
3	用开口销等机械方法限制转动	可限制螺母移动和转动，加工精度要求不高
4	用点漆或胶等粘接防松动	不仅能防止螺钉（或螺母）自松还有防腐防锈作用

螺钉连接时主要工具有一字螺钉旋具和十字螺钉旋具。不同规格的螺钉应选用相应的螺钉旋具，一字螺钉旋具的选用参见表 11－5。

表 11－5 一字螺钉旋具工艺参数

螺钉规格 /mm	螺钉旋具头厚度及宽度/mm	螺钉旋具规格	
		公制/mm	英制/in
M1～M2	0.3×3	50	2
M2.5	0.4×4	65	2/2
M3	0.6×0.54	75～100	3～4
M4	0.8×7	100～125	4～5
M5	1.0×9	125～150	6
M6	1.2×9.5	150～200	6
M8	1.5×11	200～350	8
M10 以上	1.5×11	200～400	8 以上

十字螺钉旋具有十字槽的螺钉连接，十字螺钉旋具的选用参见表 11－6。

表 11-6 十字螺钉旋具工艺参数

螺刀槽号	规格/mm	螺钉规格/mm	螺刀端头硬度/HRC
Ⅰ	$\phi5\times75$	2.5～M3	50～56
	$\phi5\times100$		
Ⅱ	$\phi6\times125$	4～M5	50～56
	$\phi6\times150$		
Ⅲ	$\phi8\times200$	6～M8	50～56
	$\phi8\times250$		
Ⅳ	$\phi10\times250$	10～M12	50～56
	$\phi10\times300$		

二、铆接

铆接是装配工艺中不可卸的连接方法，铆接根据连接的要求可分为活动铆接和固定铆接两大类。活动铆接的结合部分可以相互转动；固定铆接的结合部分是固定不动的。固定铆接有空心铆、半空心铆、冲涨铆和衬套铆几种。铆接方法分类又可分为压铆法和旋铆法。压铆法是冲击力使铆钉头成形并铆紧被连接的零件，常采用手搬压力或辗挤力使铆头成形并铆紧被连接的零件，常采用专用旋铆机、辗铆机或立式钻床等。铆接要注意铆钉长度和孔径等工艺参数的确定。

1. 铆钉长度的确定

铆钉长度要适当，过长铆接后铆钉头周围会产生帽缘，并易弯曲；过短铆接后不能形成饱满的铆接头，并会降低铆接强度。半圆头铆钉长度的计算公式为：

$$L = 1.12\delta + (1.25 \sim 1.5)d$$

式中 L ——铆钉的钉杆长度；

δ ——铆件的总厚度；

d ——铆钉直径。

沉头铆钉长度的计算公式为

$$L = \delta + (0.8 \sim 1.2)d$$

式中 L ——铆钉总长度；

δ ——铆件的总厚度；

d ——铆钉直径。

2. 钻孔直径的确定

铆接的孔径和铆钉直径的配合应适当，孔径过大则铆钉杆容易弯曲和松动，孔径过小则铆钉插入困难，铆件零件会凸起。钻孔直径可参照表 11-7。

表 11-7　铆接孔径配合表

铆钉直径/mm		2.0	2.5	3.0	4.0	5.0	6.0	8.0	10.0
钻孔直径	精装配	2.1	2.6	3.1	4.1	5.2	6.2	8.2	10.3
	粗装配	2.2	2.7	3.4	4.5	5.6	6.6	8.6	11.0

三、销钉连接

销钉连接的方法安装方便，拆卸容易，也是装配工艺中常见的连接工艺。销钉有圆柱销钉、圆锥销钉、开口销钉和开尾圆锥销钉几种。不同的销钉用途不同，选用可参照表 11-8。

表 11-8　销钉的种类和用途

销钉名称	标准代号	用　　途
圆柱销钉	GB119	用作定位销连接和固定零件
圆锥销钉	GB117	用作联接和固定零件，能经受多次拆装
开口销钉	GB91	用在联接不宜承受冲击的零件时固定零件
开尾圆锥销钉	GB77	用于防止销钉的松落

1. 圆柱销钉的装配方法

圆柱销钉是靠过盈配合固定在孔中，装配时先将两零件连接在一起。当钻孔的精度与粗糙度不能满足要求时还要进行铰孔。孔加工参照表 11-9。装配时，将选择合适的销孔涂少许润滑油，压入孔内。压装采用小型手搬压力机、C 形夹头或直接用手锤打入的方法。压入时要求用力均匀、垂直、不能过猛，以免销钉头被镦粗、变形。

表 11-9　圆柱销孔加工参数表

销钉直径	0.6	0.8	1.0	1.5	2.0	2.5	3.0	4.0	5.0	6.0
销钉直径公差	0 -0.018		+0.013 +0.016					+0.016 +0.018		
销钉孔直径公差	+0.018 0		+0.010 0					+0.013 0		
钻头直径	0.55	0.75	0.95	1.45	1.9	2.4	2.9	3.9	4.8	5.8
钻头直径公差	+0.045 0		+0.04 0					+0.048 0		
铰刀直径	0.6	0.8	1.0	1.5	2.5	3.0	4.0	5.0	6.0	

2. 圆锥销钉的装配方法

圆锥销钉的锥度 K 为 1∶50，其计算公式为：

$$K = \frac{D - d}{L} = 2\tan\alpha (\alpha = 0°34'23'')$$

$$D = 0.02L + d$$

式中 D ——大端直径；

d ——小端直径；

L ——锥孔深度；

α ——锥度半角。

圆锥销钉的孔加工要根据圆锥销钉的小端直径和长度配钻。钻孔分三次进行，第一次钻通孔，第二次和第三次分钻阶梯式的半孔，钻孔参数和工艺参照表11－10。孔钻完后再用手用铰刀（锥度为1∶50）铰孔，以保证销孔和圆锥销钉相吻合。

表 11－10 圆锥销钉钻孔工艺参数表

圆锥销钉长度 L	锥销直径	钻通孔直径	二次钻孔		三次钻孔	
			直径 d_2	钻孔深度	直径 d_3	钻孔深度
5	d	$d_1 = d$				
10			$d_2 = d + 0.10$	$1/2L$		
15			$d_2 = d + 0.15$	$2/3L$	$d_3 = d + 0.25$	$1/3L$
20			$d_2 = d + 0.20$	$2/3L$	$d_3 = d + 0.35$	$1/3L$
25			$d_2 = d + 0.25$	$2/3L$	$d_3 = d + 0.40$	$1/3L$

圆锥销钉的装配方法及要求与圆柱销钉的装配相似。锥销的下端在不影响其他零件装配的条件下可凸出零件表面，突出部分的长度不得超过锥销端的直径。装配时，如果能用手将圆锥销钉塞进孔深的80%～85%，则说明配合正常。剩下的长度用压力机，C形夹或直径用手锤打入的方法压进销孔。

四、粘接

用粘接剂将两个零件粘接在一起的连接方法称为粘接。粘接的优点是：方法简便、成本低廉、设施简单、重量轻、密封性能好等。

粘接剂的种类很多，环氧树脂胶是应用最广泛的一种，可以用于合金钢、不锈钢、碳钢、铝合金、黄铜、ABS塑料、胶木和玻璃的粘接。

环氧树脂是以环氧树脂为基本材料，加入增塑剂、稀释剂、固化剂和各种填料调合而成的。

粘接工艺在第六章有所介绍，在此不再赘述。

第六节 装配组织形式和生产流水线

装配组织形式的选择是装配工艺规程中的内容之一，主要取决于产品的结构特点（包括重量、尺寸和复杂程度），生产纲领和现有生产条件。随着电子计算机应用于装配过程的控制，新技术应用对装配组织形式的影响也是很大的。

装配的组织形式按产品在装配过程中移动与否分为固定式和移动式两种。

一、固定式装配

固定式装配是被装配的产品是在一个工作地点装配的，所需的零件和部件全部运送到该工作地点，不随工序而移动。固定式装配分为两种，即集中原则的固定式装配和分散原则的固定式装配。

1. 集中原则的固定式装配

这种形式的装配，是把被装配的所有零部件集中在一个工作地点。全部装配工作由一个工人或一组工人完成。这种组织形式要求工人装配技术水平较高，要有较大的生产面积，装配周期也长。故这种装配组织形式适用于单件小批量生产和试制产品的装配。

2. 分散原则的固定式装配

这种形式的装配是把装配过程分为部件装配与总装配。部件装配分别由几个工人或几组工人同时进行，部件装好后再送去进行总装配。这种组织形式使装配工作分散，使用专用工具较多，工人能专业化，可缩短装配时间，提高车间单位面积的产量。

在装配过程需很大劳动量的情况下，即使生产纲领不大的单件小批量生产，也宜采用分散原则的固定式装配。批量大的装配过程可分为更细的工序，每一工序只需一人或人数不多的一组工人来完成，从一个装配工作台走到另一个装配工作台，工作台的数量由装配工艺过程的工序数决定。装配时产品不动，所需要部件不断送至各装配工作台。

固定装配工作台的装配流水线是属于分散原则的固定式装配，它广泛用于批量生产。

二、移动式装配

移动式装配是将零部件用输送带或小车按装配顺序以一个装配地点移动到下一个装配地点，各装配点分别重复地进行着固定工序，全部装配点完成产品的全部装配工作。

这种装配形式也是一种装配流水线。移动式装配分为两种形式：

1. 自由移动的移动式装配

装配时用工人移动产品或用传送带运送，各工序装配时间没有严格规定。

2. 强制移动的移动式装配

装配中用传送带或小车做连续或定时地把所装配的部件从一个工位送到另一个工位，传送带或小车由闭合带或链条传动，装配工作直接在传送带或小车上进行。这种装配形式有节奏地进行，是一种流水作业的装配法。一般情况，由工人参加装配工序的低压电器流水作业线，传送带速度是0.8m/min，或2～2.5m/min。前者是在传送带上直接装配，后者是取下来进行装配。由自动装配机组成的装配自动线，其传动速度要高出10多倍。

第七节　装配自动化和自动检验

一、装配自动化

过去，人们只着重于单个工序自动化，即单机自动化。今天人们利用计算机，把直接或间接影响产品装配的所有因素都包括在自动化的范围内加以考虑，实现装配自动化。国外有些电器制造厂不仅实现装配自动化，同时考虑生产过程自动化，零件运输自动化和成品检验自动化，并进行全面质量管理。我国电器制造厂也正向着包括装配自动化在内的生产过程全盘自动化过渡。

设计装配自动化应先分析电器的装配顺序（见第三节），再根据生产纲领提出装配自动化的结构和任务。

1. 装配自动化的结构

(1) 在主机启动前，应先起动各种辅机，或使它们处于“准备”状态。辅机有：工种供给装置、定位装置、液压泵、粘接剂加热器，电阻熔焊器电源，及打开油压、气压、冷却水阀门的电磁阀等。

(2) 主机的运行　主机的启动和停止是对控制系统最基本的要求。紧急停车是重要的功能，即使在停电或断线等情况下也不会丧失紧急停车的功能。

接触器的装配可归纳为6种主要动作，即插入、嵌入、压入、旋入、合上和装载。较多的可由装有零件定向位置的操作装置作业，需稳定、能高速插入和拔出的操作装置。弹簧自动供给是装配自动化的难题。螺装自动化也存在着力矩控制和渗入不合格螺钉的问题。实际装配自动化还需要有代替操作人员进行处理检查和抽样工作的装置。

(3) 工位的顺序动作　工件相互间的顺序动作和主机周期性的顺序动作是控制系统的重要职能。可以是气动的、也可以是液动的。动作方式可以是独立动作，也可以是一体化的。

(4) 不良动作的检测　为了避免不良动作所引起的不正常现象，应设置各种检测开关和附加过载离合器，用来检测故障和切除故障。

(5) 质量检验　它是保证装配自动化质量的重要环节，包括外观和电气性能的质量检验。

2. 计算机控制实现电器装配自动化

采用计算机数字控制实现装配自动化，用可编程序控制，大大增加了自动化控制的灵活性。用计算机控制装配自动化主要是管理工位操作速度相对于标准操作速度的超前或移后。控制程序的变更很方便，只需要更换计算机的存储板就可以了，不同的工艺流程需要不同的存储板。随着计算机价格的降低，应用的普及，电器装配工艺过程的计算机控制将会逐渐增多。由于微处理机的出现和普及，将发展成微处理机作为程序控制的中央运算控制单元，它使电器装配自动化进一步向着无人化的方向发展，操作人员的任务只是补给零件、处理装配自动化的故障，消除不合格的零件和半成品以及对装配自动化的监视。

3. 装配自动化对产品结构工艺的要求

为了适应装配自动化的发展，对产品结构工艺的基本要求主要是使装配作业尽量简单化和使装配零件能够自动供给。具体可归纳为八点要求：

①总体结构适合于简单的组装方法；

②使组装操作有固定的方向；

③使零件的加工方法和质量一致；

④把零件的修整工序放在组装之前；

⑤尽可能使零件的结构呈对称形式；

⑥不能对称的零件应扩大其非对称度；

⑦零件应有决定位置的定位基准；

⑧零件的配合部份应进行倒角。

4. 成品的自动检验

电器产品实现了自动化，成品的检验、整定和调节也必须同时实现检验自动化，这样才能缩短生产周期和保证制造质量。

我国研制的能同时进行数台自动开关热脱扣试验的自动计时数字显示装置，能在被试开关中任一台跳闸之后维持其他被试开关热脱扣器的电流不致中断，还具有自动稳流功能，保证了试验的准确性，还应用了数字计时和数字显示装置。

国外采用微型计算机成品检验装置，采用一系列检验新技术，以代替过去凭听觉、视觉和手指的触觉来判断产品的性能。

图 11－7 是继电器成品检验装置的信息系统图。该装置由机架、操作机构、控制台和电传打字机等组成。

在机架上安装被试产品，并有和控制台交换信息的电路。操作台由操作、显示部分，计算机输入和输出电路，模数变换器和交流电源构成。为了与计算机对话，全部通过电话打字机实现。自动编制年、月、日产品编号等原始输入信号，以及自动编制检验报告。该位置的软件包括自动判断程序，原始输入程序，检查动作顺序和信息打印程序。操作程序如图 11－8 所示。

应用这种新的检验技术，大大提高了检验的准确性，保证了合格的继电器产品出厂。

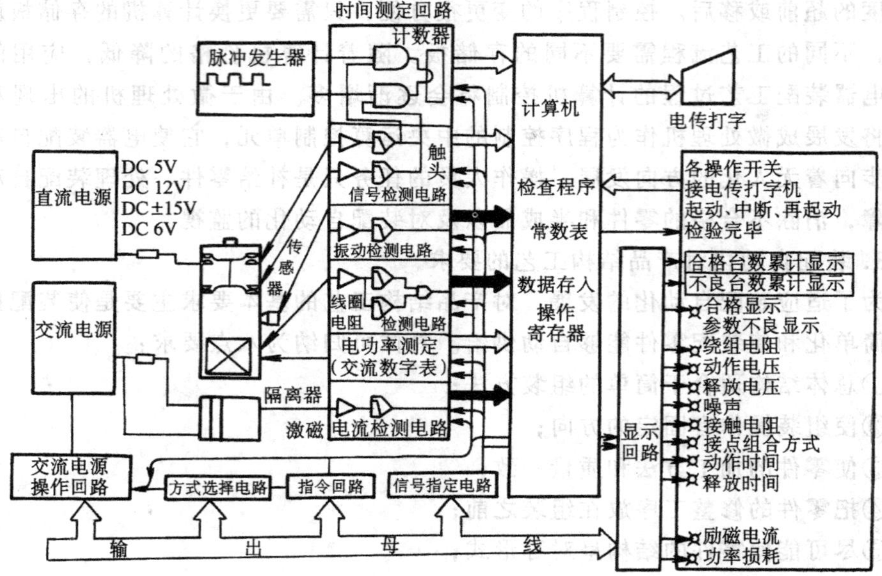

图 11－7 继电器成品检验装置信息系统

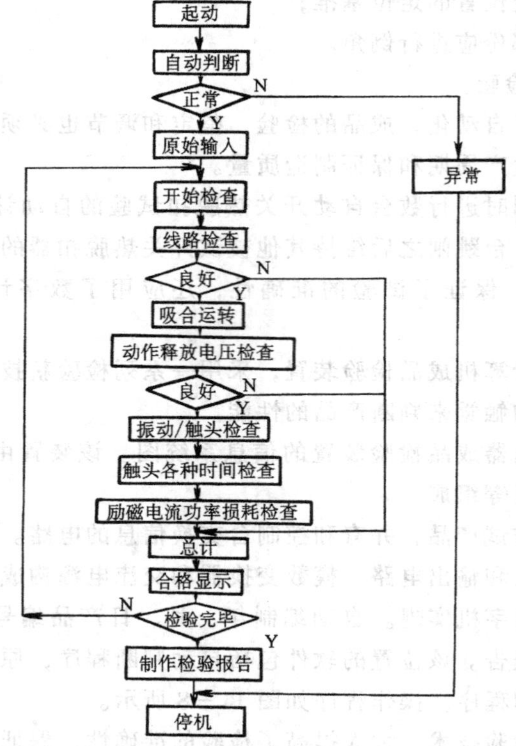

图 11－8 继电器成品检验装置操作程序

第十二章　机柜结构与工艺

成套配电装置（一般叫做开关柜）是制造厂根据电气主接线的要求，针对使用场合、控制对象及主要电气元件的特点，将各种所需要的配电装置装配在封闭式的或敞开式的金属柜（机柜）内，而构成的成套开关设备。所以，机柜是电气成套设备必不可少的组成部分，它为产品的电气部分提供安装、支撑、连接、传动、连锁、锁紧、防护和装饰等功能，为机械零部件、电气连接和元器件之间的兼容提供保证。

第一节　机柜结构的一般要求

一、尺寸要求

机柜为电气元件、器件和各种附件提供必需的安装空间，因而首先遇到的是尺寸问题。由于工程设计和机柜本身配套的需要，对机柜的外形尺寸、安装尺寸和某些互换性尺寸必须作出一些规定，一般都以标准的形式加以规范。这方面的国际标准有 IEC29F—1“面板和机架”、IEC29F—2“机柜和机架结构间距”等。各工业化国家也都有相应的国家标准。我国国家标准 GB3047—1“面板、架和柜的尺寸”对机柜的尺寸系列作出了规定，但没有提出具体的尺寸组合方案。在需要了解机柜尺寸方面的一些规定时，可查阅有关专业的相应标准。

二、功能要求

机柜的功能要求包括产品的功能要求和机柜结构的功能要求这两个方面。归纳起来大致有以下几点：

(1) 电气元器件及其附件的安装要求，包括各安装面的建立和安装空间的合理布局。元器件及附件的安装方式可分为面板开孔式、柜内条架式、柜内安装板式、单元组合上架式、拼块式（马赛克）等。

(2) 外壳防护要求。机柜外壳的防护性能分为两类，第一类防护型式是防止人体触及接近机柜内部带电部分；防止触及机柜内的运动部件，防止固体异物或灰尘进入机柜内部引起有害影响，第二类防护型式是防止水进入机柜内部而引起有害影响。国际标准 IEC144 和国家标准 GB4942—2 对这两类的防护等级都作了具体规定，表征符号及其意义如下：

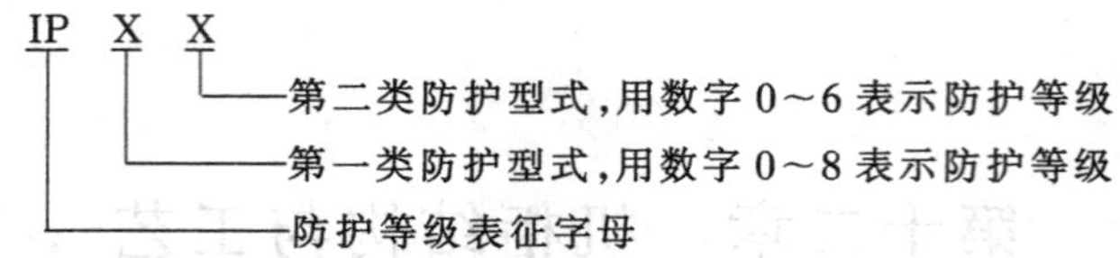

数字为 0 无防护，数字越大，防护等级越高。

(3) 屏蔽和接地要求。为减少电、磁的对机柜内电路的干扰，机柜应根据电器的要求考虑屏蔽，机柜的屏蔽应有良好的接地。接地同时又是保护人和设备安全的重要方法。对于组合式机柜，各构件间应保证有可靠的电连接，机柜的底部应设总接地点。一般认为，可靠的接地要求是：接地系统的接触电阻值不大于 0.01Ω，但各专业的要求可能有所不同，需要时可查阅相关标准。

(4) 通风散热要求。机柜在安装电器、电子元器件之后，运行过程中会产生一定热量，为确保运行的可靠性和设备安全，所产生的热量应及时排除。机柜的通风散热设计就是根据机柜的热功率，对包括自然通风、强制通风、热管散热等方式在内的机内温度控制的设计。

(5) 人机学的要求，机柜除在满足电气功能上的要求之外，还应适用人机学的基本原理，考虑操作者与机柜的人机关系，设计出符合操作者生理、心理特点的结构、整体布局和色彩，使操作者感到方便、灵活、安全、舒适，从而更好地发挥人机系统的综合效率。

(6) 机柜的基本构件，包括立柱、横梁、门及覆板，内部安装条件设计中还应考虑安装运行、储运过程中所需的一些要求，如地脚孔、拼柜孔、防火隔离，故障排气管通道等。

(7) 布线要求。包括各元件、器件间的电气连线、接线座及走线槽的布置，母线排序位置，连接和安装方式，电缆屏线用预留孔等。除留有一定的安装空间之外，还应考虑其安装方式必备的安装件。

(8) 机柜的强度和刚性要求，以满足机柜承受的负荷及抗振动、冲击性能等。

三、机柜的工艺性要求

机柜的工艺性要求是指在满足使用功能要求的前提下，对机柜的总体及零件、部件制造的可行性和经济的要求，以及机柜满足电气设备装配的工艺性和可维修性要求。具体内容如下：

(1) 材料的选择的合理性、经济性。

(2) 工艺要素和尺寸链的合理性，设计基准、定位基准、测量基准和装配基准的正确合理性。

(3) 加工和装配过程中所采用的各种典型工艺的可行性和经济性。

(4) 装配过程中避免切削加工。

(5) 机柜设计中采用新工艺、新技术的可行性，是否有助于提高工艺水平和推动工艺技术进步。

(6) 外购件采购的难易程度和外协加工的可行性。

(7) 机柜结构的继承性。尽量与已有的机柜在结构上、尺寸上、风格上保持一致，并最大限度地选用通用件、借用件和标准件。

(8) 机柜的装配、调整和维修的可行性。

(9) 努力提高机柜的通用化、系列化和标准化水平。

第二节 机柜典型结构

一、典型机柜的构成要素

典型机柜的构成要素一般包括以下内容：

(1) 柜架 包括立柱、横梁、连接件。

(2) 覆板 包括侧板、上盖板、下盖板、防火隔离板。

(3) 柜内安装件 支撑件，包括安装板、条架、支架、回转框架。

(4) 附件 包括铰链、门锁、接地件、通风散热件、吊环、密封件、连接件、标准件、装饰件。

上述要素的组合方式取决于对结构形式和机柜功能的要求，其中立柱和横梁构成机柜的主体框架，它不仅决定机柜的强度、刚性和承载能力，还为机柜提供所需的安装孔或安装面，以建立起机柜各组成要素联系。

二、机柜立柱的典型断面形状

机柜立柱是最关键的零部件，它不仅影响结构强度和刚性，还为机框提供最基本的安装，所提供的安装面越多，使用时也就越方便，但也增加了工艺上的复杂程度。表 12－1 中列出了国内外典型机柜的断面形状和强度指标，可供机柜设计中确定立柱的断面形状时参考。

表 12－1 机柜立柱的典型断面

序号	断面形状 (y, O, x)	材料	截面积 /cm²	每米重量 /kg·m⁻¹	惯性矩		截面模量		成型方法
					I_a/cm^4	I_v/cm^4	W_a/cm^3	W_v/cm^3	
1	15; 20; 28; 1.5; 15; 28; 20	冷轧带钢	2.8	2.2	5.67	4.66	2.14	1.64	滚压

（续）

序号	断面形状	材料	截面积 /cm²	每米重量 /kg·m⁻¹	惯性矩		截面模量		成型方法
					I_a/cm^4	I_v/cm^4	W_a/cm^3	W_v/cm^3	
2	15 20 28 2 15 28 20	冷轧带钢或冷轧板	2.4	1.9	4.36	4.36	1.37	1.37	滚压或冷弯
3	6 20 38 1.5 6 28 20	钢管	2.6	2.0	5.39	5.39	1.78	1.78	滚压
4	15 20 38 2 15 38 20	冷轧带钢	4.4	3.4	14.54	12.31	4.62	3.62	滚压
5	20 15 38 2.5 15 38 20	冷轧带钢或冷轧板	3.1	2.4	9.34	9.34	2.47	2.47	滚压或冷弯
6	25 30 2.5 45° 24.5 5 49 85	冷轧带钢	3.8	3.0	4.13	37.52	2.19	7.81	滚压

（续）

序号	断面形状	材料	截面积 /cm^2	每米重量 /$kg \cdot m^{-1}$	惯性矩		截面模量		成型方法
					I_a/cm^4	I_v/cm^4	W_a/cm^3	W_v/cm^3	
7	18 18 30 2.5 50	冷轧带钢或冷轧板	3.3	2.6	4.65	12.20	2.83	4.88	滚压或冷弯
8	20 2.5 30 20 50	冷轧板	3.4	2.7	5.60	17.24	3.20	4.13	冷弯
9	50 3 40	冷轧板	4.0	3.1	11.27	10.46	5.64	3.38	冷弯
10	40 3 50	方钢	5.0	3.9	12.26	22.53	6.13	9.01	轧制

三、整体焊接式机柜

整体焊接式机柜的主要构件有立柱、横梁、覆板等，采用焊接方法形成不可拆连接。门和铰链可以与柜体焊接，也可以采用组装方式。这种机柜制造工艺简单、成本低廉，一般用于要求不高的电器成套产品。

（1）热轧型钢焊接机柜　机柜的主体框架由热轧型钢，如等边或不等边角钢，空心钢等制成的立柱和横梁焊接而成。由于型钢取材方便，除连接部分需少量加工外，再无任何切削加工，无需大型专用设备均可组织生产。但由于型钢表面质量欠佳，型钢整形困难。制成的机柜精度和外观质量不高，除少量要求不高的机柜仍在采用外，已呈淘汰趋势。

（2）冷轧钢板焊接式机柜　机柜的立柱、横梁等主要构成由冷轧钢材经下料、冲孔、切角后弯曲成型，再焊接成柜架，而后覆以盖板、侧板、门板形成机柜。或者各覆板与立柱、横梁等制成一体，直接焊成机柜。这种机柜的加工需要剪板、冲孔、折弯和焊接设备，具有一定的加工难度。但外观质量比热轧型钢机柜好。是目前采用较为广泛的一种机柜。

四、组装式机柜

组装式机柜由加工合格的构件通过特定的连接方法构成可拆式结构，其构成的零部件具有可换性，这种机柜适于大批量的通用机柜的生产，便于实现专业化。因为零部件具有互换性要求，加工精度要求较高。

（1）冷轧钢板组装式机柜　机柜的主要构件由冷轧钢板制成，通过特定的连接方法形成可拆式结构。其加工方法除不采用整体焊接外，其他均可与冷轧钢板焊接式结构相同。这种机柜的机构件适于专业化生产，可作生产储备，在需要时快速组装，缩短了生产周期。

（2）滚压型钢组装式机柜　机柜的主要构件立柱（或包括横梁）由滚压型钢制成，通过特定的连接方法形成可拆式结构。冷滚压型钢的采用提高了生产效率，稳定机柜质量，适于专业化生产。但型钢上的孔加工和连接方式与传统的机柜有所不同，是机柜设计和工艺中应重点考虑的问题。滚压型钢组装式机柜的诸多优点，使它在国内机柜生产中崭露头角并有逐步推广之势。

五、拼块式（马赛克）机柜

柜体骨架由钢板或型钢制造，面板由马赛克拼块式安装而成，主要用于模拟控制和显示装置。

第三节　机柜制造工艺及设备

一、机柜制造的典型工艺

机柜制造的典型工艺路线见图 12－1。图中反映了焊接机柜和组装机柜的典型工艺路线。滚压型材在国内已经开始应用，由滚压型材料焊接的机柜的生产工艺路线反映在图 12－1 中。在机柜生产中，剪切备料、冲孔、弯曲成型、焊接、表面涂覆是关键的典型工艺。

1. 钣金加工工艺

（1）剪切　剪切是将材料与坯料用剪刃切断，使其沿不封闭的周边分离的工艺过程。按工艺方法，剪切可分为手工剪切、机床剪切、模具剪切等。在剪板机上进行板材下料，在上下切力的作用下，板料受剪切力而被切断，完成下料过程，这是机柜生产中最常用的下料方法。

剪切有平刃剪切和斜刃剪切两种。平刃剪切是相互平行的刀片对板料进行分离的过程（见图 12－2），适用于宽度小而厚度大的板料。斜刃剪切是上下刀片斜交成一定角度，在剪切过程中剪切刀只与板料的一小部分接触而逐渐进行剪切（见图 12－3）。与平刃剪切相比较，斜刃剪切大大节省剪切力，并且适用于薄料和宽料剪切，所以在机柜钣金下料几乎都采用斜刃剪切。

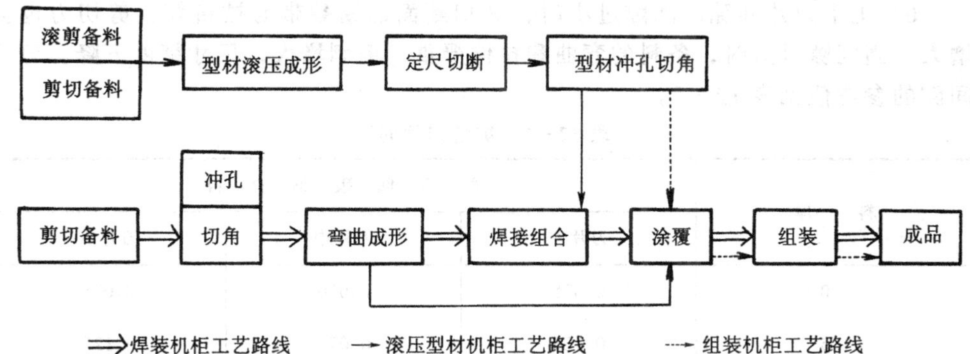

图 12－1 机柜制造典型工艺路线

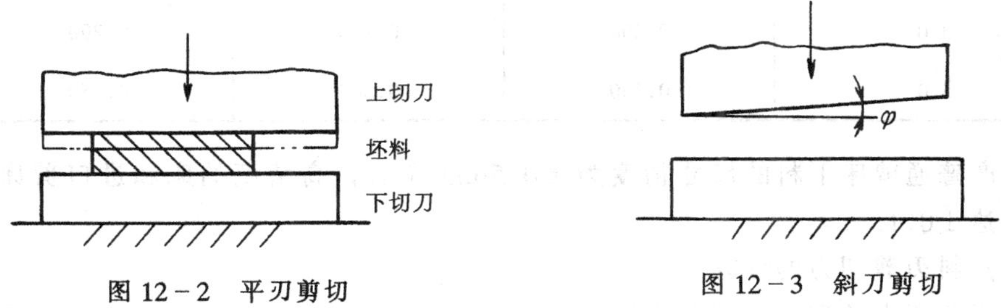

图 12－2 平刃剪切

图 12－3 斜刀剪切

（2）斜刃剪切刀片的切刃角

尽管斜刃剪切减小了剪切力，但因剪切过程中的应力作用，工件沿剪切刀口的长度上易产生较大挠曲，因此对刀片的剪刃角需有一定的要求。图 12－4 为剪刃角的示意图。图中 α 为后角，一般为 $1^\circ \sim 3^\circ$，δ 为剪刃角，一般为 $75^\circ \sim 85^\circ$，当 δ 小于 90°时，坯料易产生弯曲，β 为刃角，$\beta = \delta - \alpha$；γ 为剪角，$\gamma = 90 - \delta$。在斜刃剪切时，当料厚 $t = 3 \sim 10\text{mm}$ 时，斜角 φ（见图 12－4）一般为 $10^\circ \sim 3^\circ$。

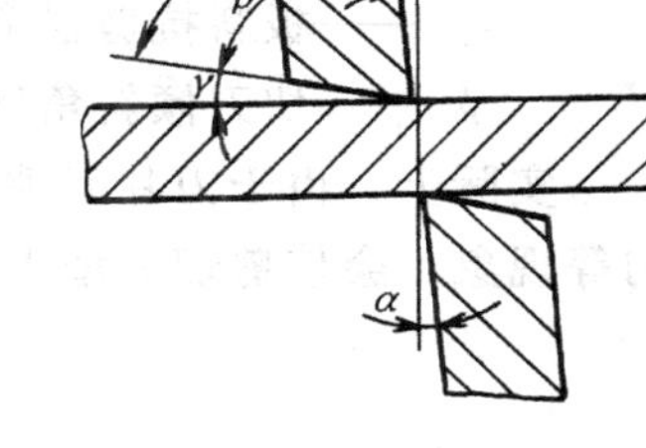

图 12－4 剪刃角

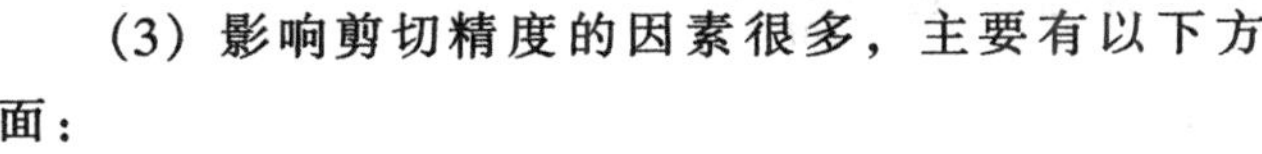

（3）影响剪切精度的因素很多，主要有以下方面：

1）设备精度。

2）刀刃状态。

3）坯料表面质量。

4）坯料宽度和厚度。当坯料厚度越厚，宽度越窄时，越容易产生弯曲和扭曲。

5）剪刃形状。当斜刃倾斜角 φ 增大时，条料易弯曲和扭曲；当后角 α、前

角 γ 增大时，条料也易弯曲和扭曲。

6）上下刀片间隙。间隙过小时，剪切断面的断裂带易被挤坏，剪切力也会增大。当间隙过大时，条料的弯曲和拉伸严重，毛刺增大，尺寸精度下降。刀片间隙的参考值见表 12－2。

表 12－2　剪切刀片间隙

料　厚	剪切低碳钢材料		
	刀片左	刀片中	刀片右
1.0	0.075	0.050	0.075
1.5	0.125	0.075	0.125
2.5	0.150	0.100	0.150
3.0	0.200	0.150	0.200
5.0	0.350	0.300	0.350

国产普通剪床下料的尺寸精度为 ±0.5mm 左右，高精度的床和进口剪床的精度可达 ±0.1mm。

(4) 斜刃剪切力的计算

斜刃剪切力的理论计算公式为：

$$F_0 = \frac{0.5t^2\tau_0}{\mathrm{tg}\phi}$$

式中　F_0 ——剪切力，单位为 N；

t ——板料厚度，单位为 mm；

τ_0 ——板料抗剪强度，单位为 MPa；

ϕ ——切刀倾斜角度。

实际上，由于刀片间隙的波动，刃口的磨损变钝以及材料厚度和强度的不均匀等现象，会使剪切力增大。故在计算剪切力时，应加以修正，即：

$$F = KF_0 = K\frac{0.5t^2\tau_0}{\tan\phi}$$

修正值 K 一般取 1～1.3。

(5) 图样未注的剪切公差

根据 JB4381 标准的规定，当图样对剪切公差无要求时（未注公差），其宽度及直线度公差应符合表 12－3 的规定，垂直度公差应符合表 12－4 的规定，剪切毛刺高度应符合表 12－5 的规定。

2. 冲压工艺　机柜的制造中要用冲裁、弯曲等冲压工艺。后面章节将详细介绍，在此不述。

表 12－3　剪切公差　　（单位：mm）

公差类别	宽度公差						直线度公差					
等级	A	B	A	B	A	B	A	B	A	B	A	B
料厚 / 剪切长度	≤2		>2～4		>4～7		≤2		>2～4		>4～7	
≤120	±0.4	±0.8	±0.5	±1.0	±0.8	±1.5	0.2	0.3	0.2	0.3	0.4	0.5
>120～315	±0.6	±0.8	±0.7	±1.0	±1.0	±1.5	0.3	0.5	0.3	0.5	0.8	1.0
>515～500	±0.8	±1.2	±1.0	±1.5	±1.2	±2.0	0.4	0.8	0.5	0.8	1.0	1.2
>500～1000	±1.0	±1.2	±1.2	±1.5	±1.5	±2.0	0.5	0.9	0.6	1.0	1.5	1.8
>1000～2000	±1.2	±1.8	±1.5	±2.0	±1.7	±2.5	0.6	1.0	0.8	1.6	2.0	2.4
>2000～3150	±1.5	±1.8	±1.7	±2.0	±2.0	±2.5	0.9	1.6	1.0	2.0	2.4	2.8

表 12－4　剪切垂直度公差　　（单位：mm）

料厚	≤2		>2～4		>4～7	
精度 / 剪切短边长度	A	B	A	B	A	B
≤120	0.3	0.4	0.5	0.7	0.7	1.0
>120～315	0.5	1.0	1.0	1.2	1.5	1.8
>315～500	0.8	1.4	1.4	1.6	1.8	2.0
>500～1000	1.2	1.8	1.8	2.0	2.2	2.4
>1000～2000	2.0	2.6	3.0	4.0	4.0	5.5

表 12－5　剪切毛刺高度　　（单位：mm）

精度 / 料厚	E	F	G
>0.5～1.0	≤0.05	≤0.08	≤0.12
>1.0～1.5	≤0.06	≤0.12	≤0.18
>1.5～2.5	≤0.08	≤0.16	≤0.32
>2.5～4.0	≤0.10	≤0.20	≤0.35
>4.0～6.0	≤0.12	≤0.25	≤0.40

3．焊接工艺

（1）焊接零部件的结构工艺性　机柜焊接工艺性与对焊接强度有严格要求的焊接相比有较大的不同，主要特点如下：

1）机柜的外露部分特别是正面，应尽量没有焊接缝。必要时，焊缝也不宜过长并应焊后磨平，然后涂覆方法遮盖，以确保外观质量。

2）应选择可焊性好的材料制造结构零件，材料的牌号，厚度应尽量一致。

3）焊缝设计应采用敞开式，以便施工和检验，确保焊接质量。

4）因机柜焊接后均需表面处理（电镀或涂覆），且必须考虑焊接后各焊缝中残存的处理液而导致结构腐蚀的可能性。所以，在机柜结构设计中应尽量少用搭接焊缝，必须采用时应从工艺上采取相应的保证措施。

5）在确保焊接强度的前提下，应尽量减少焊缝的数量和长度，以减小结构的焊接变形。

6）对于先电镀后焊接的零部件，只能采用锡焊，尽量不采用电弧焊。必须采用时，则应在喷涂底漆之后施焊。对于先焊接后电镀的黑色金属零部件，只能采用密封的电焊、气体保护焊，而不采用锡焊、银铜焊和点焊。

7）设计机柜的点焊结构时，应考虑焊接时电极易于接近。

8）机柜结构的刚性和焊接变形较焊接强度问题更为突出和重要，这是机柜结构设计的重点。

9）机柜结构焊接无需预热施焊。

（2）手工电弧焊常用接头设计　手工电弧焊目前仍是机柜结构焊接的最常用的方法，其焊缝接头设计的常见形式见表 12－6。

表 12－6　常见焊缝接头形式

焊缝名称		焊缝形式	接头尺寸			标注方法	备注
			料厚 t /mm	间隙 b /mm	焊脚 k /mm		
连续焊	Ⅰ型	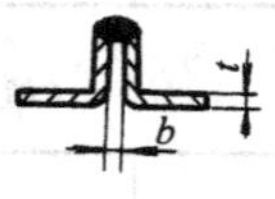	2～3	0～1	—	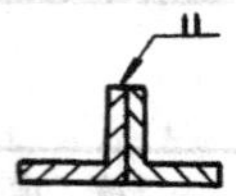	
	Ⅰ型	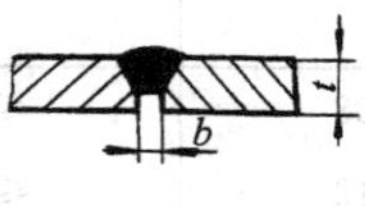	1～2 2～3	0.5～1 0.7～1.2	—	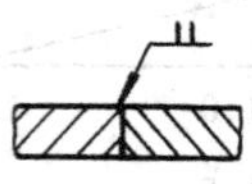	
	Ⅰ型	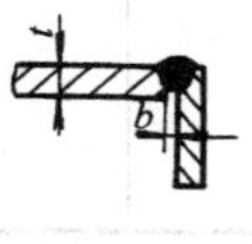	1.2～2 2～3	0～0.5 0～1	—	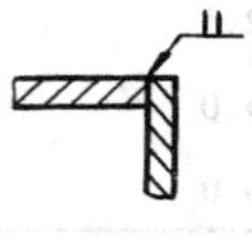	
	喇叭型	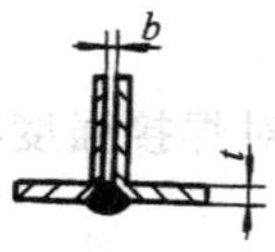	2～3	0～1	—	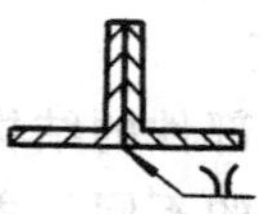	

（续）

焊缝名称		焊缝形式	接头尺寸			标注方法	备注
			料厚 *t* /mm	间隙 *b* /mm	焊脚 *k* /mm		
连续焊	角焊	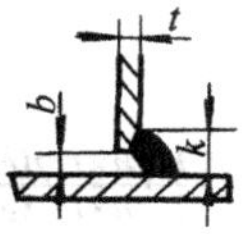	1.5～3 3～4	0.5～0.7 0.5～1	2～3 3	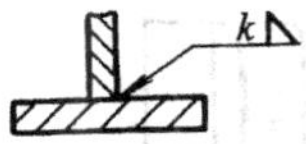	
连续焊	角焊	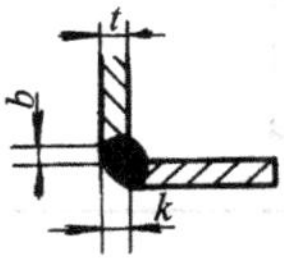	1.5～3 3～4	0.5～0.7 0.5～1	2～3 3	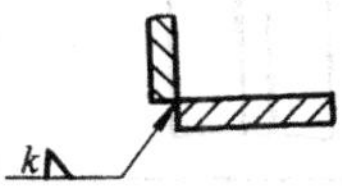	
连续焊	角焊	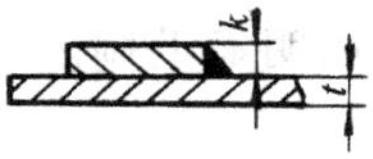	2～3	0	2～3	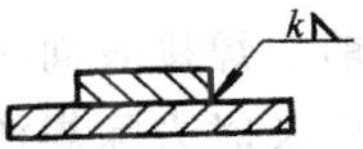	
间断焊	塞焊	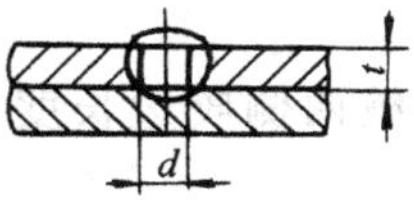	1.5～2 2～3	*d*=6 *d*=10	—	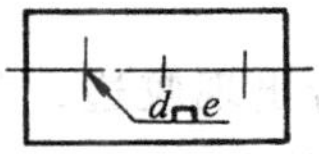	*e*：孔距 *d*：孔径
间断焊	电铆焊	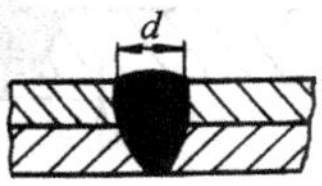			—	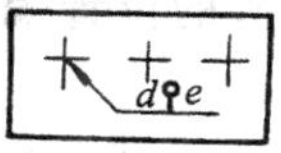	*e*：孔距 *d*：焊头直径
间断焊	I型	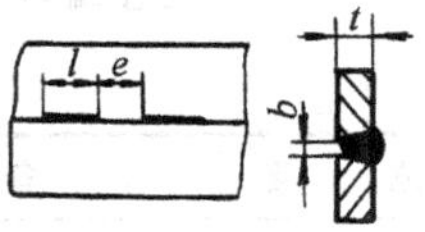	1～2 2～3	0.5～1 0.7～1.2	—	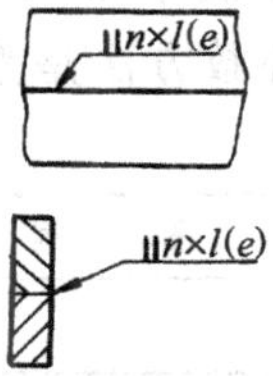	*e*：间距 *l*：焊缝长度 *n*：焊缝段数 均由设计定
间断焊	并列间断焊	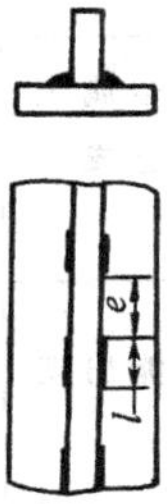	1.5～3 3～4	0.5～0.7 0.5～1	2～3 3	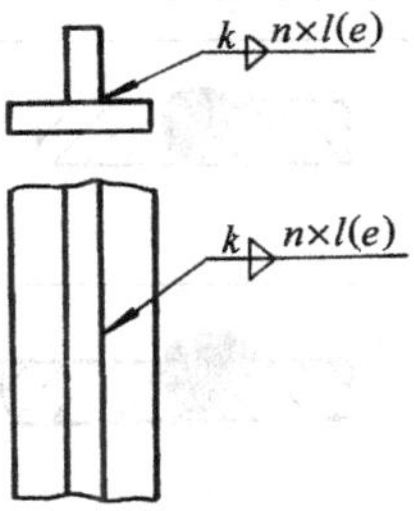	*e*：间距 *t*：焊缝长度 *n*：焊缝段数 均由设计定

（续）

焊缝名称		焊缝形式	接头尺寸			标注方法	备注
			料厚 t /mm	间隙 b /mm	焊脚 k /mm		
间断焊	交错间断焊		1.5～3 3～4	0.5～0.7 0.5～1	2～3 3	$k \triangleright n\times l \angle (e)$ $k\ \ n\times l \angle (e)$	e：间距 t：焊缝长度 n：焊缝段数 均由设计定

(3) 手工电弧焊的焊缝质量要求　对机柜结构焊缝的质量要求有如下几点：

1) 焊接前、焊接表面必须去除油污及1.5mm以上的明显毛刺。

2) 焊后应及时去除焊渣。

3) 焊缝应均匀平整，不允许出现裂纹、烧穿、弧坑、气孔、焊瘤、平渣等缺陷。

4) 焊缝若出现咬边，其深度不得超过0.5mm，焊缝两侧咬边长度之和不得超过焊缝长度的20%。

5) 焊接接头的位置偏差 $e'=0.3\sim0.5$mm（如图12-5）。

6) 焊脚尺寸 k 的公差值为+1.0mm。

机柜结构焊接中常见的焊缝缺陷见表12-7。对焊缝缺陷的补救方法是重新施焊。

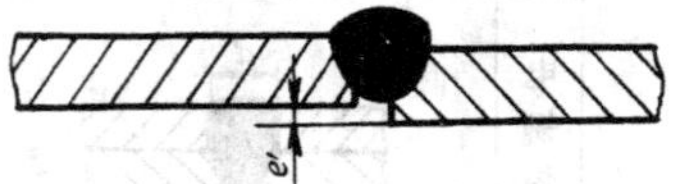

图12-5　焊接接头的位置偏差

表12-7　常见焊缝缺陷及危害

焊缝缺陷		图例	解释	危害	备注
外部缺陷	外部裂纹		焊接或基本金属上的裂纹	降底焊缝强度，造成应力集中	用肉眼或低倍放大镜可见
	咬边		基本金属和焊缝交界处的凹下沟槽	砬小基本金属工作截面，并造成应力集中	
	焊瘤		焊缝边缘上未与基本金属熔合的堆积金属	焊瘤下可能出现未焊缝现象	

（续）

焊缝缺陷		图　　例	解　　释	危　　害	备　　注
外部缺陷	弧　　坑		焊缝尾部或接头处低于基本表面的凹坑	坑内常有气孔、夹渣或裂纹	用肉眼或低倍放大镜可见
	表面气孔		焊表面出现筒形或球形空洞	减小焊缝工作截面和接头强度及致密性	
内部缺陷	内部裂纹		焊接内部或热影响区内的裂缝	同外部裂纹	用破坏性试验或探伤方法发现
	内部气孔		焊接内部的筒形或球形空洞	同表面气孔	
	夹　　渣		夹杂在焊缝中的非金属熔渣	降低焊缝强度	
	未焊透		焊缝中或焊缝与基本金属之间的未熔合现象	降低焊缝强度，易引起裂纹	

（4）点焊　点焊是压力焊中电阻焊的一种工艺方法，在机柜前结构中常用于薄板冲压件的搭接、薄板结构件与型钢构架和覆板的联接。点焊工艺在机柜结构中的应用，可使结构简化，增加构架的强度和刚性。点焊工艺在第八章中已有所叙述，在此不再赘述。

（5）二氧化碳气体保护焊　二氧化碳气体保护焊是以连续送进的焊丝作为焊接填充料，以 CO_2 气体作为保护介质的焊接方法，它可通过手工、半自动式自动方法实施焊接。CO_2 气体保护焊的原理见图 12－6。

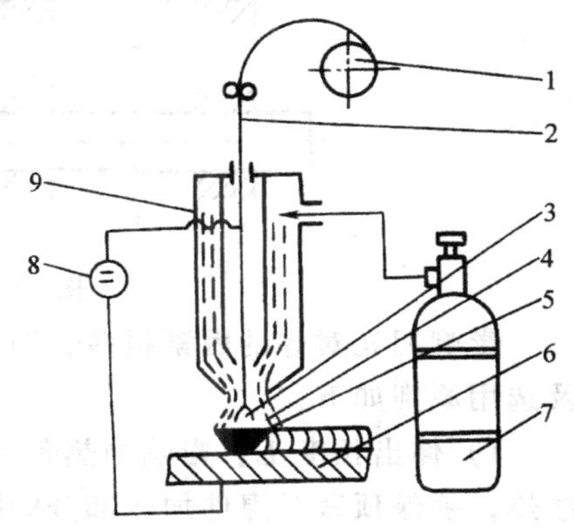

图 12－6　CO_2 气体保护焊原理图

1—送丝轮　2—焊丝　3—电弧　4—CO_2 保护区　5—熔池　6—工件　7—CO_2 气瓶　8—直流电源　9—喷嘴

CO_2 气体保护焊与手工电弧比较有许多优越性，主要优点如下：

1）由于 CO_2 保护焊的能量小，电弧热量集中，加上 CO_2 气流的冷却作用，使焊接热影响区小，焊后残余变形较手工电弧焊小 50％左右。

2）由于 CO_2 保护焊电弧挺度大，穿透力强，故熔深大。CO_2 保护焊常用焊丝含 Si、

Mn 等元素，在焊接过程中联合脱氧，有效地控制 CO_2 在高温下氧化所带来的气孔、元素烧损及飞溅，产生裂纹的倾向小，故可获得高于手工电弧焊质量的焊缝。

3）CO_2 保护焊较手工电弧焊比较，可节省电能 50% 左右。

4）CO_2 保护焊丝除剪球耗损之外，几乎无其他损失，较手工电弧焊夹持端丢弃量比较可节省焊接材料。

5）由于 CO_2 保护焊无需除渣，焊后基本无需对焊件整形，焊接熔化系数大，故可节省工时。由于 CO_2 保护焊的诸多优点，在机柜焊接中已逐渐采用。

（6）连续闪光对焊　连续闪光对焊属于电阻中对焊的一种，是一种高效率，易实现自动化焊接的工艺方法，在机柜结构件焊接中有广阔的前景。

连续闪光对焊的过程如图 12－7 所示。被焊工件在钳上夹紧后接通电源，使工件逐渐移近（图 12－7a），端面局部接触（图 12－7b），工件端面的接触点，在大电流作用下，迅速溶化、蒸发、爆破，呈高温粒状的接触点爆破后又形成新的接触点，形成连续不断的爆破过程。伴随工件的爆破和烧损，形成连续的烧化即闪光（图 12－7c）。此过程的维持靠一定的送进速度，以适应焊接过程的闪光（烧化）速度。工件的烧化达到一定温度时，焊口两侧因热量的扩散形成一定宽度的温度场，在撞击式顶锻力的作用下，液态金属被挤出焊口，焊口结合而焊口周围形成大量毛刺。由于焊接速度快、时间短、焊接热影响区很小，在结合面外围形成小的凸起（图 12－7d），整个焊接过程结束。

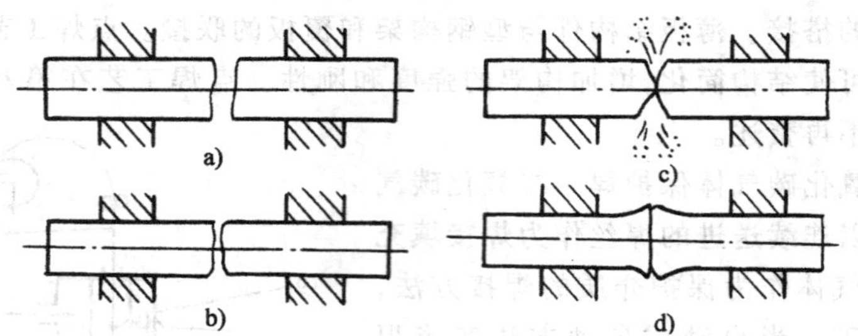

图 12－7　连续闪光对焊

影响闪光对焊的因素很多，图 12－8 为各参数的关系曲线图。主要工艺参数及选用原则如下：

1）伸出长度 L：影响加热条件及塑性变形，选用原则应该从减小向电极的散热，确保顶锻时焊件加热部分的刚性以及焊口加工的可能性等方面考虑。

2）闪光留量 Δf：应满足焊件均匀加热的要求，主要取决于焊件断面尺寸。

3）闪光速度 v_f：与电流密度（或次级电压）有关，电流密度的提高会加快闪光速度。

4）电流密度 t（或二次侧空载电压 U_{20}）：闪光对焊的电流密度通常在较宽

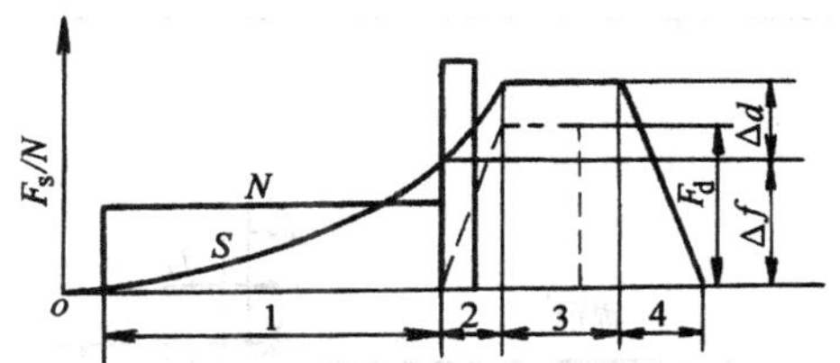

图 12－8　闪光对焊工艺参数关系曲线图

1—闪光阶段　2、3—顶锻阶段　4—复位阶段

S—动夹具移动距离　F_d—顶锻压力

N—接头处功率　Δf—闪光留量

Δd—顶锻留量

的范围内变化，它取决于焊接方法，材料的物理性能和截面积的大小。

5）顶锻速度 v_d：为防止对接处严重氧化及接口间隙中液态金属冷却而造成氧化物排除困难，顶锻速度越快越好。

6）顶锻力 F_d：顶锻力的大小应足以保证液态金属的全部挤出，并使焊件接口产生适当的塑性变形，其大小决定于焊件材料的高温性能、顶锻留量多少及高温区域的大小。

7）顶锻留量 Δd，在足以使焊件完全封口，以封口挤出全部液体金属并使焊接口产生一定的塑性变形。

8）焊件的送进速度及顶锻时间也影响闪光对焊过程。

与手工电弧焊比较，闪光对焊的劳动强度低、生产效率高，适于大批量的自动化生产。另外，闪光对焊更适于复杂断面的焊接。

（7）螺柱焊　目前国内外的螺柱焊多采用电容储能原理，通过闪光焊，把螺柱或近似形状的构件焊接在母材上，达到永久性不可拆连接效果。螺柱焊采用专用焊机和焊枪，焊接过程在 1/1000s 左右时间内即可完成。

由于螺柱焊操作简单，高效节能，不受板材厚度及材质限制，焊后又不破坏母材，在机柜结构中广泛用于以下方面：

1）面板后部元器件安装，同时可确保面板正面光洁、美观。

2）结构件间的接地连接螺钉的焊接，螺柱焊焊接工艺参数一般由焊机来保证。为确保焊接可靠性，焊接用螺柱的焊接端应制成便于电流集中的特殊形状，如图 12－9 所示。

4．表面涂覆

机柜表面涂覆的目的是，获得与总体设计及环境设计相协调的颜色，确保机柜在一定环境条件下具有防护性能。

表面涂覆工艺包括：

前处理——除油、除锈、磷化处理，以获得有利于涂覆的表面。

喷涂——获得有一定防护能力的，符合设计颜色要求的表层。

（1）磷化

磷化工艺主要用于黑色金属的表面预处理，经磷化处理后生成的磷化膜主要有以下性质：

1）磷化膜为灰色或暗灰色结晶状，厚度一般为 5～15μm。

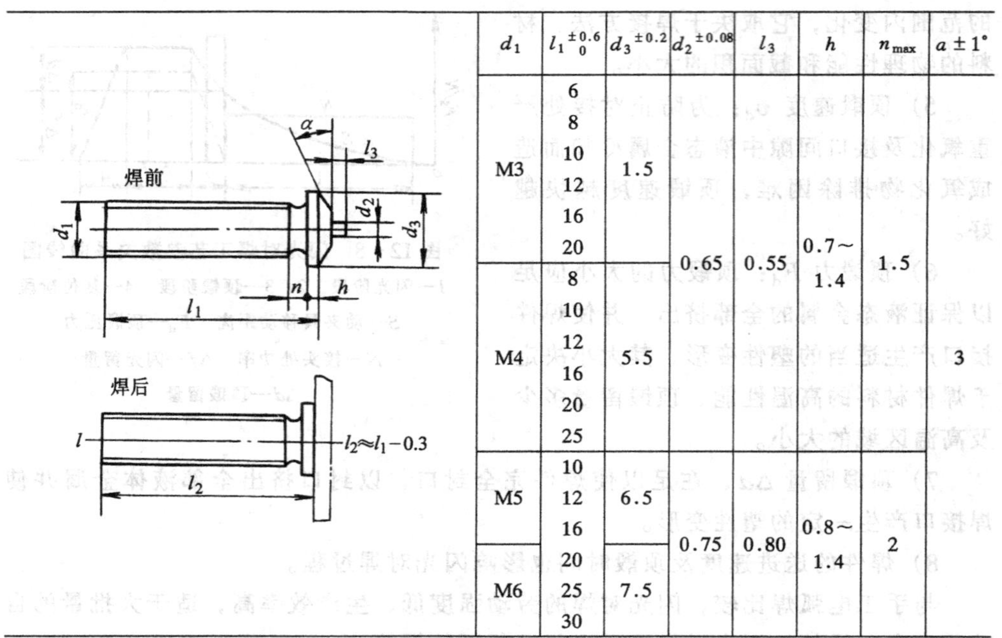

d_1	$l_1{}^{\pm 0.6}_{\ 0}$	$d_3{}^{\pm 0.2}$	$d_2{}^{\pm 0.08}$	l_3	h	n_{max}	$a \pm 1°$
M3	6 8 10 12 16 20	1.5	0.65	0.55	0.7～1.4	1.5	3
M4	8 10 12 16 20 25	5.5					
M5	10 12 16	6.5	0.75	0.80	0.8～1.4	2	
M6	20 25 30	7.5					

图 12－9　焊接用螺柱尺寸图

2）磷化膜的生成对基体金属的力学性能、强度、磁性等基本无影响。

3）磷化膜与基体金属有牢固的结合力，与油漆的结合力也好，是油漆涂层较为理想的底层。

4）磷化膜在大气中具有一定的抗腐蚀能力，并具有较高的电绝缘性能。

根据工艺条件，磷化可分为冷磷化（室温）、高温磷化（90～88℃）和中温磷化。从磷化液的稳定性、处理时间的长短、磷化膜的质量等综合性能上讲，中温磷化具有满意的效果，因而在机柜结构的磷化处理中较为常用。

需磷化处理的工件，必须作除油、除锈和去除氧化皮等工序的预处理，并且应在各工序之间加流动冷水冲洗，以免残留的处理液影响后道工序质量和改变溶液成分。为便于残液排出，封闭形及半封闭形的制件的死角部分应钻工艺孔。

表 12－8 介绍了生产中采用较多的中温磷化工艺。

表 12－8　中温磷化工艺

工　　序	配　　方	工艺条件	作　　用
除　　油	氢氧化钠　60～100g/L 碳酸钠　30～60g/L 磷酸三钠　40～50g/L 水玻璃　10～20g/L	90～100℃ 10～15min	去除构件表面油污

（续）

工　序	配　方	工艺条件	作　用
除　锈	硫酸　18%～24% 食盐适量	50～70℃ 3～15min	去除锈迹及氧化皮
铬酸酸洗	食盐　1%～2% 硫酸　1%～3% 铬酸　20%～25%	常　温 2～4min	去除表面碳化物及杂质
磷　化	磷酸锰铁盐　30～35g/L 硝酸锌　80～100g/L 游离酸度　5～7点 总酸度　50～80点	50～70℃ 10～15min	形成磷化膜
后处理（钝化）	1. 碳酸钠　0.2%～0.4% 重铬酸钾　3%～5%	80～95℃ 10～15min	磷化膜密封，提高膜的抗腐蚀能力。两种钝化方法可任选一种
	2. 肥皂水　30～50g/L	>80℃	

除表12－8所列的传统的磷化工艺外，目前市场上出现的“二合一”（除油防锈），“三合一”（除油、除锈、磷化），“四合一”（除油，除锈、磷化、钝化）工艺较多，企业在采用时应先作好调查研究，并进行必要的试验验证。

（2）喷漆　国内用于机柜喷漆的常用油漆主要有快干漆和烘干漆两类。

喷漆及静电粉末喷涂在第九章有所介绍，这里不再赘述。

5. 新型紧固连接

本章通过图12－9介绍了用螺柱焊方法获得的一种紧固连接。此外，目前国内还逐渐推广了一些新的紧固方法，其共同特点是：紧固连接可靠方便，在施紧过程中不会出现螺钉和螺母同时旋转而带来的紧固困难。这样就解除了一个人同时用两件工具或两人合作紧固所带来的麻烦，可以快速，便捷地完成紧固操作，以下介绍几种新的紧固连接件。

（1）点焊螺母　如图12－10所示，螺母中间的凸点用于点焊时与孔定位。螺母外缘有三个对称分布的凸出尖角，在螺母与工件点焊时，由此发生尖端放电而将螺母牢固地焊在工件上，形成永久性结合。以后，在施行紧固连接时，只需旋紧螺钉，而螺母不会同时转动。

（2）压铆螺母　如图12－11所示，带有滚花的压铆螺母压入工件的预制孔中，其配合过盈量约为0.2～0.4mm（可按配合直径的大小酌定）。由于压入螺母与工件的过盈配合，在旋紧螺钉时，该螺母不转动，可快捷地完成紧固连接。

（3）压铆螺钉　如图12－12所示，压铆螺钉头部的止口部位带有滚花、其长度一般比连接工件料厚小 0.3～0.5mm，滚花外径与工件预制孔的过盈量约 0.2～0.4mm，(根据螺钉大小确定)。当压铆螺钉压入连接件孔中之后，形成的过盈配合使得该螺钉在紧固过程中不会转动，只需旋紧螺母即可快捷地完成紧固过程。

(4) 盘头自锁螺钉　如图 12－13 所示，该螺钉头部的压紧面制有沟槽，在紧固过程中可产生更大的紧固压力，并可防止螺钉打滑转动而紧固困难，紧固后具有较高的自锁性能。

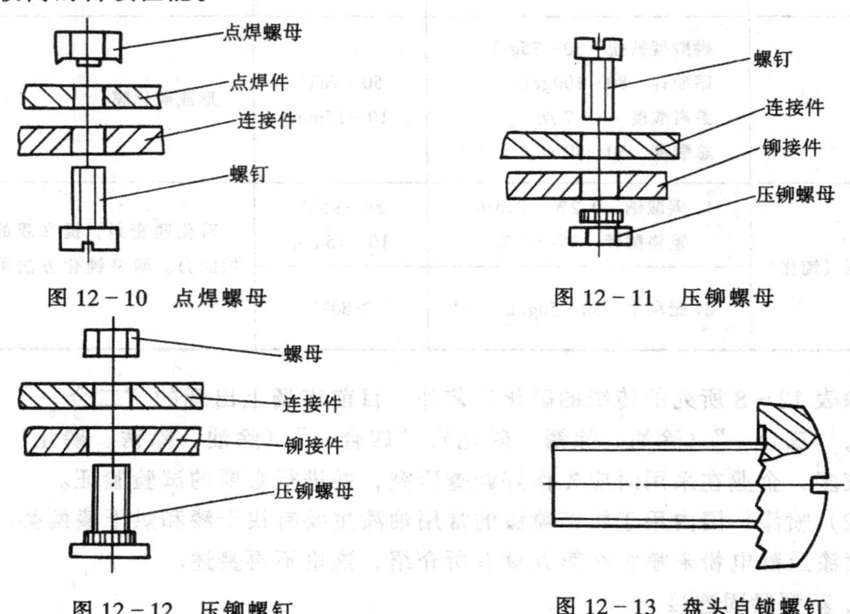

图 12－10　点焊螺母

图 12－11　压铆螺母

图 12－12　压铆螺钉

图 12－13　盘头自锁螺钉

(5) 三棱形等径变形圆截面自攻螺钉　横截面示意图见图 12－14。该螺钉与类似于木螺钉的那种自攻螺钉不同，其横截面为冷镦而成的三棱形等径变形圆，螺纹为公制的由搓丝板搓成。在旋入螺钉预制孔时，它不产生切屑面，是靠挤压变形产生的预紧力实现连接，其自锁性能较好。该螺钉可反复多次使用，由其攻出的螺孔，可以用相同直径的公制螺钉所替代。该螺钉的截面尺寸有严格要求，各种规格的螺钉与其连接预制孔也有一定的对应关系。

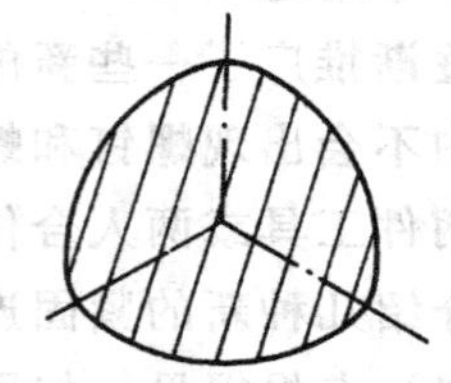

图 12－14　等径变形圆截面自攻螺钉横截面示意

上述几种新型紧固连接件可为机柜提供更可靠、方便、快捷的连接手段。

二、典型工艺装备

1. 剪切下料设备

（1）剪板机　剪板机是目前机柜生产中最常用的剪切下料设备，分为机械传动方式或液压传动方式。根据剪板机上下刀片装配的不同，又可分平刃剪板机及斜刃剪板机两种剪切结构。斜刃剪板机比平刃剪板机剪刀省力，特别适用于剪切宽度尺寸较大而厚度较薄的板材，因而在机柜生产中斜刃剪板机采用最为广泛。近年来国内锻压设备制造厂引进国外先进技术，已经生产了具有数控数量功能的先进剪板机。国内一些大中型机柜生产企业还从国外直接引进了剪板机，使得我国机柜生产中的剪切下料设备的技术水平有了极大的提高。使用剪板机时可查阅专门资料，以下仅介绍数控直角剪板机。

数控直角剪板机是通过数字控制手段可同时剪切两垂直边的最新式剪板机，两垂直边的剪切精度高，适用于面板、门板等这一类对制件垂直度有较高要求的板料下料。日本 MORATA 公司的数控直角剪板机的主要技术参数见表12－9。

表 12－9　MURATA 数控直角剪板机主要技术参数

型　号	RAS—7090—Ⅱ
公称压力/kN	400
剪切厚度/mm	4.8
加工板材尺寸/mm^2	2500×1440
刀片长度（x，y）/mm	90、700
x、y 轴移动速度/（$m \cdot min^{-1}$）	38.5
x 轴移动距离/mm	2500
y 轴移动距离/mm	1400
功率/kW	11×2

（2）滚剪机　滚剪机按其滚刀数量可分为多滚式及单滚式两种。多滚式滚剪机一般应用于将板料同时裁剪成宽度一致的数条条料，如图 12－15 所示。

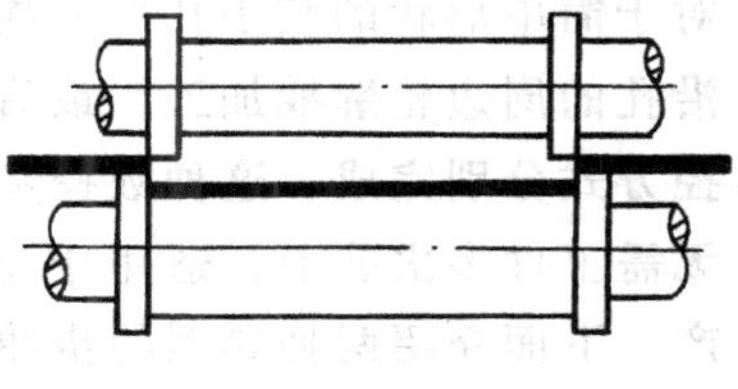

这种多盘滚剪机的结构是在主轴上安装有多对滚刀，每对滚刀的距离就相当于所裁条料的宽度。因此，滚刀相对距离应根据所要求的条料的宽度而作适当的调整。

图 12－15　多滚滚剪

单滚式圆盘滚剪机只具有一对滚刀。由于滚刀配置角度的不同，可剪切直线、曲线或内孔轮廓边缘的坯料。图 12－16 为上下滚刀均斜置的圆盘滚剪机的示意图，图 12－17 为上下滚刀斜置的圆盘滚剪机的示意图。这两种滚剪机均可剪切直线和曲线的坯料。

在机柜生产中，滚剪机多用于卷料下料，以便进入滚剪工序。

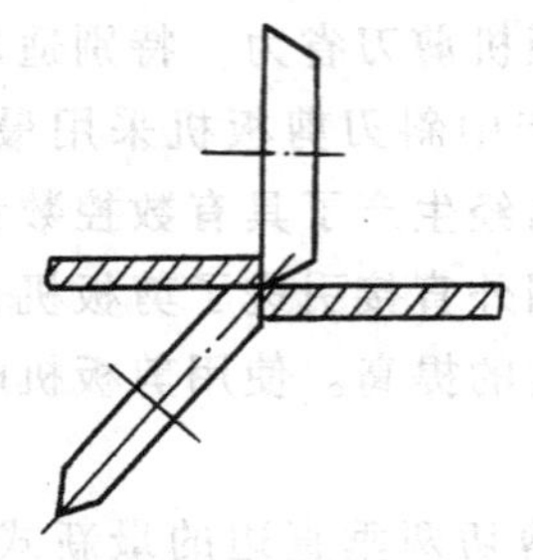

图 12-16　下滚刀斜置的滚剪

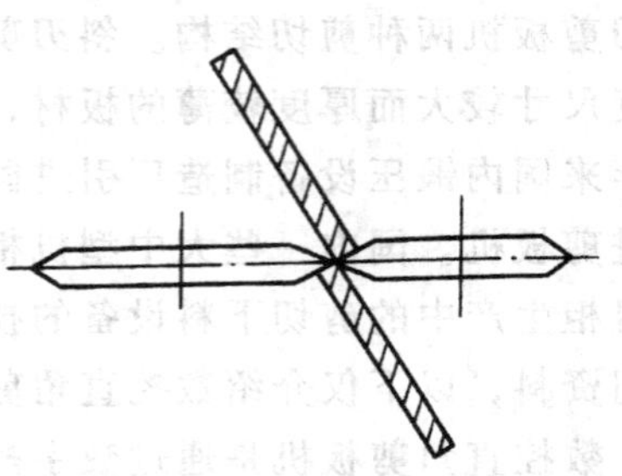

图 12-17　上下滚刀均斜置的滚剪

2. 开孔及切角设备

机柜生产中钣金件的开孔一般采用深喉颈冲床、龙门刨式冲床和数控式单工位或多工件冲床。对于小批量生产的机柜，有时也采用等离子切割机。钣金件的切角加工多采用普通冲床由专用模具加工，一些有条件的企业则采用通用切角机加工，现对几种典型的钣金开孔，切角设备介绍如下。

(1) 空气等离子切割机　空气等离子切割是将压缩空气通过射流原理等离子化后形成等离子弧，利用其高能量使金属熔化达到分离目的。空气等离子切割机一般由空压机、等离子发生器、输气管、割炬等部分组成。

用空气等离子切割机进行钣金开孔加工的优点是：切割速度较快、切口窄且光洁、变形小，适于不同材料的加工，具有一定的机动性。

(2) 深喉口异形压力机　深喉口异形压力机的特点是具有深喉口、适用于大尺寸的钣金件的冲孔加工。深喉口压力机与普通压力机一样，只能安装一套模具，加工不同孔形的孔时，需更换模具。

(3) 数控步冲压力机　数控步冲压力机可分为平冲头步冲压力机和数控多工位压力机两种。数控步冲压力机的特点是采用数字程序控制方式进行开孔加工，对于简单形状的较小孔可一次冲成；对于大形及异形孔可按步冲方式由小孔模具沿孔的周边轮廓线加工，最后完成冲孔工序。同一钣金件上的许多孔，均可由数控方式分别完成。这种数控步冲加工不仅简化了模具（只需几种典型模具），也无需工件多次装卡，适用于小批量、多品种生产和典型机柜的大批量专业化生产。下面介绍两种典型的步冲压力机。

1) TCQ2025、J93KH—4 单冲头数控步冲压力机其计算机系统采用人机对话编程方式，操作简便，人工更换模具迅速、方便。主要技术参数见表 12-10。

2) Titan 系列数控回转头步冲压力机是集电、液、气为一体的高效率开孔设备，其主要技术参数见表 12-11。

表 12-10　单冲头数控步冲压力机主要技术参数

型　　号	TCQ2025	J93KH—4
冲压力/kN	200	80
可冲最大钢板厚度/mm	6.4	4
最大冲孔直径/mm	4100	450
加工范围/mm	2000×1000	2000×1000

表 12-11　Titan 系列数控回转头步冲压力机主要技术参数

型　　号	Titan252	Titan256	Titan402
冲压力/kN	250	250	400
冲切面积/mm^2	1500×750	1500×1000	1500×750
定位精度/mm	±0.12	±0.12	±0.12
模具位数	10	10.16	10.16
冲切钢板厚度/mm	6	6	10
最大移动速度/（$m\cdot min^{-1}$）	30	30	30
机床重量/kg	4500	5500	6100

3. 折弯设备及折弯模具

机柜钣金件的弯曲工序一般都采用常用的折弯设备——弯板机。弯板机按其传动方式可分为机械式和液压式两种；按其折变过程中模具的运动方式可分为上浮动式和下浮动式两种；按其控制方式又可分为人工控制和数字程序控制两种。随着国外先进技术的引进，我国已经能够生产具有当代国际水平的弯板机。在折弯设备中，折弯模具是弯曲工序中的关键。下面简要介绍几种典型的弯板机及折弯模具。

（1）普通弯板机　国内机柜生产中最常用的弯板机为 W67Y 系列，一般为上浮动液压式，主要技术参数列于表 12-12 中。

表 12-12　W67Y 系列板机主要参数

型　　号	W67Y—63/2500	W67Y100/3200
公称压力/kN	630	1000
工作台长度/mm	2500	3200
喉口深度/mm	250	320
滑块行程/mm	100	100
滑块调节量/mm	100	100
行程速度/mm	>10	>10
最大启高度/mm	320	320
电动机功率/kW	5.5	7.5
重量/kg	4500	7500

(2) 数控式液压弯板机　PPT 及 PPN 系列弯板机为先进的液压折弯设备，主要技术参数列于表 12－13 中。

表 12－13　PPT－PPN 系列弯板机主要技术参数

型　　号	PPT60/30	PPT100/30	PPN65/30	PPN125/30
公称压力/kN	600	1000	650	1250
可折最大宽度/mm	3000	3000	3000	3000
滑块行程/mm	100	130	100	175
工作台面与滑块最大开启高度/mm	300	310	300	350
驱进速度/（$mm\cdot s^{-1}$）	100	100	90	90
回程速度/（$mm\cdot s^{-1}$）	64	60	40	50
工作速度/（$mm\cdot s^{-1}$）	9	8	7	6
电动机功率/kW	4	5.5	4	7.5
机床净重/kg	4000	6000	4900	10800

(3) 三点式折弯机　三点式折弯机的工作原理是：在折弯过程中控制决定弯曲形状最关键的 a、b、c 三点位置，从而保证弯曲形状（见图 12－18）。它与普通弯板机不同的是凸、凹模已不是传统的模具概念，“凸模”为刀形，“凹模”为上下可调，以调整 a、b、c 三点相对位置。因为上模呈刀形，退模不受弯曲角度限制，因而可弯曲任何形状的钣金件。

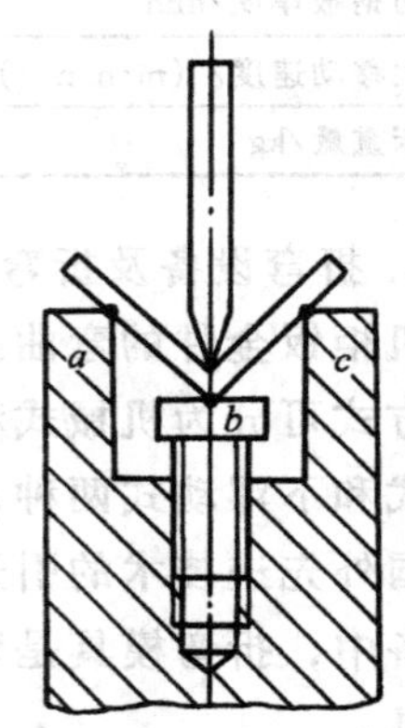

图 12－18　三点式折弯机原理

W67K—100/3100S 三点式数控液压折弯机具有数字控制和三点折弯独特结构，可任选折弯角度和挡料尺寸，自动化程度很高，该机的主要技术参数见表 12－14。

表 12－14　国产三点式数控折弯机主要参数

型　　号	W67Y—100/3100S
公称压力/kN	1000
可折最大宽度/mm	3100
滑块行程/mm	145
工作台面与滑块最大开启高度/mm	760
驱进速度/（$mm\cdot s^{-1}$）	80
回程速度/（$mm\cdot s^{-1}$）	70
工作速度/（$mm\cdot s^{-1}$）	10
后档料定位范围/mm	1200
后档调节等行程/mm	400

（4）折弯模具　折弯模具的设计主要应考虑下列因素：材料的力学强度及厚度、弯曲形状、尺寸、材料、回弹等。国产材料一般回弹较大，90°弯曲时的通用上模顶角一般取 81°，下模槽口角度为 83°，这样可获得较为满意的形状，同时，采用上述较小角度压弯时，上模可不压到下模的极限位置，从而可减少对机床床身的压力而延长机床寿命。另一种常取的数值是，上模 88°、下模 90°。图 12－19，图 12－20 分别为通用折弯模具的下模和上模的结构图。

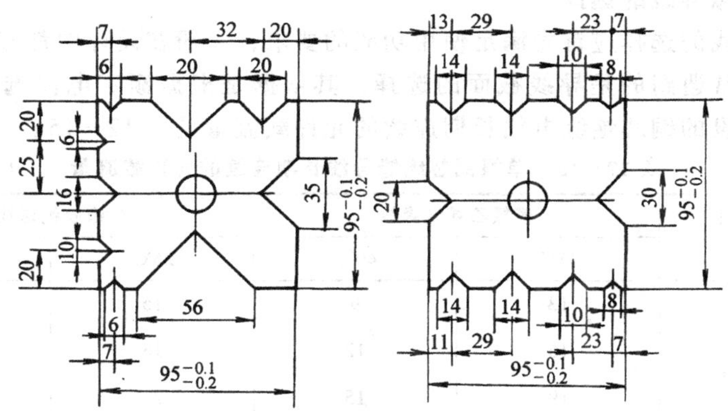

图 12－19　通用折弯下模

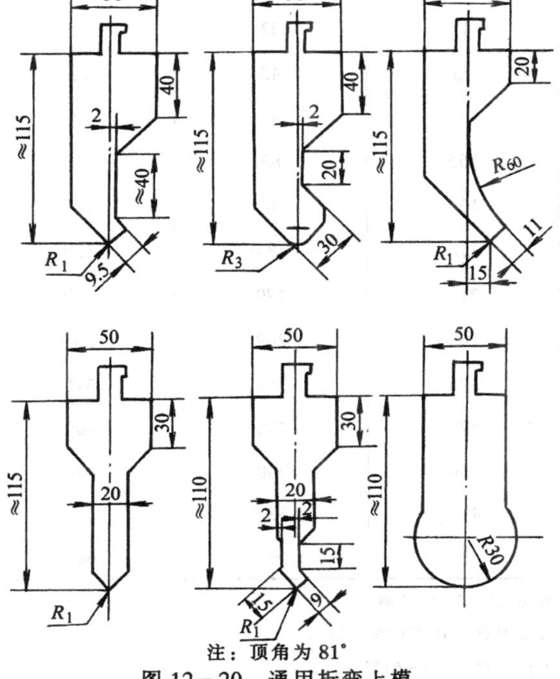

注：顶角为 81°

图 12－20　通用折弯上模

第四节　机柜配线工艺

机柜配线是指机柜内的电气元件安装完毕后，按照接线图的要求对各电气元件之间实现电气连接的过程。机柜配线分母线敷设和绝缘导线敷设两类，本节重点介绍绝缘导线的敷设。

一、绝缘导线的选择

绝缘导线的选择应首先满足使用功能的要求，一般在设计中都有规定。在生产过程中最常遇到的是导线截面的选择，其依据是根据额定电流选择导线截面积。单根敷设的铜芯绝缘电线长期连续的允许载流量见表 12－15。

表 12－15　单根铜芯绝缘导线长期连续的允许载流量　（单位：A）

标称截面积 /mm²	聚氯乙烯绝缘线		橡胶绝缘线	
	25℃	40℃	25℃	40℃
0.5	13	9	15	10
0.75	16	12	18	13
1.0	19	15	21	16
1.5	24	18	27	21
2.5	32	25	35	27
4.0	42	33	45	35
6.0	55	43	58	45
10	75	59	85	67
16	105	83	110	87
25	138	109	145	114
35	170	134	180	142
50	215	170	230	181
70	265	209	285	225
95	325	257	345	272
120	375	296	400	316
150	430	340	470	371
185	490	387	540	427
240	—	—	660	522

注：1. 环境温度仅列出 25℃ 和 40℃ 两种。

2. 电线线芯的最高允许工作温度为 65℃。

3. 相应的电线表面温度为 60～61℃。

二、绝缘导线颜色要求

机柜内敷设的汇流排、小母线、主电路及辅助电路的绝缘导线的相序及颜色应符合表 12－16 的要求。

表 12－16 绝缘导线的相序及颜色

组　别	符　号	涂漆颜色或绝缘导线颜色	母线安装相互位置		
			垂直布置	前后布置	水平布置
A 相	U	黄	上	后	左
B 相	V	绿	中	中	中
C 相	W	红	下	前	右
正 极	L_+	棕	上	后	左
负 极	L_-	蓝	下	前	右
中性线	N	淡 蓝	最 下	最 前	最 右
安全用接地线	保护接地 PE	黄绿双色	—	—	—
	E				
内部布线	—	黑 色	—	—	—
半导体电路	—	白 色	—	—	—

注：安装位置按机柜的正视导向。

三、绝缘导线加工

机柜布线前，应按设计和工艺要求将绝缘导线加工到所需尺寸，并按接线要求对绝缘导线进行预加工。绝缘导线的预加工程序如下：

导线拉直——剪线——剥头——┬热搪锡
　　　　　　　　　　　　　└冷压接端头

1. 剥头

绝缘导线剥头即除去接线部位的绝缘层，剥头工序可采用剥头钳或剥头机。剥头后的绝缘层应去除干净，并不得损伤线芯。剥头长度可参见表 12－17。

表 12－17 绝缘导线剥头长度

导线截面积/mm^2	<0.5	>0.6～1.0	>1.0～2.5	>2.5～6	>6～10	>10
剥头长度/mm	6～8	8～10	10～14	14～20	20～25	25～30

2. 热搪锡

绝缘导线热搪锡的目的是将多股软线粘合，以增加接触的可靠性。热搪锡的要求是：

(1) 采用松香酒精液或中性助焊剂，对离绝缘层 1～2mm 处搪锡，时间约 2s。

(2) 当多股线中的单股线芯直径大于 0.5mm 时，允许先将芯线分单股热浸锡，然后轻捻再对整个线芯搪锡。

(3) 热搪锡表面要求光亮，不应有多余的锡料堆积。

3. 冷压连接工艺

冷压连接工艺50年代就被世界各国的各个工业部门广泛采用。压接连接不同于锡焊连接，是一种具有许多优点的高可靠性的电气连接工艺技术。冷压连接在布线中的应用，大大提高了布线连接的可靠性和质量。

(1) 冷压连接的原理及特点　冷压连接不同于绕接，与锡焊连接更有本质的区别，冷压连接是用机械方法，应用冷压专用工具或设备对导线和接线片施加一定的压力，使导线和接线片两金属表层晶体产生塑性变形。在塑性变形过程中，局部的温度显著升高，引起两金属接触部分的塑流，消除了两金属表面的氧化膜，使两金属的接触电阻近似为零。塑流的过程中，在温度升高的区域扩散进行得更加激烈，经过扩散加强了两金属接合面的牢固性。图12－21是冷压接线片与导线冷压连接部分截面在金相显微镜下的照片。在压力作用下，导线截面严重变形，两金属接触十分紧密，使导线和接线片成一个整体。如图12－22所示。从而实现了可靠的连接。

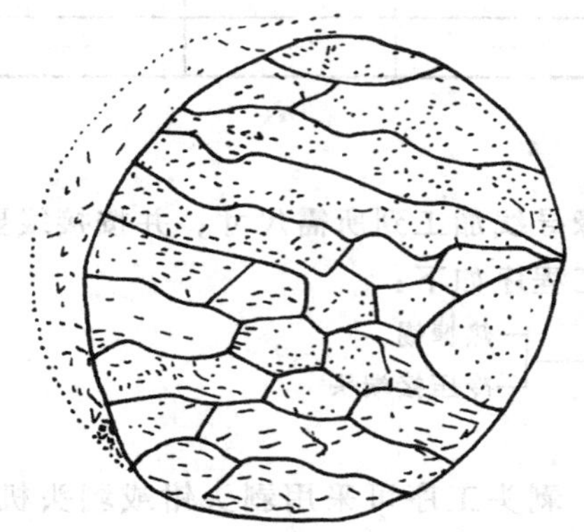

图12－21　冷压连接截面金相照片

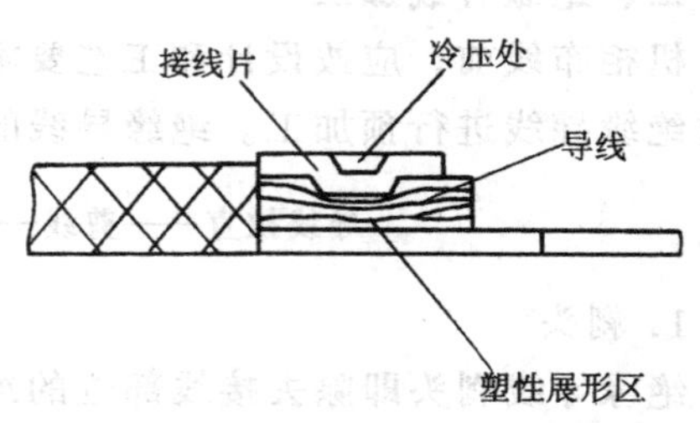

图12－22　冷压连接点形成情况

冷压连接使用范围很广，截面0.35～70mm^{2}范围的铜、铅、银、镍和镍合金等金属的单股或多股导线均可进行压接连接。冷压连接操作工艺简便、节省能源、不污染环境、生产效率高、成本低、接触电阻小且稳定、连接质量较高，其缺点是：不同形式和不同规格的连接片需要换用不同钳口的冷压钳；手动式冷压钳在批量生产中劳动强度大，连接点抗振能力低于绕组连接。

(2) 冷压连接的工艺要素

1) 冷压连接的工具和设备的选用。冷压连接工具有手动冷压钳、液压钳和气压钳三大类。手动冷压钳如图12－23所示，分为三种：即冷压钳、微型冷压钳和机械冷压钳。手动冷压钳适合于导线截面积0.35～10mm^{2}时使用。

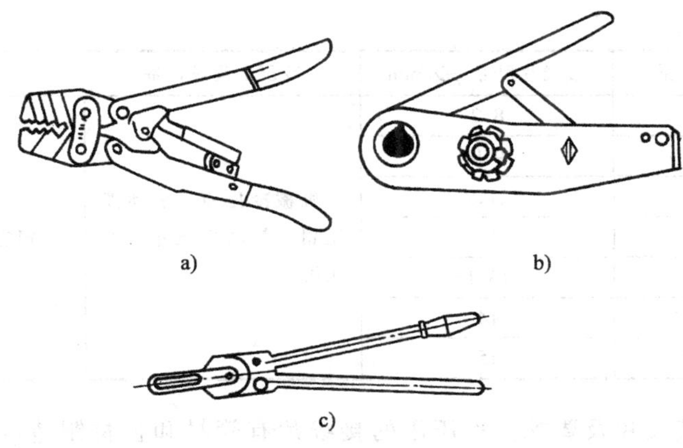

图 12－23 手动冷压钳

a）冷压钳 b）微型冷压钳 c）机械冷压钳

液压钳如图 12－24 所示，适合于导线截面积较大时使用。

气压钳如图 12－25 所示，它在国内研制较晚，应用还刚刚开始。它可克服手动冷压钳劳动强度大的缺点，但需要气源，故局限于使用场地。它既适合导线截面积小时使用，也适合导线截面积大时使用。

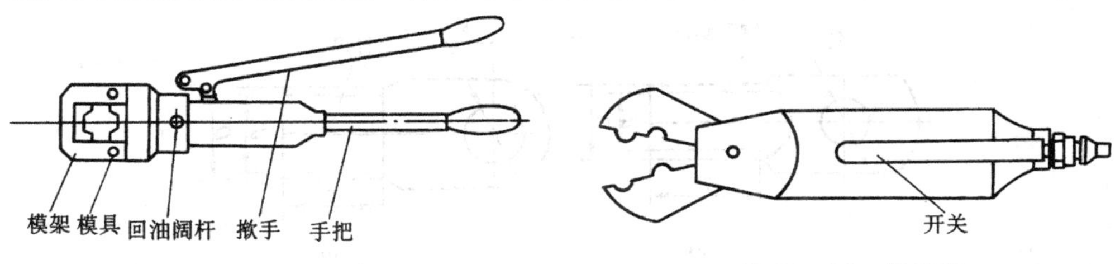

图 12－24 液压钳

图 12－25 气压钳

另外还有专门的冷压设备，也可用油压机进行压接。

为了保证冷压连接的质量，冷压连接的工具及设备的选用应根据导线截面积及接线片的规格进行选择，否则会造成压接不良，选择可参照表 12－18。

表 12－18 冷压工具及设备与接线片选用表

导线截面积/mm^2	接线片尺寸 ϕD/mm	冷压工具或设备	钳口或模具
0.35～0.5	2.2	微型冷压钳	钳口 0.25～0.75mm^2
0.75～1	3.2	手动冷压钳	钳口 0.75～1.0mm^2
1.2～1.5	3.5	手动冷压钳 气动冷压钳	钳口 1.2～1.5mm^2
2～2.5	4.2		钳口 2～2.5mm^2
3～4	5.2		钳口 4～6mm^2
5～6	6.2		钳口 4～6mm^2

（续）

导线截面积/mm²	接线片尺寸 φD/mm	冷压工具或设备	钳口或模具
8～10	8.2	机械冷压钳、手动液压钳、气动冷压钳、油压机	相应钳口或专用模具
16	9.9		
20～25	11.9		
25～35	13		
50	15.1		
60（JG）型	14		
70（JG）型	15		

2）冷压接线片及要求。冷压用的接线片有管材和板材制造的两种。板材制造的接线片，其合缝处必须用银钎焊封缝。如图 12－26 所示。冷压不能使用开口未封缝的接线片，否则冷压效果不好。

接线片的材料应具有较大的塑性变形值，即在低温下具有很大塑性的金属，如铜、银、铅等。接线片常用的形式见图 12－27 所示。

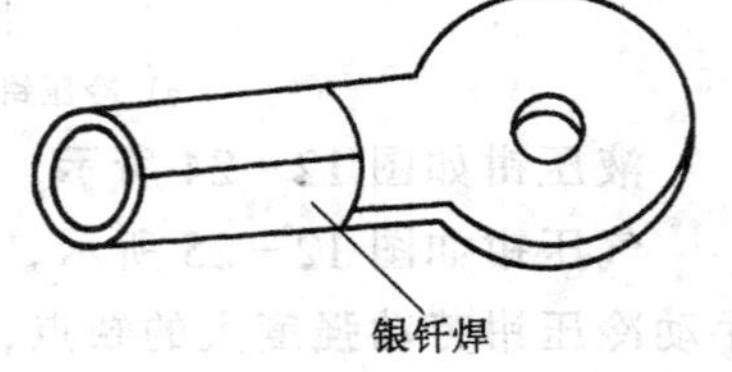

图 12－26 冷压接线片

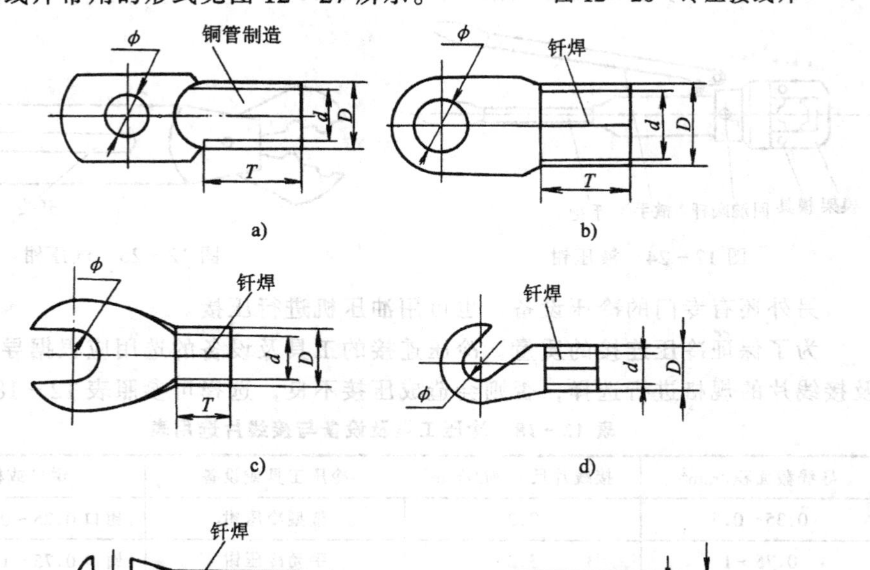

图 12－27 常用的冷压接线片形式

a）JG 型接线片 b）OT 型接线片 c）VT 型接线片 d）JP 型接线片 e）CT 型接线片 f）IT 型接线头

接线片的选用应根据导线的截面积选择，这样才能保证压接的质量。接线片的表面应镀金属处理，一般镀锡，锡铅合金、银和镍。

3）压接导线的要求　压接导线大多选用柔软的铜线，为了获得最佳的抗拉强度，较细的导线有时用铜合金制成。由于多股导线具有良好的柔软性和最大的拉振能力，因而压接连接大多选用多股铜导线。

(3) 冷压工艺　导线剥头长度按所用接线片尺寸进行，并应进行拧头处理，以方便插入冷压接线片。

(4) 冷压质量检验

1）目测检验，不合格的冷压连接点，见图 12－28，故障的原因及解放方法见表 12－19。

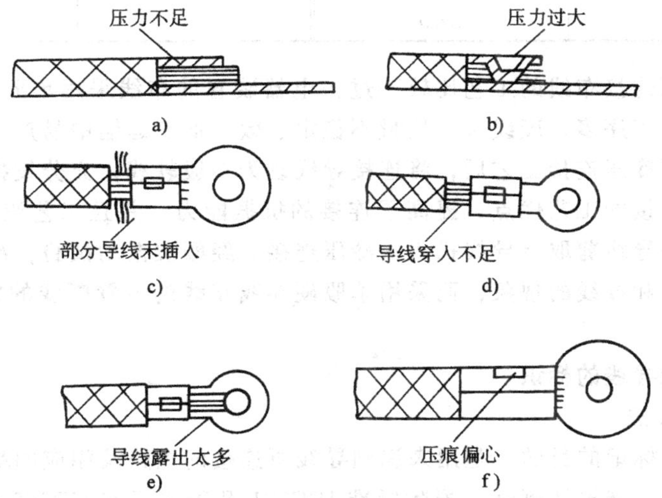

图 12－28　不合格的冷压连接点

表 12－19　冷压故障原因及解决方法

冷压故障	故障原因	解决方法
压力不定	小规格接线片用大模格钳口冷压	选择合适的接线片和钳口
压力过大	大规格接线片用大模格钳口冷压	
部分导线未插入	多股导线未拧头	拧头处理
导线穿入不足	导线未合部穿入	应全部穿入后再冷压
导线露出太多	剥除绝缘局部太长	应控制剥除尺寸
压痕偏心	接线片放置在钳口的位置不对	应控制接线片放置位置

2）实验检测，实验检测主要作为冷压工具的进厂检测和生产中的工艺抽查，一般进行拉拔力和接触电阻的检测，拉拔力应符合表 12－20 的要求；接触电阻应不高于同长度导线的电阻值。

表 12-20　冷压接点拉拔力要求

导线截面积/mm^2	最小拉拔力/N	导线截面积/mm^2	最小拉拔力/N
0.35	588	5	4410
0.5	686	6	4900
0.75	980	8	5880
1	1470	10	6860
1.2	1764	16	9408
1.5	1960	20	9800
2	2450	25	10780
2.5	2940	35	12740
3	3430	50	16660
4	3920		

(5) 冷压连接布线的工艺比较　过去电器装置的布线采用单股硬导线布线。工艺流程长、工序多、废线长、质量不稳定、效率低、运输中易产生断线现象。

布线采用冷压连接工艺后，将连接导线改为多股软线，充分发挥了软线的柔韧性和冷压连接的工艺优点，提高了连接的抗振能力，并且工艺流程简单，即：走线槽安装→导线剪取→导线扒皮→冷压连接。经颠波振动试验，冷压连接布线的装置无断线和掉线的现象，而采用单股硬导线布线的装置断线的掉线率达 9% 左右。

四、绝缘导线的标识

1. 标记方法

绝缘导线标记的目的，是用来识别导线所连接的电路及相应的端子，以便对电器设备运行、维护及测试，国际标准 IEC391 及国家标准 GB4884 对导线的标识方法均有明确的规定。导线的标记一般在其两端与端子相接附近，必要时在导线全长的可见部位。现对典型标记方法介绍如下。

(1) 从属两端标记　导线的每一端都标出与本端连接的端子标记及与远端连接的端子标记系统。这种标记方法无需参考接线图或接线表，可将导线直接连于本端子，同时还可识别远端子，从而便于运行中判定故障点，及日常维护。从属两端标记方法见图 12-29。

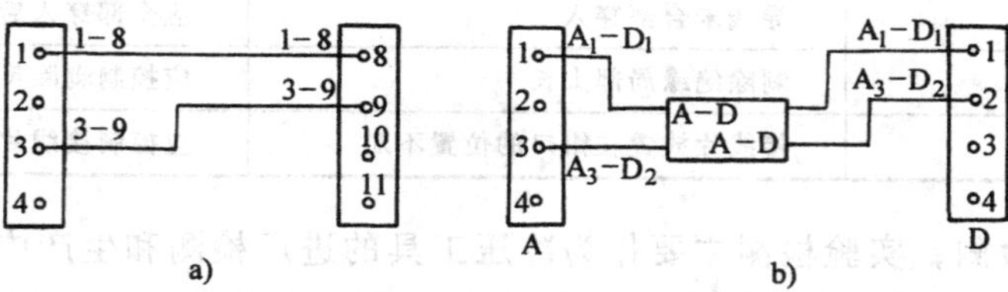

图 12-29　从属两端标记法

(2) 从属末端标记　导线终端的标记与所连接的端子的标记是相同的标记系统。这种标记方法较前一种方法简单，但如果导线布线时走向不很明显，如无接线图或接线表，就很难确定另一端接线端子，不便于故障点的确定及日常维护。从属末端标记法见图 12－30。

(3) 从属远端标记　导线终端的标记与远端所连接的端子的标记是相同的标记系统。这种标记方法较两端标记方法简单，并便于确定故障点及维护，但它需接线图或接线表以便拆下之后重新连接。从属远端标记见图 12－31。

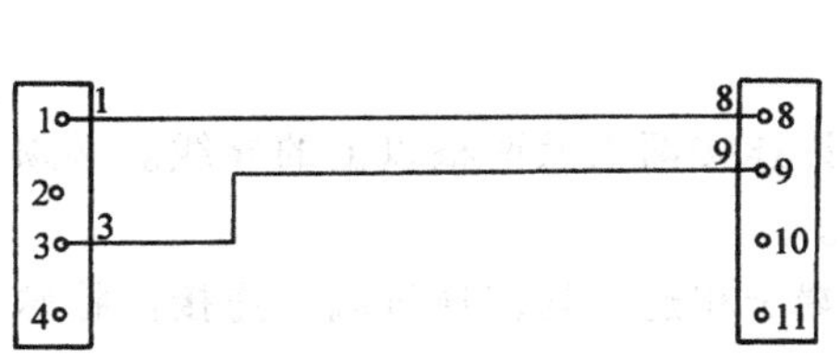

图 12－30　从属末端标记法

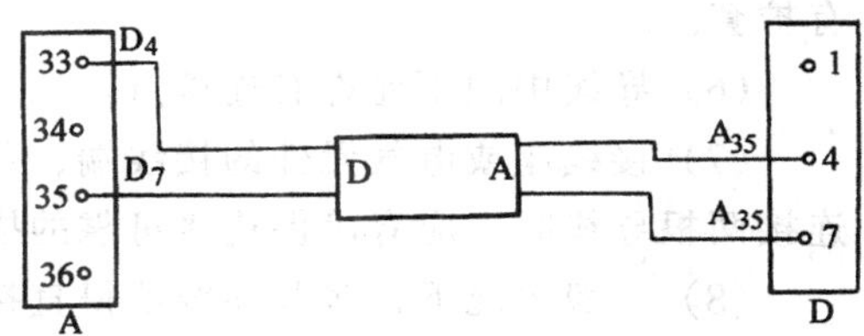

图 12－31　从属远端标记法

(4) 独立标记　导线的终端标记与所接端子的标记无关，它只是一种代号，需借助于接线图或接线表确定导线走向和所接端子，这种标记方法只用于非常简单的接线系统。

2. 标记用附件

1) 标志牌。只适用于对线束的标记，用尼龙扎带固定于线束的端部或指定位置。

2) 自粘标志带。将涂有压敏胶并印有符号（字母）及数字的标志带按需要粘贴于导线或线束端部。

3) 套管。将专用的圆形、椭圆形或异形套管按需要的标志打字后，穿于导线端部。

4) 标志管。将特制的、按特定字母、数字分别压制的标志需要组合排列于导线的端部。这种标志管通常为工程塑料制造，并有开口，用其所配的专用工具可方便地套在导线上，见图 12－32。

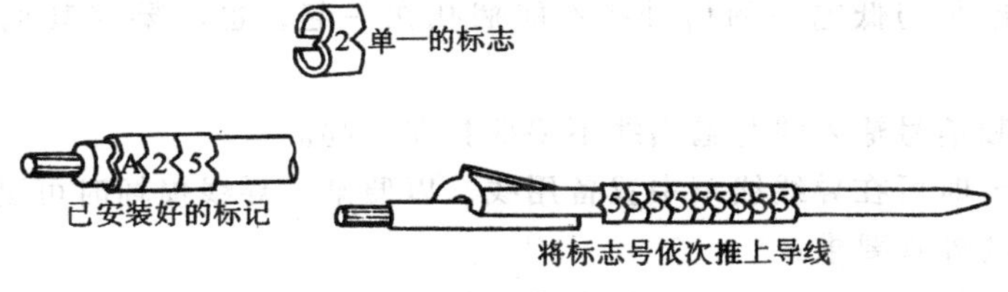

图 12－32　标志管的使用

五、配线基本要求

(1) 导线排列应均匀、合理，作到横平竖直，整齐美观。

(2) 导线不允许承受应力，以免在正常使用时减少其寿命。因此，在线末的转弯处应有圆弧过渡；线末应有固定座或线夹以免受振动或冲击；硬导线接线端应有U形缓冲环。

(3) 线末的捆扎不得因捆扎力而降低导线的绝缘强度。

(4) 跨越翻板或门板的导线或线束，应留有活动裕度，并用缠绕管保护，以防因运动或摩擦破坏绝缘。

(5) 穿越金属板的线束或导线，应有绝缘护套，穿越绝缘板的导线或线束应有护套。

(6) 导线中间不允许有连接点。

(7) 接线座或电气元件的接线端，不允许连接两根及两根以上的导线。必须连接两根导线时，应有确保连接可靠的措施。

(8) 一般情况下，多股导线不得直接与端子相连，均应通过端头连接。特殊情况下，应对导线剥头作搪锡处理。

(9) 导线线束不得紧贴金属板或金属构件敷设。

(10) 导线线束一般不允许超过50根导线。

(11) 无论用什么配线方法，导线与端子必须牢固、可靠。

(12) 连接到发热元件上的导线，应充分考虑发热对导线绝缘的影响，并应采取适当防护措施。

(13) 机柜应设接地线或接地点，并应确保接地回路的电气连接的可靠性。

六、布线方法

1. 捆扎法

布线后电路间不致互相干扰或互相耦合的情况下，对相同走向的导线可以采用捆扎法。

捆扎适用单股硬线线束和多股软线线束。为了配线美观，硬线线束有时捆扎成方形，一般都捆扎成圆形。对线束的捆扎应注意以下电气上的问题：

(1) 大电流的电源线不能与低频率的信号线扎成同一束。

(2) 没有屏蔽措施的高频信号线不得与其他线捆扎成一束。

(3) 高电平与低电平的信号线不能捆扎在一起，也不要与其他导线扎在一起。

(4) 高频信号输入线与输出线不要捆扎在一起。

(5) 必要时可在导线线束中置备用线，以便某一导线损坏时可更换。

对线扎的外观要求：

(1) 捆扎的导线应平直，不得有明显的交叉，见图12－33。

(2) 线扎中导线的出头位置应与连接点保持最短距离，见图12－34。

(3) 线束的内弯曲半径应大于线束外径的2倍，见图12－35。

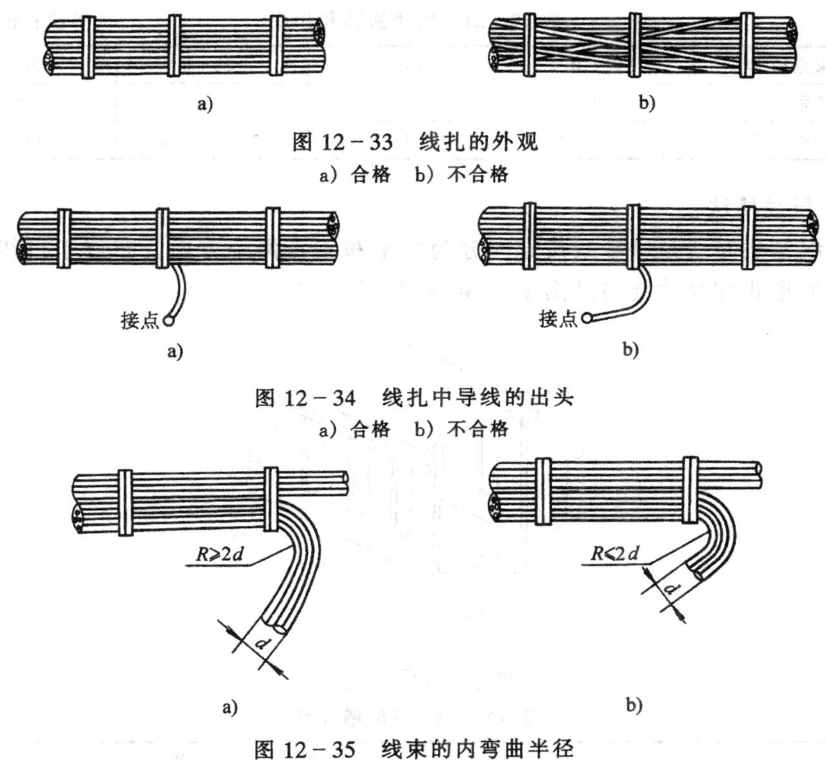

图 12-33 线扎的外观

a）合格 b）不合格

图 12-34 线扎中导线的出头

a）合格 b）不合格

图 12-35 线束的内弯曲半径

a）合格 b）不合格

（4）线节间距应均匀。

（5）扎线不得用力过猛而损伤导线绝缘。

（6）线束走向应横平竖直，排列整齐美观。

捆扎材料可用锦纶丝线、亚麻线或尼龙扎线带（见图 12-36），因前两种材料在配线过程使用不好会损伤导线绝缘。

图 12-36 尼龙扎线带

线束直径与扣距的关系见图 12-37 和表 12-21。

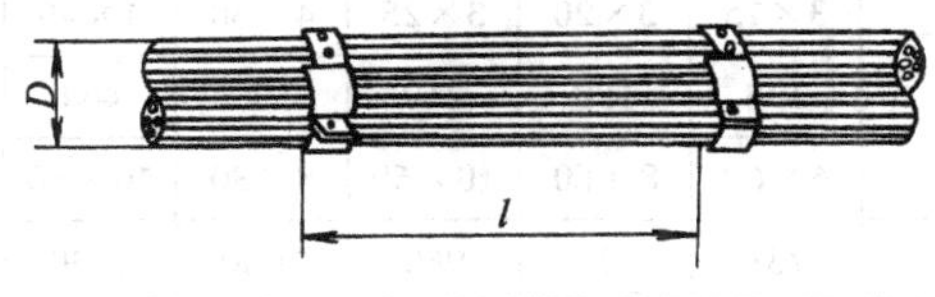

图 12-37 线束与线扣

表 12－21　线束直径和扣距　　　　　　(单位：mm)

线束直径 D	5～10	>10～20	>20～30	>30～40
捆扎带长 L	50	80	120	180
线扣扣距 L	50～100	>100～150	>150～200	>200～300

2. 行线槽法

行线槽法布线是将导线按走向分为水平和垂直两个方向，布放于行线槽内。行线槽的形式和尺寸规格见图 12－38 和表 12－22。

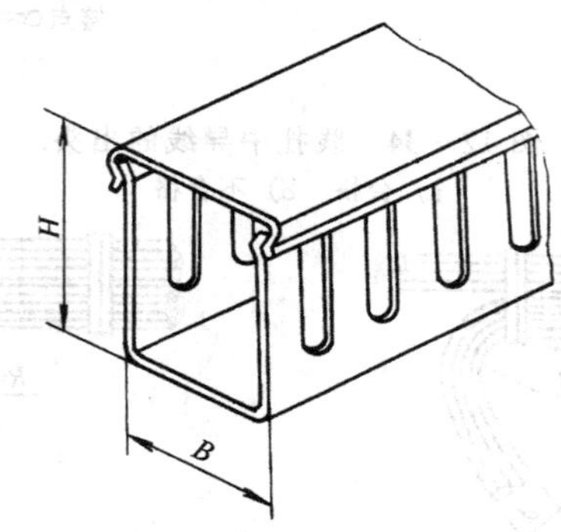

图 12－38　行线槽

表 12－22　行线槽尺寸

尺　　寸	尺　寸　系　列
H	20，25，35，50，80
B	15，20，25，35，50，80，100，140

七、接线座

接线座是用于实现机柜内部装置之间以及元器件及装置与外部电路（电缆）实现电气连接的接线附件。它对实现电路的连接和产品可靠性起重要的作用。

八、母线布线工艺

1. 母线截面选择

母线选择是以长期允许导通电流为原则进行选择的。汇流排是按照被连接电器元件的额定电流之和选择的，连接铝排是以被连接的电器元件的额定电流选择的。铝排的截面与允许长期导通电流见表 12－23。

表 12－23　铝排截面与允许导通电流

铝排截面/mm²	3×15	3×20	3×25	4×30	4×40	5×40	5×50	6×50
长期允许导通电流/A	138	180	219	309	404	452	556	617
铝排截面/mm²	6×60	8×60	10×60	8×80	10×80	10×100	8×120	10×120
长期允许导通电流/A	731	855	960	1060	1190	1470	1530	1685

铜排的截面与允许长期通电流见表 12－24。

表 12－24 铜排截面与允许导通电流

铜排截面/mm^2	3×15	3×20	3×25	4×30	4×40	5×50	5×50	6×50	6×60	6×80
长期允许导通电流/A	170	223	276	385	506	567	716	774	912	1200
铜排截面/mm^2	6×100	8×60	8×80	8×100	8×120	10×60	10×80	10×100	10×120	
长期允许导通电流/A	1470	1070	1370	1685	1945	1195	1540	1870	2150	

2. 母线色标

母线相序的区别用涂漆、喷漆或粘不干胶圆色标等方法加以标记，以方便于运行与维修，其色标规定见表 12－25。

表 12－25 母线色标规定

相　序	U	V	W	直流正极 “+”	直流负极 “－”	直流均衡母线及交流中性线汇流排	
						接　　地	不接地
颜色	黄色	绿色	红色	棕色	蓝色	紫＋黑色条，紫色 10mm 宽，黑色 5mm 宽	紫色

3. 母线安装布置顺序

母线安装布置中，相序间应遵循其规定的位置，以便于运行与维修，其布置顺序规定见表 12－26。

表 12－26 母线安装布置顺序规定

相　　序	U	V	W	+	－	中性线
垂直位置	上	中	下	下	下	最下
前后布置	远	中	近	近	近	最近
水平布置	左	中	右	右	右	最右

注：参考方向统一以屏的正视方向为准。

4. 母线的电气间隙

母线布线的电气间隙参照表 12－27，当电气间隙小于规定值时应用绝缘材料来实施其电气隔离。

表 12－27 母线的电气间隙要求

额　定　电　压/kV	3	6	10
不同相母排之间及至接地骨架的间隙/mm	75	100	100
母排至金属封板或金属门的间隙/mm	105	130	155
母排至正面网状封板或网状门间隙/mm	175	200	225

5. 母线弯曲工艺

(1) 母线弯曲应在三点式液压弯曲机上或专用弯曲模上进行冷弯制作，弯曲处距安装绝缘子固定螺栓的距离大于50mm，距母排搭接处的距离不小于30mm，弯曲时不允许有裂纹和明显折皱现象，皱纹高度不大于1mm。

(2) 在母线进行直角弯曲时，冷弯制做不能保证其弯曲质量时，可以在热态下进行弯曲，其加热温度为：铜母线500～550℃；铝母线200～250℃。

(3) 母线平弯弯曲的弯曲半径应不小于表12－28的要求。

(4) 母线立弯弯曲的半径不小于表12－29的要求。

表12－28 母线平弯弯曲半径的要求

母排厚度/mm	弯曲半径/mm
≤6	12
＞6～10	20
＞10	25

表12－29 母线立弯弯曲半径的要求

母排截面/mm²	弯曲半径/mm
5×50以下	1.50*a*
10×120以下	2.0*a*

注：*a*—母排宽度。

(5) 母线扭麻花弯时，其扭弯部分长度*L*（如图12－39所示）参照表12－31。

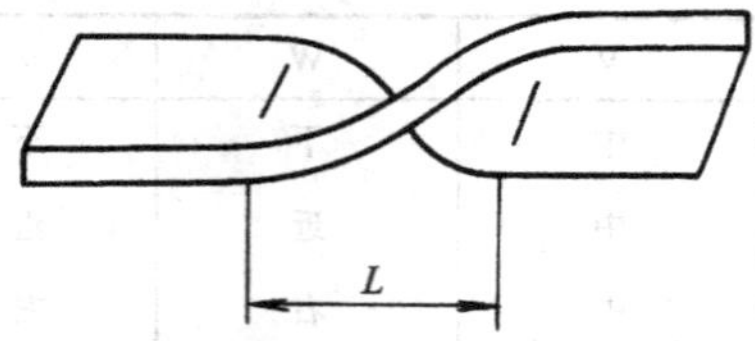

图12－39 母线扭麻花弯

表12－30 母线扭弯部分长度的要求

母线宽度/mm	15	20	25	30	40	50	80	100
扭弯部分长度*L*/mm	40	50	50	60	80	100	160	240

(6) 母线在电气连接时，应减少同一回路电气联接的搭接次数，以保证装置的温升试验。当弯曲能替代搭接时，尽可能进行弯曲布线。

6. 母线的钻孔

母线连接孔钻孔尺寸不宜过大，参见表12－31。钻孔后必须去除毛刺，以保证良好的接触。

表 12－31　母线连接孔钻孔尺寸参照表

螺栓直径/mm	4	5	6	8	10	12	16	18
钻孔直径/mm	4.5	5.5	6.5	9	11	13	17	19
螺栓直径/mm	20	22	24	27	30	33	36	42
钻孔直径/mm	22	24	26	29	33	36	39	45

7. 母线端头处理

为了提高母线的可靠性，应对母线搭接部位进行打麻点校平，校平间隙为0.025mm。校平后，其宽度尺寸误差应不大于标称宽度的5%。

母线校平后应对搭接处进行搪锡处理。

第十三章　电器的计算机辅助工艺规程设计

第一节　机电制造系统自动化及其发展

电器制造工业是机械制造工业的重要组成部分，它不仅提供人民生活所必须的产品，而且为国民经济各部门提供大量的电器技术装备。机械制造系统是实现对零件的机械加工、直接改变材料或毛坯的形状、尺寸和性能，成为零件、部件或产品。同时，要求达到一定的质量（精度、表面质量和物理性能）、生产率和成本的要求。机电制造企业为了在激烈的市场竞争中具有强大的生命力，必须从多方面着手，提高产品质量，降低产品成本，减轻工人劳动强度，提高劳动生产率，并不断开发新产品，加速老产品的更新换代。这样，促使企业一方面加强新产品的研制，另一方面必须对机电制造系统进行技术改造，使其尽快适应市场的需要。系统的革新的改造，主要从制造工艺、更新设备、装备自动化、系统控制以及组织管理现代化等方面着手进行，而采用自动化制造系统是最有效的方法之一。

机电制造系统自动化可分为大批量生产的自动化和多品种小批量生产的自动化两大类。由于品种和批量的不同，所采取的控制和自动化手段也不尽相同。

一、大批量生产的自动化

大批量生产的自动化由于批量大，制造的工装设备更换少，便于实现自动化生产，但它要求是定型产品，不可任意改变。

1．改装通用机床

将通用机床改造成为带有自动工作循环的专用机床，实现单机自动化。如果再配以自动上料机构，则可实现全自动化，这样可以实现个别工序的自动化。

2．采用自动机床和半自动机床

半自动机床可实现单工序的自动循环，但不能自动装卸工件，即自动上下料；而自动机床可实现包括上下料的全部自动化循环。在电器制造中，常采用单轴或多轴的半自动或自动车床，进行轴类的标准件和通用件的加工。

3．组合机床

组合机床是用标准部件组合而成的专用机床，可以组合成为立式或卧式，单工位或多工位，圆形工作台或方形工作台等组合机床。

4．自动生产线

对某一零部件进行各工序的全线自动化，各台机床之间有工件自动传输系统进行自动传送工件或毛坯。

二、多品种小批量的自动化

在电器制造工业中，大部分工厂企业都是多品种小批量生产方式，尤其是高压电器生产企业，多品种小批量生产占有很大的比重。实现多品种小批量生产的自动化可以采取下列措施：

1. 成组技术（Group Technology，简称 GT）

成组技术是成组工艺和成组夹具的综合，它是根据零件的几何尺寸、尺寸的几何特点和工艺特点进行分组分类，编制成组工艺，设计成组夹具，实现小批量生产自动化。

近几年来，成组技术与计算机技术和数控技术结合起来，已经突破了工艺的范畴，形成了以成组技术为基础的柔性制造系统（Flexible Manufacturing System，简称 FMS），成为计算机辅助制造（Computer Aided Manufacturing，简称 CAM）的重要技术之一。

2. 数字控制（Numerical Control，简称 NC 或数控）

数字控制技术主要是用来控制机床的运动，保证刀具（模具）与工件的相对位置，加工出所要求的形状和尺寸的工件，由于它所控制的机床运动是以脉冲数量来计算的，故称为数字控制，简称数控。数控机床是微电子技术和机械设备相结合的最典型的机电一体化产品，应用已日益广泛。

根据控制方式和功能的区别，数控机床又可分为下列几种：

(1) 简易数控机床

(2) 经济型数控机床

(3) 专用数控机床

(4) 计算机数控（Computer Numerical Control）

(5) 计算机直接控制（Direct Numerical Control，简称 DNC）机床

(6) 加工中心（Machining Center，简称 MC）

3. 自适应控制（Adaptive Control，简称 AC）

自适应是通过机床上的传感器，随时检测加工状态，将反馈信息送入自适应控制装置，并与预先存入的给定指标（参数）进行比较，及时修正加工条件，自动适应加工条件的变化，进行加工过程的优化，获得最优的加工效果。图 13－1 为自适应控制系统框图。

4. 柔性制造系统（Flexible Manufacturing System，简称 FMS）

一般来说，柔性制造系统是指可变的、自动化程度较高的制造系统。它是数控技术、计算机技术、工业机器人技术高度发展的产物。它由多台单机组成（数控机床、数控加工中心等），没有固定的加工顺序和节拍，能在不停机调整的情

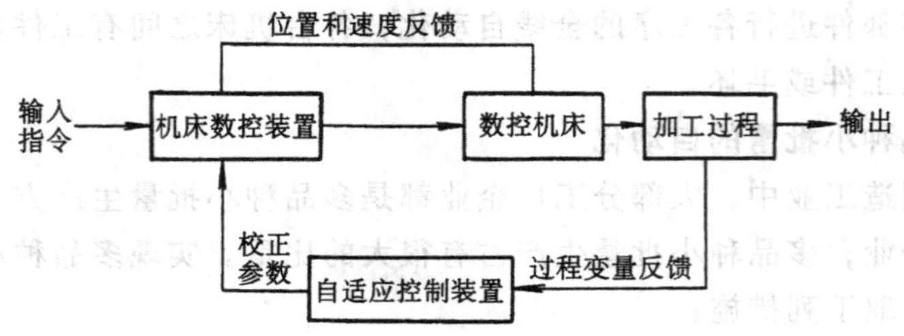

图 13－1　自适应控制系统框图

况下更换加工工件及工夹具，在时间和空间上都有高度的可变性。

5. 计算机辅助制造（Computer Aided Manufacturing，简称 CAM）

计算机辅助制造往往是以一个部件或一种产品为对象，具有加工、检验、调度、储运、装配、性能测试等功能，比柔性制造系统的范围要大得多。

计算机辅助工艺规程设计（Computer Aided Process Planning，简称 CAPP）是计算机辅助制造的重要基础。

计算机辅助制造系统是指通过采用一种监测和控制制造过程各阶段状况的计算机来分级管理多方面的制造工作。从单机控制到集成制造，利用计算机分级结构将产品的设计信息自动地转换成制造信息，从直接控制生产制造过程（含加工、检验、装配、试验、包装等全过程到间接控制有关物资供应、生产准备、调度和管理等，都属于 CAM 的范畴。更简明地说，CAM 就是通过计算机直接或间接地与企业中物力资源和人力资源的信息交换作用，实现计算机对生产的控制、操作运行和管理。

CAM 是在产品制造和管理方面的综合应用技术，它将产品在制造过程中所需要的各项技术、管理思想和方法，以及工程技术人员、管理人员的经验和智慧同计算机强大功能有机地结合起来。有了 CAM 技术，管理人员和工程技术人员就可以借助计算机实现产品制造及管理最佳的方案。

6. 计算机集成制造系统（Computer Integrated Manufacturing System，简称 CIMS）

CIMS 是一种先进制造技术，它包含下面四个方面的含义：

(1) CIMS 是一种组织、管理与运行企业生产的哲理，其宗旨是使企业的产品上市快、质量高、成本低和服务好，从而使企业赢得竞争。

(2) 企业生产的各个环节，即市场分析、经营决策与管理、新产品设计与开发、工艺规划、加工制造、销售及售后服务等，是一个不可分割的整体。特别是通过售后服务获取用户对产品进一步改进及对新产品的需求，由此形成一个封闭环。对上述环节应从系统的观点进行协调，以实现全局优化和标准化。

(3) 企业生产的要素包括人、技术、机械及经营管理。其中尤其要重视发挥人的主导作用。

(4) CIMS技术十多年来综合发展了企业生产各环节的计算机辅助技术的集成，即计算机辅助决策、经营与管理技术，计算机辅助分析与设计技术，计算机柔性制造技术，计算机辅助质量管理与控制技术，计算机售后服务系统，计算机信息集成技术等等。可见它是将企业生产全部过程中有关的人、技术、经营管理、机器设备及其信息流和物流有机地集成并优化运行的大系统。

CIMS的发展可以实现整个机电制造工厂的全盘自动化，成为自动化工厂(Factory Automation)，或称为无人化车间或工厂，即无人化制造系统（Unmanned Manufacturing System，简称UMS)。CIMS系统可以由若干个子系统组成。随着计算机技术的不断发展和经营管理水平的不断提高，CIMS将成为未来工厂的主流。

第二节　电器制造计算机辅助工艺规程设计（CAPP)

一、CAPP的发展概况

计算机辅助工艺规程设计（CAPP）是连接计算机辅助设计（CAD）和计算机辅助制造（CAM）的中间环节。CAD数据库信息只有经过CAPP系统处理才能变成CAM的加工信息。生产管理和计划调度等部门也必须依靠CAPP系统的输出数据。

20世纪70年代初，世界范围的将计算机应用于工艺规程设计的新技术很快引起人们的普遍重视。计算机辅助工艺规程设计是通过向计算机输入被加工零件的原始数据、加工条件和要求，由计算机自动地进行编码、编程，直到最后输出经过优化的工艺规程卡片的过程。从70年代以来，特别是最近几年，在工业发展的国家中，普遍开展了CAPP系统的研究，它已经成为应用计算机技术研究制造系统的一大课题。他们投入了大量的人力、物力，研究开发各专业的CAPP系统。1985年以前各国开发的CAPP系统中，有15个系统适用于数控加工，11个系统适用于常规加工。

人工智能技术的发展，为CAPP技术的进一步发展开辟了新途径。进入80年代后，以应用人工智能技术为基础的创成法CAPP系统受到广泛关注。

1985年以后，我国机械行业才广泛开展CAPP系统的开发研究工作。当时航空、机械和仪表等许多行业都积极进行CAPP系统的开发研究，各高等院校尤为活跃。为了推动我国机械行业开展CAPP系统研究，1982年着手研究机械零件编码法则，提出了JLBM-1编码系统，作为机械工业指导性文件，1987年3月开始试行。但是，我国电器行业中对CAPP技术的开发研究工作，还远远落后于其他机械行业。

尽管现在已有不少CAPP系统，但实际使用情况还不能令人满意，其中的原因是多方面的。一个重要的因素是，机械制造行业范围很广，不同工厂，甚至同一工厂的不同车间，产品对象不同，生产批量不同，生产设备、工艺方法都不一样，某一个工厂适用的工艺规程，不一定适合另一个工厂。不能设想有一个应用范围很广而又通用性强的 CAPP 系统。解决这个问题可能有两种方法：一种是根据工厂或车间情况，总结归纳，构造样件式（派生式）CAPP 系统；另一种是构造工艺规程设计自动化的开发环境，建造专家系统外壳，其专家系统知识库的内容，一部分在系统设计时给出，另一部分由用户填充，把一般性的方法内容和特殊性的要求相结合。上述两种方法不是互相排斥的，很有可能把它们有机地结合在一起，以解决变化多端的实际问题。

二、发展电器 CAPP 技术的意义

众所周知，一个新产品设计完成以后，工艺规程设计是从产品设计阶段向产品制造阶段过渡的必要而又重要的环节。工艺规程的设计是生产准备工作的第一步，编制出好的工艺规程是其他一切生产准备的依据和原始资料，是生产作业的法规。工艺规程设计的质量直接影响着生产准备工作的复杂程度、准备周期的长短、零件与产品的制造质量、生产计划与调度工作以及生产成本等诸方面，它在工厂企业中占有十分重要的位置。

1. 传统的工艺规程设计方法存在问题

传统工艺规程设计都是依靠人工编制，这种方法不仅效率低、时间长、工作量大，而且会受到工艺员技术水平和经验的约束，需要有高层次的、有丰富经验的工艺技术人员负责，同时，也难以推行科学管理，严重阻碍了新产品的研究和开发。

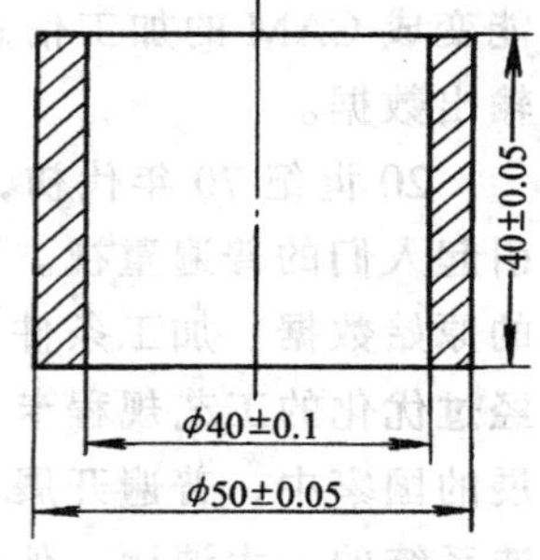

图 13-2　举例零件

如图 13-2 所示，这个零件由四名阅历不同的工艺师来制订工艺规程，其方案如表 13-1 所示。可以发现：人工编制工艺规程存在着因人而异、一致性差、难以达到优化目标的缺点。而且这一缺点是难以克服的。

表 13-1　四种不同的工艺规程方案

工艺方案 / 工序号	No.1	No.2	No.3	No.4
1	车端面	钻孔二次： ①ϕ20mm ②ϕ38mm	车外圆	钻孔二次： ①ϕ20mm ②ϕ40mm
2	钻孔三次 ①ϕ10mm ②ϕ38mm ③ϕ40mm	车端面	一次钻至 ϕ10mm	车外圈

（续）

工序号 \ 工艺方案	No.1	No.2	No.3	No.4
3	车外圈 ϕ50mm	切断	车端面	车端面
4	切断	车另一端面	切断	切断
5	车另一端面	车外圈 ϕ50mm	车另一端面	车另一端面
6	—	镗孔 ϕ40mm	—	—

计算机辅助工艺规程设计可以使工程技术人员避开查阅冗长技术资料、数值计算、填写表格等繁重而重复的工作，可以大幅度地提高工艺人员的工作效率，提高生产工艺水平和产品质量。采用 CAPP 技术也能缩短生产周期，加快新产品试制，同时还能照顾到多方面的因素而进行工艺过程优化设计，也可以制订出先进合理的工时定额和材料消耗定额，推广成组技术和科学管理。采用 CAPP 技术可以使一个零件的成本费用降低，工艺规程设计费用减少。

2．CAPP 是发展 CAD/CAM 技术的要求

CAPP 是在现代技术的基础上，以高效率、低成本、合格的质量和规定的标准化程度来拟定一个最优的工艺制造方案；同时，CAD 系统数据信息也要经过 CAPP系统才能转化成 CAM 系统的加工信息。CAPP 系统是计算机辅助制造（CAM）的重要环节，是连接 CAD 和 CAM 的纽带。因此，没有成功的 CAPP 系统，就不能真正从 CAD 系统过渡到 CAM 系统，也难以实现 CAD/CAM 系统的集成化或一体化。目前，一些工业发达国家推出和我国引进的所谓 CAD/CAM 系统，实际上是从 CAD 系统直接转到数控加工程序编制，与其说是 CAD/CAM 系统，还不如说是 CAD/APT（Automatic Programming Tools，简称 APT；自动编程工具）系统。故此，CAPP 技术未发展到相当的水平，就不可能真正实现 CAD/CAM 系统和整个的 CIMS 系统的集成。为早日实现 CAD/CAPP/CAM 系统的集成，必须加快开发 CAPP 技术，这也为 CIMS 技术的开发奠定了基础。

三、CAPP 与成组技术的关系

CAPP 是在成组技术的基础上发展起来的，以零件结构和工艺相似性为基础。利用计算机合理地进行编制零件的加工工艺过程。

成组技术（Group Technology，简称 GT）是一种以零件结构和工艺相似性为基础的合理组织生产技术准备过程和生产过程的方法。是以零件的结构特征，按一定的相似准则，进行分类编码，以零件成组化为手段，扩大零件的加工批量，运用成批大量生产的组织方式，合理组织单件小批量产品的生产。随着成组技术与计算机技术、数控技术的结合，出现了用计算机进行零件分类编码，以成组技术为基础的柔性制造系统。成组技术与计算机辅助技术的有机结合，形成了

工业生产中的各种类型的 CAD/CAM 系统和 CIMS 系统。

成组技术的核心是成组工艺，成组工艺是把尺寸、形状、工艺相似的零件组成一个零件族（组），按零件族制订工艺规程，进行加工制造。零件的相似性是实现成组工艺的基本条件，零件的分类编码系统是实现成组工艺的重要手段。没有零件的分类编码系统，成组工艺就不能有效地进行，CAD/CAPP/CAM 系统的实现也是困难的。

四、CAPP 系统的基本原理

从国内外已经开发和正在开发的 CAPP 系统来看，按其构成系统的原理，可分为四种类型：检索式、派生式、创成式和半创成式。

1. 检索式 CAPP 系统

检索式（Retrieval）CAPP 系统是计算机应用于工艺规程编制的初始阶段时的一种比较简单的系统。该系统是以数据检索查询事先存入相似零件的典型工艺规程为前提、通过人工编辑后形成工艺规程的一种方法。它基本上是工艺规程的手工编制由计算机辅助完成的。这种 CAPP 系统在发展过程中功能不断增强，但仍然是建立在典型工艺规程检索查询和进行人工编辑的基础之上。

检索式 CAPP 系统比较简单，容易开发，易于建成生产上实用的系统。随着计算机辅助工艺规程应用的不断深入，将成组技术引入 CAPP 系统，使检索式 CAPP 系统向更高层次发展，形成了用成组技术进行零件分类编码，由计算机进行一系列决策的较复杂的新系统，即所谓派生式 CAPP 系统。

2. 派生式 CAPP 系统

派生式 CAPP 系统是在成组技术基础上，进行零件的分类，采用合适的分类编码系统。例如将一零件族（组）中零件形面要素合成为假想的主样件，按照主样件制订出反映本厂最优加工方案的工艺规程，并以文件形式存储在计算机中。因此该系统又称为样件式 CAPP 系统。当为某一零件编制新的工艺规程时，根据该零件的成组编码，调用它所属零件族的典型工艺规程，并通过人机交互进行适当修改，编辑成所需的工艺规程。

派生式 CAPP 系统是以主样件的标准工艺规程为依据的。这个标准工艺规程是以综合所有族内零件几何形状的虚构的综合零件为基础，进行设计的工艺规程应能加工出族内零件所有的几何形状因素。标准工艺规程的复杂和完整程度各不相同，它以族号关键字存储在数据库或数据文件中。当编制某个待加工零件的工艺规程时，先对零件进行分类，而后检索该零件的标准工艺规程，加以编辑修改成所需的加工工艺规程。

派生式 CAPP 系统通常包括两个阶段：准备工作和生产使用阶段。

(1) 准备工作阶段

这个阶段大致包括以下几方面的工作内容：

1）选择分类编码系统

2）现有零件的分类编码。先划分为零件族，建立相应的零件族矩阵，并将它存入数据库或数据文件。划分零件族的原则是：以制造过程相似性为主，兼顾零件设计特征的相似性

3）编制标准工艺规程

4）标准工艺规程的存储。

准备工作阶段流程图如图 13－3 所示。这个阶段的劳动量很大，据统计需要 18～24 人的年工作量。

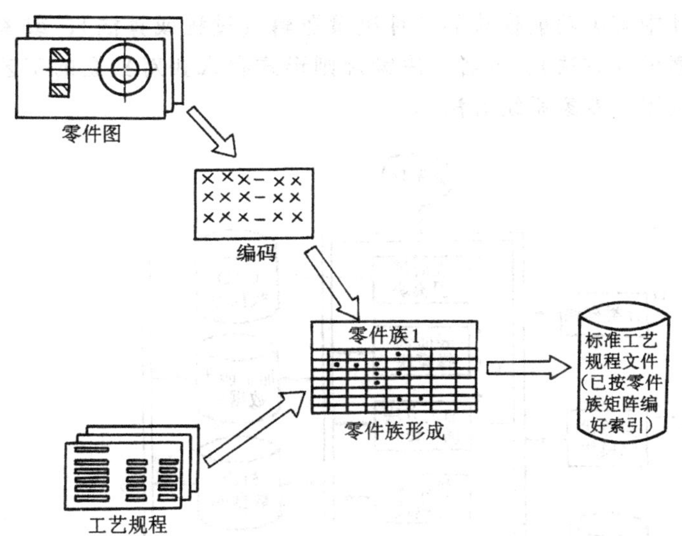

图 13－3　准备工作阶段流程图

（2）生产使用阶段

生产使用过程包括以下几个步骤：

1）按照所采用的零件分类编码系统，给待编工艺过程的新零件进行编码。

2）将零件代码输入到计算机中，判断它是否属于准备阶段所确定的某零件族。

3）若该零件属于某零件族，则检索出该族零件的标准工艺规程。

4）CAPP 系统根据零件代码，有时还需要补充输入某些零件信息，按照程序中给定的算法，对标准工艺过程进行修订。用户还可以利用 CAPP 系统提供的人－机对话功能，对经过修订的工艺规程进行检查或修改。

5）将编好的工艺规程文件存储起来，并按指定格式打印输出工艺规程。

图 13－4 所示是生产使用阶段流程图。

3．创成式 CAPP 系统

创成式 CAPP 系统不是依靠任何零件族标准工艺规程，而是建立在系统内部

的逻辑与算法以及各种有关的工程数据信息的基础上，进行工艺规程编制中的一系列决策，最终自动地生成工艺规程，其特点是自动化程度较高。

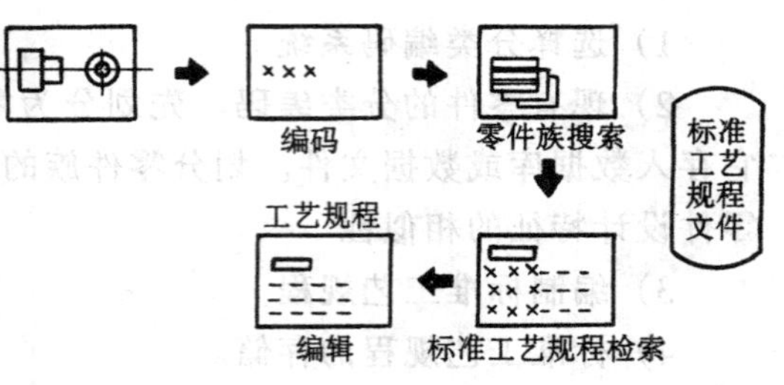

图 13-4 生产使用阶段流程图

一个完整的创成式 CAPP 系统需要有各种功能模块及数据文件，如图 13-5 所示。各种工种数据信息一般以数据文件或数据库形式提供。而对各种工艺设计中有关功能模块的各种决策逻辑（过程或算法），或者编成程序代码（传统程序设计方法），或者以决策规则形式存入相对独立的工艺知识库，以供主控程序调用（专家系统方法）。

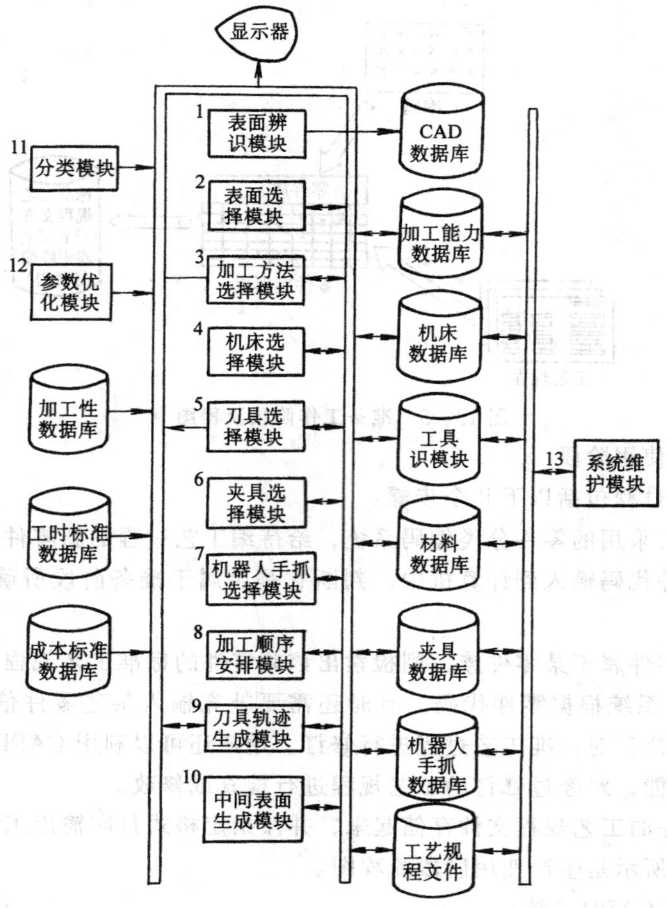

图 13-5 各功能模块及数据库

创成式 CAPP 系统的开发和使用，主要应当进行制造工程数据和工艺决策知识方面的准备，准备阶段大体应作以下工作：

(1) 明确系统的设计对象。

(2) 对本类型零件进行工艺分析。确认构成该类零件的基本表面元素及其相应的可供选择的加工方法。

(3) 建立各种加工方法的加工能力和经济加工精度等工程数据库（文件）。

(4) 归纳和建立各种工艺决策逻辑和决策模型。

尽管与检索式、派生式 CAPP 系统比较，创成式 CAPP 系统可以摆脱工艺规程编制过程对人的经验和知识的依赖，能保证相似零件工艺规程编制的高度一致性，以可以实现工艺过程的优化，适应生产条件的变化和生产技术的发展，但由于工艺规程设计涉及到的因素太多，建立这种系统的技术难度和工作量很大，因此迄今为止，国内外尚未建成一个真正的全自动化的创成式 CAPP 系统，大多是对某一类零件，创成法和派生法配合使用，故称为半创成法 CAPP 系统。目前，人们认为只要 CAPP 系统中含有一些决策逻辑，都可称为创成式 CAPP 系统。

创成法的主要特征是：输入几何描述→问题分析→逻辑求解→优化选择→计算→输出工艺规程。

五、计算机辅助工艺规程设计的发展趋势

从单纯的检索式 CAPP 系统过渡到功能较完善的派生式和创成式两类 CAPP 系统，从单纯的工艺路线设计扩充到能进行详细的工序设计和 NC 编程，从文字处理、数值计算扩充到工序图和毛坯图的生成等，都是 CAPP 系统发展的结果。而且随着计算机技术的日益普及和 FMS、CIMS 及 MRP 等制造业的自动化发展，对 CAPP 系统的要求更加迫切。但是，目前研究开发中的 CAPP 系统还有不少有待解决的问题。比方说，得到实际应用的系统比较少；大多数系统的功能和应用范围还相当有限。而且，有些基本工程问题，如零件信息的完整描述和输入 CAD 系统的衔接问题；工艺决策逻辑的汇集、整理和模型化、算法化问题；各种制造工程数据的搜集、描述及统一数据库的建立问题等等还没有解决好。这些问题阻碍了 CAPP 系统的快速发展，且不能满足机械制造业日益向自动化方向发展的需要。解决上述问题要研究的两大课题：一方面继续探索人工智能等新技术在 CAPP 系统中的应用；另一方面解决现有系统和方法的扩大应用和改进提高。

CAPP 系统向集成化方向发展是一个很重要的发展趋势，其实质就是向前与 CAD、向后与 CAM 集成，成为 CAD/CAPP/CAM 集成系统。此外，既充分利用现有成果，又有大的柔性的分布式 CAPP 系统也是一种有创见的设想。

第三节　零件信息描述和分类编码

产品的结构形状、尺寸、公差、表面粗糙度、热处理、表面处理及其他技术要求通常都应表示在工程图上。工艺规程设计的目的是制订一个零件的制造过程。一张工程图表示产品设计的一切信息，所以，工程图就是工艺规程设计工作的基本输入。那么，产品零件的信息如何输入计算机呢？零件信息的输入方法主要有三类：零件分类编码法，表面元素法和直接从CAD系统读取法。

一、零件分类编码系统的结构

零件分类编码系统，就是用数字、字母或符号将机械零件图上的各种信息特征进行标识的一套特定的法则和规定。这些特征包括零件的几何形状、尺寸、精度、材料、热处理、表面处理等信息；也可包括描述零件的有关功能以及生产管理方面的信息，诸如零件名称、功能要素表、加工设备、工装、工时、生产批量等。因此，对机械零件进行编码的过程，实质上是根据其有关信息特征，按照约定的法则，逐一对零件进行分类的过程，即用相应的数字、字母或符号将其标识出来，通常把它称为特征码，所标识的特征码的组合，称为零件的代码。一组代码不仅表示具有某些特征的一种零件，同时也代表了具有相同特征的若干种与其相似的其他零件。

零件分类编码系统的结构，就是根据所标识零件的每种特征数字、字母和符号，按照一定规则和顺序的组合。从编码系统的总体结构可以分为整体式结构和组合式结构，如图 13－6 所示。整体式结构，即整个系统是一个整体，各码位之间没有明显的分隔界线，这种结构码位少，一般为一张分类表，应用简便，易于记忆。组合式结构又可分为主辅码组合结构和相互独立的子系统组合结构，这种结构的整体由若干个可分开的局部组成。目前，应用较广泛的是主辅码组合式结构，其中主码用来标识零件的永久性特征，如零件的主要形状、形状要素、加工精度等；辅码主要用来标识零件的非永久性特征，如加工工序、设备、工序等。

编码系统各码位之间的结构形式，归纳起来可分三种：树式结构、链式结构和混合式结构，如图 13－7 所示。

1．树式结构

树式结构，又称分级式结构，其特点是码位之间有隶属关系，即后面的码位隶属于前面的码位。它所构成的分类编码系统所含特征信息量大，能逐级详细地对零件特征进行描述，但结构较复杂，编码知识和代码都不太方便。树式结构的信息量为：

$$R_s = \sum_{n=1}^{N_s} M^n$$

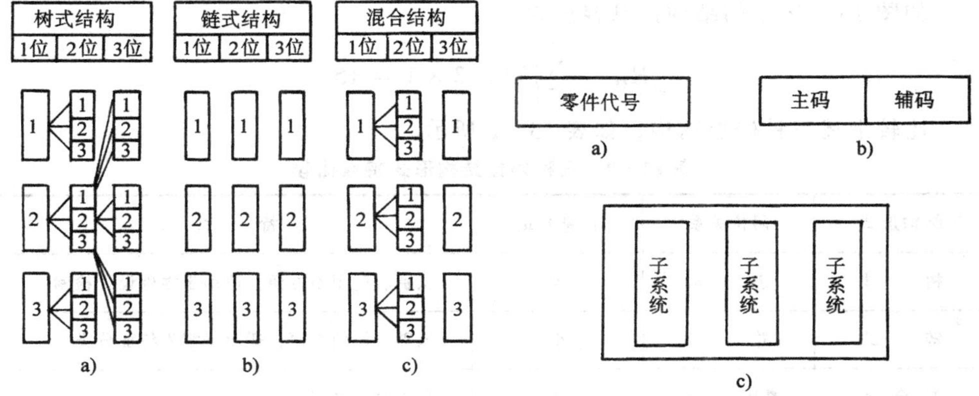

图 13－6　码位之间的结构形式

a）树式结构　b）链式结构　c）混合结构

图 13－7　编码系统总体结构形式

a）整体式　b）主辅码组合式　c）子系统组合式

式中　N_s——码位数量；

M——每个码位内的项数；

R_s——系统的信息量。

如图 13－7a 的结构容量则为

$$R_s = \sum_{n=1}^{3} = 3 + 3^2 + 3^2 = 39$$

2．链式结构

链式结构，又称并列结构，其特点是各码位之间不是从属关系，而是相互并列的，各码位都有固定而独立的含义。它所包含的信息量，在其他条件不变的情况下比树式结构少，但其结构简单，使用方便，应用较广。其信息量为：

$$R_L = MN_L$$

式中　M——码位的项数；

N_L——码位的数量。

如图 13－7b 的结构容量为

$$R_L = 3 \times 3 = 9$$

3．混合式结构

混合式结构的特点是在系统中同时存在有树式和链式两种结构形式。为了尽可能利用前述两种结构形式的优点，目前大多数分类编码系统都采用混合式结构，如著名的 Opitz 系统、日本的 KK 系统和我国的 JLBM－1 系统都采用混合式结构。其信息量为

$$R_H = \sum_{n=1}^{N_s} M^n + MN_L$$

式中符号含义同前。

如图 13-7c 中的结构信息容量为

$$R_{\mathrm{H}} = \sum_{n=1}^{2} 3^n + 3 \times 1 = 15$$

比较上述三种码位结构，如表 13-2 所示。

表 13-2　三种码位结构形式特点比较

结构形式	码位关系	信息容量	特　点
树　式	隶　属	大	识别、使用不方便，适用于零件设计检索
链　式	并　列	小	识别、使用方便，适用于零件特征分类
混合式	隶属、并列	中	介于两者之间

二、几个常见的分类编码系统

1. Opitz 系统

Opitz 系统是世界上最著名的系统，它是由德国阿亨大学 Opitz 教授开发的。它是一个比较完善的编码系统，每个零件用 9 位数字描述，前 5 位数字用以表示零件的几何形状，称为形状代码，后 4 位数字则表示零件的尺寸、材料、毛坯和加工精度，称为辅助代码，如图 13-8 所示。

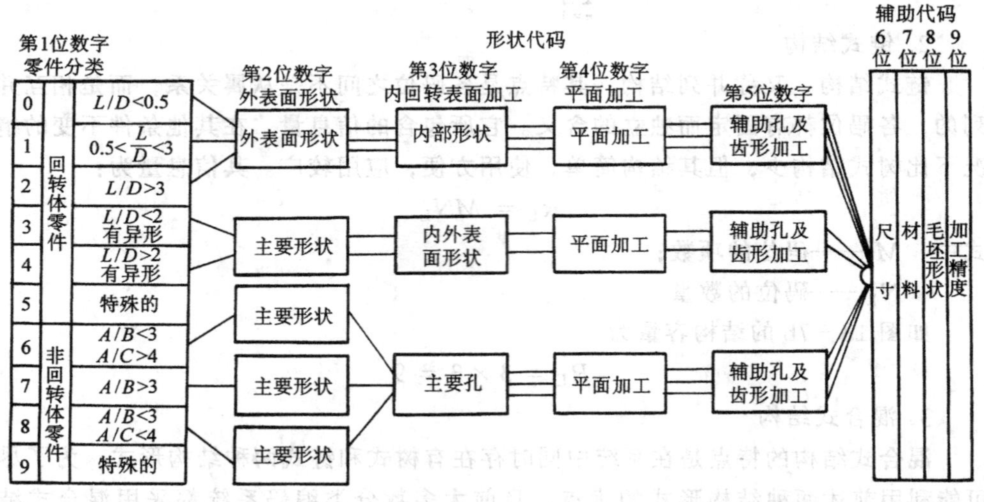

图 13-8　Opitz 系统的基本结构

2. KK-3 系统

KK-3 系统是机械加工零件通用的分类编码系统。它是由日本机械振兴协会和机械技术研究所开发的，主要用于金属切削及磨削零件的分类，采用 21 位十进制混合结构代码，如表 13-3 所示。

表 13-3　KK-3 零件分类码位系统基本构成

回　转　体

码　位	1	2	3	4	5	6	7	8	9	10	11	12	13	14	15	16	17	18	19	20	21
分类项目	零件名称（功能）		材　料		主要尺寸		基本形状及主要尺寸比	各　部　形　状　及　加　工													精度
								外表面						内表面			端面	非同轴孔		非切削加工	
	大类	细类	大类	细类	长度 L	直径 D		基本外形	同心螺纹	功能槽	不规则形状	成形表面	周期性形状	基本内形	特殊内形	内平面和周期性表面		规则排列的孔	特殊孔		

非　回　转　体

码　位	1	2	3	4	5	6	7	8	9	10	11	12	13	14	15	16	17	18	19	20	21
分类项目	零件名称（功能）		材　料		主要尺寸		基本形状及主要尺寸比	各　部　形　状　及　加　工													精度
								弯曲成形		外表面				主要孔		除主要孔外的内表面	辅助孔			非切削加工	
	大类	细类	大类	细类	长度 A	宽度 B		弯曲方向	弯曲角	外平面	外曲面	主成形表面	周期性及辅助形面	方向和台阶	螺纹及成形表面		方向	形状	特殊孔		

3．JLBM-1 系统

JLBM-1 系统是原机械工业部颁发的机械零件分类编码系统（中华人民共和国机械工业部指导性技术文件 JB/Z251-85）。JLBM-1 零件分类编码系统适用于产品设计、工艺设计、加工制造和生产管理等各方面。图 13-9 是 JLBM-1 系统的基本结构和组成。

4．冲压件的 Opitz 系统

Opitz 冲压件分类编码系统采用 9 位码组成的混合式结构，主码为 5 位数码，辅码为 4 位数码，如表 13-4 所示。日本机械振兴协会改进它，研制出 15 码位的冲压零件分类编码系统。

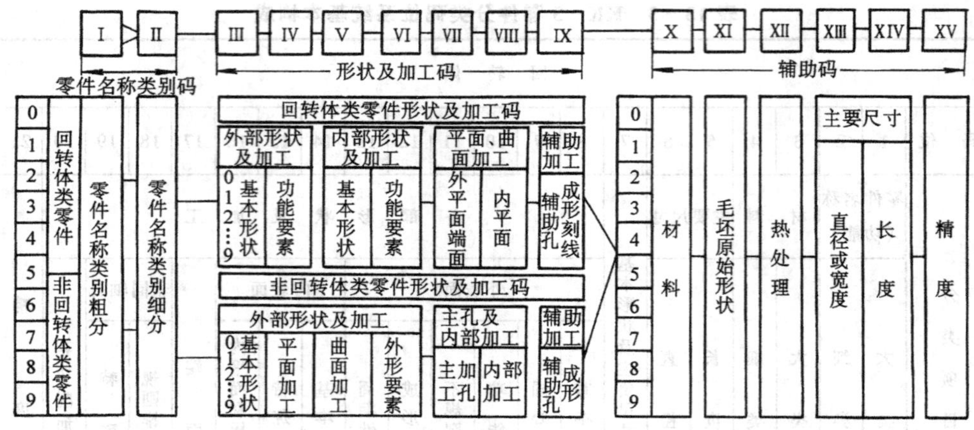

图 13－9　JLBM－1 分类编码系统的基本结构

5．CYBM 冲压零件分类编码系统

CYBM 系统是国营某厂的专用冲压零件分类编码系统，这是我国目前较为完整的冲压零件分类编码系统。该系统较全面、系统地描述了冲制件的名称、功能、形状、尺寸、工艺、材质、热处理、精度和生产管理方面的信息，为冲制件的成组生产、设计检索、生产管理和成组模具生产等提供了有力的技术基础。

CYBM 系统共由 15 个码位组成，是主、辅码分段式结构。码位之间是树、链式兼有的混合式结构，如表 13－5 所示。

三、实例和编码结果

如图 13－10 所示的零件，运用 Opitz 分类编码系统、KK－3 系统、JLBM－1 系统对其进行分类编码，其编码结果分别如图 13－11、图 13－12、图 13－13 所示。

四、零件表面元素描述法

采用分类编码系统描述机械零件，只能达到分类的目的。对于一个零件究竟由多少表面组成，各个表面的本身尺寸及位置尺寸是多大，其精度要求又如何，分类编码系统都无法解决。对诸多产品的工艺规程设计来说，又要求输入详细的加工参数。例如，数控加工系统中，要求设计零件工艺规程时，必须包括每一工序每一工步的详细工作指令。零件表面元素描述法就是为适应这类要求而提出的。

任何一个零件都是由一个或若干个表面元素所组成，这些表面元素可以是圆柱面、圆锥面、螺纹面等。例如，光滑钻套由一个外圆表面、一个内圆表面和两个端面组成；台阶钻套由两个外圆表面、一个内圆表面和三个端面组成。零件表面元素描述法就是将组成零件的各表面元素，逐个地并按一定顺序输入到计算机中，在计算机内构成零件的原形。

表 13－4　冲压件的奥匹兹分类法的基本结构

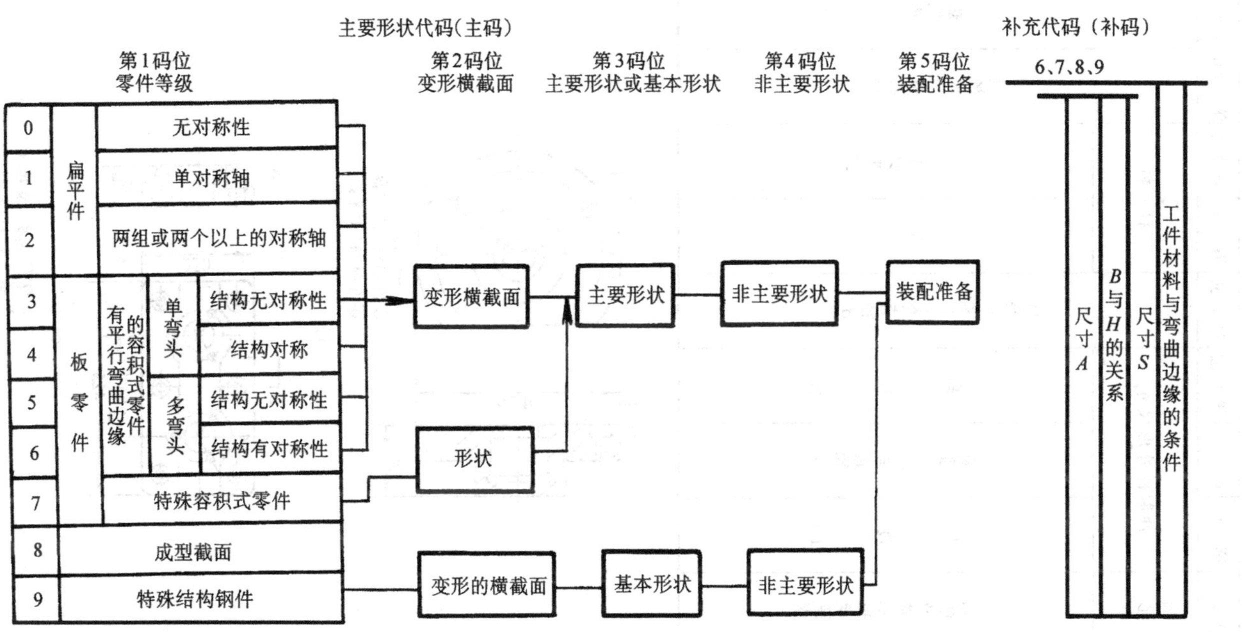

表 13－5　CYBM 分类编码系统基本组成

<table>
<tr><td colspan="9">主　　码</td><td colspan="4">副　　码</td></tr>
<tr><td>第 1 位</td><td>第 2 位</td><td>第 3 位</td><td>第 4 位</td><td>第 5 位</td><td>第 6 位</td><td>第 7 位</td><td>第 8 位</td><td>第 9 位</td><td>第 10 位</td><td>第 11 位</td><td>第 12 位</td><td>第 13 位</td></tr>
<tr><td colspan="2">外形状</td><td>内形状</td><td colspan="4">冲制件外形尺寸</td><td colspan="2">材　料</td><td rowspan="4">机械加工及焊接</td><td rowspan="4">热处理</td><td rowspan="4">表面处理</td><td rowspan="4">公差等级及表面粗糙度</td></tr>
<tr><td>功能名称</td><td>基本形状要素</td><td rowspan="3">功能及基本形状要素</td><td rowspan="3">长度 L_0</td><td rowspan="3">宽度 B_0（含直径 d）</td><td rowspan="3">高度 H_0</td><td rowspan="3">材料厚度 t（含直径 d）</td><td rowspan="3">品号</td><td rowspan="3">毛坯形式</td></tr>
<tr><td colspan="2">矩　阵</td></tr>
<tr><td>粗分类</td><td>细分类</td></tr>
</table>

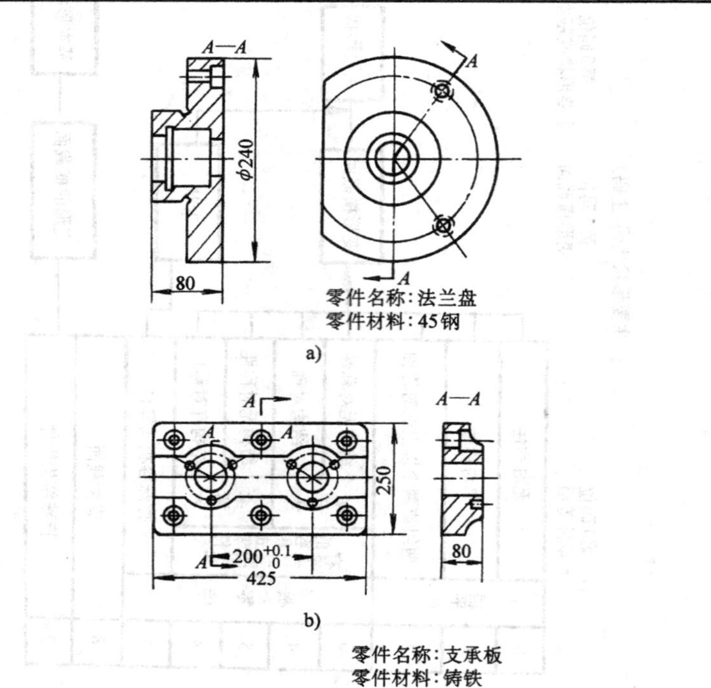

图 13－10　编码的两个零件图形举例

a）回转体类　b）非回转体类

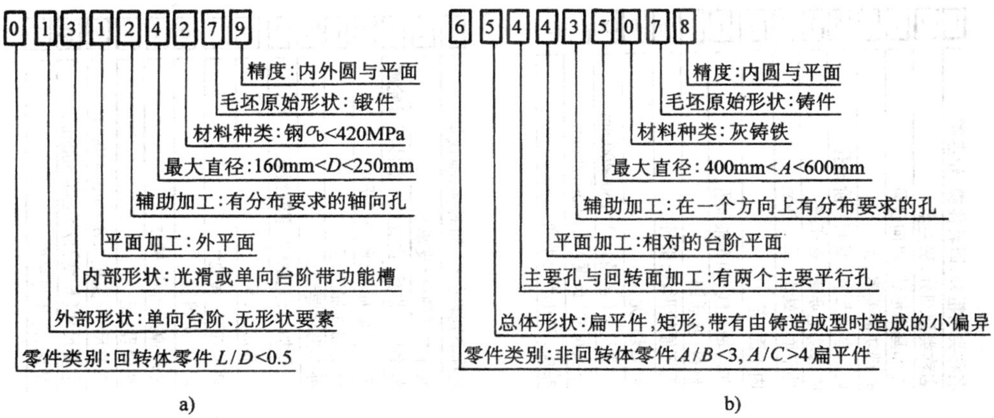

0 1 3 1 2 4 2 7 9

精度：内外圆与平面
毛坯原始形状：锻件
材料种类：钢σ_b<420MPa
最大直径：160mm<D<250mm
辅助加工：有分布要求的轴向孔
平面加工：外平面
内部形状：光滑或单向台阶带功能槽
外部形状：单向台阶、无形状要素
零件类别：回转体零件 L/D<0.5

a)

6 5 4 4 3 5 0 7 8

精度：内圆与平面
毛坯原始形状：铸件
材料种类：灰铸铁
最大直径：400mm<A<600mm
辅助加工：在一个方向上有分布要求的孔
平面加工：相对的台阶平面
主要孔与回转面加工：有两个主要平行孔
总体形状：扁平件，矩形，带有由铸造成型时造成的小偏异
零件类别：非回转体零件 A/B<3，A/C>4 扁平件

b)

图 13－11　按 Opitz 系统编码
a) 回转体类　b) 非回转体类

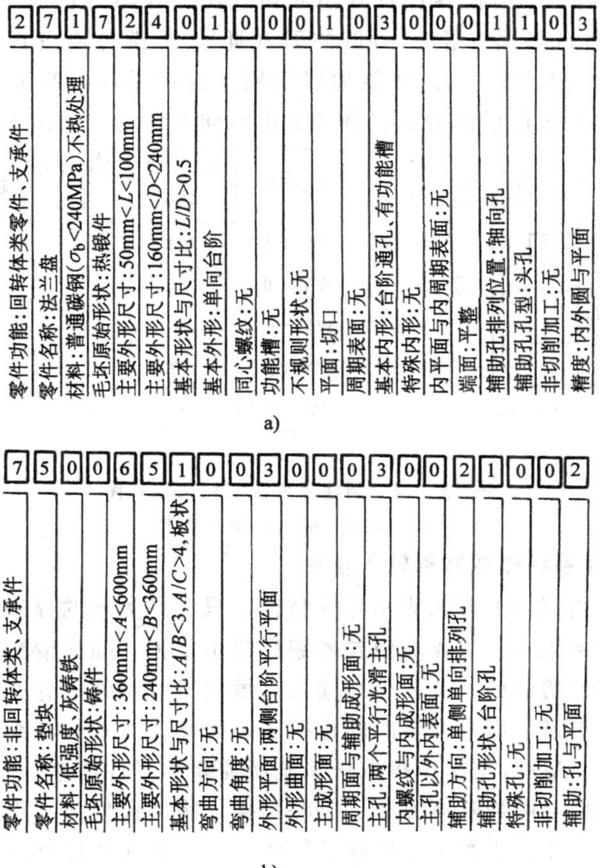

2 7 1 7 2 4 0 1 0 0 0 1 0 3 0 0 0 1 1 0 3

零件功能：回转体类零件、支承件
零件名称：法兰盘
材料：普通碳钢(σ_b<240MPa)不热处理
毛坯原始形状：热锻件
主要外形尺寸：50mm<L<100mm
主要外形尺寸：160mm<D<240mm
基本形状与尺寸比：L/D>0.5
基本外形：单向台阶
同心螺纹：无
功能槽：无
不规则形状：无
平面：切口
周期表面：无
基本内形：台阶通孔、有功能槽
特殊内形：无
内平面与内周期表面：无
端面：平整
辅助孔排列位置：轴向孔
辅助孔孔型：头孔
非切削加工：无
精度：内外圆与平面

a)

7 5 0 0 6 5 1 0 0 3 0 0 0 3 0 0 2 1 0 0 2

零件功能：非回转体类、支承件
零件名称：垫块
材料：低强度、灰铸铁
毛坯原始形状：铸件
主要外形尺寸：360mm<A<600mm
主要外形尺寸：240mm<B<360mm
基本形状与尺寸比：A/B<3，A/C>4，板状
弯曲方向：无
弯曲角度：无
外形平面：两侧台阶平行平面
外形曲面：无
主成形面：无
周期面与辅助成形面：无
主孔：两个平行光滑主孔
内螺纹与内成形面：无
主孔以外内表面：无
辅助方向：单侧单向排列孔
辅助孔形状：台阶孔
特殊孔：无
非切削加工：无
辅助：孔与平面

b)

图 13－12　按 KK－3 系统编码
a) 回转体系　b) 非回转体系

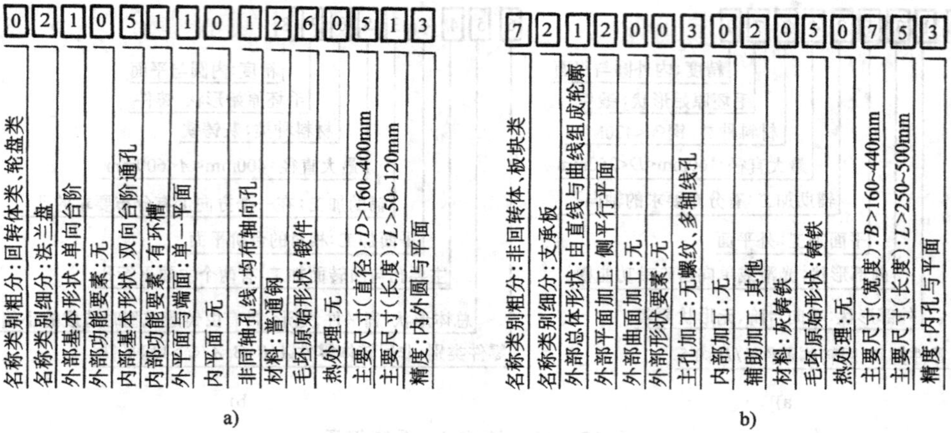

0	名称类别粗分：回转体类、轮盘类
2	名称类别细分：法兰盘
1	外部基本形状：单向台阶
0	外部功能要素：无
5	内部基本形状：双向台阶通孔
1	内部功能要素：有环槽
1	外平面与端面：单一平面
0	内平面：无
1	非回轴孔线：均布轴向孔
2	材料：普通钢
6	毛坯原始形状：锻件
0	热处理：无
5	主要尺寸（直径）：D>160~400mm
1	主要尺寸（长度）：L>50~120mm
3	精度：内外圆与平面

a)

7	名称类别粗分：非回转体、板块类
2	名称类别细分：支承板
1	外部总体形状：由直线与曲线组成轮廓
2	外部平面加工：侧平行平面
0	外部曲面加工：无
0	外部形状要素：无
3	主孔加工：无螺纹、多轴线孔
0	内部加工：无
2	辅助加工：其他
0	材料：灰铸铁
5	毛坯原始形状：铸铁
0	热处理：无
7	主要尺寸（宽度）：B>160~440mm
5	主要尺寸（长度）：L>250~500mm
3	精度：内孔与平面

b)

图 13－13　按 JLBM－1 系统编码

图 13－14 是一个圆柱零件及其输入格式图，此零件由五个表面元素组成：外倒角（Ⅰ）、外圆柱面（Ⅱ）、外圆柱面（Ⅲ）、外圆柱面（Ⅳ）和划窝（Ⅴ）。为了将零件的轴向尺寸输入，并能加以识别，需将零件的端面加以编号。现约定，编号顺序先外表面后内表面，外表面由右向左，内表面由左到右。

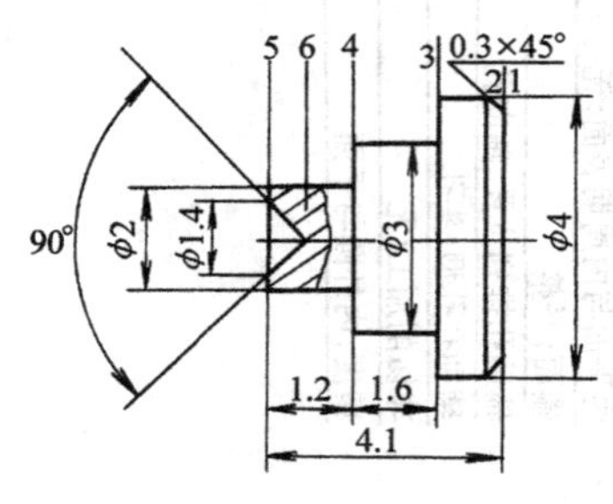

a)

表面元素	轴向尺寸 /mm	直径尺寸 /mm	起止端面	备注
WD（Ⅰ）	0.3	4	2　1	0
WY（Ⅱ）	4.1	4	1　6	0
WY（Ⅲ）	1.6	3	3　4	0
WY（Ⅳ）	1.2	2	4　5	0
HW（Ⅴ）	0	1.4	5　6	－90

b)

图 13－14　圆柱零件及其输入格式图

a）零件图　b）矩阵输入格式

五、从 CAD 系统提取零件输入信息

采用零件分类编码的方法表示零件特征，只能是大致的描述，一个结构复杂的零件包含的信息很多，仅靠成组技术编码是不能把它描述清楚的。采用表面元素法，将成组零件的表面一个一个地输入，虽然可将零件信息充分表达，但花费时间太长，也易出错，而且准备时间也很长。因此，对 CAPP 系统来说，最理想的方法是直接从 CAD 数据库中提取该系统所需要的零件信息。

输入现成图形有两种基本方法：①将图样上物体模型化，用数学方法描述物体；②把图形数字化，用数字化仪描述物体。数字化通常比物体造型容易得多。

第十四章　冲 压 工 艺

冲压是利用模具在压力机上对毛坯施加压力，使之产生变形或分离，从而获得一定形状尺寸和性能的零件。冲压常用的材料为板料，并且通常是在常温下进行加工的，所以冲压有时也叫板料冲压或冷冲压。

由于冲压件的形状不同，故采用的加工方法很多，根据其变形特点，可以分成两大类。

一类是分离工序，主要包括冲裁、剪切、切口等，其特点是板料受力达到抗剪强度 τ，发生破坏，使其一部分与另一部分相互分离。

另一类是成形工序，主要包括弯曲、拉深、翻边、成形等。其特点是，板料受力超过屈服极限 σ_s，小于强度极限 σ_b，使其产生塑性变形得到一定形状。

此外，为了提高劳动生产率，常将两个以上的基本工序合并成一起，称为复合工序。如：落料拉深、弯曲切断，冲孔翻边等。

冲压主要工序的分类及特征见表 14－1、14－2。

表 14－1　分离工序

工序名称	简　　图	特点及应用范围
落　　料	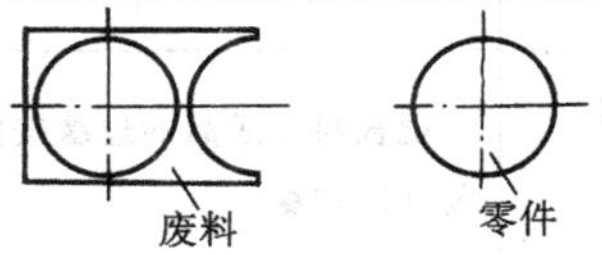 废料　零件	用冲模沿封闭轮廓曲线冲切，冲下部分是零件。用于制造各种形状的平板零件
冲　　孔	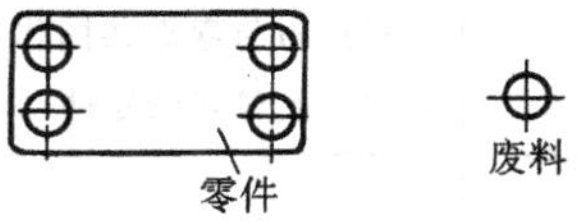 零件　废料	用冲模按封闭轮廓曲线冲切，冲下部分是废料
切　　断	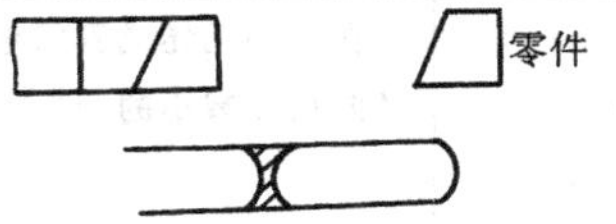 零件	用剪刀或冲模沿不封闭曲线切断，多用于加工形状简单的平板零件
切　　边		将成形零件的边缘修切整齐或切成一定形状
剖　　切	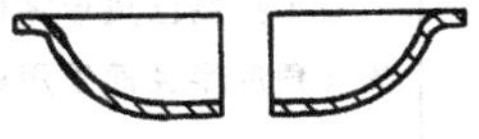	把冲压加工成的半成品切开成为二个或数个零件，多用于不对称零件的成双或成组冲压成形之后

表 14－2　成形工序

工序名称	简　　图	特点及应用范围
弯　曲	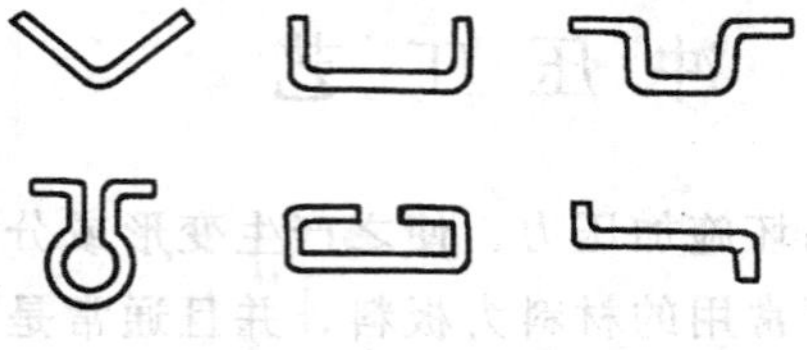	把板料沿直线弯成各种形状，可以加工形状极为复杂的零件
卷　圆	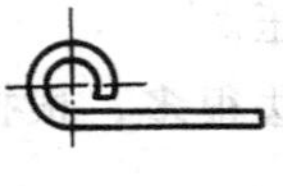	把板料端部卷成接近封闭的圆头，用以加工类似铰链的零件
扭　曲		把冲裁后的半成品扭转成一定角度
拉　深	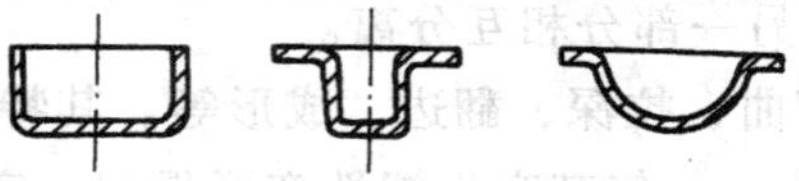	用板料毛坯成形制成各种空心的零件
变　薄 拉　深		把拉深加工后的空心半成品进一步加工成为底部厚度大于侧壁厚度的零件
翻　孔		在预先冲孔的板料半成品上或未经冲孔的板料冲制成竖立的边缘
翻　边	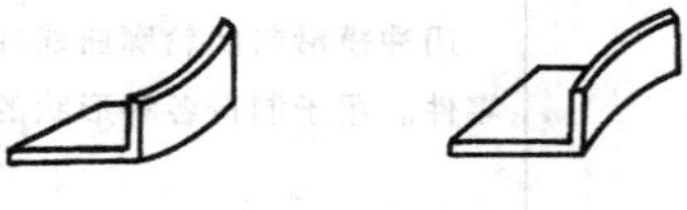	把板料半成品的边缘按曲线或圆弧成形成竖立的边缘
拉　弯	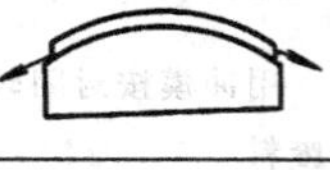	在拉力与弯矩共同作用下实现弯曲变形，可得精度较好的零件
缩　口	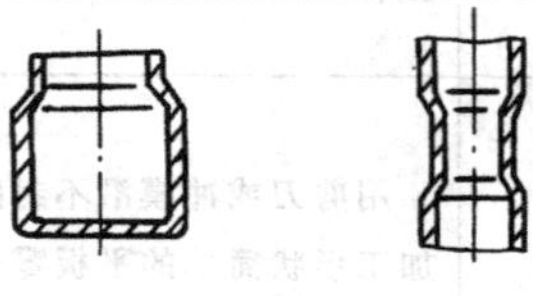	在空心毛坯或管状毛坯的某个部位上使其径向尺寸减小的变形方法
旋　压	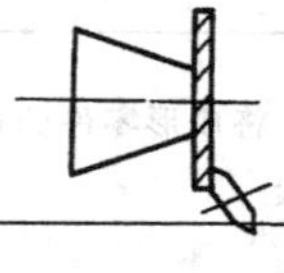	在旋转状态下用辊轮使毛坯逐步成形的方法
校　形	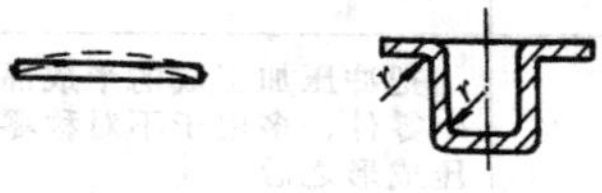	为了提高已成形零件的尺寸精度或获得小的圆角度半径而采用的成形方法

（续）

工序名称	简图	特点及应用范围
胀形		在双向拉应力作用下实现的变形，可以成形各种空间曲面形状的零件
起伏		在板料毛坯或零件的表面上用局部成形的方法制成各种开头的突起与凹陷
扩口		在空心毛坯或管状毛坯的某个部位上使其径向尺寸扩大的变形方法

冲压工艺在电器制造业中具有十分重要的地位，据统计，在低压电器产品中，有50%～70%的零件是用冲压加工方法制造出来的。故冲压工艺水平的高低，直接决定电器产品制造的质量效率及成本。

在以后几章中，我们将介绍电器制造业常用的冲裁、弯曲、拉深及翻边等冲压工艺。

第十五章　冲裁工艺及模具

第一节　冲裁的基本原理

冲裁是利用模具在压力机上使板料发生分离的冲压工序。广义上说，冲裁是分离工序的总称。但一般来说，它是指落料和冲孔，是冲压工艺中最基本的工序。

从板料上冲下所需形状的零件（或毛坯）称落料工序。在毛坯上冲出所需形状的孔称冲孔工序。图 15－1 所示的垫圈即由落料和冲孔两道工序组成。

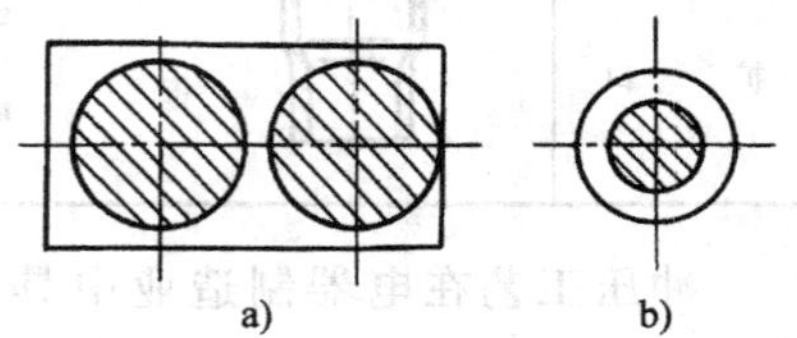

图 15－1　垫圈的落料与冲孔
a）落料　b）冲孔

冲裁的变形过程如图 15－2 所示，大致可分为三个阶段：

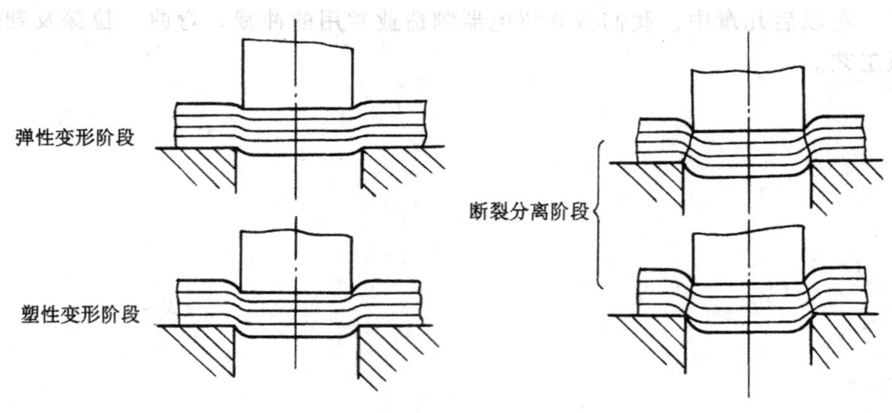

图 15－2　冲裁变形过程

弹性变形阶段；凸模接触板料后，开始压缩板料，使材料产生弹性压缩、弯曲等变形。这时，凸模略挤入板料，板料的另一侧也略挤入凹模刃口，随着凸模继续压入，板料内的应力达到了弹性极限。此时，凸模下的板料略有弯曲、凹模上的材料向上翘，若凸模卸压，板料立即恢复原状。

塑性变形阶段；当凸模继续压入，压力增加，板料内的应力超过屈服极限时，部分材料被挤入凹模刃口内，产生塑剪变形，得到光亮的剪切断面。同时，由于凸凹间存在间隙，在塑性变形的同时，还伴随着材料的弯曲和拉伸，故这一过程给冲裁断面留下了圆角和光亮带。随着压力继续增大，变形区材料硬化加剧，其内应力达到抗剪强度，材料出现微裂纹为止。由于微裂纹产生的位置是在离刃口不远的侧面，因此，毛刺的形成是在这一阶段开始的。

断裂阶段：凸模继续下压，微裂纹不断向材料内部扩展，直至上、下两裂纹相遇重合为止。此时，工件与板料分离，在冲裁件断面上留下粗糙的断裂带。以后凸模再下压，使已经形成的毛刺拉长，最后留在冲裁件上。

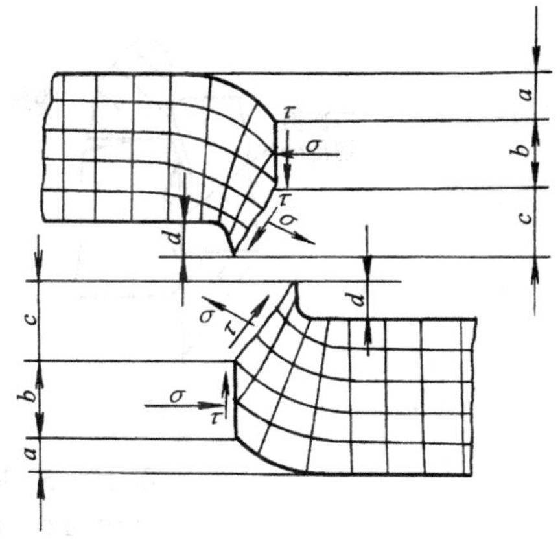

图 15－3 冲裁区板料的受力与变形情况
a—塌角 b—光亮带 c—断裂带
d—毛刺 σ—正应力 τ—切应力

冲裁过程完成后，在冲裁件断面上有四个明显的区域，见图 15－3，即塌角、光亮带、断裂带、毛刺。其中，光亮带的表面质量最好，是我们所需要的。这四个部分所占断面的比例随材料种类、状态、材料厚度、冲裁条件（间隙刃口形状、冲裁速度）等的不同而异。

第二节 冲裁间隙

冲裁模凸、凹模刃口部分尺寸之差称为冲裁间隙，是个很重要的参数，用符号 Z 和 C 表示，Z 表示双边间隙，C 表示单边间隙，如图 15－4 所示圆形凸、凹模的间隙值为：

$$Z = D_d - D_p = 2C \qquad (15-1)$$

式中 D_d ——凹模刃口尺寸，单位为 mm；

D_p ——凸模刃口尺寸，单位为 mm。

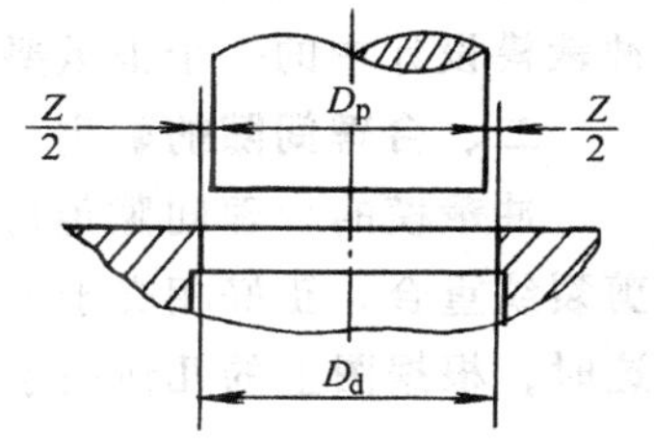

图 15－4 冲裁间隙

一、间隙对裂纹重合的影响

冲裁间隙对冲裁件断面质量影响很大，见图 15－5。

当间隙过小时，裂纹向外错开，见图 15－5a，裂纹之间的材料将产生二次剪切，形成第二光亮带，还可能产生潜裂纹，见图 15－6a，在端面出现挤长的毛刺，但光亮带变大，而塌角的斜度、翘曲等现象减少。

当间隙适中，上、下裂纹相遇重合，此时断面虽有一定的斜度，但比较平直，光亮带约占板厚的 1/3，塌角、毛刺、斜度也不大，可以满足一般冲裁件的质量要求，见图 15－5b，图 15－6b。

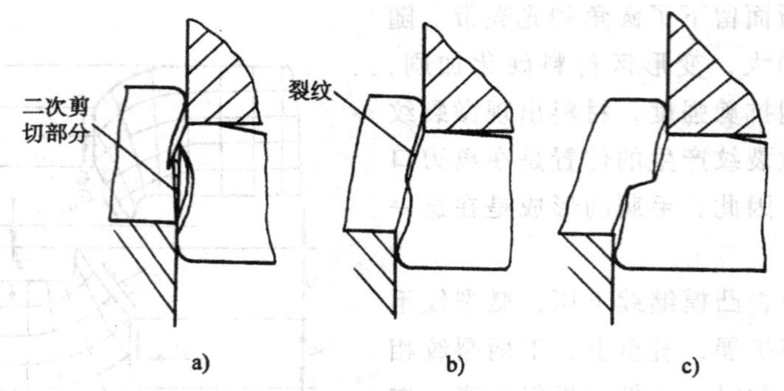

图 15－5　间隙对断面质量的影响
a）间隙过小　b）间隙适中　c）间隙过大

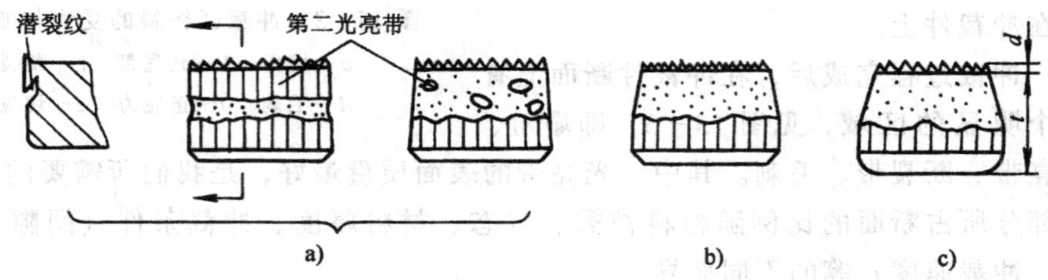

图 15－6　间隙对冲裁断面的影响
a）间隙过小　b）间隙适中　c）间隙过大

间隙大小除对断面的质量影响外，还对冲裁力、工件精度、模具寿命等都有影响，所以，间隙值是冲裁模设计中的一个很重要的工艺参数。

二、合理间隙的确定

冲裁模的合理间隙值应使冲裁时板料中的上下剪裂纹重合，正好相交于一条连线上，见图 15－7，这时，根据图上的几何关系可得：

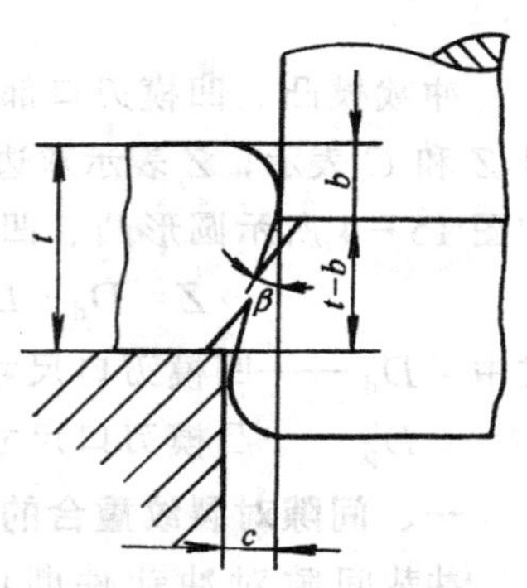

图 15－7　冲裁模的间隙

$$C=(t-b)\tan\beta=t\left(1-\frac{b}{t}\right)\tan\beta \quad (15-2)$$

式中　C——单边间隙，单位为 mm；

t——材料厚度，单位为 mm；

b——光亮带宽度，单位为 mm；

b/t——产生裂纹时凸模挤入材料的相对深度；

β——剪裂纹与垂线间的夹角。

由上式可知，合理间隙值取决于 t、$1-\frac{b}{t}$、$\mathrm{tg}\beta$ 等三个因素。由于角度 β 的

变化不大，所以间隙值主要取决于前两个因素，即间隙值与料厚成正比，与$\frac{b}{t}$成反比。b/t 与材料有关，材料塑性越好，b/t 越大，反之，b/t 越小。b/t 与 β 数值见表 15-1。

表 15-1　b/t 与 β 值（厚度 t/mm）

材　料	$b/t\times100\%$				β
	$t<1$	$t=1\sim2$	$t=2\sim4$	$t>4$	
软　钢	75～70	70～65	65～55	50～40	5°～6°
中硬钢	65～60	60～55	55～48	45～35	4°～5°
硬　钢	50～47	47～45	44～38	35～25	4°

上式只是定性地对冲裁间隙进行理论计算，在实际应用中没有多大意义。实际应用中根据材料的厚度，种类的不同，根据经验推荐一些间隙数值。由于各行业对冲压件的具体要求不同，故目前在国内外冲压生产中均没有一个完全统一的间隙数值。表 15-2 为国内电器仪表行业常采用的一种冲裁间隙。表 15-3 为机电行业采用的冲裁间隙。

表 15-2　冲裁模初始双面间隙（$Z=2C$）　　（单位为：mm）

材料厚度	软　铝		紫铜、黄铜、软钢（C0.08～0.2%）		杜拉铝、中等硬钢（C0.3～0.4%）		硬　钢（C0.5～0.6%）	
	Z_{min}	Z_{max}	Z_{min}	Z_{max}	Z_{min}	Z_{max}	Z_{min}	Z_{max}
0.2	0.018	0.012	0.010	0.014	0.012	0.016	0.014	0.018
0.3	0.012	0.018	0.015	0.021	0.018	0.024	0.021	0.027
0.4	0.016	0.024	0.020	0.028	0.024	0.032	0.028	0.036
0.5	0.020	0.030	0.025	0.035	0.030	0.040	0.035	0.045
0.6	0.024	0.036	0.030	0.042	0.036	0.048	0.042	0.054
0.7	0.028	0.020	0.035	0.049	0.042	0.056	0.049	0.063
0.8	0.032	0.048	0.040	0.056	0.048	0.064	0.056	0.072
0.9	0.036	0.054	0.045	0.063	0.054	0.072	0.063	0.081
1.0	0.040	0.060	0.050	0.070	0.060	0.080	0.070	0.090
1.2	0.060	0.084	0.072	0.096	0.084	0.108	0.096	0.120
1.5	0.075	0.105	0.090	0.120	0.105	0.135	0.120	0.150
1.8	0.090	0.126	0.108	0.144	0.126	0.162	0.144	0.180
2.0	0.100	0.140	0.120	0.160	0.140	0.180	0.160	0.200
2.2	0.132	0.176	0.154	0.198	0.176	0.220	0.198	0.242
2.5	0.150	0.200	0.175	0.225	0.200	0.250	0.225	0.275
2.8	0.168	0.224	0.196	0.252	0.224	0.280	0.252	0.308
3.0	0.180	0.240	0.210	0.270	0.240	0.300	0.270	0.330

（续）

材料厚度	软　　铝		紫铜、黄铜、软钢 (C0.08～0.2%)		杜拉铝、中等硬钢 (C0.3～0.4%)		硬　　钢 (C0.5～0.6%)	
	Z_{min}	Z_{max}	Z_{min}	Z_{max}	Z_{min}	Z_{max}	Z_{min}	Z_{max}
3.5	0.245	0.315	0.280	0.350	0.315	0.385	0.350	0.420
4.0	0.280	0.360	0.320	0.400	0.360	0.440	0.400	0.480
4.5	0.315	0.405	0.360	0.450	0.405	0.495	0.450	0.540
5.0	0.350	0.450	0.400	0.500	0.450	0.550	0.500	0.600
6.0	0.480	0.600	0.540	0.660	0.600	0.720	0.660	0.780
7.0	0.560	0.700	0.630	0.770	0.700	0.840	0.770	0.910
8.0	0.072	0.880	0.800	0.960	0.880	1.040	0.960	1.120
9.0	0.810	0.990	0.900	0.080	0.990	1.170	1.080	1.260
10.0	0.900	1.100	1.000	1.200	1.100	1.300	1.200	1.400

注：(1) 初始间隙的最小值相当于间隙的公称数值；(2) 初始间隙的最大值是考虑到凸模和凹模的制造公差所增值；(3) 在使用过程中，由于模具工作部分的磨损，间隙将有所增加，因而间隙的使用最大数值要超过表列数；(4)“*C*”为单面间隙。

表 15－3　冲裁模刃口双面间隙 z（$z=2C$）　　（单位为：mm）

材料厚度	T8、45 1Cr18Ni9		A2、A3 35CrMo QSnP10－1、D41、D44		08F、10、15 H62、T1、T2、T3		L2、L3、L4、L5 (C0.5～0.6%)	
	Z_{min}	Z_{max}	Z_{min}	Z_{max}	Z_{min}	Z_{max}	Z_{min}	Z_{max}
0.35	0.03	0.05	0.02	0.05	0.01	0.03	—	—
0.5	0.04	0.08	0.03	0.07	0.02	0.04	0.02	0.03
0.8	0.09	0.12	0.06	0.10	0.04	0.07	0.025	0.045
1.0	0.11	0.15	0.08	0.12	0.05	0.08	0.04	0.06
1.2	0.14	0.18	0.10	0.14	0.07	0.10	0.05	0.07
1.5	0.19	0.23	0.13	0.17	0.08	0.12	0.06	0.10
1.8	0.23	0.27	0.17	0.22	0.12	0.16	0.07	0.11
2.0	0.28	0.32	0.20	0.24	0.13	0.18	0.08	0.12
2.5	0.37	0.43	0.25	0.31	0.16	0.22	0.11	0.17
3.0	0.48	0.54	0.33	0.39	0.21	0.27	0.14	0.20
3.5	0.58	0.65	0.42	0.49	0.25	0.33	0.18	0.26
4.0	0.68	0.76	0.52	0.60	0.32	0.40	0.21	0.29
4.5	0.79	0.88	0.64	0.72	0.38	0.46	0.26	0.34
25.0	0.90	1.0	0.75	0.85	0.45	0.55	0.30	0.40
6.0	1.16	1.26	0.97	1.07	0.60	0.70	0.40	0.50
8.0	1.75	1.87	1.46	1.58	0.85	0.97	0.60	0.72
1.0	2.44	2.56	2.04	2.16	1.14	1.26	0.80	0.92

第三节　冲裁模刃口尺寸的计算

冲裁件的尺寸和冲模的间隙都取决于凸模和凹模的刃口尺寸。因此，正确地确定冲裁模刃口尺寸及公差是冲模设计中很重要的一项工作。

一、冲裁模刃口尺寸的计算原则

在计算刃口尺寸和公差时，应遵循以下原则：

（1）考虑到落料件尺寸取决于凹模尺寸，而冲孔件尺寸取决于凸模尺寸，故设计落料模时，应以凹模为基准，间隙放在凸模上。设计冲孔模时，应以凸模为准，将间隙放在凹模上。

（2）考虑到磨损后凹模尺寸变大，凸模尺寸变小，为保证工件尺寸和模具寿命，落料凹模刃口的基本尺寸应取靠近或等于工件的最小极限尺寸，冲孔凸模刃口的基本尺寸应取靠近或等于工件的最大极限尺寸，并采用最小合理间隙。

（3）选择刃口的制造公差时，应保证工件的精度和合理间隙的要求，同时要便于模具制造。刃口的公差过大，则冲出的工件可能不合格；或不能保证合理间隙。刃口公差过小，则模具制造困难，并使模具成本增加。一般说来模具精度应比冲裁件精度高 2～3 级。

二、冲裁模刃口尺寸的计算公式

按模具的加工方法不同，刃口尺寸计算可分为两种，即分别加工和配合加工。

1. 凸模与凹模分别加工

分别加工是指凸模与凹模分别按各自的图纸单独加工，模具间隙靠加工出的尺寸保证，因此，要分别计算和标出凸模、凹模的尺寸和公差。此法适用于圆形或形状简单的工件。图 15－8 为冲裁刃口尺寸关系。

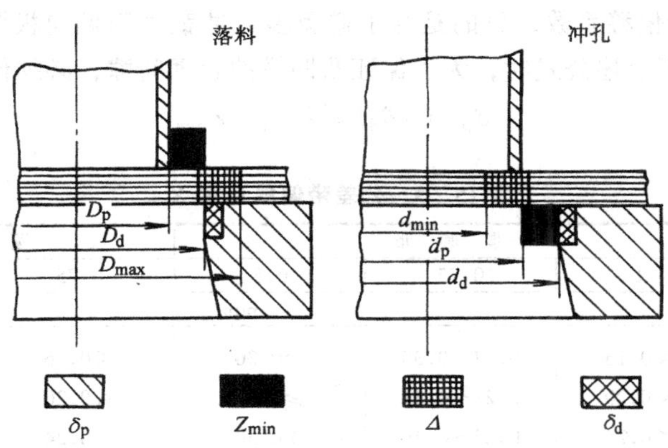

图 15－8　冲模刃口尺寸关系

图中：D_d——落料凹模刃口的基本尺寸，单位为：mm；

D_p——落料凸模刃口的基本尺寸，单位为：mm；

d_p——冲孔凸模刃口的基本尺寸，单位为：mm；

d_d——冲孔凹模刃口的基本尺寸，单位为：mm；

D_{max}——落料件的最大极限尺寸，单位为：mm；

d_{min}——冲孔的最小极限尺寸，单位为：mm；

Δ——冲裁件公差；

Z_{min}——最小双边合理间隙；

$\delta_p \delta_d$——分别为凸模与凹模的制造公差，见表 15－4。

表 15－4 规则形状（圆形、方形）冲裁凸模、凹模极限偏差

基本尺寸/mm	δ_p/mm	δ_d/mm	基本尺寸/mm	δ_p/mm	δ_d/mm
≤18	−0.020	+0.020			
>18～30	−0.020	+0.025	>180～260	−0.030	+0.045
>30～80	−0.020	+0.030	>260～360	−0.035	+0.050
>80～120	−0.025	+0.035	>360～500	−0.040	+0.060
>120～180	−0.030	−0.040	>500	−0.050	+0.070

冲模刃口尺寸的计算公式为：

落料：
$$D_d = (D_{max} - X\Delta)^{+\delta_d}_{0} \quad (15-3)$$

$$D_p = (D_d - Z_{min})^{0}_{-\delta_p} \quad (15-4)$$

冲孔：
$$d_p = (d_{min} + X\Delta)^{0}_{-\delta_p} \quad (15-5)$$

$$d_d = (d_p + Z_{min})^{+\delta_d}_{0} \quad (15-6)$$

式中 X 为公差带偏移系数，目的是为了避免多数冲裁件都偏向极限尺寸，其数值查表 15－5。应用上述公式时，为了保证凸凹模的合理间隙，必须保证下述关系：

$$|\delta_p| + |\delta_d| \leqslant Z_{max} - Z_{min} \quad (15-7)$$

表 15－5 公差带偏移系数 X

t/mm	非圆形			圆形	
	1	0.75	0.5	0.75	0.5
	△/mm				
1	<0.16	0.17～0.35	≥0.36	<0.16	≥0.16
1～2	<0.20	0.21～0.41	≥0.42	<0.20	≥0.20
2～4	<0.24	0.25～0.49	≥0.50	<0.24	≥0.24
>4	<0.30	0.31～0.59	≥0.60	<0.30	≥0.30

例 1 图 15－9 所示垫圈，材料为 10# 钢，请计算凸、凹模刃口部分尺寸。

解 由表 15－2 查得：$Z_{min}=0.21$ $Z_{max}=0.27$

由表 15－4 查得：落料 $\delta_p=0.02$ $\delta_p=0.03$

冲孔 $\delta_p=-0.02$ $\delta_p=0.025$

由表 15－5 查得 $X=0.5$

$$Z_{max}-Z_{min}=0.06$$

落料 $|\delta_p|+|\delta_d|=0.02+0.03=0.05$

冲孔 $|\delta_p|+|\delta_d|=0.02+0.025=0.045$

所以满足 $|\delta_p|+|\delta_d|\leqslant Z_{max}-Z_{min}$

故凸、凹模可以分别加工

落料凹、凸模刃口尺寸计算：

$$D_d=(D_{max}-X\triangle)^{+\delta_d}_{0}=(38-0.5\times0.62)^{+0.03}_{0}=37.69^{+0.03}_{0}$$

$$D_p=(D_d-Z_{max})_{+\delta_d}^{0}=(37.69-0.21)_{-0.02}^{0}=37.48_{-0.02}^{0}$$

冲孔凸、凹模刃口尺寸计算：

$$d_p=(d_{min}+X\triangle)_{-\delta_d}^{0}=(21+0.5\times0.52)_{-0.02}^{0}=21.26_{-0.02}^{0}$$

$$d_d=(d_p+Z_{min})^{+\delta_d}_{0}=(21.26+0.21)^{+0.025}_{0}=21.47^{+0.025}_{0}$$

2. 凸模与凹模的配合加工

对于形状复杂或薄材料的工件，为了便于模具制造，必须采用配合加工。

所谓配合加工是先按计算尺寸加工基准件(落料为凹模，冲孔为凸模)，然后，根据基准件的实际尺寸来配做另一件，在另一件上修出最小合理间隙值，这种加工的特点是：

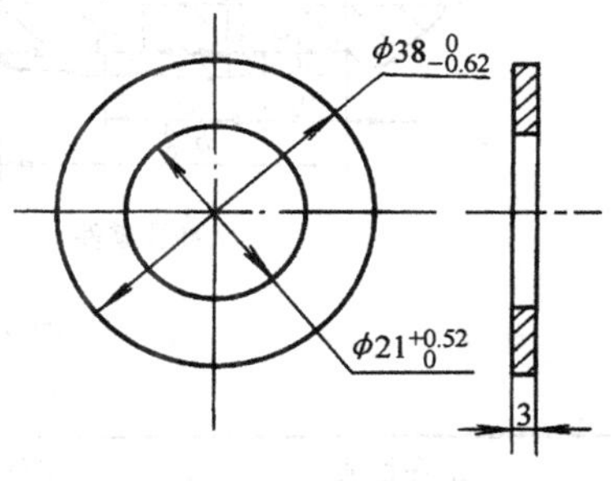

图 15－9 垫圈

(1) 模具间隙是在配制中保证，因此不需要

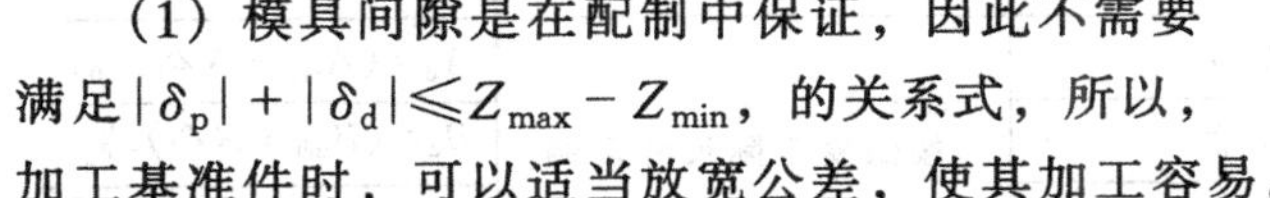

满足$|\delta_p|+|\delta_d|\leqslant Z_{max}-Z_{min}$，的关系式，所以，加工基准件时，可以适当放宽公差，使其加工容易。

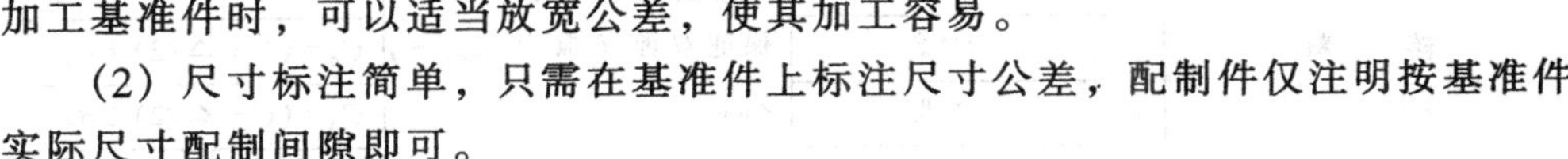

(2) 尺寸标注简单，只需在基准件上标注尺寸公差，配制件仅注明按基准件实际尺寸配制间隙即可。

目前，工厂一般都采用这种方法。

对于一些形状复杂的冲裁件，由于各部分尺寸性质不同，其磨损规律也不同，故必须具体分析，分别计算。

图 15－10 为一落料件及凹模尺寸，图 15－11 为一冲孔件及凸模尺寸，在这两个图中，*A* 类尺寸为磨损后尺寸变大的尺寸，这类尺寸应按落料凹模尺寸计算，*B* 类尺寸是磨损后尺寸变小的尺寸，这类尺寸应按冲孔凸模尺寸计算，*C* 类尺

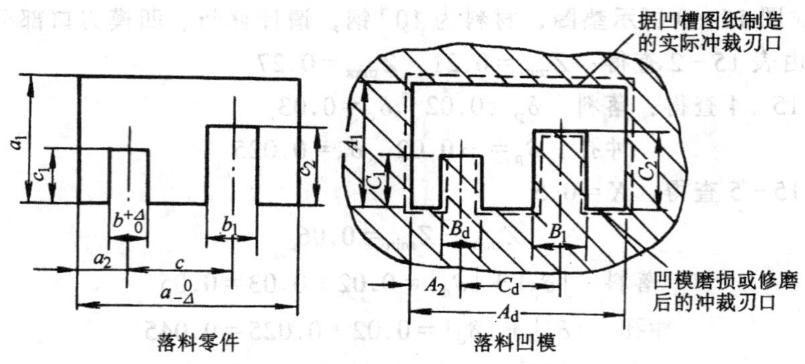

图 15－10　落料件和凹模尺寸

寸为磨损后尺寸大小基本上不变的尺寸，对于这类尺寸，把工件的中间尺寸作为模具的基本尺寸，然后标上对称偏差即可。具体计算公式见表 15－6。

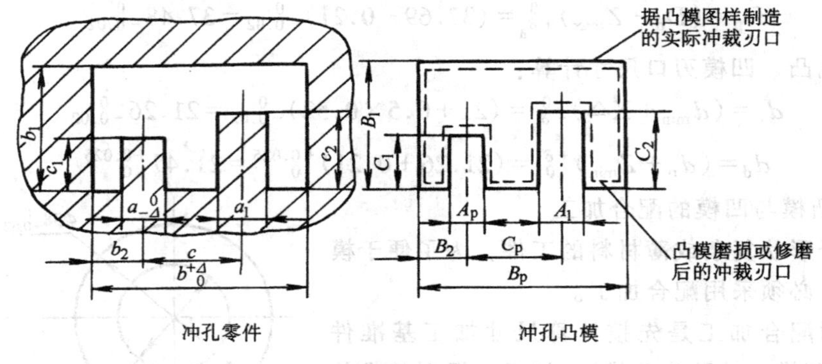

图 15－11　冲孔件和凸模尺寸

表　15－6

工序性质	工件尺寸		凸模尺寸	凹模尺寸
落　料		$A_{-\triangle}^{\ 0}$	按凹模实际尺寸配制，保证双面间隙为 $Z_{\min}$～$Z_{\max}$	$A_d=(A_{\max}-X\triangle)^{+\delta_d}_{\ 0}$
		$B^{+\triangle}_{\ 0}$		$B_d=(B_{\min}+X\triangle)^{\ 0}_{-\delta_d}$
	C	$C^{+\triangle}_{\ 0}$		$C_d=(C+\triangle/2)\pm\delta_d$
		$C_{-\triangle}^{\ 0}$		$C_d=(C-\triangle/2)\pm\delta_d$
		$C\pm\triangle'$		$C_d=C\pm\delta_d$
冲　孔		$A_{-\triangle}^{\ 0}$	$A_p=(A_{\max}-x\triangle)^{+\delta_p}_{\ 0}$	按凸模实际尺寸配制，保证双面间隙为 $Z_{\min}$～$Z_{\max}$
		$B^{+\triangle}_{\ 0}$	$B_p=(B_{\min}+x\triangle)^{\ 0}_{-\delta_p}$	
	C	$C_{-\triangle}^{\ 0}$	$C_p=(C+\triangle/2)\pm\delta_p$	
		$C^{0}+_{-\triangle}$	$C_p=(C-\triangle/2)\pm\delta_p$	
		$C\pm\triangle'$	$C_p=C\pm\delta_d$	

表中　A_p、B_p、C_p——凸模刃口尺寸，单位为 mm；

A_d、B_d、C_d——凹模刃口尺寸，单位为 mm；

A、B、C——工件基本尺寸，单位为 mm；

△——工件公差，单位为 mm；

△′——工件的偏差，对称偏差时△′=△/2；

δ_p、δ_d——凸模与凹模的制造公差，单位为 mm，当标注形式为 $+\delta_p$、$-\delta_d$（或 $-\delta_p$、$+\delta_d$）时，$\delta_p=\delta_d=\triangle/4$，当标注形式为 $\pm\delta_p$（或 $\pm\delta_d$）时，$\delta_p=\delta_d=\triangle'/4$；

X——公差带位移系数，查表 15-5。

例 2　冲制如图 15-12 所示的卡板零件，材料为 A_3 钢，料厚 2 mm，试确定凸、凹模刃口尺寸。

解　查表 15-2 得 $Z_{min}=0.12, Z_{max}=0.16$

查表 15-5 得 X=0.5

由表 15-6，落料凹模刃口尺寸计算如下：

$$A_1d=(a_1-X\triangle)^{+\delta_d}_{0}=(70-0.5\times0.74)^{+\frac{0.74}{4}}_{0}=69.63^{+0.18}_{0}$$

$$A_2d=(a_2-X\triangle)^{+\delta_d}_{0}=(68-0.5\times0.74)^{+\frac{0.74}{4}}_{0}=67.63^{+0.18}_{0}$$

$$B_d=(b+X\triangle)^{0}_{-\delta_d}=(30+0.5\times0.52)^{0}_{-\frac{0.52}{4}}=30.26^{0}_{-0.13}$$

$$C_d=(C+X\frac{1}{2}\triangle)\pm\delta_d=(48+\frac{1}{2}\times0.62)\pm\frac{\triangle}{8}=48.31\pm0.08$$

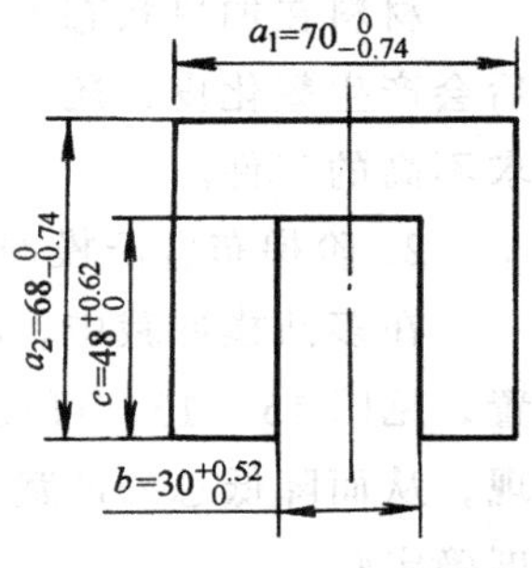

图 15-12　卡板零件图

落料凸模尺寸按凹模实际尺寸配制，保证双面间隙为 0.12～0.16 mm。

凸模图样上所标尺寸是初加工的参考尺寸，一般标注凹模的基本尺寸。工件各尺寸的凸模与凹模尺寸列表如下：

工件尺寸	凹模尺寸标注	凸模尺寸标注	
$70^{0}_{-0.74}$	$69.63^{+0.18}_{0}$	69.63※	※尺寸按凹模实际尺寸配制，保证双面间隙为：0.12～0.16
$68^{0}_{-0.74}$	$67.63^{+0.18}_{0}$	67.63※	
$30^{0}_{+0.52}$	$30.26^{0}_{-0.13}$	30.26※	
$48^{+0.62}_{0}$	48.31 ± 0.08	48.31※	

第四节　冲　裁　力

计算冲裁力的目的是为了合理地选择设备和设计模具。

一、冲裁力的计算

采用平刃口凸模和凹模冲裁时，其冲裁力的计算公式为：

$$P = KLt\tau \approx Lt\sigma_b \tag{15-8}$$

式中 P——平刃口冲裁力，单位为 N；

L——冲裁件轮廓线长度，单位为 mm；

t——材料厚度，单位为 mm；

τ——材料抗剪强度，单位为 MPa；

σ_b——材料抗拉强度，单位为 MPa；

K——安全系数，一般取 1.3。

二、降低冲裁力的方法

在冲裁高强度材料或厚度大、周边长的材料时，需要较大的冲裁力，如果超过车间现有压力机的吨位，就必须设法降低冲裁力。

1. 加热冲裁

材料在加热状态下，剪切强度大大下降，因而可以降低冲裁力。但材料加热后会产生氧化皮，还会产生变形，故此法只适用于厚板或工件表面质量及精度要求不高的工件。

2. 阶梯布置凸模冲裁

在多凸模冲裁中，将凸模做成不同高度，阶梯布置，见图 15－13，可使各个凸模的冲裁力不同时出现，从而降低总的冲裁力，凸模间的高度差按材料厚度确定：

$t<3\text{mm}$ 时　$h=t$；　$t>3\text{mm}$ 时　$h=0.5t$

采用阶梯布置凸模时，尽可能对称布置，同时，应把小凸模做得短一些，大凸模做得长一些，这样，可以避免小凸模由于受到侧压力而折断。

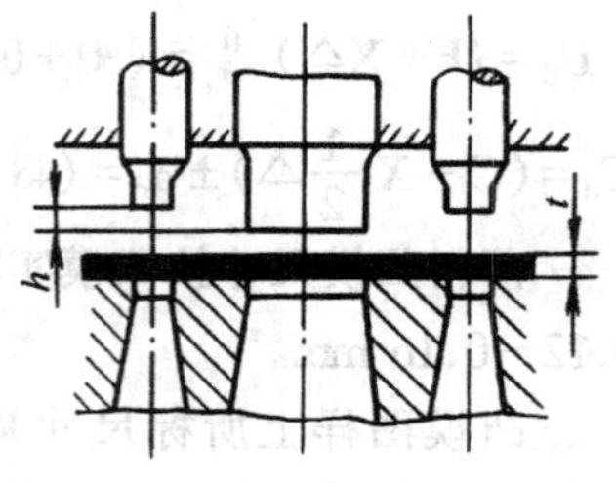

图 15－13　阶梯形布置凸模

3. 斜刃口模具冲裁

平刃口冲裁时，整个刃口平面同时接触板料，而斜刃口模具冲裁时，刃口不是同时切入，而是逐步冲切材料，这就相当于减少冲裁件轮廓周长，因而能降低冲裁力。

采用斜刃口冲裁时，为了获得平整的工件，落料时凸模做成平刃口，把斜刃放在凹模上，见图 15－14a、b、c，冲孔时，应把凹模做成平刃口，把斜刃做在凸模上，见图 15－14d、e、f。

设计斜刃时，应注意使斜刃对称布置，否则会产生侧向力使凸模偏斜，啃坏刃口。斜刃倾角度（φ）和斜刃高度（H）可按表 15－7 选取。

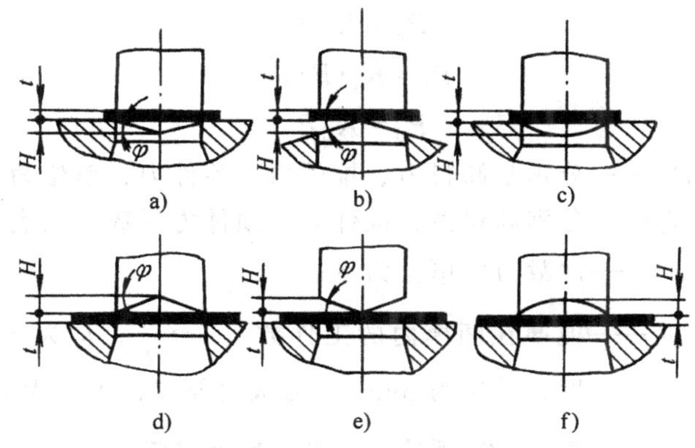

图 15－14　各种斜刃形式

表 15－7　斜刃参数

t/mm	H/mm	φ/(°)	K_s
<3	$2t$	<5<8	0.3～0.4
3～10	t		0.6～0.65

每个斜刃的冲裁力可按下式计算：

$$P_s = K_s P \tag{15-9}$$

式中　P_s——斜刃冲裁力，单位为 N；

K_s——减力系数，见表 15－7；

P——平刃口冲裁力，单位为 N；

斜刃冲模刃口容易磨损，模具制造和修模也较困难，故一般只适用于大型工件及厚板冲裁。

三、卸料力、推件力、顶件力

冲裁后，冲下来的工件（或废料）由于弹性恢复而扩张，会梗塞在凹模刃口内。同样，废料（或工件）上冲出的孔会因弹性收缩而箍紧在凸模上。从凸模上将废料（或工件）卸下的力叫卸料力 P_x，从凹模内顺着冲裁力方向将工件（或废料）推出的力叫推件力 P_t，逆着冲裁力的方向将工件（或废料）从凹模内顶出的力叫顶件力 P_d，如图 15－15 所示。

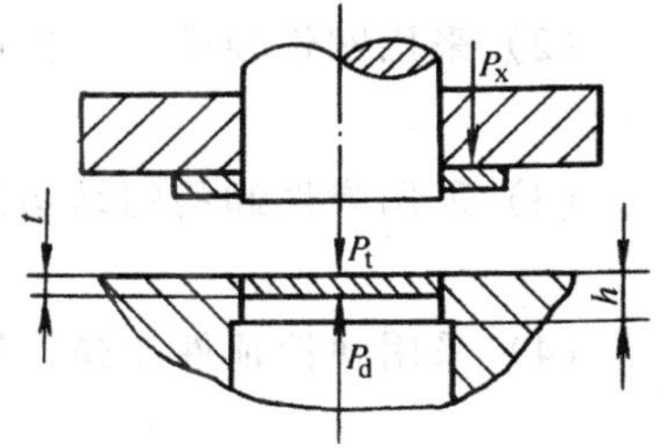

图 15－15　卸料力、推件力顶件力作用方向

影响这些力的因素很多，如材料性能、厚度、工件形状等，要从理论上准确地确定较困难，所以一般用下列经验公式计算

$$P_x = K_x P \tag{15-10}$$

$$P_t = K_t \cdot P \cdot n \tag{15-11}$$

$$P_d = K_d P \tag{15-12}$$

式中　P_x、P_t、P_d——分别是卸料力、推件力、顶件力，单位为 N；

K_x、K_t、K_d——分别卸料力、推件力、顶件力系数（见表 15-8）；

P——冲裁力，单位为 N；

n——梗塞在凹模内的工件数，$n=\dfrac{h}{t}$，h 为凹模刃口直壁高度，单位为 mm，t 为板料厚度，单位为 mm。

表 15-8　系数 K_x、K_t、K_d 的数值

材料及厚度/mm		K_x	K_t	K_d
钢	≤0.1	0.065~0.075	0.1	0.14
	>0.1~0.5	0.045~0.05	0.065	0.08
	>0.5~2.5	0.04~0.05	0.055	0.06
	>2.5~6.5	0.03~0.04	0.045	0.05
	>6.5	0.02~0.03	0.025	0.03
铝、铝合金		0.025~0.08	0.03~0.07	
紫铜、黄铜		0.02~0.06	0.03~0.09	

注：K_x 在冲多孔、大搭边和轮廓复杂件时取上限。

选择压力机时，这些力是否考虑进去，要根据模具的结构具体分析。见图 15-16。

（1）采用固定卸料板的结构形式，见图 15-16a，选择压力机时，应考虑总压力 P_z 为：

$$P_z \geqslant P + P_t \tag{15-13}$$

（2）采用刚性顶件，弹性卸料的倒装模结构形式，见图 15-16b：

$$P_z \geqslant P + P_x \tag{15-14}$$

（3）采用弹性卸料的结构形式，见图 15-16c：

$$P_z \geqslant P + P_x + P_t \tag{15-15}$$

（4）采用弹性顶件和弹性卸料结构形式 15-16d：

$$P_z \geqslant P + P_x + P_d \tag{15-16}$$

例 3　冲裁如图15-9 所示垫圈，材料抗剪强度 $\tau=300$ MPa，当采用图 15-16b 模具结构时试计算所需总冲裁力。

解　落料力

$$P_1 = 1.3Lt\tau = 1.3\times3.14\times38\times3\times300\text{N} = 1.4\times10^5\text{N}$$

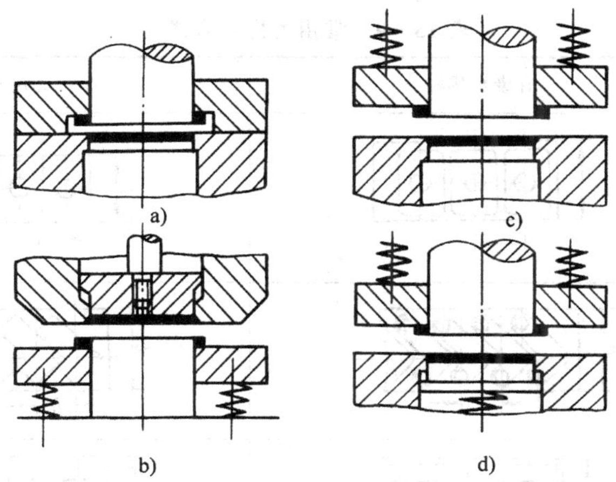

图 15－16　不同模具结构形式

冲孔力

$$P_2 = 1.3Lt\tau = 1.3 \times 3.14 \times 21 \times 3 \times 300\text{N} = 7.75 \times 10^4\text{N}$$

落料时的卸料力

查表 15－7，取 $K_x = 0.035$

$$P_x = K_x \times P_1 = 0.035 \times 1.4 \times 10^5\text{N} = 4900\text{N}$$

冲孔时的推件力

$$P_t = K_t P_2 \cdot n$$

设凹模刃口高度为 8mm，则 $n = h/t = 8/3 = 3$（个）

查表 15－8，$K_t = 0.045$

$$P_t = 0.045 \times 7.75 \times 10^4 \times 3\text{N} = 1.05 \times 10^4\text{N}$$

选择冲床总冲压力为：

$$P_z = P_1 + P_2 + P_x + P_t = [1.4 \times 10^5 + (7.75 + 1.05) \times 10^4 + 4900]\text{N} = 2.33 \times 10^5\text{N}$$

第五节　排样、搭边与材料利用率

一、排样

排样是指冲裁件在条料上布置方法。排样是否合理将直接影响到材料的利用率。

排样分有废料排样和少无废料排样两类，其常见的排样方法见表 15－9。

少无废料的排样缺点是工件质量较差，模具寿命不高，但这两类排样可以节省材料。

表 15-9 常用的排样方式

	有废料排样	少、无废料排样
直　排	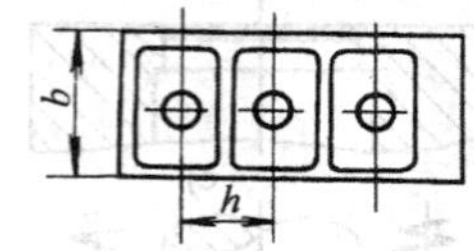	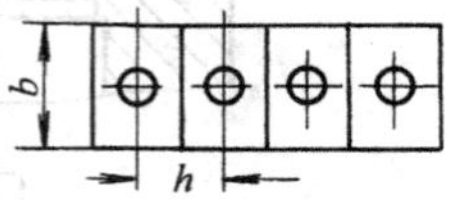
斜　排	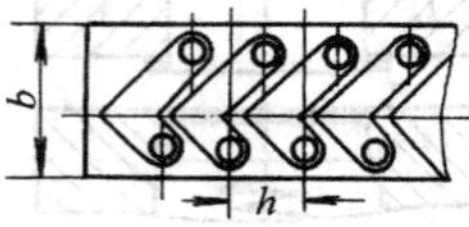	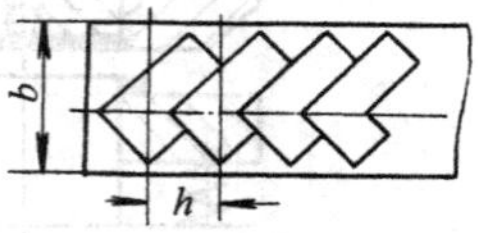
直对排	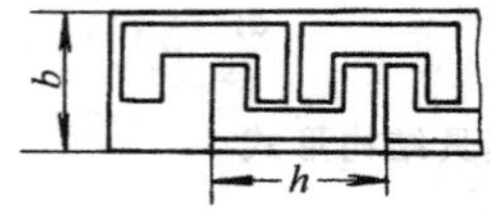	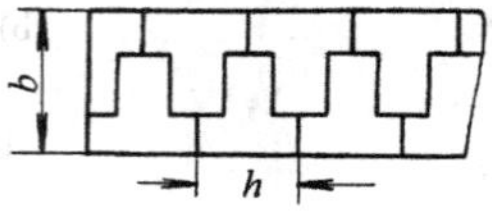
斜对排	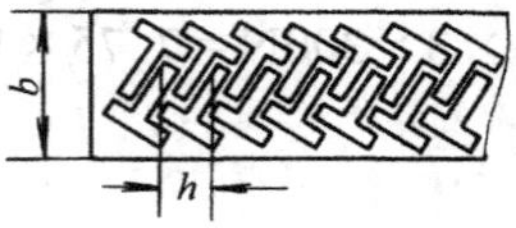	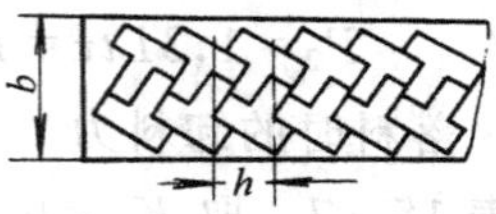
混合排	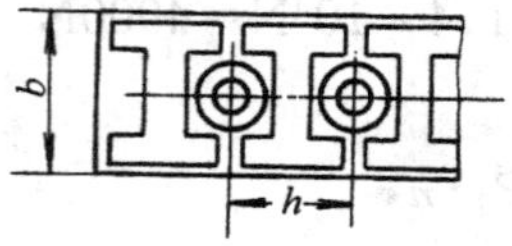	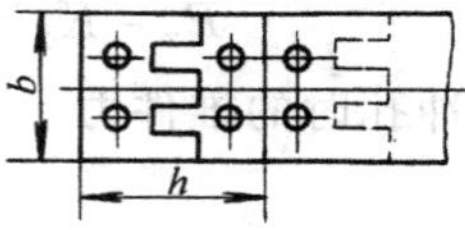
多行排	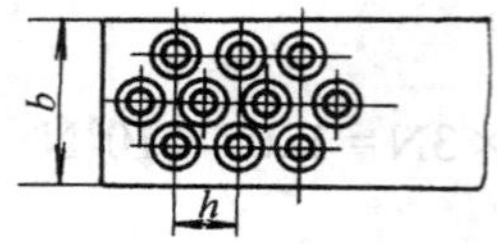	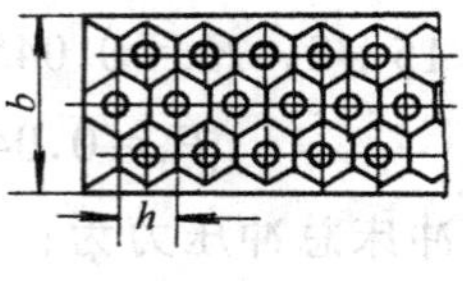

二、搭边

排样时，工件之间，以及工件与条料侧边之间留下的余料叫搭边。搭边的作用是补偿定位误差，保证冲出合格的工件，搭边还可以保持条件有一定的刚度，便于送料。

搭边是废料，所以不能太大，应尽量减少，但过小的搭边容易挤进凹模，增加刃部磨损，影响模具寿命。冲裁时的最小搭边值见表 15-10。

三、材料利用率

排样时，在保证零件质量的前提下，主要考虑如何提高材料利用率，材料利用率的计算公式如下：

表 15-10　搭边 a 和 a_1 的数值（低碳钢）

	圆件及圆角（$r>2t$）		矩形件边长（$l\leqslant 50$mm）		矩形件边长（$l>50$mm）或圆角（$r>2t$）	
t/mm	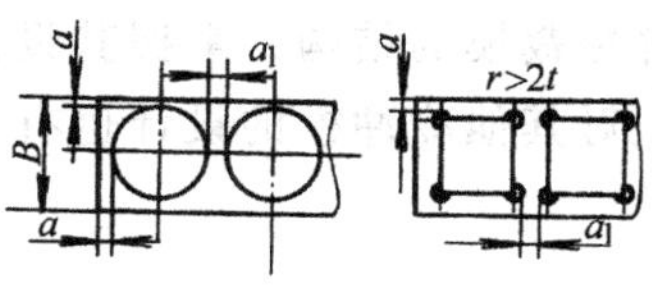		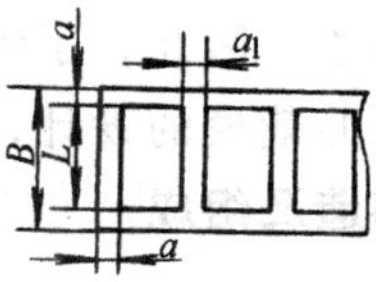		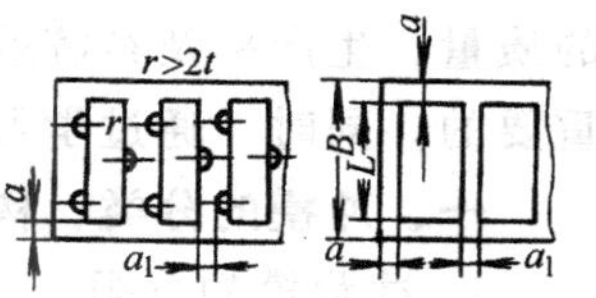	
	工件间 a_1/mm	沿边 a/mm	工件间 a_1/mm	沿边 a/mm	工件间 a_1/mm	沿边 a/mm
0.25 以下	1.8	2.0	2.2	2.5	2.8	3.0
0.25～0.5	1.2	1.5	1.8	2.0	2.2	2.5
0.5～0.8	1.0	1.2	1.5	1.8	1.8	2.0
0.8～1.2	0.8	1.0	1.2	1.5	1.5	1.8
1.2～1.6	1.0	1.2	1.5	1.8	1.8	2.0
1.6～2.0	1.2	1.5	1.8	2.5	2.0	2.2
2.0～2.5	1.5	1.8	2.0	2.2	2.2	2.5
2.5～3.0	1.8	2.2	2.2	2.5	2.5	2.8
3.0～3.5	2.2	2.5	2.5	2.8	2.8	3.2
3.5～4.0	2.5	2.8	2.5	3.2	3.2	3.5
4.0～5.0	3.0	3.5	3.5	4.0	4.0	4.5
5.0～12	$0.6t$	$0.7t$	$0.7t$	$0.8t$	$0.9t$	$0.9t$

注：对于其他材料，应将表中数值乘以下列系数：中等硬度钢 0.9；硬钢 0.8；硬黄铜 1～1.1；硬铝 1～1.2；软黄铜、紫铜 1.2；铝 1.3～1.4；非金属 1.5～2。

一个进距内的材料利用率 η 为：

$$\eta=\frac{nF}{bh}\times 100\% \tag{15-17}$$

式中　F ——冲裁件面积，单位为 mm^2；

n ——一个进距内冲裁件数目；

b ——条料宽度，单位为 mm；

h ——进距，单位为 mm。

一张板料总的材料利用率 η_z 为：

$$\eta_z=\frac{n_z F}{AB}\times 100\% \tag{15-18}$$

式中　n_z ——一张板料上冲裁件总数目；

A ——板长，单位为 mm；

B ——板宽，单位为 mm。

第六节　冲裁模结构与设计

冲裁工艺是通过冲裁模来完成的，冲裁模设计是否合理，直接影响到冲压件的质量，生产率及经济效益。因此，了解冲裁模的结构，掌握其设计方法是十分重要的。同时，通过学习冲裁模的设计，对其他冷冲模的设计也有很大帮助。

一、冲模的分类、构造及组成

1. 冲裁模的分类

冲裁模种类繁多，为研究方便、可按不同特征进行分类。

按工序性质可分为：切断模、落料模、冲孔模、切口模，切边模等。

按工序组合程度可分为：单工序模、连续模、复合模等。

另外，还有按有无导向装置、送料方法、卸料方法、定位方法、凸、凹模材料等方式进行分类。

2. 模具结构的组成

一套模具，无论其结构形式如何，一般都是由活动部分和固定部分组成。固定部分是用螺栓、压铁等紧固件固定在冲床的工作台上，称为下模，活动部分一般是固定在冲床的滑块上称为上模，上模随滑块作上下往复运动，从而对板料进行冲压。

任何一套冲模都是由各种不同的零件组成的，根据其复杂程度不同，可以由几个零件组成，也可以由几十个零件组成，有的甚至更多，但无论它们的复杂程度如何，冲模上的零件根据其作用可以分成五种类型的零件。

（1）工作零件　工作零件是直接完成冲裁（或弯曲、拉深、翻边等）工作的零件，如凸模、凹模、凸凹模等，这是模具中不可缺少的重要部分。

（2）定位零件　定位零件是确定条料或坯料在模具中正确位置的零件，如档料销、导正销、定位板、导尺、侧刃等。

（3）卸料、推件、顶件零件　卸料、推件及顶件零件是冲裁后，将工件和废料排除，以保证下一次冲裁顺利进行的零件，如卸料板、推件块、顶件块、废料切刀等。

（4）导向零件　导向零件是保证上、下模之间有准确的相对位置的零件。如导柱、导套，导板等。

（5）固定零件　固定零件是将凸、凹模固定于上、下模座上，以及将上、下模固定在压力机上的零件，如上、下模座，固定板、模柄、垫板、螺钉、销等。

二、典型冲模结构

1. 单工序模

单工序模又称简单模　是指在压力机的一次行程内，只完成一个工序的模具。

（1）无导向简单冲裁模。图 15 - 17 为无导向的简单冲裁模。模具的上模由模柄 1、凸模 2 组成，通过模柄安装在压力机的滑块上。下模由卸料板 3、导尺 4、凹模 5、下模板 6 及定位板 7 组成，通过下模板安装在工作台上，上模与下模没有直接导向关系。

无导向简单模的特点是，结构简单，重量较轻、尺寸较小，模具制造简单，成本低，模具靠压力机的导轨导向，使用时安装调整麻烦，模具寿命低，冲裁件精度差，操作也不安全。

这种模具适用于精度要求不高，形状简单，批量小的冲裁件。

(2) 导板式简单冲裁模　图 15－18 为导板式简单冲裁模，结构与无导向简单冲裁模基本相似。上模主要由模柄 1、上模板 2、垫板 3、凸模固定板 4、凸模 5 组成。下模主要由下模板 9、凹模 8、导尺 14、导板 7、活动挡料销 6、托料板 13 组成。这种模具的特点是上、下模两部分依靠凸模与导板的间隙配合导向。导板兼作卸料板。工作时，凸模始终不脱离导板以保证模具的导向精度。一般情况下，凸模刃磨时也不应脱离导板，所以，为便于拆卸安装，固定导板的螺钉 12 之间与销钉 11 之间的位置（见俯视图）应大于上模轮廓尺寸，凸模无需销钉定位固定，要求使用的设备行程不大于导板厚度。

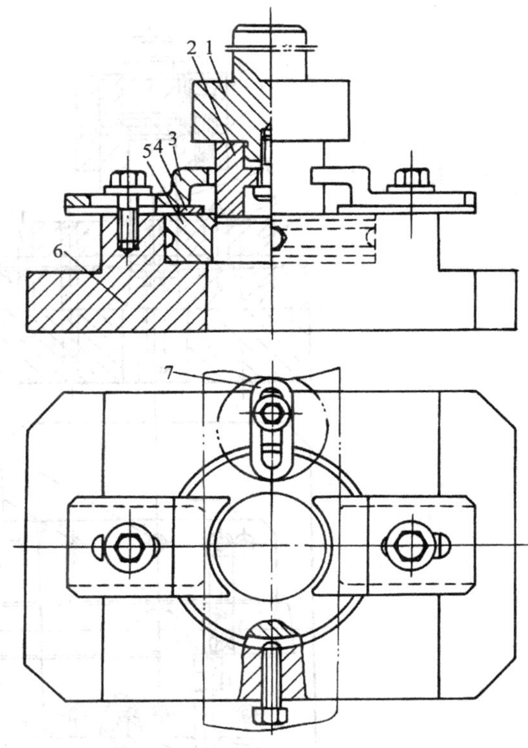

图 15－17　无导向简单冲裁模

这种模具比无导向模具的精度高，寿命长，使用安装容易，操作安全，但制造比较复杂。一般适用于形状较简单，尺寸不大的冲裁件。

(3) 导柱式简单冲裁模。图 15－19 为导柱式简单冲裁模，上、下模两部分利用导柱 1，导套 2 的滑动配合导向，虽然，导柱会加大模具轮廓尺寸，使模具笨重，制造工艺复杂，增加了模具成本，但是用导柱导套导向比导板可靠，精度高，寿命长，使用安装方便，所以，在大量和成批生产中，广泛采用导柱式冲裁模。

2. 连续模

压机的一次行程中，在模具的不同部位上同时完成数道冲压工序的模具称为连续模。也叫级进模或跳步模。连续模所完成的冲压工序均分布在坯料的送进方向上。压机每一行程，条料送进一个步距（即进距），同时冲出相应的工序，条料送到最后工位，完成全部冲压工序，以后，每冲一次分离出一个工件，连续模

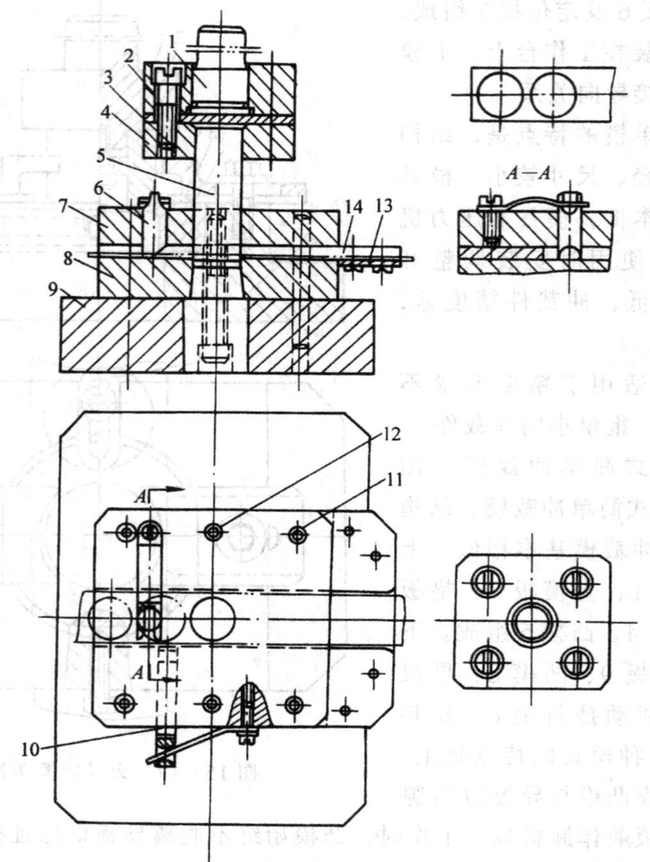

图 15-18 导板式简单冲裁模

属于多工序模。

用单工序冲制垫圈，需要落料、冲孔两套模具。如果改用连续模就可以把两道工序合并，用一套模具完成。所以，使用连续模可以减少模具和设备的数量，提高生产效率，而容易实现生产自动化。但是制造成本高。

用连续模冲制零件，必须解决条料的准确定位问题，才有可能保证制件的质量。根据定位方式，常见的典型连续模结构有下面几种形式：

(1) 有固定挡料销及导正销的连续模 图 15-20 为冲制垫圈的连续模。工作零件包括冲孔凸模 1、落料凸模 2、凹模 4。定位零件有固定挡料销 7、导正销 5、临时挡料钉 6。上下模靠凸模与导板 3 配合导向。工作时，用手按入临时挡料钉 6，限定条料的初始位置，进行冲孔。临时挡料钉在弹簧的作用下可自动复位。然后将条料送一个步距，先用固定挡料销 7 初步定位，落料时，装在凸模 2 里的

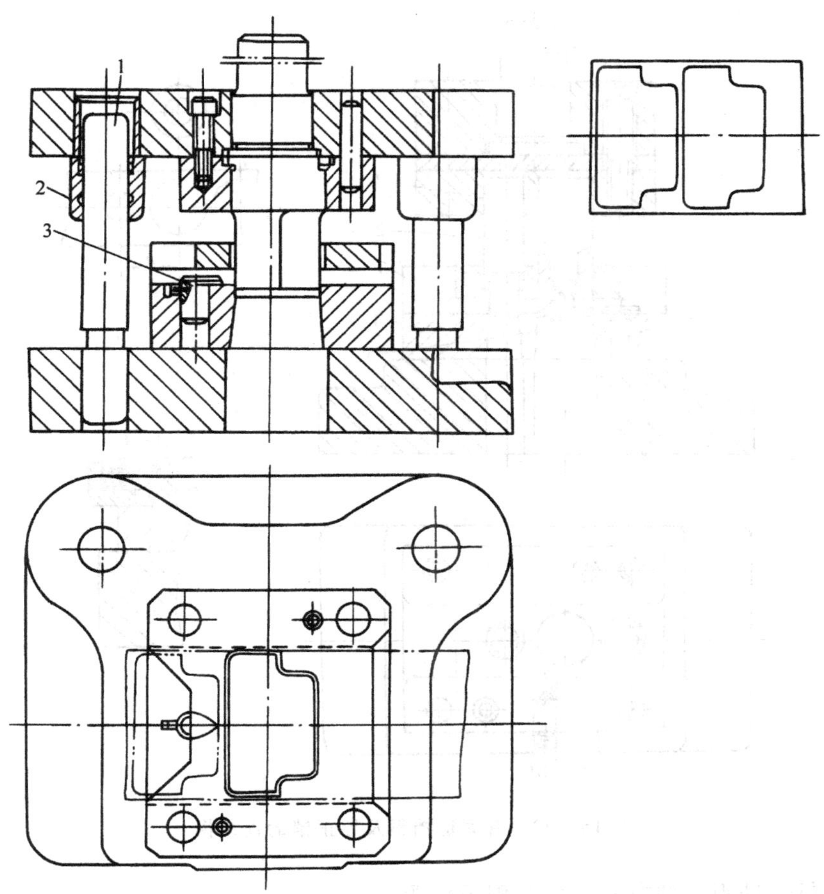

图 15－19　导柱式简单冲裁模

导正销 5 保证条料的正确定位。模具的导板兼作卸料板用。

当零件形状不适合用导正销导正定位时，可在条料上的废料部分冲出工艺孔，利用装在凸模固定板上的导正销进行导正。为使导正销可靠工作，避免折断，导正销直径应大于 2～5mm。如果条料厚度小于 0.3mm，孔的边缘可能被导正销压弯而起不到正确导正的定位作用。另外，对于窄长形零件（步距小于 6～8mm）或落料凸模尺寸不大时，为避免凸模强度过度减弱，一般都不用导正销。在上述两种情况下可采用侧刃的定位方法。

(2) 有侧刃的连续模　如图 15－21 所示。其特点是装有控制条料送进距离的侧刃，侧刃也叫侧刀，相当于一个冲裁凸模，一般安装在冲模相应于条料侧边的位置上。侧刃断面的长度等于步距，侧刃前后的两导尺间宽度不同，只有当侧刃从条料的一侧冲下长度等于步距的狭条后，条料才能向前送进一个步距，这种

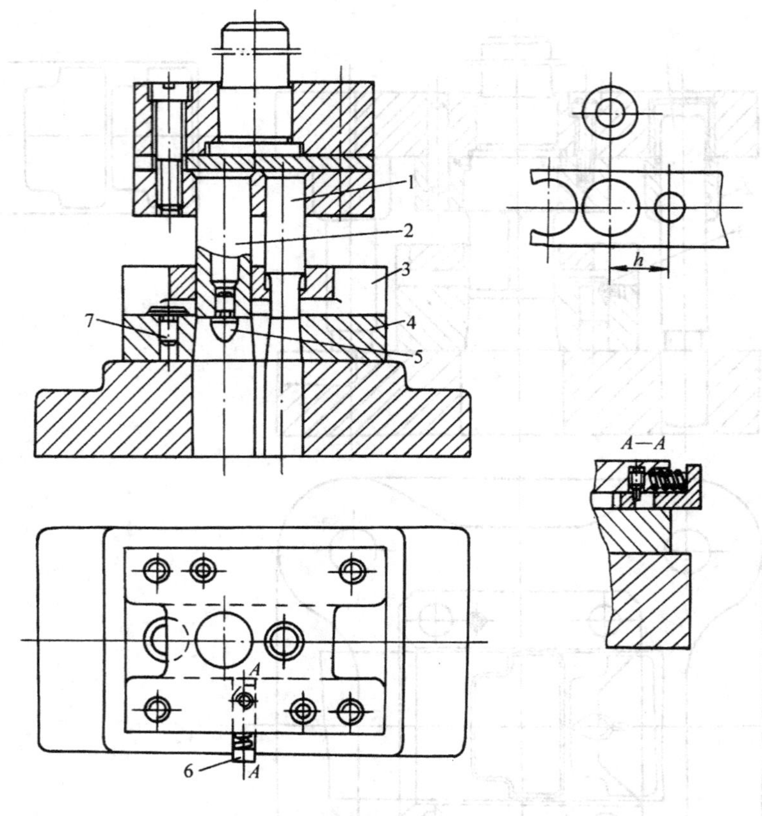

图 15－20　有固定挡料及导正销的连续模

控制条料送进距离的方法，称为侧刃定距。

模具的工作原理为，送进条料，条料被导尺台阶 b 挡住（见俯视图）。此时，条料处于冲孔位置。上模下行进行冲孔，与此同时，侧刃在条料的侧边冲出长度等于步距的狭条 h 上模回程，条料送进一个步距后被导尺台阶 b 挡住。上模再下行，进行落料，在冲得一个工件的同时，又完成冲孔和冲狭条，而后循环进行。

有侧刃的连续模定位准确，生产效率高，操作方便，但材料消耗增加，冲裁力增大。

（3）自动挡料的连续模　如图 15－22 所示。自动挡料装置由挡料杆 1 及冲搭边凸模 3 和凹模 2 构成。工作时，挡料杆始终不离开凹模的刃口平面，所以，条料从右方送进时即被挡料杆挡住搭边。在冲裁的同时，凸模 3 将搭边冲出一缺口，使条料又可以继续送进一个步距，从而起到自动挡料作用。开始的两次冲程分别由临时挡料钉定位，从第三次冲程开始用自动挡料装置定位。

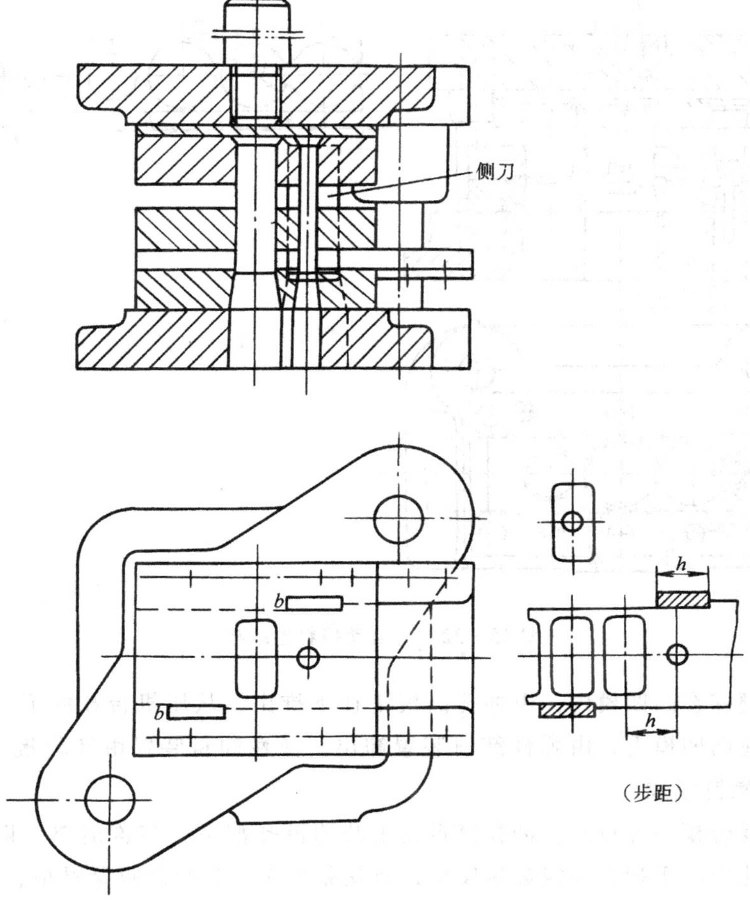

图 15－21　有侧刃的连续模

3. 复合模

压机的一次行程中，在模具的同一位置上同时完成几个不同工序的冲模称为复合模。复合模也属于多工序模。

图 15－23 为冲制垫圈的复合模。该模的凸凹模装在下模，落料凹模装在上模，称为倒装复合模。上模主要由冲孔凸模 1、落料凹模 2、冲孔凸模和落料凹模 3、垫板 4、上模板 5、模柄 6 组成。下模主要由凸凹模 14、凸凹模固定板 15，垫板 16、下模板 17、卸料板 13 组成。其中，凸凹模既是落料凸模又是冲孔凹模。上下模通过导柱导套导向。模具通过两个固定导料销 12 和一个活动导料销 18 导料，以控制条料的送进距离。冲下来的工件卡在凸模 1 和凹模之间，由刚性推件装置推出。刚性推件装置包括推杆 7、推板 8、推销 9 和推件器 10 等组成。

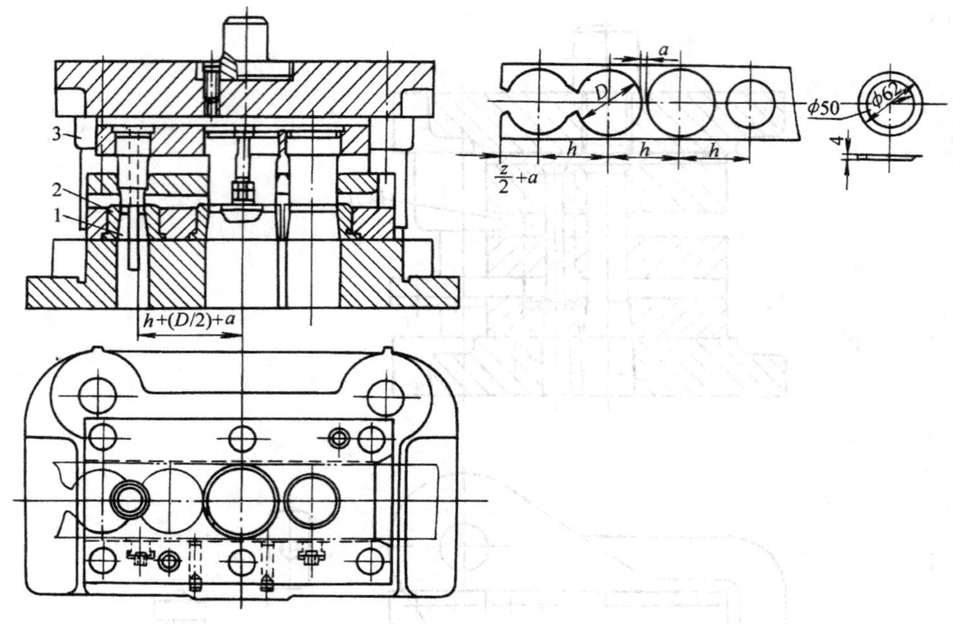

图 15－22 有自动挡料连续模

冲孔废料梗塞在凸凹模内，由冲孔凸模 1 往下推出，从压机台孔漏下。冲裁后，板料箍紧在凸凹模上，由弹性卸料装置卸出。弹性卸料装置由卸料板 13、弹簧 19 和卸料螺钉组成。

倒装复合模的优点是，冲孔废料同由凸凹模孔漏下，结构简单、操作方便。但凸凹模孔内由于积存一定数量废料，所受胀力大，当凸凹膜壁厚小、强度不足时易破裂。而且工件由刚性推件装置推出，这种结构对工件不起压平的作用，因此，冲下的工件不够平整。

图 15－24 所示复合模，凸凹模 7 装在上模，落料凹模 2 装于下模，称为正装式复合模。凹模 2 上凸出的小半圆由凹模镶块 15 单独做出。正装复合模向上出件，工件卡在条料内与条料一起运动，顶件装置由顶块 12，圆形顶板 13，顶杆 14 组成。安装弹性顶件装置时，顶块 12 应高于凹模少许，条料在压紧的情况下冲裁，因此，冲出的工件平直度较高。顶件装置的弹性元件装在下模板下面（图中未画），不受模具空间位置的限制，可获得较大的弹力，且力的大小可以调节。冲孔废料由上模的推件装置（零件 8、9、10）推出，凸凹模孔内不积存废料，所受胀力小、不易破裂，但冲孔废料落在冲模工作面上，不易排除，给操作带来不便。正装复合模用于冲制料厚较薄且要求平直度较高的工件。

复合模的主要结构特点是具有凸凹模，因而可以在模具同一部位上同时完成落料和冲孔工序。与连续模相比，冲压件的内孔与外缘的相对位置精度较高，对条料的定位精度要求较低，模具的轮廓尺寸也比连续模小。复合模适用于生产批量大，精度要求高的冲压件。

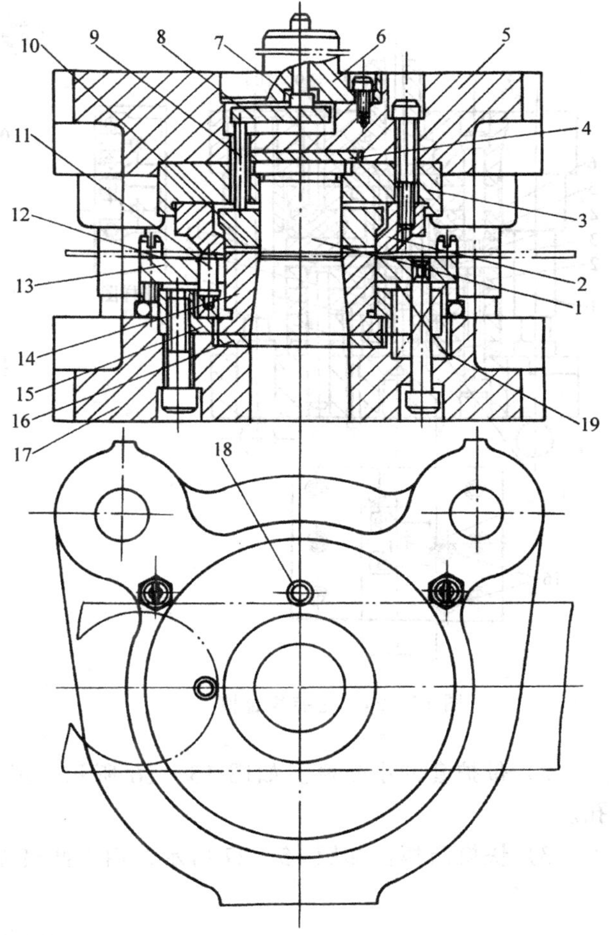

图 15－23　倒装式复合模

三、冲模零件的构造与设计

我国国家标准总局对冷冲模制订了国家标准，标准内容包括冷冲模模架及其技术条件、冷冲模零件及其技术条件，冷冲模典型组合及其技术条件。采用这些标准和标准件，可以简化模具设计，缩短设计和制造周期，提高模具质量，降低模具成本。

设计模具时，应尽量选用已标准化的零件，对于非标准零件，可参考标准零件设计。但要做到对标准件正确选用，对非标准件合理设计，必须了解各类冲模零件的结构特点，具备设计方面的基本知识。

设计和选用冲模零件时、应充分考虑到各类零件的工作条件、装配关系、维修和制造等方面的要求，以使冲模零件具有良好的工作性能，足够的使用寿命，并使加工装配容易，成本低廉。

1．工作零件

（1）凸模设计

1）标准圆形凸模。如图 15－25 所示，图 15－25a 适用于冲裁直径 $d=1\sim5$mm，图 15－25b 适用于冲裁直径 $d=8\sim30$mm。

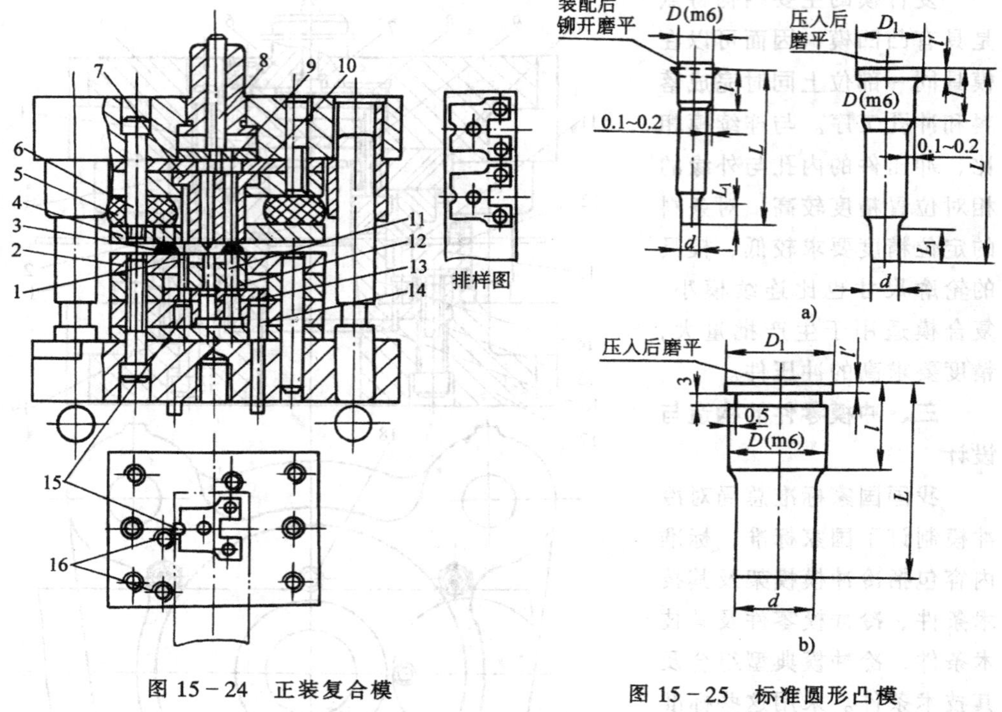

图 15－24　正装复合模

图 15－25　标准圆形凸模

2）带护套的小凸模。如图 15－26 所示，适用于冲孔直径与料原相似的小孔。

3）快换凸模。如图 15－27 所示，用于凸模需要经常更换的模具中。

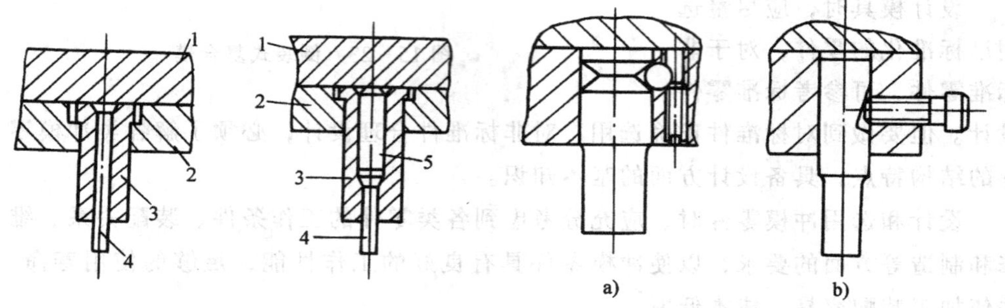

图 15－26　小孔凸模（护套式凸模）

1—垫板或模板　2—凸模固定板

3—护套　4—凸模　5—心柱

图 15－27　快换凸模

4）大圆凸模。如图 15－28 所示，用于冲大孔或落料用的凹模，为了减少磨削面积，凸模外径和端面都加工成凹进形状。

5）非圆形凸模。如图 15－29 所示，用于复杂形状的凸模，为了便于标准化和改善它与凸模固定板的配合，其固定部分做成圆形或矩形。

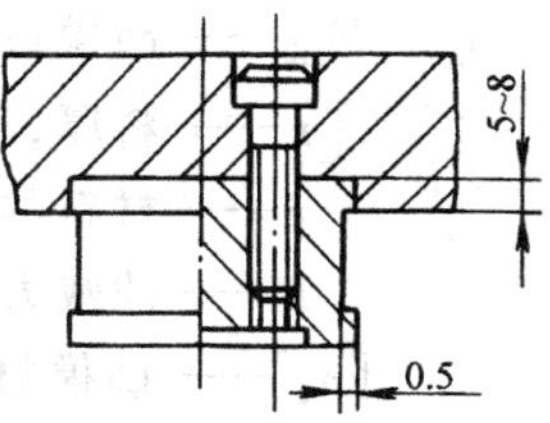

图 15－28 大圆凸模

如图 15－29a、b 所示。如采用成型磨或线切割加工时工作部分和固定部分的尺寸应一致，如图 15－29c。

6）凸模长度。凸模的长度应根据模具结构而定，如图 15－30 所示，采用固定卸料板和导尺时，凸模长度为：

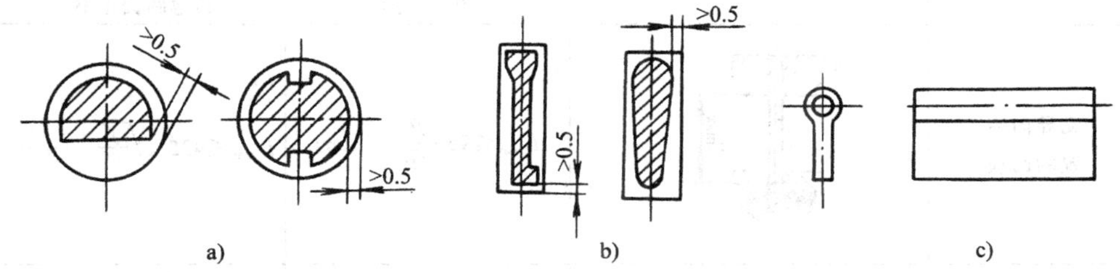

图 15－29 非圆形凸模

$$L = H_1 + H_2 + H_3 + H \tag{15-19}$$

式中 H_1——固定板厚度，单位为 mm；

H_2——卸料板厚度，单位为 mm；

H_3——导尺厚度，单位为 mm；

H——附加长度。主要由凸模入凹模的深度（0.5～1mm）及模具闭合状态下卸料板到凸模固定板间的安全距离（15～20mm）等因素确定。

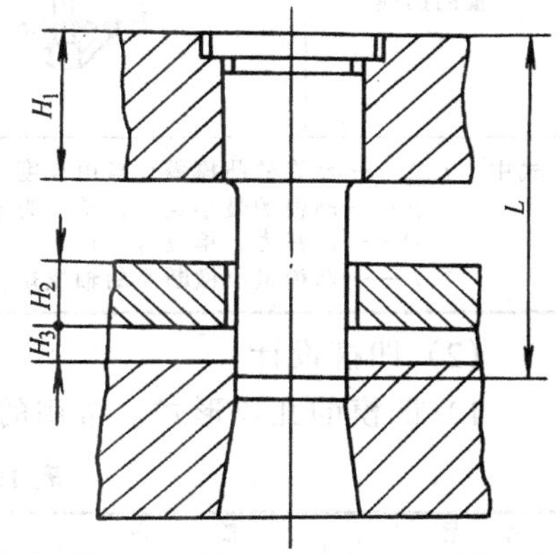

图 15－30 凸模长度的确定

7）凸模强度校核。一般情况下，凸模的强度是足够的。所以没有必要做强度校核。但对于凸模特别细长或凸模断面尺寸很小而板料厚度较大的情况下，应进行压应力和弯曲应力校核，检查其危险断面尺寸和自由长度是否满足强度要求。

①压应力校核。

对于圆形凸模
$$d_{\min} \geqslant \frac{4t\tau}{[\sigma_c]}(\text{mm}) \tag{15-20}$$

对于其它断面凸模
$$F_{\min} \geqslant \frac{P}{[\sigma_c]}(\text{mm}) \tag{15-21}$$

式中 $d_{\min}$——凸模最小直径，单位为 mm；

F_{min}——凸模最小断面的面积，单位为 mm^2；

t——料厚，单位为 mm；

τ——材料的抗剪强度，单位为 MPa；

P——冲裁力，单位为 N；

$[\sigma_c]$——凸模材料的许用应力，单位为 MPa。

②弯曲应力校核，计算公式见表 15-11。

表 15-11

型式	简图	计算公式	
		圆形	其他断面形状
无导向装置的凸模		$L_{max} \leqslant 95 \frac{d^2}{\sqrt{P}}$ (mm)	$L_{max} \leqslant 425 \sqrt{\frac{J}{P}}$ (mm)
有导向装置的凸模		$L_{max} \leqslant 270 \frac{d^2}{\sqrt{P}}$ (mm)	$L_{max} \leqslant 1200 \sqrt{\frac{J}{P}}$ (mm)

式中 L_{max}——允许的凸模最长自由长度，单位为 mm；
d——凸模的最小直径，单位为 mm；
P——冲裁力，单位为 N；
J——凸模最小横断面的轴惯矩，单位为 mm^4。

(2) 凹模设计

1) 凹模的孔口形式。常用的凹模孔口形式见表 15-12。

表 15-12 凹模孔口形式

序号	简图	特点	应用及主要参数
1		刃口强度较好，刃磨后工作部分尺寸不变，间隙大小不变。但孔口积存废料或工件，尤其在间隙较小时，推件力大，且磨损大	用于冲裁形状复杂或精度要求较高的工件。 当 $t<0.5$mm 时，$h=3\sim5$mm； 当 $t>0.5\sim5$mm 时，$h=5\sim10$mm， 当 $t=5\sim10$mm 时，$h=10\sim15$mm， $a=3°\sim5°$

（续）

序　号	简　　图	特　　点	应用及主要参数
2	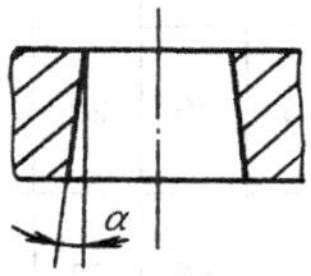	与序号1相比，其刃口强度略差，刃磨后尺寸稍有改变。但由于锥形，不易积存冲件或废料，下漏的冲件或废料对孔口的摩擦力及胀力小	用于冲裁形状简单，精度要求不高，材料厚度较薄的工件。 当 $t<2.5$mm 时，$a=15'$；当 $t=2.5\sim6$mm 时，$a=30'$； 当采用电火花加工凹模时，$a=4'\sim20'$
3	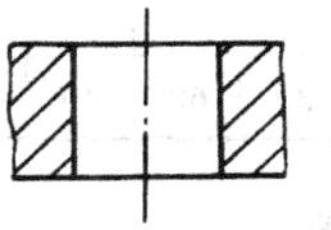	刃口强度较好，刃磨后工作部分尺寸不变，间隙大小不变。但孔口积存废料或工件，尤其在间隙较小时，推件力大，且磨损大	用于冲裁大型或精度较高的工件以及复合模和装有反向顶出装置的情况。
4	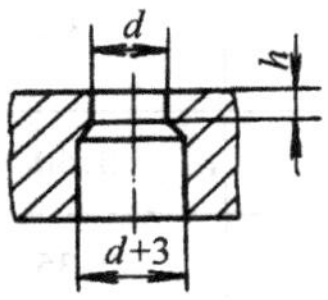	扩大部分可使凹模加工简单，也使工件落下容易	用于冲裁直径较小的工件（d 小于 25mm）。
5	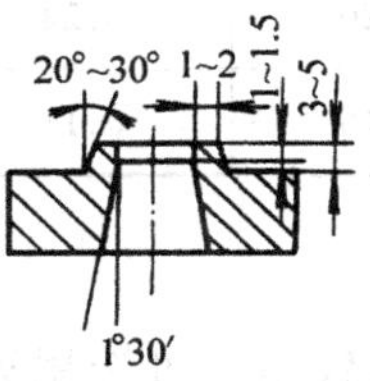	淬火硬度 HRC35～40，可用手锤敲打斜面以调整间隙，直到试出满意的冲件为止	适于冲裁软而薄的材料，材料厚度在 0.5mm 以下。

2）凹模的外形尺寸。凹模的外型尺寸如图 15－31 所示，一般按经验方法确定，下面介绍两种：

①查表，根据工件的最大外形尺寸和料厚，从表 15－13 中直接查出模厚度 H 和壁厚 C。

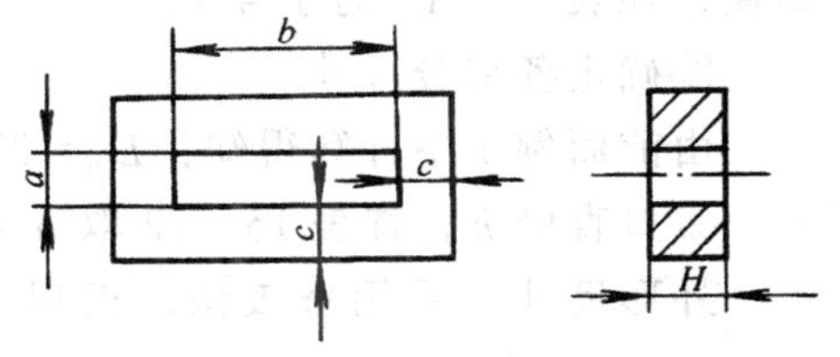

图 15－31　凹模外形尺寸

②按经验公式计算：

凹模厚度　　$H=Kb$（≥15mm）　　(15－22)

凹模壁厚　　$C=(1.5\sim2)H$（≥30～40mm）　　(15－23)

式中　b——冲裁件最大外形尺寸，单位为 mm；

K——系数，见表 15－14。

表 15－13 凹模外形尺寸

料厚 t/mm C、H/mm 冲件最大外形尺寸 b/mm	≤0.8		>0.8～1.5		>1.5～3		>3～5		>5～8		>8～12	
	C	H	C	H	C	H	C	H	C	H	C	H
<50 50～70	26	20	30	22	34	25	40	28	47	30	55	35
>75～100 >100～150	32	22	36	25	40	28	46	32	55	35	65	40
>150～175 >175～200	38	25	42	28	46	32	52	36	60	40	75	45
>200	44	28	48	30	52	35	60	40	68	45	85	50

表 15－14 系数 K 的数值

料厚 t/mm b/mm	0.5	1	2	3	>3
<50	0.3	0.35	0.42	0.50	0.60
>50～100	0.2	0.22	0.28	0.35	0.42
>100～200	0.15	0.18	0.20	0.24	0.30
>200	0.10	0.12	0.15	0.18	0.22

例 4 设计图 15－9 所示垫圈的落料凹模。

解 ①选定凹模的孔口形式。若批量较大且料较厚，可选用刃口强度较高的凹模，如表 15－12 的序号 1。

②确定各部分尺寸

由前面例 1 中计算得知：$D_d=37.69^{+0.03}_{0}$mm

刃口直壁 h，查表 15－12 取 $h=8$mm

外形尺寸，采用查表法，根据 $t=3$mm，$b=D=38$mm，查表 15－13 得 $C=34$mm，$H=25$mm。

凹模外径为：$2\times34+38=106$mm，取 110mm。

凹模型式及尺寸标注如图 15－32 所示。

外形尺寸也可以采用经验公式计算，数据有所不同。

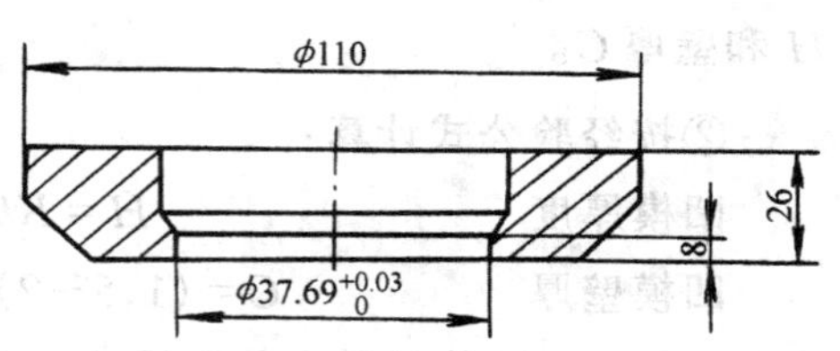

图 15－32 垫圈落料凹模

凹模如采用螺钉、销钉固定，螺孔之间，螺孔与销孔之间及与刃口边缘之间的距离要有足够的强度，其最小值可参考表 15－15。

（3）凸凹模设计　复合模的结构特点是一定有个凸凹模。凸凹模的内外缘均为刃口，内外缘之间的壁厚决定于冲裁件的尺寸，为了保证凸凹模的强度，凸凹模应有一定的壁厚。

表 15－15　螺孔、销孔之间及至刃口边的最小距离

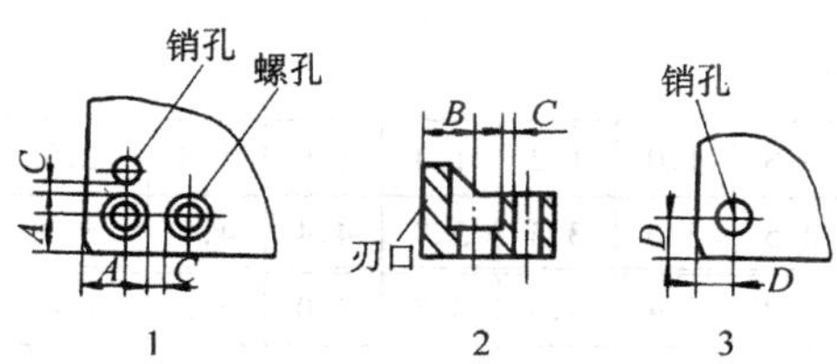

螺钉孔		M4	M6	M8	M10	M12	M16	M20
A/mm	淬　火 不淬火	8 6.5	10 8	12 10	14 11	16 13	20 16	25 20
B/mm	淬　火	7	12	14	17	19	24	28
C/mm	淬　火 不淬火	5 3						
销钉孔/mm		$\phi4$	$\phi6$	$\phi8$	$\phi10$	$\phi12$	$\phi16$	$\phi20$
D/mm	淬　火	7 4	9 6	11 7	12 8	15 10	16 13	20 16

凸凹模的最小壁厚受冲模结构的影响。若凸凹模装于上模（正装），内孔不积存废料、胀力小，最小壁厚可以小些。若凸凹模装于下模（倒装），内孔积存废料时，胀力大，最小壁厚要大些。

凸凹模的最小壁厚值，目前一般按经验数据决定。

不积聚废料的凸凹模最小壁厚：

黑色金属和硬材料 $1.5t$（>0.7mm）

有色金属和软材料 $\approx t$（>0.5mm）

t 为料厚。

积聚废料的凸凹模最小壁厚见表 15－16。

表 15－16 复合模用凸凹模的最小壁厚 （单位：mm）

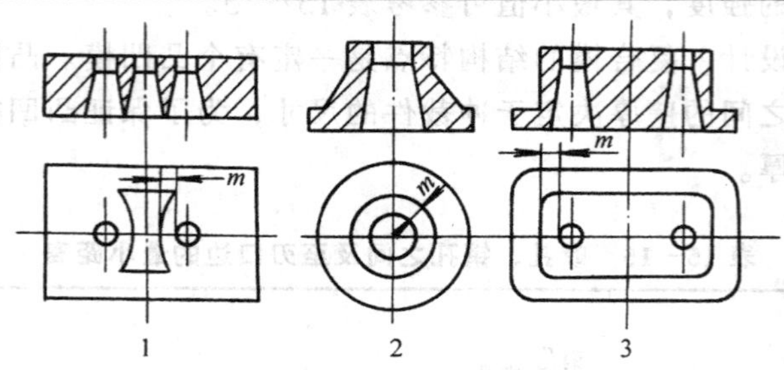

材料厚度 t	0.4	0.6	0.8	1.0	1.2	1.4	1.6	1.8	2.0	2.2	2.4	2.6
最小壁厚 m	1.6	2.0	2.5	3.0	3.5	3.9	4.4	4.9	5.3	5.8	6.3	6.7
材料厚度 t	2.8	3.0	3.2	3.4	3.6	3.8	4.0	4.2	4.4	4.6	4.8	5.0
最小壁厚 m	7.2	7.6	8.0	8.50	9.0	9.5	10.0	10.5	11.2	11.8	12.4	13.0

（4）凸模与凹模的镶拼结构 大型、中型和形状复杂，局部薄弱的整体凸模或凹模，往往给锻造，机械加工或热处理带来很大困难，当它局部磨损后又会造成整个凸、凹模的报废。为此，常采用镶拼结构来解决这个问题。

图 15－33 所示为镶拼结构的几个例子。

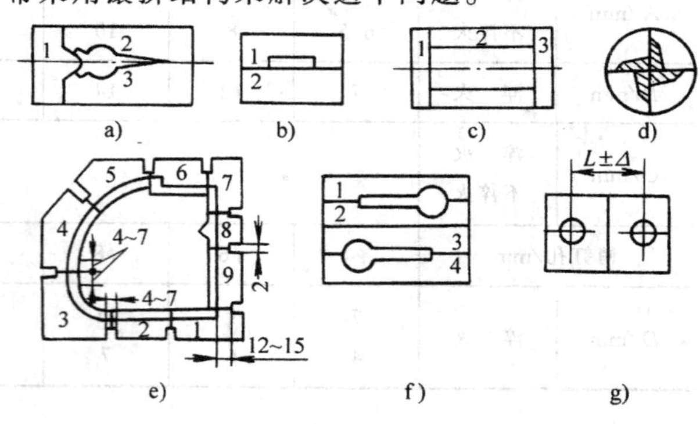

图 15－33 凸、凹模的镶拼结构

镶拼结构的一般原则为：

1）便于加工制造，减少钳工工作量，减少热处理变形，具体办法是：

①尽量将形状复杂的内形分割后变成外形加工，以便于机械加工，同时，拼块断面可以做得较均匀，以减少热处理变形，提高模具制造精度。

②如有对称轴线，应沿对称轴线分割，对于圆形件应尽量沿径向线分割。这样，形状尺寸相同的分块可以同时加工，并便于装配紧固，如图 15－33a、c、d 所示。

③沿转角度尖角分割，拼块角度≥90°，以便于机械加工，并避免热处理开裂，如图 15－33a、b、c 所示。

④圆弧单独做成一块，拼接线应在离切点 4～7mm 的直线处。大弧线，长直线可以分成几块，拼接线要与刃口垂直。接合面接触不宜过长，以减少磨削工作量，一般为 12～15mm，如图 15－33e 所示。

2）便于维修更换与调整

①比较薄弱或易磨损的局部凸出或凹进部分，单独做成一块，如图 15－33e 所示中之 8。

②拼块之间可以通过增减垫片或磨接合面的方法，以调整间隙或中心距，如图 15－33f、g 所示。

3）满足冲裁工艺要求

①如凸模与凹模都采用镶拼结构，凸模与凹模的拼接线，应错开 3～5mm，以避免产生冲裁毛刺。

②大型或厚料冲裁件的镶拼模，为减少冲裁力，可将凸模（冲孔时），或凹模（落料时）做成波浪斜刃，如图 15－34 所示。

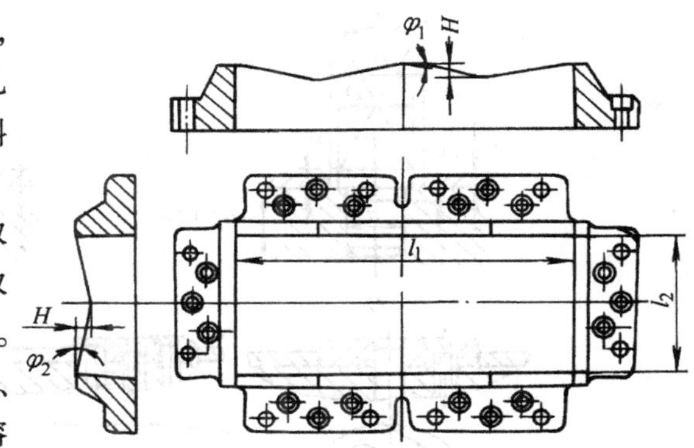

图 15－34　斜刃冲裁模的镶拼结构

斜刃要取对称，分块线一般取在波浪的高点或低点，每块最好取一个或半个波形，以便于加工制造。

镶拼模块的固定可以采用热套、锥套、螺钉、销定紧固，以及低熔点合金浇注等方法。采用螺钉销钉固定时应注意螺钉销钉的加工精度和布置方法。每块应有两个销钉，螺钉布置应均匀，两者参差排列，如图 15－34 所示。

凸凹模的镶拼结构具有下列优点，每个拼块可以磨削，因而刃口尺寸和模具间隙可以得到精确控制，冲模制造精度高，使用寿命长。分块后，消除了内应力集中，断面均匀，减少或消除了热处理内应力、变形与开裂，便于维修和更换损坏部分，减少模具制造与维修费用，节约模具钢。其缺点是，拼块尺寸精度高，加工工艺复杂，镶拼结构的装配和调整也比整体结构复杂。

2. 定位零件

冲模定位零件的作用是使毛坯正确送进及在冲模及处于正确位置，保证冲出合格的工件。根据不同的毛坯和模具结构，必须采用各种形式的定位零件，下面分别进行介绍。

（1）定位板和定位销　单个毛坯进行冲裁时，一般采用定位板或定位销定位，其主要形式如下：

1）当外形简单时，用外形定位的定位板或定位销，如图 15－35 所示。

2）当外形复杂或外形定位不符合要求时，用内孔定位的定位板或定位销，如图 15－36 所示。

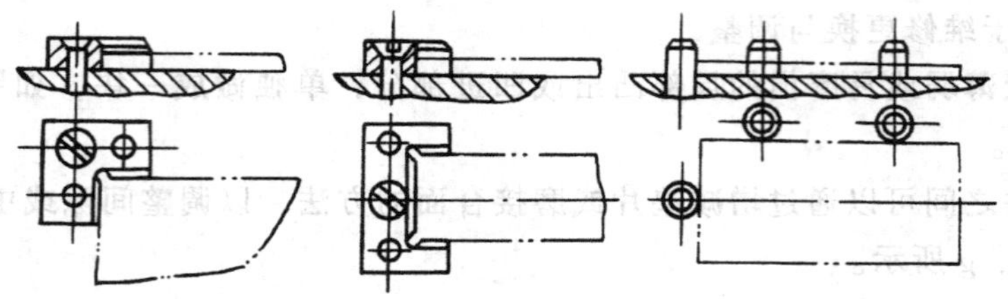

图 15-35 外形定位板和定位销

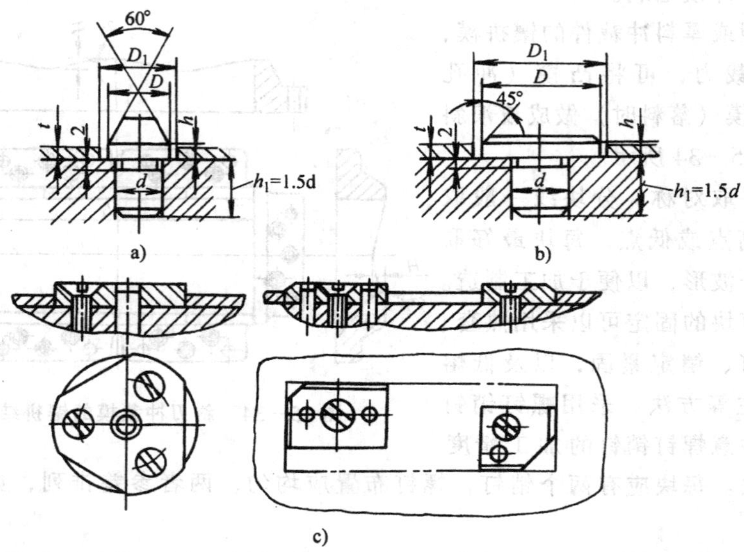

图 15-36 内形定位的定位板和定位销

a）小型孔用定位销 b）中型孔用定位销 c）大型孔用定位板

定位板或定位销与毛坯间的配合，一般取 IT9 级度（H9/h9），定位板或定位销头的高度可查表 15-17。

表 15-17

材料厚度 t/mm	<1	1～3	>3～5
定位板高 h/mm	$t+2$	$t+1$	t

（2）导尺（或导料销）和侧压

1）导尺或导料销。使用条件或带料冲裁时，一般采用导尺或导料销来导正材料的送进方向。导尺常用于单工序模和连续模，导料销是导尺的简化形式，其结构形式如图 15-37 所示。

导尺的厚度 H 见表 15-18，导尺间的宽度 B 可由下式确定：

无侧压的 $$B_0 = b + (0.5\sim1.5)(\mathrm{mm}) \tag{15-24}$$

有侧压的 $$B_0 = b + (5\sim8)(\mathrm{mm}) \tag{15-25}$$

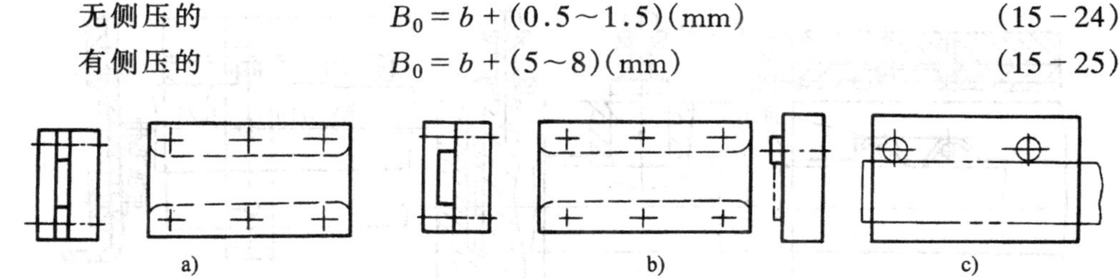

图 15-37 导尺和导料销

a)分离式导尺 b)整体式导尺 c)导料销

表 15-18 导尺的厚度 (单位:mm)

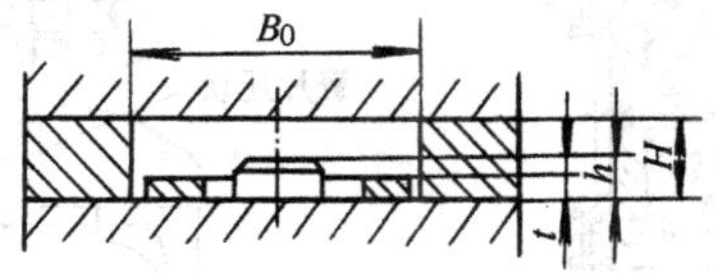

材料厚度 t	挡料销高度 h	导尺厚度 H	
		固定挡料销	自动挡料销或侧刃
0.3～2.0	3	6～8	4～8
>2.0～3.0	4	8～10	6～8
>3.0～4.0	4	10～12	8～10
>4.0～6.0	5	12～15	8～10
>6.0～10.0	8	15～25	10～15

2）侧压。如果条料宽度尺寸公差较大，为了消除误差，保证条料紧靠一边导尺正确送进，常采用侧压。常用的侧压形式见图 15-38 所示。

簧片和簧片压块式侧压结构简单，但侧压力小，常用于料厚 1mm 以下的薄料，簧片的数量视具体情况而定。弹簧压块式侧压力较大，适用冲裁厚料，一般设 2～3 个。压板式侧压力大且均匀，但它安装位置一般只限于在进料口，如果冲裁工位多，则在末端起不到侧压作用。双压板式能保证条料的中心位置不变，不受条料宽度公差影响，常用于无废料排样，但其结构较为复杂。料厚小于 0.3mm 或自动送料时不宜采用侧压装置。

(3) 挡料销和侧刃

1）挡料销。挡料销的作用是保证条料有准确的送料进距。其结构形式及应用见表 15-19，高度 h 见表 15-18。

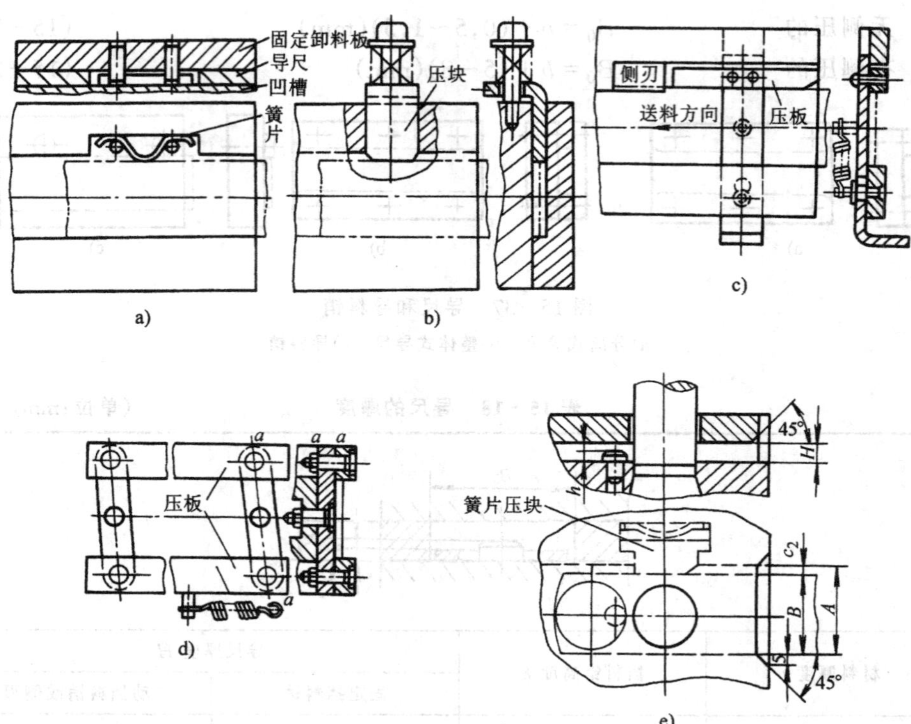

图 15－38　常用的侧压装置

a）簧片式　b）弹簧压块式　c）压板式　d）双压板式　e）簧片压块式

表 15－19　挡料销的型式及应用

挡料销形式	简　　图	特　点　和　应　用
圆柱头式挡料销		此种挡料销的固定部分和工作部分的直径差别很大。不致于削弱凹模的强度，并且制造简单，使用方便。一般装固在凹模上，适用于带固定卸料板和弹性卸料板的冲模中
钩形挡料销		此种挡料的位置可离凹模的切削刃更远一些，因而就位置来说比圆柱头式的更好，但此种挡销由于形状不对称，需要钻孔并另加定向装置。适用于冲制较大较厚材料的工作
活动挡料销		冲压时，条料向前推进就对挡料销的斜面施加压力，而将挡料销抬高，并使弹簧顶起，这样不必将条料在挡料销上套进套出，但定位时需要将条料前后移动，因此生产率低。适用于冲裁窄形工件（6～20mm）和一般工作。条料厚度不小于 0.8mm 时，导尺厚度可适当减小

（续）

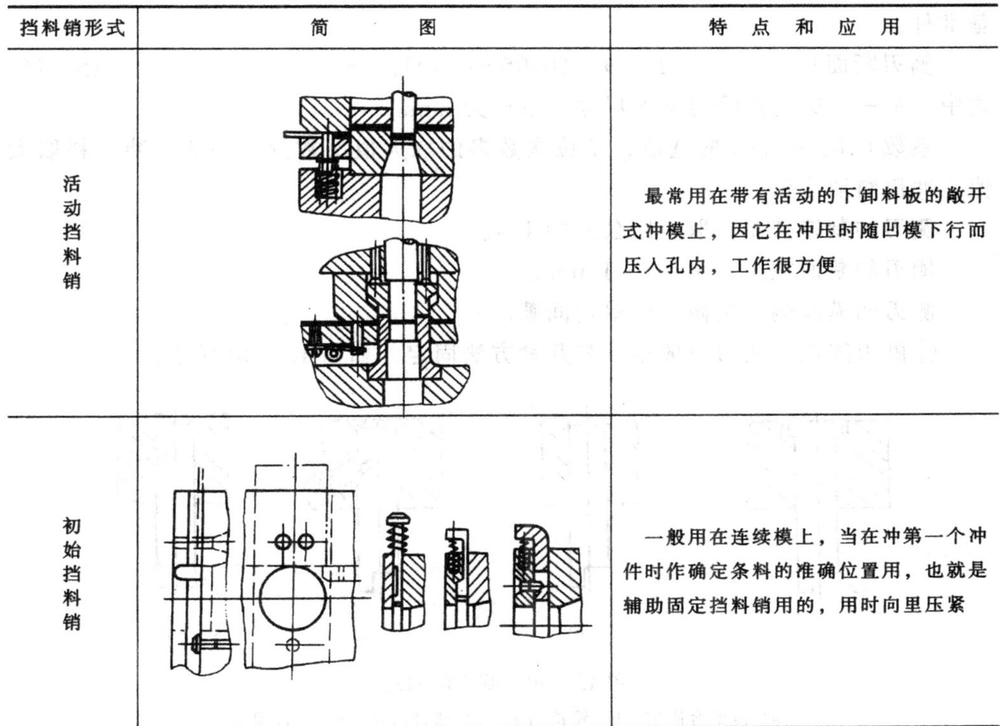

挡料销形式	简图	特点和应用
活动挡料销		最常用在带有活动的下卸料板的敞开式冲模上，因它在冲压时随凹模下行而压入孔内，工作很方便
初始挡料销		一般用在连续模上，当在冲第一个冲件时作确定条料的准确位置用，也就是辅助固定挡料销用的，用时向里压紧

2）侧刃。侧刃是用以切去条料旁侧少量材料来限定送料进距。用侧刃定位可显著提高生产率，并保证较高的定位精度，而且有利于冲压自动化。

①侧刃的断面形状。侧刃的断面形状有长方形的，成形的和尖角形的，如图15－39所示。

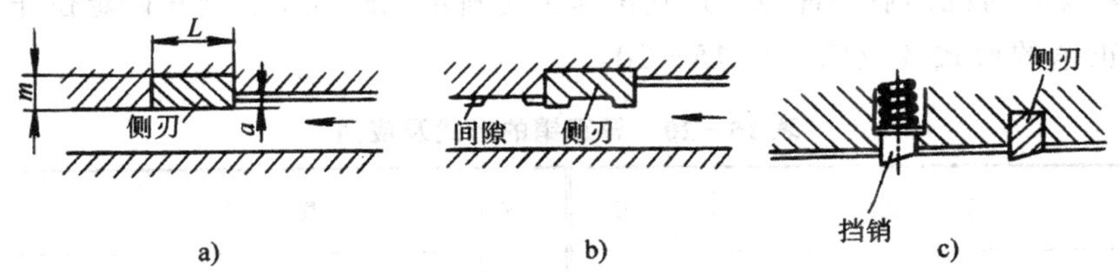

图15－39　侧刃断面形状

a）长方形侧刃　b）成形侧刃　c）尖角侧刃

长方形侧刃，制造简单，但当侧刃刃部磨钝后，使条料边缘处出现毛刺，影响正常送进。成形侧刃可克服上述缺点，但制造较困难。尖角侧刃需与弹簧挡销配合使用，其优点是材料浪费少，但每送一进距需把条料往后拉，利用挡料销背面定位，操作麻烦，影响生产效率。

②侧刃尺寸。侧刃尺寸标准，采用配合加工标注尺寸方法，但一律以侧刃为基准件。

侧刃断面长度　　　　$L=h+(0.05\sim0.10)(\mathrm{mm})$　　　　(15-26)

式中　h——送料步距的基本尺寸，单位为 mm。

系数 0.05～0.10 的选取，工位次数多的取大值次数少取小值，冲厚料取大值，冲薄料取小值。

侧刃的制造公差，取步距公差的 1/4。

侧刃的断面宽度，$m=6\sim10\mathrm{mm}$。

侧刃凹模按侧刃配做，留单边间隙。

③侧刃固定。侧刃一般用下列几种方法固定，如图 15-40 所示。

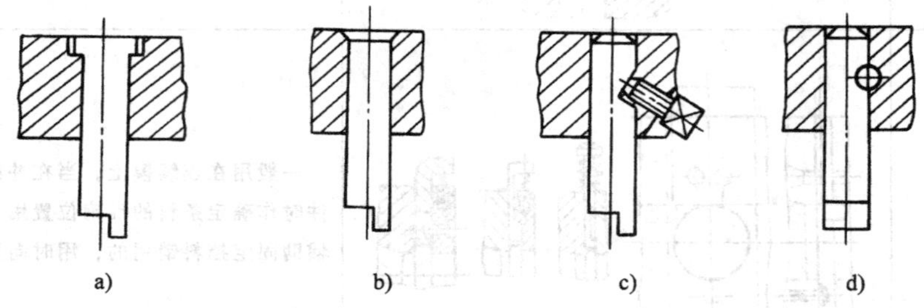

图 15-40　侧刃的固定

a) 压配合固定　b) 铆接固定　c) 螺钉固定　d) 销钉固定

④侧刃的数量。侧刃的数量可以是一个，也可以是两个，两个侧刃可以是并列布置，也可按对角布置，对角布置可以保证尾料的充分利用。

(4) 导正销　导正销主要用于连续模中以保证冲压件内孔与外形相对位置的精度。它装在第二工位以后的凸模上，冲裁时，它先指入已冲好的孔中，使孔与外形的相对位置对准然后再冲裁，这就消除了送料步距的误差，起精确定位作用。

导正销的形式及应用见表 15-20。

表 15-20　导正销的形式及应用

形式	简　图	应用	形式	简　图	应用
压入式	$d\frac{H7}{r6}$ D	用于直径小于 12mm 的孔	螺钉固定式	$d\frac{H7}{h6}$	用于直径 18～50mm 的孔

（续）

形式	简　图	应用	形式	简　图	应用
压入式		用于直径小于 10～30mm 的孔	螺钉固定式		用于料厚为 60mm 以上的板料

导正销的直径 D　　　　$D=d-2a$　　　　(15-27)

式中　d——冲孔凸模直径，单位为 mm；

$2a$——考虑冲孔后弹性变形收缩，导正销直径比冲孔凸模直径需较小的数值，见表 15-21。

导正销的高度 h 见表 15-22。

表 15-21　2a 数值　　（单位：mm）

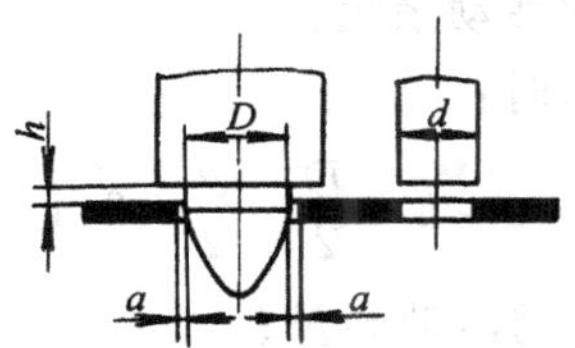

条料厚度 t	冲孔凸模直径 d						
	1.5～6	>6～10	>10～16	>16～24	>24～32	>32～42	>42～60
<1.5	0.04	0.06	0.06	0.08	0.09	0.10	0.12
>1.5～3	0.05	0.07	0.08	0.10	0.12	0.14	0.16
<3～5	0.06	0.08	0.10	0.12	0.16	0.18	0.20

表 15-22　导正销圆柱高度 h　　（单位：mm）

条料厚度 t	冲件尺寸		
	1.5～10	>10～25	>25～50
>1.5～3	0.68δ	0.8δ	δ
>3～5	0.5δ	0.6δ	0.8δ

在设计挡料销与导正销的连续模时，如图 15－41 所示，挡料销的位置决定如下：

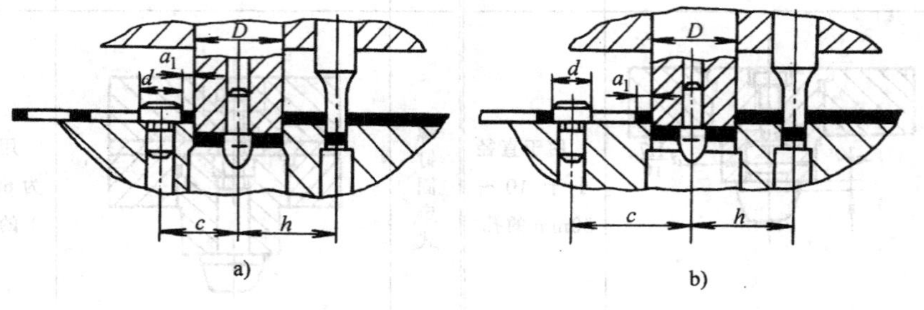

图 15－41　挡料销与导正销的位置

当挡料销如图中 a）所示时

$$c=\frac{D}{2}+a_1+\frac{d}{2}+0.1 \qquad (15-28)$$

式中　c——导正销与挡料销的轴心距，单位为 mm；

D——落料凸模直径，单位为 mm；

d——冲孔凸模直径，单位为 mm；

a_1——搭边，单位为 mm。

0.1 作为导正销往后拉的活动余量。

当挡料销如图中 b）所示时：

$$c=h+\frac{D}{2}-\frac{d}{2}-0.1 \qquad (15-29)$$

式中　0.1——导正销往前推的活动余量；

h——步距，单位为 mm。

3. 卸料和推件零件

（1）卸料和推件装置的形式。卸料和推件装置的形式及应用见表 15－23。

表 15－23　卸料和推件装置的形式及应用

形　式	简　　图	特点和应用
固定卸料板	卸料板 t	一般装于下模的凹模面上，结构简单，卸料力大，有时还兼作凸模的导板，但无压料作用适于冲裁料厚 $\delta \geqslant 0.8$mm 的带料或条料

（续）

形　式	简　　图	特点和应用
弹性卸料板	卸料板　Z	卸料力较小，但有压料作用，用于冲制薄料和要求平整的工作。常用于复合模。其弹力来源于弹簧或橡皮，用橡皮使模具装校更方便
废料切刀	h　δ　$h=(2.5\sim3)\delta$　$\beta=70^\circ\sim85^\circ$　β　3°	废料切刀的卸料，是利用冲裁时，凹模向下压废料于切刀刀刃上，把废料切断。 废料切刀一般用于修边时的卸料
弹性卸料和刚性推件装置		刚性推件，其推件力大，但不起压料作用
弹性卸料和刚性推件装置		弹性推件，在冲裁时能压住制件，冲出的制件质量较高，但弹性元件的压力有限，当冲裁较厚材料时推件力量不足或使结构庞大

（2）卸料板与凸模之间的间隙　卸料板与凸模之间的间隙见表 15－24。

表 15－24　单边间隙　（单位：mm）

材料厚度	固定卸料板	弹性卸料板
<0.5	—	0.1
<1	0.2	0.15
1～3	0.3	0.25
>3～6	0.5	0.5

4. 导向零件

导向零件指上、下模的导向装置零件。一般有导板式和导柱导套式。

(1) 导板　见图 15－18 所示。导板的导向孔按凸模断面形状加工，采用间隙配合，其单面间隙应小于凸凹模之间的单边间隙，模具工作时，凸模始终不脱离导板，从而起到导向作用，为了使导向可靠，导板必须有足够的厚度，一般取凹模厚度的（0.8～1）倍。导板的平面尺寸与凹模尺寸一致。

冲压零件的形状复杂时，导板孔加工困难，为了避免热处理变形，通常不进行热处理，所以其耐磨性差，实际上很难达到和保持可靠与稳定的导向精度。

(2) 导柱和导套　对于生产批量大，要求模具寿命高，工件精度高的冲模，一般采用导柱、导套来保证上、下模的精确导向。

常见的导柱导套的布置形式如图 15－42 所示。图 a) 为后侧导柱，可以三面送料，操作方便，广泛用于导向要求不太高的情况，图中 b)、c) 为中间导柱和对角导柱，导向准确，适用于工件精度要求较高或无间隙，小间隙冲模。但操作不如后侧导柱方便，图中 d) 为四个导柱导向，导向情况最好，但结构复杂，只有在冲大型工件，精度要求特别高的工件或大量生产用的自动化冲模才采用。

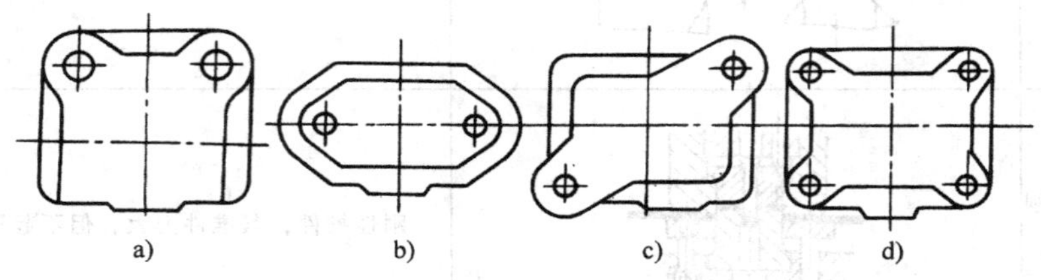

图 15－42　导柱导套的布置

a) 后侧导柱　b) 中间导柱　c) 对角导柱　d) 四个（或六个）导柱

导柱导套的结构形式有两种：

1) 滑动式导柱导套。对于一般冲压工件采用滑动式导柱导套，如图 15－43 所示。

导柱装在下模，采用 R_7/h_6 配合。导套装在上模上，采用 H_7/r_6 配合。导柱导套也可用环氧树脂等材料粘接固定。

导柱与导套之间采用间隙配合，根据材料的厚度不同，可采用如下几种：

①冲厚度在 0.8mm 以下的金属板和 1.5mm 以下的非金属板时，采用 H_6/h_5 配合。

②冲厚度为 0.8～4mm 的金属板和 1.5mm 以上的非金属板时，采用 H_7/h_6 配合。

③冲裁或拉深厚度为 4～8mm 的金属板时，采用 H_7/f_7 配合。

④冲厚度为 8mm 以上的金属板时，采用 H_9/f_9 配合。

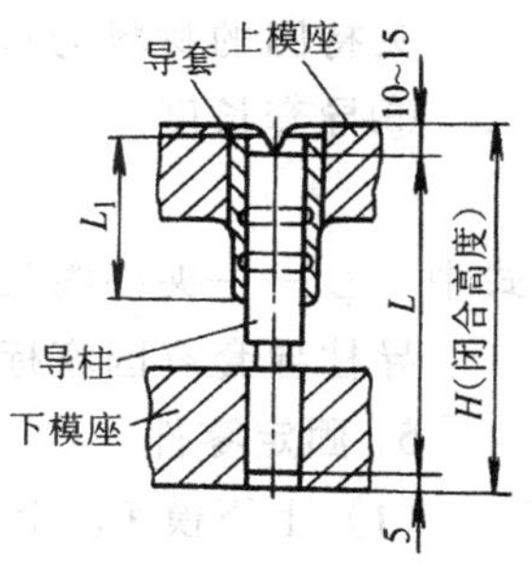

图 15-43 滑动式导柱导套

导柱的长度 L 应保证冲模在最低位置时，导柱的上端面与上模座顶面距离不小于 10~15mm，而下模座底面与导柱底面的距离不小于 5mm。导套的长度 L_1，对冲裁模，因工作行程小、当冲床滑块到上死点时，允许导柱导套脱开，但须保证在冲压时导柱一定要进入导套 10mm 以上。

2）滚珠式导柱导套。对于冲裁薄料的模具、或硬质合金模，为了提高导向精度和使用寿命，常采用滚珠式导柱导套，如图 15-44 所示。

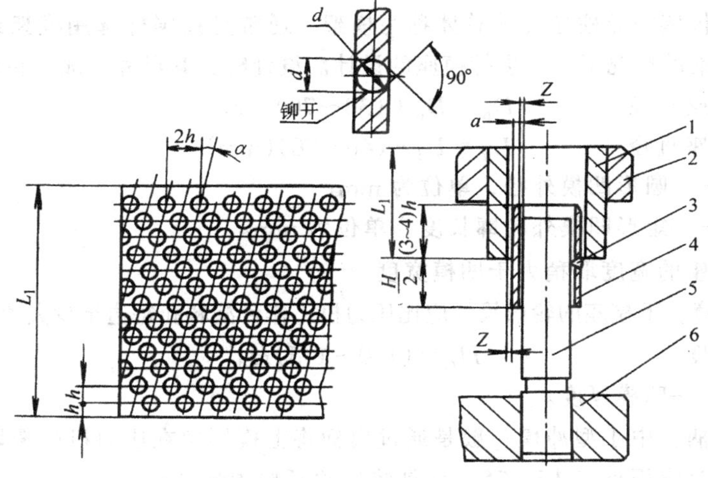

图 15-44 滚珠式导柱导套

1—导套 2—上模座 3—滚珠 4—滚珠夹持圈 5—导柱 6—下模座

滚珠式导柱导套的设计特点如下：

①为保证精度，滚珠与导柱导套之间保持 0.01~0.02mm 的过盈量，即 $D_{导套}=d_{导柱}+2d_{滚珠}-(0.01\sim0.02)\text{mm}$。

②为保证均匀接触，滚珠尺寸必须严格控制、滚珠直径一般取 $d=3\sim5\text{mm}$，其直径公差不超过 0.002~0.003mm，椭圆度不超过 0.0015mm。

③为减少磨损，滚珠排列应倾斜 α 角，滚珠装在夹持圈内，夹持圈的滚珠排列线倾斜角 α 一般取 5°~10°。

④夹持圈的尺寸如下：

壁厚：a　　　　$a=(D_{导套}-d_{导柱})/2-2Z(\text{mm})$

式中　$Z=0.35\sim0.5\text{mm}$

长度　　　　$L=H/2+(3\sim4)h(\text{mm})$

式中　H——冲床行程，单位为 mm；

h——滚珠之间垂直方向的间隙距离，单位为 mm。

夹持圈的材料为黄铜。

⑤导套长度

$$L_1 = L + (5 \sim 10)(\text{mm})$$

式中　L——夹持圈长度，单位为 mm。

导柱导套有国家标准，应尽可能按标准选用。

5. 固定零件

(1) 上下模座。上、下模座不仅要安装冲模的全部零件，而且要承受和传递冲压力，因此，模座不仅要有足够的强度，而且还应有足够的刚度，如果刚度不足，工作时会产生较大的弹性变形而导致模具零件迅速磨损或损坏，使冲模寿命明显降低。

上、下模座加导柱导套的总体称为模架。通常是按国标选用模架或模座，在不能使用标准的情况下，才进行模座的设计。设计时，其尺寸一般应在如下范围。

圆形模座直径　$D_m = D_d + (30 \sim 70)(\text{mm})$

矩形模座直径　$L_m = L_d + (40 \sim 70)(\text{mm})$

式中　D_d——圆形凹模外径，单位为 mm；

L_d——矩形凹模外轮廓长度，单位为 mm。

矩形模座的宽度取稍大于凹模宽度。

但应注意，下模座的轮廓尺寸应比压力机工作台漏料孔每边至少大 40～50mm。

模座厚度　$H_m = (1.0 \sim 1.5) H_d$

式中　H_d——凹模厚度。

(2) 模柄，中小型冲模一般是通过模柄将上模固定在压力机的滑块上，常用的模柄形式及应用见表 15-25，其具体尺寸可按国标选用。

(3) 固定板和垫板。凸模，小型凹模或凸凹模通常用固定板固定在模座上，凸模固定板有圆形和矩形两种，其平面尺寸除保证能安装凸模外，还要考虑螺钉和销钉孔的设置。其厚度可按下列经验公式计算：

$$H = (0.6 \sim 0.8) H_d$$

式中　H——固定板厚度，单位为 mm；

H_d——凹模厚度，单位为 mm。

凸模固定板孔与凸模采用过渡配合 H_7/m_6。

垫板的作用是直接承受和分散凸模传来的压力，以降低模座单位面积的压力，防止模座被凸模端面压陷。凸模支承面是否加垫板，要根据模座的承压大小来判断，凸模支承端面对模座施加的压力见图 15-45。

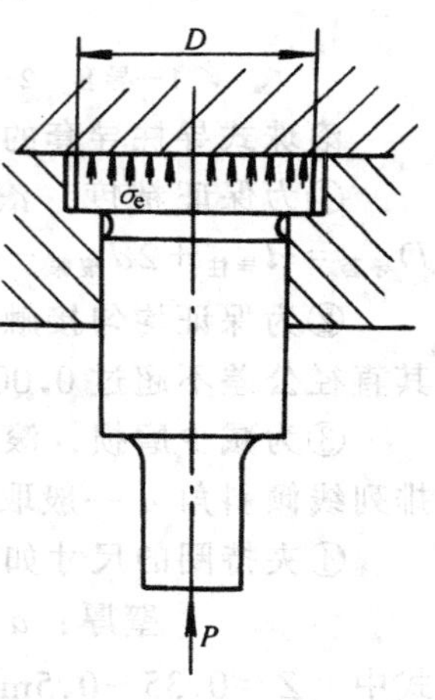

图 15-45　凸模支承端面的压力

表 15-25 模柄的形式

形式	简图	特点和应用	形式	简图	特点和应用
整体式		模柄与上模板做成整体，用于小型模具上	螺钉固定式		适用于较大的模具或有刚性推件装置不能采用其他形式时用
压入式		适用于所有中小模具。它与模板安装孔用$\frac{H7}{h6}$配合，可以保证较高精度的同轴度和垂直度			
旋入式		适用于所有中小模具，装卸方便，但垂直度精度差	浮动式		适用于模具有精确导向，导向装置始终不脱开，采用此形式可消除压床导轨误差对冲模导向精度的影响

$$\sigma_e = \frac{P}{A}$$

式中 σ_e——凸模端面的压应力，单位为 MPa；

P——冲裁力，单位为 N；

A——凸模支承端面面积，单位为 mm^2。

如果凸模端面上的压应力大于模座材料的许用应力［σ_c］（表 15-26），则需要加一个淬硬磨平垫板，反之则不加。垫板厚度一般取 4～12mm，外形尺寸与固定板相同。

表 15-26 模座材料许用应力［σ_c］

模座材料	许用应力/MPa
铸铁 HT250	90～140
铸钢 ZG45	110～150

（4）螺钉与销钉 螺钉用于紧固模具零件，主要承受拉应力，但选择多大的螺钉，采用几个螺钉才能固紧可靠，一般按经验选用。对于中小型模具，螺钉尺寸可根据凹模厚度参考表 15-27 选用。螺钉的数量视被紧固零件的外形尺寸及

受力大小而定。大多采用4～6个。螺钉的布置应对称。冲模上的螺钉常采用圆柱头内六角螺钉。这种螺钉紧固可靠，且螺钉头沉在被固定零件内，使模具结构紧凑、外形美观。

表 15-27　螺钉的选用

凹模厚度/mm	≤13	>13～19	>19～25	>25～32	>35
螺钉直径/mm	M4，M5	M5，M6	M6，M8	M8，M10	M10，M12

销钉起定位作用，防止零件之间发生错移，其本身承受剪应力。销钉一般用两个，多用圆柱销，与零件上的销孔采用过渡配合，其直径可选用与螺钉直径相同。

四、冲裁模压力中心的确定

冲裁模压力中心就是冲裁力合力的作用点。冲裁时，模具的压力中心一定要和冲床滑块的中心线重合，否则会产生偏心载荷，使模具歪斜，间隙不均，从而损坏冲床和冲模。所以，在设计模具时，要使模具的压力中心和冲床滑块中心重合。

对称形状的工件，其压力中心位于轮廓图形的几何中心。

复杂形状的工件或多凸模冲裁的压力中心可用计算法和作图法求得。我们仅介绍计算法确定压力中心。

计算法确定压力中心是根据“各分力对某轴力矩之和等于其合力对同轴之力矩”的力学原则求得。

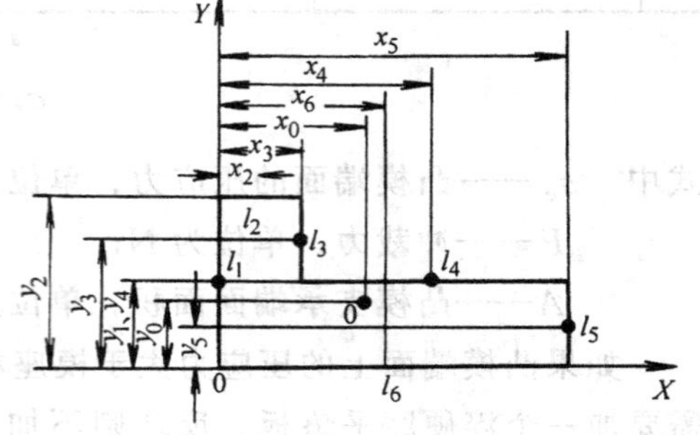

图 15-46　计算法图示

计算法求压力中心的步骤如下。

(1) 按比例画出工件（即凸模断面）的轮廓形状，如图 15-46 所示。

(2) 在其轮廓外（或内）任意处，作坐标 $X-X$ 和 $Y-Y$。

(3) 将工件轮廓分成若干基本线段 l_1，l_2……l_6。

(4) 计算各基本线段重心位置到 $y-y$ 轴的距离 x_1，x_2……x_6，到 $x-x$ 轴的距离 y_1，y_2……y_6。

(5) 根据力矩定理，求得压力中心到 $x-x$ 轴和 $y-y$ 轴的距离公式。

到 $y-y$ 轴的距离

$$x_0=\frac{l_1x_1+l_2x_2+\cdots l_6x_6}{l_1+l_2+\cdots l_6}=\frac{\sum_{i=1}^{n}l_ix_i}{\sum_{i=1}^{n}l_i} \tag{15-30}$$

到 $x-x$ 轴的距离：

$$y_0=\frac{l_1y_1+l_2y_2+\cdots l_6y_6}{l_1+l_2+\cdots l_6}=\frac{\sum_{i=1}^{n}l_ix_i}{\sum_{i=1}^{n}l_i} \quad (15-31)$$

对于直线段，重心在线段的中心点，对于圆弧线，其重心按下式计算（见图 15－47）。

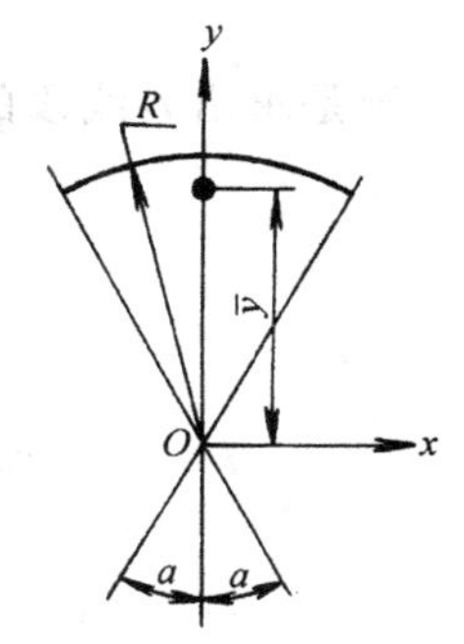

图 15－47 圆弧线的重心

$$\overline{y}=R\frac{\sin\alpha}{\pi\alpha/180^\circ} \quad (15-32)$$

式中 $\overline{y}$——圆弧线的重心与圆心间的距离，单位为 mm；

R——圆弧半径，单位为 mm；

α——圆弧的圆心半角。

例 7 冲裁如图 15－48a）所示工件，计算其压力中心。

解 将工件轮廓分成 9 段，坐标轴 $x-x$ 和 $y-y$ 选定在 l_9、l_3 线段上。见图 15－49c，各线段长度为：

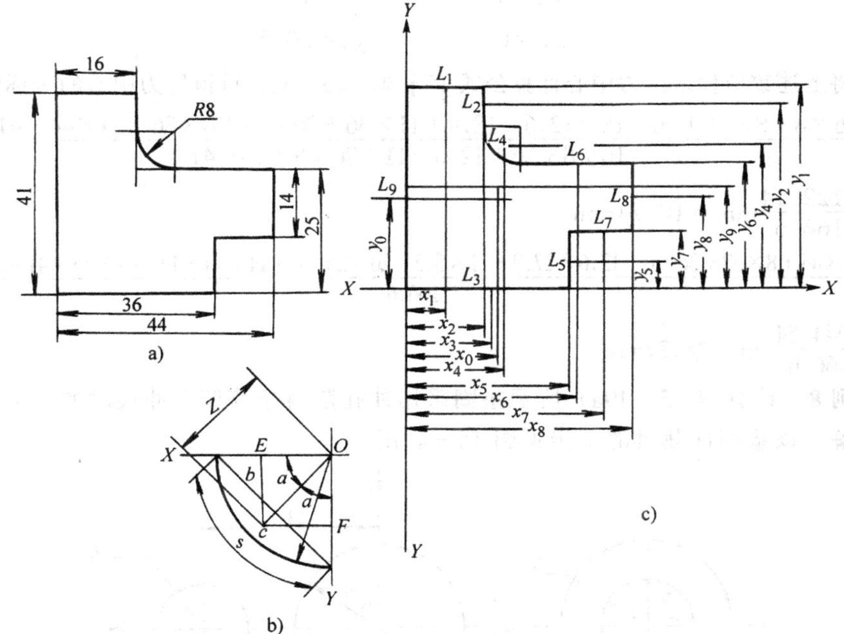

图 15－48 复杂工件冲裁时的压力中心

$l_1=16\quad l_2=8\quad l_3=36\quad l_4=\frac{\pi}{2}R=12.6\quad l_5=11\quad l_6=20\quad l_7=8\quad l_8=14\quad l_9=41$

各段的重心：

直线段的重心在中心点，圆弧 l_4 的重心按下式计算，见图 15－49b）。

$$Z = R\ \frac{\sin\alpha}{\pi\alpha/180} = \frac{2\sqrt{2}}{\pi}R \approx 0.9R \tag{15-33}$$

转化到 x，y 坐标轴方向时

$$OE = OF = Z\sin\frac{\pi}{4} = \frac{2R}{\pi} \approx 5.1$$

于是求出各线段的重心如下，见图 15－49c)。

$$x_1 = 8 \qquad y_1 = 41$$
$$x_2 = 16 \qquad y_2 = 37$$
$$x_3 = 18 \qquad y_3 = 0$$
$$x_4 = 24 - 5.1 = 18.9 \qquad y_4 = 33 - 5.1 = 27.9$$
$$x_5 = 36 \qquad y_5 = 5.5$$
$$x_6 = 34 \qquad y_6 = 25$$
$$x_7 = 36 \qquad y_7 = 11$$
$$x_8 = 44 \qquad y_8 = 18$$
$$x_9 = 0 \qquad y_9 = 20.5$$

将上述数值代入压力中心计算公式 15－30、15－31，可得压力中心的坐标值：

$$x_0 = \frac{16\times8+8\times16+36\times18+12.6\times18.9+11\times36+20\times34+8\times36+14\times44+41\times0}{16+8+36+12.6+11+20+8+14+41}\text{mm}$$

$$= \frac{3122.14}{166.6}\text{mm} = 18.74\text{mm}$$

$$y_0 = \frac{16\times44+8\times37+36\times0+12.6\times27.9+11\times5.5+20\times25+8\times11+14\times18+41\times18+41\times20.5}{166.6}\text{mm}$$

$$= \frac{3044.54}{166.6}\text{mm} = 18.27\text{mm}$$

例 8 计算图 15－49a) 所示垫圈采用冲孔落料连续模中冲裁时的压力中心。

解 该垫圈冲裁时的工步见图 15－49b)

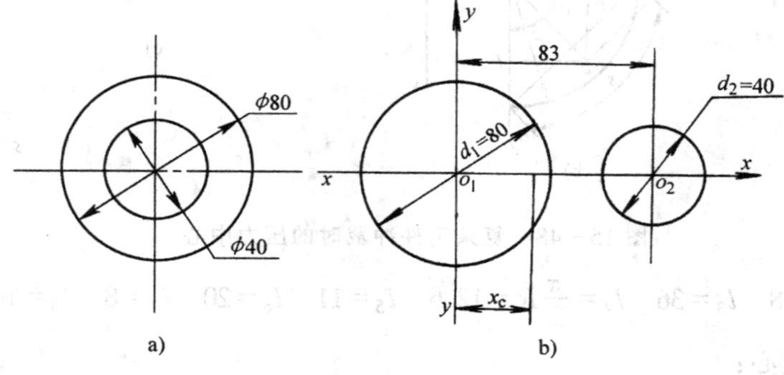

图 15－49 垫圈连续模冲裁

a) 垫圈 b) 工步图

为计算方便，$x-x$，$y-y$ 坐标轴的选定见图，由于压力中心一定在对称轴 $x-x$ 轴上，故 $y_0=0$，只需求 x。

各轮廓线长度及坐标如下：

$$l_1=\pi d_1=80\pi\text{mm}$$

$$x_1=0$$

$$l_2=\pi d_2=40\pi\text{mm}$$

$$x_2=83\text{mm}$$

将上述数值代入压力中计算公式得到 x_0。

$$x_0=\frac{l_1x_1+l_2x_2}{l_1+l_2}=\frac{80\pi\times0+40\pi\times83}{80\pi+40\pi}=27.6$$

$$y_0=0$$

五、冲模的闭合高度及冲模与压力机尺寸的配合关系

冲模的闭合高度是指滑块处于下死点，即上模在最低工作位置时，上模板的上平面与下模板的下平面之间的距离 h_m。冲模的闭合高度应与压力机的装模高度相适应。

所谓装模高度，是指滑块处于下死点时，滑块底面到工作台垫板上平面之间的距离。压力机的连杆长度一般是可以调节的，所以，装模高度也是可调的。当连杆调至最短时，压力机的装模高度称最大装模高度 h_{max}，连杆调至最长时的装模高度称为最小装模高度 h_{min}，见图 15－50。

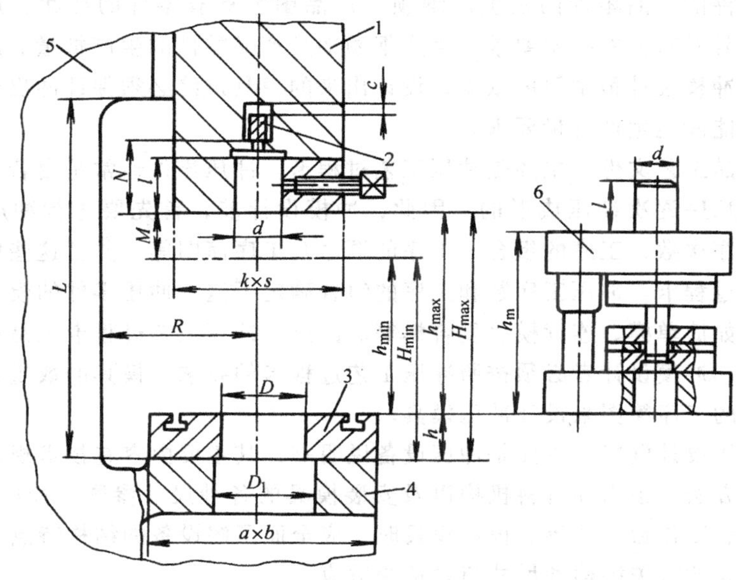

图 15－50　模具与压力机的安装尺寸

1—滑块　2—打料横梁　3—垫板　4—工作台　5—机身　6—模具

设计冲模和选择设备时，应使模具的闭合高度与压力机的装模高度符合如下的关系式：

$$h_{max}-5mm\geqslant h_m\geqslant h_{min}+10$$

如果模具的闭合高度过小，可再加一块附加垫板，如果模具的闭合高度过大，则可拆去压力机的工作台垫板。

拆去工作台垫板后，滑块处于下死点时，滑块底面到工作台上平面之间的距离称为压力机的闭合高度。连杆调至最短时的闭合高度叫最大闭合高度 H_{max}，连杆调至最长时的闭合高度叫最小闭合高度 H_{min}。拆去垫板后，模具的闭合高度也应与压力机的闭合高度相适应，它们之间的关系应满足下式：

$$H_{max}-5mm\geqslant h_m\geqslant H_{min}+10mm$$

显然，若模具的闭合高度大于压力机的最大闭合高度，模具就不能在压力机上作用。

模具与压力机的安装尺寸如图 15－50 所示，H_{max}和 H_{min}分别为压力机的最大和最小闭合高度，M 为装模高度（闭合高度）的调节量，h_m 为模具的闭合高度，d 和 l 分别为压力机固定模具模柄的孔径与深度，N 为打料杆（推件）最低位置，C 为打料杆的最大行程，h 和 D 为工作台垫板厚度和孔径，R 为压力机滑块中心至机身的距离，L 为工作台面到导轨之间的距离。

六、冲模的总体设计

1．冲模设计应具备的技术资料

（1）工件的产品零件图及生产纲领　产品图上标有零件的形状、尺寸、精度、材料牌号及有关的技术要求，生产纲领即是产品零件的生产批量。产品图和生产纲领是冲模设计最主要的依据，设计出来的模具最终必须保证冲出合格的产品零件，并能满足生产批量要求。

（2）产品工艺文件　主要是冲压工艺过程卡。冲压零件通常是由若干冲压工序按一定的顺序逐次冲压成形的。因此，冲模设计前，首先要进行冲压工艺设计，确定工序次数，工序的组合，工序的顺序及工序简图等，并把这些内容编写成冲压工艺过程卡。冲压工序数和工序的组合确定了这一冲压零件的模具数量和模具类型，如简单模、连续模、复合模等。因此，冲压工艺过程卡也是冲模设计的重要依据，冲模设计者必须按照冲压工艺过程卡的要求，模具的数量，模具的类别和相应的工序简图来设计冲压模具。

（3）冲压设计资料　主要是冲压设备说明书，其主要内容有技术规格、结构原理、调试方法、顶出和打料机构以及安装模具的各种尺寸参数，如闭合高度、模柄孔尺寸、工作台尺寸等。设计模具时，应全面了解设备的结构特点和尺寸参数，并使模具的有关结构和尺寸与设备相适应。

（4）有关冲模的标准化资料　设计冲模时应优先采用冲模的标准零部件，以提高设计效率和设计质量，缩短冲模的设计与创造周期。有关冲模标准化的资料可查阅冷冲模国标。

2. 冲模设计一般程序与内容

(1) 确定模具的总体结构，进行必要的工艺参数计算。

(2) 确定模具的压力中心。

(3) 凸、凹模和垫板等零件的强度计算及弹性元件的计算和选用。

(4) 确定模具的闭合高度。

(5) 选择冲压设备。

(6) 绘制模具总图及模具零件图。

3. 模具总体结构形式的确定

模具的总体结构形式的确定是设计时必须首先解决的问题，也是冲模设计的关键，它直接影响冲压件的质量，成本与冲压生产水平。模具形式的选定，应以合理的冲压工艺过程为基础，根据冲压件的形状、尺寸、精度要求、材料性能、生产批量、冲压设备、模具加工条件等多方面的因素，做综合的分析研究、比较其综合的经济效果，以期在满足冲压件质量的前提下，达到最大限度地降低冲压件生产成本的基本要求。

确定模具的结构形式时，必须解决以下几方面的问题：

(1) 模具类型的确定。简单模、连续模、复合模。

(2) 操作方式的确定。手工操作、自动化操作、半自动化操作。

(3) 进出料方式的确定。根据原材料的情况，确定进料方法，定位方法。

(4) 压料与卸料方式的确定。

(5) 根据冲压件的精度，确定模具的导向方式等。

除生产批量、生产成本、冲压件的质量要求外，在设计冲模时还必须对其维修性能，操作安全等方面予以充分的考虑。

1) 大型、复杂形状的模具零件，加工困难时，应考虑采用镶拼结构，以利于加工。

2) 模具结构应保证磨损后修磨方便，尽量做到不拆卸即可修磨工作零件，影响修磨而必须去掉的零件（如模柄等）可做成易拆卸的结构等。

3) 冲模工作零件较多，而且使用寿命相差较大时，应将损坏及磨损的工作零件做成快换结构的形式，而且尽量做到可以分别调整和补偿易磨损件的高度尺寸。

4) 重量较大的模具应有方便的起运孔或钩环等。

5) 模具的结构应保证操作者的手不必进入危险区，而且各活动零件（如卸料板）的结构尺寸在其运动范围内不致压伤操作者的手指等。

第十六章 弯　曲

第一节　弯曲的基本原理

弯曲是利用压力把金属板料、管料、棒料或型材弯成一定曲率、一定角度和形状的变形工序。常见的弯曲件有V形、U形和其他形状的弯曲件，如图16－1所示。弯曲成形既可以利用模具在压力机上进行，也可以在其他专用设备如弯板机、弯管机或滚弯机上进行，如图16－2所示。这些弯曲方法尽管采用的工具和设备不同、但弯曲时的弯形规律是一样的。弯曲工艺在冲压生产中占有很大的比例，应用相当广泛，本章主要讨论板料在模具中的弯曲工艺及模具设计。

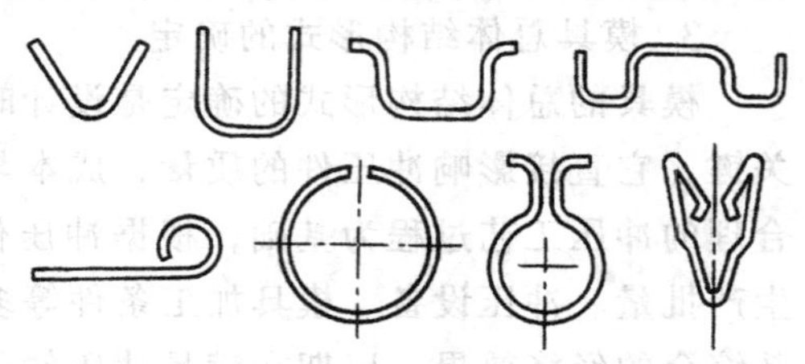

图16－1　常见的弯曲件形状

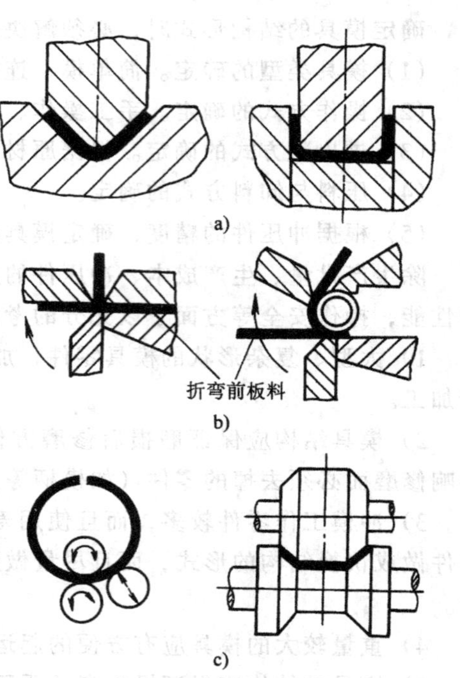

图16－2　弯曲件的加工形式

a）模具弯曲　b）折弯　c）滚弯

一、弯曲变形过程

图16－3所示为板料弯曲成V形件的变形过程。在弯曲开始阶段，当凸模下压与板料接触时，在接触部分便加上了集中载荷，此载荷与对毛坯起支承作用的凹模肩部的支承力构成弯矩，使毛坯产生弯曲。随着凸模的下压，毛坯与凹模工作表面逐渐靠紧，弯曲半径由 R_0 变为 R_1，弯曲力臂也由 $l_0/2$ 变成 $l_1/2$，凸模继续下压，毛坯弯曲半径继续减小，直到与凸模三点接触，此时，曲率半径已由 R_1 变为 R_2，毛坯的直边部分开始向回弯曲，到行程终了时，凸凹模对毛坯进行校正，

使其圆角和直边部分与凸模全部贴合最终形成V形件。

二、弯曲变形特点

为了分析板料在弯曲时的变形情况，可在一定厚度的板料侧面画出正方形网格，然后将板料进行弯曲，如图16－4所示。

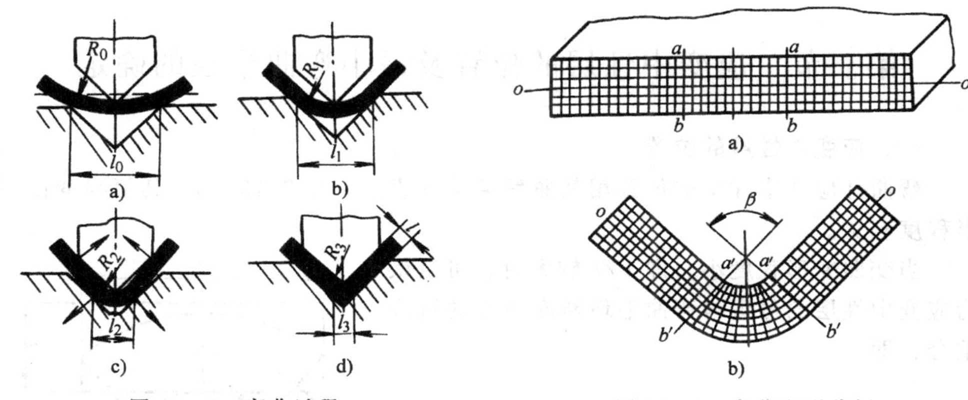

图16－3　弯曲过程　　　　图16－4　弯曲变形分析

观察网格的变化，可以看出弯曲时的变形特点。

1. 弯曲变形区

弯曲时，在弯曲角 β 的范围内，网格发生显著变化，而直边部分网格基本不变。因而可知，弯曲变形仅发生在变曲件的圆角部分，直线部分不产生塑件变形，即弯曲时，圆角部分是变形区，直边部分是不变形区。

2. 应变中性层

分析网格的纵向线条可以看出，变形区内侧网格线 aa—$a'a'$ 缩短，外侧网格线 bb—$b'b'$ 伸长，即在弯曲变形区内，纤维沿纵向变形是不同的，内侧材料受压缩，外侧材料受拉伸，且压缩与拉伸程度都是表层最大，向中间逐渐减小，在内外侧之间必然存在一个长度保持不变的一层，叫应变中性层。

3. 弯曲变形区断面形状变化（见图16－5）

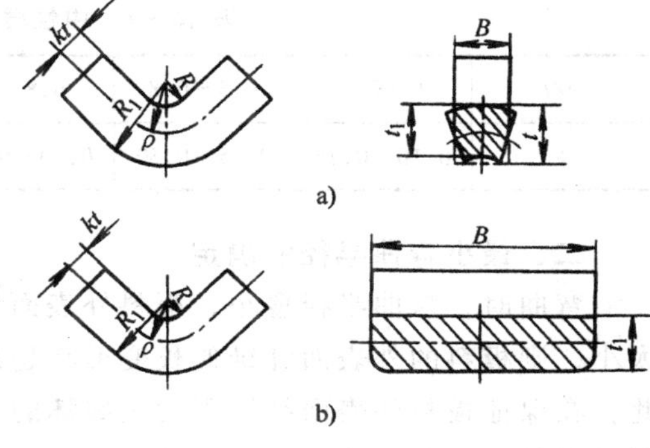

图16－5　弯曲变形区断面畸变
a）窄板（$B\leqslant 3t$）　b）宽板（$B\geqslant 3t$）

（1）窄板（$B\leqslant 3t$）变形区断面畸变明显，由原来的矩形变成上大下小的扇形状，见图16－5a。这是由于内侧金属受到纵向压缩，内层金属材料必须向宽度方向流动，使工件的横向宽度增加。外层材料受到切向拉伸后，材料之不足便由宽度厚度方向来补充，致使宽度变窄。

（2）宽板（$B>3t$），变形区断面无明显变化，仍为矩形，见图16－5b，这是由于板料宽度较宽，在宽度方向不能自由变形所致。

（3）弯曲变形区内毛坯厚度有变薄现象。无论是窄板还是宽板其原始厚度 t 变为 t_1。

第二节 应变中性层的位置及最小弯曲半径的确定

一、应变中性层的位置

弯曲件应变中性层的位置用其曲率半径 ρ 表示，见图16－6，其值与变曲变形程度有关。

当变曲变形程度小，即 r/t 较大时，可以认为应变中性层的位置与弯曲毛坯断面中心的轨迹重合，即

$$\rho = r + \frac{t}{2} \qquad (16-1)$$

式中 ρ——应变中性层的曲率半径，单位为mm；

r——弯曲件内层的弯曲半径，单位为mm；

t——弯曲件材料厚度，单位为mm。

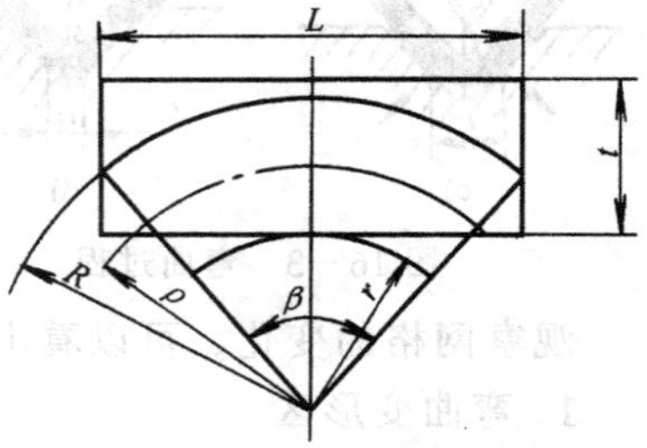

图16－6 中性层位置

当弯曲变形程度较大，即 r/t 较小时，应变中性层的位置随 r/t 的减小而向内侧移动。同时，由于弯曲时板厚的变薄，曲率半径小于$\left(r+\frac{t}{2}\right)$。这种情况下，中性层的曲率半径可由下式计算：

$$\rho = r + kt \qquad (16-2)$$

式中 k——中性层位移系数，查表16－1。

表16－1 中性层位移系数 k 值

r/t	0～0.5	0.5～0.8	0.8～2	2～3	3～4	4～6
k	0.16～0.25	0.25～0.30	0.30～0.35	0.35～0.40	0.40～0.45	0.45～0.50

二、最小弯曲半径的确定

弯曲时，弯曲半径愈小，板料外表面纤维伸长变形程度愈大，如果弯曲半径太小，则板料的外表面纤维伸长变形将超过材料的最大许可变形而产生裂纹。因此，在保证板料外表面纤维不发生破坏的条件下，工件能够弯成的内表面的最小圆角半径 r_{min} 称为最小弯曲半径。

1. 影响最小弯曲半径的因素

（1）材料的机械性能　由于最小弯曲半径与弯曲毛坯变形区外表面的伸长变形有近似的反比关系，所以材料的塑性越好，塑性变形的稳定性越强（即均匀延伸率越大），允许变形程度就越大，许可的最小弯曲半径就越小。在冲压生产中，当零件的结构需要弯曲很小的圆角，因而可能引起毛坯破裂时，常采用退火的方法或采用加热弯曲的方法以提高材料的塑性。

（2）板料的纤维方向　由于冷冲模所用的板料经轧制后而具有各向异性。顺着纤维方向的塑性指标（延伸率 δ，断面收缩率 ψ）大于垂直纤维方向的指标，因此，当弯曲线与板料的纤维方向垂直时，材料具有较大的伸长变形能力，最小弯曲半径可以取小值。反之，如果弯曲件的折弯线平行纤维方向，则最小弯曲半径就不能太小，见图 16－7a、b，在双向弯曲时，应该使弯曲线与材料的纤维方向成一定夹角，见图 16－7c。因此，当零件的弯曲半径小于材料的最小弯曲半径时，排样时必须考虑材料的纤维方向，但当零件的弯曲半径大于材料的最小弯曲半径时，排样则应着重考虑材料的利用率。

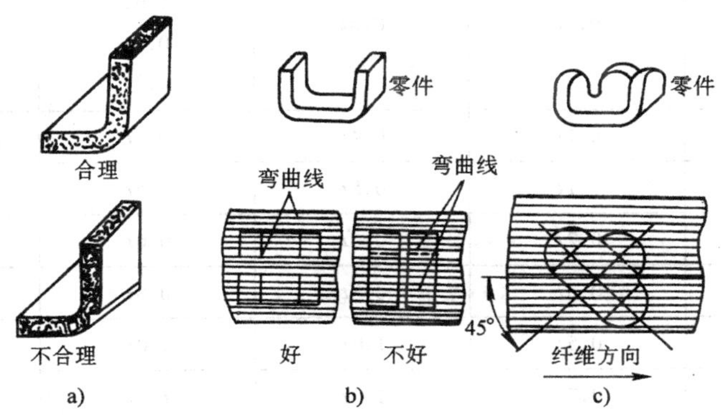

图 16－7　板料的纤维方向对弯曲半径的影响

（3）零件的弯曲角　板料弯曲时，一般认为仅局限于圆角部分，直边部分不参与变形，因此，其变形程度与弯曲角 β 大小有关，但在实际弯曲时，由于板料纤维之间的互相牵制，圆角附近的直边部分材料有缓解作用，有利于减小最小弯曲半径。弯曲角越小，其效应越明显。弯曲角对最小弯曲半径的影响见图 16－8。

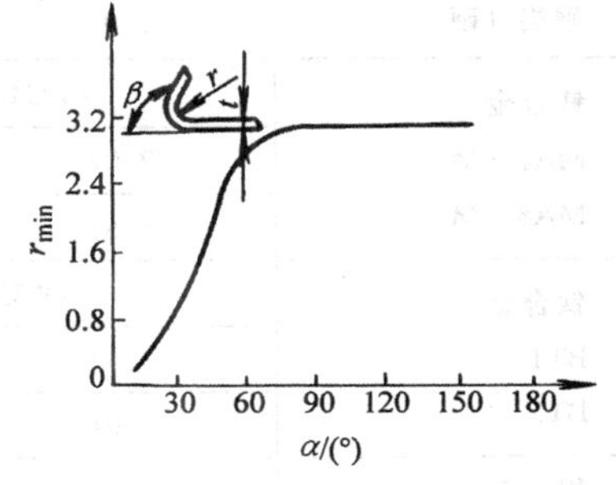

图 16－8　弯曲角对最小弯曲半径的影响

从图中可看出，当 $\beta<70^\circ$ 时，弯曲角的影响较显著，当 $\beta>70^\circ$ 时，其影响减弱。

（4）板料表面和侧面的质量　板料表面有划伤，裂纹，或侧面（剪切面）有毛刺、裂口和冷作硬化等缺陷，在弯曲变形时易造成应力集中和降低塑件变形稳定性，使材料过早的破坏。所以最小弯曲半径应放大些。当必须弯曲小圆角半径时，应先清除毛刺等缺陷。在一般情况下，如毛刺较小，可把有毛刺的一边放于弯曲内侧，即处于受压区，从而防止产生裂纹。

2．最小弯曲半径的确定

虽然目前已有许多研究结果和资料都给出了最小弯曲半径的近似理论计算方法和公式，但是，由于上述各种因素的综合影响十分复杂，所以在生产中主要参考经验数据来确定，各种常用材料的最小弯曲半径数值可参见表16－2。

表16－2　最小弯曲半径 r_{min}/mm

材　料	正火或退火的		硬　化　的	
	弯　曲　线　方　向			
	与轧纹垂直	与轧纹平行	与轧纹垂直	与轧纹平行
铝 退火紫铜 黄铜 H68 05、08F	0.1t	0.3t	0.3t 1.0t 0.4t 0.2t	0.8t 2.0t 0.8t 0.5t
08～10.A1，A2	0.1t	0.4t	0.4t	0.8t
15～20.A3	0.1t	0.5t	0.5t	1.0t
25～30.A4	0.2t	0.6t	0.6t	1.2t
35～40.A5	0.3t	0.8t	0.8t	1.5t
45～50.A6	0.5t	1.0t	1.0t	1.7t
55～60.A7	0.7t	1.3t	1.3t	2.0t
硬铝（软）	1.0t	1.5t	1.5t	2.5t
硬铝（硬）	2.0t	3.0t	3.0t	4.0t
镁合金	300℃热　弯		冷　弯	
MA1－M	2.0t	3.0t	6.0t	8.0t
MA8－M	1.5t	2.0t	5.0t	6.0t
钛合金	300℃热　弯		冷　弯	
BT1	1.5t	2.0t	3.0t	4.0t
BT5	3.0t	4.0t	5.0t～6.0t	
钼合金	400～500℃热　弯		冷　弯	
BM1，BM2 （t≤mm）	2.0t	3.0t	4.0t	6.0t

注：本表用于板厚（t）小于10mm，弯曲角大于90°，剪切断面良好的情况。

第三节　弯曲件的回弹

板料弯曲变形同其他塑性变形一样，在外载荷的作用下，毛坯产生的变形由塑性变形和弹性变形两部分组成，当外载荷去除后，毛坯的塑性变形保留下来，而弹性变形会立即恢复，使弯曲件的弯曲角度和弯曲半径发生改变，而与模具尺寸不一致，这种现象称为弯曲件的回弹，或称弹复，见图 16－9。

回弹的程度以回弹角 $\Delta\alpha$ 表示

$$\Delta\alpha = \alpha_0 - \alpha$$

式中　α_0 ——零件的角度；

α ——凸模的角度。

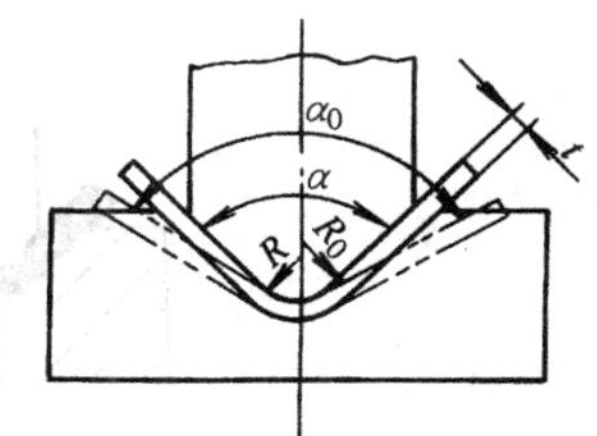

图 16－9　弯曲件的回弹示意图

一、影响回弹的因素

1. 材料的机械性能

回弹角的大小与材料的屈服极限 σ_s 成正比与弹性模数 E 成反比。当材料性能不稳定时，则回弹值也不稳定。

2. 相对弯曲半径

当其他条件相同时，r/t 越大，表示弯曲变形程度越小，材料中性层两侧的纯弹性变形区以及弯曲变形总量中的弹性变形比例增大，所以回弹角 $\triangle\alpha$ 就越大。

3. 弯曲件形状

在 r/t 一定的情况下，α 愈大，则对应参加变形的区域就愈大，回弹的积累值愈大，故 $\Delta\alpha$ 愈大。

弯曲件形状愈复杂，同时一次弯曲成的角度愈多，由于各部分互相牵制，回弹困难，故回弹值减小，所以，一般 U 形件弯曲比 V 形件弯曲回弹小。

4. 弯曲方式

零件在模具内弯曲有两种形式，一种是在无底凹模内弯曲，即只利用凸模的形状将零件弯曲成形，称自由弯曲，见图 16－10，这种弯曲方式回弹较大。另一种是在有底凹模内弯曲、即利用凸模和凹模的形状，在零件弯曲变形最后一瞬间对零件进行校正，称为校正弯曲。见图 16－11。由于校正弯曲力较大，可增加圆角处的塑性变形程度，并可能改变变形区应力性质。从而回弹较小。

5. 摩擦

弯曲毛坯表面和模具表面之间的摩擦，也影响弯曲件的精度。一般可认为，摩擦力越大可以增大弯曲变形区的拉应力，可使零件形状接近于模具形状，也就是说回弹较小。

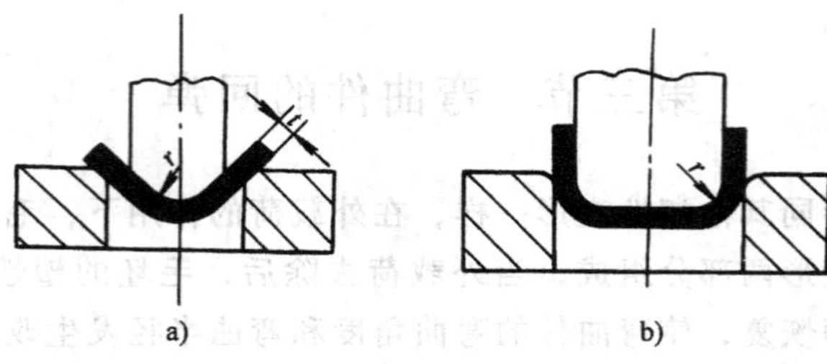

图 16-10 自由弯曲示意图

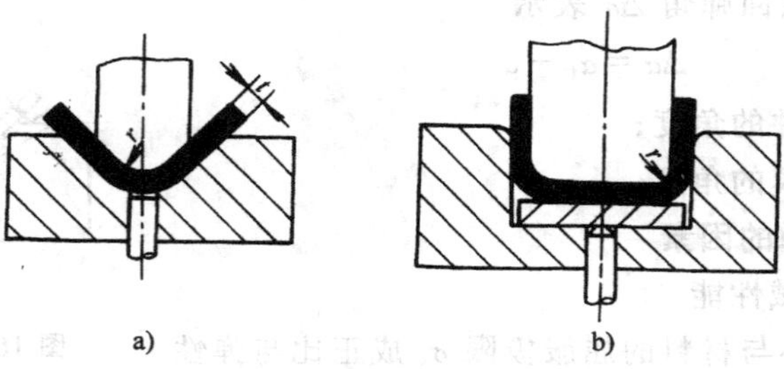

图 16-11 校正弯曲示意图

二、回弹值的确定

由于影响回弹角大小的因素很多，且这些因素又相互影响，理论计算很困难，而且也不准确，故在生产中往往根据经验数据和简单的计算来初步确定回弹角的大小，然后在实际试模中进行修正。

表 16-3 为自由弯曲 V 形件时，弯曲角为 90°时的部分材料平均回弹角。

表 16-3 单角自由弯曲 90°时的平均回弹角 $\Delta\alpha$

材料	$\frac{r}{t}$	t/mm		
		<0.8	0.8～2	>2
软钢（$\sigma_b=350$MPa） 软黄铜（$\sigma_b=350$MPa） 铝、锌	<1	4°	2°	0°
	1～5	5°	3°	1°
	>5	6°	4°	2°
中硬钢（$\sigma_b=400$～500MPa） 硬黄铜（$\sigma_b=350$～400MPa） 硬青铜	<1	5°	2°	0°
	1～5	6°	3°	1°
	>5	8°	5°	3°
硬钢（$\sigma_b>550$MPa）	<1	7°	4°	2°
	1～5	9°	5°	3°
	>5	12°	7°	6°

当弯曲角不为 90°时，$\Delta\alpha$ 作如下修正。

$$\Delta\alpha=\frac{\alpha}{90^\circ}\Delta\alpha_{90^\circ} \tag{16-3}$$

式中　$\Delta\alpha_x$ ——弯曲角为 $x°$ 的回弹角；

$\Delta\alpha_{90°}$ ——弯曲角为 90°的回弹角；

α ——零件弯曲角。

当进行校正弯曲时，其回弹角作如下修正：

$$\Delta\alpha = k\Delta\alpha_x \tag{16-4}$$

式中　k ——修正系数，其值查表 16－4。

表 16－4　修正系数 k

r/t	≤3	3～5	5～10	10～15>	15～20	>20
k	0.4～0.7	0.2～0.4	0.15～0.2	0.05～0.15	0～0.05	0

当 $r/t>10$ 时，弯曲件的弯曲角和圆角半径都变化较大，这时，回弹主要取决于材料的机械性能，因此，凸模圆角半径和回弹角可按下式计算。

$$r_t = \frac{1}{\frac{1}{r}+\frac{3\sigma_s}{Et}} \tag{16-5}$$

$$\Delta\alpha = (180° - \alpha)\left(\frac{r}{r_t} - 1\right) \tag{16-6}$$

式中　r_t ——凸模圆角半径，单位为 mm；

r ——弯曲件圆角半径，单位为 mm；

α ——弯曲件的弯曲角度，单位为 mm；

σ_s ——材料的屈服极限，单位为 MPa；

E ——工件材料的弹性模数，单位为 MPa；

t ——弯曲材料的厚度，单位为 mm。

三、减少回弹的措施

要完全消除弯曲件的回弹是很困难的，因此在生产中常采取以下一些措施来减少或补偿弯曲件的回弹，提高弯曲件的精度。

1. 在工件设计上采取措施

例如在弯曲变形区压制加强筋或成形边翼。见图 16－12，在产品许可的情况下，可选用弹性模数大，屈服极限小的材料等。

2. 在工艺上采取措施

（1）硬材料或冷作硬化材料，弯曲前进行退火处理，降低其硬度，弯曲后再进行淬火。

（2）尽量采用校正弯曲。

3. 在模具设计上采取措施

（1）对于塑性较好的材料，可在凸模或凹模上作出补偿角，并利用减小凸凹

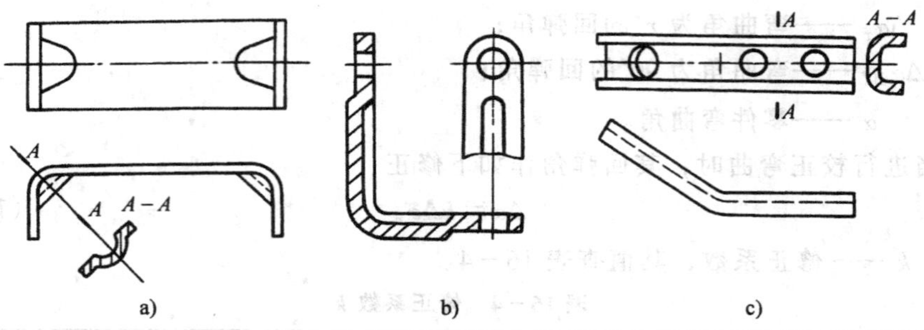

图 16-12 利用加强筋减小回弹

模间隙的方法减小回弹，见图 16-13。

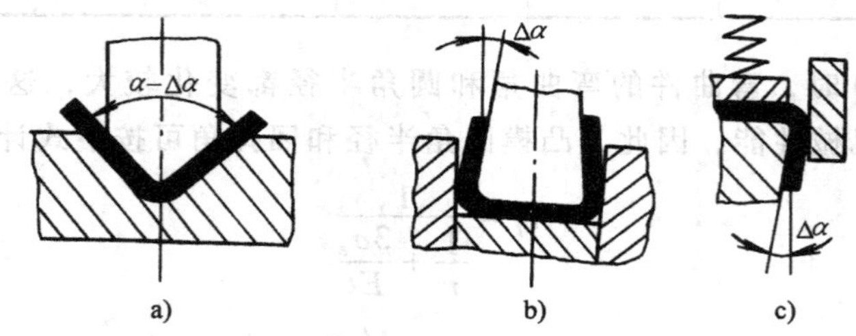

图 16-13 克服回弹措施（一）

(2) 对 $t>0.8$mm 的软材料，可把弯曲凸模做成凸起以便对变形区进行整形来减小回弹，见图 16-14。

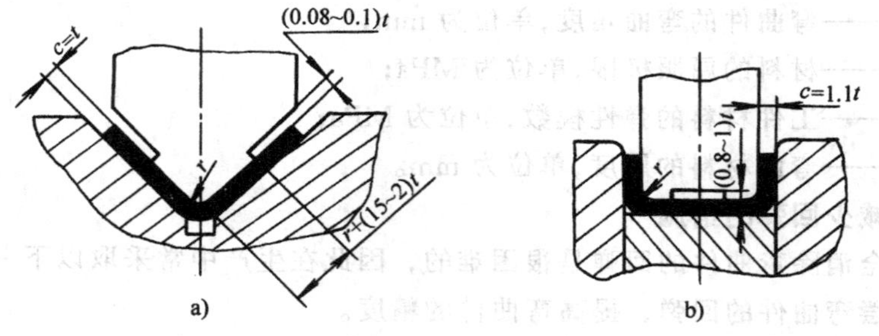

图 16-14

a）克服回弹措施（二） b）克服回弹措施（三）

(3) 对于 U 形弯曲件，可将制件底部预先压出反向凸起的弧形，当制件从弯曲模中取出后，由于弧面部分回弹伸直而使两侧产生负回弹、从而补偿了圆角部分的正回弹，见图 16-15。

(4) 对弯曲件的端部加压，由于改变了应力状态，而减少了回弹，见图 16-16。

(5) 采用橡胶及聚氨脂软凹模代替金属的刚性凹模。由于橡胶放在封闭的离框内，能均匀地各向传递压力，使弯曲件紧密地与凸模工作面贴合，制件处于三向压应力状态，使回弹减小。见图 16-17。

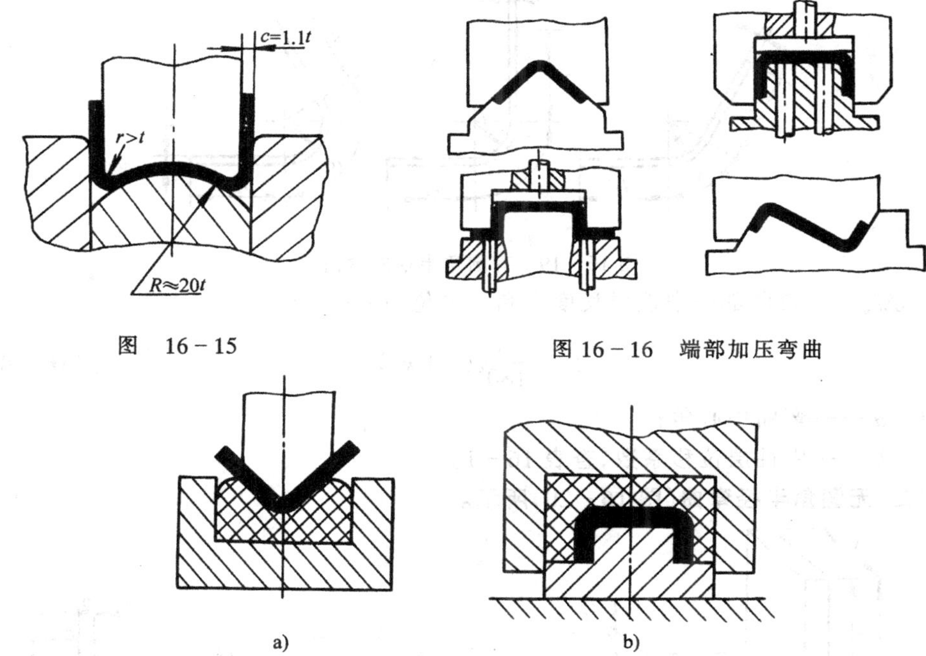

图 16-15

图 16-16 端部加压弯曲

图 16-17 软凹模弯曲

(6) 采用拉弯工艺。对于料薄而且弯曲半径很大的弯曲件，常采用的方法是，在弯曲前先加一个轴向拉力，其数值使毛坯的断面内的应力稍大于材料的屈服极限，然后在拉力作用的同时进行弯曲。由于拉弯时，毛坯的整个断面都处于塑性拉伸变形范围内，内外区应力方向取得一致，可以大大减小回弹，见图16-18。

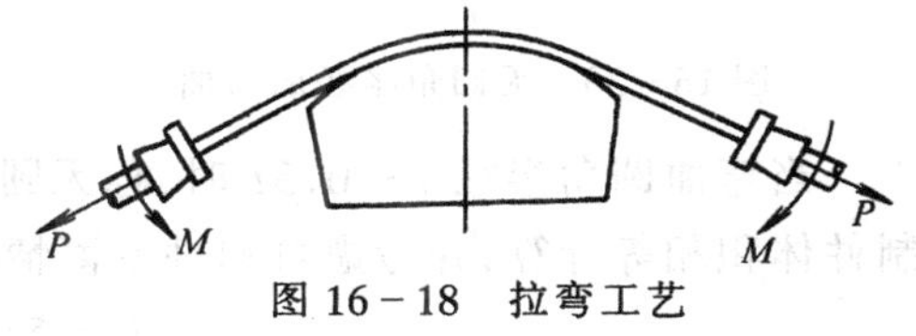

图 16-18 拉弯工艺

第四节 弯曲件毛坯尺寸的计算

一、有圆角半径的弯曲（图 16-19）所示

当弯曲圆角半径 $r > t/2$ 时，我们认为是有圆角半径的弯曲，这类弯曲件的展开长度是根据弯曲前后中性层长度不变的原则进行计算的，即等于直线部分长度和弯曲部分中性层长度之和。即：

$$L = \Sigma l_z + \Sigma l_w \qquad (16-7)$$

式中 L——弯曲毛坯长度，单位为 mm；

Σl_z——弯曲件各直线段之和，单位为 mm；

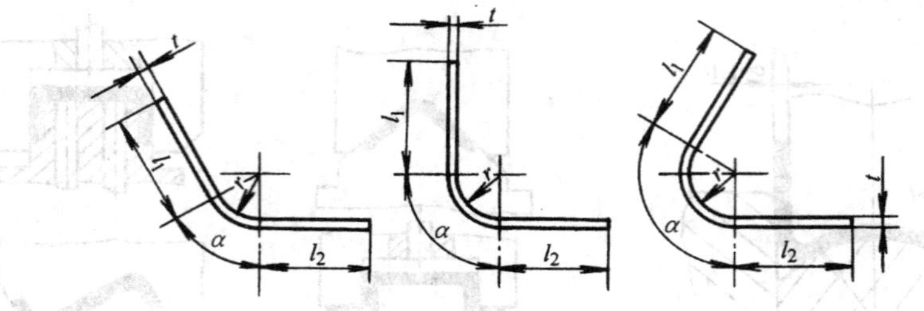

图 16－19　有圆角半径的弯曲

Σl_w——弯曲部分中性层长度之和，单位为 mm。

$$l_w = \frac{\pi\alpha}{180^\circ}(r + kt) \tag{16-8}$$

式中　α ——弯曲中心角；

k ——中性层位移系数,查表 16－1。

二、无圆角半径弯曲(图 16－20)所示。

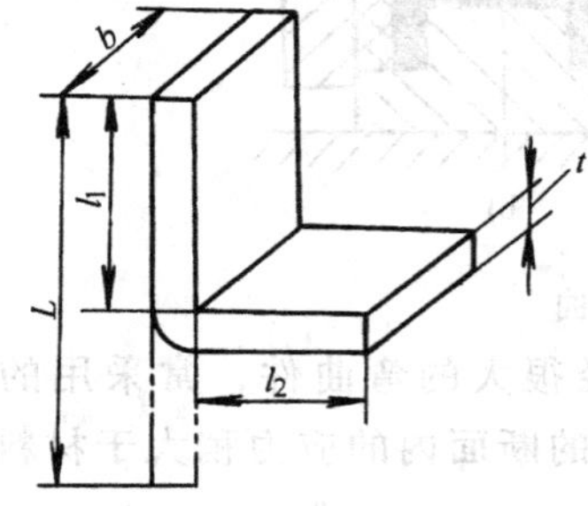

图 16－20　无圆角半径的弯曲

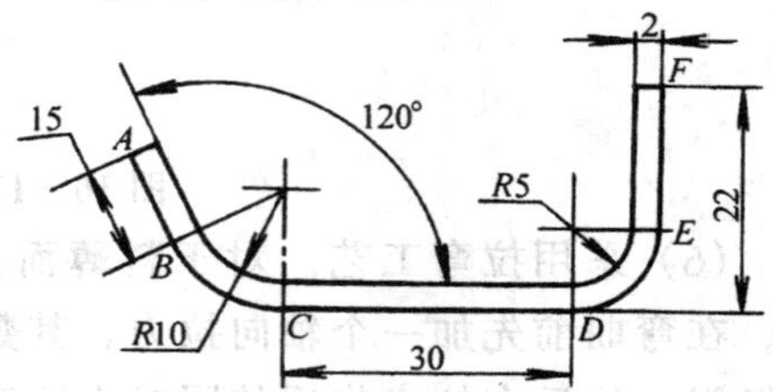

图 16－21　弯曲件

当弯曲圆角半径 $r<0.5t$ 时,称无圆角半径弯曲。其展开长度是根据毛坯与制件体积相等计算,并考虑弯曲件变薄情况而求得。即:

$$L = \Sigma l_z + knt \tag{16-9}$$

式中　Σl_z——各直线段长度之和,单位为 mm;

k ——系数,单角 $k=0.5\sim0.6$　多角 $k=0.3\sim0.5$;

n ——弯曲角数;

t ——板料厚度,单位为 mm。

例 1　如图 16－21 所示弯曲件,试计算毛坯展开长度

解　按式(16－7)、(16－8)计算,由表 16－1 查得 $k_1=0.48$　$k_2=0.38$

$$\Sigma l_z = AB + CD + EF = 15 + 30 + (22 - 7)(\text{mm}) = 60\text{mm}$$

$$\Sigma l_w = \frac{\pi(180^\circ - 120^\circ)}{180}(10 + 0.48\times 2) + \frac{\pi\times 90^\circ}{180}(5 + 0.38\times 2)(\text{mm})$$

$$= 20.5\text{mm}$$

所以 $L=\Sigma l_z+\Sigma l_w=60+20.5(\mathrm{mm})=80.5\mathrm{mm}$

第五节　弯曲力的计算

为了选择弯曲加工用的压力机和设计模具必须计算弯曲变形力的大小。如图16－22所示为弯曲各阶段弯曲力与弯曲行程的变化关系。

由于弯曲力受材料性能，弯曲件的形状，弯曲工艺、模具结构等多种因素影响，弯曲件的理论计算较为复杂，也不精确，因此，在生产实际中常采用经验公式计算。

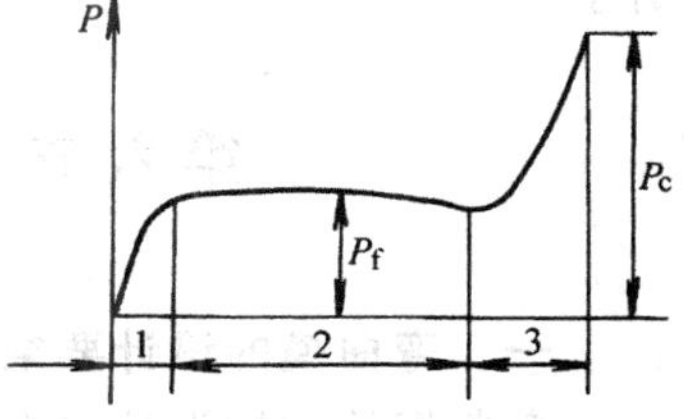

图16－22　弯曲力变化曲线
1—弹性弯曲阶段　2—自由弯曲阶段　3—校正弯曲阶段

一、自由弯曲力计算(见图16－11)

1．对于V形件，最大弯曲力为

$$P_f=\frac{0.6kbt^2}{r+t}\sigma_b \qquad (16-10)$$

2．对于U形件，其最大弯曲力为

$$P_f=\frac{0.7kbt^2}{r+t}\sigma_b \qquad (16-11)$$

式中　P_f——最大自由弯曲力，单位为N；
σ_b——材料强度极限，单位为MPa；
k——安全系数，一般取 $k=1.3$；
b——弯曲件宽度，单位为mm；
t——弯曲件材料厚度，单位为mm；
r——弯曲件内弯曲半径，单位为mm。

二、校正弯曲力(见图16－12)

校正弯曲力可按下式近似计算

$$P_c=P\cdot A \qquad (16-12)$$

式中　P_c——校正弯曲力，单位为N；
A——弯曲件校正部分投影面积，单位为mm^2；
P——单位校正力，见表16－5。

表16－5　单位校正力 P/MPa

材　料	$t<3$mm	$t=3\sim10$mm	材　料	$t<3$mm	$t=3\sim10$mm
铝	30～40	50～60	25～35钢	100～120	120～150
黄　铜	60～80	80～100	钛合金BT_1	160～180	180～210
10～20　钢	80～100	100～120	钛合金BT_3	160～200	200～260

三、顶件力和压料力

顶件力和压料力 P_d 值一般可按自由弯曲力的 30%～60%选取，即

$$P_d = (0.3 \sim 0.6) P_f \tag{16-13}$$

确定压机吨位时，对有弹顶装置的自由弯曲，必须使压力机吨位大于($P_f + P_d$)；对于校正弯曲，因校正力比压料力及顶件力大得多，故顶件力 P_d 可以忽略不计。

第六节　弯曲模的典型结构及设计

一、弯曲模的设计要求

弯曲模的结构设计应在选定弯曲工艺方案的基础上进行，为了保证达到制件要求，在进行弯曲模结构设计时，必须注意以下几点：

(1) 毛坯放在模具上应保证定位可靠。

(2) 在弯曲过程中，应防止毛坯滑移。

(3) 为了减小回弹，在冲程结束时，应使制件在模具中得到校正。

(4) 应考虑到制造和维修中减小回弹的可能。

(5) 毛坯的放入及制件的取出应方便。

二、常见弯曲模的结构

1．V 形件弯曲模

一般 V 形件弯曲模可采用图 16－23a 所示结构，该模具由凸模、凹模、定位销、顶杆及下模板、模柄等零件组成。顶杆是为了防止弯曲时坯料偏移而采用的压料装置。

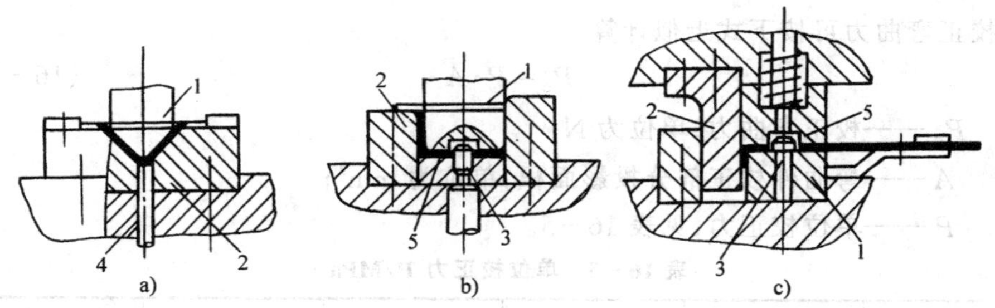

图 16－23　V 形件弯曲模

1—凸模　2—凹模　3—定位销　4—顶杆　5—压料板

对于两直边不等长的 V 形件，可采用图 16－23b 所示结构。工作时，毛坯首先由定位销定位。弯曲时，凸模和压料板始终把毛坯紧紧压住，使毛坯不会偏

移。当V形件一边很长时，可采用图16－23c所示结构。

2. U形件弯曲模

图16－24a所示为一般U形件弯曲模，该模由凸模1，凹模2，推杆4，压料板3等组成，工作时，压料板将毛坯压住，弯曲后将制件顶出，如果制件卡在凸模上，则由卸料杆推下。

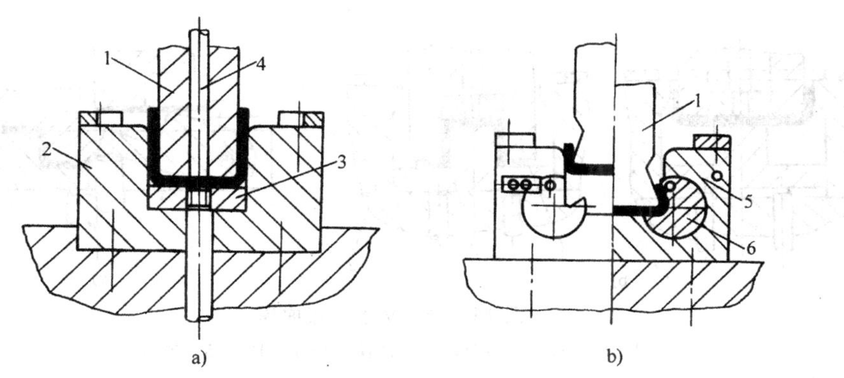

图16－24 U形件弯曲模

1—凸模 2—凹模 3—压料板 4—推杆 5—弹簧 6—活动凹模

图16－24b是弯曲夹角小于90°的弯曲模，压弯时，凸模1首选将毛坯弯曲成U形，当凸模继续下压时，凸模与活动凹模6相接触并使左右活动凹模绕轴心向内旋转，最后使毛坯压弯成形。当凸模上升后，弹簧5使活动凹模复位。

3. Z形件弯曲

图16－25为常用的Z形件弯曲模，毛坯由定位板3和定位销1定位，压弯时凸模6与压料块4始终把毛坯压住，防止了毛坯的偏移，止推块5用以防止凸模的偏移，同时也给压料块导向。

图16－25 Z形件弯曲模

1—定位销 2—凹模 3—定位板 4—压料块 5—止推块 6—凸模

4. 乚厂形件弯曲模

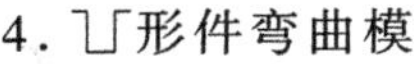

图16－26所示，这种弯曲件可两次压弯成形也可以一次压弯成形。图16－26a所示为两次压弯成形，第一道工序压弯成U形，第二道工序再压成形。

图16－26b实质是图16－26a两个简单模的复合。上模为凸凹模4，下模由固定凹模2的活动凸模3组成。压弯时，先弯成U形，然后凸凹模4继续下压与活动凸模3作用，最后将毛坯弯成乚厂形。

图16－26c为一次压弯成形的另一种结构形式，其特点是采用了活动凹模形式，两凹模可以绕销轴转动，工作前由顶杆将它顶起。

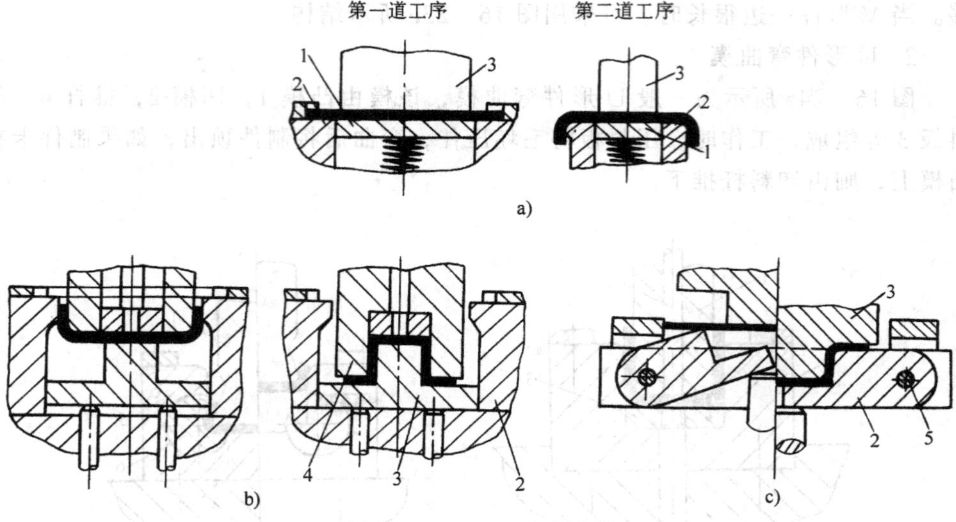

图 16－26　V形件弯曲模

1—压料板　2—凹模　3—凸模　4—凸凹模　5—销轴

第七节　弯曲模工作部分尺寸的设计

弯曲模工作部分尺寸主要是指凸凹模的宽度尺寸、圆角半径、凹模深度，以及凸、凹模间隙等，计算和确定这些尺寸是保证制件质量和设计弯曲模的关键。

一、凸、凹模宽度尺寸的计算

凸、凹模的宽度尺寸计算因制件尺寸的标注方式不同而不同。

1. 标注内形尺寸的弯曲件（图 16－27）

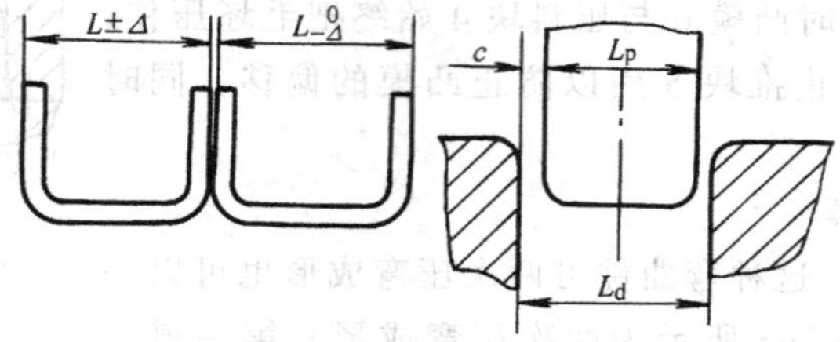

图 16－27　要求内形尺寸的弯曲件

制件为双向公差时，即 $L \pm \Delta$

$$L_{d} = (L - 0.5\Delta)^{+\delta_{d}}_{0} \tag{16-14}$$

$$L_{p} = (L_{d} - 2c)^{0}_{-\delta_{p}} \tag{16-15}$$

L_{p} 也可按凹模配做，保证 $2c$。

制件为单向公差时，即 $L^{0}_{-\Delta}$

$$L_{d} = (L - 0.75\Delta)^{+\delta_{d}}_{0} \tag{16-16}$$

$$L_p = (L_d - 2c)_{-\delta_p}^{\ 0} \qquad (16-17)$$

L_p 也可按凹模配做，保证 $2c$。

2. 标注外形尺寸的弯曲件（图 16－28）

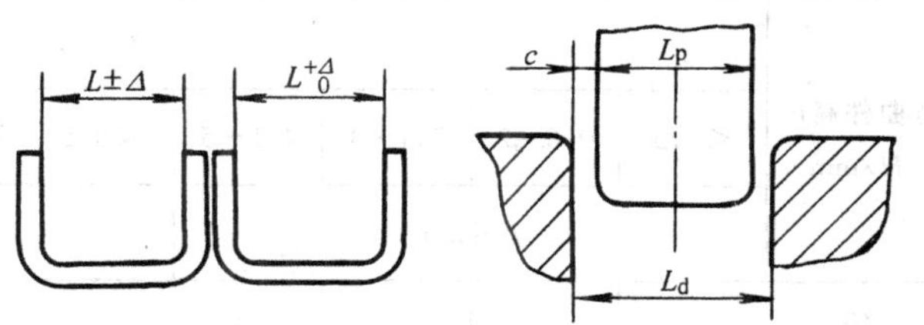

图 16－28　要求外形尺寸的弯曲件

$$L_p = (L + 0.5\Delta)_{-\delta_p}^{\ 0} \qquad (16-18)$$

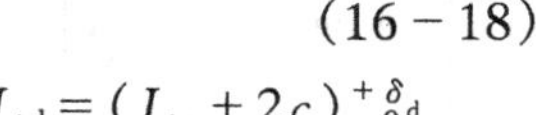

$$L_d = (L_p + 2c)_{\ 0}^{+\delta_d} \qquad (16-19)$$

L_d 也可按凸模配做，保证 $2c$。

制件为单向公差时，即 $L_{\ 0}^{+\Delta}$

$$L_p = (L + 0.75\Delta)_{-\delta_p}^{\ 0} \qquad (16-20)$$

$$L_d = (L_p + 2c)_{\ 0}^{+\delta_d} \qquad (16-21)$$

L_d 也可按凸模配做，保证 $2c$。

式中　L_p、L_d——分别为凸、凹模宽度尺寸 mm；

c——单边间隙，单位为 mm；

L——弯曲件的基本尺寸，单位为 mm；

Δ——弯曲件的尺寸偏差，单位为 mm；

δ_p、δ_d——分别为凸、凹模的制造公差，采用 IT7～IT9 级精度。

二、凸模与凹模的间隙

弯曲 V 形件时，凸凹模的间隙实际上是靠调整压力机的闭合高度来控制的。

对于 U 形弯件，如图 16－29 所示，则必须有适当的间隙。因为间隙的大小对制件的质量及弯曲力都有直接影响，间隙过大，回弹大影响制件精度。间隙过小，会使制件边部壁厚减薄，降低凹模寿命。

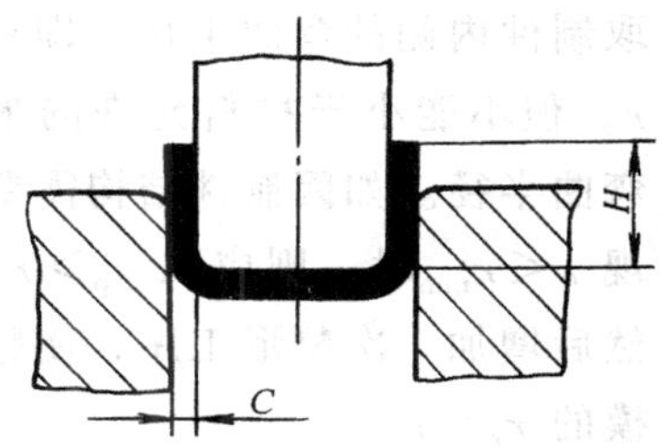

图 16－29　弯曲模间隙

凸凹模的单边间隙 c 可按下式计算

对于有色金属　$C = (1 \sim 1.05)t_{max}$　(16－22)

对于黑色金属　$C = t_{max} + kt$　(16－23)

式中　C——凸凹模单边间隙，单位为 mm；

t_{max}——弯曲件材料最大厚度，单位为 mm；

k——系数，见表 16－6。

表 16-6　系数 k 的数值

<table>
<tr><th rowspan="3">弯曲件高度
H/mm</th><th colspan="9">t/mm</th></tr>
<tr><th><0.5</th><th>0.6～2</th><th>2.1～4</th><th>4.1～5</th><th><0.5</th><th>0.6～2</th><th>2.1～4</th><th>4.1～7.5</th><th>7.6～12</th></tr>
<tr><th colspan="4">$B\leqslant 2H$</th><th colspan="5">$B>2H$</th></tr>
<tr><td>10</td><td rowspan="2">0.05</td><td rowspan="3">0.05</td><td rowspan="3">0.04</td><td>—</td><td rowspan="2">0.10</td><td rowspan="3">0.10</td><td rowspan="3">0.08</td><td>—</td><td>—</td></tr>
<tr><td>20</td><td rowspan="2">0.03</td><td rowspan="3">0.06</td><td rowspan="3">0.06</td></tr>
<tr><td>35</td><td>0.07</td><td>0.15</td></tr>
<tr><td>50</td><td rowspan="2">0.10</td><td rowspan="3">0.07</td><td rowspan="3">0.05</td><td>0.04</td><td rowspan="2">0.20</td><td rowspan="3">0.15</td><td rowspan="3">0.10</td></tr>
<tr><td>75</td><td rowspan="3">0.05</td><td rowspan="3">0.10</td><td rowspan="2">0.08</td></tr>
<tr><td>100</td><td>—</td><td>—</td></tr>
<tr><td>150</td><td>—</td><td rowspan="2">0.10</td><td rowspan="2">0.07</td><td>—</td><td rowspan="2">0.20</td><td rowspan="2">0.15</td><td rowspan="2">0.10</td></tr>
<tr><td>200</td><td>—</td><td>0.07</td><td>—</td><td>0.15</td></tr>
</table>

注：B 为弯曲件宽度。

三、凸凹模圆角半径与凹模深度

弯曲凸、凹模的结构尺寸如图 16-30 所示。

1. 凸模圆角半径 r_p

弯曲模凸模的圆角半径一般取制件内侧的弯曲半径，即 $r_p=r$，但不能小于材料允许的最小弯曲半径。如因制件结构需要出现 $r<r_{min}$ 时，则应取 $r_p>r_{min}$，然后增加一次整形工序，使整形模的 $r_p=r$。

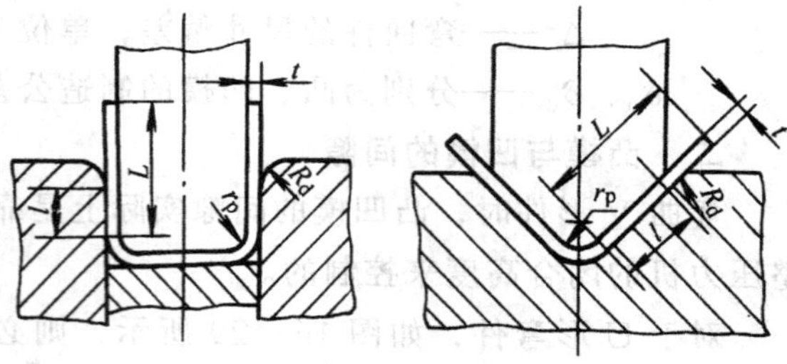

图 16-30　弯曲模的结构尺寸

2. 凹模的圆角度半径 R_d

R_d 一般不要小于 3，以免弯曲时材料表面出现划痕、凹模两边的圆角半径应一致，其值可查表 16-7。

3. 凹模深度 l

凹模深度 l 要适当，深度过小，则毛坯两端自由部分太多、回弹大、不平直。若深度过大、则凹模加大，耗费模具钢多，而且压力机也要较大的行程。其值可查表 16-7。

表 16－7 凹模圆角半径与凹模模深度

t/mm	～0.5		0.5～2.0		2.0～4.0		4.0～7.0	
l/m	l/mm	R_d/mm	l/mm	R_d/mm	l/mm	R_d/mm	R_d/mm	l/mm
10	6	3	10	3	10	4		
20	8	3	12	4	15	5	20	8
35	12	4	15	5	20	6	25	8
50	15	5	20	6	25	8	30	10
75	20	6	25	8	30	10	35	12
100			30	10	35	12	40	15
150			35	12	40	15	50	20
200			45	15	45	20	65	25

注：V形件弯曲凹模底部可开槽或取圆角半径为（r_p+t）。

第十七章　拉深工艺及模具

拉深也叫拉延，是将平板毛坯或开口空心毛坯利用模具冲压成容器状零件的冲压过程。

用拉深的方法可以制成圆筒形零件、盒形零件及其他复杂形状的开口空心件，例如汽车、拖拉机、摩托车等的一些罩件，电器仪表的壳体件等，在日用品工业中也应用较广，图 17－1 为各种不同类型的拉深件示意图。

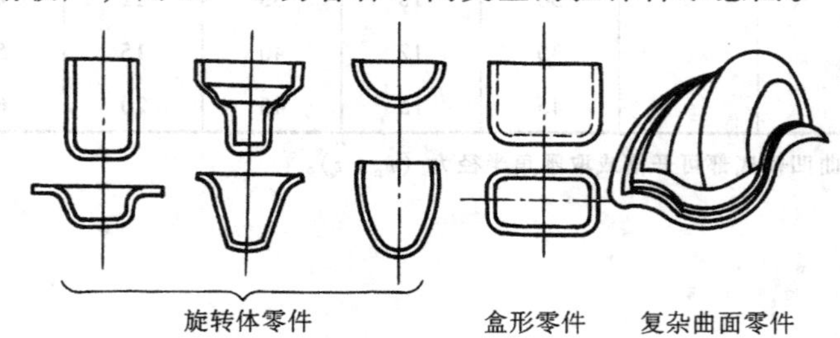

图 17－1　拉深零件的分类

第一节　圆筒形零件拉深的基本原理

圆筒形拉深件是拉深中最简单但又是最典型的。通过对圆筒形拉深过程的分析，便可了解拉深的基本原理。

将直径为 D_0 的毛坯拉成直径为 d，高度为 h 的筒形件，其拉深过程如图 17－2所示。首先压边圈压紧毛坯凸缘，随之凸模下行并与毛坯一起开始进入凹模，毛坯凸缘部分开始发生塑性变形，随着凸模不断下行，拉深力也不断增大，最后，将凸缘部分全部拉入凹模。

由图 17－3a 中可以看出，由圆形毛坯拉成圆筒形件，出现了“多余三角形”，即剖面线部分。如果切去“多余三角形”，沿直径 d 的圆周弯折成筒形件，则筒形件高度 $h=(D_0-d)/2$ 。但实际拉深时，“多余三角形”并没有被切去，这部分材料在拉深时，因塑性变形而发生了转移，从而使拉深件的实际高度增加了$\triangle h$。即 $h=(D_0-d)/2+\Delta h$

毛坯的变形情况还可以用图 17－3b 所示的毛坯变形前后的网格变化说明。变形前毛坯上划的扇形网格，变形后变成矩形、距底部越远，矩形高度越大。零件底部的网格没有明显变化。这说明拉深变形主要是切向压缩变形，同时也有径向伸长变形，可见筒壁的形成主要是圆环部分金属塑性流动的结果。

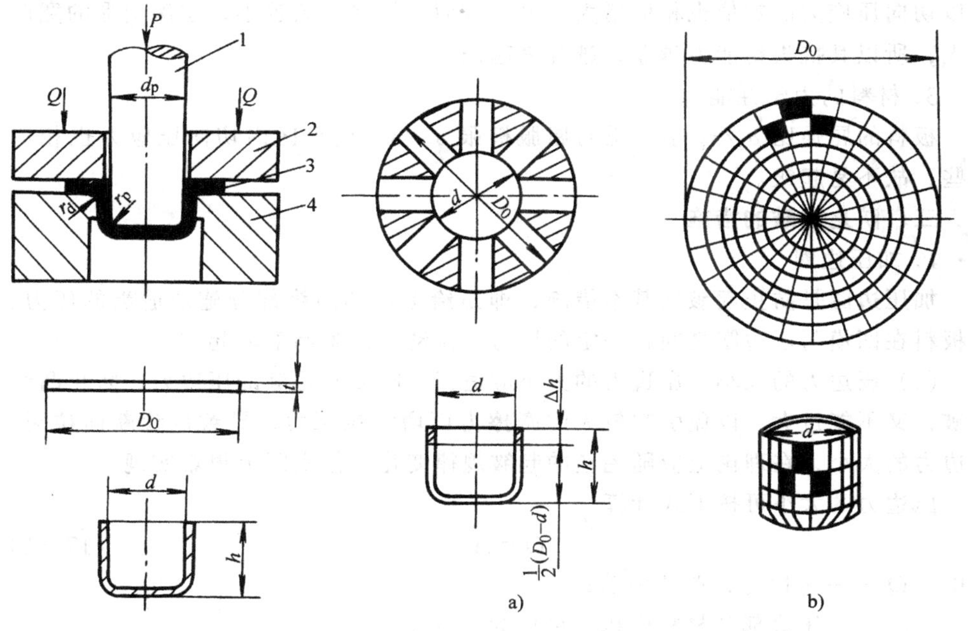

图 17－2　拉深过程

1—凸模　2—压边圈

3—拉深过程中的毛坯　4—凹模

图 17－3　毛坯变形前后的变化

a）拉深时毛坯材料的转移　b）拉深件的网格变化

第二节　圆筒形件拉深时的起皱破裂及防止措施

影响圆筒形件拉深过程顺利进行的两个主要障碍是凸缘的起皱和筒壁的拉裂。

一、拉深时起皱与破裂的原因

拉深过程中，凸缘部分的材料由扇形挤压成矩形，材料内部产生很大的切向压力，这一压力犹如压杆两端受压失稳似的使凸缘材料失去稳定而形成皱折。

另外，当凸缘部分材料的变形抗力过大时，使得筒壁所传递的力超过筒壁本身的极限强度，便使筒壁在最薄的凸模圆角处（危险断面）产生破裂。若起皱过大、皱纹不能通过模具间隙，也将导致拉深件破裂。

二、影响毛坯起皱的主要因素

1．毛坯的相对厚度 t/D_0

板料毛坯的相对厚度越小，拉深变形区抗失稳能力越差，也越容易起皱。

2．拉深系数 $m=\dfrac{d}{D_0}$

拉深系数越小，拉深变形程度越大，拉深变形区内金属的硬化程度也越高，所以切向压应力的数值也相应增大。另一方面，拉深系数越小，拉深变形的宽度越大，所以其抗失稳能力越差，越容易起皱。

3. 材料的力学性能

板料的屈强比 σ_s/σ_b 小，说明屈服极限 σ_s 小，变形区内切向压应力也相应小些，故不易起皱。

三、防止起皱的措施

1. 加压边圈

加压边圈是防止起皱的基本措施，即是给毛坯的凸缘部分施加适当的压力，使板料在凹模与压边圈之间在一定的压力下流动，以限制毛坯起皱。

(1) 压边力的大小　压边力的大小应适当，既要有足够的压边力，防止凸缘起皱，又不能过大，以免引起较大的摩擦力而增大拉深力，导致危险断面拉裂。压边力的大小，在理论上应随毛坯的起皱规律变化，但实际上很难实现。

压边力的大小可按下式计算

$$Q = Aq \tag{17-1}$$

式中　Q ——压边力，单位为 N；

A ——压边部分材料面积，单位为 mm^2；

q ——单位压边力，单位为 MPa，查表 17-1，表 17-2。

压边力的大小要在计算的基础上，通过试验进行调整。

表 17-1　在单动压床上拉深时单位压边力的数值

材　　料	单位压边力 q/MPa
铝	0.8～1.2
纯铜、硬铝（退火的或刚淬好火的）	1.2～1.8
黄铜	1.5～2
压轧青铜	2～2.5
20 钢、08 钢、镀锡钢板	2.5～3
软化状态的耐热钢	2.8～3.5
高合金钢、高锰钢、不锈钢	3～4.5

表 17-2　在双动压床上拉深时单位压边力的数值

工　作　复　杂　程　度	单位压边力 q/MPa
难加工件	3.7
普通加工件	3
易加工件	2.5

(2) 压边装置的类型　防皱压边装置的类型按其工作原理分为刚性压边和弹性压边装置两种。

刚性压边装置的工作原理如图 17-4 所示。拉深凸模固定在双动压力机的内滑块上，压边圈固定在外滑块上。拉深开始时，外滑块带动压边圈往下运动，压在毛坯凸缘上，并停止不动，随后，内滑块带动凸模向下运动进行拉深。压边力大小靠调整压边圈与凹模平面之间的间隙 C 来保证。

弹性压边装置的工作原理如图 17－5 所示。采用弹簧或气垫、橡皮、聚氨脂橡胶作压边动力。弹簧的作用力通过顶杆 6 传给压边圈 7。拉深时，凹模 1 下行压紧毛坯，压边圈在凹模压力的作用下与凹模一起下行，同时毛坯被凸模 3 拉入凹模。

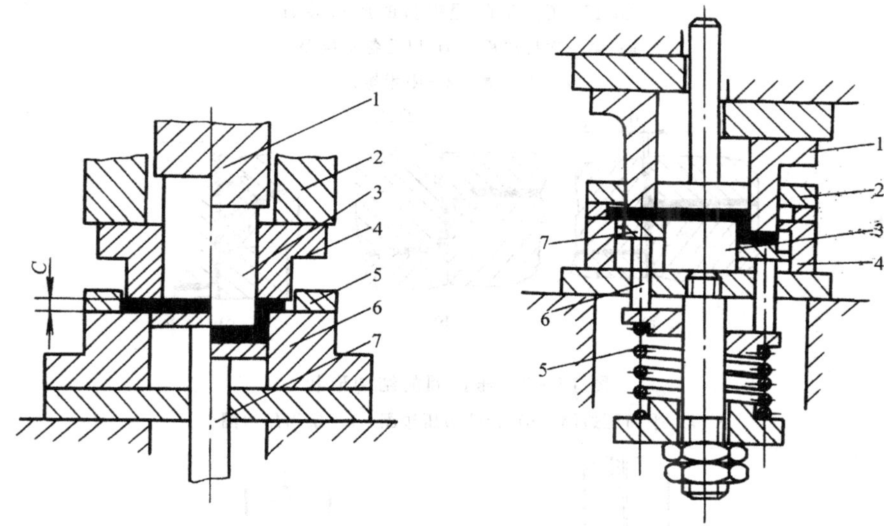

图 17－4 双动冲压用拉深模刚性压边的原理
1—内滑块 2—外滑块 3—拉深凸模 4—压边圈 5—定位板 6—拉深凹模 7—顶出装置

图 17－5 单动冲床用拉深模弹性压边装置
1—冲裁凸模兼拉深凹模 2—卸料板 3—拉深凸模 4—冲裁凹模 5—弹簧 6—顶杆 7—压边圈

有弹簧作动力的弹性压边装置，其压边力随上模下行而增大，因此，在设计模具时，有时用限程螺钉调整压边圈与凹模平面之间的间隙。使在整个拉深行程中，压边力保持均衡。防止压边圈将毛坯压得过紧。如图 17－6 所示。用压缩空气为动力的气垫装置，压边力基本上不随上模行程变化，而且调整方便，压边力变化可控制在 10％～15％以内。

(3) 压边圈的结构形状　在一般拉深中均采用平面压边圈，对于拉深薄的板料或拉深宽凸缘的零件，为了增加防皱效果，采用带凸边的压边圈或锥面压边圈。见图 17－7。

2. 采用锥形凹模

锥形凹模使毛坯进入凸凹模间隙之前，就使毛坯发生一定的收缩，从而增加了抗失稳能力，减小了起皱的趋势，见图 17－8。

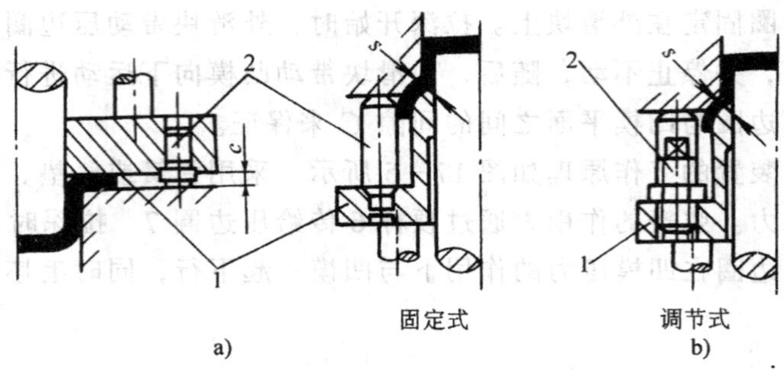

图 17－6　带限程螺钉的压边装置

a）第一次拉深用　b）以后各次拉深用

1—压边圈　2—限程螺钉

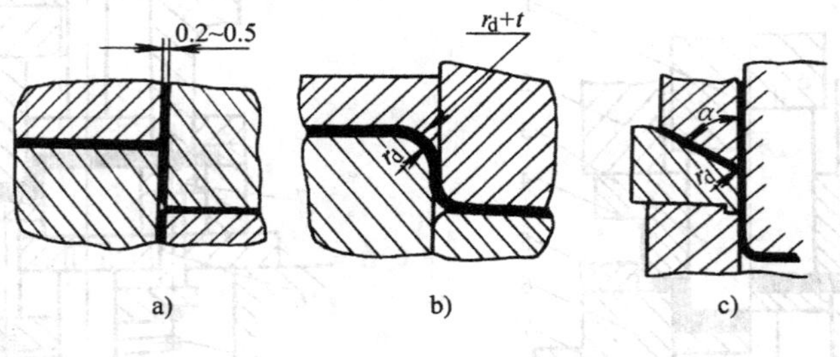

图 17－7　压边圈的结构形状

a）平面压边圈　b）带凸边压边圈　c）锥面压边圈

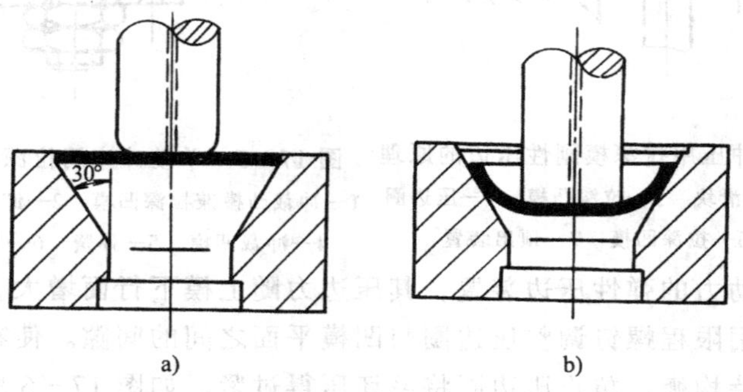

图 17－8　锥形拉深凹模

采用锥形凹模，还可以降低凹模圆角半径造成的摩擦阻力和弯曲变形阻力。凹模锥面对毛坯的作用力，也有利于切向压缩弯形，因而拉深系数也可较平面凹模小，有利于拉深成形。

锥形凹模的锥角一般取 30°为宜。

3．采用反拉深

反拉深是将已制成空心件的毛坯反扣在凹模上，凸模从毛坯底部下压，使毛坯的内表面变成外表面。由于凸模的拉深方向与上一道工序相反，故称反拉深，如图 17－9b。

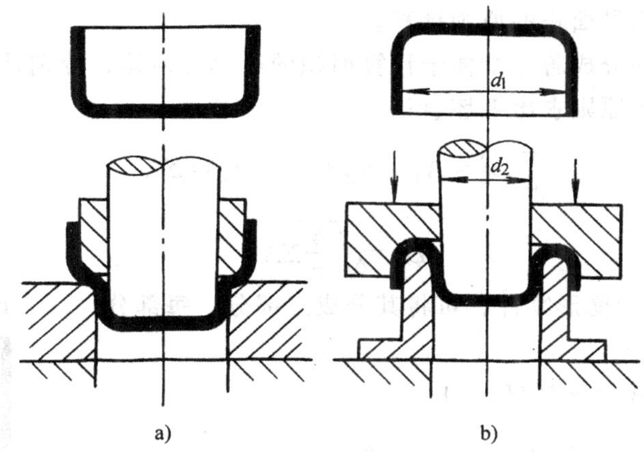

图 17－9　正拉深与反拉深的比较

a）正拉深　b）反拉深

由于毛坯反扣在凹模上，使毛坯与凹模之间的摩擦力比正拉深大，同时还增加了弯曲力，因而使变形区的径向拉应力增加，相对切向应力减小，有利于防止制件起皱。反拉深只能用于第二次拉深及以后各次拉深。图 17－9a 为第二次及以后各次的正拉深。

4. 采用拉深筋（槛）

在大型覆盖件拉深中，毛坯拉入凹模时，通过一道或几道拉深筋或拉深槛，增加进料阻力，提高径向拉应力，这样可防止起皱。见图 17－10。拉深筋的剖面形状为圆弧，拉深槛的剖面为梯形，它的阻力作用比拉深筋大。

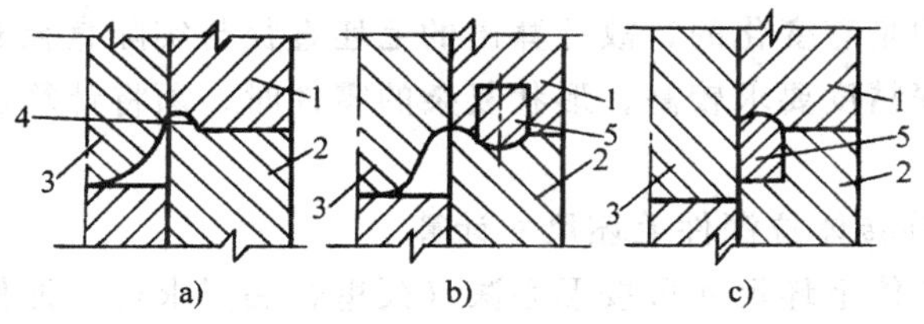

图 17－10　带拉深筋（槛）的拉深模

1—压边圈　2—凹模　3—凸模　4—拉深筋　5—拉深槛

第三节　圆筒形零件拉深工艺计算

一、拉深件毛坯尺寸计算

1. 形状简单的旋转体拉深件毛坯尺寸计算

在拉深过程中，毛坯的厚度虽然有些变化，但其平均值与毛坯原始厚度十分接近。根据塑性变形体积不变的原理，毛坯尺寸可以按拉深前毛坯面积等于拉深后零件加上修边余量面积的原则计算。

首先，将零件分成若干个便于计算面积的简单几何体，分别计算各部分的面积，然后利用上述原则求出毛坯直径。

$$\frac{\pi}{4}D_0^2 = A_1 + A_2 + \cdots + A_n = \Sigma A$$

所以
$$D_0 = \sqrt{\frac{4}{\pi}\Sigma A} \qquad (17-2)$$

图 17－11 所示筒形零件，可将其分成三部分，每部分的面积分别为

$$A_1 = \pi d(H - r)$$

$$A_2 = \frac{\pi}{4}[(2\pi r(d - 2r) + 8r^2]$$

$$A_3 = \frac{\pi}{4}(d - 2r)^2$$

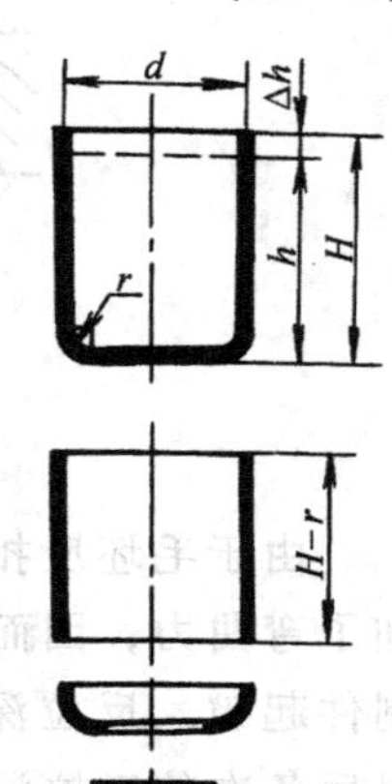

图 17－11　简单圆筒形毛坯尺寸分解图

将三部分面积相加，代入式（17－2）整理得

$$D_0 = \sqrt{d^2 + 4dH - 1.72rd - 0.56r^2} \qquad (17-3)$$

式中　D_0——毛坯直径，单位为 mm；

d——拉深件筒部中径，单位为 mm；

H——拉深件筒部高度，单位为 mm；

r——拉深件底部中层圆角半径，单位为 mm。

应该指出，上述毛坯尺寸的计算是近似的。由于受材料力学性能、模具几何形状，拉深次数，润滑等因素的影响，实际上毛坯的面积是有变化的，故计算出的毛坯直径与实际直径有一定差别。故在生产中，当拉深精度要求较高，形状复杂的零件时，须将计算出的毛坯经试拉后修正。

2. 复杂形状旋转体拉深件毛坯尺寸计算

复杂形状旋转体毛坯尺寸可按形心法（久里金法）求得，即任何形状的母线 BC，绕轴线 $y-y$ 旋转所形成的旋转体面积，等于母线 L 与其重心绕轴线旋转一周所得周长的乘积，即

$$A = 2\pi Lx \qquad (17-4)$$

实际上计算旋转体面积时，是将复杂的旋转体分为简单的直线及圆弧来进行的，因而式（17－4）可写成

$$A = 2\pi Lx = 2\pi \Sigma l_n x_n = \frac{\pi}{4}D_0^2$$

$$D_0 = \sqrt{8\Sigma l_n x_n} \qquad (17-5)$$

式中　l_n ——各线段（包括直线和圆弧）的长度，单位为 mm；

x_n ——各线段的重心至旋转轴的距离，单位为 mm。

3. 修边余量的确定

在拉深过程中，常因材料机械性能的方向性、模具间隙的不均、板厚变化、摩擦阻力不等及定位不准等影响，而使拉深件口部或凸缘周边不齐，必须进行修边。故在计算毛坯时，应按加上修边余量后的零件尺寸进行展开计算。

修边余量的数值可查表 17－3，表 17－4。

表 17－3　无凸缘筒形件的修边余量（Δh）

h/mm	h/d				附　　图
	>0.5～0.8	>0.8～1.6	>1.6～2.5	>2.5～4	
≤10	1.0	1.2	1.5	2.0	
10～20	1.2	1.6	2.0	2.5	
20～50	2.0	2.5	3.3	4.0	
50～100	3.0	3.8	5.0	6.0	
100～150	4.0	5.0	6.5	8.0	
150～200	5.0	6.3	8.0	10.0	
200～250	6.0	7.5	9.0	11.0	
250～300	7.0	8.5	10.0	12.0	

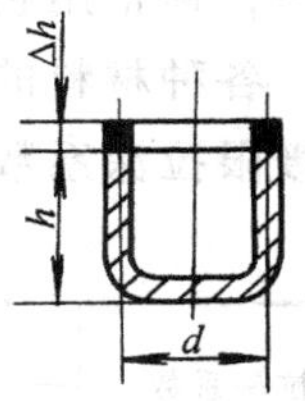

表 17－4　带凸缘筒形件的修边余量（Δh）

凸缘直径 dF/mm	凸缘的相对直径 dF/d				附　　图
	1.5 以下	>1.5～2	>2～2.5	>2.5～30	
≤25	1.6	1.4	1.2	1.0	
25～50	2.5	2.0	1.8	1.6	
50～100	3.5	3.0	2.5	2.2	
100～150	4.3	3.6	3.0	2.5	
150～200	5.0	4.2	3.5	2.7	
200～250	5.5	4.6	3.8	2.8	
250～300	6.0	5.0	4.0	3.0	

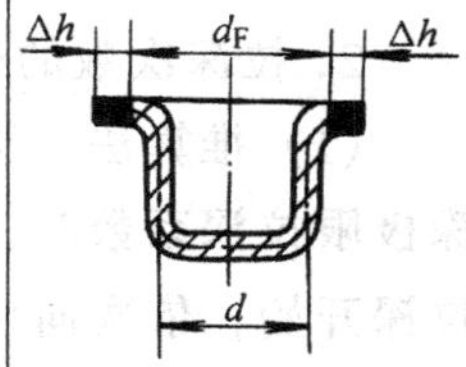

二、无凸缘圆筒形件拉深系数的拉深次数

在制定拉深件的工艺过程和设计拉深模具时，必须预先确定该零件是否可以一道工序完成或是需要几道工序完成，在决定拉深工序的次数时，必须做到使毛坯内部的应力既不能超过材料的强度极限，而且还能充分利用材料的塑性。

1. 拉深系数

每次拉深后圆筒件直径与拉深前毛坯（或半成品）直径的比值，称为拉深系数，用 m 表示见图 17－12。

第一次拉深系数 $m_1=\dfrac{d_1}{D_0}$

第二次拉深系数 $m_2=\dfrac{d_2}{d_1}$

⋮

第 n 次拉深系数 $m_n=\dfrac{d_n}{d_{n-1}}$

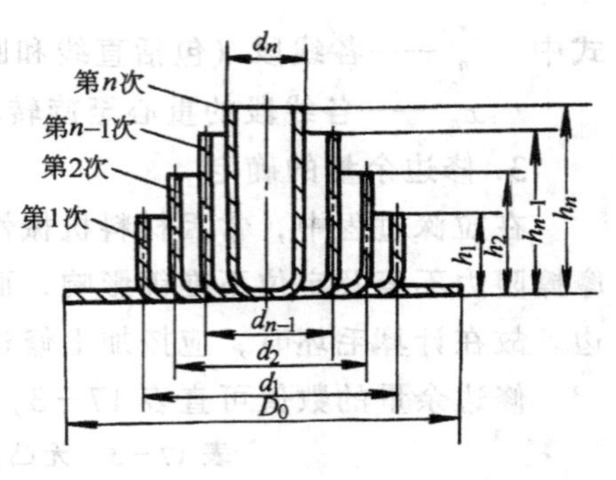

图 17－12 多次拉深示意图

拉深系数越小，每次拉深工序毛坯的变形程度越大，所需的拉深工序越少。拉深系数是拉深工艺计算中主要工艺参数之一，通常用它来决定拉深的顺序和次数。

各种材料的极限拉深系数可用试验方法求得。表 17－5 为低碳钢带压边圈时的极限拉深系数。

表 17－5 极限拉深系数

拉深系数	毛坯的相对厚度 $t/D_0\times100$					
	0.08～0.15	0.15～0.30	0.30～0.60	0.60～1.0	1.0～1.5	1.5～2.0
m_1	0.63	0.60	0.58	0.55	0.53	0.50
m_2	0.82	0.80	0.79	0.78	0.76	0.75
m_3	0.84	0.82	0.81	0.80	0.79	0.78
m_4	0.86	0.85	0.83	0.82	0.81	0.80
m_5	0.88	0.87	0.86	0.85	0.84	0.82

2. 拉深次数的确定

（1）推算法　当拉深件成形所要求的拉深系数（$m=d/D$）小于第一次拉深极限拉深系数时，则不能一次拉深成形，需要多次拉深。拉深次数是从第一次拉深开始，依次向后推算确定的。即根据毛坯的相对厚度（$t/D_0\times100$）选取根极限拉深系数 m_1，m_2，…，m_n，然后求出拉深直径 $d_1=m_1D_0$，$d_2=m_2d_1$，…，$d_n=m_nd_{n-1}$，一直到使 $d_n<d$，然后将前几次拉深直径作适当调整，使 $d_n<d$。

由于第二次及其以后各次拉深时，材料经变形发生冷作硬化，筒壁的厚度也比毛坯的厚度大，因而变形抗力大。因此，在无中间退火的情况下，一般应使后一次拉深系数大于前一次拉深系数，即 $m_1<m_2<m_3<\cdots<m_n$。

（2）计算法　可用下面公式估算拉深次数。

$$n = 1 + \frac{\lg m - \lg m_1}{\lg m_0} \tag{17-6}$$

式中　m ——拉深系数（d/D_0）；

m_1 ——首次极限拉深系数；

m_0 ——以后各次拉深平均极限拉深系数。

（3）查表法　圆筒形件的拉深次数，也可根据零件的相对高度 h/d 及材料的相对厚度（t/D_0）×100，由表 17－6 查得。

表 17－6　拉深次数的确定

拉深系数 \ h/d	$t/D_0 \times 100$					
	2～1.5	1.5～1.0	1.0～0.6	0.6～0.3	0.3～0.15	0.15～0.06
1	0.94～0.77	0.84～0.65	0.7～0.57	0.62～0.5	0.52～0.45	0.46～0.38
2	1.88～1.54	1.6～1.32	1.36～1.1	1.13～0.94	0.96～0.83	0.9～0.7
3	3.5～2.7	2.8～2.2	2.3～1.8	1.9～1.5	1.6～1.3	1.3～1.1
4	5.6～4.3	4.3～3.5	3.6～2.9	2.9～2.4	2.4～2.0	2.0～1.5
5	8.9～6.6	6.6～5.1	5.2～4.1	4.1～3.3	3.3～2.7	2.7～2.0

注：本表适用于 08　10　等软钢。

例　如图 17－13 所示筒形件，材料为 08F，厚度 2mm，试用推算法求其拉深次数及各工序的拉深直径。

解　（1）确定修边余量。$h/d = 200/80 = 2.5$ 由表 17－2 查得 $\Delta h = 8$mm

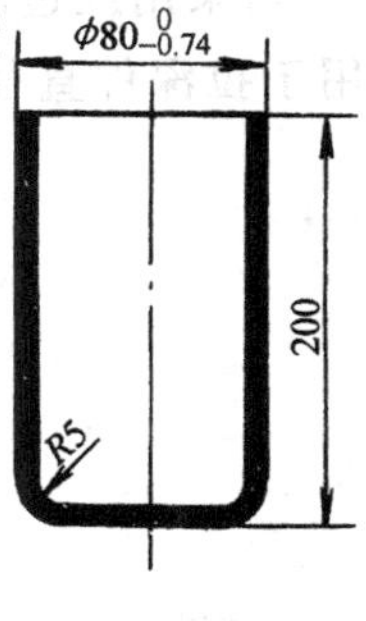

（2）计算毛坯直径。由式（17－3）得毛坯直径为

$$D_0 = \sqrt{d^2 + 4dH - 1.72rd - 0.56r^2}$$

$$= \sqrt{78^2 + 4 \times 78 \times (199 + 8) - 1.72 \times 6 \times 78 - 0.56 \times 6^2}\text{mm}$$

$$= 265\text{mm}$$

（3）确定拉深次数，$t/D_0 \times 100 = 0.75$，查表 17－4，$m_1 = 0.55$，而制件的拉深系数 $m = d/D_0 = 80/265 = 0.3$，$m < m_1$，故需多次拉深。

$\phi 80^{\ 0}_{-0.74}$　200　R5

图 17－13　圆筒形拉深件

由表 17－4 得，$m_1 = 0.55$，$m_2 = 0.78$，$m_3 = 0.80$，$m_4 = 0.82$ 由推算法得各次拉深直径为

$$d_1 = m_1 D_0 = 0.55 \times 265\text{mm} = 145.75\text{mm}$$

$$d_2 = m_2 d_1 = 0.78 \times 145.75\text{mm} = 113.69\text{mm}$$

$$d_3 = m_3 d_2 = 0.80 \times 113.69\text{mm} = 90.95\text{mm}$$

$$d_4 = m_4 d_3 = 0.82 \times 90.95\text{mm} = 77.58\text{mm}$$

重新调整拉深系数，使之分配合理，则得

$$d_1 = 0.57 \times 265\text{mm} = 151\text{mm}$$

$$d_2 = 0.79 \times 151\text{mm} = 118\text{mm}$$
$$d_3 = 0.8 \times 118\text{mm} = 95\text{mm}$$
$$d_4 = 0.82 \times 95\text{mm} = 80\text{mm}$$

故需四次拉深才能完成，计算结果列表如下：

极限拉深系数 m	实际拉深系数 m_n	各次拉深直径 d_n
$m_1 = 0.55$	$m_1 = 0.57$	151
$m_2 = 0.78$	$m_2 = 0.78$	118
$m_3 = 0.80$	$m_3 = 0.80$	95
$m_4 = 0.82$	$m_4 = 0.82$	78

第四节 圆筒形件拉深凸模和凹模工作部分设计尺寸计算

一、拉深凸模与凹模的结构形式

拉深凸模与凹模的结构形式由制件的形状尺寸以及拉深方法、拉深次数等工艺要求所决定。

当毛坯的相对厚度较大，不用压边圈时可采用图 17－14 所示凹模结构。

当采用压边圈多次拉深时，一般采用图 17－15 所示的凸凹模结构。其中图 a 用于拉深件直径 $d > 100\text{mm}$。图 17－19b 用于拉深件直径 $d \leqslant 100\text{mm}$。

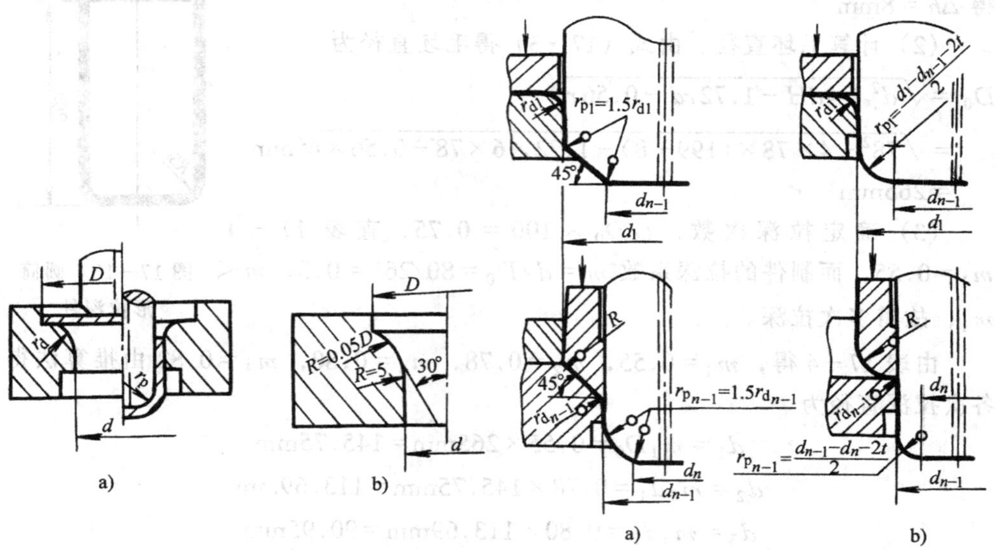

图 17－14 不用压边圈的拉深凹模结构
a）圆弧形 b）锥形

图 17－15 用压边圈多次拉深时凸模与凹模的结构形式
a）锥角结构 b）圆角结构

二、拉深凸模与凹模的圆角半径

1. 拉深凹模的圆角半径

确定凹模的圆角半径可以有以下方法：

(1) 按经验公式计算确定

$$r_d = 0.8\sqrt{(D-d)t} \quad (17-7)$$

式中 r_d——首次拉深凹模的圆角半径，单位为 mm；

D——毛坯直径，单位为 mm；

d——凹模内径，单位为 mm；

t——材料厚度，单位为 mm。

(2) 根据毛坯的相对厚度与拉深方式或根据材料的厚度与种类按表 17－7，表 17－8 查取。

表 17－7 凹模圆角半径 r_d

拉深方式	毛坯相对厚度 $(t/D_0)\times 100$		
	2.0～1.0	1.0～0.3	0.3～0.1
无凸缘	(4～6) t	(6～8) t	(8～12) t
有凸缘	(6～10) t	(10～15) t	(15～20) t

注：有色金属取小值，黑色金属取大值。

表 17－8 按毛坯材料厚度与种类确定凹模圆角半径 r_d

材　料	厚度 t/mm	r_d/mm	材　料	厚度 t/mm	r_d/mm
钢	<3	$(6\sim10)t$	铝、黄铜、铜	<3	$(5\sim8)t$
	3～6	$(4\sim6)t$		3～6	$(3\sim5)t$
	>6	$(2\sim4)t$		>6	$(1.5\sim3)t$

第二次及以后各次拉深的凹模圆角半径 r_{dn} 值应逐步减小，其关系为

$$r_{dn} = (0.6\sim0.9)r_{dn-1} \quad (17-8)$$

式中 r_{dn-1}、r_{dn}——前后工序中凹模圆角半径。

2. 拉深凸模的圆角半径

凸模的圆角半径根据不同的拉深次数有不同的值。

首次拉深一般取 $r_p = (0.6\sim1)r_d$ (17－9)

以后各次的拉深按图 17－15 上的公式计算。式中 d_{n-1}，d_n 为前后工序中毛坯的过渡直径。

末次拉深的凸模圆角半径原则上等于制件圆角半径 r。当 $r<(2\sim3)t$ 时，可取凸模圆角半径 $r_p>r$，然后加整形工序得到 r。

对于图 17－15a 带锥形的凸凹模，其圆角半径应增大到 $r_p=(1.5\sim2)r_d$。

后续工序压边圈上圆角半径取稍小值，即取 $R = rd_{n-1}$。

三、拉深凸、凹模间隙

拉深模的间隙是指单边间隙，间隙的大小对拉深力、制件质量和模具寿命都有影响。间隙过大则容易起皱，过小则筒壁变薄严重，甚至拉裂。间隙大小要根据压边情况、拉深次数和制件精度要求来选取。

1. 不压边时

$c = (1 \sim 1.1)t$ ，精度要求高，末次拉深取小值。

2. 有压边时

根据材料种类，料厚，拉深次数按表 17－9 选取。板料厚和精度低则取大值，反之则取小值。

表 17－9　拉深间隙 c 值

材　　料	第一次拉深	中间各次拉深	末次拉深
软钢	$(1.3 \sim 1.5)\ t$	$(1.2 \sim 1.3)\ t$	$1.1t$
黄铜、铝	$(1.3 \sim 1.4)\ t$	$(1.15 \sim 1.2)\ t$	$1.1t$

四、拉深模工作部分尺寸

因零件的尺寸精度是由最后拉深模的尺寸精度决定的，故只对最后一次拉深的尺寸进行计算。若多次拉深时，第一次及中间工序拉深的毛坯尺寸公差没有必要严格限制，此时的模具尺寸也不需精确计算，一般模具尺寸就等于中间毛坯尺寸。若以凹模为准，则

$$D_d = D^{+\delta_d}_{0} \tag{17-10}$$

$$d_p = (D - 2C)_{-\delta_p}^{0} \tag{17-11}$$

末次拉深凸凹模工作部分尺寸可按表 17－10 计算。

表 17－10　拉深模工作部分尺寸

尺寸标准方式	凹模尺寸	凸模尺寸
$d^{+\delta}_{0}$　c　d_p　D_d	$D_d = (D_{max} - 0.75\triangle)^{+\delta_d}_{0}$	$d_p = (D_{max} - 0.75\triangle - 2C)_{-\delta_p}^{0}$
$D_{-\delta}^{0}$　c　d_p　D_d	$D_d = (d_{min} + 0.4\triangle + 2C)^{+\delta_d}_{0}$	$d_p = (d_{min} + 0.4\triangle)_{-\delta_p}^{0}$

式中 d_p、D_d——凸凹模直径，单位为 mm；

D、d ——拉深件外形和内形的基本尺寸，单位为 mm；

D_{min}、d_{min} ——拉深件外形最大和内形最小极限尺寸，单位为 mm；

C ——凸、凹模间的单边间隙，单位为 mm；

δ_p、δ_d ——凸凹模制造偏差，单位为 mm。

凸凹模的制造公差可根据零件公差选定，若拉深件精度是 IT12 级以上，凸凹模制造公差取 IT8、IT9 级，若拉深件精度在 IT14 级以下，凸凹模制造公差取 IT10 级。也可按表 17－11 选取。

表 17－11 拉深模制造公差

材料厚度 t/mm	d/mm					
	≤20		20～100		>100	
	δ_d	δ_p	δ_d	δ_p	δ_d	δ_p
≤0.5	0.02	0.01	0.03	0.02	—	—
>0.5～1.5	0.04	0.02	0.05	0.03	0.08	0.05
>1.5	0.06	0.04	0.08	0.05	0.10	0.06

注：表中 d 为拉深公称直径。

五、凸模出气尺寸

为了防止拉深件与凸模之间因真空吸附紧箍在凸模上，应在凸模上设计出气孔，见图 17－15，其尺寸可按表 17－12 选取。

表 17－12 凸模出气孔尺寸

凸模直径/mm	～50	>50～100	>100～200	>200
出气孔直径/mm	～5	>6.5	>8	9.5

第五节 拉深力及拉深功的计算

计算拉深力与拉深功是为了合理地选择压机的规格。

一、拉深力的计算

拉深力的数值略小于拉深件危险截面断裂力，生产中一般用经验公式来确定。拉深力的经验公式如下：

圆筒件第一次拉深 $$P_1 = \pi d_1 t \sigma_b K_1 \quad (17-12)$$

圆筒件以后各次拉深 $$P_n = \pi d_n t \sigma_b K_2 \quad (17-13)$$

式中 K_1、K_2 ——修正系数，见表 17－13；

t ——板料厚度，单位为 mm；

σ_b——材料抗拉强度，单位为 MPa；

d_1、d_n——第一次，以后各次拉深半成品直径，单位为 mm。

表 17-13　修正系数 K_1、K_2 和 λ_1、λ_2 值

拉深系数 m_1	0.55	0.57	0.60	0.62	0.65	0.67	0.70	0.72	0.75	0.77	0.80	—	—	—
K_1	1.00	0.93	0.86	0.79	0.72	0.66	0.60	0.55	0.50	0.45	0.40	—	—	—
λ_1	0.80	—	0.77	—	0.74	—	0.70	—	0.67	—	0.64	—	—	—
拉深系数 m_2	—	—	—	—	—	—	0.70	0.72	0.75	0.77	0.80	0.85	0.90	0.95
K_2	—	—	—	—	—	—	1.00	0.95	0.90	0.85	0.80	0.70	0.60	0.50
λ_2	—	—	—	—	—	—	0.80	—	0.90	—	0.75	—	0.70	—

二、压力机的选择

对于单动压力机　　$P_e > P + Q$　　(17-14)

对于双动压力机　　$P_{e_1} > P \quad P_{e_2} > Q$　　(17-15)

式中　P_e——压力机的公称压力，单位为 N；

P_{e_1}——内滑块的公称压力，单位为 N；

P_{e_2}——外滑块的公称压力，单位为 N；

P——拉深力，单位为 N；

Q——压边力，单位为 N。

三、拉深功的计算

在拉深中，拉深力是不断变化的，上述式（17-10），式（17-11）计算出的是最大拉深力。在计算拉深功时，应取平均拉深力才符合实际情况，为此，引入修正系数 λ_1 及 λ_2。

第一次拉深　　$A_1 = \lambda_1 P_1 h_1 \times 10^{-3}$　　(17-16)

以后各次拉深　　$A_n = \lambda_2 P_n \times h_n \times 10^{-3}$　　(17-17)

式中　P_1、P_n——第一次及以后各次拉深力，单位为 N；

λ_1、λ_2——修正系数，见表 17-15；

h_1、h_n——第一次及以后各次拉深高度，单位为 mm；

A_1、A_n——第一次及以后各次的拉深功，单位为 J。

第六节　拉深工艺的辅助工序

拉深中的辅助工序包括退火、酸洗、润滑等。

一、退火

在拉深过程中，除铅和锡外，所有金属都会产生加工硬化现象，使金属变形抗力和强度（HB、σ_s、σ_b）等增加，塑性（δ 和 ψ）降低。

若工艺过程制订得正确，则拉深时可以不采用中间退火，表 17－14 给出各种材料不进行中间退火的拉深次数。

表 17－14　各种材料不用中间退火的拉深次数

材料	不用退火的工序次数	材料	不用退火的工序次数
08、10、15	3～4	不锈钢 1Cr18Ni9Ti	1
铝	4～5	镁合金	1
黄铜 H68	2～4	钛合金	1
纯铜	1～2		

为了恢复金属的塑性以便以后继续拉深，可以在工序之间对半成品进行退火处理。

1．高温退火

把金属加热至高于临介点的温度，以便产生完全再结晶。高温退火时，可能得到晶粒粗大的组织，影响零件的机械性能，但软化效果较好，各种材料高温退火规范见表 17－15。

2．低温退火

表 17－15　各种金属的退火规范

材　料　名　称	加热温度 t/℃	加热时间/min	冷　　却
08、10、15	760～780	20～40	在箱内空气中冷却
Q195、Q215	900～920	20～40	在箱内空气中冷却
20、25、30、Q235、Q255	700～720	60	随炉冷却
30CrMnSiA	650～700	12～18	在空气中冷却
1Cr18Ni9Ti 不锈钢	1150～1170	30	在气流中或水中冷却
纯铜 T1、T2	600～650	30	在空气中冷却
黄铜 H62、H68	650～700	15～30	在空气中冷却
镍	750～850	20	在空气中冷却
铝	300～350	30	由 250℃起在空气中冷却
硬铝	350～400	30	由 250℃起在空气中冷却

即再结晶退火。把金属加热至再结晶温度，以消除硬化，恢复塑性。这是一般常用的方法。各种材料的低温退火规范见表 17－16。

表 17－16　各种材料低温退火（再结晶退火）温度

材　料　名　称	加热温度 t/℃	冷　　却
08、10、15、20	600～650	在空气中冷却
纯铜 T1、T2	400～450	在空气中冷却
黄铜 H62、H68	500～540	在空气中冷却
铝	220～250	保温 40～45min
镁合金 MB1、MB8	260～350	保温 60min
钛合金 TA1	550～600	在空气中冷却
钛合金 TA5	650～700	在空气中冷却

二、酸洗

退火后的金属表面有氧化皮，在继续拉深时会增加模具的磨损。一般应进行酸洗，即在加热的稀酸液中浸蚀后，在冷水中漂洗，再在弱碱中将残留的酸液中和，最后在热水中洗涤再烘干。

三、润滑

在拉深过程中，金属材料与模具表面接触时相互产生很大的压力，使毛坯在凹模表面滑动时产生很大的摩擦。摩擦力增大了拉深所需要的力和制件侧壁的拉应力，易使工件破裂。另外，材料与凹模表面摩擦还降低了模具的寿命和容易划伤制件表面。

若在毛坯与凹模接触表面之间涂上润滑剂则在两者之间形成一层薄膜，将两者滑动的表面相互隔离，因而可以减少毛坯与凹模间的摩擦，从而减少凹模的磨损。

润滑剂应涂在压边面和凹模圆角部位，以及与此部位相接触的毛坯表面上。润滑剂要涂抹均匀，并保持润滑部位的干净。值得注意的是切忌在凸模表面或与凸模接触的毛坯表面涂润滑剂，以防止材料拉深时滑动。

在生产中，应根据拉深件的材料、复杂程度、工艺特点来选用润滑剂。

退火、酸洗延长了生产周期，故一般用增加拉深次数来减少退火工序。

第十八章　翻边工艺及模具

翻边分成两种形式，即内孔翻边与外缘翻边，它们在变形性质、应力状态及生产上的应用都有所不同，见图 18－1，本章只介绍内孔的翻边。

孔的翻边乃是在预先有孔的毛坯上（有时也可无孔），依靠孔缘附近材料的胀开，并沿一定曲线翻成竖立凸缘的冲压方法。

一、圆孔翻边的变形特点

圆孔翻边在生产中应用较广，图 18－2 为圆孔翻边示意图。

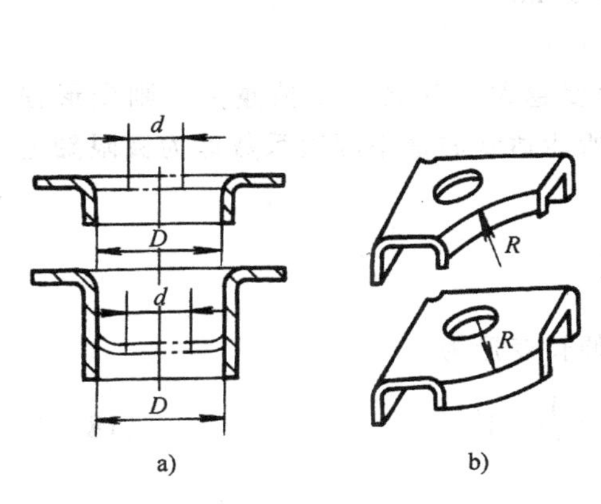

图 18－1　孔翻边和外缘翻边

a）孔翻边　b）外缘翻边

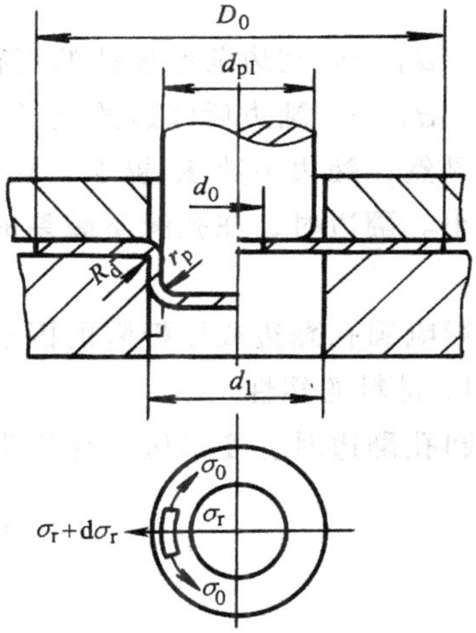

图 18－2　圆孔翻边

在翻边前，毛坯孔径为 d_0，翻边变形区是内径为 d_0 而外径为 d_1 的环形部分。在翻边过程中，带有圆孔的环形毛坯被压边圈压死，弯形区在凸模的作用下其内径 d_0 不断胀大，凸模下面的材料逐渐向侧面转移，直到完全贴靠到凹模侧壁，最终形成竖直的凸缘。

圆孔翻边时，变形区因切向伸长变形而引起厚度不断变薄，翻边后所得到的竖边在口部厚度最小，其值可按切向单向受拉计算，方法用下式计算：

$$t_0 = t\sqrt{\frac{d_0}{d_1}} = t\sqrt{K} \tag{18-1}$$

式中　t_0——翻边后竖边边缘部位上板料厚度，单位为 mm；

t ——板料毛坯原始厚度，单位为 mm；

d_0——翻边前孔径，单位为 mm；

d_1——翻边后竖边的直径，单位为 mm；

K——翻边系数。

综上所述，圆孔翻边的变形特点是，毛坯变形区金属在单向或双向拉应力的作用下，产生切向伸长变形导致材料厚度变薄，且最大伸长变形发生在毛坯孔的边缘。

二、圆孔翻边的成形极限

圆孔翻边的成形极限根据竖边边缘是否发生破裂来确定。其变形程度常以翻边系数 K 表示

$$K = d_0 / d_1 \tag{18-2}$$

式中 d_0——翻边前毛坯孔的直径，单位为 mm；

d_1——翻边后竖边的直径，单位为 mm。

显然，翻边系数 K 越小，翻边变形程度越大。反之，K 值越大，则变形程度越小。翻边时，在孔缘不破裂的条件下所能达到的最小翻边系数即为极限翻边系数。

影响圆孔翻边成形极限的因素主要有：

1. 材料的塑性

圆孔翻边时，变形区边缘产生的最大伸长变形为

$$\varepsilon = \frac{d_1 - d_0}{d_0} = \frac{1}{K} - 1 \tag{18-3}$$

或

$$K = \frac{1}{1 + \varepsilon} \tag{18-4}$$

式中 ε——材料伸长率。

由上式可知，材料的塑性指标越高，则极限翻边系数 K 越小，成形极限越大。

2. 孔的边缘质量

如果孔边缘有断裂或有毛刺，翻边时容易造成应力集中而产生裂纹。若孔边缘质量好，则有利于翻边成形，成形极限便越大。因此，预制孔常采用钻孔或在冲孔后整修，以改善孔的质量，提高成形极限。

3. 板料相对厚度 t/d_0

若 t/d_0 值越大，即材料相对越厚，则材料在断裂前的绝对伸长越大，成形极限便越大。

4. 凸模形状

用球形（锥形或抛物线形）凸模翻边时，孔缘会被圆滑地胀开，变形条件优

于平底凸模，故 K 值较小，形成极限较大。

表 18－1、表 18－2 为常用金属的极限翻边系数。

表 18－1 低碳钢极限圆孔翻边系数 K

凸模形式	孔的加工方法	d_0/t										
		100	50	35	20	15	10	8	6.5	5	3	1
球形凸模	钻 孔	0.7	0.6	0.52	0.45	0.4	0.36	0.33	0.31	0.3	0.25	0.2
	冲 孔	0.75	0.65	0.57	0.52	0.48	0.45	0.44	0.43	0.42	0.42	—
圆柱形凸模	钻 孔	0.8	0.7	0.6	0.5	0.45	0.42	0.4	0.37	0.35	0.3	0.25
	冲 孔	0.85	0.75	0.65	0.6	0.55	0.52	0.50	0.50	0.48	0.47	—

表 18－2 其他金属材料的极限翻边系数 K

毛坯材料	极限翻边系数		毛坯材料	极限翻边系数	
	K	K_{min}		K	K_{min}
白铁皮	0.70	0.65	钛合金 TA_1，（冷态）	0.64～0.68	0.55
黄铜 H_{62}，$t=0.5\sim6.0$mm	0.68	0.62	TA_1，（300～400℃）	0.40～0.50	—
铝，$t=0.5\sim5.0$mm	0.70	0.64	TA_5（冷态）	0.85～0.90	0.75
硬铝合金	0.89	0.80	TA_5（500～600℃）	0.65～0.70	0.55
			不锈钢、高温合金	0.65～0.69	0.57～0.61

注：竖边上允许有不大的裂纹时可用 K_{min}，而在一般情况下，均采用 K。

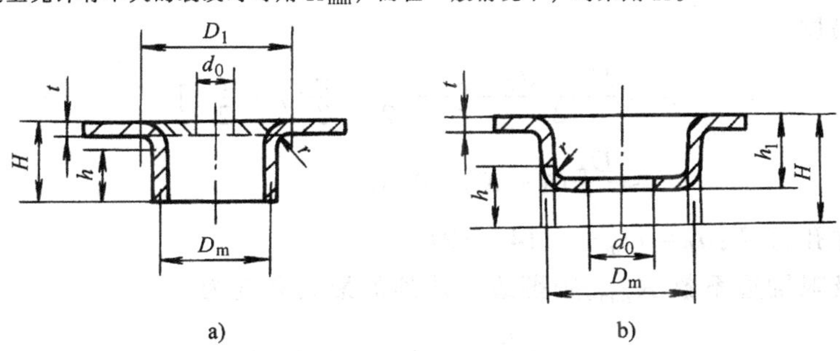

图 18－3 圆孔翻边工艺计算

三、圆孔翻边工艺计算

圆孔翻边的工艺计算主要是由翻边高度计算翻边圆孔的初始直径 d_0，或用 d_0 和翻边系数计算可达到的翻边高度。当采用平板毛坯不能直接翻出所需高度时，则应预拉深，然后在拉深件底部冲孔，再进行翻边。

1．平板毛坯翻边

翻边高度不大时，可将平板毛坯一次翻边成形，见图 18－3a，其预冲孔直径 d_0 可按弯曲件中性层长度不变的原则近似计算如下：

$$d_0 = D_1 - [\pi(r + \frac{t}{2}) + 2h] \qquad (18-5)$$

因为 $D_1 = D_m + 2r + t \quad h = H - r - t$

代入式 18－5 并简化后得

$$d_0 = D_m - 2(H - 0.43r - 0.72t) \qquad (18-6)$$

由式(18－6)可得

$$H = \frac{1}{2}(D_m - d_0) + 0.43r + 0.72t$$

$$= \frac{D_m}{2}(1 - K) + 0.43r + 0.72t \qquad (18-7)$$

式中符号见图 18－3a,其中 D_m 为中径。

由式(18－7)可知,当已知制件尺寸 D_m、r、t 时,只要选定许用翻边系数,即可确定翻边高度,对于最小翻边系数 K_{min}的极限翻边高度 H_{max}应为

$$H_{max} = \frac{D_m}{2}(1 - K_{min}) + 0.43r + 0.72t \qquad (18-8)$$

当制件高度 $H > H_{max}$时，则不可能一次翻边成形。必须先拉深，而后再冲孔翻边。

2. 拉深后再冲孔翻边

采用这种方法，先确定翻边部分的高度 h，再确定翻边预冲孔直径 d_0 和拉深部分的高度 h_1，见图 18－3b。

翻边高度

$$h = \frac{D_m - d_0}{2} - [r + \frac{t}{2} + \frac{\pi}{2}(r + \frac{t}{2})]$$

$$\approx \frac{D_m}{2}(1 - K) + 0.57r \qquad (18-9)$$

而预冲孔直径:$d_0 = D_m + 1.14r - 2h$ (18－10)

若取极限翻边系数 K_{min},则翻边能达到的最大高度为

$$h_{max} = \frac{D_m}{2}(1 - K_{min}) + 0.57r \qquad (18-11)$$

$$d_0 = K_{min} D_m \qquad (18-12)$$

于是，翻边前，即拉深后的半成品高度 h_1 为

$$h_1 = H - h + r + t \qquad (18-13)$$

或

$$h_1 = H - h_{max} + r + t \qquad (18-14)$$

式（18－9）～式（18－14）中的符号见图 18－3b。

对于翻边高度较大的制件，除采用先拉深再翻边的方法外，也可采用多次翻边的方法成形，但在工序之间需要退火，且每次所用的翻边系数应逐次增大15%～20%。

四、圆孔翻边力的计算

1. 采用圆柱形平底凸模时，其翻边力可按下式计算

$$P=1.1\pi(D_m-d_0)t\sigma_s \tag{18-15}$$

式中 P——翻边力，单位为N；

D_m——翻边后竖边的中径，单位为mm；

d_0——毛坯孔直径，单位为mm；

t——毛坯板料厚度，单位为mm；

σ_s——材料的屈服极限，单位为MPa。

翻边凸模的圆角半径 r_p 对翻边力有较大影响，增大 r_p 可以降低翻边力。

2. 采用球形凸模时，其翻边力可按下式计算

$$P=1.2\pi D_m tm\sigma_s \tag{18-16}$$

式中 m——系数，其值可查表18-3。

表18-3 系数 m 之值

K	m
0.5	0.2～0.25
0.6	0.14～0.18
0.7	0.08～0.12
0.8	0.05～0.07

注：表中 K 为翻边系数。

五、翻边凸模与凹模的间隙

若制件对翻边后的竖边没有垂直度要求，则间隙可适当放大，这样，可大大降低翻边力。对圆角半径小而竖边又高的翻边件，或是对竖边有垂直度要求的翻边件，凸模与凹模的单边间隙可取（0.75～0.85）t，例如，应用于螺纹底孔或与轴配合的小孔的翻边。凸模与凹模的间隙也可查表18-4。

表18-4 翻边模凸模和凹模的单边间隙

t/mm	0.3	0.5	0.7	0.8	1.0	1.2	1.5	2.0
平板毛坯翻边 c_1/mm	0.25	0.45	0.6	0.7	0.85	1.0	1.3	1.7
拉深后翻边 c_2/mm	—	—	—	0.6	0.75	0.9	1.1	1.5

六、翻边凸模的形式

图18-4是常用的圆孔翻边凸模的形状和主要尺寸。其中，图a适用于竖边内孔 $D_0>10$mm 的翻边，图b可用于不用定位销时的任意孔翻边。图c可用于

同时完成冲孔和翻边，图 d 适用于竖边内径 $D_0 \leqslant 10$mm 的翻边。

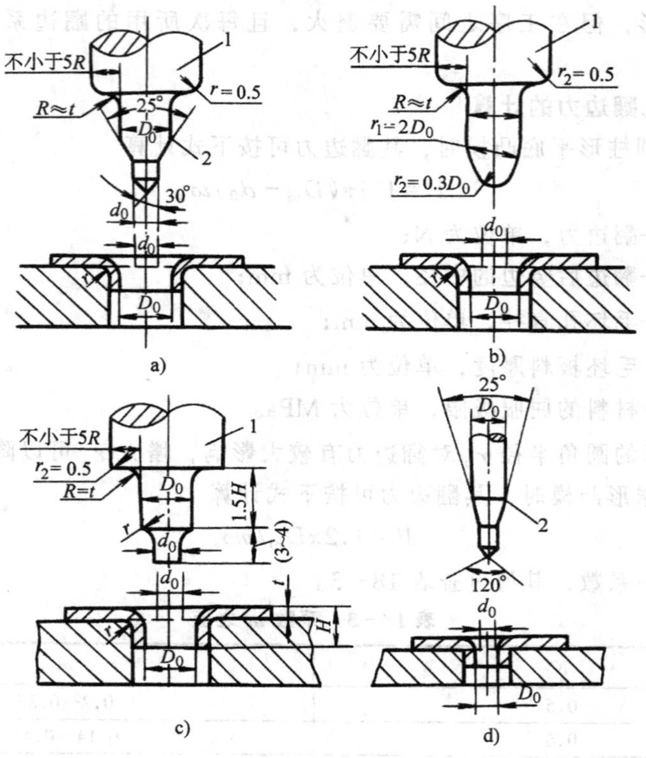

图 18－4　常用圆孔翻边凸模的形状和尺寸

第十九章　压塑模设计

第一节　概　　述

压塑模（又称压缩模、压制模）主要用于成型热固性塑料，其成型过程是：根据压塑成型工艺条件先将模具加热到成型温度，然后将塑粉或预压料片加入模腔，塑料在热和压力作用下，熔融成粘流态而充满型腔，再经过保压一段时间后，逐渐固化成型，然后开模取出塑料制件。

一、压塑模的结构

典型的压塑模的结构如图 19－1 所示。它由分装于在压机上压板的上模和下压板的下模两大部分组成。上下模闭合使装于加料室和型腔中的塑料受热受压，成为熔融态充满整个型腔，在制件固化成型后，上、下模开启利用顶出装置将制件顶出，压塑模具可进一步分为以下几大部件：

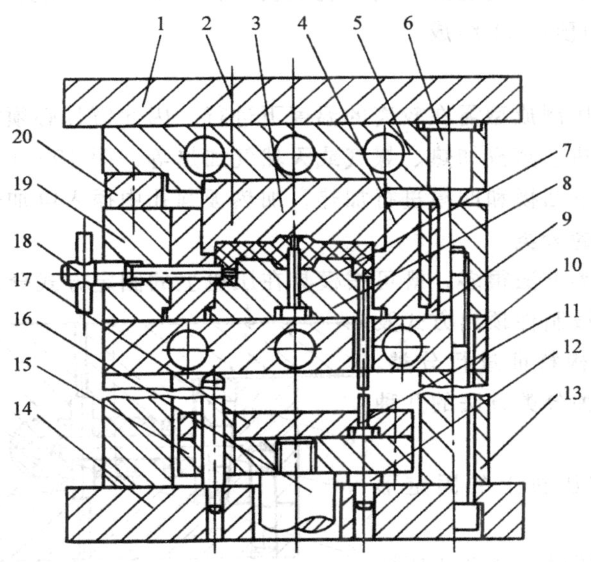

图 19－1　典型压模结构

1—上板　2—螺钉　3—上凸模　4—凹模　5—加热板　6—导柱　7—型芯　8—下凸模　9—导套　10—加热板　11—顶杆　12—挡钉　13—垫板　14—底板　15—垫板　16—拉杆　17—顶杆固定板　18—侧型芯　19—型腔固定板　20—承压板

1. 型腔

型腔是直接成型塑件的部位。加料时型腔与加料室起装料的作用，图示的模具型腔由上凸模 3、下凸模 8 及凹模 4 构成，凸模与凹模有多种配合形式，对制件成型影响很大。

2. 加料室

指凹模 4 的上半部，图中为凹模断面尺寸扩大部分，由于塑料与制品相比具有较大的比容，成型前型腔不能完全容纳全部原料，因此在型腔之上需设置一段加料室。

3. 导向机构

图 19－1 中由布置在模具上周边的四根导柱 6 和导套 9 组成。导向机构用来保证上下模合模的对中性。为了保证推出机构上下运动平稳，该模具在底板 14 上设有二根推板导柱，在推板上还设有推板导套。

4. 侧向分型抽芯机构

压制带有侧孔、侧凹的制件，模具必须设有各种侧向分型抽芯机构，制件方能脱出，图示制件带有侧孔；在顶出之前用手动丝杆 18 抽出侧型芯。

5. 脱模机构

固定式压塑模在模具上必须设有脱模机构，图 19－1 中脱模机构由垫板 15、顶杆固定板 17 和顶杆 11 组成。

6. 加热系统

热固性塑料压制成型需在较高的温度下进行，因此模具必须加热，常见的加热方式有：电加热、蒸汽加热、煤气或天然气加热等，图 19－1 中加热板 5、10 分别对上凸模、下凸模和凹模进行加热，加热板圆孔中插入电加热棒。

二、压塑模的分类

压塑模的分类方法很多，既可按模具在压机上的固定方式分，也可按加料室的形式分，还可按制件顶出方式及模具的上下模结构特征进行分类。下面介绍按前两种分类方法的几种形式。

1. 按模具在压机上的固定形式分类

（1）移动式压模　移动式压模如图 19－2 所示。

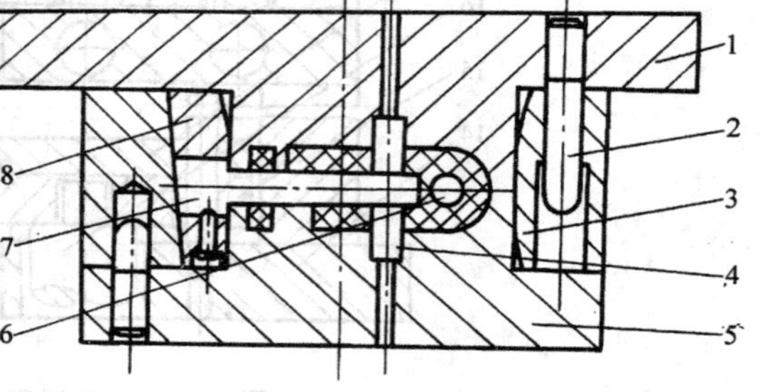

图 19－2　移动式压塑模

1—凸模（上模）　2—导柱　3—凹模（加料室）　4—型芯　5—下凸模　6、7—侧型芯　8—凹模拼块

模具不固定在压机上，成型后将模具从压机上移出用卸模专用工具（如卸模架）开模，先抽出侧型

芯，再取出塑件。在清理型腔及加料腔后，将模具重新组合好，送到压机上，然后开始下一个循环的压制成型。其特点是结构简单，制造周期短，但因移模开模取件均为手工进行，劳动强度大、模具易磨损，一般适宜于压缩成型批量不大的中小型塑件，以及形状较复杂，嵌件较多，加料困难及带有螺纹的嵌件。模具重量一般不宜超过 20kg。

（2）半固定式压塑模　半固定式压塑模如图 19－3 所示。开合模在机内进行，一般将上模固定在压机上，下模可沿导轨移动，用定位块定位，合模时靠导向机构定位。也可按需要采用下模固定的形式，工作时则移出上模，用手工取件或卸模架取件。该类结构便于加料及安放嵌件，劳动强度较低，当模具较大或嵌件较多时，为方便操作，可采用此类模具结构。

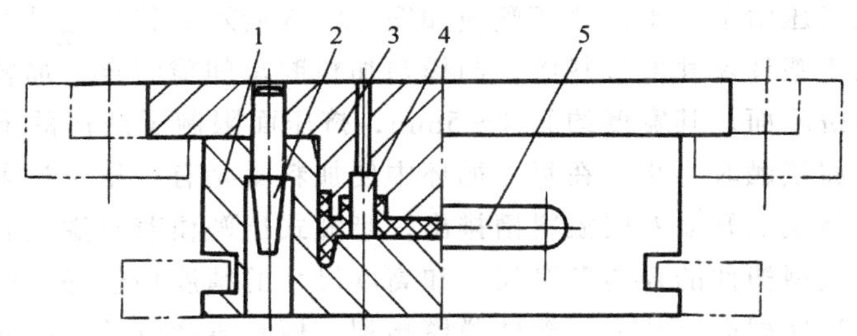

图 19－3　半固定式压模

1—凹模（加料室）　2—导柱　3—凸模（上模）　4—型芯　5—手柄

（3）固定式压塑模　固定式压塑模如图 19－1 所示。上下模均固定在压机上，开模、合模、脱模等工序均由压机完成，生产效率高，操作简便，劳动强度小，开模震动小，模具寿命长，但结构复杂，成本高，且安放嵌件不方便。适用于成型批量较大或尺寸较大的塑件。

2．根据模具加料室的形式分类

（1）溢式压塑模　溢式压塑模如图 19－4 所示。这种模具无加料腔，型腔高度 h 基本上就是塑件高度，由于凸模与凹模无配合部分，完全靠导柱定位，故压制时，塑件的径向壁厚尺寸精度不高，而高度尺寸尚可。成型多余物料很容易从分型面处溢出。宽度 B 为环形挤压面，可通过减小 B 值来减薄飞边的厚度。此类模具对加料量精度要求不高，加料量一般稍大于塑件质量 5％～9％，塑件

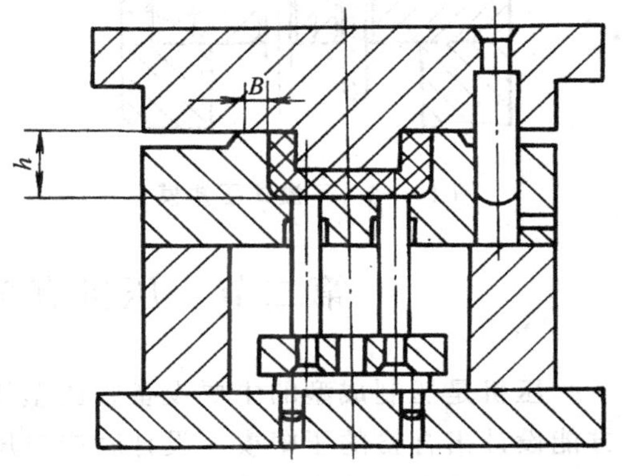

图 19－4　溢式压塑模

成型后其密度不高，常用预压型坯进行压制成型，适用成型厚度不大，尺寸小和形状简单的塑件。

(2) 不溢式压塑模　不溢式压塑模如图 19－5 所示。这类模具加料腔是型腔上部断面的延续，无挤压面，凸模与加料腔有较高的配合精度，塑件成型后径向壁厚尺寸精度较高。理论上压机所施的压力全部作用在塑件上，塑件的溢出量很少，成型台的塑件密实性好，强度高。该类模具对加料量的精度要求较高，适用于成型形状复杂、壁薄和深形塑件，也适于成型流动性较小，单位比压高、比密大的塑料。不足的是，凸模与加料腔侧壁易相互擦伤，塑件脱模较其他种类模具难度要大，模具上一般均必须设置顶出装置。不溢式压模一般不宜设计成多腔模，因为加料不均衡就会造成种型腔压力不等，而引起一些制件欠压。

(3) 半溢式压塑模　半溢式压塑模如图 19－6 所示。其特点是在型腔上方设一截面尺寸大于塑件尺寸的加料腔，凸模与加料腔呈间隙配合，加料腔与型腔分界处有一环形挤压面，其宽度约为 4～5mm，挤压面限制了凸模的下压行程，凸模下压到挤压面接触时为止，在每一循环中使加料量稍有过量，过剩的原料通过配合间隙或在凸模上开设专门溢料槽排出，半溢式压塑模兼有溢式和不溢式压塑模的优点，所成型塑件的径向壁厚尺寸和高度尺寸的精度均较好，密度高，由于加料腔尺寸较塑件截面尺寸大，塑件脱模顺利，模具寿命较长，因此得到了广泛的应用。

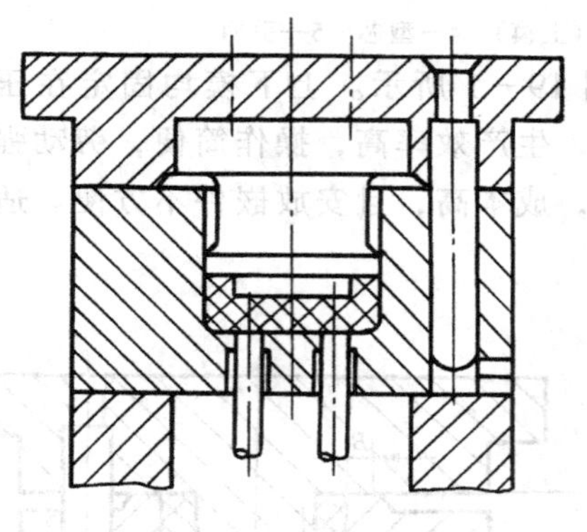

图 19－5　不溢式压塑模

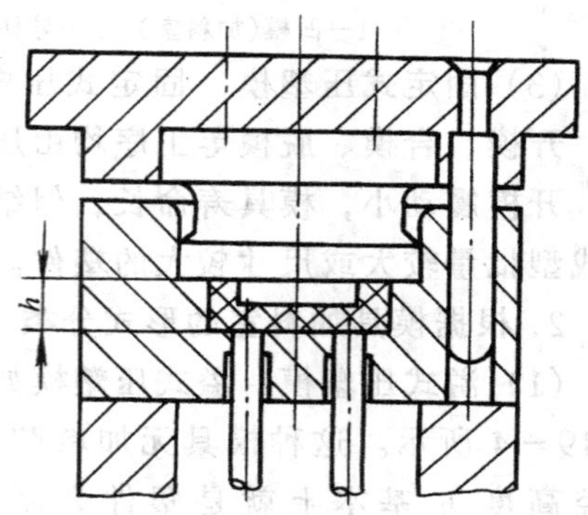

图 19－6　半溢式压塑模

第二节　压机有关工艺参数的校核

压机是压制成型的主要设备，压塑模设计者必须熟悉压机的主要技术规范，方能设计出合格的压塑模，设计时应对压机校核的参数有以下几个方面。

一、成型总压力的校核

成型总压力是指塑料压塑成型时所需的压力。它与塑件几何形状，水平投影面积，成型工艺，塑料种类等因素有关，成型总压力必须满足下式：

$$F_m \leqslant KF_p \tag{19-1}$$

式中 F_m——模具成型塑件所需的成型总压力，单位为N；

F_p——压机的公称压力，单位为N；

K——修正系数，一般取0.75～0.90，视压机新旧程度而定。

模具成型塑件时所需的总压力如下：

$$F_m = 10^6 nAP \tag{19-2}$$

式中 n——型腔数目；

A——每一型腔加料室的水平投影面积，单位为m^2；

P——塑料压塑成型时所需的单位压力，单位为MPa，见表4-1。

当选定压机即确定压机的成型能力后，可确定型腔的数目，由式（19-1）和式（19-2）中可得：

$$n \leqslant \frac{KF_p}{10^6 AP} \tag{19-3}$$

二、开模力和脱模力的校核

1.开模力的计算

开模力可按下式计算

$$F_k = k_1 F_m \tag{19-4}$$

式中 F_k——开模力，单位为N；

k_1——系数。塑件形状简单，凸凹模配合部分不高时取0.1，较高时取0.15；形状复杂，配合部分较高时取0.2。

用机器力开模，因 $F_p > F_m$，F_k 是足够的，不需要校核。

2.脱模力计算

脱模力是将塑件从模具中顶出的力，必须满足

$$F_d > F_t \tag{19-5}$$

式中 F_d——压机的顶出力，单位为N；

F_t——塑件从模具内脱出所需的力，单位为N。脱模力计算公式如下：

$$F_t = 10^6 A_c P_j \tag{19-6}$$

式中 A_c——塑件侧面积之和，单位为m^2；

P_j——塑件与金属的结合力，单位为MPa，见表19-1。

表19-1 塑件与金属结合力

塑件性质	P_j
含木纤维和矿物填料的塑料	0.49
玻璃纤维塑料	1.47

三、压塑模合模高度和开模行程的校核

为了使模具正常工作，就必须使模具的合模高度和开模行程与液压机上下工作台面之间的最大和最小开距以及活动压板的工作行程相适应，即：

$$h_{min} \leqslant h < h_{max} \tag{19-7}$$

$$h = h_1 + h_2 \tag{19-8}$$

式中 h_{min}——压机上下模板之间的最小距离；

h_{max}——压机上下模板之间的最大距离；

h——合模高度；

h_1——凹模高度（见图 19-7）；

h_2——凸模台肩高度（见图 19-7）。

如果 $h < h_{min}$，上下模不能闭合，压机无法工作，这时在上下压板间必须加垫板，以保证 $h_{min} \leqslant h$ + 垫板厚度。

h_{max}除满足 h 外，还要求大于模具的闭合高度加开模行程之和，如图 19-7 所示，以保证顺利脱模。即：

$$h_{max} \geqslant h + L \tag{19-9}$$

$$L = h_s + h_t + (10 \sim 30)\text{mm} \tag{19-10}$$

故

$$L = h_{max} \geqslant h + h_s + h_t + (10 \sim 30)\text{mm} \tag{19-11}$$

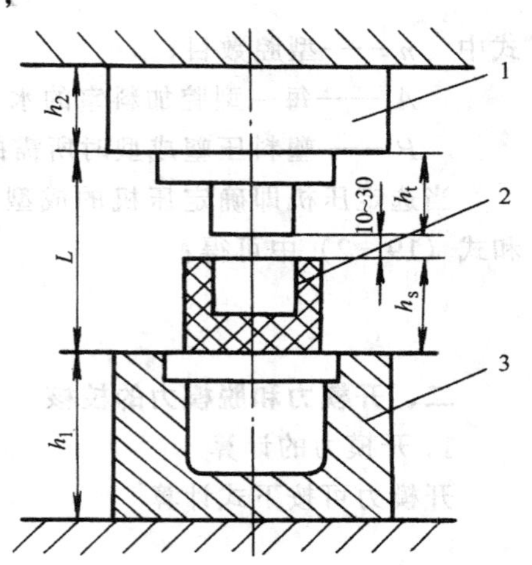

图 19-7 模具高度和开模行程

1—凸模 2—塑件 3—凹模

式中 h_s——塑件高度，单位为 mm；

h_t——凸模高度，单位为 mm；

L——模具最小开模距，单位为 mm。

四、压机工作台面有关尺寸校核

压塑模设计时应根据压机工作台面规格及结构来确定模具相应的尺寸。模具宽度应小于压机立柱或框架之间的距离，便模具能顺利地通过其间在工作台上安装。压塑模的外型尺寸不应超过压机工作台面尺寸，以便于压模安装固定。

压机的上下工作台均设有 T 型槽，T 型槽有对角度线开设和平行开设两种方式，视压机而定。压模可用螺钉直接固定在工作台上，但模具上开设的固定孔或槽必须与工作台上的 T 型槽位置相一致；压模也可用压板固定在工作台上，此时上模底板及下模底板的尺寸就比较随意，只需留有宽度 15～30mm 的突缘台阶即可。

五、压机顶出机构的校核

除小型简易压机不设置任何顶出机构外，上压式压机的顶出机构常见的有手

动顶出机构，顶出托架和液压顶出机构三种，现分述如下：

1. 手动顶出机构

手动顶出机构如图 19-8a 所示，通过手轮或手柄带动齿轮旋转，齿轮与下模板正中的顶出杆齿条相互啮合而得到顶出与回程运动。

2. 顶出托架　顶出托架如图 19-8b 所示，在上下工作台两边有对称的两根拉杆，当上工作台升到一定高度时，与拉杆调节螺母相接触，通过两侧的拉杆拖动位于下工作台下方的托架（横梁），托架托起中心顶杆顶出制件。

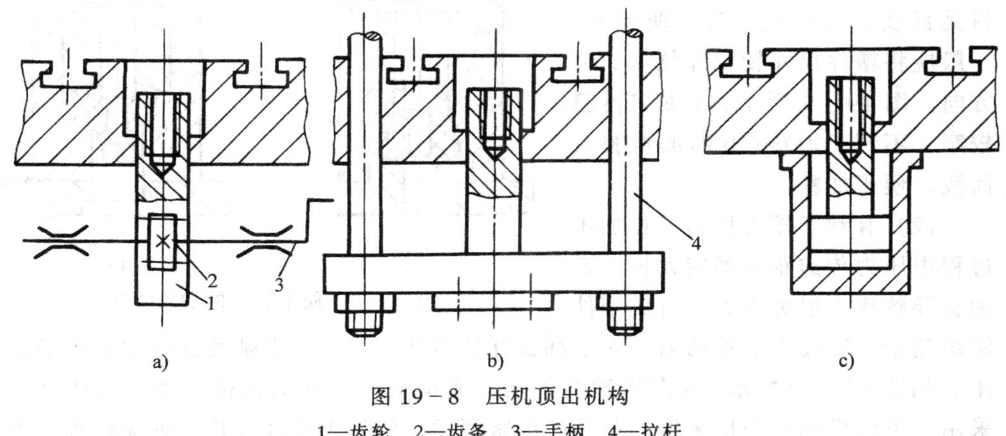

图 19-8　压机顶出机构

1—齿轮　2—齿条　3—手柄　4—拉杆

3. 液压顶出机构

液压顶出机构如图 19-8c 所示，在下工作台正中设有顶出液压缸，缸内有差动活塞，可带动顶杆作往复运动，顶杆的正中可通过螺孔或 T 型槽与顶出机构的尾轴相连接。

设计压塑模时模具的顶出装置应与压机顶出机构适应，模具所需要的顶出行程应小于压机最大顶出行程。此外模具的顶出装置与压机的顶出机构是通过尾杆来连接的，所以尾轴的结构必须与压机和模具的推出机构相适应。

第三节　压塑模成型零件设计

与塑料直接接触用以成型制件的零件叫做成型零件。成型零件组成压塑模的型腔，由于压塑模加料腔与型腔凹模组成一体，因此加料腔结构和尺寸计算也在本节中一并讨论。

压塑模的成型零件包括凹模、凸模、瓣合模、型芯，成型杆等。设计时，首先应确定型腔的整体结构，凹模与凸模之间的配合结构及成型镶件的结构。在型腔结构确定后还应根据制件尺寸确定型腔尺寸；根据制件重量和塑料品种确定加料室尺寸；根据型腔结构和尺寸、压制压力大小确定型腔壁厚等。

一、型腔总体设计

型腔总体设计包括制件在模具内加压方向的选择，凸模与凹模的配合结构选择，分型面位置选择等。

1. 塑件在模具内施压方向的选择

所谓施压方向即凸模作用方向。加压方向对塑件质量、模具的结构和脱模的难易都有重要影响，在决定施压方向时，应考虑下述因素：

（1）便于加料　压塑成型时物料是直接加入模腔，为方便加料，一般应将塑件尺寸较大部位对加料方向。图 19－9 所示，a 图加料腔较窄，不利于加料；b 图加料腔大而浅，便于加料。

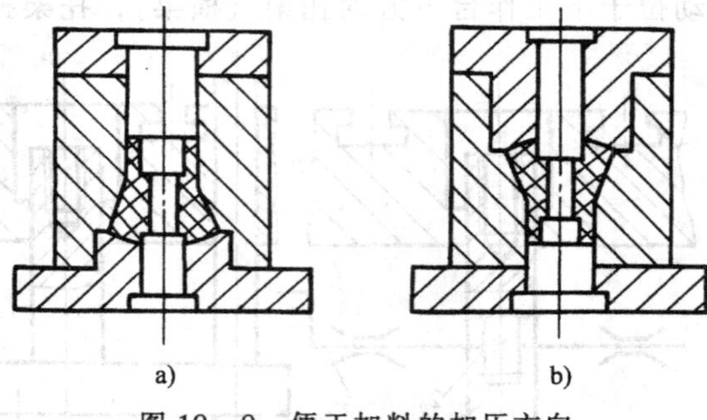

图 19－9　便于加料的加压方向

（2）有利于压力传递　在加压过程中压力传递距离不应太长，否则会导致压力损失太大，造成塑件组织疏松，密度上下不均匀，对于细长杆管类塑件，应将沿轴线加压改为水平加压。如图 19－10 所示。a 图沿轴线加压，成型塑件底部疏松密度小，虽然可以采用上下凸模同时加压来增加制件底部紧密度，但如果制件过长，则疏松现象仍难以避免。图 b 将制件横放，采用水平加压的方法即可克服上述缺陷，但在塑件外圆上将会产生分型痕迹，且型芯过于细长时，还易发生弯曲。

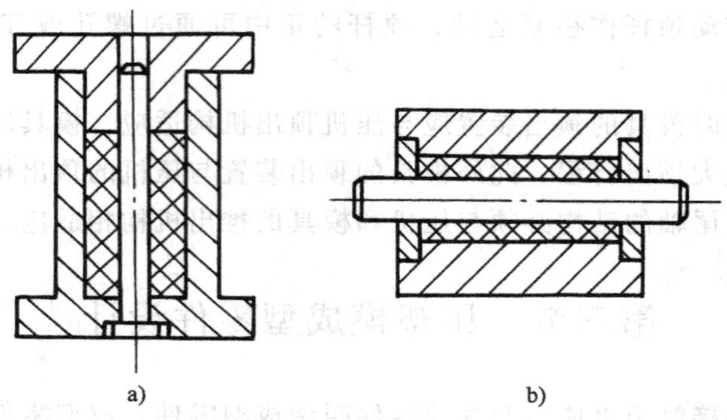

图 19－10　有利于压力传递的加压方向

（3）便于安放和固定嵌件　当制件上有嵌件时，应优先考虑将嵌件安装在下模上。如将嵌件安装在上模上，如图 19－11a 所示，则比较费事，而且若嵌件不慎落下，还会压坏模具。若将嵌件改装在下模，如图 19－11b 所示，成为所谓的倒装式压塑模，则不但操作方便，而且可以利用嵌件顶出塑件。

（4）便于塑料流动　要使成型时塑料流动方便，加压时应使料流方向与压力

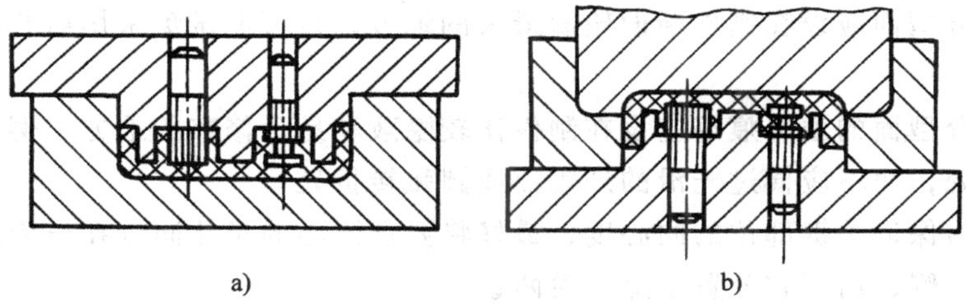

图 19－11 便于安放嵌件的加压方向

方向一致。如图 19－12a 所示，型腔设在上模，凸模位于下模，加压时，塑料逆着加压方向流动，同时由于在分型面（挤压边）上需要切断产生的飞边，故需要增大压力。而图 19－12b 中，型腔设在下模，凸模位于上模，加压方向与料流方向一致，能有效地利用压力。

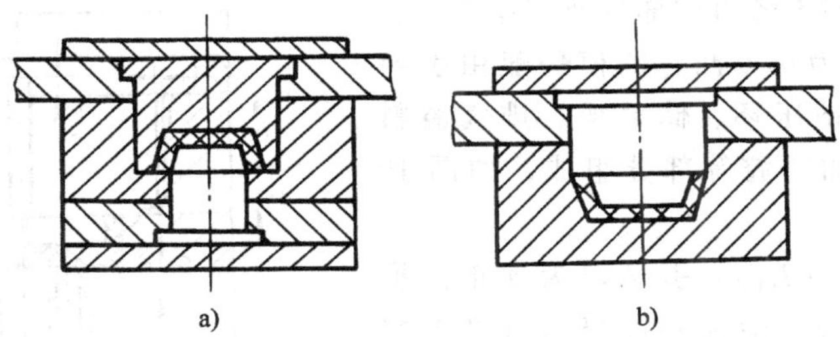

图 19－12 便于塑料流动的加压方向

(5) 保证凸模强度　无论从正面或从反面加压都可以成型，但加压时上凸模受力较大，故上凸模形状越简单越好，如图 19－13 所示，b 图结构要比 a 图结构更为合理。

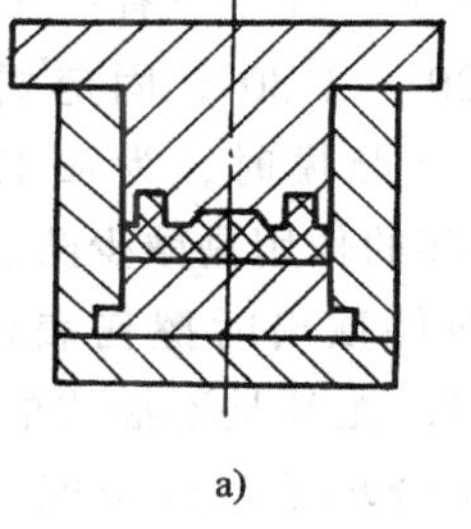

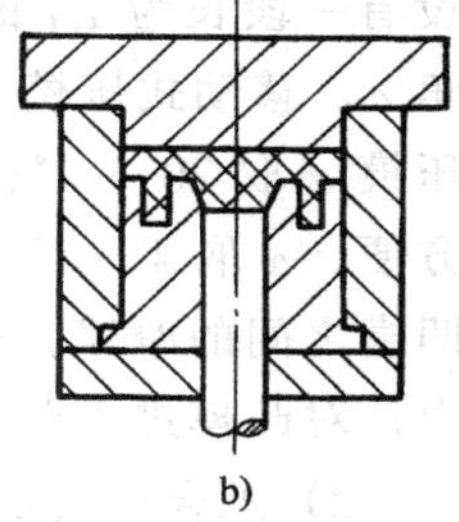

图 19－13 有利于凸模强度的加压方向

(6) 保证重要尺寸的精度，沿加压方向的塑件高度尺寸因溢边厚度不同和加料量不同而变化（尤其是不溢式压模），故精度要求较高的尺寸不宜设在加压方向上。

(7) 长型芯位于施压方向　当塑件多个方向需侧向抽芯，而且利用开模力作侧向机动分型抽芯时，宜将抽芯距离长的型芯设在加压方向，而将抽芯距较短的型芯设在侧面作侧向分型抽芯。

2. 分型面位置和形状的选择

分开模具取出制件的面称为分型面。当施压方向选定后即可确定分型面的位置，为保证制件质量，方便操作，应考虑如下一些因素：

(1) 分型面应设在制件断面轮廓最大的地方，尽可能避免采用瓣合模和侧抽芯；

(2) 分型面的溢料痕迹应设在制件比较隐蔽和易于修整的地方，例如塑件直角度转折处，而不应横过光滑的外表面或圆弧转折处。

(3) 为保证关键部位的同心度，最好将要求同心的尺寸同设在压模的下模一侧或上模一侧，而不宜分置于上下模两边。

(4) 因为一般压机的顶出机构均在压机的下方，故选择分型面时，尽量使开模时制件能留在下模一方。

3. 凸模和凹模的配合结构选择

各类压塑模的凸模和凹模的配合结构各不相同，因此应从塑料特点，塑件形状、塑件密度、脱模难易、模具结构等方面加以合理选择。

(1) 凸、凹模各组成部分及其作用，以半溢式压塑模为例，凸、凹模一般由引导环、配合环、挤压环、储料槽、排气溢料槽、承压面、加料腔等部分组成，如图 19－14 所示。

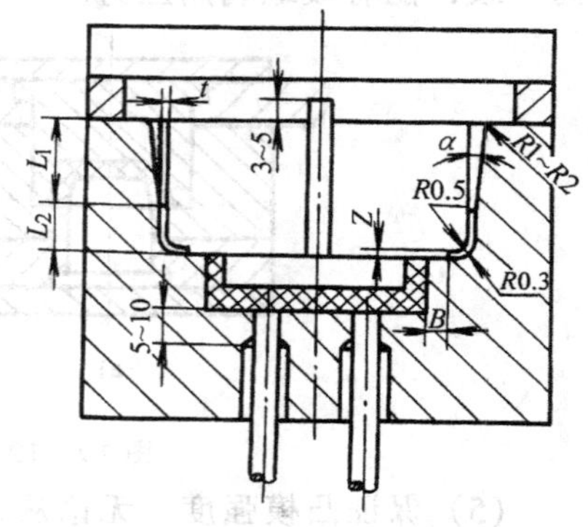

图 19－14 压塑模的凸模、凹模各组成部分

1) 引导环（L_1）。引导环为导正凸模进入凹模的部分，除加料腔极浅（高度在 10mm 以内）的凹模外，一般在加料腔上部设有一段长为 L_1 的引导环，引导环有一斜角 α。移动式压模 α 取 20′～1°30′；固定式压模 α 取 20′～1°；有上下凸模时，为加工方便，α 取 4°～5°。引导环的作用是减少凸、凹模之间的摩擦，避免塑件顶出时擦伤表面，并可延长模具寿命，减少开模阻力；对凸模进入凹模导向，尤其是不溢式的结构，其作用更为明显。

2) 配合环（L_2）。配合环是凸模与凹模加料腔的配合部分，它的作用是保证凸模与凹模定位准确，阻止塑料溢出，通畅地排出气体。凸凹模配合间隙应按照塑料的流动性及塑件尺寸大小确定。正确的方法是用热固性塑料的溢料值作为决定间隙的标准，一般取单边间隙 $t=0.025\sim0.075$mm。配合环的长度 L_2 应按凸凹模的配合间隙确定。一般移动式模具取 $L_2=4\sim6$mm；固定式模具，若加料室高度 $H\geqslant30$mm 时，取 $L_2=8\sim10$mm。

3) 挤压环（B） 挤压环的作用是限制凸模下行位置，并保证最薄的水平飞边。挤压环主要用于半溢式和溢式压模，不溢式压模没有挤压环。挤压环宽度 B 值按塑件大小、塑料种类、模具用钢而定。一般取 $B=2\sim2.5$mm。

4) 储料槽。图 19－14 中凸凹模配合处留下一个空间 Z 为储料槽，其作用是储存压制成型时溢出的多余余料。Z 值应根据塑件大小，塑料种类及凸凹模整体结构确定。

5）排气溢料槽。为了减少飞边，保证塑件精度及塑料成型时必须将产生的气体及部分余料排出模外。一般可通过压制过程中的“排气”操作或利用凸凹模配合间隙来实现排气。但当成型形状复杂的塑件及流动性较差的纤维填料的塑料时，或在压制过程中不能排出气体时，则应在凸模上选择适当的位置开设排气溢料槽。图 19－15 为半溢式压塑模排气溢料槽的形式。图 a 为圆形凸模上开设出 0.2～0.3mm 的凹槽，凹模与凹模内圆面间形成溢料槽；图 b 为在圆形凸模上磨出深 0.2～0.3mm 的平面进行排气溢料；图 c 和图 d 是矩形截面凸模上开设排气溢料槽的形式。排气溢料槽应开到凸模的上端，使合模后高出加料腔上平面，以便使余料排出模外。

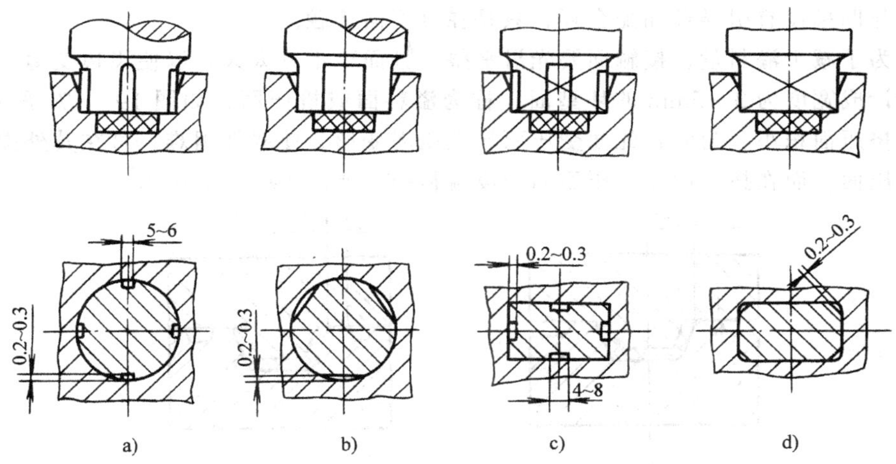

图 19－15　半溢式固定式压塑模排气溢料槽

6）承压面。承压面的作用是减轻挤压环的截荷，延长模具的使用寿命。承压面的结构形式如图 19－16 所示，图 a 是以挤压环作为承压面，模具容易变形或压坏，但飞边较薄；图 b 的形式凸凹模之间留有 0.03～0.05mm 的间隙，由凸模固定板与凹模上端面作承压面，可防止挤压环变形损坏，延长模具寿命，该结构主要用于移动式压模。对于固定式压模通常采用图 c 所示承压块的形式，通过调节承压块的厚度可以控制凸模进入凹模的深度或与挤压环之间的间隙，减少飞边厚度，承受压机余压。承压块的形式视凹模上端面结构形式确定。

7）加料腔。加料腔是供容纳塑料原料用的空间，其结构形式及有关计算将在后面讨论。

(2) 凸凹模配合的结构形式　压塑模凸模与凹模配合的结构形式及该处的尺寸是压模设计的关键所在，结构形式设计的好坏直接影响压制成型过程及成型塑件质量的好坏。其结构形式及尺寸依压塑模类型的不同而不同，现分述如下：

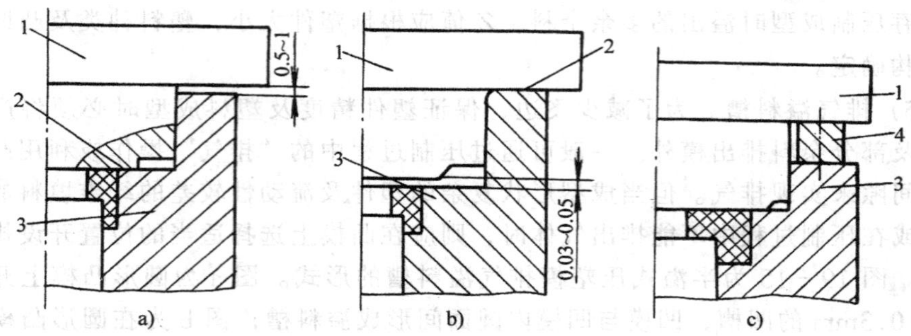

图 19－16 压塑模承压面结构形式

1—凸模固定板 2—凸模 3—凹模 4—承压块

1）溢式压塑模的配合形式。溢式压塑模没有加料腔，仅利用凹模型腔装料，凸模与凹模没有引导环和配合环，只是在分型面接触。

为了减少溢料量，接触面要光滑平整，且面积不宜太大，以使飞边变薄，一般设计成宽度为 3～5mm 的环型面，称为溢料面或挤压面，如图 19－17a 所示。由于挤压面积小，为防止此面受压而导致压塌变形，使取件困难，可在其外围另设承压面，而在挤压面和承压面间开设溢料槽，如图 19－17b 所示。

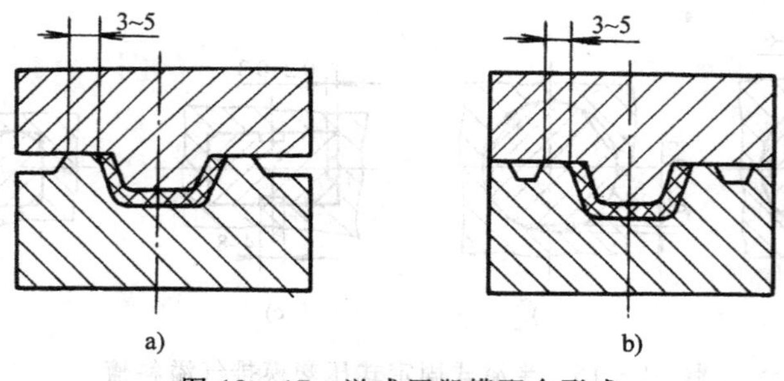

图 19－17 溢式压塑模配合形式

2）不溢式压塑模的配合形式。不溢式压塑模的加料腔是型腔的延续部分，两者截面形状相同，一般没有挤压边，但有引导环、配合环和排气溢料槽，配合环的配合精度为 H8/f7 或单边 0.025～0.075mm。图 19－18 为不溢式压塑模常用的配合形式，图 a 因加料腔较浅没有设置引导环结构，图 b 有引导环结构。该配合形式的缺点是凸模与加料腔侧壁的摩擦，使加

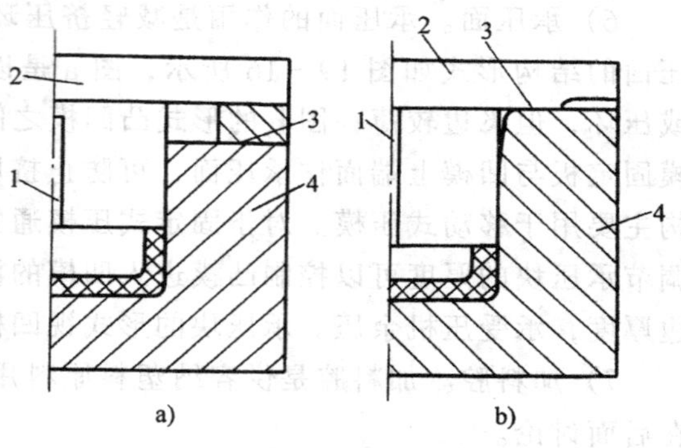

图 19－18 不溢式压塑模配合形式

1—排气溢料槽 2—凸模 3—承压面 4—凹模

料腔逐渐损伤，造成塑件脱模困难，且塑件外表面很易擦伤，为此可采用图19－19的改进形式。图a是将凹模型腔延长0.8mm后，每边向外扩大0.3～0.5mm，减少塑件顶出时的磨擦，同时凸模与凹模间形成空间，供储存余料用；图b是将加料腔扩大，然后再倾斜45°的形式；图c适于带斜边的塑件。

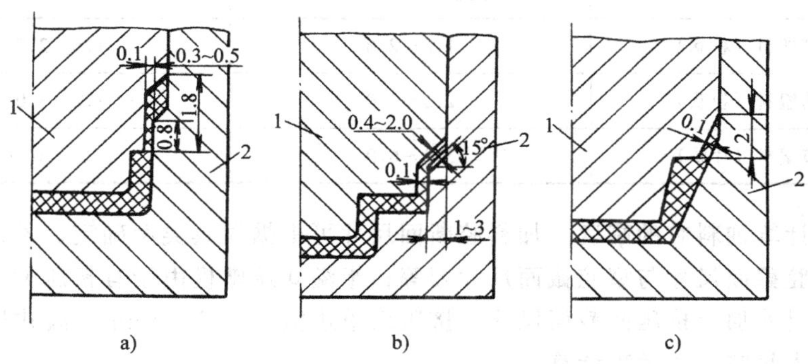

图19－19　不溢式压塑模的改进形式

1—凸模　2—凹模

3）半溢式压塑模的配合形式。图19－14为半溢式压塑模的配合形式，该形式的最大特点是带有水平的挤压环，同时凸模与加料腔间的配合间隙或溢料槽可以排气溢料。凸模的前端制成半径为0.5～0.8mm的圆角度或45°的倒角度。加料腔的圆角半径则取0.3～0.5mm，这样可增加模具强度，便于清理废料。对于加料深的凹模，其引导环的设置是不可少的，加料腔深度小于10mm的可直接制出配合环，引导环与配合环的结构与不溢式压塑模类似。半溢式压塑模凸、凹模配合为H8/f7或单边间隙为0.025～0.075mm。

4．加料腔尺寸的计算

设计压塑模加料腔时，必须进行高度尺寸计算，以单型腔压模为例，其计算步骤如下：

（1）计算塑件的体积　简单几何形状的塑件可用一般几何方法计算；复杂形状塑件，可分成若干个规则的几何形状分别计算，然后求其总和。

（2）计算塑件所需原料的体积

$$V_{sl}=(1+K)kV_s \tag{19-12}$$

式中　V_{sl}——塑件所需原料的体积；

K——飞边溢料系数，通常取塑件净重的5%～10%；

k——塑料的压缩比（见表19－2）；

V_s——塑件的体积。

当塑件重量已知时，可根据其重量求得其塑料原来的体积；

$$V_{sl}=(1+k)mV^2 \tag{19-13}$$

式中 m ——塑件的重量；

V ——塑料的比容（见表 19－2）。

表 19－2 常用热固性塑料比容、压缩比

塑 料 名 称	比容 V (cm^3/g)	压 缩 比
酚醛塑料（粉状）	1.8～2.8	1.5～2.7
氨基塑料（粉状）	2.5～3.0	2.2～3.0
碎布塑料（片状）	3.0～6.0	5.0～10.0

（3）计算加料腔的高度　加料腔断面尺寸可根据模具类型确定，不溢式压塑模的加料腔截面尺寸与型腔截面尺寸相等；半溢式压塑模由于有挤压面，所以加料腔截面尺寸加上挤压面截面尺寸，挤压面单边宽度为 3～5mm；溢式压塑模凹模型腔即为料腔，故无需计算。

当算出加料腔截面面积后，就可以根据不同情况对加料腔高度进行计算，其高度为：

$$H=\frac{V_{sl}-V_j\pm\sum V_d}{A}+(5\sim10)\text{mm} \qquad (19-14)$$

式中 H ——加料室高度，单位为 mm；

V_j ——挤压边以下型腔体积，单位为 mm^3；

$\sum V_d$——下凸模（下型芯）成型部分体积之和，单位为 mm^3，当下凸模（下型芯）的高度高出挤压边时，即它占用了加料室的体积，这时取正值；反之取负值；当其高度较小时，可忽略不计；

A ——加料室截面积，单位为 mm^3。

例　有一塑件如图 19－20 所示，物料密度为 $1.4g/cm^3$，压缩比为 3，飞边重量按塑件净重的 10％计算，求半溢式压塑模加料室的高度。

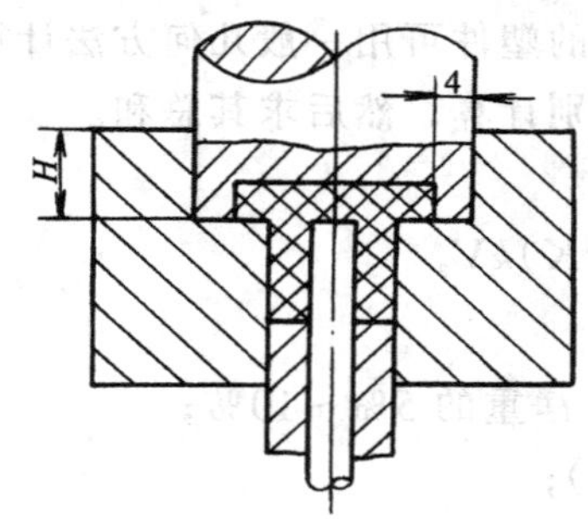

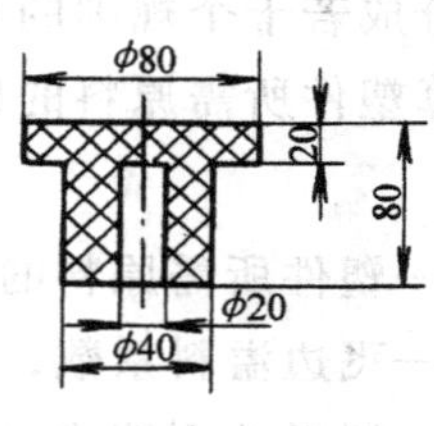

图 19－20　加料室高度计算

解　（1）计算塑件体积 V_s

$$V_s = \frac{\pi D_1^2}{4}h_1 + \frac{\pi(D_2^2 - D_3^2)}{4}(h_2 - h_1)$$

$$= \left[\frac{\pi\times 80^2}{4}\times 20 + \frac{\pi(40^2 - 20^2)}{4}\times(80-20)\right]\text{mm}^3$$

$$= 157\times 10^3\text{mm}^3$$

（2）计算塑件所需原料的体积 V_{sl}

$$V_{sl} = (1+K)\ kV_s$$

$$= (1+10\%)\ \times 3\times 157\times 10^3\text{mm}^3$$

$$= 518.3\times 10^3\text{mm}^3$$

（3）计算加料室截面积 A

$$A = \frac{\pi(D_1 + 4\times 2)^2}{4}$$

$$= \frac{\pi\times(80+8)^2}{4}\text{mm}^2$$

$$= 60.8\times 10^2\text{mm}^2$$

（4）计算挤压边以下型腔体积 V_j

$$V_j = \frac{\pi D_2^2}{4}(h_2 - h_1)$$

$$= \frac{\pi\times 40^2}{4}\times(80-20)\text{mm}^3$$

$$= 75.4\times 10^3\text{mm}^3$$

（5）计算凸模及型芯占用的体积 $\sum V_d$

$$\sum V_d = \frac{\pi}{4}D_3^2(h_2 - h_1)$$

$$= \frac{\pi}{4}\times 20^2(80-20)$$

$$= 18.8\times 10^3\text{mm}^2$$

（6）计算加料腔高度 H

$$H = \frac{V_{sl} - V_j - \sum V_d}{A} + (5\sim 10)(\text{mm})$$

$$= \left[\frac{518\cdot 3\times 10^3 - 75.4\times 10^3 - 18.8\times 10^3}{60.8\times 10^2} + (5\sim 10)\right]\text{mm}$$

$$= [69.8 + (5\sim 10)]\text{mm}$$

加料室高度取 $H = 75\text{mm}$。

二、凸、凹模成型尺寸计算

成型尺寸是指成型零件（凸、凹模）上用来构成塑件的尺寸，主要有型腔和型芯的径向尺寸（包括矩形和异形零件的长和宽），型腔的深度尺寸和型芯的高度尺寸，型芯与型芯之间的位置尺寸等。模具设计时，应根据塑件的尺寸及精度等级确定模具成型零件的成型尺寸及精度等级，同时应考虑塑料收缩的影响。

在以下的计算中，选择塑料的收缩率为平均收缩率。并规定：塑件外形最大尺寸为基本尺寸，偏差为负值，与之相对应的模具型腔最小尺寸为基本尺寸，偏差为正值；塑件内形最小尺寸为基本尺寸，偏差为正值，与之相对应的模具型芯最大尺寸为基本尺寸，偏差为负值；中心距偏差为双向对称分布。如图 19－21 所示。

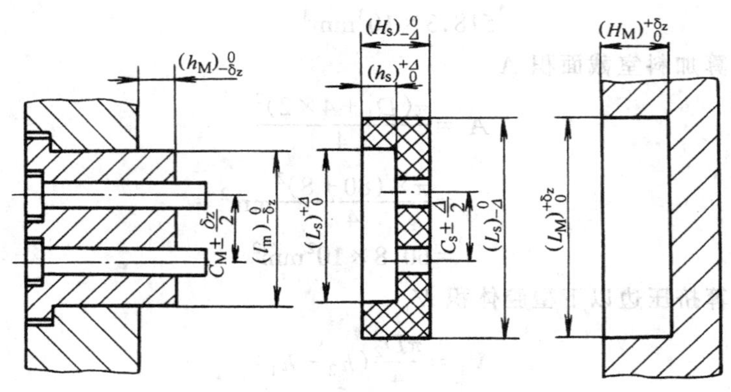

图 19－21　凸、凹模成型尺寸与塑件尺寸关系

1. 型腔（凹模）和型芯（凸模）成型尺寸计算

（1）型腔径向尺寸计算

$$(L_m)_{0}^{+\delta_z}=[(1+\bar{S})L_s-x\Delta]_{0}^{+\delta_z} \tag{19-15}$$

式中　L_m——型腔径向尺寸；

S——塑料平均收缩率；

L_s——塑件外形最大基本尺寸；

Δ——塑件的偏差值；

δ_z——型腔制造偏差，一般取 $\Delta/3$；

x——系数，在 0.5～0.75 范围内取值，当塑件尺寸大，精度低时取 0.5；当塑件尺寸小，精度较高时取 0.75。

（2）型芯径向尺寸计算

$$(l_m)_{-\delta_z}^{0}=[(1+\bar{S})L_s+x\Delta]_{-\delta_z}^{0} \tag{19-16}$$

式中　l_m——型芯径向尺寸；

l_s——塑件内形最小基本尺寸。

（3）型腔深度尺寸和型芯高度尺寸计算

$$(H_m)^{+\delta_z}_{0}=[(1+\bar{S})H_s-x\Delta]^{+\delta_z}_{0} \tag{19-17}$$

$$(h_m)^{0}_{-\delta_z}=[(1+\bar{S})h_s+x\Delta]^{0}_{-\delta_z} \tag{19-18}$$

式中　H_m——型腔深度尺寸；

H_s——塑件外型高度尺寸；

h_m——型芯高度尺寸；

h_s——塑件内孔深度尺寸。

上两式中修正系数 $x=1/2\sim1/3$，当塑件尺寸大，精度低时取小值；反之取大值。

(4) 中心距尺寸计算

$$(C_m)\pm\delta_z/2=(1+\bar{S})C_s\pm\delta_z/2 \tag{19-19}$$

式中　C_m——模具上成型零件中心距尺寸；

C_s——塑件上孔或凸台中心距尺寸。

2. 螺纹型环和螺纹型芯成型尺寸计算

螺纹型环成型尺寸属于型腔类尺寸，而螺纹型芯的成型尺寸属于型芯类尺寸。为了提高成型后塑件螺纹的旋入性能，适当缩小了螺纹型环的径向尺寸和增大了螺纹型芯的径向尺寸。由于螺纹中径是决定螺纹配合性质的最重要参数，它决定着螺纹的可旋入性和连接的可靠性，所以计算中的模具螺纹大、中、小径的尺寸，均以塑件螺纹中径公差 $\Delta_{中}$ 为依据。下面介绍普通螺纹型环和型芯成型尺寸的计算公式。

(1) 螺纹型环的成型尺寸

$$(D_{m大})^{+\delta_z}_{0}=[(1+\bar{S})D_{s大}-\Delta_{中}]^{+\delta_z}_{0} \tag{19-20}$$

$$(D_{m中})^{+\delta_z}_{0}=[(1+\bar{S})D_{s中}-\Delta_{中}]^{+\delta_z}_{-0} \tag{19-21}$$

$$(D_{m小})^{+\delta_z}_{0}=[(1+\bar{S})D_{s小}-\Delta_{中}]^{+\delta_z}_{0} \tag{19-22}$$

式中　$D_{m大}$——螺纹型环大径；

$D_{m中}$——螺纹型环中径；

$D_{m小}$——螺纹型环小径；

$D_{s大}$——塑件外螺纹大径基本尺寸；

$D_{s中}$——塑件外螺纹中径基本尺寸；

$D_{s小}$——塑件外螺纹小径基本尺寸；

$\bar{S}$——塑料平均收缩率；

$\Delta_{中}$——塑件螺纹中径公差,参照金属螺纹公差标准中精度最低者选用,其值可查表 GB197—81；

δ_z——螺纹型环制造公差,其值可取 $\Delta/5$ 或查表 19－3。

表 19-3 螺纹型芯和螺纹型环直径制造公差 (mm)

螺纹类型	螺纹直径	制造公差 δ_z			螺纹直径	制造公差 δ_z		
		外 径	中 径	内 径		外 径	中 径	内 径
粗 牙	3～12	0.03	0.02	0.03	36～45	0.05	0.04	0.05
	14～33	0.04	0.03	0.03	48～68	0.06	0.05	0.06
细 牙	4～22	0.03	0.02	0.03	6～27	0.03	0.02	0.03
	24～52	0.04	0.03	0.04	30～52	0.04	0.03	0.04
	56～68	0.05	0.04	0.05	56～72	0.05	0.04	0.05

(2)螺纹型芯的成型尺寸

$$(d_{m大})_{-\delta_z}^{\ 0} = [(1+\bar{S})d_{s大} + \Delta_{中}]_{\ 0}^{+\delta_z} \tag{19-23}$$

$$(d_{m中})_{-\delta_z}^{\ 0} = [(1+\bar{S})d_{s中} + \Delta_{中}]_{-\delta_z}^{\ 0} \tag{19-24}$$

$$(d_{m小})_{-\delta_z}^{\ 0} = [(1+\bar{S})d_{s小} + \Delta_{中}]_{-\delta_z}^{\ 0} \tag{19-25}$$

式中 $d_{m大}$——螺纹型芯大径；

$d_{m中}$——螺纹型芯中径；

$d_{m小}$——螺纹型芯小径；

$d_{S大}$——塑件内螺纹大径基本尺寸；

$d_{S中}$——塑件内螺纹中径基本尺寸；

$d_{S小}$——塑件内螺纹小径基本尺寸；

$\Delta_{中}$——塑件螺纹中径公差；

δ_z——螺纹型芯制造公差，其值取 $\Delta/5$ 或查表 19-4。

(3) 螺纹型环和螺纹型芯螺距尺寸

$$(P_m) \pm \delta_z/2 = (P_s + P_s \cdot \bar{S}) \pm \delta_z/2 \tag{19-26}$$

式中 P_m——螺纹型环或螺纹型芯螺距；

P_s——塑件外螺纹或内螺纹基本尺寸；

P_z——螺纹型环或螺纹型芯螺距制造公差，查表 19-4。

表 19-4 螺纹型环和螺纹型芯螺距制造公差 (mm)

螺 纹 直 径	配合长度 L	制造公差 δ_z
3～10	～12	0.01～0.03
12～22	>12～20	0.02～0.04
24～68	>20	0.03～0.05

在螺纹型环或螺纹型芯螺距计算中，由于考虑到塑料收缩率，计算所得的螺距带有不规则的小数，给加工带来困难，因此用收缩率相同或相近的塑件外螺纹与塑件内螺纹相配合时，计算螺距可不考虑收缩率；当塑料螺纹与金属螺纹相配合时，如配合长度 $L<\frac{0.432\Delta_{中}}{S}$，一般在小于7～8牙的情况下，也可以不计算螺距的收缩率，因为在螺纹型环和螺纹型芯中径尺寸中已考虑到了增加中径间隙来补偿螺距的累积误差。

三、成型零件脱模斜度

为便于成型后塑件从模具内脱出，成型零件的成型表面应设置一定的脱模斜度，其值可参照表19－5选择。

表19－5　塑件常用脱模斜度

塑件精度	脱模斜度 α
较高时	$\alpha\leqslant 30'$
较低时	$30'<\alpha\leqslant 3^\circ$

选择脱模斜度应不影响塑件精度，在此前提下，为便于脱模，宜尽量取大值。当塑件高度较大，成型塑件带纤维填料时可取小一些；塑件形状复杂，成型塑件流动性较好时可取大一些；凸模一般取比凹模大一些的斜度值。

第四节　压塑模加热

在热固性塑料的压制过程中，需要加热来完成塑料固化的化学反应。模具温度的变化量应控制在±5℃范围内。常用热固性塑料的模具温度(即成型温度)见表19－6。

表19－6　常用热固性塑料的模具温度

塑料	模具温度/℃
酚醛塑料	155～165
尿醛塑料	146～154
三聚氰酸甲醛塑料	154～171
环氧树脂塑料	177～188

模具温度过高或过低，都可能使塑件报废。模具的加热方式有：蒸汽加热、热油加热、工频感应加热、电阻加热等。其中电阻加热法因使用方便、经济而成为常用的模具加热方法。

一、电加热元件的布置

布置电加热元件应使模具型腔加热均匀、符合成型温度条件。布置时必须综合考虑以下几个方面：

(1) 加强模具保温措施，减少热量对流和辐射损失。通常，在模具与压机的上、下压板间以及模具周边设置石棉隔热板，厚度约为 4～5mm；

(2) 正确合理地布置电加热元件；

(3) 大型模具的电热板，可考虑安装两个调温器，分别调节电热板中央和边缘部位的温度；

(4) 电热板的中央和边缘部位，分别采用不同功率的电热元件；其中央部位的电热元件功率稍小，边缘部位的电热元件功率稍大。

二、电热元件功率的计算

(1) 计算法　由热元件加热模具的总功率可用下式计算：

$$P=\frac{mC_p\ (\theta_2-\theta_1)}{3600nt} \tag{19-27}$$

式中　P——加热模具所需的总功率，单位为 kW；

m——模具的质量，单位为 kg；

C_p——模具材料的比热容，单位为 kJ/kg·K；

θ_1——模具初始温度，单位为℃；

θ_2——模具要求加热后的温度（成型温度），单位为℃；

n——加热元件的效率，约 0.3～0.5；

t——加热时间，单位为 h。

(2) 经验法　计算模具的电加热元件所需的总功率是一项很复杂的工作，生产中为了方便，常采用单位质量模具所需电加热功率的经验数据和模具重量来计算模具所需的电加热总功率。

$$P=mq \tag{19-28}$$

式中　q——单位质量模具加热至成型温度时所需的电功率，单位为 W/kg。

对于电热圈加热，小型模具：$q=40$W/kg；大型模具：$q=60$W/kg。对于电热棒加热，小型模具（40kg 以下）；$q=35$W/kg；中型模具（40～100）kg；$q=30$W/kg；大型模具（100kg 以上）；q=（20～25）W/kg。

第二十章　注射模设计

第一节　概　　述

塑料注射模主要用于成型热塑性塑料制件，近年来在热固性塑料的成型中也得到了日趋广泛的应用。由于塑料注射模对塑料的适应性比较广，而且用这种方法成型塑件的内在和外观质量均较好，生产效率特别高（与塑料的其他成型方法相比），所以注射成型模具日益引起人们的重视。注射模所用的成型设备为注射机。成型时，物料在注射机料筒中受热熔融，然后在柱塞或螺杆的作用下，通过料筒前端的喷嘴注射入模腔，冷凝固化后分模脱出塑件。

一、注射模的结构

注射模均可分为动模和定模两大部分。定模部分安装在注射机固定模板上；动模部分安装在注射机移动模板上，在注射成型过程中它随注射机上的合模系统运动。根据模具上各零部件所起的作用，一般注射模具可由以下七部分功能部件组成，如图 20－1 所示。

1. 成型零部件

成型零部件是指动、定模部分有关组成型腔的零件。图 20－1 所示的模具中，型腔是由动模板 1、定模 2 和凸模 7 等组成。

2. 合模导向机构

合模导向机构是保证动模和定模在合模时准确对合，以保证塑件形状和尺寸的精确度，并避免模具中其他零部件发生碰撞和干涉。常用的合模导向机构是导柱和导套（图 20－1 中的 8、9），对于深腔薄壁塑件，除了采用导柱导套导向外，还常采用在动、定模部分设置互相吻合的内外锥面导向、定位机构。

3. 浇注系统

浇注系统是熔融塑料从注射机喷嘴进入模具型腔所流经的通道，它包括主流道、分流道、浇口及冷料穴等。

4. 侧向分型与抽芯机构

当塑件的侧向有凹凸形状的孔或凸台时，在开模推出塑件前，必须先把成型塑件侧向凹凸形状的瓣合模块或侧向型芯从塑件上脱开或抽出，塑件方能顺利脱出。

5. 推出机构

推出机构指分型后将塑件从模具中推出的装置，图 20－1 的推出机构由 13、14、15、16、17、18、19 等零件组成。

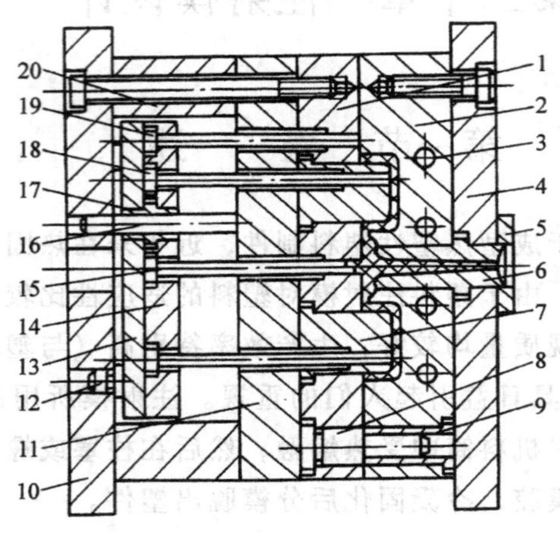

a)

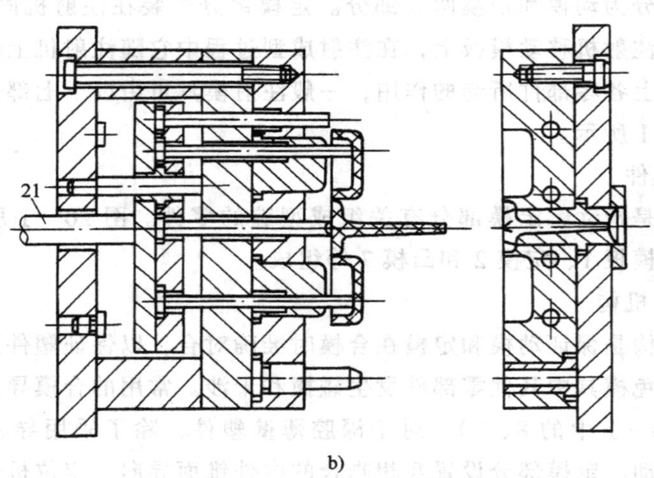

b)

图 20－1 注射模的结构

1—动模板 2—定模板 3—冷却水道 4—定模座板 5—定位圈 6—浇口套 7—凸模 8—导柱 9—导套 10—动模座板 11—支承板 12—支承柱 13—推板 14—推杆固定板 15—拉料杆 16—推板导柱 17—推板导套 18—推杆 19—复位杆 20—垫块 21—注射机顶杆

6. 温度调节系统

该系统是为了满足注射成型工艺对模具温度的要求而设置的，其作用是保证塑料熔体的顺利充型和塑件的固化定型。注射模具中是设置冷却回路还是设置加热装置要根据塑料的品种和塑料成型工艺来确定。冷却系统一般是在模具上开设冷却水道（图 20－1 中 3），加热系统则是在模具内部或四周安装加热元件。

7. 排气系统

为了在注射成型过程中将型腔内空气及塑料本身挥发出来的气体排出模外，使其不致于影响成型后的塑件质量，常在分型面上开设排气槽，许多模具的顶杆或活动型芯与模间的间隙均可起排气作用。小型塑件的排气量不大，因此可直接利用分型面排气。

二、注射模的分类

注射模的分类方法很多。按其成型塑料的材料可分为热塑性塑料注射模和热固性塑料注射模；按其使用设备的类型可分为卧式注射机用注射模，立式注射机用注射模，角式注射机用注射模；按其采用的流道形式可分为普通流道形式注射模和热流道注射模；在此，我们按注射模的基本结构特征分为以下几种：

1. 单分型面注射模（二板式）

单分型面注射模又称两板式注射模，这种模具只在动模板与定模板（二板）之间具有一个分型面，其典型结构如图 20－1 所示。单分型面注射模是注射模具中最简单最基本的一种形式，它根据需要可以设计成单型腔注射模，也可以设计成多型腔注射模。成型塑件的适应性很强，因而应用十分广泛。

2. 双分型面注射模（三板式）

双分型面注射模具有两个分型面，如图 20－2 所示。A－A 为第一分型面，分型后浇注系统凝料由此取出；B－B 为第二分型面，分型后塑件由此脱出。与单分型面模比较，双分型面注射模具在定模部分增加了一块可以移动的中间板，所以也叫三板式（动模板、中间板、定模板）注射模具，它常用于点浇口进料的单型腔或多型腔的注射模具。开模时，中间板在定模的导柱上与定模板作定距离分离，以便在这两模板之间取出浇注系统凝料。

3. 斜导柱侧向分型与抽芯注射模

当塑件有侧凸、侧凹（成型孔）时，模具中成型侧凸、侧凹的零部件必须制成可移动的，开模时，必须使这一部分构件先行移开，塑件脱模才能顺利进行。图 20－3 为一斜导柱驱动型芯滑块侧向移动抽芯的注射模。在模具中，侧向抽芯机构是由斜导柱 10、侧型芯滑块 11、楔紧块 9 和侧型芯滑块抽芯结束时的定位装置（挡块 5、滑块拉杆 8、弹簧 7 等）所组成。

塑件上有侧凸、侧凹（或侧孔）时，也可以采用斜滑块侧向分型与抽芯结构的注射模，如图 20－4 及图 20－5 所示。斜滑块侧向分型与抽芯的特点是，斜滑块分型与抽芯动作是与塑件从动模型芯上被推出的动作同步进行的，但抽芯距比斜导柱侧抽芯机构的抽芯距要短。

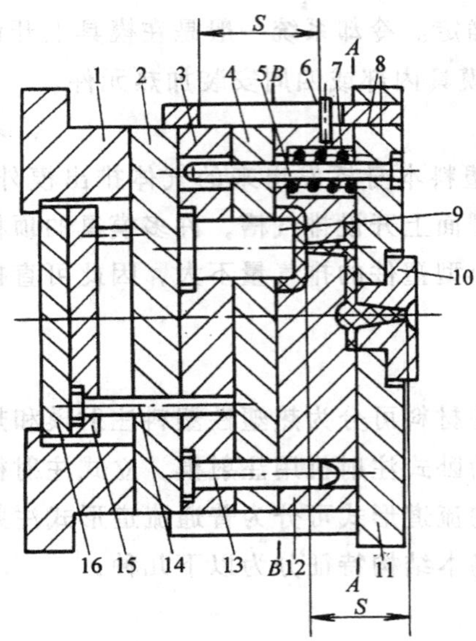

图 20－2　双分型面注射模

1—模脚　2—支承板　3—动模板　4—推件板
5—导柱　6—限位销　7—弹簧　8—定距拉板
9—凸模　10—浇口套　11—定模板　12—中间板
13—导柱　14—推杆　15—推杆固定板　16—推板

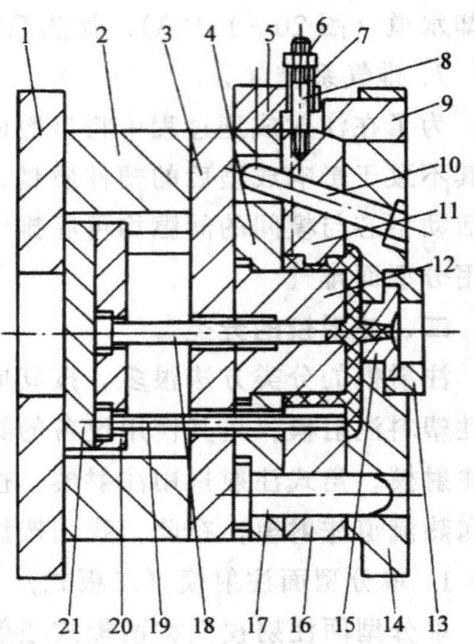

图 20－3　斜导柱侧向抽芯注射模

1—动模座板　2—垫块　3—支承板
4—凸模固定板　5—挡块　6—螺母　7—弹簧
8—滑块拉杆　9—楔紧块　10—斜导柱
11—测型芯滑块　12—凸模　13—定位圈
14—定模板　15—浇口套　16—动模板　17—导柱
18—拉料杆　19—推杆　20—推杆固定板　21—推板

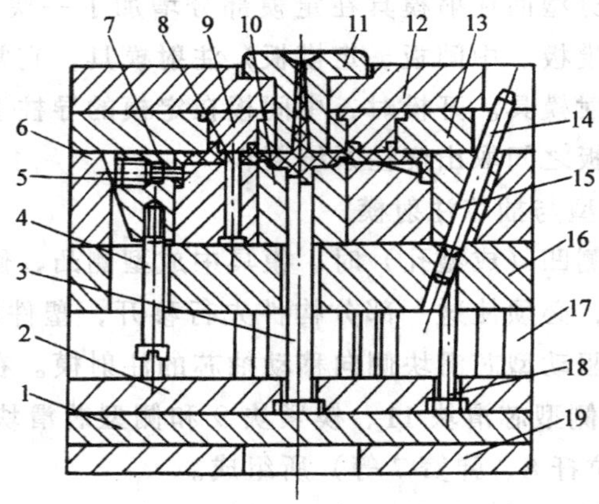

图 20－4　斜滑块侧向抽芯注射模

1—推板　2—推杆固定板　3—拉料杆　4—限位螺钉　5—螺塞　6—动模板
7—侧型芯　8—型芯　9—定模镶件　10—动模镶件　11—浇口套　12—定模座板
13—定模板　14—斜导柱　15—斜滑块　16—支承板　17—垫块　18—推杆　19—动模座板

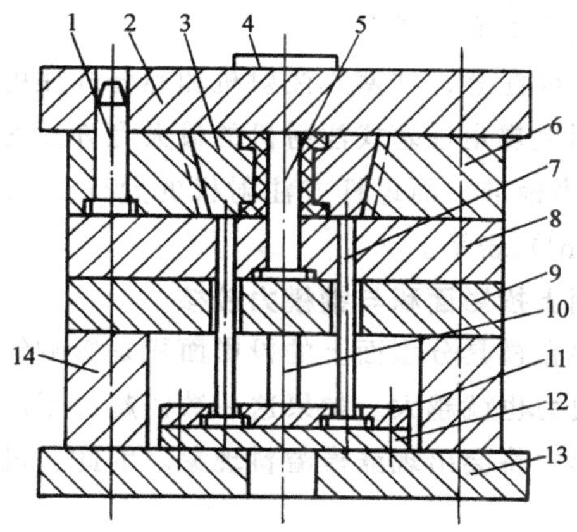

图 20-5 斜滑块侧向抽芯注射模

1—导注 2—定模板 3—斜滑块 4—定位圈 5—型芯 6—动模板 7—推杆 8—型芯固定板 9—支承板 10—拉料杆 11—推杆固定板 12—推板 13—动模座板 14—垫板

除上述几类结构注射模外，还有带活动镶件注射模，无流道注射模等类型。所不同的是带活动镶件注射模是其成型零件局部做成活动的，工作时随同塑件一起移动，实现分型、抽芯等功能；而无流道注射模则是对模具中浇注系统作了一定的改进，对浇注系统进行绝热或加热，使成型过程中，浇道的凝料始终处于熔融状态，提高了生产率，节约了原材料。

第二节 注射模与注射机的关系

注射模是安装在注射机上进行注射成型生产的，因此模具设计与所用注射机关系十分密切。模具设计者在开始设计之前，除必须了解注射成型工艺规程之外，对有关注射机的技术规范和性能也应该熟悉。只有这样，才能处理好注射模与注射机之间的关系，使设计出来的注射模能在注射机上安装和使用。应了解的注射机技术规范主要有下述几个方面。

一、最大注射量的校核

模具型腔能否充满与注射机允许的最大注射量密切相关，设计模具时，应保证注射模内所需熔体总量在注射机实际的最大注射量的范围之内。根据生产经验，注射机的最大注射量是其允许最大注射量（额定注射量）的 80%，由此有：

$$nm_1 + m_2 \leqslant 80\% m \tag{20-1}$$

式中 m——注射机允许的最大注射，单位为 g 或 cm^3；

m_1——单个塑件的质量或体积，单位为 g 或 cm^3；

m_2——浇注系统所需塑料质量或体积，单位为 g 或 cm^3；

n———一模成型塑件的个数。

在利用上式校核时应注意，柱塞式注射机和螺杆式注射机所标定的允许最大注射量是不同的。国际上规定柱塞式注射机的最大允许注射量是以一次注射聚苯乙烯的最大克数（g）为标准；而螺杆式注射机的允许最大注射量以螺杆在料筒中的最大推出容积（cm^3）表示。

二、塑件在合型面上投影面积与锁模力校核

注射成型时，塑件在模具分型面上的投影面积是影响锁模力的主要因素，其数值越大，需要的锁模力也就越大。如果这一数值超过了注射机允许使用的最大成型面积，则成型过程中将会出现涨模溢料现象。因此，设计注射模时必须满足下列关系：

$$nA_1 + A_2 < A \tag{20-2}$$

式中 A_1——单个塑件在模具分型面上的投影面积，单位为 mm^2；

A_2——浇注系统在模具分型面上的投影面积，单位为 mm^2；

A——注射机允许使用的最大成型面积，单位为 mm^2；

n———一模成型塑件的个数。

注射成型时，模具所需的锁模力与塑件在模具分型面上的投影面积有关，为了可靠地锁模，不使成型过程中出现溢料现象，应使塑料熔体对型腔的成型压力与塑件和浇注系统在分型面上的投影面积之和的乘积小于注射机额定锁模力，即

$$(nA_1 + A_2)\ P < F \tag{20-3}$$

式中 P——塑料熔体对型腔的成型压力，单位为 MPa，其大小一般为注射压力的 80%；

F——注射机的额定锁模力，单位为 N。

三、注射压力的校核

注射压力的校核是核定注射机的最大注射压力能否满足该塑件成型的需要，塑件成型所需要的压力是由注射机的类型、喷嘴形式、塑料流动性、浇注系统和型腔的流动阻力等因素决定的。如螺杆式注射机，其注射压力的传递比柱塞式注射机好，因此，注射压力可取得小一些；流动性差的塑料或细长流程塑件注射压力应取得大一些。设计模具时，可参考各种塑料的注射成型工艺确定塑件的注射压力，再与注射机的额定压力相比较。

四、模具与注射机安装模具部分相关尺寸校核

塑料注射成型机有卧式、立式、角式三大类型，且按注射量的大小又分为多种型号，各种型号注射机其安装模具部分的形状和尺寸各不相同，设计模具应对其相关尺寸加以校核，以保证模具能顺利安装。需校核的主要内容有喷嘴尺寸、定位圈尺寸、模具的最大厚度与最小厚度及安装螺钉孔等。

五、开模行程与顶出装置的校核

开模行程指模具开合过程中动模固定板的移动距离。它的大小直接影响模具所能成型塑件的高度。太小则不能成型高度较大的塑件，因为成型后，塑件无法从动、定模之间取出。此外，选择模具结构形式时也将受到限制，因为单分型面注射模，双分型面注射模及侧向分型与抽芯注射模等对开模行程的要求是不一样的。一般情况下，后两种结构所需的开模行程较前一种要大一些。设计模具时必须校核所选注射机的开模行程，以便使其与模具的开模距离相适应。

各种型号注射机开合模系统中采用的顶出装置和最大顶出距离亦不尽相同，设计的模具必须与其相适应。通常是根据开合模系统顶出装置的顶出形式、顶出杆直径、顶出杆间距（注射机多顶出杆的情况）和顶出距离等，校核模具内的推杆位置是不是合理，推杆长度能否达到足以将塑件脱模出来的效果。

第三节　注射模设计

注射模设计中成型零件的结构设计及尺寸计算等与压塑模基本相同，压塑模的型腔上连接有料腔，而注射模是没有料腔的。仅此而已，不再重复。下面主要讨论注射模的主要结构浇注系统设计及塑模的脱模机构、分型与抽芯机构等的组成作一简单介绍。

一、浇注系统设计

浇注系统是指塑料熔体从注射机喷嘴射出后到达型腔元前在模具内流径的通道。浇注系统分为普通流道浇注系统和热流道浇注系统两大类。浇注系统设计是注射模具设计的重要环节，它对获得优良性能和理想外观的塑料制件以及最佳的成型效率有直接影响，模具设计时应对此有足够的重视。本书仅对普通流道浇注系统的设计进行介绍。

1. 浇注系统的组成

普通流道浇注系统一般由主流道、分流道、浇口和冷料穴等四部分组成。图20－6所示为安装在立式或卧式注射机上的注射模具所用的浇注系统，主流道垂直于模具分型面。图20－7为角式注射机上的注射模浇注系统形式，主流道平行模具分型面，对称开设在分型面的两边。

2. 浇注系统设计

（1）主流道设计　主流道的作用是将注射机喷嘴喷出的熔体引入模具，属于从热的塑料熔体到相对较冷的模具的一段过渡的流动长度，因此它的形状和尺寸最先影响塑料熔体的流动速度及填充时间，必须使熔体的温度和压力降最小，且不损害把塑料熔体输送到最“远”位置的能力。主流道一般为具有2°～6°锥角的圆锥形。

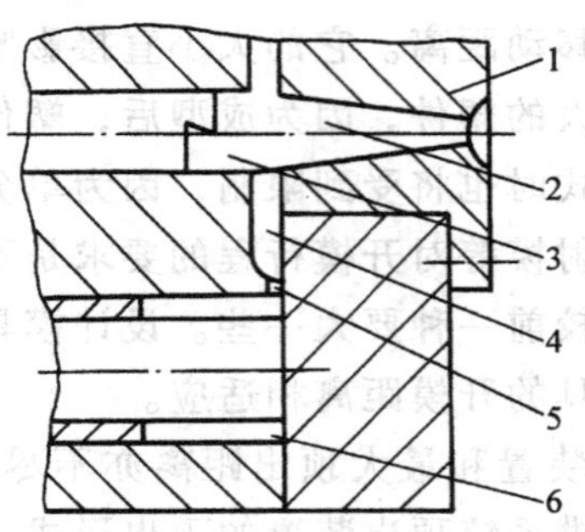

图 20-6　普通浇注系统形式之一

1—浇口套　2—主流道　3—冷料井

4—分流道　5—浇口　6—型腔

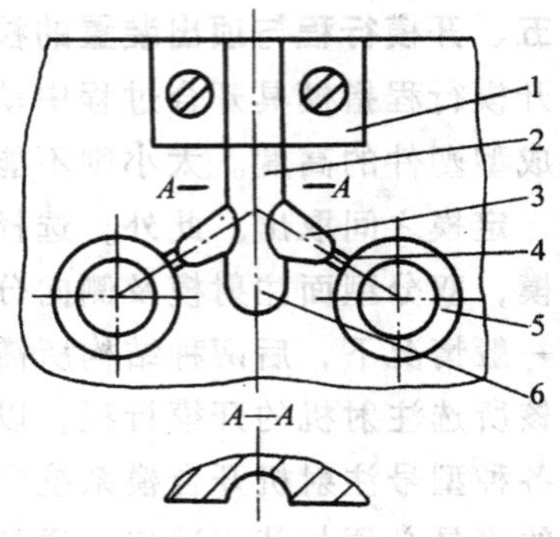

图 20-7　普通浇注系统形式之二

1—浇口套　2—主流道　3—分流道

4—浇口　5—型腔　6—冷料井

由于主流道要与注射机喷嘴反复接触与碰撞，对材料要求较高。所以，主流道常以衬套的形式设计，如图 20-8 所示。所用材料一般为碳素工具钢 T8A、T10A 等，热处理要求淬火 HRC53～57。主流道部分尺寸见表 20-1。

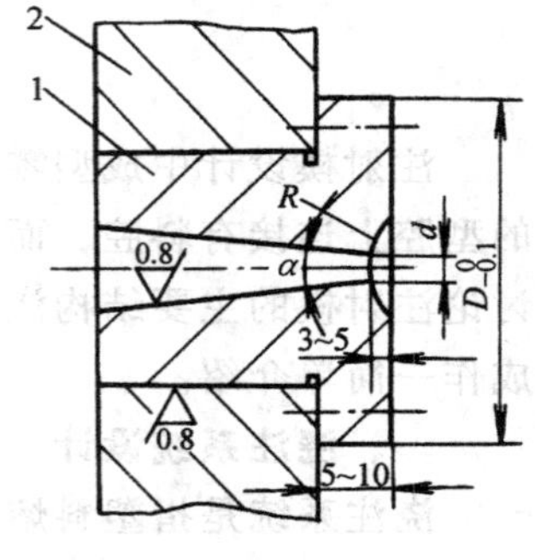

图 20-8　主流道衬套

1—主流道衬套　2—定模板

(2) 分流道设计　单腔模中一般是不设分流道的（采用多浇口成型大尺寸塑件除外）。在多腔模中，为向各型腔分配熔料，都设置有分流道。分流道应能将熔料均衡地分配给各个型腔，且流经途中温度降低尽可能小，阻力尽可能小。图 20-9 所示例出了常用的分流道截面形状。选择分流道截面形状及尺寸应根

表 20-1　主流道部分尺寸　　(单位：mm)

符　号	名　称	尺　寸
d	主流道小端直径	注射机喷嘴直径＋（0.5～1）
SR	主流道球面半径	喷嘴球面半径＋（1～2）
h	求面配合高度	3～5
a	主流道锥角	2°～6°
L	主流道长度	尺量≤60
D	主流道大端直径	$d+2L\tan\frac{a}{2}$

据塑件的结构（大小和壁厚）、所用塑料的工艺特性、成型工艺条件分流道的长度等因素决定。

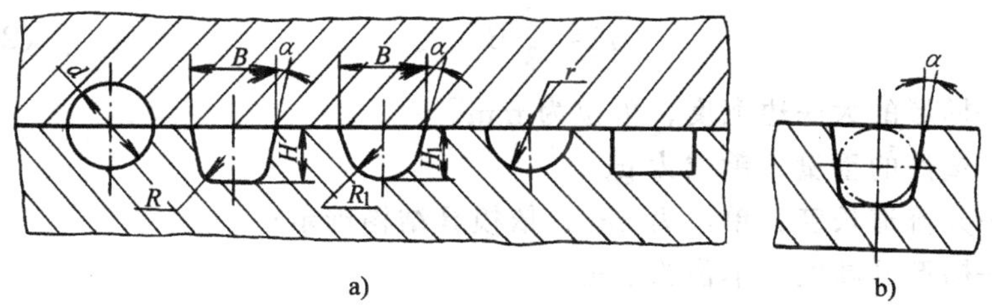

图 20－9　常用的分流道截面形状

由理论分析可知，圆形截面的流道总是比任何其他形状截面的流道更可取，因为在相同截面积情况下，其比表面积最小（流道表面积与体积之比值称为比表面积），即它在热的塑料熔体和温度相对较低的模具之间提供的接触面积最小，因此从流动性、传热性等方面考虑，圆形截面是分流道比较理想的形状。表20－2 为常用的不同塑料的圆形截面分流道直径推荐值。

圆形截面分流道由于加工工艺性不佳，在生产实际中其应用受到一定的限制。

表 20－2　常用的不同塑料的圆形截面分流道直径　　（单位：mm）

塑　料　名　称	分　流　道　直　径
ABS	4.7～9.5
聚甲醛（POM）	3.1～9.5
丙烯酸	7.5～9.5
醋酸纤维素(CA)	4.7～9.5
离子交联聚合物	2.3～9.5
尼龙（PA）	1.5～9.5
聚碳酸酯（PC）	4.7～9.5
聚酯	4.7～9.5
聚乙烯（PE）	1.5～9.5
聚丙烯（PP）	4.7～9.5
聚苯醚（PPO）	6.3～9.5
聚砜（PSU）	6.3～9.5
聚苯乙烯（PS）	3.1～9.5
聚氯乙烯(PVC)	3.1～9.5

梯形截面分流道较圆形截面分流道容易加工，且塑料熔体的热量散失及流动阻力均不太大，故许多模具设计中采用此种形式，其截面尺寸可按下面的经验公

式确定：

$$B=0.2654\sqrt{m}\sqrt[4]{L} \tag{20-4}$$

$$H=\frac{2}{3}B \tag{20-5}$$

式中　B ——梯形的大底边宽度，单位为 mm；

m ——塑件的重量，单位为 g；

L ——分流道长度，单位为 mm，依模具结构确定；

H ——梯形的高度，单位为 mm。

梯形的侧面斜角 α 常取 $5^{\circ}\sim10^{\circ}$。

对于 U 型截面的分流道，$H_1=1.25R_1$、$R_1=0.5B$。

分流道的布置有平衡式和非平衡式两类。所谓平衡式布置是指，从主流道到各个型腔的分流道，其长度、截面形状及尺寸均相等。这种布置可使各个型腔均衡地进料。图 20－10 所示为平衡式分流道布置形式。

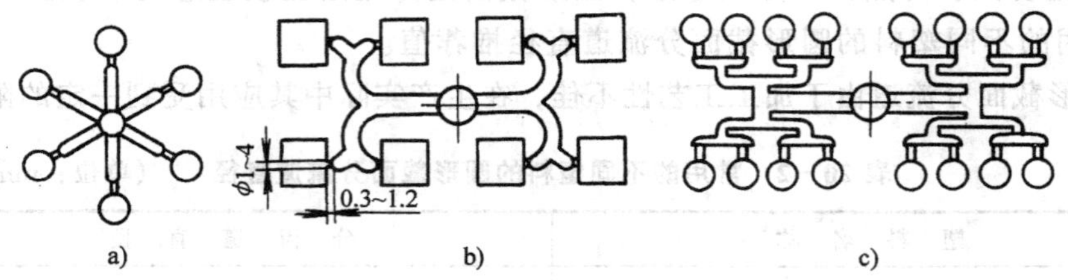

图 20－10　分流道的平衡式布置

非平衡式布置分流道如图 20－11 所示。由于主流道到各个型腔分流道长度各不相同，为了达到各个型腔均衡地同时充满，必须将浇口开成不同尺寸。

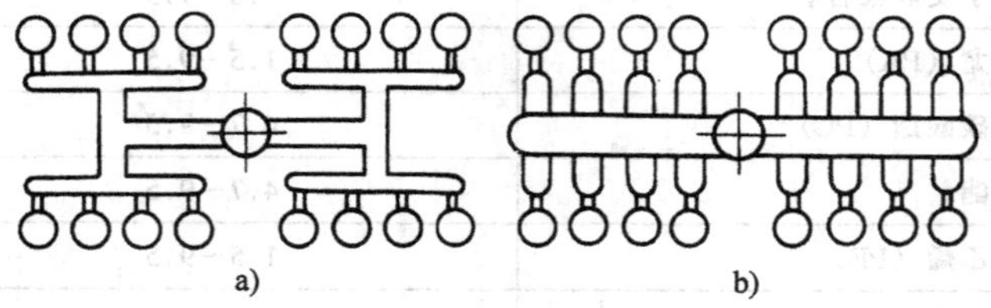

图 20－11　分流道的平衡式布置

应该指出，对于制件要求特别高的，一般宜采用平衡式分流道布置形式。非平衡式分流道布置形式的最大优点是型腔数量较多时常可缩短流道总长度，缩小模具体积。

（3）浇口设计　浇口是浇注系统的关键部分，其形状和尺寸对制件质量影响很大。除直接浇口外，浇口的尺寸在浇注系统中是最小的。浇口的断面形状常为圆形或矩形，浇口台阶长度为1～1.5mm左右。虽然浇口长度比分流道小得多，但因其断面积甚小，浇口处的阻力与分流道的阻力相比，浇口阻力仍然是主要的。故在加工浇口时，更应注意其尺寸的准确性。

常见的浇口形式有如下几种类型：

1）针点式浇口。针点式浇口又名点浇口，是一种尺寸很小的浇口。通常用于流动性大的塑料，浇口直径为0.5～1.8mm，长度为0.8～1.2mm，图20－12为典型针点式浇口。

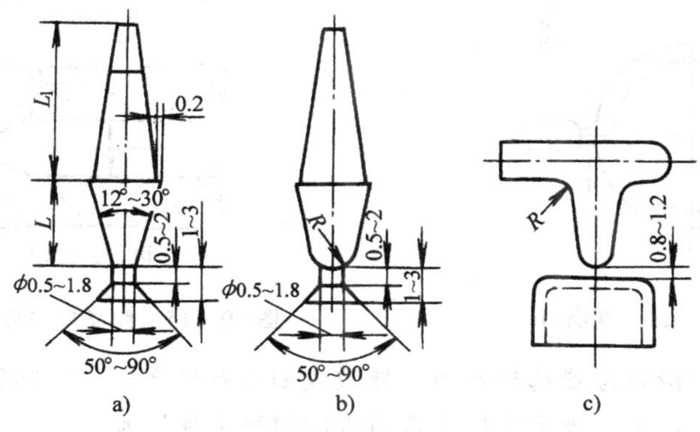

图20－12　针点浇口

2）潜伏式浇口。又称隧道式浇口，由针点浇口演变而来。浇口位置一般选在制件较隐避处，不影响其外观。如图20－13所示。浇口潜入分型面的下端面，沿斜面进入型腔。在顶出时，流道和制件被自动剪断，故顶出时必须有较强的冲击力。

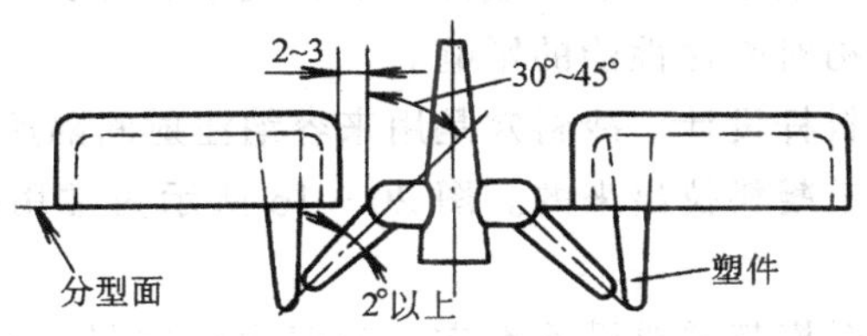

图20－13　典型潜伏式浇口

3）侧浇口。又名边缘浇口，一般开设在分型面上，从制件侧边进料。侧浇口具有矩形（或接近矩形）的断面形状，如图20－14所示。其宽度一般取1.5～5mm，长度取1.0～2.5mm，深0.5～2mm（通常取制件壁厚的1/3～2/3）。与浇口连接处的分流道形状如图20－15所示，图b分流道逐步变窄补料阶段冷却较快，产生不必要的压力损失，图a的形式较好。除上述所介绍的三种浇口形式外，还有扇形浇口、平缝式浇口、圆环形浇口、轮辐式浇口、爪形浇口、护耳式浇口、直接浇口等多种形式。而实际生产中，以侧浇口和点浇口应用最为广泛，故对其他浇口不再一一叙说。

选择适当的浇口形式固然重要，然而确定浇口在塑件上的位置也是不能忽视

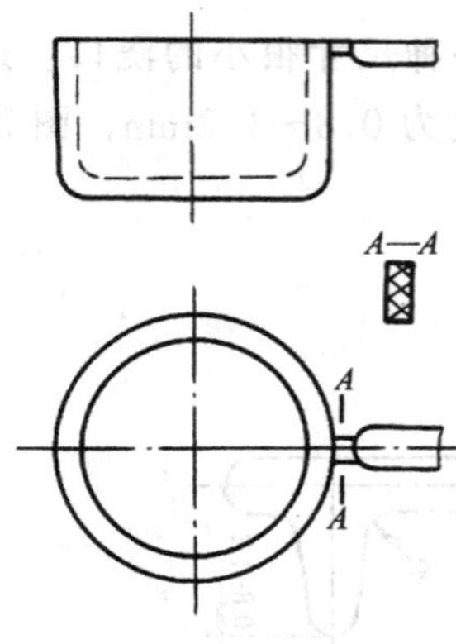

图 20－14 侧浇口

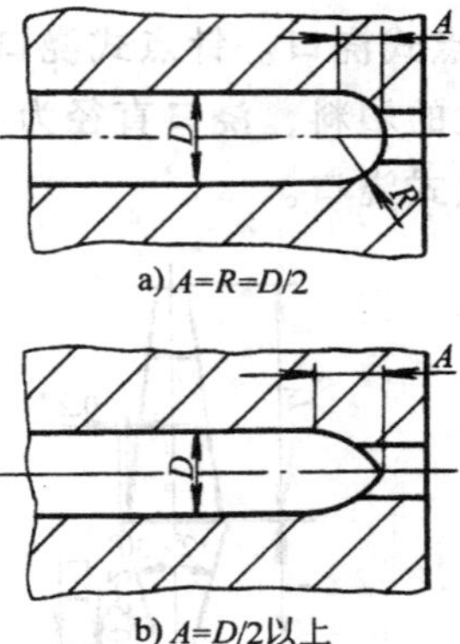

图 20－15 侧浇口与分流道的连接

的。生产中由于浇口位置选择不当，导致成型后制件产生质量问题，甚至试模不成功的现象并不鲜见。确定浇口位置通常应遵循下述原则：

①浇口应开设在塑件断面较厚的部位，让熔融料从厚断面流向薄断面，保证充模完全；

②应使塑料充模流程最短，以减少压力损失；

③有利于流动，排气和补料；

④浇口不宜面对宽大型腔，以避免产生喷射、蠕变等现象；

⑤应防止料流冲击细小的型芯和嵌件，以避免小型芯变形或嵌件移位；

⑥应考虑取向结构对塑件性能的影响。

(4) 冷料穴与拉料杆设计　冷料穴是用来容纳注射间隔所产生的冷料的；拉料杆则是用来将主流道凝料拉出来的。图 20－16 所示为常用冷料穴和拉料杆的形式。

并不是所有的注射模都需要设冷料穴，有时由于塑料性能或工艺控制较好，很少产生冷料，或塑件要求不高时，可不必设置冷料穴。

(5) 排气系统设计　当塑料熔体充填型腔时，必须顺序排出型腔及浇注系统中的空气及塑料受热或凝固产生的低分子挥发气体。如果气体不排除干净，则会影响到成型后塑件的质量。注射模成型时所用的排气方式一般有下述几种方式：

1) 利用配合间隙排气；

2) 在分型面上开设排气槽排气；如图 20－17 所示，其排气槽的深度见表 20－3；

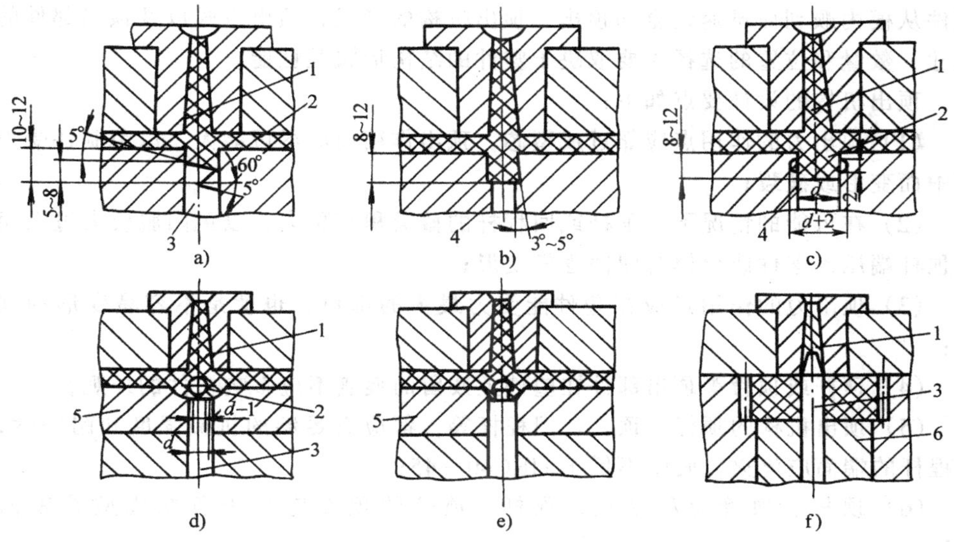

图 20－16　常用冷料穴和拉料杆的形式

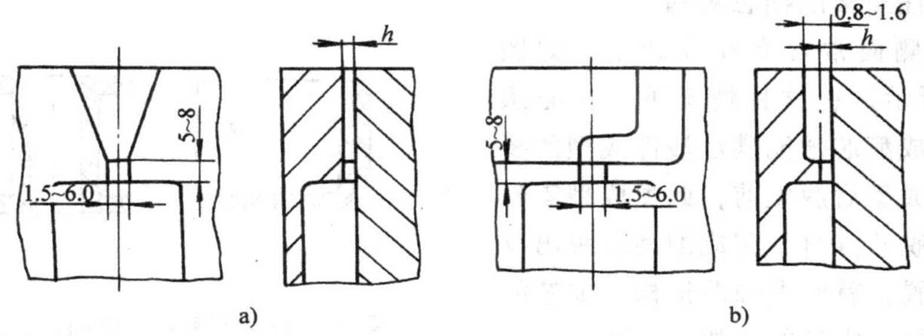

图 20－17　分型面上的排气槽

表 20－3　分型面上排气槽深度　　(单位：mm)

塑　料	深　度 h	塑　料	深　度 h
聚乙烯（PE）	0.02	聚酰胺（PA）	0.01
聚丙烯（PP）	0.01～0.02	聚碳酸酯（PC）	0.01～0.03
聚苯乙烯（PS）	0.02	聚甲醛（POM）	0.01～0.03
ABS	0.03	丙烯酸共聚物	0.03

3）强制性排气。在气体滞留区设置排气杆或利用真空泵抽气，这种作法很有效，只是会在塑件上留有杆件等痕迹，故排气杆应该置在塑件的内侧。

二、注射模的顶出机构

顶出机构又称脱模机构，是注射模重要组成部分之一，其作用是在开模时将制件从模内顺利而迅速地全部顶出，顶出机构的形式，顶出方式以及顶出部件的尺寸、数量和位置的选择主要取决于塑件的结构形状及性能。

顶出机构的设计要点如下：

（1）顶出力的作用点应靠近成型芯，顶出作用面应尽可能大，以免制件受力集中而变形或破裂；

（2）在可能的情况下，顶杆或回程杆的截面积宜稍大，以免因脱模力过大而使顶杆端压入塑件或合模时使回程杆变形；

（3）顶出力的作用点应在塑件能受力最大的部位，也就是不容易变形的部位；

（4）顶杆或顶管等顶出部件在塑件上残留的痕迹不应影响塑件的外观；

（5）顶出机构的顶杆、顶管、回程杆等，都应有足够的机械强度和耐磨性，回程杆的端面应淬火，硬度不低于HRC40～45；

（6）顶杆、顶管应尽量短，顶杆、顶管的顶面应高于所在成型腔表面0.1mm；

（7）顶杆或顶管通过成型芯位置，应避开冷却水道。

三、注射模的抽芯机构

塑件侧面常常有孔或凹槽，如图20－18所示，在这种情况下，就必须采用侧向成型芯才能满足塑件成型的要求。塑件成型后脱模前，此类成型零件必须先行脱开方可，完成侧型芯脱出及复位的装置，就叫做抽芯机构。抽芯的方式有多种，常见的有如下三种。

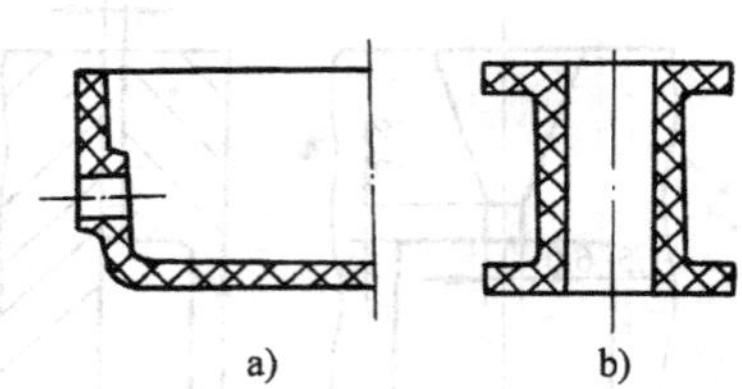

a)　　b)

图20－18　有侧孔和侧凹的塑件

（1）手动抽芯　塑件脱模前用手工或手动工具抽出侧型芯。手动抽芯装置结构简单，但劳动强度大，生产效率低，只适用于小型塑件或小批量生产。如图20－19所示。

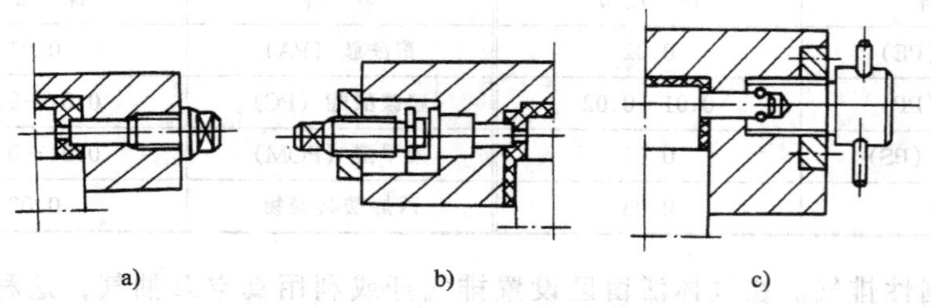

a)　　b)　　c)

图20－19　手动抽芯机构

a）普通螺杆抽芯　b）组合螺杆抽芯　c）组合螺杆抽芯

（2）机动抽芯　利用注射机的开模力，通过设置在模具上的抽芯机构将侧型芯抽出，这种机构比较复杂，但生产效率高，劳动强度低。目前模具上常采用的机构有斜导柱、斜滑块、弯销、齿轮齿条等抽芯装置。

(3) 液压（或气压）抽芯　通过液压装置或气动装置将侧型芯抽出。这种方式传动平稳，抽芯力大，抽芯距离也较长，多适用于大型塑件模具，如大型塑料管件（弯头、三通等）的模具抽芯。

第四节　热固性塑料注射成型模具简介

热固性塑料注射模的典型结构如图 20－20 所示，它的结构与热塑性塑料注射模结构类似，在注射机上的安装方式也相同。由于其成型物料为热固性塑料，在结构设计方面（如浇注系统、成型零件）的要求与热塑件塑料注射模相比有所不同，下面就某些与热塑性注射模要求不同之处作简单介绍。

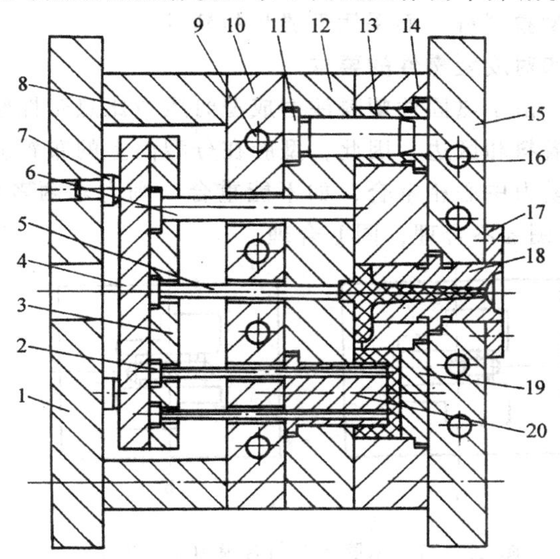

图 20－20　热固性塑料注射模

1—动模座板　2—推杆　3—推杆固定板　4—推板　5—主流道推杆　6—复位杆（兼推板导柱）　7—支承钉　8—垫块　9—加热器安装孔　10—支承板　11—导柱　12—动模板　13—导套　14—定模板　15—定模座板　16—加热器安装孔　17—定位圈　18—浇口套　19—定模镶块　20—凸模

一、浇注系统

热固性塑料注射模浇注系统（普通浇注系统）的结构组成、类型和形状等与热塑性塑料注射模相同，但由于热固性塑料熔体的流动行为与热塑性塑料熔体有较大的差别，而且在成型过程中有化学变化，所以，热塑性塑料注射模浇注系统要求熔体在流动过程中流动阻力小，温度变化小，而热固性塑料注射除要求阻力小以外，还希望在流动中适当升温，以加速物料在型腔的固化速度，缩短成型周期，因而两者的设计要求也有差异。具体表现在：

(1) 主流道设计得比较细小，以增加单位体积的传热比表面积，有利于加热装置向熔体传热，同时也增加了摩擦热，而且也减少了不能回收的浇注系统凝料；

(2) 分流道的截面形状与热塑性塑料注射模相同，但两者的选用原则有差别，热固性塑料注射模要求分流道的比表面积适当地取较大值，以促进模具内的热量比较容易地向分流道内的熔体传递；

(3) 浇口的形式与热塑性塑料注射模基本一致，由于热固性塑料较脆，容易去除浇口凝料，所以浇口的长度可适当取大一些。但应注意对浇口与塑料的连接处采取适当的加强措施，以防止去除时损坏塑件；

(4) 拉料腔在热固性塑料注射模中一般均应设置，该结构位于热塑性塑料注射模主流道端部称为冷料穴的地方。其设计类似于冷料穴，但因热固性塑料较脆，一般不采用Z型拉料杆，而采用倒锥形拉料腔。

二、型腔位置和对成型零件的要求

(1) 型腔位置　由于热固性塑料注射成型时压力比热塑性塑料大，模具受力不平衡会产生较大溢料和区边，因此，型腔在分型面上的布置应使其投影面积的中心与注射机的合模力中心相重合，如不能重合，则力求两者的偏心尽可能小。如图 20－21 所示。图 a 不合理，图 b 合理。

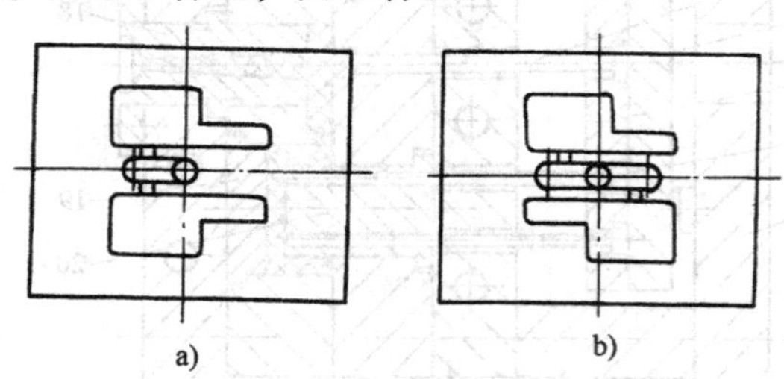

图 20－21　型腔布置与合模力中心的关系

a）不合理　b）合理

热固性塑料注射模型腔上下位置（安装方向）对各个型腔或同一型腔的不同部位温度分布影响很大，这是由于自然对流时，热空气由下向上，导致模具上部受热多而下部受热少。型腔布置时应对此加以注意。如图 20－22 所示。图 a 不合理，图 b 合理。

(2) 对成型零件的要求　在成型零件的结构设计时，为了避免热固性塑料在较大注射压力下向成型零件的配合间隙或镶块的拼缝中溢料，所以与塑料熔体接触的零部件尽量采用整体式结构，不要或不用镶拼组合式结构。

在设计计算成型零件的尺寸时，要注意到热固性塑料的收缩率与成型方法有关。同一种热固性塑料在注射、压塑和压注三种成型方法中，以注射成型收缩率最大，设计时应予以注意。

热固性塑料注射成型模一般采用较好的模具材料，并要求有 HRC53～57 以上的硬度；成型零件与塑件接触的表面要抛光和镀硬铬。

三、脱模推出机构

热固性塑料注射模的推出零件工作部分与模板的配合应尽可能采用较小的间隙（一般取 0.01～0.03mm），以防止在高压成型时溢料；另一方面应尽量采用推杆形式，而不采用或少采用推管和推板形式。

四、排气槽

由于热固性塑料在交联固化时要放出大量的气体挥发物，单靠配合间隙的排气方法不能保证充分排气，因此，热固性塑料注射模在分型面上一般都要开设排气槽。排气槽深度通常可取 0.03～0.05mm，必要时深度可达 0.1～0.3mm，为了防止塑料堵塞排气槽，当上述深度向外延伸 6mm 后，深度可加到 0.8mm。排气槽的宽度取 5～10mm。

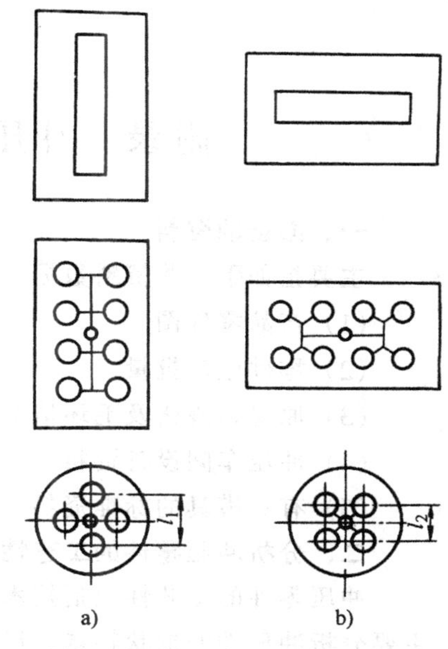

图 20－22 型腔布置对模具温度分布的影响

a）不合理 b）合理

与热塑性塑料热流道注射模类似，热固性塑料有冷流道注射模（又称温流道注射模），它们都是为了减少流道赘物而设计的，通称无流道注射模。冷流道注射模可分为完全无流道注射模和无主流道注射模。

附录　冲压工艺和模具设计步骤

一、必备的资料

主要指如下一些资料数据

(1) 产品零件图

(2) 零件生产批量

(3) 原材料规格及毛坯情况

(4) 冲压车间设备资料

(5) 有关模具的标准资料

二、分析冲压零件的工艺性

冲压零件的工艺性包括技术和经济两个方面。在技术方面，根据产品图样，主要分析冲压件的形状特点，尺寸大小，尺寸标注方法，精度要求，表面质量要求和材料性能等因素是否符合冲压工艺的要求，在经济方面，主要根据冲压件的生产批量分析产品成本及经济效益影响冲压件工艺性的因素很多，下面介绍几种主要的。

1. 冲裁件的结构工艺性

(1) 冲压件的形状和尺寸

1) 冲裁件的形状力求简单、对称，最好是规则的几何形状或由规则几何形状(圆弧与互相垂直的直线) 所组成。以便简化模具的制造和实现无废料或少废料冲裁。

2) 冲裁件外形不能有尖角，应采用 $r>0.5t$ 的圆角 (r 为圆角半径)，以便模具加工，减少因热处理而产生的应力集中和提高模具寿命。

3) 冲裁件应避免有过长的悬臂与狭槽结构，以防止因凸模过细，冲裁时折断，若零件需要这些形状，其宽度应大于料厚的 2 倍，即 $b>2t$，见附图 1a。

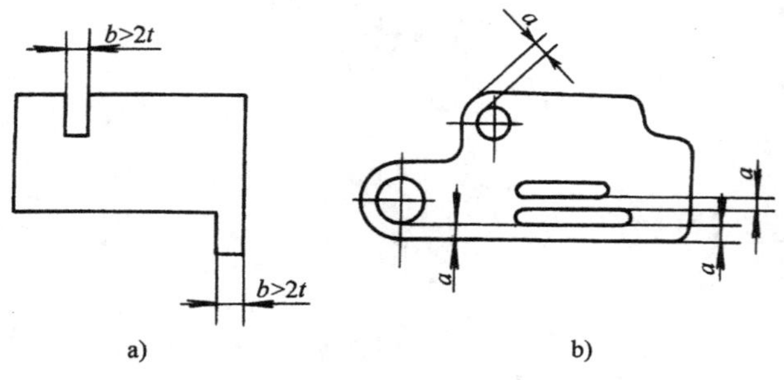

附图 1　冲裁件的结构工艺性

4）孔与孔之间的距离 a 或孔与零件边缘之间的距离 a 不能太小，见附图1b。否则冲模的强度和工件的质量都不易保证，一般应取 $a \geqslant 2t$，但需要保证 $a>(3\sim4)$mm。必要时可取 $a=(1\sim1.5)t$，($t<1$mm 时按 $t=1$ 计算)。

5）尽量避免冲裁孔径很小的孔，用一般冲裁模可以冲裁的最小孔径见附表1，凸模采用护套结构可冲压的最小孔径见附表2。

附表1 一般冲孔模可冲压的最小孔径（t—材料厚度单位为 mm）

材料	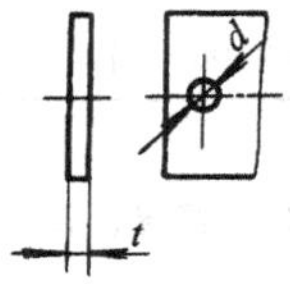 （圆孔，直径 d）	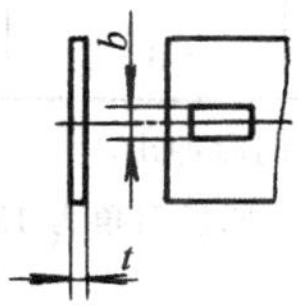 （方孔，边长 b）	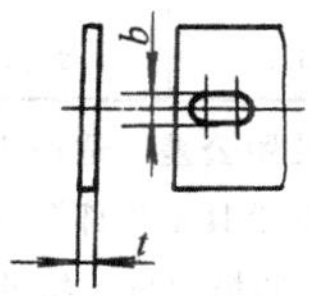 （长圆孔，宽 b）	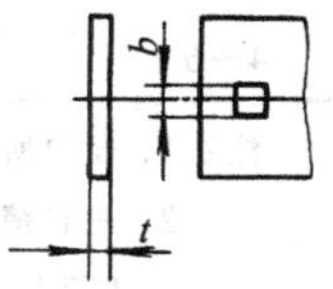 （矩形孔，宽 b）
钢 $\tau>700$MPa	$d \geqslant 1.5t$	$b \geqslant 1.35t$	$b \geqslant 1.1t$	$b \geqslant 1.2t$
钢 $\tau=(400\sim700)$MPa	$d \geqslant 1.3t$	$b \geqslant 1.2t$	$b \geqslant 0.9t$	$b \geqslant t$
钢 $\tau<400$MPa	$d \geqslant t$	$b \geqslant 0.9t$	$b \geqslant 0.7t$	$b \geqslant 0.8t$
黄铜、铜	$d \geqslant 0.9t$	$b \geqslant 0.8t$	$b \geqslant 0.6t$	$b \geqslant 0.7t$
铝、锌	$d \geqslant 0.8t$	$b \geqslant 0.7t$	$b \geqslant 0.5t$	$b \geqslant 0.6t$
纸板、皮革	$d \geqslant 0.6t$	$b \geqslant 0.5t$	$b \geqslant 0.35t$	$b \geqslant 0.4t$

附表2 带保护套凸模冲孔最小值

材 料	硬钢	软钢及黄铜	铝及锌	材 料	硬钢	软钢及黄铜	铝及锌
圆形孔径 d/mm	$0.5t$	$0.35t$	$0.3t$	长方孔宽 b/mm	$0.4t$	$0.3t$	$0.28t$

（2）冲裁件的尺寸精度 冲裁件的尺寸精度与模具结构形式及其制造精度等因素有关，一般冲裁件的经济精度，尺寸公差，中心距公差、冲裁件的角度偏差以及剪断面的近似粗糙度值分别如附表3至附表7所示。

附表3 冲裁件内、外形所能达到的经济精度

t /mm \ 基本尺寸/mm	≤3	3～6	6～10	10～18	18～500
≤1	IT12～IT13			IT11	
12	IT14	IT12～IT13			IY11
2～3	IT14			IT12～IT13	
3～5	-	IT14			IT12～IT13

附表 4 两孔中心距离公差

t/mm	一般精度冲裁模			较高精度冲裁模		
	孔距基本尺寸/mm					
	≤50	50～150	150～300	≤50	50～150	150～300
≤1	±0.1	±0.15	±0.2	±0.03	±0.05	±0.08
1～2	±0.12	±0.2	±0.3	±0.04	±0.06	±0.10
2～4	±0.15	±0.25	±0.35	±0.06	±0.08	±0.12
4～6	±0.2	±0.3	±0.40	±0.08	±0.01	±0.15

注：1. 表中所列孔距公差，适用于两孔同时冲出。

2. 一般精度指模具工作部分达 IT8，凹模后角为 15′～30′的情况；较高精度指模具工作部分达 IT7 以上，凹模后角不超过 15′。

附表 5 孔中心与边缘距离尺寸公差

t/mm	孔中心与边缘距离尺寸/mm			
	≤50	50～120	120～220	220～360
<2	±0.5	±0.6	±0.7	±0.8
2～4	±0.6	±0.7	±0.8	±1.0
>4	±0.7	±0.8	±1.0	±1.2

注：本表适用于先落料再进行冲孔的情况。

附表 6 冲裁件角度偏差值

短边长度/mm	1～3	3～6	6～10	10～18	18～30	30～50	50～80	80～120	120～180	180～260	260～360	360～500	>500
较高精度	±2°30′	±2°	±1°30′	±1°50′	±1°	±50′	±40′	±30′	±25′	±20′	±15′	±12′	±10′
一般精度	±4°	±3°	±2°30′	±2°	±1°30′	±1°30′	±1°	±50′	±40′	±30′	±25′	±20′	±15′

附表 7 一般冲裁件剪断面粗糙度

t/mm	≤1	1～2	2～3	3～4	4～5
粗糙度	$\overset{3.2}{\triangledown}$	$\overset{6.3}{\triangledown}$	$\overset{12.5}{\triangledown}$	$\overset{25}{\triangledown}$	$\overset{50}{\triangledown}$

注：如果冲压件剪断面粗糙度要求高于本表所列，则需要另加整修工序。各种材料通过整修后的粗糙度：黄铜 $\overset{0.4}{\triangledown}$；软钢 $\overset{0.8}{\triangledown}$～$\overset{0.4}{\triangledown}$；硬钢 $\overset{1.6}{\triangledown}$～$\overset{0.8}{\triangledown}$。

2. 弯曲件的结构工艺性

(1) 弯曲件的形状及尺寸

1) 弯曲件的弯曲半径不宜小于材料的许用最小弯曲半径，否则会产生裂纹。若零件的弯曲半径比许用最小弯曲半径还小时，则可分两次弯曲，即第一次采用较大的弯曲半径，然后退火，第二次再按零件要求的弯曲半径进行弯曲。

2）弯曲件的直边高度（H）不宜过小，一般其值应大于 $2t$。

3）弯曲时应防止孔的弯形，要求孔位于弯曲变形区之外，见附图 2，当材料厚度 $t<2\text{mm}$ 时，取 $L\geqslant t$；当 $t\geqslant 2\text{mm}$ 时，取 $L\geqslant 2t$；如果 L 不能满足上述条件时，则应先弯曲后冲孔，也可以在弯曲线上冲工艺孔，以防止孔在弯曲时变形。

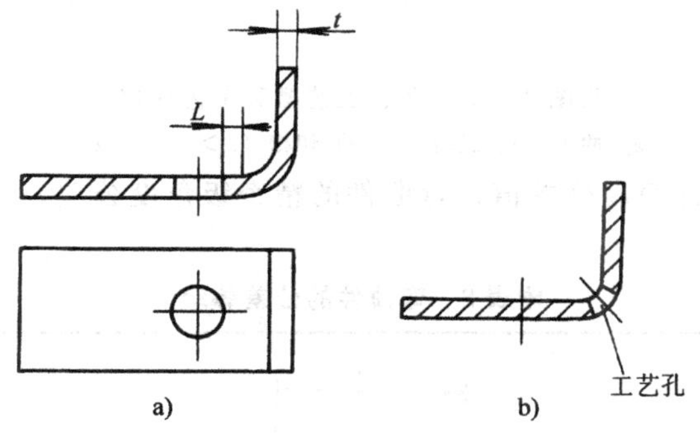

附图 2　弯曲件的孔边距离

4）弯曲件形状应尽量对称，弯曲半径左右一致，以避免压弯时的毛坯偏移。附图 3 所示弯曲件，由于形状不对称，弯曲时摩擦阻力不均匀，毛坯将易产生滑动而偏移。此时应考虑增加工艺孔定位。

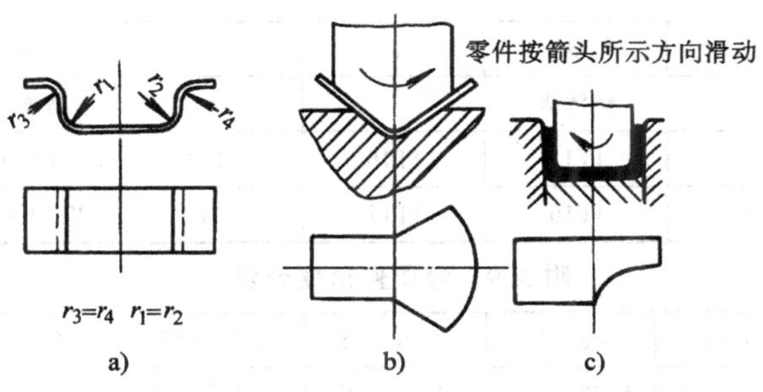

附图 3　形状对称和不对称的弯曲件

5）增添工艺孔、槽和切口，在局部弯曲某一段边缘时，为防止材料在弯曲范围内发生裂纹、变形等疵病以及定位的需要，可在落料件上预先冲出工艺孔、工艺槽和工艺切口，如附图 4 所示。

（2）弯曲件的精度　弯曲件的精度要求应合理，它与材料的性能，材料的厚度公差，模的精度以及加工次数等因素有关。

附表 8 为弯曲件的公差等级。表中代号 A、B、C 表示基本尺寸的部位与三种不同类别的公差等级。

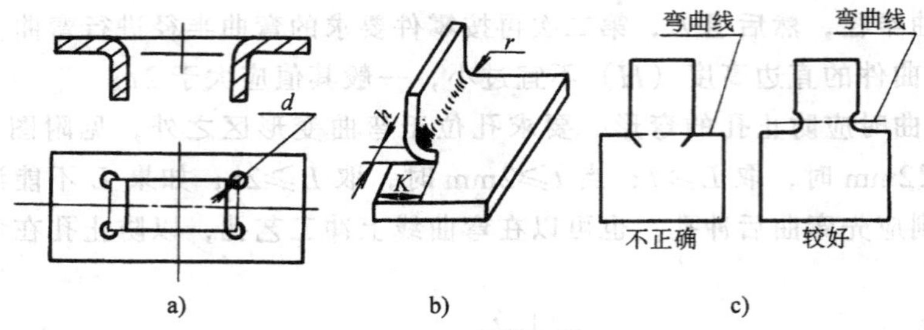

附图 4　工艺孔、工艺槽和工艺切口

a）冲工艺孔 $d \geqslant t$　b、c）切槽（$k > r$　$b \geqslant t$）

附表 9 为弯曲件角度公差值，弯曲件的精密级角度公差，一般需增加校形工序后才能达到。

附表 8　弯曲件的公差等级

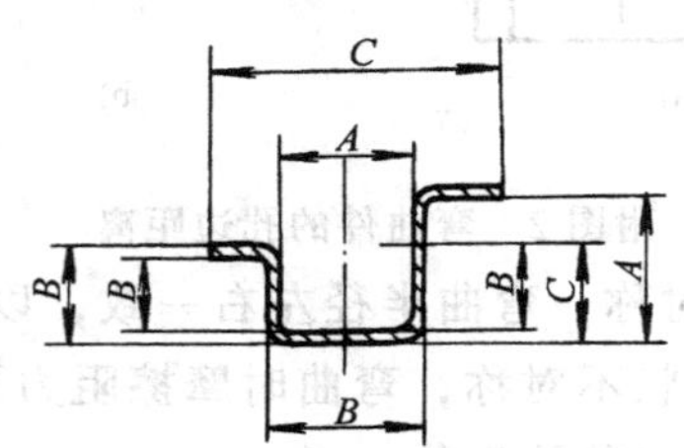

t/mm	A	B	C	A	B	C
	经济级			精度级		
≤1	IT13	IT15	IT16	IT11	IT13	IT13
>1～4	IT14	IT16	IT17	IT12	IT13～14	IT13～14

附表 9　弯曲件角度公差

尺寸弯角短边/mm	>1～6	>6～10	>10～25	>25～63	>63～160	>160～400
经济级	±1°30′～3°	±1°30′～3°	±50′～2°	±50′～2°	±25′～1°	±15′～30°
精密级	±1°	±1°	±30′	±30′	±20′	±10′

3．拉深件的结构工艺性

（1）拉深件的形状与尺寸

1）拉深件的形状尽可能简单、对称，避免急剧转角或凸台。对于半敞开及非对称的空心件，应考虑合并成对称组合件，然后剖切开。

2）拉深件的圆角半径不能过小。拉深件底与壁，凸缘与避应满足 $r_p \geqslant t$，$r_d \geqslant 2t$，见附图 5。当圆角半径小于上述规定时，需增加校形工序。

3）拉深件的高度应尽可能小，以减少拉深次数，提高拉深件质量。当一次

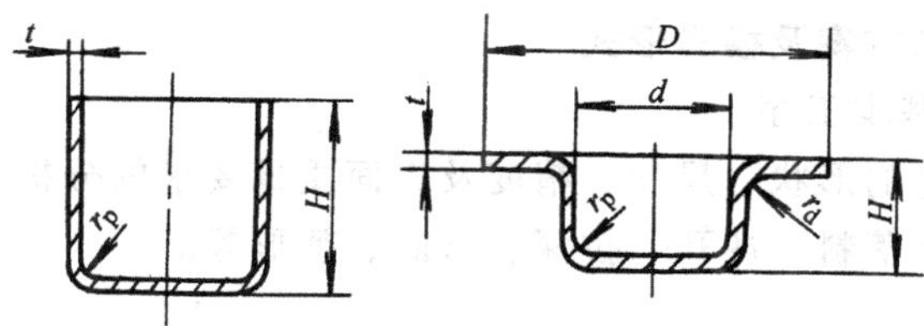

附图 5　拉深件的圆角半径

可拉成时，其高度应符合如下条件：

无凸缘圆筒件，$H \leqslant (0.5 \sim 0.7)\,d$

(2) 拉深件的精度　拉深件的制造精度一般都在 IT13 级以下，如果要高于 IT13 级，则可通过校形工序来提高其精度。拉深件的尺寸精度见附表 10、11、12。

附表 10　拉深件的径向尺寸极限偏差

t/mm	拉深件直径/mm			t/mm	拉深件直径/mm		
	<50	50~100	>100~300		<50	50~100	>100~300
0.5	±0.12	—	—	2.0	±0.4	±0.50	±0.70
0.6	±0.15	±0.20	—	2.5	±0.45	±0.60	±0.80
0.8	±0.20	±0.25	±0.30	3.0	±0.50	±0.70	±0.90
1.0	±0.25	±0.30	±0.40	4.0	±0.60	±0.80	±1.00
1.2	±0.30	±0.35	±0.50	5.0	±0.70	±0.90	±1.10
1.5	±0.35	±0.40	±0.60	6.0	±0.80	±1.00	±1.20

附表 11　圆筒形拉深件高度尺寸极限偏差

t/mm	拉深件高度/mm					
	<18	18~30	30~50	50~80	80~120	120~180
<1	±0.5	±0.6	±0.8	±1.0	±1.2	±1.5
1~2	±0.6	±0.8	±1.0	±1.2	±1.5	±1.8
2~4	±0.8	±1.0	±1.2	±1.5	±1.8	±2.0
4~6	±1.0	±1.2	±1.5	±1.8	±2.0	±2.5

附表 12　带法兰圆筒形拉深件高度尺寸极限偏差

t/mm	拉深件高度/mm					
	<18	18~30	30~50	50~80	80~120	120~180
<1	±0.3	±0.4	±0.5	±0.6	±0.8	±1.0
1~2	±0.4	±0.5	±0.6	±0.7	±0.9	±1.2
2~4	±0.5	±0.6	±0.7	±0.8	±1.0	±1.4
4~6	±0.6	±0.7	±0.8	±0.9	±1.1	±1.6

三、确定工艺方案及模具形式

1. 确定冲压基本工序

根据对冲压件的形状、尺寸、精度及表面质量要求的分析结果，确定所需的冲压基本工序，如落料、冲孔、拉深、弯曲、整形等。

2. 确定工序数目

根据初步工艺计算确定工序数目，如冲压次数、弯曲次数、拉深次数等。

3. 确定工序顺序

(1) 对于带孔或有缺口的冲裁件，如果选用简单模，一般先落料再冲孔或切口，使用连续模时，则先冲孔或切口然后落料。

(2) 对于带孔的弯曲件，孔边与弯曲区的间距较大时，可以先冲孔后弯曲，如孔口边在弯曲变形区附近，必须先弯曲后冲孔，孔与基准面尺寸精度要求高时，也应先弯后冲。

(3) 对于带孔的拉深件，一般先拉深后冲孔，但孔的位置在零件底部且孔径尺寸要求不高时，也可以先冲孔后拉深。

(4) 多角弯曲件，应从材料变形和弯曲时材料移动两个方面考虑安排弯曲的先后顺序，一般情况下，先弯外角再弯内角。

(5) 对于形状复杂的拉深件，为便于材料变形和流动，应先成形内部形状，再拉深外部形状。

(6) 整形或校平工序，应在冲压件成形后进行。

4. 确定工序组合

生产批量大，冲压工序应尽可能地组合在一起，用复合模或连续模冲压，小批量生产常用单工序模。对于尺寸过小的冲压件，考虑单工序送料不方便，有时也采用复合模或连续模生产。对于精度要求高的零件，为避免多次冲压生产的定位误差，也应采用复合模或连续模。

工序性质，工序数目，工序顺序及工序组合确定了，则工艺方案即模具结构形式也就确定了。

四、进行必要的工艺计算

(1) 计算毛坯尺寸，进行排样，确定条料宽度及计算材料利用率。

(2) 计算冲压力包括冲裁力、弯曲力、拉深力及卸料力、推件力、压边力等，对于厚板冲裁、拉深工艺还需计算冲裁功及拉深功。

(3) 确定模具压力中心。

(4) 计算凸、凹模工作部分尺寸、决定凸模与凹模间的间隙。

(5) 计算或估算模具各主要零件的高度尺寸及卸料，压边所用弹性元件的自由高度。

(6) 对拉深工序，还需决定拉深方式（采用或不采用压边），计算拉深次数和中间工序的半成品尺寸。

(7) 必要时，还需对某些模具的主要零件如凸模、凹模，上、下模板进行强度和刚度计算。

五、进行模具总体设计

模具总体设计是指在上述分析计算的基础上勾画出模具总体草图，并初步计算出模具的闭合高度，概略地定出模具的外形尺寸。

六、模具主要零部件结构设计

(1) 设计工作部分零件，如凸模、凹模、凸凹模的结构形式或根据国家标准选择其结构形式及固定形式。

(2) 根据具体情况确定定位形式，如定位板、固定挡料销、活动挡料销、定距侧刃等，并选择或设计定位零件的结构，对于连续模，还要考虑是否采用初始挡料销。

(3) 决定卸料和推件形式，如采用刚性卸料还是弹性卸料。若采用弹性卸料，则应对弹簧或橡皮进行选用与计算。

(4) 根据国家标准选用导向和固定零件，如导柱、导套、模柄，上、下模座等的结构形式。

七、选定冲压设备

合理地选择冲压设备对保证工件质量、简化模具结构、提高生产率、安全操作有着重大影响，冲压设备的选择主要是决定其类型及规格。

冲压设备的类型的选定，主要决定于工艺要求和生产批量。

冲压设备的规格选定，主要取决于工艺参数及模具结构尺寸。对于曲柄压力机来说必须满足以下要求：

(1) 压力机的公称压力必须大于冲压工艺力。有冲压功要求的，压力机电动机的功率须大于冲裁或拉深所需功率。

(2) 压力机的闭合高度必须符合模具闭合高度要求。

(3) 压力机的工作台面尺寸必须大于模具下模座的外形尺寸，并要留有固定模具的位置，压力机工作台面上的漏料孔尺寸必须大于工件（或废料）尺寸。

八、绘制模具总装图

模具总装图包括：

(1) 主视图　绘制模具工作位置的剖面图。

(2) 俯视图　一般情况下绘制下模部分的全俯视图。也可以一半绘制下模部分的俯视图另一半绘制上模部分的俯视图。

(3) 侧视图、仰视图及局部剖视图等　必要时绘制模具工作部分的侧视图，模具上半部分的仰视图以及局部剖视图。

(4) 工件图　一般将工件图绘在右上角，对于由多套模具完成的工件，除了绘出本工序的工件图外，还须绘出上一道工序的工件图。

（5）排样图　对于连续模应画出工序图并标出步距。

（6）列出零件明细表，注明材质和数量，凡标准件都要注明规格。

（7）技术要求及说明　技术要求包括冲压力，所选设备型号，模具闭合高度及其它要求。

九、绘制各非标准零件图

零件图上应注明全部尺寸、公差与配合形位公差，表面粗糙度，所用材料，热处理要求以及其他技术要求。

参考文献

1 孟庆龙. 电器制造工艺学. 北京：机械工业出版社，1992

2 孟庆龙. 电器结构工艺及计算机辅助设计. 北京：机械工业出版社，1994

3 电机工程手册编委会. 电气工程师手册. 北京：机械工业出版社，1986

4 郑修本. 机械制造工艺学. 北京：机械工业出版社，1995

5 王孝境. 冲压手册. 北京：机械工业出版社，1990

6 肖景容. 冲压工艺学. 北京：机械工业出版社，1990

7 王海帆. 高低电器设计手册. 北京：机械工业出版社，1986

8 机械工程手册编委会. 机械工程手册. 北京：机械工业出版社，1982

9 桂林电器科学研究所. 绝缘材料手册. 北京：机械工业出版社，1994

10 《中国电器工业发展史》编委会. 中国电器工业发展史（综合卷）. 北京：机械工业出版社，1989

11 《中国电器工业发展史》编委会. 中国电器工业发展史（专业卷一）. 北京：机械工业出版社，1990

12 《中国电器工业发展史》编委会. 中国电器工业发展史（专业卷二）. 北京：机械工业出版社，1990

13 (日)大森豊明. 电接触材料手册. 北京：机械工业出版社，1990

14 周茂祥. 低压电器设计手册. 北京：机械工业出版社，1992

15 方鸿发. 低压电器及测试技术. 北京：机械工业出版社，1982

16 侯义馨. 冲压工艺及模具. 北京：兵器工业出版社，1994

17 电器制造专业工艺编写组. 电器制造专业工艺. 低压电器科技情报网西北电网，1991

18 成都科技大学. 塑料成型工艺学. 北京：中国轻工业出版社，1993

19 成都科技大学. 塑料成型模具. 北京：中国轻工业出版社，1993

20 高维国. 金属材料工艺学. 长沙：湖南科技出版社，1996

21 廖相思. 磁放器原理. 北京：国防工业出版社，1980

22 张曙. 计算机辅助工艺过程设计. 机械工程师进修大学，1986